# Handbibliothek für Bauingenieure

## Ein Hand- und Nachschlagebuch für Studium und Praxis

Herausgegeben von

### Robert Otzen
Geheimer Regierungsrat,
Professor an der Technischen Hochschule zu Hannover

I. Teil: Hilfswissenschaften ............ 5 Bände
II. Teil: Eisenbahnwesen und Städtebau .. 9 Bände
III. Teil: Wasserbau..................... 8 Bände
IV. Teil: Brücken- und Ingenieur-Hochbau . 4 Bände

## Inhaltsverzeichnis.

### I. Teil: Hilfswissenschaften.

1. Band: Mathematik. Von Prof. H. E. Timerding, Braunschweig. Mit 192 Textabbildungen. VIII und 242 Seiten. 1922.
2. Band: Mechanik. Von Dr.-Ing. Fritz Rabbow, Hannover. Mit 237 Textabbildungen. VIII und 203 Seiten. 1922. Gebunden GZ. 6.4*
3. Band: Maschinenkunde. Von Prof. H. Weihe, Berlin-Lankwitz. Mit etwa 450 Textabbildungen. Umfang etwa 240 Seiten. Erscheint Anfang 1923.
4. Band: Vermessungskunde. Von Prof. Dr. Martin Näbauer, Karlsruhe. Mit 344 Textabbildungen. X und 338 Seiten. 1922. Gebunden GZ. 11*
5. Band: Betriebswissenschaft. Von Dr.-Ing. Max Mayer, Duisburg. Erscheint voraussichtlich im Jahre 1923.

### II. Teil: Eisenbahnwesen und Städtebau.

1. Band: Städtebau. Von Prof. Dr.-Ing. Otto Blum, Hannover, Prof. G. Schimpff †, Aachen, und Stadtbauinspektor Dr.-Ing. W. Schmidt, Stettin. Mit 482 Textabbildungen. XII und 478 Seiten. 1921. Gebunden GZ. 15*
2. Band: Linienführung und allgemeine Bahnanlage. Von Prof. Dr.-Ing. E. Giese, Charlottenburg, und Regierungsbaurat Dr.-Ing. Fritz Gerstenberg, Berlin. Mit etwa 160 Textabbildungen. Umfang etwa 320 Seiten. Erscheint voraussichtlich im Jahre 1923.
3. Band: Unterbau. Von Prof. W. Hoyer, Hannover. Mit etwa 120 Textabbildungen. Umfang etwa 170 Seiten. Erscheint voraussichtlich Anfang 1923.
4. Band: Oberbau und Gleisverbindungen. Von Regierungs- und Baurat Bloss, Dresden. Erscheint voraussichtlich im Sommer 1923.

*Die eingesetzten Grundzahlen (GZ.) entsprechen dem ungefähren Goldmarkwert und ergeben mit dem Umrechnungsschlüssel (Entwertungsfaktor), Anfang November 1922: 160, vervielfacht den Verkaufspreis.*

5. Band: Bahnhöfe. Von Prof. Dr.-Ing. Otto Blum, Hannover, Prof. Dr.-Ing. Risch, Braunschweig, Prof. Dr.-Ing. Ammann, Karlsruhe, und Regierungs- und Baurat a. D. v. Glinski, Chemnitz. Erscheint voraussichtlich im Sommer 1923.

6. Band: Eisenbahn-Hochbauten. Von Regierungs- und Baurat Cornelius, Berlin. Mit 157 Textabbildungen. VIII und 128 Seiten. 1921. Gebunden GZ. 6.4*

7. Band: Sicherungsanlagen im Eisenbahnbetriebe. Auf Grund gemeinsamer Vorarbeit mit Prof. Dr.-Ing. M. Oder † verfaßt von Geh. Baurat Prof. Dr.-Ing. W. Cauer, Berlin; mit einem Anhang „Fernmeldeanlagen und Schranken" von Regierungsbaurat Dr.-Ing. Fritz Gerstenberg, Berlin. Mit 484 Abbildungen im Text und auf 4 Tafeln. XVI und 459 Seiten. 1922. Gebunden GZ. 15

8. Band: Verkehr, Wirtschaft und Betrieb der Eisenbahnen. Von Oberregierungs-Baurat Dr.-Ing. Jacobi, Erfurt, Prof. Dr.-Ing. Otto Blum, Hannover, und Prof. Dr.-Ing. Risch, Braunschweig. Erscheint voraussichtlich im Jahre 1923.

9. Band: Eisenbahnen besonderer Art. Von Prof. Dr.-Ing. Ammann, Karlsruhe, und Regierungsbaumeister H. Nordmann, Steglitz. Erscheint voraussichtlich im Jahre 1923.

### III. Teil: Wasserbau.

1. Band: Grundbau. Von Regierungsbaumeister a. D. O. Richter, Frankfurt a. M. Mit etwa 300 Textabbildungen. Umfang etwa 220 Seiten. Erscheint voraussichtlich im Jahre 1923.

2. Band: See- und Seehafenbau. Von Prof. H. Proetel, Aachen. Mit 292 Textabbildungen. X und 221 Seiten. 1921. Gebunden GZ. 7.5*

3. Band: Flußbau. Von Regierungs-Baurat Dr.-Ing. H. Krey, Charlottenburg.

4. Band: Kanal- und Schleusenbau. Von Regierungs-Baurat Engelhard, Oppeln. Mit 303 Textabbildungen und einer farbigen Übersichtskarte. VIII und 261 Seiten. 1921. Gebunden GZ. 8.5*

5. Band: Wasserversorgung der Städte und Siedlungen. Von Prof. O. Geißler, Hannover, und Geh. Reg.-Rat Prof. Dr.-Ing. J. Brix, Charlottenburg. Erscheint voraussichtlich Ende 1923.

6. Band: Entwässerung der Städte und Siedlungen. Von Geh. Reg.-Rat Prof. Dr.-Ing. J. Brix, und Prof. O. Geißler, Hannover. Erscheint voraussichtlich Ende 1924.

7. Band: Kulturtechnischer Wasserbau. Von Geh. Reg.-Rat Prof. E. Krüger, Berlin. Mit 197 Textabbildungen. X und 290 Seiten. 1921. Gebunden GZ. 9.5*

8. Band: Wasserkraftanlagen. Von Dr.-Ing. Adolf Ludin, Karlsruhe. Erscheint voraussichtlich im Sommer 1923.

### IV. Teil: Brücken- und Ingenieurhochbau.

1. Band: Statik. Von Priv.-Doz. Dr.-Ing. Walther Kaufmann, Hannover. Erscheint voraussichtlich im Herbst 1922.

2. Band: Holzbau. Von N. N.

3. Band: Massivbau. Von Geh. Reg.-Rat Prof. Robert Otzen, Hannover. Erscheint im Frühjahr 1923.

4. Band: Eisenbau. Von Prof. Martin Grüning, Hannover. Erscheint voraussichtlich im Frühjahr 1923.

---

** Die eingesetzten Grundzahlen (GZ.) entsprechen dem ungefähren Goldmarkwert und ergeben mit dem Umrechnungsschlüssel (Entwertungsfaktor), Anfang November 1922: 160, vervielfacht den Verkaufspreis.*

# Handbibliothek für Bauingenieure

Ein Hand- und Nachschlagebuch
für Studium und Praxis

Herausgegeben

von

## Robert Otzen

Geh. Regierungsrat, Professor an der Technischen Hochschule
zu Hannover

IV. Teil. Brücken- und Ingenieurhochbau. 1. Band:

## Statik

von

## Walther Kaufmann

Berlin
Verlag von Julius Springer
1923

# Statik

Von

## Walther Kaufmann

Dr.-Ing., o. Professor an der Technischen Hochschule
zu Hannover

Mit 385 Textabbildungen

Berlin

Verlag von Julius Springer

1923

ISBN 978-3-642-98512-6
DOI 10.1007/978-3-642-99326-8

ISBN 978-3-642-99326-8 (eBook)


Softcover reprint of the hardcover 1st edition   1923

# Vorwort.

Von den vorhandenen, z. T. ausgezeichneten Lehrbüchern über die Statik der Bauwerke unterscheidet sich der vorliegende Band „Statik" der Handbibliothek für Bauingenieure als Unterteil eines dem Handgebrauch dienenden Sammelwerkes in erster Linie durch seinen gedrängten Inhalt. Nicht ein alle Aufgaben der Statik und alle Lösungsmethoden erschöpfendes Lehrbuch sollte geschaffen werden, sondern ein Wegweiser, der sowohl dem Studierenden als auch dem praktisch tätigen Ingenieur bei der Berechnung von Bauwerken Anhaltspunkte liefert und ihm über die Grundlagen der Theorie Aufschluß gibt. Auch insofern konnte in stofflicher Hinsicht eine Beschränkung eintreten, als die elementaren Gesetze der Statik starrer und elastisch fester Körper bereits im 2. Bande des I. Teiles der Handbibliothek (Mechanik) behandelt worden sind, außerdem aber bei den sich mit der Statik der Bauwerke beschäftigenden Studierenden und Ingenieuren als bekannt vorausgesetzt werden dürfen. Das gilt insbesondere von den Sätzen über die Zusammensetzung und Zerlegung der Kräfte, die statischen Momente, Trägheits- und Zentrifugalmomente u. a. m.

Bei der Auswahl des Stoffes konnte sich der Verfasser auf langjährige Erfahrungen als praktisch tätiger Ingenieur, sowie als Assistent am Lehrstuhl für Statik und Eisenbau der Technischen Hochschule Hannover stützen. Wertvolle Anregungen wurden ihm auch durch Herrn Professor Grüning zuteil, dem an dieser Stelle nochmals der Dank des Verfassers ausgesprochen sei.

Ein Literaturverzeichnis am Schluß des Werkes gibt über die benutzte Literatur Aufschluß und ermöglicht bei Bedarf ein eingehenderes Quellenstudium.

Hannover, im November 1922.

W. Kaufmann.

# Inhaltsverzeichnis.

# Berichtigung.

1. Auf Seite 15, Zeile 24 von unten und Seite 17, Zeile 9 von oben lies „äußeren Kräfte" an Stelle von „Lasten".

2. Auf Seite 22, Zeile 1 lies „$o_2$ eine solche" an Stelle von „$\sigma_2$ sind solche".

3. Im Kräftepolygon der Abb. 124, Seite 77 müssen die Kraftrichtungen denen im Trägernetz parallel sein; vgl. nachstehende Zeichnung:

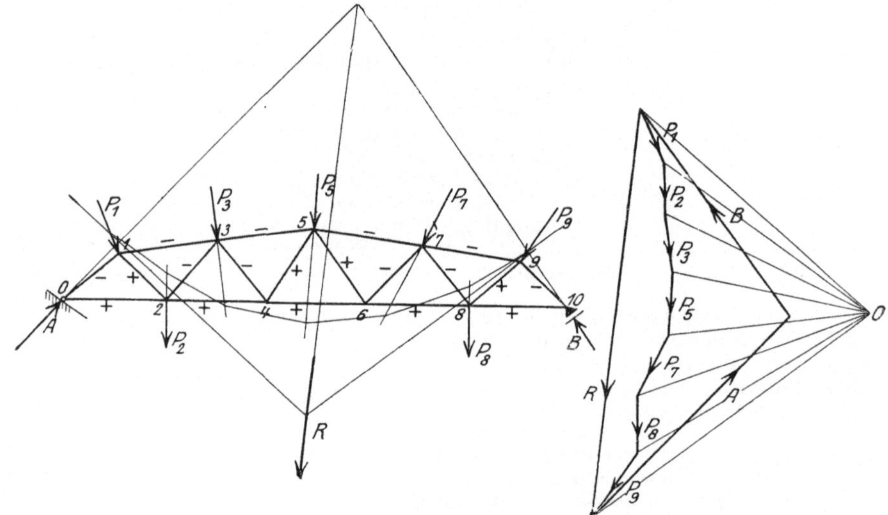

Erster Abschnitt.

# Allgemeine Grundlagen.

## § 1. Begriff und Aufgabe der Statik.

Die Statik der Baukonstruktionen, deren Gesetze in dem vorliegenden Bande behandelt werden sollen, besteht in der Anwendung der als richtig erkannten Grundsätze oder Prinzipien der allgemeinen Statik auf besonders gestaltete, für die Technik wichtige Körper (Tragwerke). Dem Wesen dieser Tragwerke entsprechend handelt es sich hier um die Statik fester Körper, wobei der Begriff „fest" nicht immer gleichwertig ist mit „starr", sondern die Untersuchung in vielen Fällen auch auf das elastische Verhalten der Körper ausgedehnt werden muß.

Ein Tragwerk ist ein materielles System, bestehend aus biegungsfesten Stäben oder Fachwerkscheiben, oder aus einer Verbindung beider, welches zur Aufnahme von Lasten beliebiger Art und Angriffsweise dient und so gestützt ist, daß es unter dem Einfluß dieser Lasten keine Verschiebungen — mit Ausnahme elastischer — erleidet. Fallen alle Stäbe oder Scheiben, aus denen das System zusammengesetzt ist, samt den auf sie wirkenden Lasten in eine Ebene (Lastebene), so liegt ein ebenes Tragwerk vor, im andern Falle ein räumliches.

Je nach der Gliederung der Tragwerke unterscheidet man vollwandige Systeme oder Stabwerke und Fachwerke. Erstere sind widerstandsfähig gegen Kräfte beliebiger Richtung und Lage, bei letzteren dagegen wird vorausgesetzt, daß die äußeren Kräfte nur in den Stabverbindungen (Knotenpunkten) angreifen. Alle Fachwerkstäbe sind in den Knotenpunkten durch reibungslose Gelenke verbunden, wodurch die Annahme begründet ist, daß jeder Stab nur axiale Beanspruchungen erleidet.

Die Aufgabe der Statik der Baukonstruktionen besteht nun darin, festzustellen, ob die Standsicherheit eines Bauwerkes unter dem Einfluß der äußeren Kräfte in jedem möglichen Belastungsfalle gewährleistet ist, ob die durch die äußeren Kräfte in den Stäben oder Scheiben des Systems hervorgerufenen Spannungen die zulässigen Höchstwerte nicht überschreiten, und welche Größe die durch das elastische Verhalten des Baustoffes bedingten Formänderungen annehmen.

Zur Erfüllung dieser Aufgaben stehen zwei Wege offen: das zeichnerische (graphische) und das rechnerische (analytische) Verfahren. Vom rein logischen Standpunkte aus wäre es wünschenswert, ein Verfahren folgerichtig für alle Fälle durchzuführen, und alle Gesetze der Statik nach diesem zu entwickeln. Bei der Ausführung dieses Vorhabens würde man indessen bald erkennen, daß sich das gesteckte Ziel häufig nur auf Umwegen würde erreichen lassen, weshalb man sich zweckmäßig in jedem Einzelfalle für dasjenige Verfahren

entscheidet, welches am schnellsten und sichersten eine Lösung der gestellten
Aufgabe ermöglicht. Hinsichtlich der Genauigkeit verdient das rechnerische
Verfahren den Vorzug und wird deshalb besonders bei verwickelten Untersuchungen statisch unbestimmter Systeme fast durchweg zur Anwendung
gelangen, aber auch hier wird man ungern nach Erledigung bestimmter
Vorarbeiten etwa auf die Benutzung der Einflußlinien oder anderer graphi-
scher Hilfsmittel verzichten. Für die Ableitung allgemein gültiger Gesetze
leistet die Rechnung in der Mehrzahl der Fälle bessere Dienste als das
graphische Verfahren.

## § 2. Die äußeren Kräfte.

Auf einen Körper können zwei Arten von Kräften wirken: Massenkräfte, wenn alle Teile des Körpers gleichartig und unmittelbar ergriffen
werden, und Oberflächenkräfte, wenn diese unmittelbar nur an einzelnen
Stellen der Oberfläche des Körpers wirksam sind. Für die hier zu betrach-
tenden Tragwerke kommen beide Arten in Frage, die Massenkräfte in Form
des Eigengewichtes und die Oberflächenkräfte als Lasten und Stützkräfte, letztere dargestellt durch die Widerstände der Lager, welche infolge des Gesetzes der Wechselwirkung (Prinzip der Aktion und Reaktion) in gleicher Weise wie die Lasten als äußere Kräfte aufgefaßt werden
können.

In der Statik der Baukonstruktionen rechnet man das Eigengewicht
mit zu den Lasten und teilt alle äußeren Kräfte ein in Lasten und Stützkräfte.

Bei den Lasten ist zu unterscheiden zwischen ständigen oder blei-
benden und veränderlichen oder beweglichen Lasten. Zu ersteren

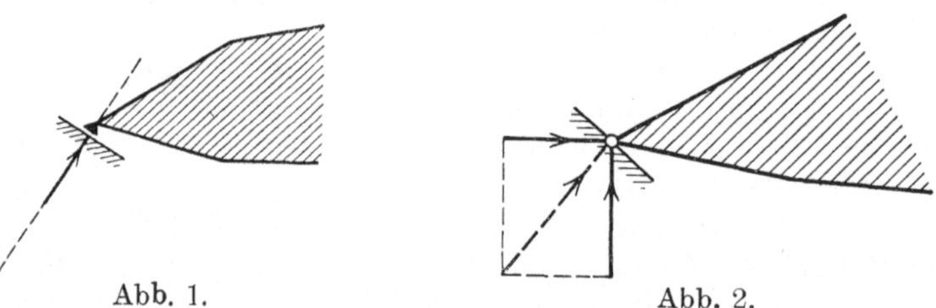

Abb. 1.        Abb. 2.

gehören insbesondere die Eigengewichte der Tragkonstruktionen, zu letzteren
alle Verkehrslasten, z. B. die Raddrücke von Fahrzeugen, das Menschen-
gedränge auf Brücken usw. Als dritte Gruppe kommen die Schnee- und
Windlasten, sowie Erd- und Wasserdruck in Frage, welche periodisch auftreten, dann aber als ruhende Belastung eingeführt werden können.

Die Lasten können weiter bestehen aus Einzellasten, wenn die Kraft
in einem Punkte angreift, oder aus stetigen Lasten, welche sich über
eine bestimmte Fläche oder Linie erstrecken. Letztere können gleichmäßig
oder ungleichmäßig verteilt sein.

. Bei den Einzellasten wird die Annahme gemacht, daß sich der Einfluß
einer Kraft nur auf einen ganz kleinen Umkreis der Oberfläche erstreckt,
so daß dieser genau genug als Punkt — der Angriffspunkt der Kraft —
angesehen werden kann.

Endlich ist zu unterscheiden zwischen unmittelbaren und mittel-
baren Lasten, je nachdem diese auf das Bauwerk direkt oder vermittels
einer Zwischenkonstruktion übertragen werden.

Die Stützkräfte oder Lagerwiderstände können je nach Art und Anordnung des Tragwerkes in verschiedener Form auftreten. Für die ebenen Systeme kommen in erster Linie folgende Arten in Frage:

1. Kraft im Stützpunkt von bestimmter Richtung, bei Lagerung des Systems in einem Punkte, der sich entlang einer in der Lastebene liegenden Geraden reibungslos bewegen kann. Der Stützdruck fällt mit der Bahnnormalen im Stützpunkt zusammen (Abb. 1).

2. Kraft im Stützpunkt von beliebiger Richtung in der Lastebene, wenn das System gelenkig und fest gelagert ist. Der Stützdruck kann durch zwei beliebig gerichtete Komponenten — im allgemeinen eine horizontale und eine vertikale — dargestellt werden (Abb. 2).

3. Kraft von beliebiger Richtung in der Lastebene, aber außerhalb des

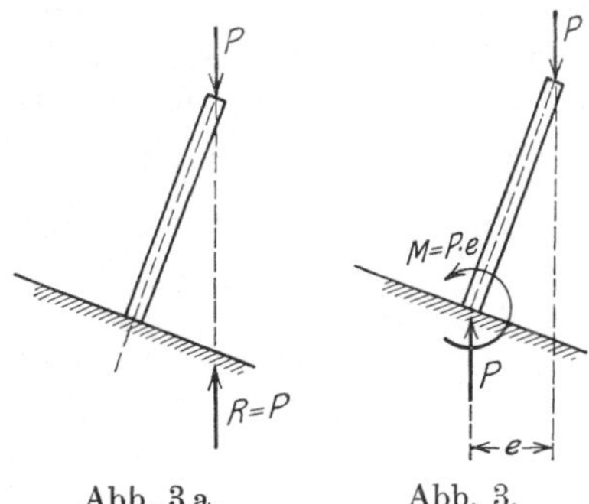

Abb. 3 a.      Abb. 3.

Stützpunktes angreifend, wenn das System eingespannt ist (Abb. 3 a). Die auftretende Reaktion wird ersetzt durch eine im Stützpunkt wirkende Kraft von gleicher Größe und Richtung und ein Moment (Abb. 3 b).

Sämtliche Reaktionskomponenten (1—3) können je nach Art der Belastung des Tragwerks positive oder negative Werte annehmen. Über die bei räumlichen Systemen auftretenden Lagerkräfte vgl. S. 118.

Jede Kraft ist eindeutig bestimmt durch Größe, Richtung, Pfeilsinn und Angriffspunkt, und zwar wird angenommen, daß sie allmählich von Null bis zu ihrem Endwert wächst, ohne das System in Schwingungen zu versetzen[1]).

## § 3. Die inneren Kräfte.

Wirkt auf einen festen Körper eine Einzellast, so beeinflußt diese nicht nur den unmittelbar von ihr getroffenen Angriffspunkt, sondern es werden auch die Nachbarpunkte in Mitleidenschaft gezogen. Der Angriffspunkt — als materieller Punkt betrachtet — kann der Kraft nicht frei folgen, sondern wird durch die übrigen materiellen Punkte des Systems daran gehindert. Es wirken also außer der äußeren Kraft auf den Punkt noch andere — innere — Kräfte, die seinen Bewegungszustand beeinflussen, und durch welche das System als Ganzes betrachtet zusammengehalten wird. Sie werden, auf die Flächeneinheit bezogen, als Spannungen bezeichnet. Diese inneren Kräfte, welche sich den äußeren Kräften und der durch sie angestrebten Formänderung des Körpers widersetzen, können in verschiedenen Formen auftreten: als reine Zug- oder Druckspannungen infolge äußerer Längskräfte, als Scher- oder Schubspannungen infolge äußerer Quer-

---

[1]) Trifft diese Voraussetzung nicht zu (Stöße usw.), so können die dynamischen Einflüsse mit Hilfe der Schwingungstheorie untersucht werden. Vgl. hierüber:
Engesser, Zeitschr. d. Österr. Arch.- u. Ing.-Vereins 1892, S. 386, 671.
Steiner, ebenda S. 388, 672.
Lebert, Ann. des ponts et chaussées 1899, S. 215—293.
Reißner, Zeitschr. f. Bauwesen 1899, S. 477; 1903, S. 135.
Pohlhausen, Zeitschr. f angew. Mathem. u. Mechanik 1921, S. 28.
Kaufmann, ebenda 1922, S. 34.

kräfte oder Verdrehungsmomente, als Biegungsspannungen (Zug- und Druck-spannungen) infolge äußerer Biegungsmomente.

Um diese inneren Kräfte für die Berechnung zugänglich zu machen, denkt man sich das Tragwerk an derjenigen Stelle zerschnitten, für welche die Spannungen berechnet werden sollen. Der Einfluß des abgetrennten Teiles kann dann ersetzt werden, indem man beim Fachwerk in den Schwer-punktsachsen der Stäbe wirkende Längskräfte, beim biegungsfesten Stab eine Kraft von unbestimmter Richtung und Lage anbringt, und diese genau wie äußere Kräfte behandelt. Hierbei ist es üblich, den unbekannten Kräften zunächst die positive (Zug-)Richtung zu geben, die später entsprechend zu berichtigen ist.

Die inneren Kräfte sind — da alle Baustoffe in gewissem Grade elastisch sind — mit einer Formänderung der einzelnen Stäbe oder Scheiben des Bauwerkes verbunden. Aus diesem Grunde unterscheidet sich dessen Lage im unbelasteten Zustande von der im belasteten nach Eintritt des Gleichgewichts. Die elastischen Formänderungen sind jedoch innerhalb der für die Beanspruchung der Baustoffe festgelegten Grenzen so klein, daß sie gegenüber den Systemabmessungen vernachlässigt werden können.

## § 4. Die Gleichgewichtsbedingungen des starren Körpers und das Prinzip der virtuellen Verrückungen.

Ein starrer Körper befindet sich im Gleichgewicht, wenn er entweder in Ruhe ist oder bei gleichförmiger Geschwindigkeit eine geradlinige Trans-lationsbewegung ausführt. Für die Statik der Baukonstruktionen kommt nur der Fall der Ruhe in Frage.

Das Gleichgewicht eines starren Körpers im Raume, auf den beliebige Kräfte wirken, wird durch die Aussage gekennzeichnet, daß

I. die Summen der Projektionen aller am Körper wirkenden Kräfte $Q$ auf drei beliebige, nicht in einer Ebene liegende Achsen $(x, y, z)$ gleich Null sind $(\Sigma Q_x = 0;\ \Sigma Q_y = 0;\ \Sigma Q_z = 0)$;

II. die Summen der Momente aller am Körper wirkenden Kräfte $Q$, bezogen auf drei beliebige, nicht in einer Ebene liegende Achsen gleich Null sind $(\Sigma M_x = 0;\ \Sigma M_y = 0;\ \Sigma M_z = 0)$.

Zur Berechnung der Stützkräfte eines räumlichen Tragwerkes stehen also insgesamt sechs Gleichgewichtsbedingungen zur Verfügung.

In der Ebene vermindern sich diese auf drei. Wählt man hier als Projektionsachsen eine horizontale $(x)$ und eine vertikale $(y)$, so lauten die ersten beiden Bedingungen:

$$\Sigma Q_x = \Sigma H = 0,$$
$$\Sigma Q_y = \Sigma V = 0,$$

während die dritte, $\Sigma M = 0$, angibt, daß das Moment aller an der ebenen Scheibe angreifenden Kräfte in bezug auf einen beliebig gewählten Dreh-punkt gleich Null ist. Erwähnt sei noch, daß auch in der Ebene die Wahl der beiden Projektionsachsen ganz beliebig getroffen werden kann. Ausge-schlossen ist nur der Fall gleich gerichteter Achsen. In der Regel empfiehlt sich jedoch aus Zweckmäßigkeitsgründen die Wahl eines rechtwinkligen Achsenkreuzes. Aus den Gleichgewichtsbedingungen der starren Scheibe lassen sich zwei wichtige Sätze ableiten:

1. Wird eine starre Scheibe von drei äußeren Kräften ergriffen, so müssen sich, wenn Gleichgewicht bestehen soll, deren Kraftlinien

in einem Punkte schneiden, während die drei Kräfte ein geschlossenes Krafteck mit stetigem Umfahrungssinn bilden (Abb. 4 u. 5).

Stellt man nämlich das Moment um den Schnittpunkt von zweien der drei Kräfte auf, so liefern die beiden ersten zum Moment keinen Beitrag. Das Moment aller drei Kräfte kann also nur zu Null werden, wenn auch

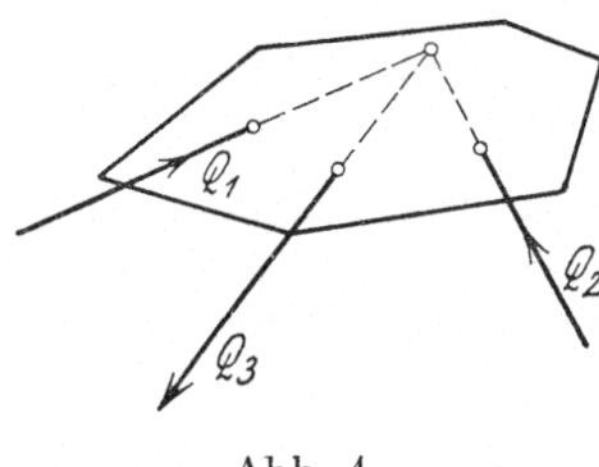

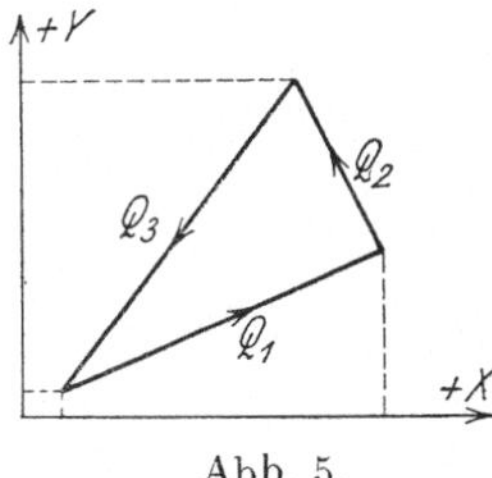

Abb. 4.Abb. 5.

die dritte Kraft durch den Schnittpunkt der beiden ersten geht. Außerdem muß sein $\Sigma V = 0$ und $\Sigma H = 0$.

2. Wird eine starre Scheibe von zwei äußeren Kräften ergriffen, so müssen — wenn Gleichgewicht bestehen soll — deren Kraftlinien zusammenfallen. Die beiden Kräfte $Q_1$ und $Q_2$ sind gleich groß, haben aber entgegengesetzten Pfeilsinn (Abb. 6).

Bezieht man die starre Scheibe, deren Gleichgewicht untersucht werden soll, auf ein rechtwinkliges Achsen-

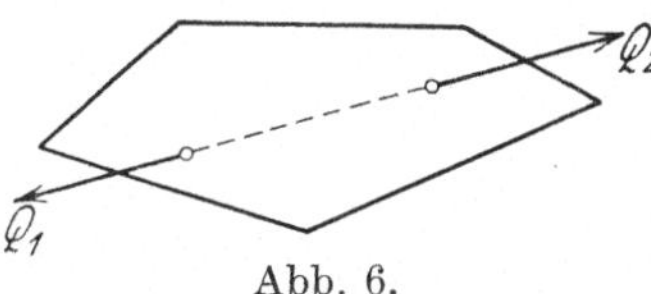

Abb. 6.

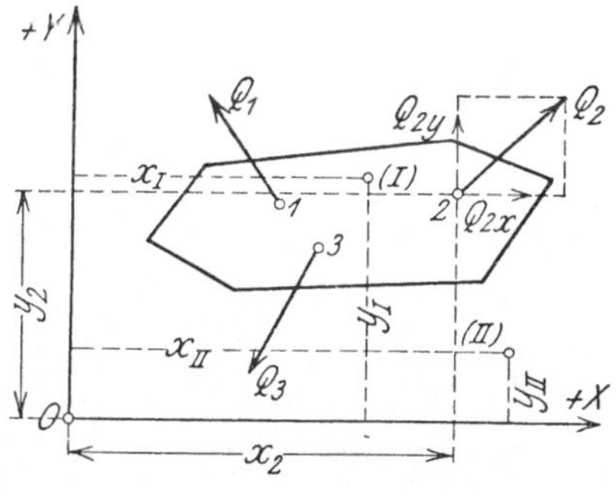

Abb. 7.

kreuz (Abb. 7) und wählt den Ursprung 0 als Drehpunkt, so lauten die obigen Gleichgewichtsbedingungen:

$$(1) \qquad \sum_{1}^{r} Q_{rx} = 0,$$

$$(2) \qquad \sum_{1}^{r} Q_{ry} = 0,$$

$$(3) \qquad \sum_{1}^{r} Q_{rx} \cdot y_r - \sum_{1}^{r} Q_{ry} \cdot x_r = 0.$$

Diese lassen sich wie folgt umformen. Man multipliziere Gleichung (1) nacheinander mit $-y_I$ und $-y_{II}$, darauf Gleichung (2) nacheinander mit $-x_I$ und $+x_{II}$, wobei $(x_I, y_I)$ und $(x_{II}, y_{II})$ die Koordinaten zweier in der $(x, y)$-Ebene liegender beliebiger Punkte $(I)$ und $(II)$ darstellen, und bilde

$$- \sum_{1}^{r} Q_{rx} \cdot y_I + \sum_{1}^{r} Q_{ry} \cdot x_I = 0,$$

$$- \sum_{1}^{r} Q_{rx} \cdot y_{II} + \sum_{1}^{r} Q_{ry} \cdot x_{II} = 0.$$

Addiert man jetzt zu diesen Ausdrücken Gleichung (3), so erhält man:

$$(1\,a) \qquad \sum_1^r Q_{rx}\,(y_r - y_I) - \sum_1^r Q_{ry}\,(x_r - x_I) = 0,$$

$$(2\,a) \qquad \sum_1^r Q_{rx}\,(y_r - y_{II}) - \sum_1^r Q_{ry}\,(x_r - x_{II}) = 0,$$

$$(3) \qquad \sum_1^r Q_{rx}\cdot y_r - \sum_1^r Q_{ry}\cdot x_r = 0 \quad \text{(bleibt bestehen)}.$$

Damit ergibt sich ein neues Gleichungssystem, welches aus dem ersten hervorgegangen ist und ebenfalls eine Definition des Gleichgewichts der starren Scheibe darstellt. Die obigen Gleichungen sind voneinander unabhängig, wenn

$$\frac{y_I}{x_I} \gtrless \frac{y_{II}}{x_{II}},$$

d. h. wenn die drei Punkte $0$, $(I)$ und $(II)$ nicht auf einer Geraden liegen. Wird dagegen $\dfrac{y_I}{x_I} = \dfrac{y_{II}}{x_{II}}$, oder $y_{II} = \nu\cdot y_I$; $x_{II} = \nu\cdot x_I$, so kann $(2\,a)$ auch in der Form geschrieben werden

$$(2\,a') \qquad \sum_1^r Q_{rx}\,(y_r - \nu y_I) - \sum_1^r Q_{ry}\,(x_r - \nu x_I) = 0.$$

Setzt man noch an Stelle von $(3)$:

$$\nu\cdot\sum_1^r Q_{rx}\cdot y_r - \nu\cdot\sum_1^r Q_{ry}\cdot x_r = 0,$$

so geht $(2\,a')$ über in die Gleichung

$$\nu\sum_1^r Q_{rx}\,(y_r - y_I) - \nu\sum_1^r Q_{ry}\,(x_r - x_I) = 0,$$

welche mit $(1\,a)$ identisch ist, d. h. durch $(2\,a)$ wird in diesem Sonderfall keine neue Bedingung für das Gleichgewicht der Scheibe aufgestellt.

Die Gleichungen $(1\,a)$, $(2\,a)$ und $(3)$ sagen aus, daß das Moment aller an der starren Scheibe wirkenden Kräfte (Lasten und Stützkräfte) um drei beliebige, nicht auf einer Geraden liegende Punkte gleich Null ist. Ihre Anwendung ist in vielen Fällen besonders zweckmäßig.

Die Erfüllung der Bedingungen I und II, bzw. (1) bis (3) oder $(1\,a)$, $(2\,a)$, $(3)$ ist notwendig und hinreichend, wenn an einem starren Körper bzw. einer starren Scheibe Gleichgewicht bestehen soll. Indessen läßt sich dieser Zustand auch noch durch eine andere Aussage kennzeichnen: das Prinzip der virtuellen Verrückungen.

Unter einer virtuellen Verrückung versteht man eine unendlich kleine Verschiebung eines Körpers, welche unter den bestehenden Umständen möglich, im übrigen aber willkürlich ist und nicht von den gegebenen Kräften abhängt, sondern durch eine beliebige andere Ursache erzeugt werden kann.

Ein starrer Körper kann aus seiner Anfangslage durch beliebig gerichtete Parallelverschiebung (Translation) und Drehung um eine beliebige Achse (Rotation) in eine der ersten unendlich nahe Lage übergeführt werden. Bei dieser virtuellen Verschiebung und Drehung leisten die am Körper wirkenden Kräfte Arbeit. Bezeichnet man nun den von dem Körper bei seiner Parallelverschiebung zurückgelegten unendlich kleinen Weg mit $\bar\delta$, so kann diese Strecke nach drei beliebigen nicht in einer Ebene liegenden Achsen $(x,\ y,\ z)$

zerlegt werden, und zwar mögen die Komponenten von $\bar{\delta}$ mit $\bar{\delta}_x$, $\bar{\delta}_y$, $\bar{\delta}_z$ bezeichnet werden. Die von den Kräften $Q$ auf den Wegen $\bar{\delta}_x$, $\bar{\delta}_y$, $\bar{\delta}_z$ geleisteten Arbeiten sind:

$$\sum_{1}^{r} Q_{rx} \cdot \bar{\delta}_x ; \qquad \sum_{1}^{r} Q_{ry} \cdot \bar{\delta}_y ; \qquad \sum_{1}^{r} Q_{rz} \cdot \bar{\delta}_z .$$

Nun ist aber, wenn der Körper sich im Gleichgewicht befinden soll,

$$\sum_{1}^{r} Q_{rx} = 0 ; \qquad \sum_{1}^{r} Q_{ry} = 0 ; \qquad \sum_{1}^{r} Q_{rz} = 0 ,$$

woraus folgt:

$$\sum_{1}^{r} Q_{rx} \cdot \bar{\delta}_x = 0 ; \qquad \sum_{1}^{r} Q_{ry} \cdot \bar{\delta}_y = 0 ; \qquad \sum_{1}^{r} Q_{rz} \cdot \bar{\delta}_z = 0 .$$

Bezeichnen ferner $\bar{\omega}$ die Winkelgeschwindigkeit der virtuellen Drehung, $\bar{\omega}_x$, $\bar{\omega}_y$, $\bar{\omega}_z$ ihre Komponenten nach den drei Achsen $x$, $y$, $z$, und $dt$ das Zeitdifferential, in dem die Drehung erfolgt, so werden unter Beachtung von

$$\bar{\omega}_x \cdot dt = \bar{\tau}_x ; \qquad \bar{\omega}_y \cdot dt = \bar{\tau}_y ; \qquad \bar{\omega}_z \cdot dt = \bar{\tau}_z$$

die Arbeiten der Kräfte $Q$ bei den drei Drehungen um die Achsen $x$, $y$, $z$ dargestellt durch die Summen der Produkte aus den Momenten $M_{rx}$, $M_{ry}$, $M_{rz}$ und den zugehörigen Drehwinkeln $\bar{\tau}_x$, $\bar{\tau}_y$, $\bar{\tau}_z$. Sie nehmen also die Werte an:

$$\sum_{1}^{r} M_{rx} \cdot \bar{\tau}_x ; \qquad \sum_{1}^{r} M_{ry} \cdot \bar{\tau}_y ; \qquad \sum_{1}^{r} M_{rz} \cdot \bar{\tau}_z .$$

Da aber im Gleichgewichtszustand des Körpers

$$\sum_{1}^{r} M_{rx} = 0 ; \qquad \sum_{1}^{r} M_{ry} = 0 ; \qquad \sum_{1}^{r} M_{rz} = 0 ,$$

so ist auch:

$$\sum_{1}^{r} M_{rx} \cdot \bar{\tau}_x = 0 ; \qquad \sum_{1}^{r} M_{ry} \cdot \bar{\tau}_y = 0 ; \qquad \sum_{1}^{r} M_{rz} \cdot \bar{\tau}_z = 0 .$$

Das Gleichgewicht eines starren Körpers im Raume wird also durch folgende Aussage gekennzeichnet:

1. Die Arbeit aller am Körper wirkenden Kräfte bei drei virtuellen Parallelverschiebungen längs dreier nicht in einer Ebene liegender Achsen ist gleich Null.
2. Die Arbeit aller am Körper wirkenden Kräfte bei drei virtuellen Drehungen um drei nicht in einer Ebene liegende Achsen ist gleich Null.

Nun wird aber durch drei derartige Parallelverschiebungen und drei Drehungen der allgemeinste Verrückungszustand eines Körpers aus seiner Anfangslage in eine dieser unendlich nahe Lage gekennzeichnet. Man kann deshalb die Bedingungen 1 und 2 auch kürzer so formulieren: Ein starrer Körper befindet sich im Gleichgewicht, wenn bei jeder möglichen, unendlich kleinen virtuellen Verrückung die Summe der Arbeiten aller am Körper angreifenden Kräfte gleich Null ist.

Bei der Ableitung der vorstehenden Gesetze wurde auf das Vorhandensein innerer Kräfte keine Rücksicht genommen. Diese Maßnahme ist begründet durch das Gesetz der Wechselwirkung, nach welchem zwei materielle Punkte eines Körpers sich gegenseitig so beeinflussen, daß der erste Punkt auf den zweiten eine Kraft von gleicher Größe aber entgegengesetzter Richtung ausübt wie der zweite auf den ersten, und daß die Richtungslinien dieser Kräfte zusammenfallen. Die Gesamtheit der inneren Kräfte liefert also beim starren Körper keinen Beitrag zu den Gleichgewichtsbedingungen.

Für die Ebene gehen die obigen sechs Bedingungen in drei über, nämlich

$$\sum_1^r Q_{rx}\cdot \bar{\delta}_x = 0; \qquad \sum_1^r Q_{ry}\cdot \bar{\delta}_y = 0; \qquad \sum_1^r M_r \cdot \bar{\tau} = 0.$$

Sie besagen, daß im Gleichgewichtsfall die Arbeit aller an einer starren Scheibe wirkenden Kräfte bei jeder möglichen, unendlich kleinen virtuellen Verrückung der Scheibe gleich Null sein muß.

## § 5. Statisch bestimmte und statisch unbestimmte Systeme.

Ein Tragwerk heißt statisch bestimmt, wenn die infolge gegebener Lasten erzeugten Lagerkräfte, sowie die als innere Kräfte wirkenden Spannungen (bzw. Spannkräfte) lediglich mit Hilfe der Gleichgewichtsbedingungen er‑ mittelt werden können. Es heißt labil oder stabil, je nachdem die ein‑ zelnen Scheiben oder Stäbe, aus denen das System zusammengesetzt ist, ihre relative Lage gegeneinander oder gegen die Stützen — abgesehen von elastischen Formänderungen — ändern können oder nicht. Im ersten Fall ist das System verschieblich und somit für praktische Zwecke unbrauchbar. Genügen die Gleichgewichtsbedingungen zur Bestimmung der oben genannten Größen nicht, so ist das Bauwerk statisch unbestimmt. In der Theorie der ebenen Systeme unterscheidet man noch zwischen äußerlich statisch un‑ bestimmten Systemen, das sind solche, die eine oder mehrere überzählige Stützen aufweisen, und innerlich statisch unbestimmten, welche einen oder mehrere überzählige Stäbe enthalten. Die Zahl der überzähligen, d. h. nicht mit Hilfe der Gleichgewichtsbedingungen ermittelbaren Größen gibt den Grad der statischen Unbestimmtheit des Systems an (einfach, zweifach, $n$-fach statisch unbestimmt).

Denkt man sich nun die überzähligen Stäbe oder Stützen (wobei unter Stütze auch eine Einspannung verstanden sein kann, vgl. § 2, 3.) entfernt, so geht das statisch unbestimmte System in ein statisch bestimmtes — Hauptsystem — über, an dem der Einfluß der entfernten Stäbe usw. durch äußere Kräfte (bzw. Momente, bei Einspannung) von gleicher Wirkungsweise wie die entfernten Stäbe oder Stützen ersetzt werden kann. Die Größe dieser nachträglich angebrachten äußeren Kräfte kann beliebig gewählt werden; immer entsteht in dem statisch bestimmten System ein Spannungszustand, der mit den Gleichgewichtsbedingungen verträglich ist. Von diesen unendlich vielen möglichen Gleichgewichtssystemen kann aber nur eines in Wirklich‑ keit eintreten, nämlich dasjenige, welches am statisch bestimmten System solche Formänderungen hervorruft, wie diese durch die Anordnung der wirk‑ lich vorhandenen (entfernt gedachten) Stützen oder Stäbe bedingt sind. Die Lehre von den elastischen Formänderungen der Körper liefert die Hilfsmittel, um derartige statisch unbestimmte Systeme der Berechnung zugänglich zu machen.

Nachstehend soll die Frage, ob ein statisch bestimmtes oder unbestimmtes System vorliegt, für einige wichtige ebene Träger entschieden werden (über räumliche Systeme vgl. Abschnitt III, § 3), wobei angenommen wird, daß die betreffenden Systeme aus einer oder mehreren starren Scheiben (worunter auch biegungsfeste Stäbe zu verstehen sind) bestehen mögen, gleichgültig, ob diese vollwandig oder fachwerkartig ausgebildet sind.

### a) Der Träger besteht aus einer starren Scheibe.

Die starre Scheibe $S$ (Abb. 8) möge in $A$ gelenkig fest, in $B$ auf einer schrägen Bahn beweglich gelagert sein. Nach § 2 treten bei $A$ zwei, bei $B$

eine unbekannte Lagerkomponente auf, die mit Hilfe der drei Gleichgewichtsbedingungen der starren Scheibe bestimmt werden können. Zieht man die graphische Lösung der rechnerischen vor, so findet man mit Hilfe des in § 4 S. 4 abgeleiteten Satzes die Reaktionen $A$ und $B$ aus der Bedingung, daß diese sich mit der Resultierenden $R_P$ der Lasten $P$ in einem Punkte schneiden müssen. Dieser Punkt ist durch die Richtung von $B$ und $R_P$ bekannt. Eine so gestützte Scheibe ist also statisch bestimmt. Als Sonderfall dieser Stützung ist diejenige anzusehen, bei der die Bahn des Lagers $B$ horizontal verläuft. Treten hier nur senkrechte Lasten auf, so können — da der Schnittpunkt von $R_P$ und $B$ im Unendlichen liegt — auch nur senkrechte Stützendrücke auftreten (Abb. 9).

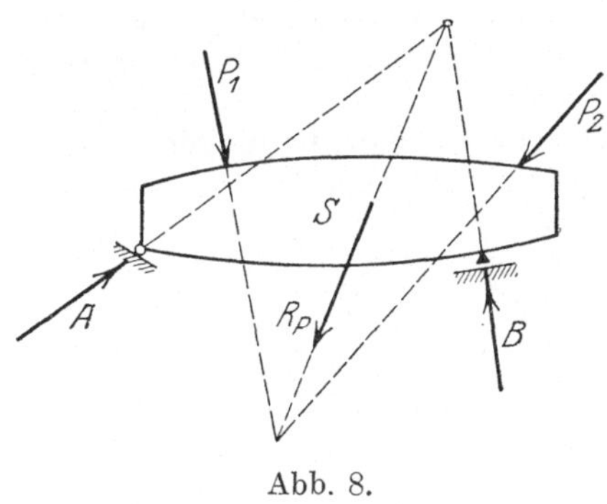

Abb. 8.

Ein statisch bestimmtes System ist ferner der in Abb. 10 dargestellte Freiträger. Für diesen kommen ebenfalls drei Lagerkräfte in Frage, eine vertikale und eine horizontale Komponente, sowie ein Moment.

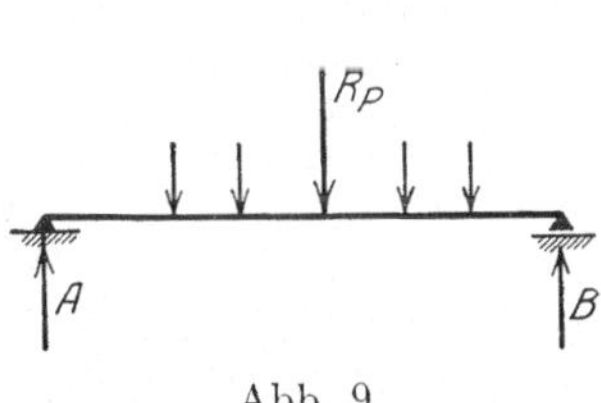

Abb. 9.

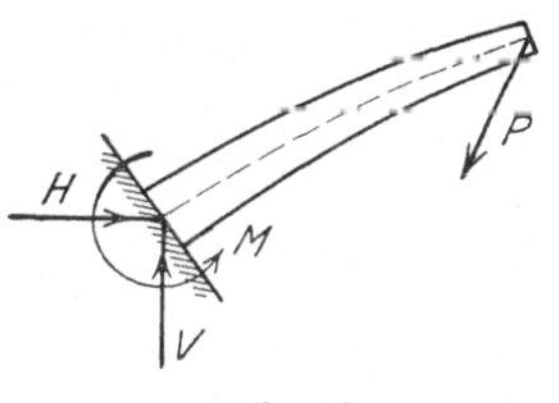

Abb. 10.

Auch der in Abb. 11 skizzierte Träger weist eine statisch bestimmte Stützung auf. An ihm greifen drei unbekannte Stützenreaktionen an, deren Richtungen durch die Bahnnormalen gegeben sind. Zur Bestimmung dieser Reaktionen $A$, $B$, $C$ genügen die drei Gleichgewichtsbedingungen. Schneller

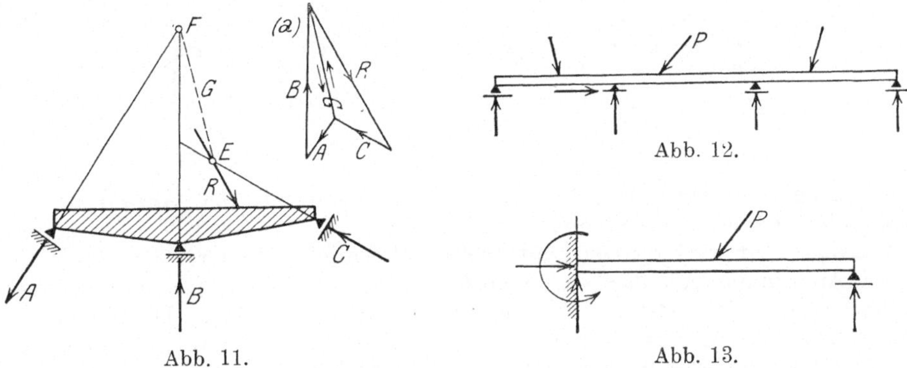

Abb. 11.

Abb. 12.

Abb. 13.

gelangt man dagegen auf graphischem Wege zum Ziele, indem man die Aufgabe löst: Eine Kraft $R$ (Resultierende der Lasten) nach drei gegebenen Richtungen zu zerlegen. Zu diesem Zwecke bringt man je zwei der vier Kraftlinien von $A$, $B$, $C$ und $R$ zum Schnitt, z. B. $R$ und $C$ in $E$, ferner

$A$ und $B$ in $F$. Nun verbindet man $E$ mit $F$ durch die Gerade $G$ und zerlegt $R$ im Punkte $E$ nach $C$ und $G$ und darauf $G$ im Punkte $F$ nach $A$ und $B$. Der Umfahrungssinn von $R$, $C$, $A$, $B$ muß stetig sein (Abb. 11a). Das vorliegende System ist stabil, solange sich die drei Bahnnormalen nicht in einem Punkte schneiden (vgl. Seite 12 und 105).

Liegt das in Abb. 12 skizzierte System vor, so erkennt man leicht, daß die Anzahl der vorhandenen Lagerkräfte größer ist als die der verfügbaren Gleichgewichtsbedingungen. Der Träger ist also statisch unbestimmt. Allgemein läßt sich sagen, daß für einen aus einer starren Scheibe gebildeten

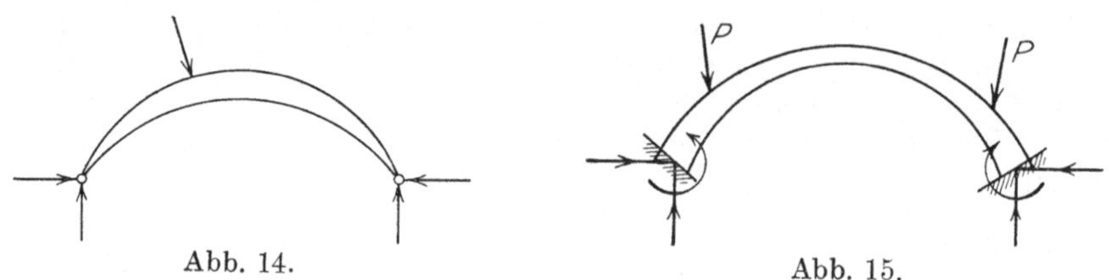

Abb. 14.                                              Abb. 15.

ebenen Träger der Grad der statischen Unbestimmtheit bei $a$ unbekannten Lagergrößen $a - 3$ beträgt. Obiges System (Abb. 12) ist also $5 - 3 = 2$ fach statisch unbestimmt.

Unter Beachtung der eingetragenen Lagergrößen ergibt sich ferner, daß die in der Abb. 13 und 14 dargestellten Systeme einfach, das in Abb. 15 skizzierte dagegen dreifach statisch unbestimmt sind.

## b) Der Träger besteht aus mehreren starren Scheiben.

Besitzt ein aus einer starren Scheibe bestehender, ebener Träger mehr als drei unbekannte Lagergrößen — ist er also statisch unbestimmt —, so kann er durch Zerlegung in mehrere durch Gelenke miteinander verbundene starre Scheiben in ein statisch bestimmtes System umgewandelt werden. Da in einem Gelenkpunkt ein Biegungsmoment nicht übertragen wird, so erhält man aus der Bestimmung $M_g = 0$ eine neue statische Gleichung, die zu den drei Gleichgewichtsbedingungen hinzutritt. Werden nun soviel Gelenke angeordnet, als überzählige Lagergrößen vorhanden sind, so stimmt die Anzahl

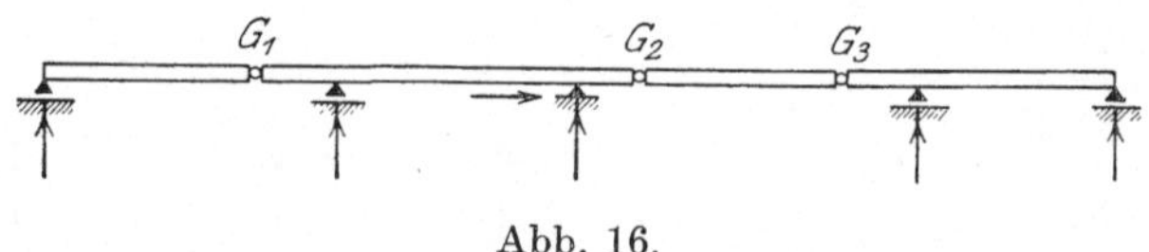

Abb. 16.

der verfügbaren statischen Bedingungsgleichungen mit der Anzahl der unbekannten Lagerkräfte überein, welche demnach ermittelt werden können. Ein Träger auf fünf Stützen mit sechs unbekannten Lagergrößen kann also durch Anordnung von drei Gelenken $G_1$, $G_2$, $G_3$ in einen statisch bestimmten Gelenkträger (Gerberträger) übergeführt werden (Abb. 16). Die Anordnung der Gelenke ist willkürlich und nur an die Bedingung geknüpft, daß zwischen zwei Stützen nicht mehr als zwei Gelenke vorhanden sein dürfen.

In gleicher Weise läßt sich der einfach statisch unbestimmte Zweigelenkbogen (Abb. 14) in den statisch bestimmten Dreigelenkbogen (Abb. 17) überführen.

Um zu einer wichtigen Beziehung zwischen den Stützenreaktionen, den Zwischenreaktionen der Scheiben in den Gelenken und der Anzahl der vorhandenen Scheiben zu gelangen, verwandle man den dreifach statisch unbestimmten Bogen (Abb. 15) durch Einschaltung von drei Gelenken in ein statisch bestimmtes System (Abb. 18). Dieser Träger besteht jetzt aus vier durch Gelenke verbundenen Scheiben. Denkt man sich nun die Gelenke durchschnitten, so daß jede Scheibe einen selbständigen Träger darstellt, so sind die in den Gelenken wirkenden Drücke als äußere Kräfte an

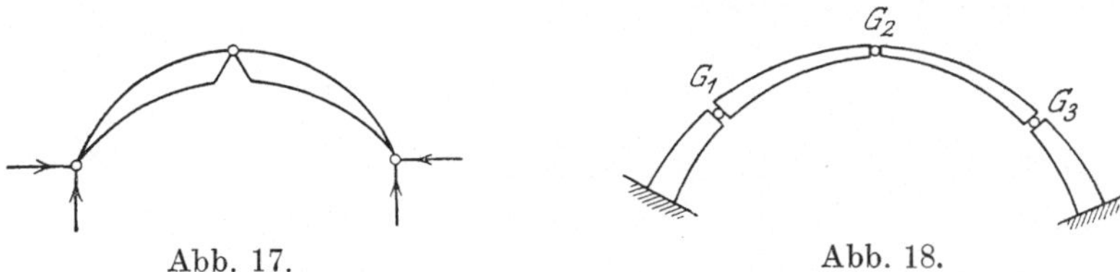

Abb. 17.        Abb. 18.

den einzelnen Scheiben anzubringen und können in bezug auf jede Scheibe als unbekannte Reaktionen aufgefaßt werden. Es möge nun $p$ die Anzahl der Scheiben, $a$ die Anzahl der Stützenreaktionen und $z$ die Anzahl der Zwischenreaktionen (Gelenkdrücke) bezeichnen. Für jede Scheibe, als selbständiger Träger aufgefaßt, stehen drei, für $p$ Scheiben also $3\,p$ Gleichgewichtsbedingungen zur Verfügung. Soll das ganze System statisch bestimmt sein, so muß die Bedingung erfüllt werden

$$(1) \qquad\qquad a + z = 3\,p,$$

d. h. die Anzahl der Stützen- und Zwischenreaktionen muß ebenso groß sein wie die dreifache Anzahl der Scheiben.

Im Querschnitt durch eine Scheibe treten im allgemeinen drei Kraftwirkungen auf: eine Längskraft, eine Querkraft und ein Moment. An einem Scheibengelenk entfällt das Moment, es bleiben also nur zwei Kräfte wirksam, weshalb jedes Gelenk durch zwei solcher Kräfte ersetzt werden

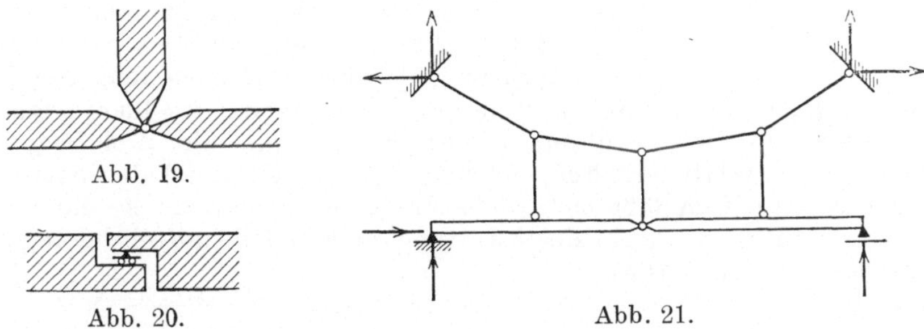

Abb. 19.

Abb. 20.        Abb. 21.

kann. Treffen in einem Gelenkpunkt mehr als zwei Scheiben zusammen (Abb. 19), so liefert jede neu hinzutretende zwei weitere Reaktionen, weshalb bei einem von $n$ Scheiben gebildeten Gelenk $2 + 2(n - 2) = 2(n - 1)$ unbekannte Kräfte in Ansatz zu bringen sind. Wird das Gelenk so ausgebildet, daß eine Kraftwirkung zweier Scheiben gegeneinander nur in bestimmter Richtung ausgeübt werden kann (verschiebliches Gelenk, Abb. 20), so ist nur eine Zwischenreaktion von bekannter Richtung vorhanden.

In dem oben behandelten Beispiel des Bogenträgers handelt es sich um zweischeibige, feste Gelenke mit je zwei, im ganzen also sechs Zwischenreaktionen. Da ferner $a = 6$ und $p = 4$ ist, so zeigt die Gleichung

$$6 + 6 = 3 \cdot 4,$$

daß es sich in der Tat um ein statisch bestimmtes System handelt.

Die hier gefundene Beziehung gestattet besonders in verwickelteren Fällen eine schnelle Beurteilung der Frage, ob ein statisch bestimmter Träger vorliegt oder nicht, was an zwei Beispielen erläutert werden soll.

Abb. 21 zeigt eine durch einen Balken versteifte Kette. Im ganzen sind bei der gewählten Stützung 7 Lagergrößen zu bestimmen. 4 dreischeibige Gelenke liefern 16, 2 zweischeibige liefern 4, das sind zusammen 20 Zwischenreaktionen. Diesen 27 Unbekannten stehen bei 9 Scheiben 27 Gleichgewichts-

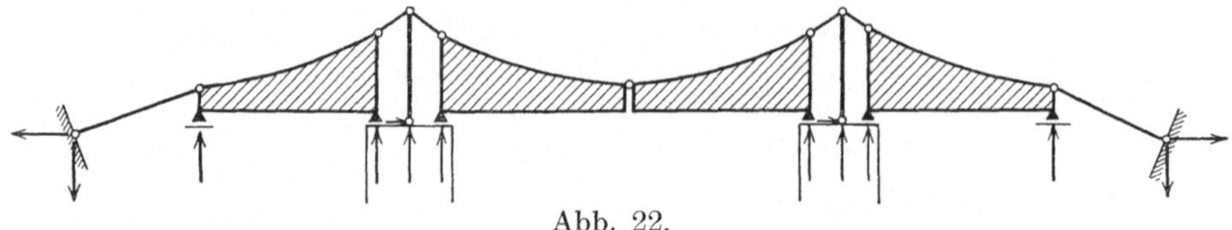

Abb. 22.

bedingungen gegenüber, d. h. das System ist statisch bestimmt. In ähnlicher Weise läßt sich zeigen, daß das in Abb. 22 skizzierte System statisch bestimmt ist, denn mit $a = 14$, $z = 22$, $p = 12$ wird die Gleichung (4) identisch erfüllt.

Diese entscheidet also auch bei zusammengesetzten Systemen leicht, ob es sich um ein statisch bestimmtes System handelt oder nicht. Ist die Summe $a + z > 3p$, dann ist das System statisch unbestimmt, wird dagegen

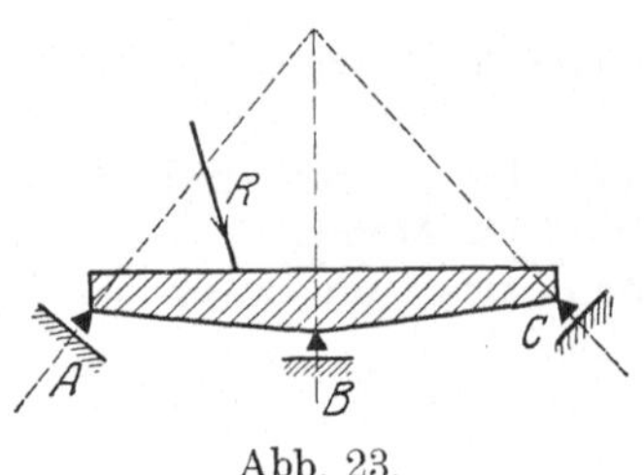

Abb. 23.

$a + z < 3p$, dann ist es labil und somit nicht brauchbar. Indessen können auch Systeme auftreten, welche, obwohl Gleichung (4) erfüllt ist, unbrauchbar — weil verschieblich — sind. Dabei genügt bereits eine sehr kleine (unendlich kleine) Verschieblichkeit. Ein einfaches Beispiel eines verschieblichen Systems, für das Gleichung (4) erfüllt ist, zeigt Abb. 23, in welcher sich die drei Bahnnormalen der Stützpunkte in einem Punkte schneiden. Eine Zerlegung der Kraft $R$ nach den drei Lagerkräften $A$, $B$, $C$ in der auf S. 9 besprochenen Weise ist hier nicht möglich. Wollte man sie ausführen, so würde man für alle drei Lagerkräfte unendlich große Werte erhalten, woraus schon erhellt, daß das System unbrauchbar ist. Vielfach läßt sich diese Frage indessen nicht so einfach entscheiden, weshalb zu ihrer Beantwortung andere Hilfsmittel herangezogen werden müssen (vgl. S. 105).

## § 6. Die Einflußlinie.

Für die Berechnung der Querschnittsabmessungen eines Bauwerkes ist die Bestimmung der Grenzwerte aller statischen Größen (Momente, Längskräfte, Querkräfte, Lagerreaktionen), das sind diejenigen Werte, zwischen welchen alle sonst vorkommenden eingeschlossen sind, erforderlich. Handelt es sich lediglich um ruhende Lasten (Eigengewicht, Schnee, Wind, Temperaturänderung usw.), so bietet die Ermittlung der Größtwerte keine Schwierigkeiten, da diese durch entsprechende Verbindung der für jede statische Größe ungünstigsten Belastungszustände gefunden werden können. Anders verhält es sich dagegen beim Vorhandensein beweglicher Lasten. Sind diese, was fast ausschließlich der Fall ist, sämtlich parallel, so bietet die Benutzung der Einflußlinien ein bequemes Hilfsmittel zur Bestimmung dieser Grenzwerte.

Die Einflußlinie einer beliebigen statischen Größe wird wie folgt gefunden: Man untersucht den Einfluß einer über den Träger wandernden Einzellast $P=1$ auf die betreffende statische Größe in verschiedenen Laststellungen und trägt die so gefundenen Werte unter der jeweiligen Laststellung als Ordinaten $\eta$ von einer Nullinie aus auf. Der durch die Endpunkte der Strecken $\eta$ festgelegte Linienzug ist die gesuchte Einflußlinie, während die von der Einfluß- und Nullinie begrenzte Fläche die Einflußfläche genannt wird (Abb. 24).

Im allgemeinen werden die Einflußlinien nur für lotrechte Belastung benötigt, indessen bietet die Konstruktion von Einflußlinien auch für wagerechte oder schräge Lasten keine Schwierigkeiten.

Die Einflußlinien können positive und negative Beitragsstrecken haben, je nachdem bei Belastung des Trägers innerhalb dieser Strecken positive

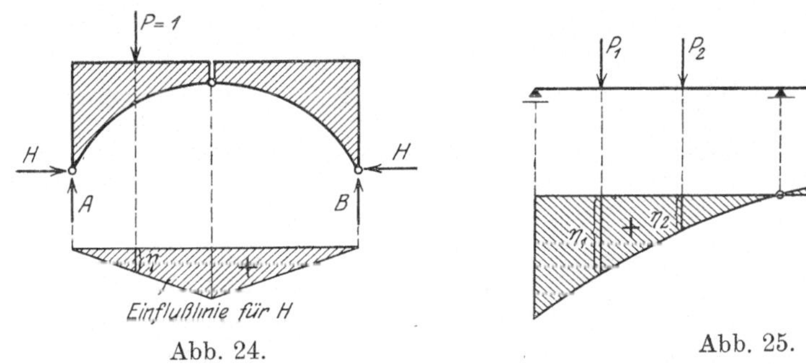


Abb. 24.
Abb. 25.

oder negative Werte der betreffenden statischen Größe erzeugt werden (Abb. 25). Positive Ordinaten werden für die Folge von der Nullinie aus nach unten, negative nach oben aufgetragen. Wird für eine bestimmte Laststellung die statische Größe zu Null, so entspricht dieser Stellung in der Einflußlinie ein Nullpunkt.

Geben die Ordinaten $\eta_1$, $\eta_2$, ... die Einflüsse der Lasteinheit $(P=1)$ auf die statische Größe $Z$ in den verschiedenen Stellungen an, so erzeugt eine in $r$ stehende Last $P$

$$Z = P \cdot \eta_r$$

und ein aus mehreren parallelen Lasten $P_1$, $P_2$, ..., $P_n$ bestehendes Lastensystem die Größe

$$Z = \sum_1^n P \cdot \eta,$$

wobei die Ordinaten $\eta$ mit ihren Vorzeichen einzusetzen sind.

Die vorstehende Gleichung setzt die Gültigkeit des Superpositionsgesetzes voraus. Auf den vorliegenden Fall angewendet besagt dieses, daß, nachdem ein bestimmter Spannungszustand infolge einer gegebenen Belastung eingetreten ist, jede Änderung dieses Spannungszustandes nur von der neu hinzutretenden Belastung abhängt. Einer Aufeinanderlegung verschiedener Belastungszustände entspricht eine einfache Addition der zu jedem dieser Belastungszustände gehörigen Spannungen (vgl. § 7 und 8).

Wirkt auf den Träger eine zwischen zwei Punkten $a$ und $b$ gleichmäßig verteilte Last $p$ kg/m, so erhält man die statische Größe $Z$ durch den Ansatz:

$$Z = \int_{x=a}^{x=b} p\, dx \cdot \eta = p \cdot F_{(a,\,b)},$$

d. h. $Z$ wird gleich dem Produkt aus der Belastungseinheit $p$ und dem zwischen den Punkten $a$ und $b$ liegenden Teile der Einflußfläche (Abb. 26). Ist die Last ungleichmäßig verteilt, so setzt man an ihre Stelle (durch Zer-

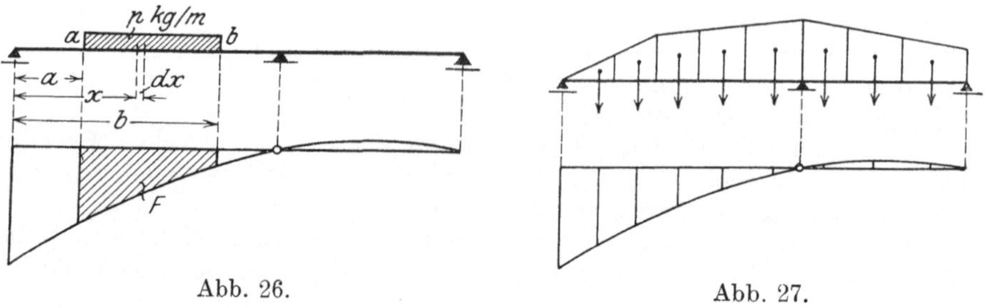

Abb. 26.            Abb. 27.

legung der Belastungsfläche in genügend kleine Abschnitte) zweckmäßig eine Anzahl von Einzellasten und verfährt dann genau wie bei letzteren (Abb. 27).

Die Einflußlinie gibt sofort an, wie ein Träger belastet werden muß, damit die gesuchte statische Größe ihre Grenzwerte (größter positiver und größter negativer Wert) annimmt. Besitzt sie nur positive oder nur negative Ordinaten, so muß der ganze Träger belastet werden und zwar so, daß über den größten Ordinaten die größten Lasten stehen. Sind dagegen positive und negative Ordinaten vorhanden, so sind zur Erlangung des positiven Grenzwertes ausschließlich die positiven, zur Erlangung des negativen Grenzwertes ausschließlich die negativen Beitragsstrecken zu belasten.

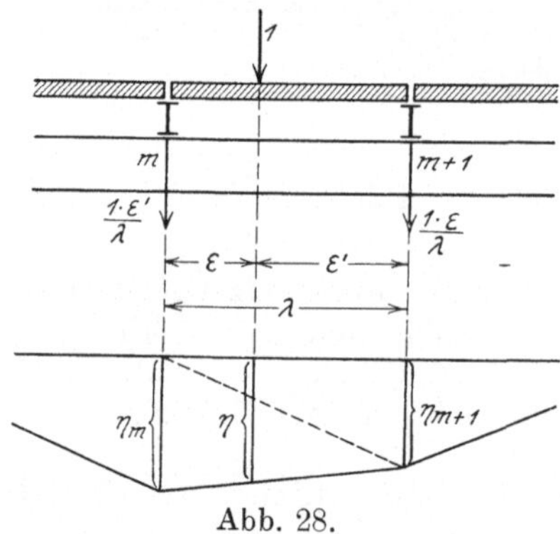

Abb. 28.

Vielfach werden die Lasten nicht direkt, sondern indirekt durch Querträger auf die einzelnen Knotenpunkte der Hauptträger übertragen (Abb. 28). Steht dann die Last 1 zwischen zwei Querträgern $m$ und $m + 1$, deren Abstand mit $\lambda$ bezeichnet sein möge, während $\varepsilon$ und $\varepsilon'$ die Abstände der Last von $m$ bzw. $m + 1$ angeben, so hat die auf $m$ entfallende Komponente der Last 1 den Wert $1 \cdot \dfrac{\varepsilon'}{\lambda}$, denn sie muß in bezug auf $m + 1$ das gleiche Moment erzeugen wie die Last 1. Entsprechend ist die auf $m + 1$ entfallende Komponente $1 \cdot \dfrac{\varepsilon}{\lambda}$. Nun muß sein

$$1 \cdot \eta = 1 \cdot \frac{\varepsilon'}{\lambda} \cdot \eta_m + 1 \cdot \frac{\varepsilon}{\lambda} \cdot \eta_{m+1},$$

wenn $\eta_m$ bzw. $\eta_{m+1}$ die den Punkten $m$ und $m + 1$ entsprechenden Ordinaten der Einflußlinie für $Z$ darstellen. Die vorstehende Gleichung ist für die Veränderliche $\varepsilon$, bzw. $\varepsilon' = \lambda - \varepsilon$ vom ersten Grade, d. h. die Einflußlinie zwischen den beiden Knotenpunkten $m$ und $m + 1$ verläuft geradlinig.

Mitunter wird man aus Zweckmäßigkeitsgründen als Ordinaten $\eta$ nicht die gefundenen tatsächlichen Einflüsse der Last 1 auf die statische Größe $Z$ auftragen, sondern andere, mit einer konstanten Zahl $k$ multiplizierte Werte $(\eta \cdot k)$. In solchen Fällen ist der Einflußlinie ein Multiplikator $\mu = \dfrac{1}{k}$ beizugeben, mit dem der Wert $\overset{r}{\underset{1}{\sum}} P(\eta \cdot k)$ zu multiplizieren ist, um $Z$ zu erhalten. Zur Darstellung der Einflußlinie genügt es also, wenn die Gestalt der Einflußfläche, d. h. das gegenseitige Verhältnis der Einflußordinaten, festgelegt und der Multiplikator $\mu$ bestimmt wird.

Die Einflußlinien der am häufigsten vorkommenden Systeme sind in den folgenden Kapiteln eingehender behandelt. Bei verwickelteren statisch bestimmten Systemen bedient man sich häufig mit Vorteil der kinematischen Methode (siehe Abschnitt III, § 2), die insbesondere auch einige wichtige allgemeine Schlüsse über die Gestalt der Einflußlinien, ihre Nullpunkte und ihre Knickpunkte zuläßt.

# § 7. Die Grundgleichungen der Statik des geraden, stabförmigen Trägers.

Ein gerader stabförmiger Körper sei von beliebigen, äußeren Kräften ergriffen, die zusammen an dem Stab ein Gleichgewichtssystem bilden. Um zu einer Beurteilung über die Größe der durch die äußeren Kräfte im Stabe hervorgerufenen Spannungen zu gelangen (vgl. § 3), denke man sich diesen durch einen Querschnitt in zwei Teile zerlegt, bringe zur Wiederherstellung des zerstörten Gleichgewichts die in dem Querschnitt übertragenen, zunächst unbekannten Spannungen in der Schnittfläche als äußere Kräfte an und betrachte nunmehr einen dieser Teile — etwa den linken — als selbständigen Körper für sich.

Bezieht man den Querschnitt des Stabes auf ein räumliches Koordinatensystem, dessen Ursprung mit dem Schwerpunkt $O$, und dessen $X$-Achse mit mit der Stabachse zusammenfällt, während die $Y$- und $Z$-Achse in der Querschnittsebene liegen (Abb. 29), so kann jede der an dem betrachteten — linken — Stabteil angreifenden Lasten in drei Komponenten nach diesen drei Achsen zerlegt werden. Die in Richtung der $X$-Achse wirkenden Komponenten liefern eine Längskraft $N_x$, sowie die Biegungsmomente $M_y$ und $M_z$ (um die $y$- und $z$-Achse), die in Richtung der $y$- und $z$-Achse wirkenden erzeugen die Querkräfte $Q_y$ und $Q_z$, sowie das Verdrehungsmoment $M_x$ (um die $x$-Achse).

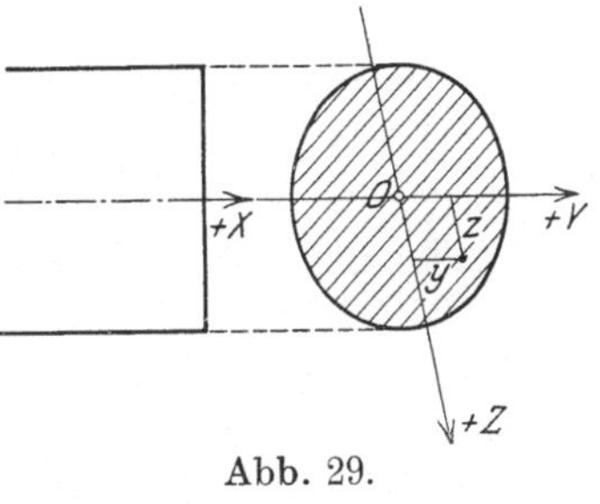



Abb. 29.

Um nun die unbekannten Spannungen im betrachteten Querschnitt berechnen zu können, geht man zunächst von den Gleichgewichtsbedingungen aus und stellt die Forderung auf, daß die am abgetrennten Stabteil wirkenden äußeren Kräfte, bzw. deren Komponenten, mit den im Querschnitt angebrachten Spannungen ein Gleichgewichtssystem bilden müssen. Bei der Betrachtung des einfachsten Sonderfalles, der reinen Längskraft, erkennt man jedoch leicht, daß mit Hilfe der Gleichgewichtsbedingungen allein eine eindeutige Lösung der Aufgabe nicht möglich ist, da jede beliebige Spannungsverteilung, sofern sie nur zu einer in die Stabachse fallenden Resultierenden von gleicher Größe und entgegengesetzter Richtung wie die äußere Kraft führt, die Gleichgewichtsbedingungen erfüllen würde. Es ist vielmehr erforderlich, neben dem Spannungszustande auch die mit ihm verbundenen Formänderungen des Stabes zu untersuchen. Der Zusammenhang zwischen Spannungszustand und Formänderung eines elastischen Körpers ist für den einachsigen Spannungszustand durch das Hookesche Gesetz gegeben (vgl.

S. 20), wonach Spannungen und Formänderungen proportional sind. Die Erfahrung hat gelehrt, daß im Falle reiner Längskraft die Längenänderungen parallel zur $x$-Achse für alle Punkte des Querschnitts nahezu konstant sind, weshalb auch die Spannungen als über den ganzen Querschnitt gleichmäßig verteilt angenommen werden dürfen. Damit ist der Spannungszustand eindeutig bestimmt. Wesentlich verwickelter liegen die Verhältnisse beim ebenen oder gar beim allgemeinsten Spannungszustand, so daß man in der Statik der Baukonstruktionen, wo es besonders darauf ankommt, praktisch brauchbare Lösungen zu finden, gezwungen ist, vereinfachende Annahmen zu machen, die mit den durch Versuche gewonnenen Erfahrungen innerhalb gewisser Grenzen nicht in Widerspruch stehen. Für die weiteren Betrachtungen wird vorausgesetzt:

1. Die Querschnittsabmessungen der Stäbe — um solche allein soll es sich hier handeln — sind klein gegenüber der Stablänge.
2. Alle Lasten wirken in einer Ebene, der Lastebene, welche die Stabachse schneidet; ein Verdrehungsmoment tritt also nicht auf.
3. Die elastischen Formänderungen sind so klein, daß Lage und Angriffspunkt der Kräfte nach Eintritt des Gleichgewichtszustandes genau so angenommen werden kann wie im Falle des nicht deformierten Stabes.
4. Alle Stabquerschnitte werden als nahezu kongruent vorausgesetzt.

Es mögen nun $\sigma_x$, $\sigma_y$, $\sigma_z$ die Längs- (Normal-) Spannungen eines beliebigen Punktes nach den Richtungen der Koordinatenachsen, $\tau_x$, $\tau_y$, $\tau_z$ die Schubspannungen dieses Punktes senkrecht zu den Koordinatenachsen bezeichnen.

Genau genommen müßte man an Stelle der drei Schubspannungskomponenten $\tau_x$, $\tau_y$, $\tau_z$ die sechs Komponenten $\tau_{yz}$, $\tau_{zy}$, $\tau_{xz}$, $\tau_{zx}$, $\tau_{xy}$, $\tau_{yx}$ einführen, wobei der erste Zeiger jeweils mit dem der zugehörigen (d. h. in dem gleichen Flächenelement wirkenden) Längsspannung übereinstimmt, der zweite die Achsrichtung angibt, zu welcher die betreffende Spannungskomponente parallel läuft. Betrachtet man jedoch das Gleichgewicht eines unendlich kleinen rechtwinkligen Parallelepipedons mit den Kanten $dx$, $dy$, $dz$ gegen Drehen um die durch dessen Mittelpunkt gelegte zur $x$-$y$-Ebene senkrechte Achse, so ergibt sich mit den Bezeichnungen der Abb. 30, welche die Projektion des Körperchens auf der $x$-$y$-Ebene darstellt:

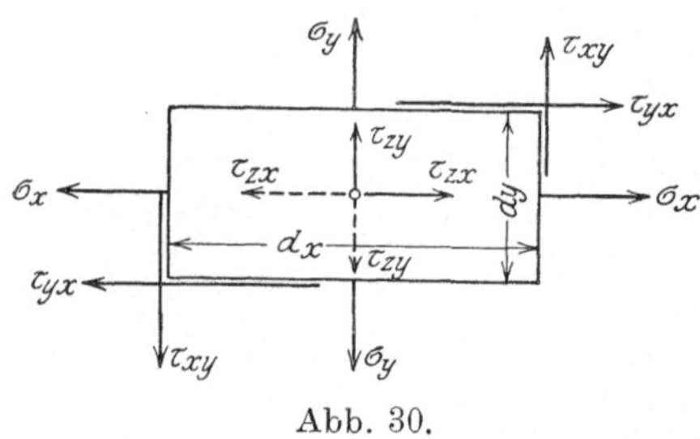

Abb. 30.

$$(\tau_{yx}\cdot dx\cdot dz)\cdot dy - (\tau_{xy}\cdot dy\cdot dz)\,dx = 0.$$

Dabei stellt z. B. $\tau_{yx}\cdot dx\cdot dz$ die auf die Fläche $dx\cdot dz$ entfallende Schubkraft dar. Aus vorstehender Gleichung folgt:

$$\tau_{yx} = \tau_{xy}.$$

In gleicher Weise läßt sich zeigen, daß $\tau_{xz} = \tau_{zx}$ und $\tau_{yz} = \tau_{zy}$ ist. Man nennt dieses hier entwickelte Gesetz den Satz von der Gleichheit der einander zugeordneten Schubspannungen und kann jetzt kürzer schreiben

$$\tau_{yz} = \tau_{zy} = \tau_x; \quad \tau_{xz} = \tau_{zx} = \tau_y; \quad \tau_{xy} = \tau_{yx} = \tau_z.$$

Nun wird weiter nach Navier angenommen, daß die Normalspannungen $\sigma_x$ in jedem Querschnitt proportional mit ihrem Abstand von der Nullinie wachsen (Geradliniengesetz) und die Spannungskomponenten $\sigma_y$, $\sigma_z$, $\tau_x$

mit Rücksicht auf die zugrunde gelegte Stabform verschwinden[1]). Die Spannungsuntersuchung des geraden Stabes wird somit lediglich auf die Ermittlung der Normalspannungen $\sigma_x$ und der senkrecht zur $y$- und $z$-Achse wirkenden Schubspannungen $\tau_y$ bzw. $\tau_z$ beschränkt.

Zur Ermittlung der Normalspannungen $\sigma_x$ wird der Querschnitt auf ein rechtwinkliges Achsenkreuz bezogen, dessen $y$- und $z$-Achse mit den Hauptachsen des Querschnitts zusammenfallen (Abb. 31). Da alle Lasten in einer Ebene liegen, welche die $x$-Achse schneidet, so können sie zu einer Resultierenden vereinigt werden, deren Komponente $N_x$ den Querschnitt im Punkte $k$ mit den Koordinaten $y_k$, $z_k$ schneiden möge. Soll zwischen den Normalspannungen $\sigma_x$ und der Längskraft $N_x$ Gleichgewicht bestehen, so gilt:

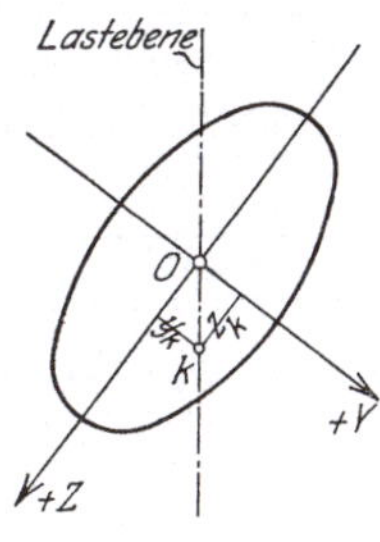



Abb. 31.

$$N_x - \int \sigma_x\, dF = 0; \qquad N_x \cdot y_k - \int \sigma_x\, dF \cdot y = 0; \qquad N_x \cdot z_k - \int \sigma_x\, dF \cdot z = 0.$$

Infolge der Navierschen Annahme ist $\sigma_x$ eine lineare Funktion der Querschnittskoordinaten, kann also auf folgende Form gebracht werden:

$$\sigma_x = a + b\,y + c\,z.$$

Damit lauten die obigen Gleichgewichtsbedingungen:

$$N_x - \int (a + by + cz)\, dF = 0,$$
$$N_x \cdot y_k - \int (a + by + cz)\, dF \cdot y = 0,$$
$$N_x \cdot z_k - \int (a + by + cz)\, dF \cdot z = 0.$$

Da aber mit Rücksicht auf die ausgezeichnete Lage der $y$- und $z$-Achse die statischen Momente, sowie das Zentrifugalmoment der Querschnittsfläche, bezogen auf diese Achsen, zu Null werden, so wird mit

$$\int y \cdot dF = 0; \qquad \int z \cdot dF = 0; \qquad \int y \cdot z \cdot dF = 0,$$
$$N_x - a \cdot F = 0,$$
$$N_x \cdot y_k - b \int y^2 \cdot dF = 0,$$
$$N_x \cdot z_k - c \int z^2 \cdot dF = 0.$$

Aus diesen drei Gleichungen lassen sich die Werte $a$, $b$, $c$ bestimmen, die nun in obige Spannungsgleichung für $\sigma_x$ eingeführt werden können. Setzt man noch für die Hauptträgheitsmomente

$$\int y^2 dF = J_z, \qquad \int z^2 \cdot dF = J_y,$$

und für die Momente

$$N_x \cdot y_k = M_z; \qquad N_x \cdot z_k = M_y,$$

so findet man schließlich:

$$(5) \qquad \sigma_x = \frac{N_x}{F} + \frac{M_z \cdot y}{J_z} + \frac{M_y \cdot z}{J_y}.$$

In der Mehrzahl der praktisch vorkommenden Fälle liegt eine der Hauptachsen — etwa die $z$-Achse — in der Lastebene. Dann wird mit $N_x \cdot y_k = M_z = 0$:

$$(6) \qquad \sigma_x = \frac{N_x}{F} + \frac{M_y}{J_y} \cdot z.$$

---

[1]) Diese Annahme gilt streng genommen nur für den Fall reiner Biegung. Vgl. de St. Venant, B.: J. de Math. (Liouville), Sér. 2, S. 89. 1856 und Love, A. E. H.: Lehrbuch der Elastizität, deutsch von A. Timpe, S. 152 u. 153.

Für $N_x$ ist das positive Vorzeichen einzuführen, wenn die Kraft ein Losreißen des linken vom rechten Stabteil anstrebt, den Stab also auf Zug beansprucht, im andern Falle das negative. Das Moment wird positiv gerechnet, wenn es den linken Stabteil im Sinne des Uhrzeigers,

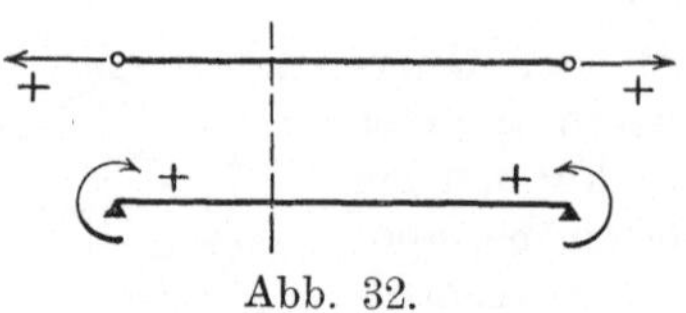

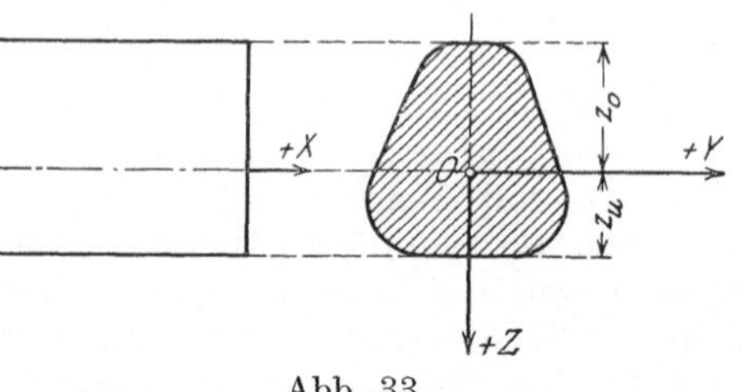

Abb. 32.                                            Abb. 33.

den rechten im entgegengesetzten Sinne zu verdrehen sucht (Abb. 32). Kommt es, wie gewöhnlich, darauf an, die größte Beanspruchung zu finden, so sind für $z$ die Abstände der äußersten Querschnittsfasern $-z_0$ und $+z_u$ einzusetzen. Man erhält (Abb. 33):

$$
\begin{cases}
\sigma_{\mathrm{ob}} = \dfrac{N_x}{F} - \dfrac{M_y \cdot z_0}{J_y}, \\[2ex]
\sigma_{\mathrm{ut}} = \dfrac{N_x}{F} + \dfrac{M_y \cdot z_u}{J_y},
\end{cases}
$$

oder nach Einführung der Widerstandsmomente

$$
W_{y\,\mathrm{ob}} = \frac{J_y}{z_0} \quad \text{und} \quad W_{y\,\mathrm{ut}} = \frac{J_y}{z_u},
$$

$$
(7) \qquad
\begin{cases}
\sigma_{\mathrm{ob}} = \dfrac{N_x}{F} - \dfrac{M_y}{W_{y\,\mathrm{ob}}}, \\[2ex]
\sigma_{\mathrm{ut}} = \dfrac{N_x}{F} + \dfrac{M_y}{W_{y\,\mathrm{ut}}}.
\end{cases}
$$

Für den Fall reiner Längsbeanspruchung des Stabes erhält man daraus mit $M_y = 0$

$$
\sigma_x = \frac{N_x}{F}.
$$

Es bleibt jetzt noch die Aufgabe übrig. die Größe der Schubspannungen und ihre Verteilung über den Stabquerschnitt anzugeben. Nachdem die Normalspannungen mit Hilfe der oben gemachten Voraussetzungen gefunden

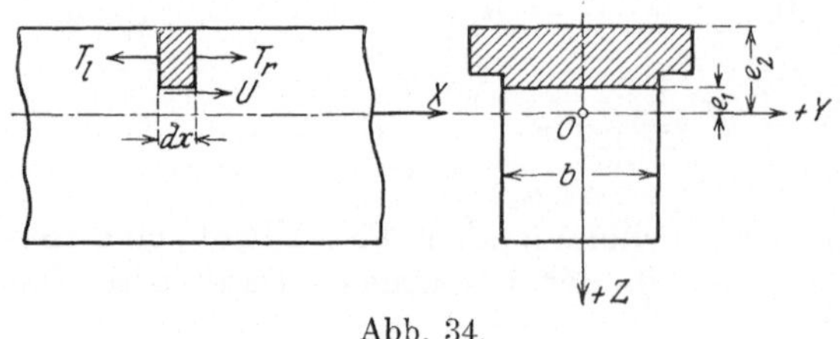

Abb. 34.

sind, bietet dieses für symmetrische Querschnitte keine Schwierigkeiten. Die Lastebene möge wieder durch die $z$-Achse gehen, die zugleich Symmetrieachse sei. Die Komponente der Resultierenden aller am linken Stabteil angreifenden äußeren Kräfte nach der $z$-Achse wird als Querkraft $Q$ bezeichnet. Die Untersuchung soll hier auf den Fall beschränkt werden, daß der Querschnitt ein Rechteck ist oder aus einer Anzahl von Rechtecken besteht, da dieser Fall für die Theorie der Baukonstruktionen fast ausschließlich in Frage kommt.

Um über die Schubspannungen Aufschluß zu gewinnen, betrachte man zunächst das Gleichgewicht des in Abb. 34 aus einem Stab herausgeschnittenen Körperchens von der Breite $b$ und Länge $dx$ gegen Verschieben in Richtung der $x$-Achse. Senkrecht zu den vertikalen Schnittflächen greifen an diesem die aus den Normalspannungen zusammengesetzten Kräfte

$$T_r = \int\limits_{e_1}^{e_2} \sigma_x \, dF \qquad \text{und} \qquad T_l = \int\limits_{e_1}^{c_2} (\sigma_x + d\sigma_x) \, dF$$

an. Nimmt man ferner an, daß in Höhe einer der $y$-Achse parallelen Geraden gleiche Schubspannungen $\tau_y$ herrschen, so kann die in der unteren Schnittfläche wirkende Schubspannung mit Rücksicht auf die geringe Längenausdehnung $dx$ als konstant angesehen werden. Als dritte an dem herausgetrennten Körperchen angreifende Kraft erhält man somit:

$$U = \tau_y \cdot b \cdot dx.$$

Die Gleichgewichtsbedingung zwischen $T_r$, $T_l$ und $U$ liefert also:

$$\int\limits_{e_1}^{e_2} d\sigma_x \cdot dF = \tau_y \cdot b \cdot dx,$$

wobei die Integration über die ganze vertikale Schnittfläche des betrachteten Körperchens (in Abb. 34 schraffiert) auszudehnen ist. Nach Gleichung (6) war

$$\sigma_x = \frac{N_x}{F} + \frac{M_y}{J_y} \cdot z,$$

woraus sich mit konstanter Längskraft $N_x$ und veränderlichem Moment $M_y$ ergibt:

$$d\sigma_x = dM_y \cdot \frac{z}{J_y}.$$

Beachtet man die zwischen Moment und Querkraft bestehende Beziehung (vgl. S. 34) $dM_y = Q\,dx$, so wird

$$\int\limits_{e_1}^{e_2} d\sigma_x \cdot dF = \frac{Q\,dx}{J_y} \int\limits_{e_1}^{e_2} z \cdot dF = \tau_y \cdot b \cdot dx$$

oder

$$\tau_y = \frac{Q}{J_y \cdot b} \int\limits_{e_1}^{e_2} z \cdot dF.$$

Der Wert $\int\limits_{c_1}^{e_2} z \cdot dF$ stellt das statische Moment $\mathfrak{S}$ der vertikalen (schraffierten) Schnittfläche bezogen auf $y$-Achse dar, weshalb

$$(8) \qquad\qquad \tau_y = \frac{Q \cdot \mathfrak{S}}{J_y \cdot b}.$$

Nun wird aber nach dem Satze von der Gleichheit der einander zugeordneten Schubspannungen (vgl. S. 16) $\tau_y$ gleich der in der Querschnittsfläche im Abstand $e_1$ von der $y$-Achse wirkenden Schubspannung, welche somit durch Gleichung (8) festgelegt ist.

Da der betrachtete Querschnitt aus Rechtecken zusammengesetzt ist, und die Lastebene durch eine Hauptachse geht, so darf angenommen werden, daß Schubspannungen $\tau_z$ senkrecht zur Lastebene im Querschnitt nicht auftreten. Handelt es sich um kreisförmige oder ähnlich gestaltete Querschnitte, so ist die hier angestellte Untersuchung noch zu erweitern, da dann auch Schubspannungen senkrecht zur $z$-Achse auftreten können[1]).

Aus Gleichung (8) ergibt sich, daß die Schubspannung am oberen und unteren Rande des Querschnitts zu Null wird, während sie in der Nullinie ihre größten Werte erreicht, im Gegensatz zu den Normalspannungen, bei denen die Verhältnisse umgekehrt liegen. Bei Trägern, deren Querschnittshöhe im Verhältnis zur Stablänge klein ist, $(h = \frac{1}{8} - \frac{1}{10} l)$ sind im allgemeinen die Längsspannungen wesentlich größer als die Schubspannungen, weshalb letztere bei Festigkeitsberechnungen häufig ganz außer acht gelassen werden können. Wird jedoch die Querschnittshöhe groß im Verhältnis zur Stablänge, so können die Schubspannungen, besonders bei Baustoffen von relativ geringer Schubfestigkeit, eher die Standsicherheit des Bauwerkes gefährden als die Normalspannungen.

Die oben angegebene Spannungsgleichung für $\tau_y$ ist mit Rücksicht auf die Unsicherheit der wirklichen Spannungsverteilung nur als eine Näherungsformel anzusehen und als solche zu bewerten. Das gilt besonders bei ihrer Anwendung auf die $\underline{\text{T}}$-Querschnitte der Walzeisenprofile. Immerhin gibt sie Aufschluß über die ungefähre Wirkungsweise der Schubspannungen und genügt in der Mehrzahl der Fälle den praktischen Anforderungen.

Neben den Spannungskomponenten sind ferner die Formänderungskomponenten von besonderer Wichtigkeit. Diese sind durch das Hookesche

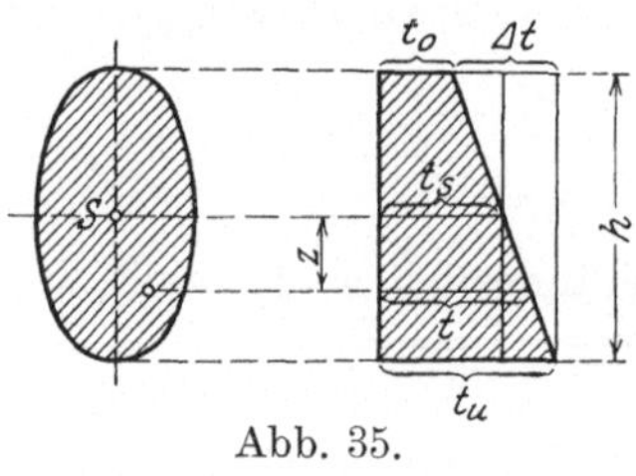

Abb. 35.

Gesetz gegeben, welches besagt, daß Spannungen und Formänderungen proportional sind.

Bezeichnet $\dfrac{\varDelta l}{l} = \varepsilon_x$ das Verhältnis der Längenänderung eines Stabes zur ursprünglichen Stablänge, $E$ die Elastizitätsziffer, welche nur vom Material abhängig ist, $t$ die für alle Punkte des Stabes gleich große Temperaturänderung und $\varepsilon$ die Änderung der Längeneinheit bei einer Temperaturänderung um $1^{0}$ C, so läßt sich das Hookesche Gesetz durch folgende Gleichung darstellen:

$$(9) \qquad \frac{\varDelta l}{l} = \varepsilon_x = \frac{\sigma_x}{E} + \varepsilon t.$$

Ist der Stabquerschnitt verschieden hohen Temperaturen ausgesetzt, dergestalt etwa, daß die untere Seite des Stabes stärker erwärmt wird als die obere, so gilt unter Bezugnahme auf Abb. 35

$$(10) \qquad t = t_s + \frac{\varDelta t}{h} \cdot z,$$

wenn $t_s$ die Temperatur im Schwerpunkt $S$ und $\varDelta t = t_u - t_o$ die Temperaturdifferenz zwischen den äußeren Querschnittsfasern angibt. Da $\dfrac{\varDelta l}{l}$ als Verhältnis zweier Längen durch eine Zahl ausgedrückt wird, so muß $E$ die gleiche Dimension wie $\sigma_x$ erhalten, also kg/cm².

Das Hookesche Gesetz stimmt innerhalb gewisser Grenzen für eine Anzahl Stoffe — besonders Eisen — recht gut mit dem durch Versuche festgestellten tatsächlichen Verhalten dieser Stoffe überein, für andere dagegen, z. B. Stein und Beton, bestehen merkliche Abweichungen. Immerhin findet es auch bei letzteren zur Erleichterung der praktischen Rechnungen An-

[1]) Vgl. Föppl: Techn. Mechanik III, 3. Auflage, S. 118. — Müller-Breslau: Statik der Baukonstruktionen I, 5. Auflage, S. 125.

wendung. Für genauere Untersuchungen empfiehlt sich nach von Bach und Schüle die Benutzung der Potenzformel

$$\varepsilon_x = \alpha_0 \cdot o^n,$$

worin $\alpha_0$ und $n$ für jeden Stoff unveränderlich sind (vgl. Hütte I, 20. Aufl., S. 391).

Mit den Längenänderungen eines Körpers sind immer auch Querdehnungen verbunden. Bei Stoffen, die dem Hookeschen Gesetz folgen, ist diese Querdehnung — wie durch Versuche festgestellt ist — proportional der Hauptspannung in der Längsrichtung. Das Verhältnis der auf die Einheit bezogenen Längsdehnung $\varepsilon_x$ zu der auf die Einheit bezogenen Querdehnung $k$ wird durch eine Konstante $m$ ausgedrückt, und zwar besteht zwischen beiden die Beziehung

$$(11) \qquad \varepsilon = m \cdot k .$$

Für Flußeisen wird gewöhnlich $m = \frac{10}{3}$ gesetzt.

Die Formänderungskomponenten aus reiner Schubbeanspruchung lassen sich ebenfalls mit Hilfe des Hookeschen Gesetzes angeben. Denkt man sich z. B. ein Längenelement aus einem Stabe herausgeschnitten und versteht unter $\gamma$ denjenigen Winkel, um den sich die beiden Querschnitte des Stabes durch Änderung der ursprünglichen von den Kanten eingeschlossenen rechten Winkel unter dem Einfluß der Schubspannungen gegeneinander verschieben (Abb. 36), so ist nach dem Hookeschen Gesetz

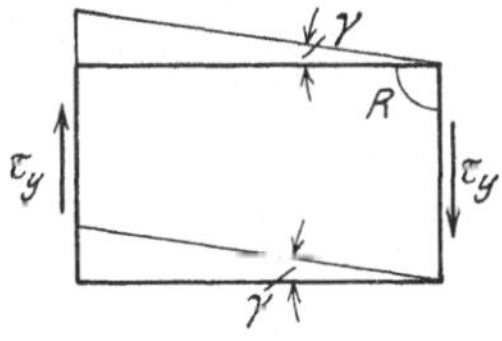

Abb. 36.

$$(12) \qquad \gamma_y = \frac{\tau_y}{G},$$

wenn $G$ wieder eine vom Material abhängige Konstante, die Gleitzahl, bezeichnet, deren Dimension ebenfalls kg/cm² ist.

Zwischen der Elastizitätsziffer $E$, der (Poissonschen) Konstanten $m$ (siehe oben) und der Gleichzahl $G$ besteht eine ganz bestimmte Beziehung, welche durch eine Betrachtung des ebenen Spannungszustandes auf rechnerischem Wege gefunden werden kann[1]), und zwar lautet diese:

$$(13) \qquad G = \frac{m \cdot E}{2(m+1)}.$$

Eine wichtige Ergänzung des Hookeschen Gesetzes bildet das Superpositionsgesetz, nach welchem Spannungen und Stützenreaktionen einerseits, sowie Formänderungen andererseits sich im Falle nacheinander wirkender Ursachen einfach übereinander lagern (superponieren). Die Gültigkeit dieses Gesetzes beruht auf der Voraussetzung, daß die zwischen Formänderung und Spannungszustand bestehenden Beziehungen ebenso wie die zwischen den Spannungen und Lasten bestehenden Gleichgewichtsbedingungen vom ersten Grade sind.

Denkt man sich an zwei zueinander senkrechten Seitenflächen eines unendlich kleinen rechtwinkligen Parallelepipedons, dessen Kantenlängen mit $\lambda_1$ und $\lambda_2$ bezeichnet sein mögen (Abb. 37), die Spannungen $\sigma_1$ und $\sigma_2$ wirkend, so erzeugt nach dem Hookeschen Gesetz $\sigma_1$ eine Längenänderung

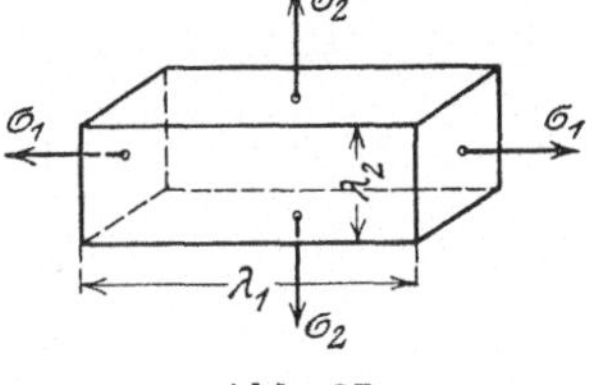

Abb. 37.

$$\varDelta \lambda_1' = \frac{\sigma_1}{E} \cdot \lambda_1$$

---

[1]) Vgl. Föppl: Techn. Mechanik III, 3. Auflage, S. 57.

und $\sigma_2$ sind solche

$$\Delta \lambda_2' = \frac{\sigma_2}{E} \cdot \lambda_2 \,.$$

Letztere ist aber gleichzeitig mit einer Verkürzung von $\lambda_1$ verbunden, die sich nach Gleichung (11) auf die Form bringen läßt:

$$\frac{\Delta \lambda_1''}{\lambda_1} = \frac{1}{m} \cdot \frac{\Delta \lambda_2'}{\lambda_2} = \frac{\sigma_2}{E \cdot m} \,,$$

sodaß die gesamte Längenänderung in Richtung von $\sigma_1$ wird:

$$\Delta \lambda_1 = \frac{\lambda_1}{E} \left( \sigma_1 - \frac{\sigma_2}{m} \right) .$$

Entsprechend erhält man

$$\Delta \lambda_2 = \frac{\lambda_2}{E} \left( \sigma_2 - \frac{\sigma_1}{m} \right) .$$

Vergleicht man nun diese Dehnungen mit derjenigen eines linearen Spannungszustandes, bei dem also lediglich eine Längskraft wirkt, so würden bei diesem $\Delta \lambda_1$ bzw. $\Delta \lambda_2$ unter Beachtung des Hookeschen Gesetzes durch eine Spannung

$$\sigma_{r_1} = \sigma_1 - \frac{\sigma_2}{m} \qquad \text{bzw.} \qquad \sigma_{r_2} = \sigma_2 - \frac{\sigma_1}{m}$$

erzeugt werden.

Damit $\sigma_{r_1}$ bzw. $\sigma_{r_2}$ ihre Größtwerte annehmen, führt man für $\sigma_1$ und $\sigma_2$ die aus dem ebenen Spannungszustand sich ergebenden Hauptspannungen ein, welche wie folgt ermittelt werden:

Abb. 38 möge die Grundfläche eines unendlich kleinen dreiseitigen Prismas darstellen, dessen eine Ecke $O$ der Ursprung eines räumlichen, rechtwinkligen Koordinatensystems $(x,\ y,\ z)$ sei. Die zur $y$-Achse parallelen Kanten des Prismas seien mit $dy$ bezeichnet, außerdem möge die nicht in die Richtung der Koordinatenachsen fallende Kante, deren Länge $ds = 1$ sei, mit der $x$-Achse den Winkel $\varphi$ bilden. Die Spannung der in der $(y, z)$-Ebene liegenden Fläche sei in die Längsspannung $\sigma_x$ und die Schubspannung $\tau_{xz}$, diejenige der in der $(x, y)$-Ebene liegenden Fläche in die Längsspannung $\sigma_z$ und die Schubspannung $\tau_{zx}$ zerlegt, während die unter dem Winkel $\varphi$ geneigte Fläche die Spannungskomponenten $\sigma'$ und $\tau'$ aufweisen möge.

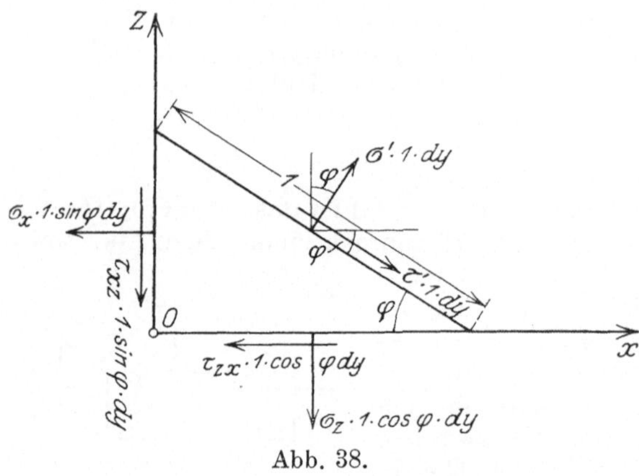


Abb. 38.

Die zu diesen Spannungen gehörigen Kräfte sind aus Abb. 38 ersichtlich. Vorausgesetzt wird ferner, daß in Richtung der $y$-Achse keine Spannungskomponenten auftreten. Mit den Bezeichnungen der Abbildung lauten die Gleichgewichtsbedingungen $\Sigma X = 0$ und $\Sigma Z = 0$, nachdem der gemeinsame Faktor $1 \cdot dy$ weggehoben ist:

$$\sigma_x \sin \varphi + \tau_{zx} \cdot \cos \varphi - \sigma' \sin \varphi - \tau' \cos \varphi = 0\,,$$
$$\tau_{xz} \sin \varphi + \sigma_z \cos \varphi - \sigma' \cdot \cos \varphi + \tau' \cdot \sin \varphi = 0\,,$$

wobei nach Seite 16 $\tau_{zx} = \tau_{xz} = \tau_y$.

Multipliziert man die erste dieser Gleichungen mit $\sin \varphi$, die zweite mit $\cos \varphi$, und addiert beide, so ergibt sich:

$$\sigma_x \sin^2 \varphi + \sigma_z \cdot \cos^2 \varphi + 2\,\tau_y \cdot \sin \varphi \cos \varphi = \sigma'.$$

Für die hier ins Auge gefaßten Fälle tritt in Richtung der $z$-Achse eine Längsspannung nicht auf, weshalb $\sigma_z = 0$ gesetzt werden kann. Mit $\sin^2 \varphi = \dfrac{1 - \cos 2\,\varphi}{2}$ und $2 \sin \varphi \cdot \cos \varphi = \sin 2\,\varphi$ geht vorstehende Gleichung für $\sigma'$ über in

$$(14) \qquad \sigma' = \frac{\sigma_x}{2} - \frac{\sigma_x \cdot \cos 2\,\varphi}{2} + \tau_y \cdot \sin 2\,\varphi \,.$$

Entsprechend findet man für die Schubspannung durch eine ähnliche Überlegung aus obigen Gleichungen:

$$\tau' = \frac{\sigma_x \cdot \sin 2\,\varphi}{2} + \tau_y \cdot \cos 2\,\varphi \,.$$

Faßt man nun $\varphi$ als Veränderliche auf, so ergibt sich der größte Wert, den $\sigma'$ bei veränderlichem Winkel $\varphi$ annehmen kann, aus der Bedingung

$$(15) \qquad \frac{d\sigma'}{d\varphi} = 0 = \sigma_x \frac{\sin 2\,\varphi}{2} + \tau_y \cdot \cos 2\,\varphi \,.$$

Die rechte Seite dieser Gleichung stimmt überein mit dem für $\tau'$ errechneten Wert. Da (15) die Bedingung für $\sigma'_{max}$ bzw. $\sigma'_{min}$ darstellt, so folgt, daß $\sigma'$ sein Maximum oder Minimum erreicht, wenn $\tau' = 0$ wird. Außerdem ergibt sich aus (15)

$$\operatorname{tg} 2\,\varphi = - \frac{2\,\tau_y}{\sigma_x} \,.$$

Diesem Werte entsprechen zwei Winkel $2\,\varphi$, die sich um $\pi$, bzw. zwei Winkel $\varphi$, die sich um $\dfrac{\pi}{2}$ unterscheiden. Für diese Winkel verschwindet $\tau'$ während $\sigma'$ sein Maximum bzw. Minimum erreicht. Aus

$$\sin \varphi = \sqrt{\frac{1 - \cos 2\,\varphi}{2}} \qquad \text{und} \qquad \cos \varphi = \sqrt{\frac{1 + \cos 2\,\varphi}{2}}$$

folgt

$$\sin 2\,\varphi = 2 \sin \varphi \cos \varphi = \sqrt{1 - \cos^2 (2\,\varphi)} \,.$$

Damit geht (15) über in

$$\sigma_x \sqrt{1 - \cos^2 (2\,\varphi)} = - 2\,\tau_y \cos 2\,\varphi$$

oder

$$\sigma_x^2 \left\{ 1 - \cos^2 (2\,\varphi) \right\} = 4\,\tau_y^2 \cos^2 (2\,\varphi),$$

woraus folgt

$$\cos 2\,\varphi = \mp \frac{\sigma_x}{\sqrt{4\,\tau_y^2 + \sigma_x^2}}$$

und ferner aus (15)

$$\sin 2\,\varphi = \pm \frac{2\,\tau_y}{\sqrt{4\,\tau_y^2 + \sigma_x^2}} \,.$$

Mit den für $\cos 2\,\varphi$ und $\sin 2\,\varphi$ gefundenen Ausdrücken erhält man schließlich aus (14):

$$\sigma' = \frac{\sigma_x}{2} \pm \frac{1}{2} \cdot \frac{\sigma_x^2 + 4\,\tau_y^2}{\sqrt{4\,\tau_y^2 + \sigma_x^2}}$$

oder

$$\sigma'_{\substack{max \\ min}} = \frac{\sigma_x}{2} \pm \frac{1}{2} \sqrt{4\,\tau_y^2 + \sigma_x^2}\,,$$

wobei $\sigma_x$ und $\tau_y$ mit Hilfe der Gleichungen (6) und (8) zu berechnen sind. Die so gefundenen zueinander senkrecht stehenden Spannungen werden als Hauptspannungen, die durch den Winkel $\varphi$ festgelegten Richtungen als Hauptrichtungen bezeichnet.

Wie oben bereits angedeutet, führt man die Hauptspannungen jetzt an Stelle der $\sigma_1$ und $\sigma_2$ in die Ausdrücke für $\sigma_{r_1}$ und $\sigma_{r_2}$ ein, womit diese übergehen in:

$$(16) \qquad \sigma_r = \frac{m-1}{2\,m} \cdot \sigma_x \pm \frac{m+1}{2\,m} \sqrt{4\,\tau_y^2 + \sigma_x^2}\,.$$

Man nennt diese Werte, von denen der ungünstigste maßgebend ist, reduzierte Spannungen und verwendet sie bei Aufgaben von zusammengesetzter Festigkeit zur Ermittlung der ungünstigsten Beanspruchung. Der Aufstellung dieser Gleichungen liegt die Annahme zugrunde, daß die größte Dehnung des Materials für die Bruchgefahr maßgebend sei; ein Beweis dieser Behauptung ist bisher jedoch nicht erbracht. Die mit Hilfe der obigen Gleichungen gefundenen Rechnungsergebnisse dürfen deshalb nicht als genaue Werte angesehen werden, sondern können lediglich als Überschlagswerte gelten[1]).

Die vorstehend entwickelten Gesetze für die Spannungen und Formänderungen eines geraden Stabes finden auch dann noch Anwendung, wenn der zu untersuchende Stab in einer Ebene gekrümmt ist. Voraussetzung ist dabei allerdings, daß die Querschnittshöhe gering ist im Verhältnis zur Länge des Krümmungsradius, eine Bedingung, die bei Baukonstruktionen in der Regel erfüllt ist.

## § 8. Die Grundlagen der Fachwerktheorie.

Unter Fachwerk versteht der Ingenieur ein Tragsystem, das aus einzelnen in den Endpunkten (Knotenpunkten) miteinander durch reibungslose Gelenke verbundenen geraden Stäben besteht. Die Stabachsen der an einem Knoten zusammentreffenden Stäbe schneiden sich im Knotenpunkte. Alle äußeren Kräfte greifen in den Knotenpunkten an oder wirken in Richtung der Stabachsen, so daß sämtliche Stäbe nur axialen Zug oder Druck erleiden können[2]).

Die in den Fachwerkstäben wirkenden Spannkräfte haben von der Größe dieser Kräfte abhängige Längenänderungen der Stäbe zur Folge. Die Knoten-

---

[1]) Eine von der vorstehenden abweichende Theorie ist von O. Mohr aufgestellt und in der Zeitschr. d. V. D. Ing., 1900, S. 1524 mitgeteilt. Vgl. auch A. Föppl: Techn. Mechanik, V. Bd., 4. Aufl., S. 18.

[2]) Die Voraussetzung reibungsloser Gelenke ist bei praktischen Ausführungen nie erfüllt, da die erforderliche freie Drehbarkeit der Stäbe weder bei der im allgemeinen üblichen steifen Knotenpunktsvernietung, noch bei der Verwendung von Gelenkbolzen (Amerika) — infolge der in den Gelenken auftretenden Reibungskräfte — gewährleistet ist. Es wirken vielmehr an den Stabenden Biegungsmomente, durch welche in den Stäben sekundäre Spannungen erzeugt werden. Im Gegensatz zu den aus der statischen Untersuchung unter der Annahme gelenkiger Knotenverbindungen ermittelten Hauptspannungen bezeichnet man diese als Nebenspannungen, deren Größe für bestimmte Belastungsfälle ermittelt werden kann. Vgl. Engesser: Zeitschr. f. Baukunde 1879, S. 590. Ritter: Schweiz. Bauzeitung 1884, I., S. 37, 43, 49. Mohr: Abhandlungen aus dem Gebiete der techn. Mechanik, S. 420, Berlin 1906. Müller-Breslau, Die graphische Statik der Baukonstr, Band II, 2, S. 269. Gehler, W.: Nebenspannungen eiserner Fachwerkbrücken. Berlin: W. Ernst & Sohn 1910.

punkte des Fachwerks müssen demnach im belasteten Zustande ihre Lage gegenüber den starr vorausgesetzten Widerlagern ändern. Da aber diese Längenänderungen sehr klein sind, so wird in der Fachwerktheorie die Annahme gemacht, daß alle auf das System wirkenden Kräfte dieselbe Lage behalten, die sie im Falle des unverformten Fachwerks einnehmen würden.

Die Fachwerktheorie hat allgemein genommen zwei Aufgaben zu lösen: einmal die Bestimmung der Stabspannkräfte und Auflagerreaktionen und ferner die Ermittlung der Formänderung des Fachwerks, beides infolge einer bestimmten Belastung, eines Temperatureinflusses und bestimmter Verschiebungen der Widerlager. Letztere werden in der Mehrzahl der Fälle vernachlässigt, die Lager also als starr angenommen.

In einem räumlichen Fackwerk von $k$ Knotenpunkten, $r$ Stäben und $a$ Stützungen ($a$ gleich Anzahl der voneinander unabhängigen Reaktionskomponenten) sind demnach $r + a + 3k$ Unbekannte zu bestimmen, da die Formänderung des gesamten Fachwerks gegeben ist, sobald die auf drei beliebige nicht in eine Ebene fallende Achsen bezogenen drei Komponenten der Verschiebung aller $k$ Knotenpunkte bekannt sind. Zur Ermittlung dieser Unbekannten lassen sich ebenso viele Bestimmungsgleichungen aufstellen.

Denkt man sich einen beliebigen Knotenpunkt des Fachwerks herausgeschnitten, so muß zwischen den an diesem Knoten angreifenden Lasten oder Stützkräften und den in den Schwerpunktsachsen der vom Schnitt getroffenen Stäbe als äußere Kräfte angebrachten Stabspannungen (vgl. S. 4) Gleichgewicht bestehen. Für jeden Knoten stehen drei Gleichgewichtsbedingungen zur Verfügung, nämlich $\Sigma X = 0$, $\Sigma Y = 0$, $\Sigma Z = 0$, wenn $X, Y, Z$ die Komponenten aller an dem betrachteten Knoten wirkenden äußeren und inneren Kräfte nach drei Koordinatenachsen $x, y, z$ angeben, im ganzen also $3k$ solcher Gleichgewichtsbedingungen. Die noch fehlenden $r + a$ Gleichungen werden wie folgt gewonnen.

Nach dem Hookeschen Gesetz (vgl. S. 20) ergab sich

$$\frac{\Delta l}{l} = \frac{\sigma}{E} + \varepsilon\,t.$$

Bezeichnet nun allgemein $s$ die Länge eines beliebigen Stabes, $S$ die in ihm wirkende Spannkraft und $F$ den Stabquerschnitt, so ist wegen $\sigma = \dfrac{S}{F}$

$$(17) \qquad \Delta s = \frac{s \cdot S}{E F} + \varepsilon\,t\,s.$$

Zur Ableitung einer Beziehung zwischen der Längenänderung $\Delta s$ eines Stabes und den Verschiebungskomponenten seiner Endpunkte sei der in Abb. 39 dargestellte Stab $i - k$ von der Länge $s_{ik}$ auf ein ebenes Koordinatensystem $(x, y)$ bezogen. Er möge in $i$ festgehalten sein, während sein Endpunkt $k$ eine Verschiebung $k - k'$ erleiden soll, deren Komponenten nach den Koordinatenachsen mit $\Delta x_k$ und $\Delta y_k$ bezeichnet werden. Um die durch die Verschiebung von $k$ nach $k'$ entstandene Längenänderung des Stabes zu finden, denke man sich $i - k$ über $k$ verlängert und schlage mit $i k'$ um $i$

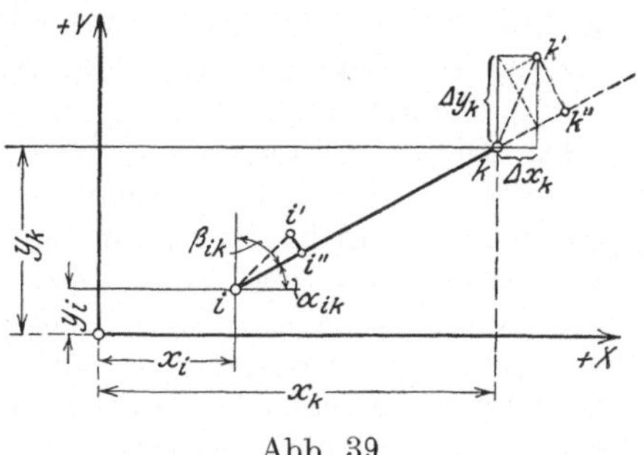

Abb. 39.

den Kreis, der die Verlängerung von $ik$ in $k''$ trifft. Da es sich hier nur um sehr kleine Verschiebungen handeln soll, so kann der Kreisbogen durch das Lot $k'k''$ von $k'$ auf $i-k$ ersetzt werden. Man findet demnach

$$\varDelta s_{ik} = kk'' = \varDelta x_k \cdot \cos \alpha_{ik} + \varDelta y_k \cdot \cos \beta_{ik},$$

wenn $\alpha_{ik}$ und $\beta_{ik}$ die Neigungswinkel des Stabes gegen die Koordinatenachsen $x$ bzw. $y$ bezeichnen. Liegt nun der Punkt $i$ nicht fest, sondern wird er um $ii'$ verschoben, und stellt $i'i''$ das Lot von $i'$ auf die ursprüngliche Stabrichtung dar, so wird offenbar

$$\varDelta s_{ik} = kk'' - ii''',$$

und man erhält die **geometrische Bedingung**

$$(18) \qquad \varDelta s_{ik} = (\varDelta x_k - \varDelta x_i) \cos \alpha_{ik} + (\varDelta y_k - \varDelta y_i) \cos \beta_{ik}.$$

Denkt man sich endlich den Stab $ik$ nicht auf ein ebenes, sondern auf ein räumliches Koordinatensystem $(x, y, z)$ bezogen, so geht die geometrische Bedingung (18) über in

$$\varDelta s_{ik} = (\varDelta x_k - \varDelta x_i) \cos \alpha_{ik} + (\varDelta y_k - \varDelta y_i) \cos \beta_{ik} + (\varDelta z_k - \varDelta z_i) \cos \gamma_{ik},$$

wenn $\alpha_{ik}$, $\beta_{ik}$, $\gamma_{ik}$ die Winkel bezeichnen, welche die Stabrichtung mit den Achsen $x$, $y$, $z$ einschließt. Unter Beachtung der Gleichung (17) findet man schließlich

$$(19) \qquad \frac{s_{ik} \cdot S_{ik}}{E F_{ik}} + \varepsilon t s_{ik} = (\varDelta x_k - \varDelta x_i) \cos \alpha_{ik} + (\varDelta y_k - \varDelta y_i) \cos \beta_{ik}$$
$$+ (\varDelta z_k - \varDelta z_i) \cos \gamma_{ik}.$$

Eine solche **Elastizitätsbedingung** läßt sich für jeden der $r$ Fachwerkstäbe aufstellen, wodurch $r$ weitere Gleichungen zur Berechnung der oben aufgeführten Unbekannten verfügbar sind. Die noch fehlenden Gleichungen sind durch die $a$ **Auflagerbedingungen** gegeben, da die Verschiebungskomponenten $c$ der Stützpunkte im allgemeinen durch Beobachtung oder Schätzung gefunden, d. h. als bekannt vorausgesetzt werden können. Ihre Anzahl ist unter Vernachlässigung von Reibungswiderständen gleich der Anzahl der vorhandenen Reaktionskomponenten.

Es stehen also in der Tat zur Ermittlung der $r + a + 3k$ Unbekannten der Aufgabe ebenso viele Bestimmungsgleichungen zur Verfügung, welche sämtlich vom ersten Grade sind. Mit Hilfe dieser Gleichungen können die Unbekannten eindeutig bestimmt werden, sofern die Nennerdeterminante des Gleichungssystems einen von Null verschiedenen Wert hat, was hier vorausgesetzt wird (vergl. auch Seite 95 u. 123).

Die unbekannten Größen ergeben sich als lineare Funktionen der Lasten $P$, Temperaturänderungen $t$ und Stützenverschiebungen $c$. Es gilt also das **Gesetz der Superposition**, welches besagt, daß die Spannkräfte $S$, die Stützenreaktionen $C$ und die Verschiebungskomponenten $\varDelta x$, $\varDelta y$, $\varDelta z$ der Knotenpunkte als lineare Funktionen der Lasten, Temperaturänderungen und Stützenverschiebungen dargestellt werden können.

Ein Fachwerk heißt **statisch bestimmt**, wenn bei bekannten auf das System wirkenden Lasten die Stabspannkräfte und Auflagerreaktionen lediglich mit Hilfe der Gleichgewichtsbedingungen bzw. der auf diesen beruhenden statischen Verfahren bestimmt werden können. Es heißt ferner **stabil**, wenn seine Stäbe und Lager so angeordnet sind, daß — abgesehen von elastischen Formänderungen — die Knotenpunkte ihre Lage gegeneinander und gegen die Widerlager unter dem Einfluß dieser Lasten nicht ändern. Bei einem räumlichen Fachwerk von $k$ Knotenpunkten stehen $3k$, bei einem ebenen $2k$ Gleichgewichtsbedingungen zur Verfügung.

Soll das System statisch bestimmt sein, so muß die Zahl der unbekannten Stabspannkräfte und Auflagerreaktionen ebenso groß sein wie die Zahl der verfügbaren Gleichgewichtsbedingungen, d. h. es muß sein:

$$r + a = 3\,k \quad \text{im Raume}$$

bzw.

$$r + a = 2\,k \quad \text{in der Ebene.}$$

In diesem Falle lassen sich die $r + a$ unbekannten Spannkräfte und Lagerreaktionen lediglich mit Hilfe der $3\,k$ bzw. $2\,k$ Gleichgewichtsbedingungen, und ebenso die $3\,k$ bzw. $2\,k$ Verschiebungskomponenten der Knotenpunkte mit Hilfe der $r + a$ Elastizitäts- und Auflagerbedingungen ermitteln. Voraussetzung dabei ist, daß die Nennerdeterminante einen von Null verschiedenen Wert hat, da andernfalls die Unbekannten der Aufgabe für beliebige Belastungsfälle nicht eindeutig bestimmt werden können oder keine endlichen Werte annehmen. Diese Voraussetzung stellt demnach eine allgemeine Bedingung für die Stabilität des Fachwerks dar. Da indessen die Ausrechnung der Nennerdeterminante im allgemeinen umständlich und zeitraubend ist, so bedient man sich zur Beurteilung der Stabilität zweckmäßig anderer Verfahren, insbesondere des kinematischen (vgl. S. 105).

Übersteigt die Anzahl der unbekannten Stabspannkräfte und Lagerreaktionen die Zahl der verfügbaren Knotengleichgewichtsbedingungen um $n$, ist also $r + a = 3\,k + n$, bzw. $2\,k + n$, so können erstere mit Hilfe der Gleichgewichtsbedingungen allein nicht mehr ermittelt werden. Dagegen sind $n$ Elastizitäts- und Auflagerbedingungen mehr vorhanden als zur Bestimmung der $3\,k$ bzw. $2\,k$ unbekannten Verschiebungskompnnenten der Knotenpunkte erforderlich sind. Eliminiert man letztere aus den $r + a$ verfügbaren Elastizitäts- und Auflagerbedingungen, so gewinnt man $n$ Gleichungen, in denen als Unbekannte nur Stabkräfte und Stützenreaktionen auftreten. Da aber ferner $3\,k$ bzw. $2\,k$ Knotengleichgewichtsbedingungen verfügbar sind, so können mit Hilfe dieser $3\,k + n$ bzw. $2\,k + n$ Gleichungen die $r + a$ unbekannten Spann- und Lagerkräfte eindeutig bestimmt werden. Ein so gegliedertes und gestütztes Fachwerk heißt statisch unbestimmt.

Ist endlich die Anzahl der unbekannten Stabspannkräfte und Lagerreaktionen kleiner als die Zahl der verfügbaren Knotengleichgewichtsbedingungen, so ist die feste Lage der Knotenpunkte gegeneinander und gegen die Widerlager nicht unbedingt gewährleistet. Ein solches Fachwerk heißt labil und ist für praktische Zwecke unbrauchbar.

Fallen sämtliche Stabachsen und äußeren Kräfte in eine Ebene, die Trägerebene, so liegt ein ebenes Fachwerk vor, im andern Falle ein räumliches. Die besonderen Eigenschaften der räumlichen Systeme werden, sofern sie nicht schon durch die vorstehenden allgemeinen Erläuterungen gekennzeichnet sind, in § 3 des III. Abschnittes genauer besprochen.

Nachstehend sollen noch zwei wichtige Bildungsgesetze statisch bestimmter ebener Fachwerke angegeben werden. Die einfachste Grundfigur des Fachwerks ist das Dreieck. Seine Stützung ist statisch bestimmt, wenn es drei sich nicht in einem Punkte schneidende Reaktionskomponenten aufweist. Den sechs unbekannten Spann- und Lagerkräften stehen $2 \cdot 3 = 6$ Knotengleichgewichtsbedingungen gegenüber, wodurch die statische Bestimmtheit gekennzeichnet ist. Eine Verschiebung der Knotenpunkte gegeneinander oder gegen die Lager infolge einer beliebigen Belastung ist — abgesehen von elastischen Formänderungen — nicht möglich, sobald dafür gesorgt wird, daß das bei $B$ (Abb. 40a) angeordnete Gleitlager Zug- und Druckkräfte übertragen kann. Häufig empfiehlt es sich, an Stelle der drei Lagerkräfte die

Spannkräfte dreier in die Richtung dieser Komponenten fallender Stäbe (Pendelstützen) in die Untersuchung einzuführen (Abb. 40 b).

Schließt man nun in zwei Punkten des Stabdreiecks, etwa in $B$ und
$C$ einen weiteren Knoten $D$ durch zwei Stäbe oder starre Scheiben an
(Abb. 40 c), so wird an der statischen Bestimmtheit des Systems nichts ge-

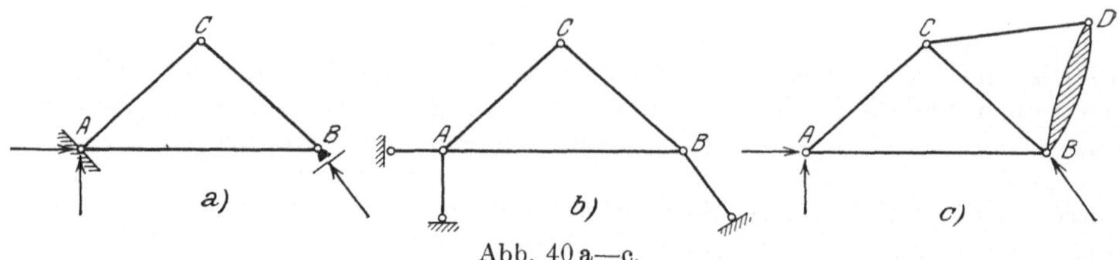

Abb. 40 a—c.

ändert, denn jede in $D$ angreifende Last kann auf statischem Wege nach
den Richtungen $DC$ und $DB$ zerlegt und damit ihr Einfluß auf das System
eindeutig bestimmt werden. Das gleiche gilt, wenn die Grundfigur, von der
man ausgeht, zwar kein Dreieck, aber ein beliebiges, statisch bestimmtes,
stabiles Fachwerk ist.

So fortfahrend, kann man das statisch bestimmte Fachwerk beliebig
vergrößern, indem man jeden neuen Knotenpunkt durch zwei Stäbe oder
Scheiben an Knotenpunkte des bereits vorhandenen Fachwerks anschließt.

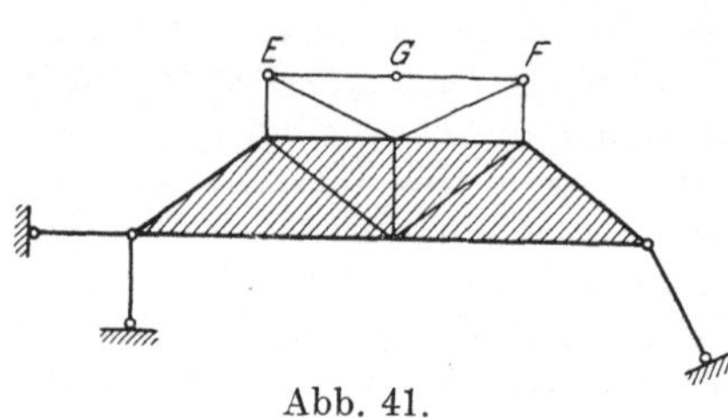

Abb. 41.

Von diesem einfachen Bildungsgesetz ist
nur ein Ausnahmefall ausgeschlossen,
nämlich der, wenn der neu anzu-
schließende Punkt in die Richtung der
Verbindungsgeraden der beiden Knotenpunkte fällt, an die er angeschlossen
werden soll. Die beiden Punkte $E$ und
$F$ in Abb. 41 sind je zweistäbig angeschlossen. Fällt nun der neu anzu-
schließende Punkt $G$ in die Richtung
von $EF$, so kann zwischen einer beliebig gerichteten in $G$ angreifenden Last
$P$ und den Spannkräften der Stäbe $EG$ und $FG$ Gleichgewicht nicht bestehen. Dieses wird vielmehr erst dann eintreten, wenn der Punkt $G$ eine
unendlich kleine Verschiebung erleidet, so daß die Stäbe $EG$ und $FG$ um
einen unendlich kleinen Winkel gegeneinander geneigt sind. In diesem Falle
liefert die Zerlegung von $P$ nach den Richtungen $EG$ und $GF$ unendlich
große Spannkräfte, das Fachwerk ist also für prak-
tische Zwecke unbrauchbar.

Liegen zwei starre Scheiben vor, die durch
Stäbe miteinander verbunden werden sollen, so
genügen offenbar zwei Stäbe nicht zur Herstellung
einer stabilen Verbindung (Abb. 42), denn denkt
man sich etwa die Scheibe $II$ festgehalten, so kann
die Scheibe $I$ in eine ihrer Anfangslage unendlich
nahe Lage durch Drehung um den Pol $O$, in
welchem sich die Stäbe $a$ und $b$ schneiden, übergeführt werden. Letztere verhindern also nicht

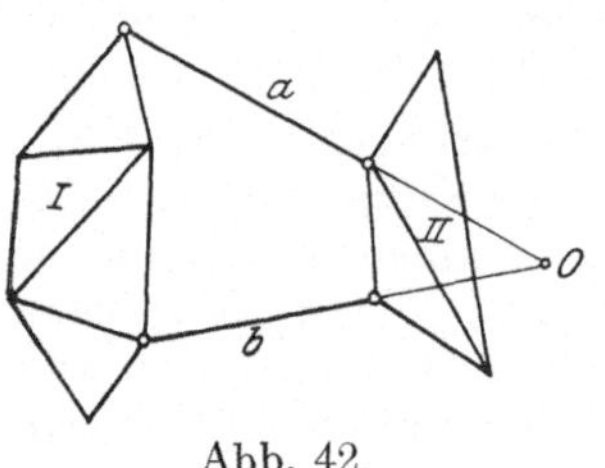

Abb. 42.

eine Verschiebung der Scheiben gegeneinander. Für den Fall einer unendlich
kleinen Drehung ist die Wirkungsweise der Stäbe $a$ und $b$ die gleiche, als wenn
die Scheiben $I$ und $II$ durch ein Gelenk miteinander verbunden wären. Man
bezeichnet deshalb den Schnittpunkt $O$ auch als imaginäres Gelenk zwischen

den beiden Scheiben. Zur Herstellung einer stabilen Verbindung sind demnach mindestens drei solcher Stäbe erforderlich, aber auch daran ist die Bedingung geknüpft, daß diese drei Stäbe sich nicht in einem Punkte schneiden dürfen, weil andernfalls durch den dritten Stab die unendlich kleine Drehung der Scheibe *I* gegen *II* nicht verhindert werden könnte.

Mit Rücksicht auf die vorstehende Betrachtung kann man sich — immer unter der Voraussetzung einer unendlich kleinen Drehung — jedes Gelenk zwischen zwei Scheiben durch zwei Stäbe ersetzt denken. Die oben

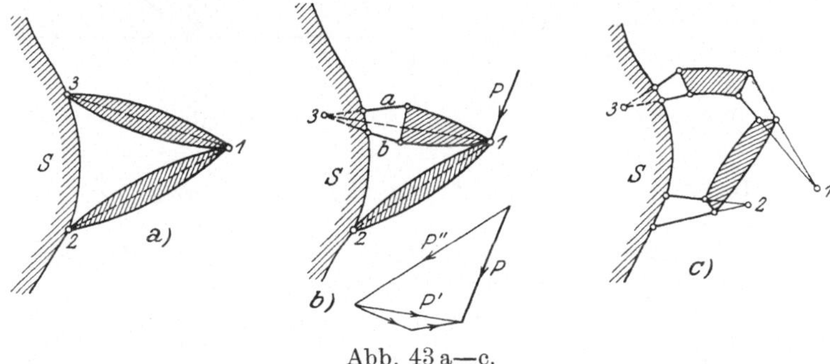

Abb. 43 a—c.

angegebene Bildungsweise eines Fachwerks durch fortschreitenden zweistäbigen bzw. zweischeibigen Anschluß neuer Knotenpunkte läßt sich somit auch dahin erweitern, daß man ein oder zwei oder auch alle drei Gelenke, in welchen die Anschlußstäbe (oder Scheiben) unter sich bzw. mit dem Grundsystem zusammenhängen, durch je zwei Stäbe ersetzt (Abb. 43). Auch hier

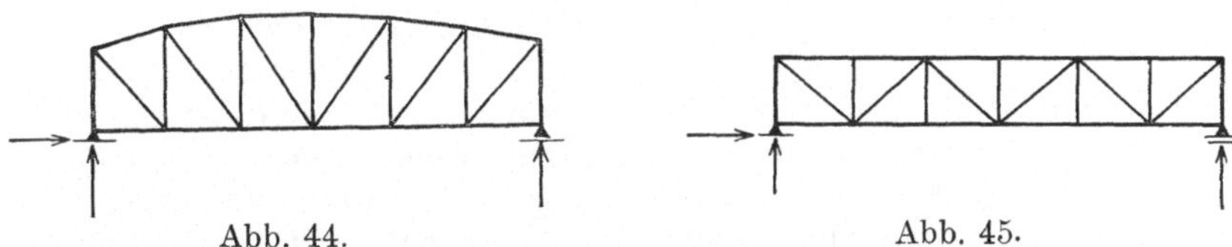

Abb. 44.

Abb. 45.

besteht natürlich die Voraussetzung, daß die drei Gelenke nicht auf einer Geraden liegen, da andernfalls eine unendlich kleine Beweglichkeit möglich ist. Soll nun z. B. der Einfluß einer im Gelenk 1 in Abb. 43 b angreifenden Last $P$ auf die starre Scheibe $S$, an welche 1 angeschlossen ist, ermittelt werden, so zerlege man $P$ in die Komponenten $P'$ nach der Richtung 1—3

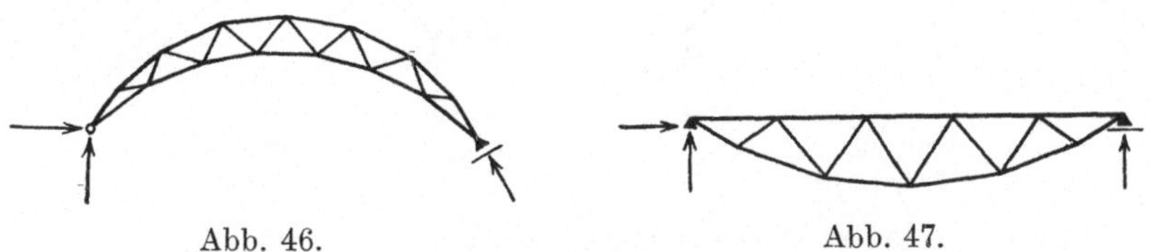

Abb. 46.

Abb. 47.

und $P''$ nach der Richtung 1—2. Dann gibt $P''$ sofort den Gelenkdruck in 2 an, während die Komponenten der Kraft $P'$ nach den Stäben $a$ und $b$ die von diesen Stäben auf die starre Scheibe übertragenen Kräfte darstellen. In ähnlicher Weise verfährt man im Falle der Abb. 43 c.

Wird ein in senkrechter Ebene liegendes Fachwerk oben und unten von einem zusammenhängenden Linienzug begrenzt, so nennt man die betreffenden Stabzüge **obere und untere Gurtung** des Trägers, während die zwischen beiden liegenden Stäbe als **Füllungsstäbe** bezeichnet werden. Letztere bestehen aus vertikalen und schrägen Stäben, welche kurz **Vertikalen, Pfosten oder Ständer** und **Diagonalen, Streben oder Schrägstäbe** genannt werden. Besitzt das Fachwerk nur Diagonalen als Füllungsstäbe, so spricht man von einem **Strebenfachwerk**, bestehen die Füllungs-

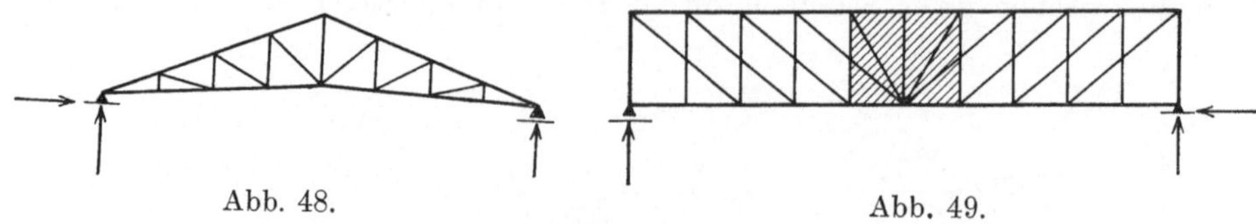

Abb. 48.                        Abb. 49.

glieder jedoch abwechselnd aus Diagonalen und Vertikalen, so liegt ein **Ständerfachwerk** vor.

Je nach der äußeren Form des Fachwerks unterscheidet man zwischen **Parallelträgern**, wenn Ober- und Untergurt geradlinig sind und einander parallel laufen, **Fischbauchträgern**, bei gekrümmtem Unter- und horizontalem Obergurt, **Sichelträgern**, wenn beide Gurte nach der gleichen

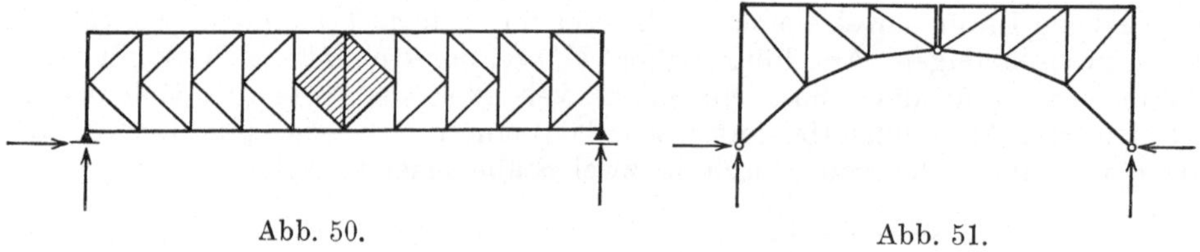

Abb. 50.                        Abb. 51.

Seite gekrümmt sind, **Linsenträgern**, wenn dieses nach entgegengesetzten Seiten der Fall ist, und **Dreiecksträgern**, wenn beide Gurtungen nicht mehr als einen Knick aufweisen, im übrigen geradlinig verlaufen und sich an den Auflagern schneiden. Ist eine Gurtung nach einer Parabel gekrümmt, die andere horizontal, oder bilden beide Gurtungen Parabeln, und schneiden sich die Gurtungen an den Auflagern, so heißt der Träger ein

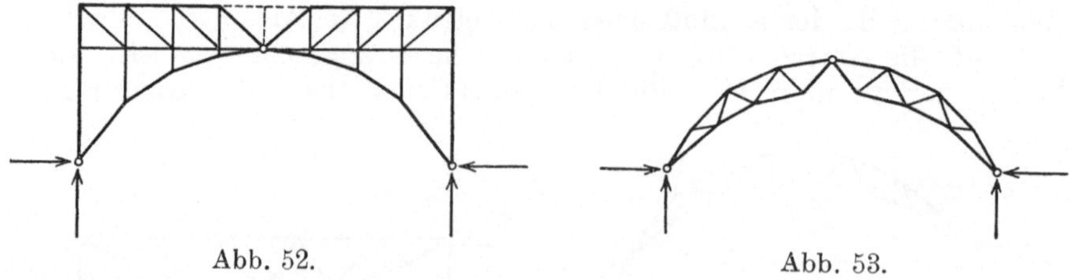

Abb. 52.                        Abb. 53.

**Parabelträger**. **Halbparabelträger** dagegen nennt man ihn, wenn die betreffenden Gurtungen sich nicht an den Auflagern schneiden, sondern der Träger an diesen Stellen durch Vertikalen abgeschlossen ist.

Entsprechend der Anzahl der verfügbaren Gleichgewichtsbedingungen einer starren Scheibe darf die Zahl der Lagerreaktionen eines statisch bestimmten, aus einer Scheibe bestehenden Fachwerks nicht mehr und nicht weniger als drei betragen. Die Bedingung der Stabilität $r + a = 2\,k$ ergibt also, daß wegen $a = 3$ im ganzen $r = 2\,k - 3$ Stäbe erforderlich sind. Solche

Fachwerke sind insbesondere die aus lauter Dreiecken zusammengesetzten einfachen Systeme in den Abb. 44—48, bei denen eins der beiden Auflager fest, das andere in beliebiger (im allgemeinen horizontaler) Richtung verschieblich angeordnet ist. Aber auch andere Formen finden häufig Anwendung, so z. B. die in Abb. 49 und 50 dargestellten mehrteiligen Fachwerke, von deren innerer Stabilität man sich überzeugen kann, indem man von

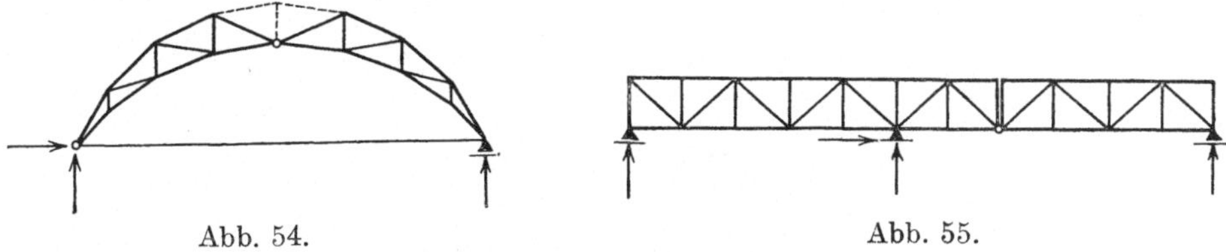

Abb. 54.                                                                 Abb. 55.

den schraffierten Figuren ausgehend, deren Stabilität zweifellos ist, fortschreitend Knotenpunkte zweistäbig anschließt.

Bei den in Abb. 51—53 skizzierten verschiedenen Systemen von Dreigelenkbögen stehen zwar den vier unbekannten Lagerkomponenten nur drei Gleichgewichtsbedingungen gegenüber, jedoch werden diese ergänzt durch die

Abb. 56.

Momentenbedingung $M_g = 0$ in bezug auf den Gelenkpunkt. Ähnlich liegen die Verhältnisse bei den in Abb. 55 und 56 dargestellten Gerberträgern bzw. dem in Abb. 57 skizzierten System, welches aus einer Verbindung von Gerberträger und Dreigelenkbogen entstanden ist. Abb. 54 zeigt einen Dreigelenkbogen mit Zugband, der aus einem einfachen Dreigelenkbogen ent-

Abb. 57.

steht, wenn ein Lager verschieblich ausgebildet, dafür aber das Zugband eingeschaltet wird.

Neben diesen hier kurz gestreiften Trägersystemen gibt es eine große Reihe anderer, welche durch Vereinigung von starren Scheiben und Stäben gebildet werden. Ob diese statisch bestimmt sind oder nicht, kann nach den früher in § 5 gegebenen Erläuterungen ohne Schwierigkeiten festgestellt werden.

# Spannungsermittlung statisch bestimmter, vollwandiger Systeme.

## § 1. Der einfache Balken.

Einfacher Balken heißt ein ebener Träger auf zwei Stützen, der an einem Ende fest, am anderen horizontal verschieblich gelagert ist, an dem also infolge senkrechter Lasten nur senkrechte Stützendrücke auftreten können (vgl. S. 9).

Für die Folge bezeichnen allgemein:

$A$ und $B$ die Stützendrücke,

$l$ die Trägerstützweite,

$g$ die bleibende, gleichmäßig verteilte Belastung für die Längeneinheit (kg/m),

$p$ die bewegliche, gleichmäßig verteilte Belastung für die Längeneinheit (kg/m),

$q = g + p$ die gesamte, gleichmäßig verteilte Belastung für die Längeneinheit (kg/m),

$P$ eine beliebige in der Trägerebene wirkende Einzellast,

$x$ und $x'$ die Abstände eines beliebigen Balkenquerschnitts vom linken bzw. rechten Auflager,

$M_x$ das Biegungsmoment aller links von der Stelle $x$ am Balken angreifenden äußeren Kräfte in bezug auf den Querschnittsschwerpunkt,

$Q_x$ die Querkraft (d. h. die senkrechte Komponente der Resultierenden) aller links von $x$ wirkenden äußeren Kräfte,

$N_x$ die Längskraft (d. h. die horizontale Komponente der Resultierenden) aller links von $x$ wirkenden äußeren Kräfte.

## I. Ruhende Belastung.

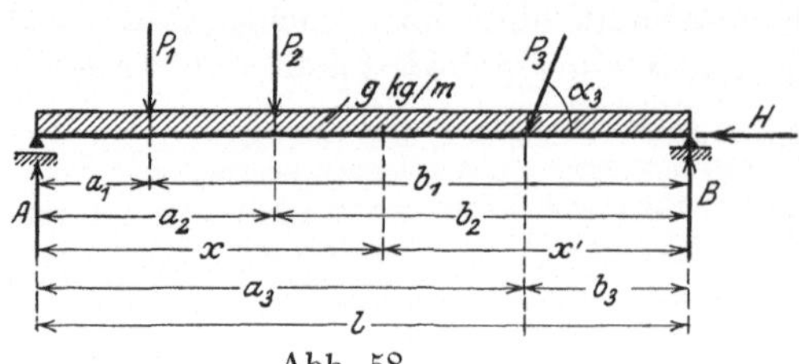


Abb. 58.

Auf den in Abb. 58 skizzierten einfachen Balken mögen die Einzellasten $P_1$, $P_2$, $P_3$ und die gleichmäßig verteilte Last $g$ kg/m wirken. $P_3$ sei unter dem Winkel $\alpha_3$ gegen die Horizontale geneigt. Zur Ermittlung der unbekannten Lagerkräfte $A$, $B$ und $H$ wende man die Gleichgewichtsbedingungen der starren Scheibe an. Die Bedingung $\Sigma H = 0$ liefert sofort

$$P_3 \cos \alpha_3 + H = 0; \qquad H = - P_3 \cdot \cos \alpha_3,$$

d. h. der in der Abb. 58 angegebene Pfeil von $H$ ist umzukehren. Die Bedingung $\Sigma M = 0$ in bezug auf den Stützpunkt $B$ liefert:

$$A \cdot l - \left(P_1 \cdot b_1 + P_2 \cdot b_2 + P_3 \cdot \sin \alpha_3 \cdot b_3 + g l \cdot \frac{l}{2}\right) = 0$$

oder

$$A = \frac{1}{l}\left(P_1 b_1 + P_2 b_2 + P_3 \cdot \sin \alpha_3 \cdot b_3 + \frac{g l^2}{2}\right).$$

Entsprechend findet man aus der Bedingung $\Sigma V = 0$ oder $\Sigma M = 0$ um $A$:

$$B = \frac{1}{l}\left(P_1 a_1 + P_2 a_2 + P_3 \sin \alpha_3 \cdot a_3 + \frac{g l^2}{2}\right).$$

Ist der Träger nur mit $g$ belastet, so wird

$$A = B = \frac{g l}{2}; \qquad H = 0;$$

während sich im Falle senkrechter Einzellasten ergibt:

$$(1) \qquad A = \frac{\Sigma P \cdot b}{l}; \qquad B = \frac{\Sigma P \cdot a}{l}; \qquad H = 0.$$

Ist außer der über den ganzen Träger gleichmäßig verteilten Last $g$ auch noch eine Streckenlast $p$ vorhanden (Abb. 59), so denke man sich diese in ihrem Schwerpunkt zu einer Einzellast $p \cdot e$ vereinigt und bestimme die Stützendrücke genau wie oben angegeben:

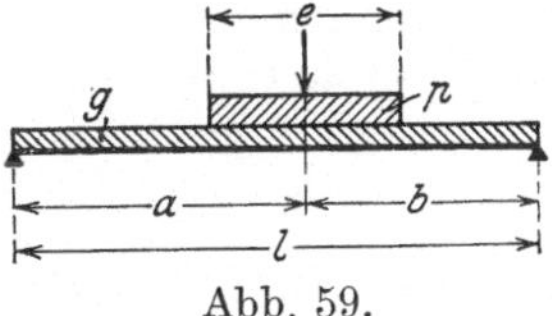

Abb. 59.

$$A = \frac{g l}{2} + \frac{p \cdot e \cdot b}{l}; \qquad B = \frac{g l}{2} + \frac{p \cdot e \cdot a}{l}; \qquad H = 0.$$

Nach Festlegung der Stützendrücke können die Biegungsmomente und Querkräfte für jeden beliebigen Querschnitt ermittelt werden. Im Belastungsfall der Abb. 58 erhält man z. B. für einen Querschnitt zwischen $x = a_2$ und $x = a_3$ (wobei eine Drehung im Uhrzeigersinn am linken Trägerteil als positiv gerechnet wird):

$$M_x = A \cdot x - P_1 (x - a_1) - P_2 (x - a_2) - \frac{g x^2}{2}$$

oder allgemein

$$(2) \qquad M_x = A \cdot x - \sum_1^x P (x - a) - \frac{g x^2}{2},$$

wobei $\sum_1^x P$ sich über alle Lasten links von $x$ erstreckt. Treten schräge Lasten auf, so sind in der Summe nur die vertikalen Komponenten zu berücksichtigen.

Im Falle einer gleichmäßig verteilten Last $g$ wird

$$M_x = A \cdot x - \frac{g x^2}{2} = x\left(\frac{g l}{2} - \frac{g x}{2}\right) = \frac{g x x'}{2}.$$

Für $x = x' = \dfrac{l}{2}$ ergibt sich das größte Moment

$$M_{\max} = \frac{g \cdot l^2}{8}.$$

Trägt man für jeden Trägerpunkt das für ihn gültige Moment von einer Horizontalen — der Nullinie — aus auf und verbindet die Endpunkte dieser Ordinaten, so erhält man die Momentenlinie des Trägers infolge der betreffenden Belastung. Momentenlinie und Nullinie schließen zusam-

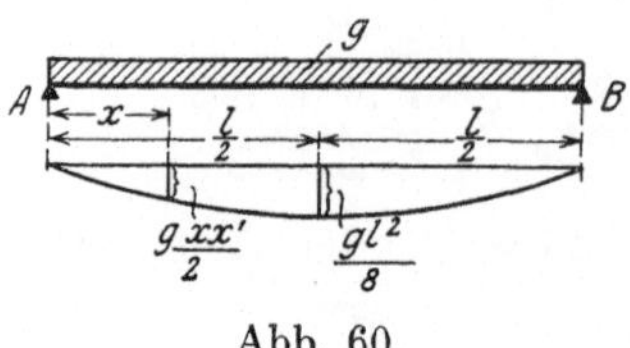

Abb. 60.

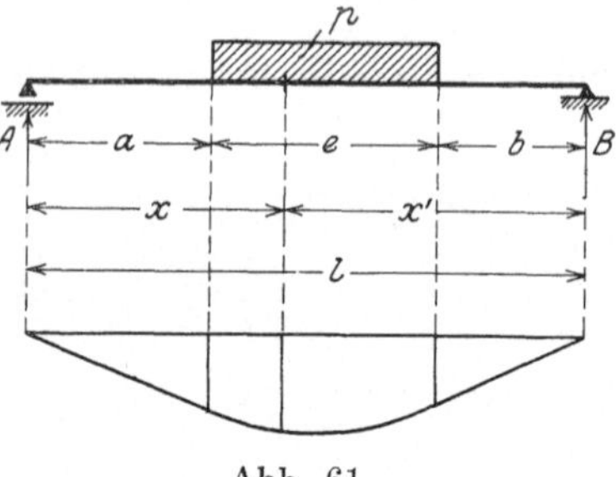

Abb. 61.

men die Momentenfläche ein. Für den Fall gleichmäßig verteilter Belastung ist die Momentenlinie eine Parabel mit der Pfeilhöhe $f = \dfrac{g\,l^2}{8}$ (Abb. 60).

Bei Belastung des Trägers mit einer Streckenlast ergeben sich mit Bezugnahme auf Abb. 61 folgende Stützendrücke:

$$A = \frac{p \cdot e}{l}\left(\frac{e}{2} + b\right); \qquad B = \frac{p \cdot e}{l}\left(\frac{e}{2} + a\right).$$

An der Stelle $a$ ist $M_a = A \cdot a$, an der Stelle $b$ $M_b = B \cdot b$, dagegen wird an der Stelle $x$

$$M_x = A \cdot x - \frac{p\,(x - a)^2}{2}.$$

Die Momentenlinie verläuft also von $x = 0$ bis $x = a$ geradlinig, geht dann in eine Kurve über bis $x = a + e$ und verläuft von dort aus wieder geradlinig bis ans Ende des Trägers.

Die Querkraft für irgendeinen Querschnitt $x$ erhält man durch algebraische Addition der senkrechten Komponenten aller links von $x$ angreifenden Kräfte. Sie wird positiv genannt, wenn sie den linken Trägerteil gegen den rechten nach oben oder den rechten gegen den linken nach unten zu verschieben sucht.

Für den Belastungsfall der Abb. 58 ist z. B. für einen Querschnitt zwischen $x = a_2$ und $x = a_3$

$$Q_x = A - (P_1 + P_2 + g \cdot x),$$

oder allgemein

$$Q_x = A - \left(\sum_1^x P + g \cdot x\right).$$

Differenziert man in Gleichung (2) $M_x$ nach $x$, so ergibt sich

$$\frac{d M_x}{d x} = A - \sum_1^x P - g x = Q_x.$$

Zwischen Moment und Querkraft eines beliebigen Querschnitts besteht also die einfache Beziehung

(3) $$Q = \frac{d M}{d x}.$$

Soll nun im Falle einer stetigen Belastung diejenige Stelle gefunden werden, an welcher das Moment ein Maximum (oder Minimum) erreicht, so setze man den ersten Differentialquotienten des Momentes oder, was nach (3) dasselbe ist, die Querkraft gleich Null und erhält damit eine Bedingungsgleichung für die gesuchte Abszisse $x$.

Für den durch Abb. 61 dargestellten Belastungsfall wird z. B. die Querkraft zwischen $x = a$ und $x = a + e$

$$Q_x = \frac{dM_x}{dx} = A - p(x - a).$$

Für $Q_x = 0$ wird $A = p(x - a)$, oder

$$x = \frac{A + ap}{p}.$$

Führt man diesen Wert für $x$ in die Gleichung

$$M_x = A \cdot x - \frac{p(x - a)^2}{2}$$

ein, so erhält man das infolge dieser Belastung auftretente Maximalmoment.

Besteht die Belastung des Trägers aus Einzellasten, so ergibt sich ein Größtwert des Momentes an der Stelle, an welcher die Querkraft ihr Vorzeichen wechselt.

Entsprechend der Momentenlinie kann man die aus den Querkräften herrührende Querkraftlinie bzw. Querkraftfläche auftragen (Abb. 62).

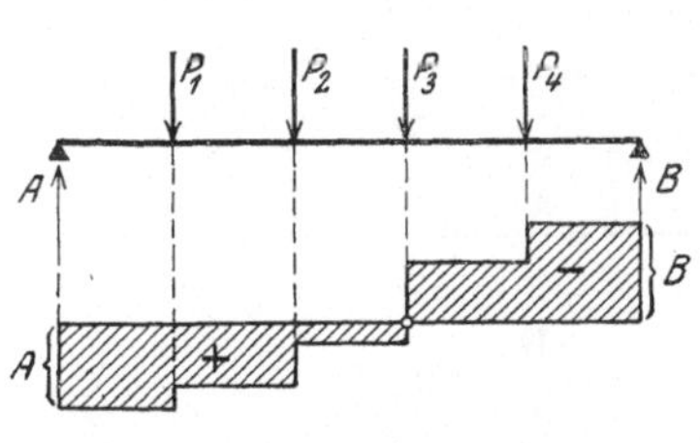

Abb. 62.

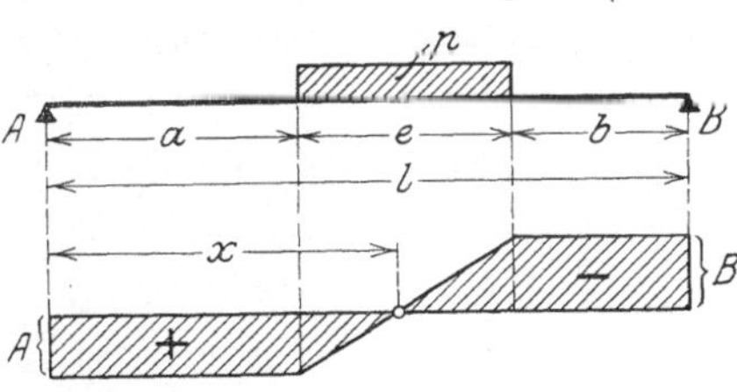

Abb. 63.

Im Belastungsfall der Abb. 63 ist die Querkraft zwischen $x = 0$ und $x = a$ konstant, $Q_x = A$. Zwischen $x = a$ und $x = a + e$ ist $Q_x = A - p(x - a)$, während sie zwischen $x = a + e$ und $x = l$ den konstanten

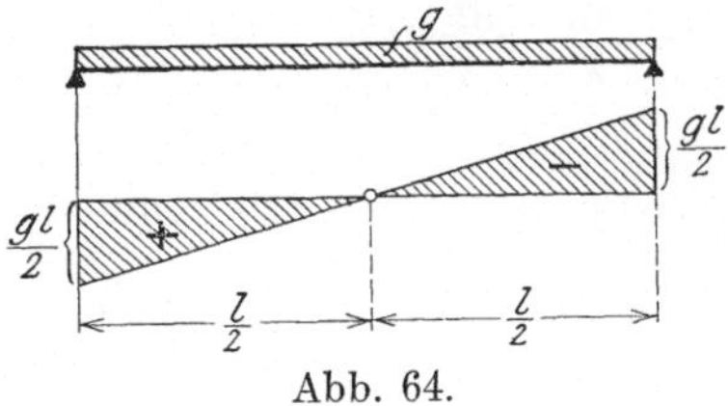

Abb. 64.

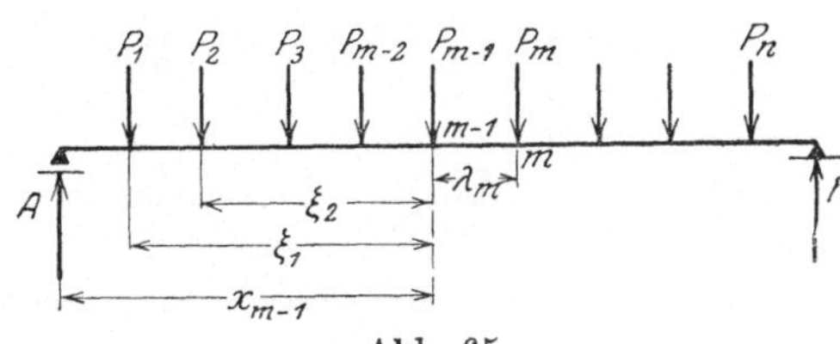

Abb. 65.

Wert $Q_x = A - p \cdot e = -B$ annimmt. Die Abszisse des Nullpunktes ist durch die oben angeschriebene Beziehung $x = \frac{A}{p} + a$ gegeben. Erstreckt sich die gleichmäßig verteilte Last über den ganzen Träger, so wird die Querkraftlinie dargestellt durch eine die Nullinie in der Mitte schneidende Gerade, deren Ordinaten bei $x = 0$ $+\frac{1}{2}gl$ und bei $x = l$ $-\frac{1}{2}gl$ sind. Der Nullpunkt gibt an, daß das größte Moment bei $x = \frac{l}{2}$ liegt, was oben bereits auf anderem Wege gezeigt wurde (Abb. 64).

Liegt der in Abb. 65 skizzierte Belastungsfall vor, so ist das Moment an der Stelle $m$ unter Beachtung der aus der Figur ersichtlichen Bezeichnungen:

$$M_m = A\,(x_{m-1} + \lambda_m) - \sum_1^{m-1} P\,(\xi + \lambda_m)$$

oder

$$M_m = A \cdot x_{m-1} - \sum_1^{m-2} P \cdot \xi + \Big(A - \sum_1^{m-1} P\Big)\,\lambda_m .$$

Nun ist aber

$$A \cdot x_{m-1} - \sum_1^{m-2} P \cdot \xi = M_{m-1},$$

d. h. gleich dem Moment an der Stelle $x_{m-1}$ und

$$\Big(A - \sum_1^{m-1} P\Big)\,\lambda_m = Q_m \cdot \lambda_m,$$

d. h. gleich der mit $\lambda_m$ multiplizierten Querkraft im $m$-ten Felde. Demnach gilt allgemein

$$(4) \qquad M_m = M_{m-1} + Q_m \cdot \lambda_m .$$

Die vorstehende Beziehung kann benutzt werden, um die Momente aus den Querkräfteu abzuleiten. Dieses Verfahren empfiehlt sich besonders dann, wenn die Feldweiten $\lambda$ sämtlich gleich groß sind, ein Fall, der bei Baukonstruktionen häufig auftritt. Man bedient sich dabei zweckmäßig einer Tabelle und gelangt zu nachstehendem Schema:

| Punkt | Kraft | $Q$ | $\dfrac{M}{\lambda}$ |
|:---:|:---:|:---:|:---:|
| 0 | $-A$ | $Q_0 = 0$ | 0 |
| 1 | $P_1$ | $Q_1 = A$ | $\dfrac{M_1}{\lambda} = Q_1$ |
| 2 | $P_2$ | $Q_2 = Q_1 - P_1$ | $\dfrac{M_2}{\lambda} = \dfrac{M_1}{\lambda} + Q_2$ |
| 3 | $P_3$ | $Q_3 = Q_2 - P_2$ | $\dfrac{M_3}{\lambda} = \dfrac{M_2}{\lambda} + Q_3$ |
| 4 | $P_4$ | $Q_4 = Q_3 - P_3$ | $\dfrac{M_4}{\lambda} = \dfrac{M_3}{\lambda} + Q_4$ |
| 5 | $P_5$ | $Q_5 = Q_4 - P_4$ | $\dfrac{M_5}{\lambda} = \dfrac{M_4}{\lambda} + Q_5$ |
| ⋮ | | | |

Für den in Abb. 66 skizzierten Belastungszustand erhält man demnach bei Einführung der Zahlenwerte:

| Punkt | Kraft | $Q$ | $\dfrac{M}{\lambda}$ |
|:---:|:---:|:---:|:---:|
| 0 | $-4$ | 0 | 0 |
| 1 | $+2$ | $+4$ | 4 |
| 2 | $+3$ | $+2$ | $4 + 2 = 6$ |
| 3 | $-2$ | $-1$ | $6 - 1 = 5$ |
| 4 | $-1$ | $+1$ | $5 + 1 = 6$ |
| 5 | $+3$ | $+2$ | $6 + 2 = 8$ |
| 6 | $+2$ | $-1$ | $8 - 1 = 7$ |
| 7 | $+1$ | $-3$ | $7 - 3 = 4$ |
| 8 | $-4$ | $-4$ | $4 - 4 = 0$ |

Wirkt die Belastung nicht direkt auf den Balken, sondern wird sie vermittels einfacher Zwischenträger auf diesen übertragen (Abb. 67), so bestimmt man die auf die einzelnen Knotenpunkte, das sind diejenigen Punkte, in denen die Zwischenträger angeordnet sind, entfallenden Lasten und verfährt dann wie im Falle unmittelbarer Belastung des Balkens mit Einzellasten, welche in den Knotenpunkten angreifen.

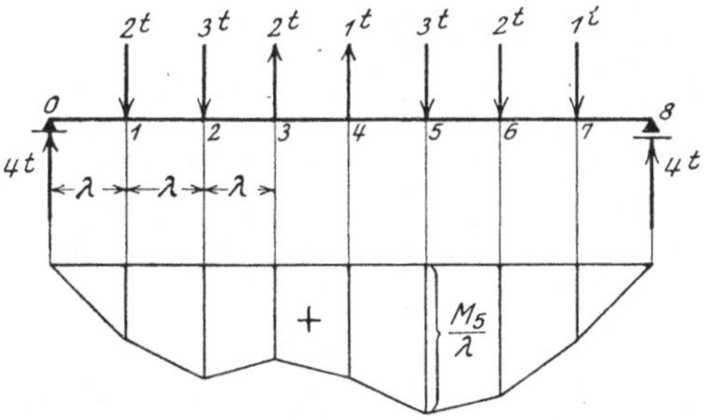

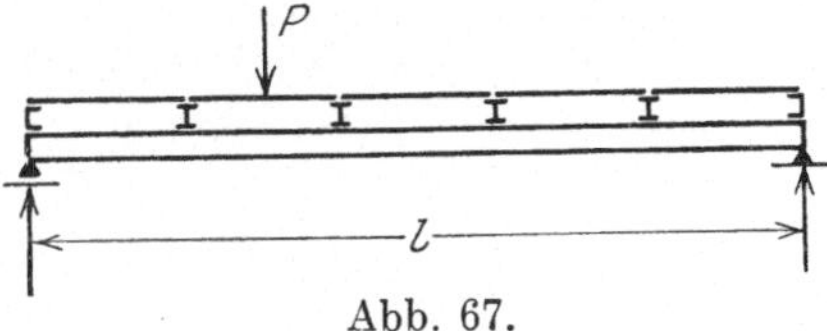

Abb. 66.

Abb. 67.

Die Querkraftlinie eines einfachen Balkens infolge gleichmäßig verteilter Belastung erhält man dann wie nachstehend angegeben. Innerhalb eines Feldes greifen keine äußeren Kräfte an, also ist $Q$ zwischen zwei Knotenpunkten $m-1$ und $m$ konstant. Für das $m$-te Feld ist

$$Q_m = \frac{gl}{2} - g \cdot x_{m-1} - y\,\frac{\lambda_m}{2}.$$

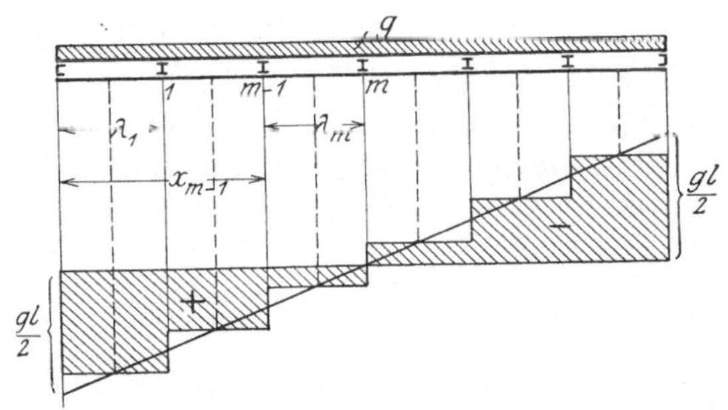

Abb. 68.

Dieser Wert stimmt mit demjenigen für $Q_c$ bei unmittelbarer Belastung überein, wenn $c$ die Mitte des $m$ten Feldes bezeichnet. Da aber $Q_m$ im Feld konstant ist, so erhält man die Querkraftlinie für mittelbare Belastung aus derjenigen für unmittelbare, indem man durch die unter den Feldmitten liegenden Punkte Parallelen zur Nullgeraden zwischen je zwei Knotenpunkten zieht. Es ergibt sich dann die in Abb. 68 dargestellte staffelförmige Querkraftlinie für mittelbare Belastung.

Nachstehend soll noch die graphische Behandlung des einfachen Balkens im Falle senkrechter Einzellasten besprochen werden.

Man trage zunächst die Lasten $P_1$ bis $P_n$ der Reihe nach auf (Abb. 69), wähle einen beliebigen Pol $O$, ziehe die Polstrahlen $I, II, III \ldots$ und zeichne das zugehörige Seilpolygon $I', II', III' \ldots$, welches die Auflagersenkrechten in den Punkten $a$ und $b$ schneidet. Die Verbindungsgerade $ab$ heißt die Schlußlinie. Zieht man zu dieser eine Parallele $g$ durch $O$, so zerlegt letztere den Kräftezug in zwei Strecken, welche die Auflagerdrücke $A$ und $B$ darstellen. Die äußeren Seilstrahlen $I$ und $VI$ des Kraftecks sind die Komponenten der Resultierenden $R = \Sigma P$. Im Punkte $a$ muß zwischen der Komponente $I$, dem Stützendruck $A$ und der Seilkraft $g$ Gleichgewicht bestehen, diese müssen also im Krafteck einen geschlossenen Kräftezug bilden. Mit $I$ und $g$ ist $A$, mit $VI$ und $g$ ist $B$ im Gleichgewicht.

Die Querkraft zwischen den Punkten 2 und 3 ist konstant, und zwar ist

$$Q_3 = A - (P_1 + P_2).$$

Im Kräfteplan ist $Q_3$ als Differenz von $A$ und $P_1 + P_2$ sofort abzugreifen. Da sie mit den Seilkräften $g$ und $III$ ein geschlossenes Krafteck bildet, so muß sie durch den Schnittpunkt von $g'$ und $III'$ gehen, womit ihre Lage bestimmt ist. Im vorliegenden Beispiel sucht $Q_3$ den linken Trägerteil gegen den rechten nach oben zu verschieben, ist also positiv.

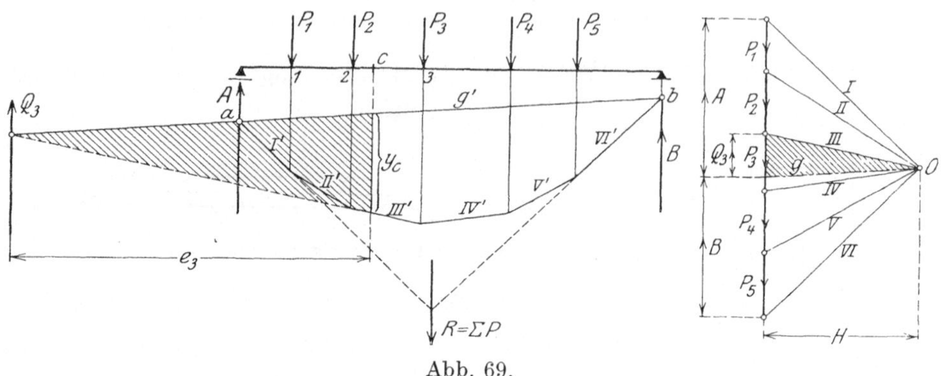

Abb. 69.

Denkt man sich bei $c$ einen Schnitt gelegt, so ist $Q_3$ die Resultierende aller links vom Schnitt wirkenden Kräfte, und das Moment für den Punkt $c$ wird, wenn $e_3$ den Abstand der Querkraft $Q_3$ von $c$ angibt:

$$M_c = Q_3 \cdot e_3 .$$

Das durch $g'$, $III'$ und die unter $c$ gemessene Ordinate $y_c$ begrenzte Dreieck ist dem durch $g$, $III$ und $Q_3$ begrenzten Krafteck ähnlich. Es verhält sich also, wenn $H$ den Polabstand angibt:

$$Q_3 : H = y_c : e_3 ,$$

woraus folgt

$$Q_3 \cdot e_3 = H \cdot y_c ,$$

und deshalb

(5)
$$M_c = H \cdot y_c .$$

Man erhält also das Moment $M_c$ aller links vom Schnitt wirkenden Kräfte in bezug auf Punkt $c$ als Produkt aus der Polweite $H$ und der Strecke $y_c$, welche von der Schlußlinie $g'$ und der vom Schnitt getroffenen Seilpolygonseite $III'$ auf der Parallelen zur Kraftrichtung durch $c$ abgeschnitten wird. Die Ordinate $y_c$ wird durch eine Länge, $H$ durch eine Kraft dargestellt. Wird $H = 1$ gewählt, so ergibt sich

$$M_c = 1 \cdot y_c .$$

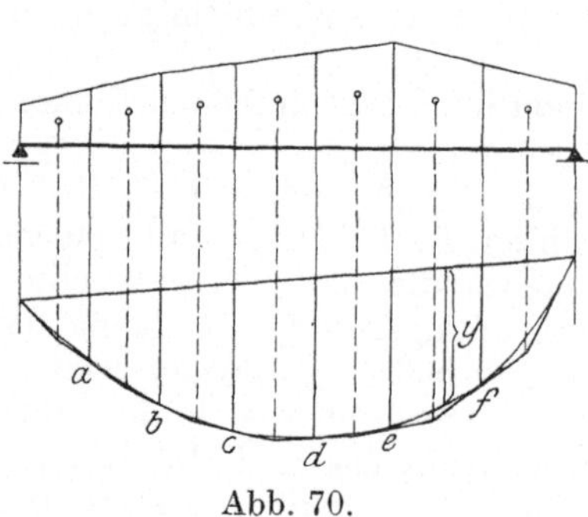

Abb. 70.

Im Falle einer beliebigen stetigen Belastung (Abb. 70) zerlege man die Belastungsfläche in hinreichend kleine Streifen, denke sich die entsprechenden Lasten in den Schwerpunkten dieser Abschnitte wirkend und behandle den Träger genau wie vorstehend angegeben. Wählt man wieder $H = 1$, so erhält man die Momentenlinie, indem man in das Seilpolygon der Lasten eine Kurve einträgt, welche die Seilpolygonseiten unter den Trennungslinien je zweier Streifen berührt (in $a$, $b$, $c$ ...), da an diesen Stellen die Momente infolge der gegebenen stetigen Belastung mit denen infolge der ersatzweise eingeführten Einzellasten übereinstimmen.

## II. Bewegliche Belastung.

### a) Einflußlinien.

Zur Bestimmung der Auflagerdrücke, Momente und Querkräfte eines einfachen Balkens infolge einer beweglichen Belastung bedient man sich mit Vorteil der Einflußlinien (vgl. Abschn. I, § 6).

Über den Träger $AB$ von der Stützweite $l$ möge eine Einzellast $P = 1$ wandern (Abb. 71). Für eine beliebige Laststellung wird der linke Stützendruck

$$A = 1 \cdot \frac{\xi'}{l}.$$

Für $\xi' = l$ ist $A = 1$, für $\xi' = 0$ ist $A = 0$. Die Einflußlinie für $A$ (kurz $A$-Linie genannt) wird also dargestellt durch eine Gerade, welche auf der Auflagersenkrechten durch $A$ die Ordinate 1, durch $B$ die Ordinate 0 von der Nullinie aus abschneidet. Entsprechend ist die Einflußlinie für den

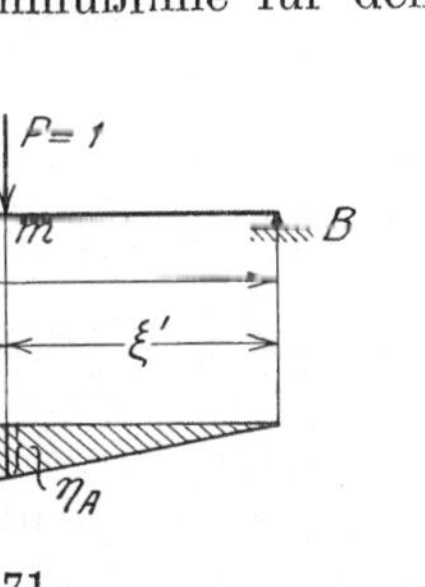

Abb. 71.

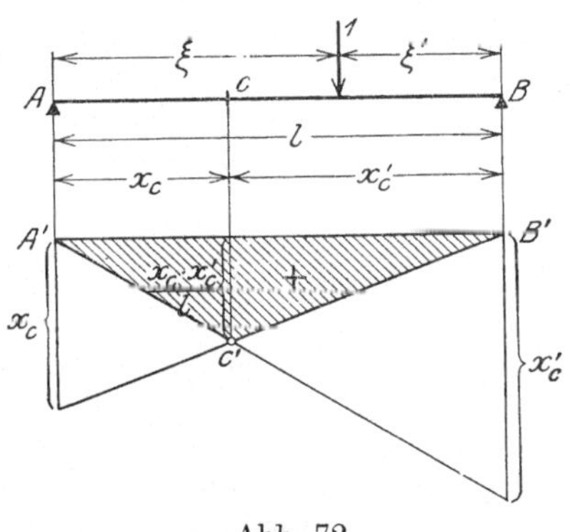

Abb. 72.

Stützendruck $B$ ($B$-Linie) eine Gerade mit den Ordinaten 1 und 0 unter $B$ bzw. $A$. Wandert eine Reihe von senkrechten Einzellasten $P$ über den Träger, so ergibt sich nach dem Gesetz der Superposition für eine bestimmte Laststellung

$$A = \Sigma P \cdot \eta_A$$
$$B = \Sigma P \cdot \eta_B,$$

wenn $\eta_A$ bzw. $\eta_B$ die Ordinaten der Einflußlinien für $A$ und $B$ unter den zugehörigen Lasten $P$ darstellen.

Soll die Einflußlinie für das Moment an der Stelle $c$ gefunden werden, so betrachte man zunächst eine Laststellung rechts von $c$. Dann ist mit den Bezeichnungen der Abb. 72

$$M_c = A \cdot x_c = \frac{1 \cdot \xi'}{l} \cdot x_c,$$

und zwar gilt dieser Wert für beliebige Stellungen der Last 1 zwischen $c$ und $B$. Die Ordinaten $\eta$ der Einflußlinie für $M_c$ rechts von $c$ sind somit gleich den mit $x_c$ multiplizierten Ordinaten der $A$-Linie. Steht die Last 1 links von $c$, so ist

$$M_c = B \cdot x_c' = \frac{1 \cdot \xi}{l} \cdot x_c',$$

d. h. zwischen $A$ und $c$ werden die Ordinaten der Einflußlinie für $M_c$ gleich den mit $x_c'$ multiplizierten Ordinaten der $B$-Linie. Unter $c$ ist die mit $x_c$

multiplizierte Ordinate der $A$-Linie

$$\eta_c = \frac{1 \cdot \xi'}{l} \cdot x_c = \frac{1 \cdot x_c' \cdot x_c}{l}$$

und die mit $x_c'$ multiplizierte Ordinate der $B$-Linie

$$\eta_c = \frac{1 \cdot \xi}{l} \cdot x_c' = \frac{1 \cdot x_c \cdot x_c'}{l},$$

d. h. beide sind einander gleich, die beiden Geraden müssen sich also unter $c$ schneiden. Man findet demnach die Einflußlinie für $M_c$, indem man unter $A$ die Abszisse $x_c$, unter $B$ die Abszisse $x_c'$ von der Nullinie aus aufträgt und die Endpunkte mit den Nullpunkten $B'$ unter $B$ bzw. $A'$ unter $A$ verbindet. Da der Schnittpunkt beider Geraden unter $c$ liegt, so genügt es, wenn nur $x_c$ oder nur $x_c'$ aufgetragen und der Punkt $c$ auf die so bestimmte eine Gerade heruntergelotet wird. Damit ist auch die Lage der zweiten Geraden bestimmt. Für jede beliebige Laststellung ist das Moment des einfachen Balkens im Falle abwärts gerichteter Lasten positiv, die Einflußfläche erhält also das positive Vorzeichen. Wirkt auf den Träger eine gleichmäßig verteilte Last $q = g + p$, so liefert die Auswertung der Einflußfläche

$$M_c = \int_0^l q \cdot \eta \, dx \, .$$

Da aber $\int \eta \, dx = F$, d. h. gleich dem Inhalt der Einflußfläche ist, so wird

$$M_c = q \cdot F = q \cdot \frac{x_c \cdot x_c'}{l} \cdot \frac{l}{2} = q \cdot \frac{x_c x_c'}{2},$$

was bereits früher auf anderem Wege gezeigt wurde (vgl. S. 33).

Liegt der Querschnitt $c$, für welchen das Moment zu bestimmen ist, zwischen zwei Querträgern $m$ und $m-1$ (Abb. 73), so bleibt offenbar die Einflußlinie dieselbe wie bei unmittelbarer Belastung, solange die Last links von $m-1$ oder rechts von $m$ steht, denn wenn man sich eine zwischen zwei Querträgern stehende Last auf die zugehörigen Knotenpunkte verteilt denkt, so erzeugen ihre Komponenten dasselbe Moment $M_c$ wie die Last selbst bei unmittelbarer Be-

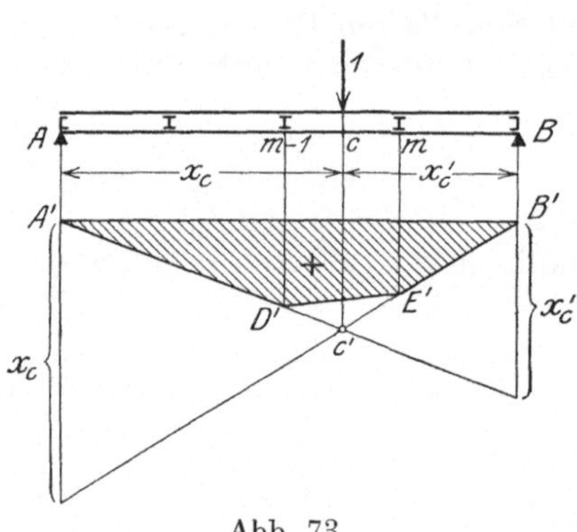

Abb. 73.

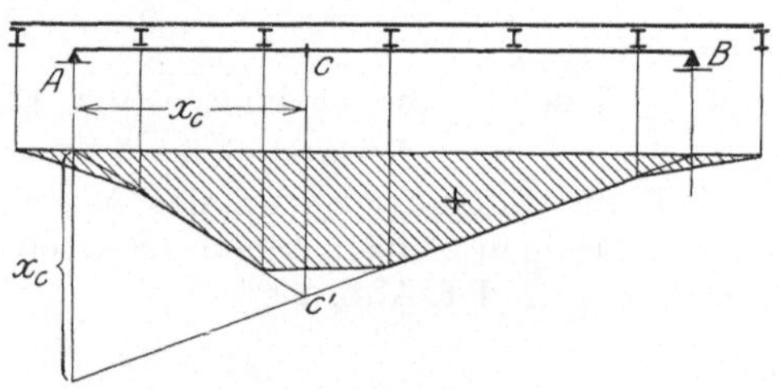

Abb. 74.

lastung. Zwischen $m$ und $m-1$ dagegen muß die Einflußlinie nach Abschnitt I, § 6 geradlinig verlaufen. Man hat also in der Einflußlinie für unmittelbare Belastung die Endpunkte der Ordinaten $\eta_{m-1}$ und $\eta_m$ zu verbinden und erhält in dem Linienzug $A' D' E' B'$ die Einflußlinie für das Moment $M_c$ bei mittelbarer Belastung.

Liegen die Endquerträger nicht über den Stützen, so würde die Einflußlinie für $M_c$, da sie in den Endfeldern geradlinig verlaufen muß, die in Abb. 74 dargestellte Form annehmen.

Die Querkraft $Q_c$ für einen beliebigen Trägerquerschnitt $c$ ist gleich der Resultierenden aller links von $c$ wirkenden senkrechten Lastkomponenten. Steht also die Last 1 rechts von $c$, so ist bei unmittelbarer Belastung

$$Q_c = A \,,$$

d. h. die Einflußlinie der Querkraft für Laststellungen rechts von $c$ ist gleich der positiven $A$-Linie. Steht die Last 1 links von $c$, so ist

$$Q_c = A - 1 = -B \,,$$

d. h. die Einflußlinie der Querkraft für Laststellungen links von $c$ ist gleich der negativen $B$-Linie. Die vollständige Einflußlinie für $Q_c$ wird also gefunden

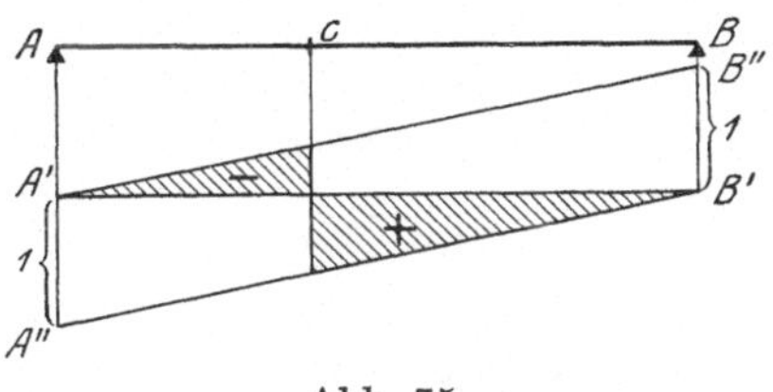

Abb. 75.

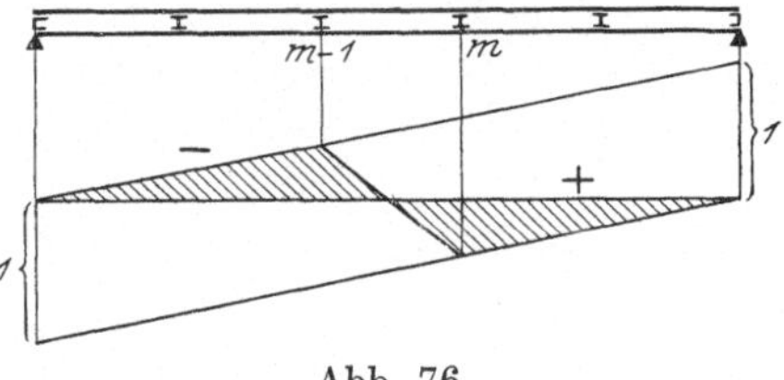

Abb. 76.

(Abb. 75), indem man unter $A$ die 'Ordinate $+1$, unter $B$ die Ordinate $-1$ aufträgt und die Endpunkte $A''$ bzw. $B''$ mit den Nullpunkten $B'$ bzw. $A'$ verbindet. Lasten rechts von $c$ erzeugen eine positive, Lasten links von $c$ eine negative Querkraft. Im Falle indirekter Belastung ist die Querkraft in einem beliebigen Feld $(m-1) - m$ konstant. Die Einflußlinie der Querkraft dieses Feldes nimmt die in Abb. 76 dargestellte Form an.

## b) $A$-Polygon und Kurve der Maximalmomente.

Bei der Ermittlung der größten Momente und Querkräfte eines einfachen Balkens infolge der Belastung mit einem verschiebbaren System von Einzellasten leistet das nachstehend beschriebene Verfahren gute Dienste.

### $\alpha)$ $A$-Polygon.

Zur Bestimmung der größten Querkräfte infolge eines von rechts vorrückenden Lastenzuges denke man sich zunächst den Zug von links aus über den Träger fahrend, und zwar so, daß die erste Last $P_1$ gerade über der Stütze $B$ steht (Abb. 77). Darauf trage man die gegebenen Lasten auf einer Senkrechten durch $A$ in der Reihenfolge $P_1, P_2, P_3, \ldots, P_n$ (von unten) auf, verbinde ihre Endpunkte mit dem Pol $B$ und zeichne mit dem Polabstand $l$ das Seilpolygon. Greift man jetzt die zwischen dem so gefundenen Seileck und der Balkenachse $AB$ liegende Ordinate $\eta_c$ über dem Trägerpunkt $c$ ab, so stellt diese die Auflagerkraft $A$ dar für den Fall, daß der Lastenzug von rechts nach links fahrend mit der Last $P_1$ gerade den Querschnitt $c$ erreicht hat. Der Beweis ergibt sich wie folgt: Verlängert man die Seilstrahlen $II$, $III$, $IV$, $\ldots VIII$ bis zum Schnitt mit $\eta_c$, so begrenzen diese Strahlen Dreiecke, von denen jedes einem entsprechenden Dreieck im Kräftepolygon ähnlich ist. Mit den Bezeichnungen der Abb. 78 ergibt sich somit:

$$\eta_c = \frac{P_1 \cdot b_1}{l} + \frac{P_2 \cdot b_2}{l} + \cdots + \frac{P_8 \cdot b_8}{l} = A \,,$$

was zu beweisen war. Das hier gezeichnete Seilpolygon führt den Namen

$A$-Polygon und kann in einfacher Weise zur Ermittlung der Auflagerdrücke $A$ benutzt werden.

Da nun aber — wie aus der Einflußlinie für $Q_c$ (Abb. 75) ersichtlich — die größte positive Querkraft $Q_c$ entsteht, wenn nur Lasten rechts von $c$

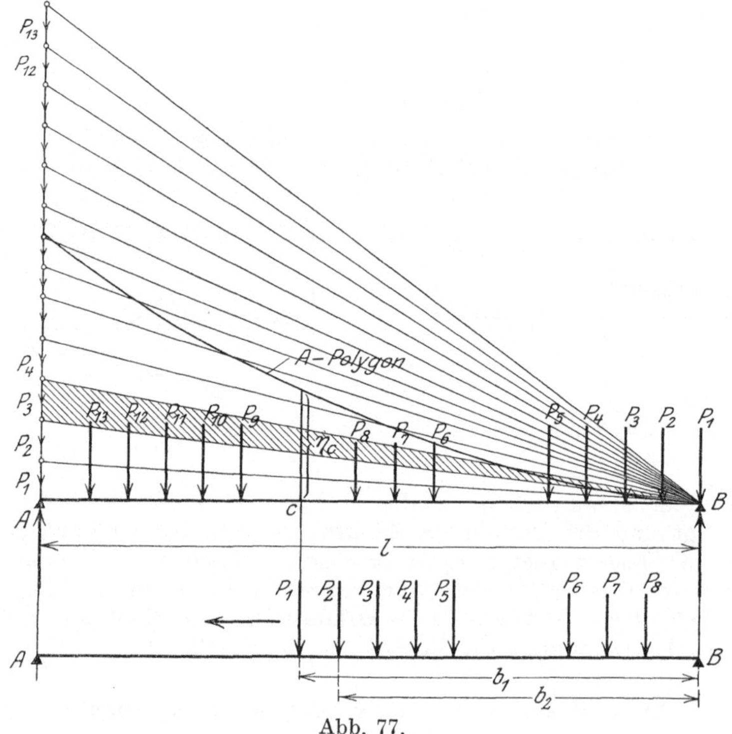

Abb. 77.

stehen, und außerdem in diesem Fall die Querkraft gleich dem Lagerdruck $A$ ist, so wird

$$\eta_c = Q_{c\,\text{max}}.$$

Will man die größte Querkraft infolge beweglicher und ruhender Belastung ermitteln, so ist zu vorstehendem Werte noch der Beitrag letzterer

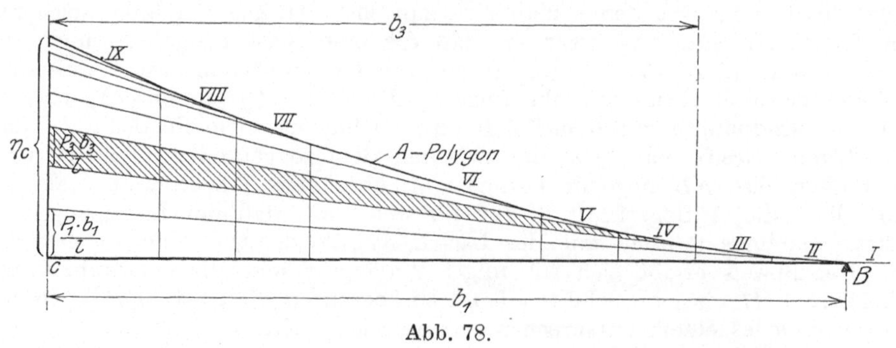

Abb. 78.

(Eigengewicht usw.) hinzuzufügen, welcher nach S. 35 schnell angegeben werden kann.

Bei mittelbarer Belastung des Trägers besitzt die Querkraft innerhalb eines beliebigen Feldes einen konstanten Wert. In diesem Falle braucht die Grundstellung — so nennt man die Stellung von $P_1$ in $m$ in bezug auf das $m$-te Feld — nicht notwendigerweise die größte positive Querkraft zu liefern, wie auch aus der Einflußlinie für die Querkraft des $m$-ten Feldes (Abb. 76) ersichtlich ist. Um die größte Querkraft zu finden, verschiebt man den Lastenzug so weit nach links (Abb. 79), daß die zweite Last $P_2$ über dem Querträger $m$ steht. Dann gibt die unter $P_1$ gemessene Ordinate des $A$-Polygons $\eta'_m$ den Auflagerdruck $A'$ für diese Laststellung an. Von der Last $P_1$ entfällt $P_1 \cdot \dfrac{c_1}{\lambda_m}$ auf den Knotenpunkt $m-1$. Die Querkraft im $m$-ten Feld ist also:

$$Q_m = A' - P_1 \cdot \frac{c_1}{\lambda_m}.$$

Wird nun $\left(\eta'_m - P_1 \dfrac{c_1}{\lambda_m}\right) > \eta_m$, so ist die zweite Laststellung zur Bestimmung der größten Querkraft maßgebend. Bei großen Feldweiten kann sich noch eine weitere Verschiebung nach links erforderlich machen, wobei in analoger Weise verfahren wird. Steht die dritte Last über $m$, so entfällt von $P_1$ und $P_2$ auf Knoten $m-1$ der Beitrag $P_1 \cdot \dfrac{c_1}{\lambda_m} + P_2 \cdot \dfrac{c_2}{\lambda_m}$, wenn $c_1$ und $c_2$ die Abstände der Lasten $P_1$ und $P_2$ von $m$ bedeuten. Die Querkraft im $m$-ten Feld

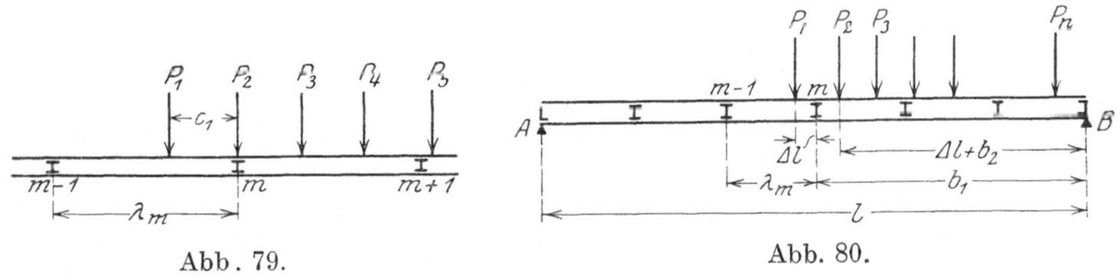

Abb. 79.

Abb. 80.

wird dann, wenn $\eta''_m$ die Ordinate des $A$-Polygons unter $P_1$ angibt,

$$Q_m = \eta''_m - \left(P_1 \cdot \frac{c_1}{\lambda_m} + P_2 \cdot \frac{c_2}{\lambda_m}\right).$$

Wird nun $\left(\eta''_m - \dfrac{P_1 \cdot c_1 + P_2 \cdot c_2}{\lambda_m}\right) > \left(\eta'_m - P_1 \cdot \dfrac{c_1}{\lambda_m}\right)$, so ist die dritte Laststellung maßgebend, usw.

Die Bestimmung der Werte $\dfrac{P \cdot c}{\lambda_m}$ kann rechnerisch oder graphisch erfolgen.

Ob die Grundstellung überschritten werden muß oder nicht, läßt sich auch leicht durch folgende Überlegung feststellen. Der Träger sei wie aus Abb. 80 ersichtlich belastet. Dann ist

$$Q'_m = \frac{1}{l}\left\{P_1(b_1 + \varDelta l) + P_2(b_2 + \varDelta l) + \ldots + P_n(b_n + \varDelta l)\right\} - \frac{P_1 \varDelta l}{\lambda_m}$$

$$= \sum_1^n \frac{P \cdot b}{l} + \frac{\varDelta l}{l} \sum_1^n P - P_1 \frac{\varDelta l}{\lambda_m},$$

wenn $Q'_m$ die Querkraft des $m$-ten Feldes bei der hier betrachteten Belastung bezeichnet. Setzt man ferner $\sum_1^n \dfrac{P \cdot b}{l} = Q_m$, d. h. gleich der Querkraft des

$m$-ten Feldes bei Grundstellung, so wird

$$Q'_m = Q_m + \frac{\varDelta l}{l} \cdot \sum_1^n P - P_1 \frac{\varDelta l}{\lambda_m}.$$

Soll nun die Grundstellung ($P_1$ über $m$) die größte Querkraft erzeugen, so muß $Q'_m < Q_m$ sein. Das ist der Fall, wenn $\dfrac{\varDelta l}{l} \sum_1^n P < P_1 \dfrac{\varDelta l}{\lambda_m}$, oder

$$(6) \qquad \frac{\sum_1^n P}{P_1} < \frac{l}{\lambda_m}.$$

Ist diese Bedingung nicht erfüllt, so muß die Grundstellung überschritten und $P_2$ über $m$ gestellt werden. Als Kriterium findet man

$$(7) \qquad \frac{\sum_1^n P}{P_1 + P_2} < \frac{l}{\lambda_m},$$

wenn diese Laststellung $Q_{\max}$ erzeugen soll. Der Wert $\sum_1^n P$ erstreckt sich dabei über sämtliche auf dem Träger stehenden Lasten.

Wird der in Betracht kommende Lastenzug durch einen Eisenbahnzug dargestellt, so empfiehlt sich auch die rechnerische Behandlung der Aufgabe mit Hilfe von Tabellenwerten. Infolge der in Abb. 81 skizzierten Belastung wird der linke Stützendruck, wenn $c_1$, $c_2$, ..., $c_{n-1}$ die wagerechten Abstände der Lasten $P_1$, $P_2$, ..., $P_{n-1}$ von der letzten auf dem Träger stehenden Last $P_n$, und $d$ der Abstand der Last $P_n$ von der Auflagersenkrechten durch $B$ bedeuten:

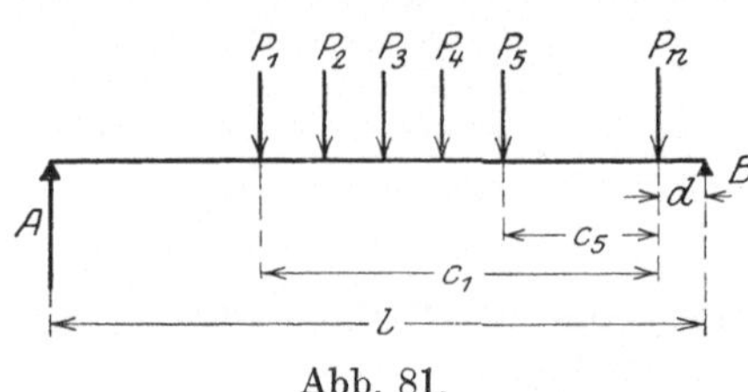

Abb. 81.

$$A = \frac{1}{l} \left\{ P_1 (c_1 + d) + P_2 (c_2 + d) + \ldots + P_n d \right\}$$

oder

$$(8) \qquad A = \frac{1}{l} \left( \sum_1^{n-1} P \cdot c + d \sum_1^n P \right).$$

Die Summenwerte $\varSigma P \cdot c$ und $\varSigma P$ sind für bestimmte Lastenzüge tabellarisch zusammengestellt worden, so daß die Berechnung von $A$ und damit von $Q_{\max}$ schnell erfolgen kann[1]).

### $\beta$) Kurve der Maximalmomente.

Zur Bestimmung der größten Momente infolge eines über einen Träger wandernden Lastenzuges trage man zunächst letzteren unter Beachtung der vorgeschriebenen Lastabstände auf und zeichne mit der beliebig gewählten Polweite $H$ zu diesen Lasten das Seilpolygon, und zwar vorläufig ganz unabhängig von dem zu untersuchenden Träger (Abb. 82).

---

[1]) Eine eingehende Behandlung der tabellarischen Berechnung für verschiedene Lastenzüge findet sich bei Müller-Breslau: Graphische Statik der Baukonstruktionen, I. Bd., 5. Aufl., S. 165 f.

Soll nun für den Querschnitt $c$ das größte Moment gefunden werden, so stelle man den Träger so unter den Lastenzug, daß eine große Last gerade über $c$, und möglichst viele große Lasten rechts und links von $c$ stehen. Darauf bestimme man mit Hilfe der Auflagersenkrechten die zu dieser Lage $(I)$ gehörige Schlußlinie $g_I$ und greife die zwischen $g_I$ und dem Seileck gelegene Ordinate $y_{c_I}$ ab. Multipliziert man diese mit der Polweite $H$, so er-

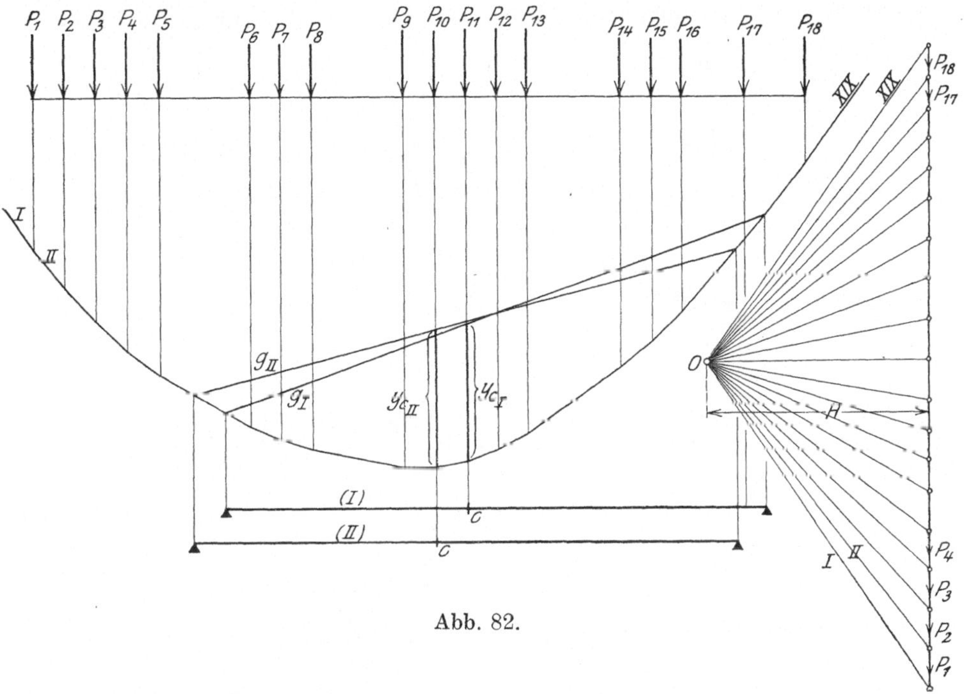

Abb. 82.

hält man nach Gleichung (5) das aus dieser Laststellung für $c$ sich ergebende Moment

$$M_{c_I} = y_{c_I} \cdot H.$$

Nun wird der Träger in eine andere Lage $(II)$ geschoben, und die gleiche Konstruktion wiederholt. Diese liefert:

$$M_{c_{II}} = y_{c_{II}} \cdot H.$$

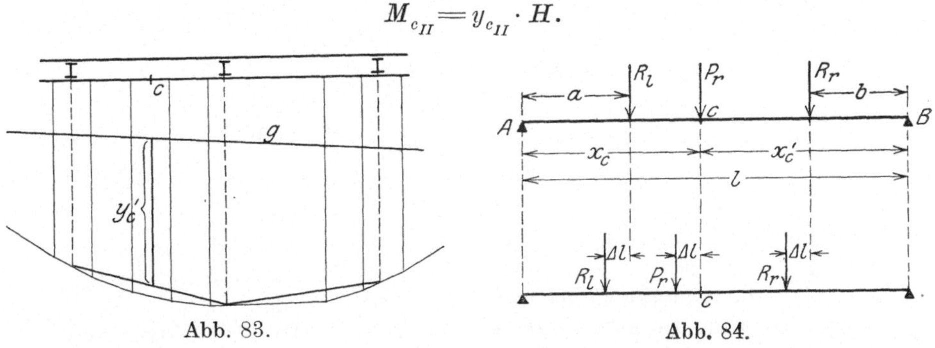

Abb. 83.

Abb. 84.

So fortfahrend findet man schließlich eine Trägerstellung, welche das größte Moment $M_{c\,\mathrm{max}}$ ergibt, was sich durch Vergleich der verschiedenen Ordinaten $y_c$ bald feststellen läßt. Handelt es sich um mittelbare Belastung, so sind in das gezeichnete Seilpolygon zunächst die den einzelnen Trägerfeldern entsprechenden Schlußlinien einzutragen und dann die in Frage kommenden Ordinaten $y'$ abzugreifen (Abb. 83, S. 45).

Die ungünstigste Laststellung läßt sich auch durch folgende Überlegung ermitteln: Man stelle zunächst eine große Last $P_r$ über $c$, denke sich darauf die links und rechts von $c$ stehenden Lasten zu je einer Resultierenden $R_l$ und $R_r$ vereinigt und verschiebe nun den Lastenzug um $\varDelta l$ nach links. Dann ist mit den Bezeichnungen der Abb. 84 (S. 45) das Moment an der Stelle $c$:

$$M_c' = \frac{1}{l}\left\{P_r(x_c - \varDelta l)x_c' + R_r(b + \varDelta l)x_c + R_l(a - \varDelta l)x_c'\right\}$$

$$= \frac{1}{l}\left\{P_r x_c x_c' + R_r \cdot b \cdot x_c + R_l \cdot a \cdot x_c'\right\} + \frac{1}{l}\left\{- P_r \varDelta l \cdot x_c'\right.$$
$$\left. + R_r \varDelta l \cdot x_c - R_l \varDelta l \cdot x_c'\right\}.$$

Bezeichnet nun

$$M_c = \frac{1}{l}\left\{P_r x_c x_c' + R_r \cdot b \cdot x_c + R_l \cdot a \cdot x_c'\right\}$$

das Moment an der Stelle $c$ für den Fall, daß $P_r$ genau in $c$ steht, so wird

$$M_c' = M_c + \frac{\varDelta l}{l}\left\{R_r x_c - (P_r + R_l)x_c'\right\}.$$

Soll die Laststellung mit $P_r$ über $c$ das größte Moment ergeben, so muß $M_c' < M_c$ sein. Das ist der Fall, wenn $R_r \cdot x_c < (P_r + R_l)x_c'$ ist, oder wenn

$$(9) \qquad \frac{R_r}{P_r + R_l} < \frac{x_c'}{x_c}.$$

<br>

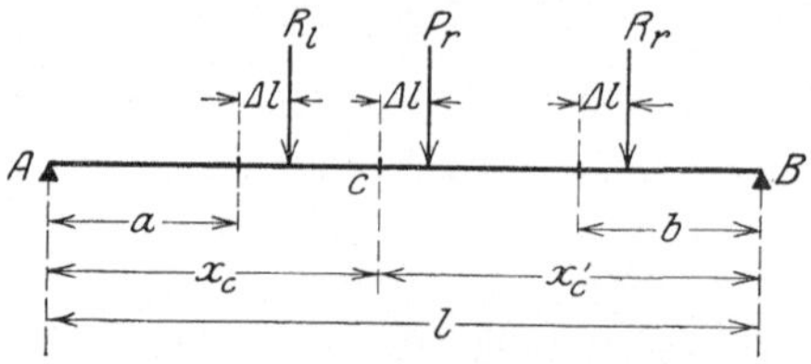

Abb. 85.

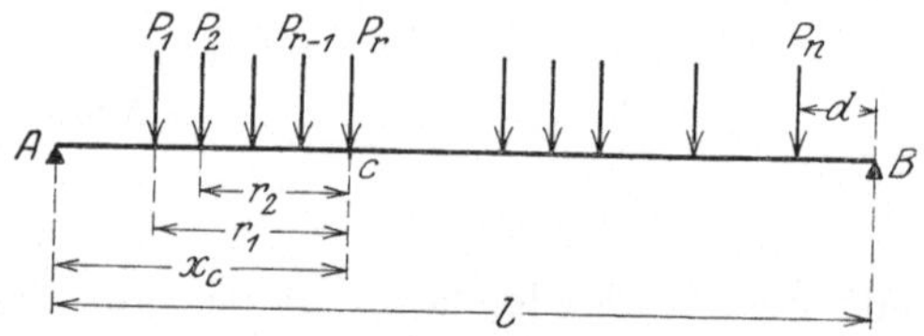

Abb. 86.

Verschiebt man in gleicher Weise den Lastenzug um $\varDelta l$ nach rechts, so findet man (Abb. 85):

$$M_c' = \frac{1}{l}\left\{P_r(x_c' - \varDelta l)x_c + R_r(b - \varDelta l)x_c + R_l(a + \varDelta l)x_c'\right\}$$

$$= M_c + \frac{\varDelta l}{l}\left\{R_l x_c' - (P_r + R_r)x_c\right\}.$$

Nun ist $M_c' < M_c$, wenn $R_l \cdot x_c' < (P_r + R_r)x_c$, oder wenn

$$(10) \qquad \frac{R_l}{P_r + R_r} < \frac{x_c}{x_c'}.$$

Die Bedingungen (9) und (10) müssen erfüllt sein, wenn die angenommene Laststellung — $P_r$ in $c$ — das größte Moment für Punkt $c$ liefern soll.

Will man die Untersuchung mit Hilfe von Tabellenwerten durchführen (vgl. S. 44), so beachte man, daß infolge der in Abb. 86 skizzierten Belastung das Moment an der Stelle $c$ den Wert hat:

$$(11) \quad M_c = A \cdot x_c - (P_1 \cdot r_1 + P_2 r_2 + \cdots + P_{r-1} r_{(r-1)}) = A \cdot x_c - \sum_1^{r-1} P \cdot r,$$

wobei $A$ durch Gleichung (8) gegeben ist.

# § 2. Freiträger, Balken mit überkragenden Enden und Gerberträger.

Freiträger heißt ein gerader oder einfach gekrümmter Träger, der an einem Ende fest eingespannt, am andern dagegen vollkommen frei ist. Unter dem Einfluß einer beliebigen in die Trägerebene fallenden Belastung treten am Auflager drei unbekannte Lagergrößen auf, eine Vertikalkraft $A$, eine Horizontalkraft $H$ und ein Einspannungsmoment $M_e$, die mit Hilfe der drei Gleichgewichtsbedingungen der starren Scheibe berechnet werden können. Auf Abb. 87 angewandt, liefern diese:

$$A - gl \quad P \cdot \sin\alpha = 0;$$
$$H - P \cdot \cos\alpha = 0;$$
$$- P \cdot \sin\alpha \cdot b - g\,\frac{l^2}{2} - M_e = 0;$$

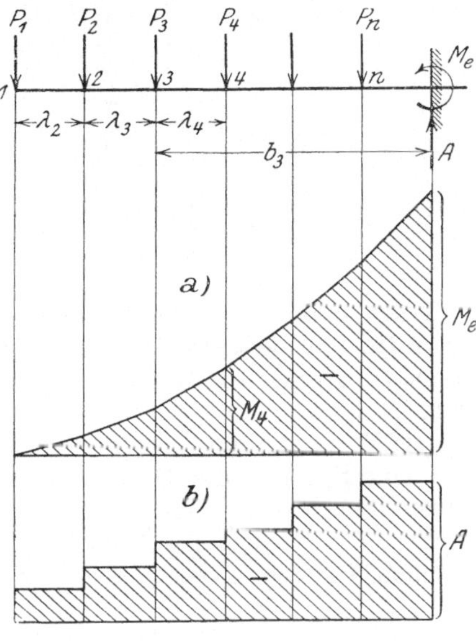

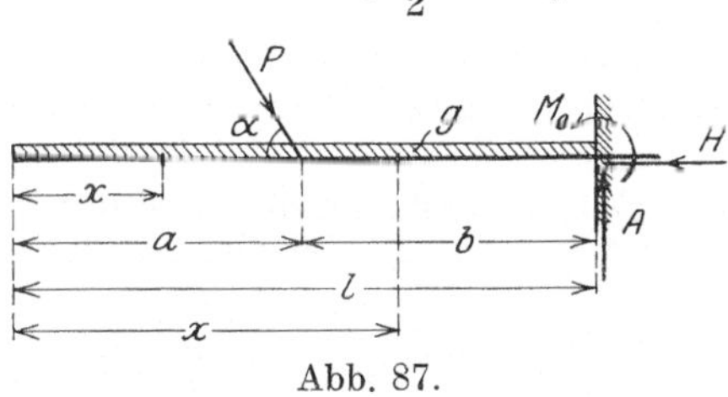

Abb. 87.　　　　　　　Abb. 88.

oder　　$A = P \cdot \sin\alpha + gl; \quad H = P \cdot \cos\alpha; \quad M_e = -\left(P \cdot \sin\alpha \cdot b + \frac{g\,l^2}{2}\right).$

Das Moment der äußeren Kräfte für einen Querschnitt zwischen $x = 0$ und $x = a$ wird

$$(12) \qquad M_x = -\frac{g\,x^2}{2},$$

für einen Querschnitt zwischen $x = a$ und $x = l$

$$M_x = -\left[P \cdot \sin\alpha\,(x - a) + \frac{g\,x^2}{2}\right].$$

Entsprechend erhält man die Querkräfte zwischen $x = 0$ und $x = a$

$$(13) \qquad Q_x = -\,gx,$$

zwischen $x = a$ und $x = l$

$$Q_x = -(P \cdot \sin\alpha + gx).$$

Wirken außer der gleichmäßig verteilten Belastung nur senkrechte Einzellasten auf den Träger, so wird (Abb. 88):

$$A = \sum_1^n P + gl; \quad H = 0; \quad M_e = -\left(\sum_1^n P \cdot b + \frac{g\,l^2}{2}\right).$$

Zur Bestimmung der Momente und Querkräfte aus den Einzellasten bedient man sich zweckmäßig der auf S. 36 entwickelten Gleichung (4)

$$M_m = M_{m-1} + Q_m \cdot \lambda_m,$$

unter Benutzung nachstehender Tabelle.

| Punkt | $Q_m$ | $\lambda_m$ | $M_m$ |
|---|---|---|---|
| 1 | $0$ | | $0$ |
| 2 | $-P_1$ | $\lambda_2$ | $-P_1\cdot\lambda_2$ |
| 3 | $-\sum\limits_1^2 P$ | $\lambda_3$ | $M_2-\sum\limits_1^2 P\cdot\lambda_3$ |
| 4 | $-\sum\limits_1^3 P$ | $\lambda_4$ | $M_3-\sum\limits_1^3 P\cdot\lambda_4$ |
| 5 | $-\sum\limits_1^4 P$ | $\lambda_5$ | $M_4-\sum\limits_1^4 P\cdot\lambda_5$ |
| 6 | $-\sum\limits_1^5 P$ | $\lambda_6$ | $M_5-\sum\limits_1^5 P\cdot\lambda_6$ |
| 7 | $-\sum\limits_1^6 P$ | $\lambda_7$ | $M_6-\sum\limits_1^6 P\cdot\lambda_7$ |

Trägt man die in der Tabelle gefundenen Werte für die Momente und Querkräfte von je einer Horizontalen als Nullinie aus auf, so erhält man die in Abb. 88a und b dargestellte Momenten- und Querkraftfläche aus Einzellasten.

Die Momentenlinie aus gleichmäßiger Belastung wird nach Gleichung (12) durch eine Parabel, die Querkraftlinie nach Gleichung (13) durch eine Gerade dargestellt (Abb. 89a und b).

Im Falle beweglicher Einzellasten bedient man sich zur Bestimmung der statischen Größen zweckmäßig der Einflußlinien. Da der Auflagerdruck $A$

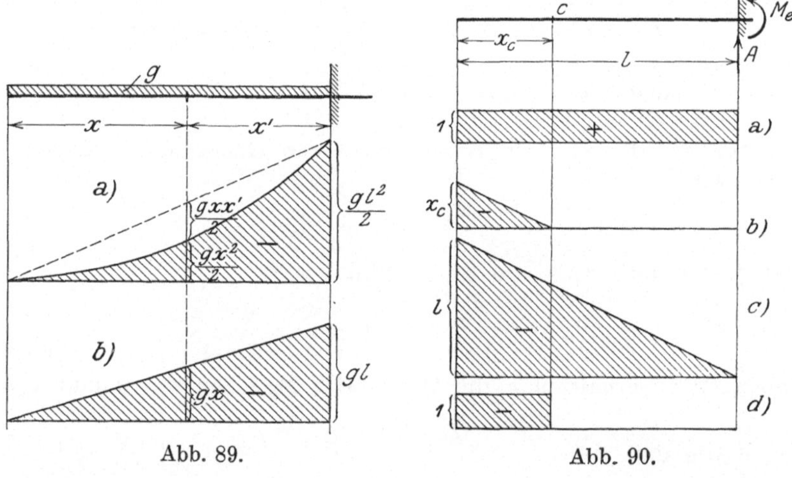

Abb. 89.  Abb. 90.

nur von der Größe, nicht aber von der Stellung einer Last abhängig ist, so ergibt sich die Einflußlinie für $A$ sofort als eine im Abstande 1 zur Nulllinie gezogene Parallele (Abb. 90a). Alle Lasten, welche rechts vom Punkte $c$ oder in $c$ selbst angreifen, erzeugen in bezug auf den Querschnitt $c$ kein Moment. Eine am linken Trägerende wirkende Last 1 erzeugt dagegen $M_c = -1\cdot x_c$. Die Einflußlinie für $M_c$ ist also bestimmt durch die Gerade, welche auf der Senkrechten durch das freie Trägerende die Strecke $x_c$ von der Nullinie aus abschneidet und durch den Schnittpunkt letzterer mit der durch $c$ gelegten Senkrechten geht (Abb. 90b). Demnach wird die Einflußfläche für das Einspannungsmoment $M_e$ durch ein Dreieck von der Höhe $l$ dargestellt, dessen Spitze unter dem freien Trägerende liegt (Abb. 90c). Lasten rechts von $c$ erzeugen die Querkraft $Q_c = 0$. Eine Last 1 links von $c$ dagegen bewirkt $Q_c = -1$. Demnach ergibt sich die Einflußlinie für $Q_c$ als eine im Abstande $-1$ zur Nullinie gezogene Parallele, und zwar erstreckt sie sich über den Trägerteil von $x = 0$ bis $x = x_c$ (Abb. 90d).

Durch Verbindung eines Freiträgers und eines einfachen Balkens entsteht ein Träger mit einem überkragenden Ende — auch Kragträger genannt (Abb. 91). Lasten innerhalb der Öffnung $AB$ beanspruchen das System genau wie einen einfachen Balken, ihr Einfluß kann also nach den in § 1 besprochenen Gesetzen verfolgt werden. Bei Belastung des Kragarmes $CA$ können die Momente und Querkräfte für Querschnitte zwischen $C$ und $A$ in der gleichen Weise ermittelt werden, wie dieses oben für den Freiträger gezeigt

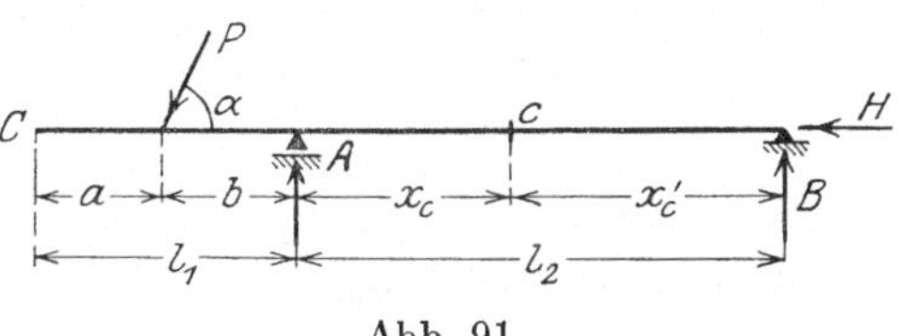

Abb. 91.

ist. Der Träger möge bei $B$ ein festes, bei $A$ ein horizontal verschiebliches Lager haben. Dann lauten bei Belastung des Kragarmes durch eine unter dem Winkel $\alpha$ geneigte Last $P$ mit Bezug auf Abb. 91 die drei Gleichgewichtsbedingungen:

$$1. \quad A + B - P \cdot \sin \alpha = 0;$$
$$2. \quad H + P \cdot \cos \alpha = 0;$$
$$3. \quad A \cdot l_2 - P \cdot \sin \alpha \, (l_2 + b) = 0.$$

Aus 3 folgt:
$$A = \frac{P \cdot \sin \alpha \, (l_2 + b)}{l_2};$$

aus 2:
$$H = - P \cdot \cos \alpha;$$

aus 1:
$$B = P \cdot \sin \alpha - A = - P \cdot \sin \alpha \frac{b}{l_2}.$$

Für einen Querschnitt $c$ innerhalb $AB$ ergibt sich das Moment der rechts von $c$ liegenden äußeren Kräfte
$$M_c = B \cdot x_c' = - P \cdot \sin \alpha \frac{b}{l_2} \cdot x_c'$$

und die Querkraft
$$Q_c = - B = P \cdot \sin \alpha \frac{b}{l_2}.$$

Eine im Abstande $b$ von $A$ am Kragarm wirkende senkrechte Last 1 erzeugt also
$$A = 1 \cdot \frac{l_2 + b}{l_2}; \quad H = 0; \quad B = -1 \cdot \frac{b}{l_2}$$
$$M_c = -1 \cdot \frac{b}{l_2} \cdot x_c'; \quad Q_c = 1 \cdot \frac{b}{l_2}.$$

Mit Hilfe dieser Beziehungen lassen sich die Einflußlinien für die Stützendrücke, sowie die Momente und Querkräfte für Querschnitte innerhalb $AB$ leicht auftragen. Man geht dabei zweckmäßig von den Einflußlinien des einfachen Balkens aus und verlängert diese geradlinig über $A$ hinaus

(Abb. 92 a bis d). Für die Ordinaten unter der Last ergibt sich aus ähnlichen Dreiecken:

$$\frac{\eta_A}{1} = \frac{l_2 + b}{l_2} \quad \text{(Abb. 92 a)}$$

$$\frac{\eta_B}{1} = -\frac{b}{l_2} \quad \text{(Abb. 92 b)}$$

$$\frac{\eta_M}{x_c'} = -\frac{b}{l_2}, \quad \eta_M = -\frac{b \cdot x_c'}{l_2} \quad \text{(Abb. 92 c)}$$

$$\frac{\eta_Q}{1} = \frac{b}{l_2} \quad \text{(Abb. 92 d)},$$

in Übereinstimmung mit den oben gefundenen Werten.

Verbindet man einen beiderseits überkragenden Träger derart mit zwei einfachen Balken, daß letztere auf den freien Enden des ersteren gelenkig gelagert werden, so entsteht ein Träger auf vier Stützen mit zwei Gelenken (Abb. 93). Denkt man sich diese Gelenke entfernt, so geht das System in einen durchlaufenden Balken auf vier Stützen über, welcher unter der Annahme eines festen und drei horizontal verschieblicher Auflager $5 - 3 = 2$ fach statisch unbestimmt ist. Man erkennt also, daß die beiden Gelenke $G_1$ und $G_2$ genügen, den Träger in einen statisch bestimmten überzuführen, der als Gelenkträger oder (nach seinem Erfinder) Gerberträger bezeichnet wird. Die Lage der Gelenke ist gleichgültig; man hätte z. B. auch beide Gelenke in der Mittelöffnung $A B$ anordnen können. Immer setzt sich das System zusammen aus Kragträgern und einfachen Balken. Letztere werden auch als Koppelträger bezeichnet.

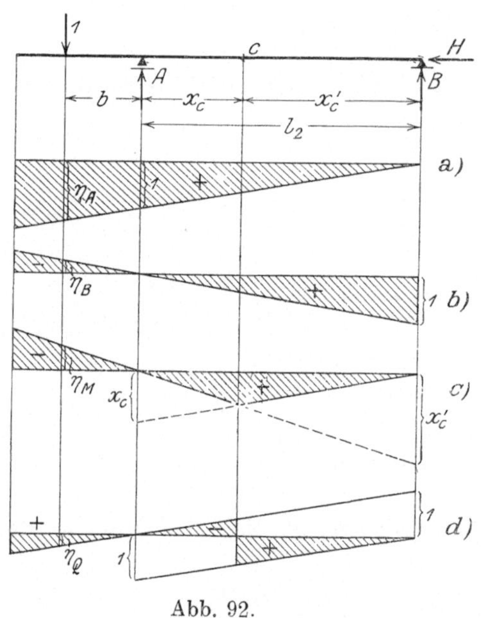

Abb. 92.

Soll ein durchlaufender Träger auf $n$ Stützen in ein statisch bestimmtes System übergeführt werden, so sind bei $n + 1$ unbekannten Lagergrößen $n + 1 - 3 = n - 2$ Gelenke erforderlich, um die nötige Anzahl Bedingungsgleichungen zur Berechnung dieser Unbekannten zu erhalten. Die Anordnung der Gelenke ist lediglich an die Bedingung geknüpft, daß in einer Öffnung nicht mehr als zwei solcher Gelenke vorhanden sein dürfen. Es empfiehlt sich, ihre Verteilung so vorzunehmen, daß

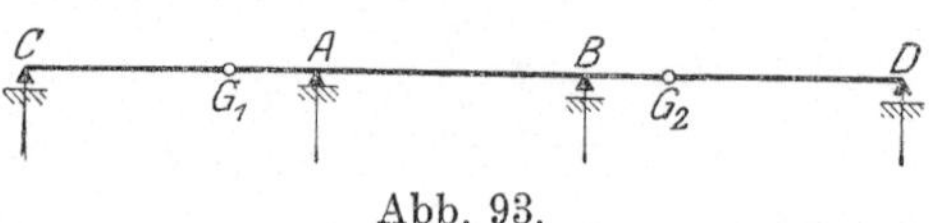

Abb. 93.

immer abwechselnd auf eine Öffnung mit Gelenken eine solche ohne Gelenke folgt, da in diesem Falle jede Öffnung höchstens die ihr benachbarten beeinflußt, das System also an Übersichtlichkeit gewinnt (Abb. 94 a und b), im Gegenteil zu Abb. 94 c.

Da jeder Gerberträger aus Kragträgern und einfachen Balken (Koppelträgern) besteht, so kann seine Berechnung auch nach den für diese Träger

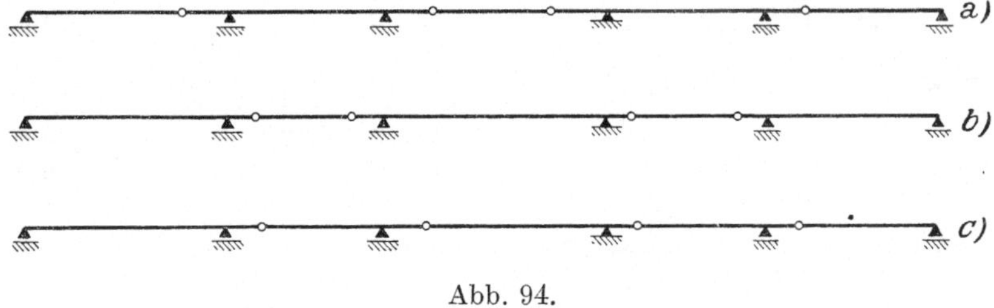

Abb. 94.

geltenden Regeln erfolgen. Denkt man sich z. B. in Abb. 93 Schnitte durch
die Gelenke $G_1$ und $G_2$ geführt und die Lagerdrücke $R_1$ und $R_2$ der beiden Koppelträger infolge lotrechter
Lasten als äußere Kräfte in $G_1$
und $G_2$ wirkend angebracht, so entsteht der in Abb. 95 skizzierte Belastungszustand, wobei zunächst vorausgesetzt wird, daß andere Lasten
als $R_1$ und $R_2$ auf den Träger nicht
einwirken mögen. Die Momentengleichung in bezug auf $B$ liefert mit
den Bezeichnungen der Abb. 95:

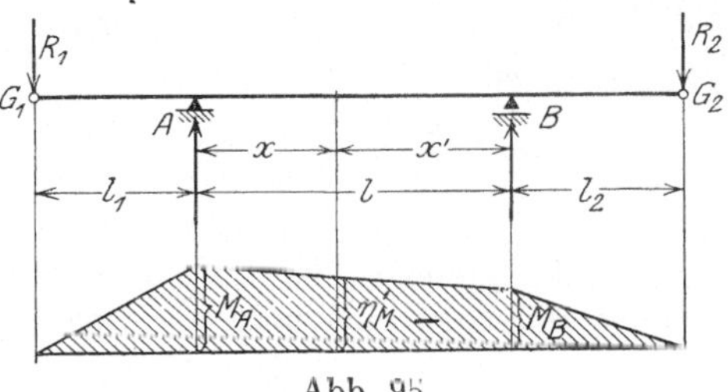

Abb. 95.

$$- R_1 (l_1 + l) + A \cdot l + R_2 \cdot l_2 = 0$$

oder

$$A = \frac{R_1 (l_1 + l) - R_2 \cdot l_2}{l},$$

und entsprechend in bezug auf $A$

$$R_2 (l_2 + l) - B \cdot l - R_1 \cdot l_1 = 0$$

oder

$$B = \frac{R_2 (l_2 + l) - R_1 \cdot l_1}{l}.$$

Die Momente über den Stützen $A$ und $B$ sind

$$M_A = - R_1 \cdot l_1 ; \qquad M_B = - R_2 \cdot l_2 ,$$

während das Moment für einen beliebigen Querschnitt der Mittelöffnung sich
ergibt zu

$$M_x = - R_1 (l_1 + x) + A \cdot x = R_1 l_1 \left( \frac{x}{l} - 1 \right) - R_2 \frac{l_2}{l} x ,$$

oder mit $x - l = - x'$

$$M_x = - R_1 \cdot l_1 \frac{x'}{l} - R_2 \cdot l_2 \cdot \frac{x}{l} = M_A \frac{x'}{l} + M_B \cdot \frac{x}{l} .$$

$M_A$ und $M_B$ werden die Stützpunkte des Trägers genannt. Das Moment $M_x$
ergibt sich somit für die hier vorausgesetzte Belastung als lineare Funktion
der Stützmomente. Trägt man letztere unter $A$ bzw. $B$ von einer Horizontalen
aus auf und verbindet die Endpunkte dieser Ordinaten, so erhält man die
Momentenfläche der Mittelöffnung infolge der angenommenen Belastung. Zu
demselben Ergebnis gelangt man, wenn außer $R_1$ und $R_2$ noch andere Lasten
auf den beiden Kragarmen stehen, wobei natürlich deren Beitrag zu den
Stützmomenten berücksichtigt werden muß.

Nimmt man nun weiter an, daß nur die Öffnung $AB$ belastet wird, so liegt ein einfacher Balken $AB$ vor, dessen Momentenfläche nach § 1 gefunden werden kann. An der Stelle $x$ möge sich das Moment $M_{x_0}$ ergeben, welches bei abwärts gerichteten lotrechten Lasten stets positiv wird. Durch Superposition beider Belastungszustände erhält man das tatsächlich am Querschnitt $x$ auftretende Moment (Abb. 96)

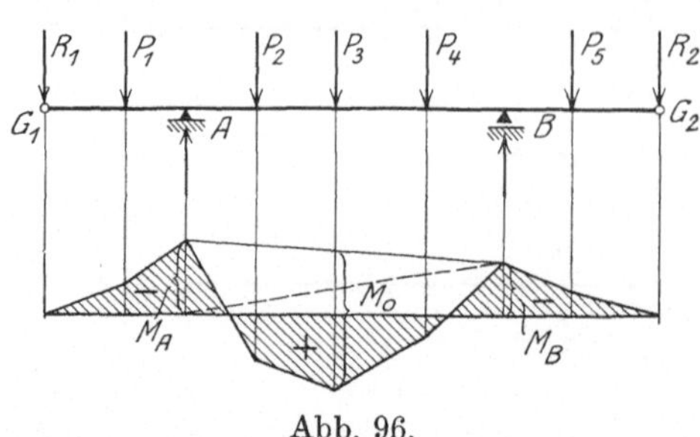

Abb. 96.

$$(14)\qquad M_x = M_{x_0} + M_A\,\frac{x'}{l} + M_B\,\frac{x}{l}.$$

Eine ganz analoge Beziehung läßt sich für die Querkraft eines Querschnittes zwischen den Stützen $A$ und $B$ ableiten. Wirken wieder zunächst nur die Lasten $R_1$ und $R_2$ auf das System, so ist nach Abb. 95:

$$Q_x = -R_1 + A = \frac{R_1\,l_1 - R_2\,l_2}{l} = \frac{M_B - M_A}{l}.$$

Da aber bei alleiniger Belastung der Öffnung $A - B$ die Querkraft an der Stelle $x$ die gleiche wie für einen einfachen Balken wird, welche mit $Q_{x_0}$ bezeichnet sei, so erhält man als wirkliche Querkraft

$$(15)\qquad Q_x = Q_{x_0} + \frac{M_B - M_A}{l},$$

was sich auch direkt ergibt, wenn man $M_x$ in Gleichung (14) nach $x$ differenziert.

Mit Hilfe der Beziehungen (14) und (15) können die Momente und Querkräfte der Mittelöffnung unter Beachtung der oben für den einfachen Balken und Freiträger abgeleiteten Gesetze schnell bestimmt werden.

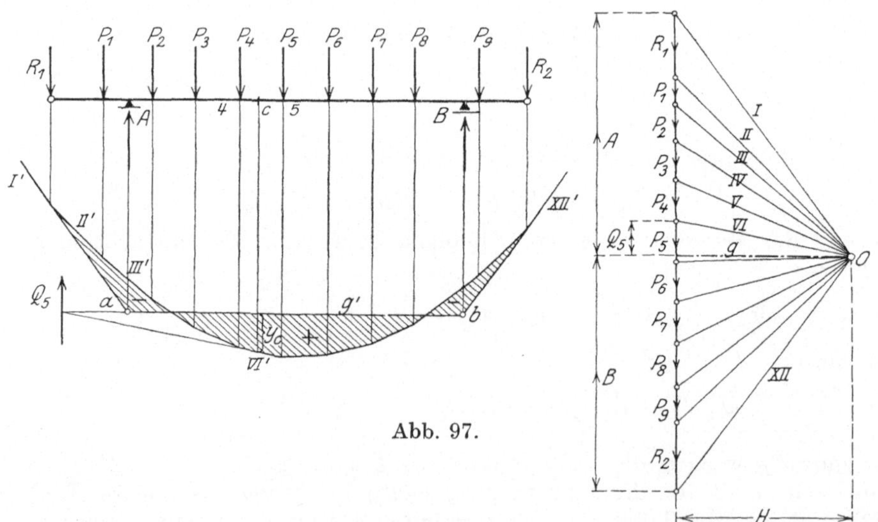

Abb. 97.

Die Untersuchung des Gerberträgers läßt sich auch auf graphischem Wege durchführen, wobei es nach obigen Erläuterungen genügt, wenn lediglich der Teil mit überkragenden Enden der Betrachtung zugrunde gelegt wird.

Liegt z. B. der in Abb. 97 skizzierte Belastungsfall vor, bei dem $R_1$ und $R_2$ wieder die Einflüsse der eingehängten (hier weggelassenen) Koppelträger angeben, so zeichne man, wie dieses beim einfachen Balken bereits gezeigt ist, zu den gegebenen Lasten das Seilpolygon mit der beliebig gewählten Polweite $H$ und bringe die äußersten Seilstrahlen mit den Auflagersenkrechten in $a$ und $b$ zum Schnitt. Die Verbindungsgerade $ab$ stellt die Schlußlinie dar. Die zu dieser durch den Pol $O$ des Kraftecks gezogene Parallele $g$ schneidet auf dem Kräftezug die Auflagerdrücke $A$ und $B$ ab, da die Seilkräfte $I$ und $g$ mit $A$ bzw. $XII$ und $g$ mit $B$ im Gleichgewicht stehen müssen. Die Querkraft ist für alle Querschnitte zwischen zwei Kräften konstant. Im Feld 4—5 erhält man

$$Q_5 = A - (R_1 + P_1 + P_2 + P_3 + P_4)$$

und findet somit $Q_5$ im Kräfteplan als Differenz der diese Kräfte darstellenden Strecken. Da die Querkraft $Q_5$ mit den Seilkräften $VI$ und $g$ ein geschlossenes Krafteck bildet, so geht ihre Richtungslinie durch den Schnittpunkt der zu $VI$ und $g$ parallelen Geraden des Seilpolygons. Multipliziert man die

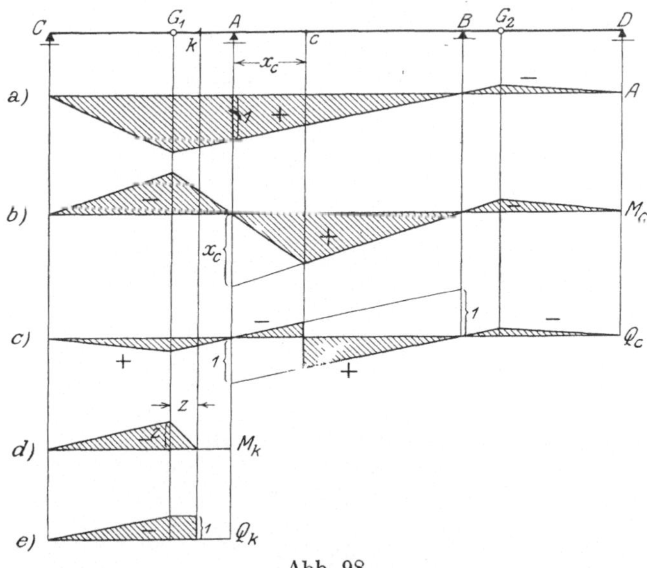

Abb. 98.

durch die Schlußlinie und das Seilpolygon unter $c$ festgelegte Ordinate $y_c$ mit der Polweite $H$, so liefert dieses Produkt das Moment für den Querschnitt $c$

$$M_c = H \cdot y_c.$$

Liegt $y_c$ unterhalb der Schlußlinie, dann ist das Moment positiv, im andern Fall negativ. Der Beweis läßt sich in gleicher Weise führen wie beim einfachen Balken (vgl. S. 38).

Im Falle beweglicher Lasten führen die Einflußlinien schnell zum Ziele. Diese können nach den Bemerkungen auf S. 49 sofort aufgetragen werden. In den Abb. 98 und 99 sind zwei verschiedene Systeme skizziert, und zwar liegen beim ersten die Gelenke in den Außenfeldern, beim zweiten dagegen im Mittelfeld. Für beide sind nacheinander die Einflußlinien für den Stützendruck $A$ einer Mittelstütze, für das Moment $M_c$ und die Querkraft $Q_c$ eines Punktes $c$ im gelenklosen Feld und für das Moment $M_k$ und die Querkraft $Q_k$ eines Punktes $k$ des Kragarmes aufgetragen. Abb. 99f zeigt außerdem noch die Einflußlinie für den Stützendruck der Außenstütze $C$.

Bei der Auftragung der Einflußlinien $a$ bis $c$ geht man, wie beim Kragträger bereits erläutert, zunächst von der gelenk'osen Öffnung als Träger auf zwei Stützen aus und verlängert die für diese Öffnung gefundenen Einflußlinien geradlinig bis zu den Enden der Kragarme, d. h. bis zu den Gelenken $G_1$ und $G_2$ in Abb. 98 bzw. $G_1$ in Abb. 99. In diesen Gelenken schließen die Koppelträger an. Der Beitrag einer über den Koppelträger $CG_1$ (Abb. 98) wandernden Last zu einer der gesuchten statischen Größen wird absolut genommen am größten, wenn die Last in dem Gelenkpunkt $G_1$ steht, er wird dagegen gleich Null, wenn sie nach $C$ rückt. Der Einfluß einer

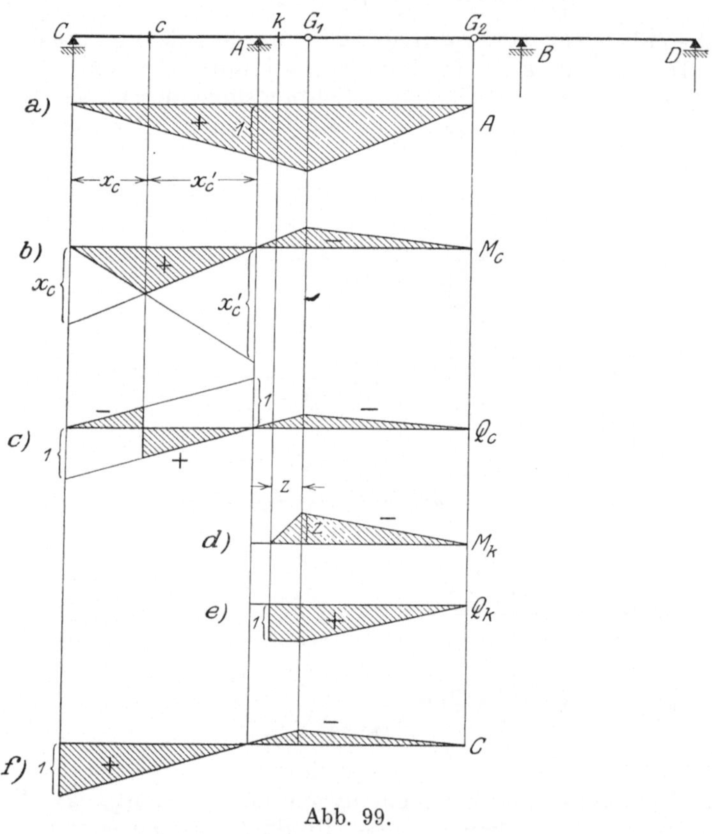

Abb. 99.

zwischen $C$ und $G_1$ stehenden Last ist proportional ihrem Abstand von $C$. Die gesuchten Einflußlinien haben also unter $C$ einen Nullpunkt und verlaufen von da geradlinig bis zum Knickpunkt unter $G_1$, dessen Ordinate bereits festliegt. Das gleiche gilt für den Koppelträger $G_2 D$ bzw. in Abb. 99 $G_1 G_2$.

Die Einflußlinien der Momente und Querkräfte für Trägerquerschnitte der Kragarme werden in der gleichen Weise gefunden wie beim Freiträger (vgl. S. 48), nur tritt hier noch der Beitrag der über den Koppelträger wandernden Last hinzu.

Bei indirekter Belastung betrachte man die auf S. 40 u. 41 gegebenen Erläuterungen.

## § 3. Der Dreigelenkbogen.

Ein mit zwei festen Auflager- (Kämpfer-) Gelenken $A$ und $B$ versehener ebener Bogenträger hat vier unbekannte Auflagerkräfte, ist also einfach statisch unbestimmt. Durch Einfügung eines weiteren Gelenkes in die Bogenachse wird das System in einen statisch bestimmten Dreigelenkbogen übergeführt (Abb. 100). Die Lage des dritten Gelenkes ist an und für sich gleichgültig, im allgemeinen wird es jedoch in den Bogenscheitel gelegt (Scheitelgelenk). Die an den Kämpfern auftretenden Lagerdrücke zerlegt man in die senkrechten Komponenten $A$ und $B$ und in die in die Verbindungslinie der beiden Kämpfergelenke fallenden Komponenten $H_A$ und $H_B$. Bezeichnet $\alpha$ den Neigungswinkel dieser Verbindungslinie gegen die Horizontale, so nennt man $H_A \cdot \cos \alpha$ und

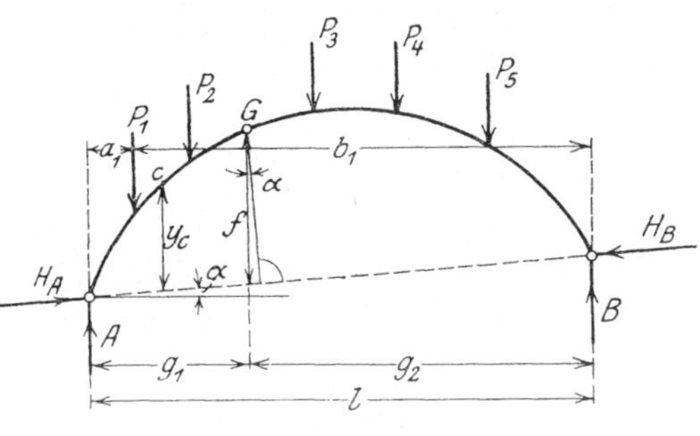

Abb. 100.

$H_B \cdot \cos \alpha$ die an den Kämpfern $A$ und $B$ auftretenden Horizontalschübe, die als positiv eingeführt werden, wenn sie nach innen gerichtet sind. Treten nur senkrechte Lasten auf, so ist wegen $\Sigma H = 0 \quad H_A \cdot \cos \alpha = H_B \cos \alpha$, oder $H_A = H_B$.

Der Bogen möge nach Abb. 100 belastet sein. Unter Beachtung der daselbst gewählten Bezeichnungen liefern die Momentenbedingungen in bezug auf die Kämpfer $B$ und $A$:

$$(16) \qquad \begin{cases} A \cdot l - \Sigma P \cdot b = 0; \quad A = \dfrac{\Sigma P \cdot b}{l} \\ \text{und} \\ B \cdot l - \Sigma P \cdot a = 0; \quad B = \dfrac{\Sigma P \cdot a}{l}. \end{cases}$$

Man erkennt, daß die senkrechten Stützendrücke beim Dreigelenkbogen die gleichen sind wie die eines einfachen Balkens von der Stützweite $l$. Zur Bestimmung des Horizontalschubes wende man die Bedingung $M_g = 0$ an. Diese liefert:

$$A \cdot g_1 - \sum_{1}^{2} P(g_1 - a) - H_A \cdot f \cdot \cos \alpha = 0.$$

Nun stellen aber die ersten beiden Glieder dieser Gleichung das Moment $M_{g_0}$ eines einfachen Balkens von der Stützweite $l$ in bezug auf einen im Abstand $g_1$ von $A$ gelegenen Punkt dar. Man erhält also den Horizontalschub

$$(17) \qquad H_A \cdot \cos \alpha = H_B \cdot \cos \alpha = \frac{M_{g_0}}{f}.$$

Für einen beliebigen Punkt $c$ der Bogenachse wird das Moment

$$(18) \qquad M_c = M_{c_0} - H_A \cdot y_c \cdot \cos \alpha,$$

wenn $M_{c_0}$ eine entsprechende Bedeutung hat wie $M_{g_0}$, und $y_c$ den auf der Senkrechten durch $c$ gemessenen Abstand des Punktes $c$ von der Geraden $A-B$ angibt.

Um über die Größe der im Querschnitt $c$ wirkenden Querkraft und Längskraft Aufschluß zu bekommen, denke man sich an dieser Stelle einen zur Bogenachse senkrechten Schnitt geführt. Bezeichnen $Q_{c_0}$ die Querkraft eines einfachen Balkens an der Stelle $c$, d. h. die Resultierende der links von $c$ angreifenden äußeren Kräfte mit Ausnahme von $H_A$, $N_c$ und $Q_c$ die gesuchte

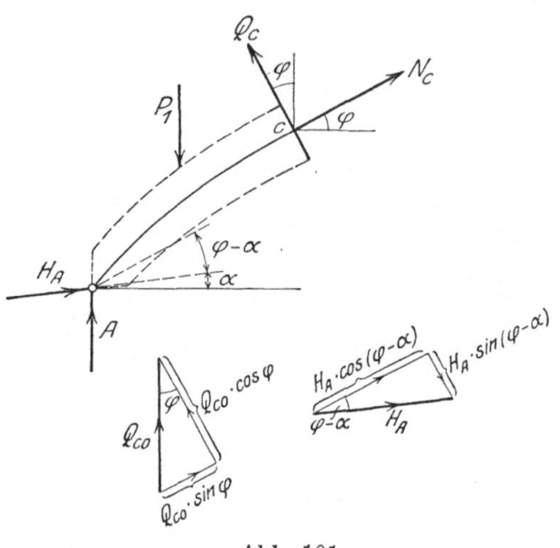

Abb. 101.

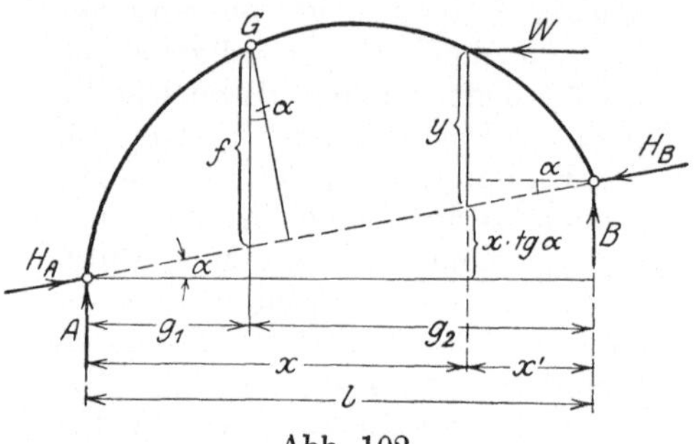

Abb. 102.

Längs- und Querkraft, und $\varphi$ den Neigungswinkel der Bogenachse in $c$ gegen die Horizontale, so liefern die Komponenten von $Q_{c_0}$ und $H_A$ nach den Richtungslinien von $N_c$ und $Q_c$ (Abb. 101):

$$(19) \qquad N_c = Q_{c_0} \sin \varphi + H_A \cdot \cos(\varphi - \alpha),$$

$$(20) \qquad Q_c = Q_{c_0} \cos \varphi - H_A \cdot \sin(\varphi - \alpha).$$

Wirkt auf den Bogen eine horizontale Last $W$ (Abb. 102), so stelle man zur Bestimmung der senkrechten Lagerkräfte die Momentenbedingungen in bezug auf die Punkte $B$ und $A$ auf. Diese lauten:

$$A \cdot l - W(y - x' \cdot \operatorname{tg} \alpha) = 0 \qquad \text{oder} \qquad A = W \cdot \frac{y - x' \cdot \operatorname{tg} \alpha}{l}$$

und

$$B \cdot l + W(y + x \cdot \operatorname{tg} \alpha) = 0 \qquad \text{oder} \qquad B = - W \cdot \frac{y + x \cdot \operatorname{tg} \alpha}{l}.$$

Aus der Gelenkbedingung $M_g = 0$ findet man ferner

$$A \cdot g_1 - H_A \cdot f \cos \alpha = 0;$$

woraus folgt:

$$H_A = \frac{A \cdot g_1}{f \cos \alpha} = W \cdot g_1 \cdot \frac{y - x' \operatorname{tg} \alpha}{l f \cos \alpha}$$

und aus $\sum H = 0$

$$H_A \cdot \cos \alpha - W - H_B \cdot \cos \alpha = 0$$

oder

$$H_B = H_A - \frac{W}{\cos \alpha}.$$

Nachdem bei beliebiger Belastung des Bogens die Lagerkräfte $A$ und $H_A$ bzw. $B$ und $H_B$ gefunden sind, können diese an jedem der beiden Kämpfergelenke zu den Kämpferdrücken $K_A$ und $K_B$ zusammengesetzt werden.

Wirkt auf den Träger nur eine lotrechte Einzellast $P$, so müssen sich die Richtungslinien von $K_A$, $P$ und $K_B$ in einem Punkte $O$ schneiden (Abb. 103 a).

Da nun aber die Richtungslinie des Kämpferdruckes der unbelasteten Bogenhälfte durch $G$ gehen muß (denn nur dann kann $M_g = 0$ werden), so ist $O$
und damit auch die Richtung des anderen
Kämpferdruckes festgelegt. Wandert die
Last $P$ von $B$ nach $A$ über den Bogen,
so bewegt sich der Punkt $O$ auf dem
Linienzug $B' - G - A'$, welcher die
Kämpferdrucklinie des Bogens heißt
und in einfacher Weise zur Bestimmung
der Lagerkräfte verwendet werden kann.
Im Falle horizontaler oder schräger Lasten
sind die die Kämpferdrucklinie bilden-
den Geraden nach Bedarf zu verlängern
(Abb. 103 b und c).

Besteht die Belastung des Bogens aus
beweglichen (senkrechten) Einzellasten,

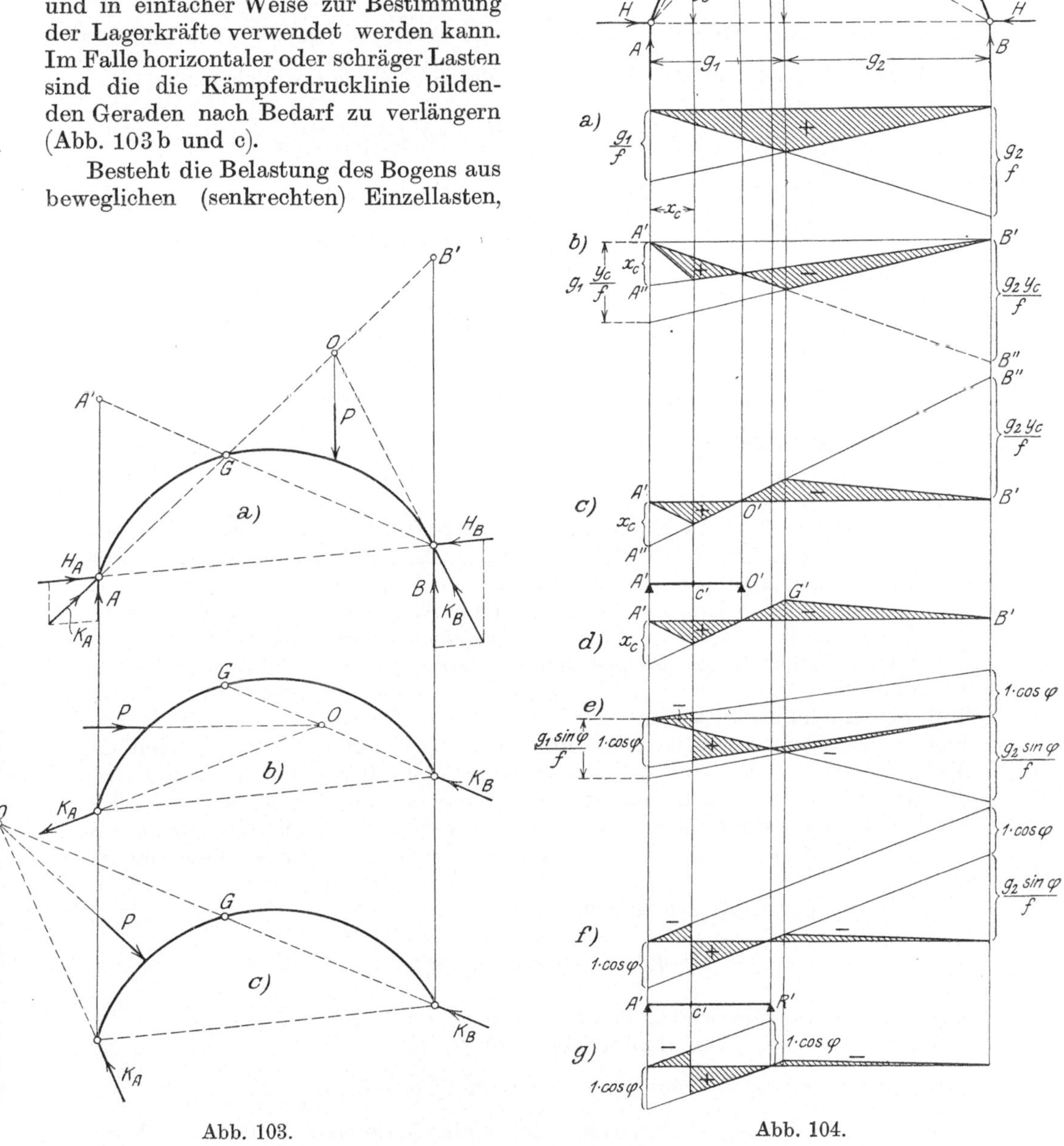

Abb. 103.　　　　　　　　　　　Abb. 104.

so bedient man sich zweckmäßig der Einflußlinien. Da in der überwiegen-
den Mehrzahl der praktisch vorkommenden Fälle die Gelenke $A$ und $B$ gleich

hoch liegen, so sollen die Einflußlinien unter dieser vereinfachenden Annahme dargestellt werden. Es bereitet natürlich keine Schwierigkeiten, auch hier eine geneigte Lage der Geraden $AB$ zu berücksichtigen.

Für den Horizontalschub gilt nach Gleichung (17) mit $\alpha = 0$ oder $\cos \alpha = 1$

$$(21) \qquad H = \frac{M_{g_0}}{f}.$$

Die Einflußfläche für $H$ stimmt also überein mit derjenigen für das Moment $M_{g_0}$ eines einfachen Balkens, wenn man diese mit $\dfrac{1}{f}$ multipliziert (Abb. 104 a, S. 57). Für das Moment an der Stelle $c$ ergibt sich nach (18)

$$M_c = M_{c_0} - H \cdot y_c = M_{c_0} - M_{g_0} \cdot \frac{y_c}{f}.$$

Die Einflußfläche für $M_c$ kann also gebildet werden, indem man die mit $\dfrac{y_c}{f}$ multiplizierte Einflußfläche für $M_{g_0}$ von derjenigen für $M_{c_0}$ subtrahiert (Abb. 104 b).

Um die Ordinaten direkt von einer Horizontalen abgreifen zu können, denke man sich die Gerade $A'B''$ in die horizontale Lage $A'B'$ gedreht und trage unter $A$ die Strecke $A'A'' = x_c$ wie vorher, unter $B$ die Strecke $B'B'' = g_2 \cdot \dfrac{y_c}{f}$ jedoch nach oben auf. Zieht man darauf $A''B''$ (Abb. 104 c), so ist die Einflußfläche durch diese Gerade festgelegt, sobald man deren Schnittpunkte mit den Senkrechten durch $c$ und $G$ eingetragen und diese mit $A'$ bzw. $B'$ verbunden hat.

Im Punkte $O'$ hat die Einflußfläche einen Nullpunkt; eine über $O'$ stehende Last erzeugt also keinen Beitrag zum Moment $M_c$. Die Lage dieser Last kann mit Hilfe der Kämpferdrucklinie gefunden werden, wenn man beachtet, daß der linksseitige Kämpferdruck durch $c$ gehen muß, da $M_c = 0$ sein soll. Durch den Schnittpunkt $O$ von $Ac$ und $BG$ ist somit diese ausgezeichnete Lage bestimmt, welche, da sie die positive von der negativen Beitragsstrecke der Einflußfläche trennt, auch als Lastscheide bezeichnet wird. Der positive Teil der Einflußfläche stimmt mit der für das Moment $M'_c$ eines einfachen Balkens von der Stützweite $A'O'$ überein. Man kann also, um die Einflußfläche für $M_c$ zu erhalten, auch so verfahren (Abb. 104 d), daß man zunächst die Lastscheide bestimmt, darauf die Einflußlinie für das Moment $M_c'$ des stellvertretenden Balkens von der Stützweite $A'O'$ zeichnet, diese bis zum Schnittpunkt $G'$ mit der Senkrechten durch $G$ verlängert und endlich $G'B'$ zieht.

Für die Querkraft ergibt sich nach (20):

$$Q_c = Q_{c_0} \cos \varphi - H \cdot \sin \varphi = Q_{c_0} \cos \varphi - \frac{M_{g_0}}{f} \cdot \sin \varphi,$$

wobei $\varphi$ den Neigungswinkel der Tangente an die Bogenachse in $c$ gegen die Horizontale angibt. Die Einflußfläche für $Q_c$ läßt sich also darstellen als Differenz der mit $\cos \varphi$ multiplizierten Einflußfläche für $Q_{c_0}$ und der mit $\dfrac{\sin \varphi}{f}$ multiplizierten für $M_{g_0}$ (Abb. 104 e). Auch hier kann man ähnlich wie beim Moment die Einflußfläche so zeichnen, daß die Ordinaten von einer horizontalen Nullinie aus abgegriffen werden können (Abb. 104 f). Will man sich des stellvertretenden Balkens bedienen, so bestimme man zunächst die Lastscheide, indem man zur Tangente in $c$ eine Parallele durch $A$ zieht und diese in $R$ zum Schnitt mit der Kämpferdrucklinie bringt. Eine Last, deren Richtungslinie durch $R$ geht, erzeugt einen in die Richtung von $RA$ fallenden Kämpfer-

druck $K_A$ welcher senkrecht zum Querschnitt $c$ steht, also die Querkraft $Q_c = 0$ hervorruft. Ist somit die Stützweite $A' R'$ des stellvertretenden Balkens gefunden (Abb. 104g), so verfahre man in analoger Weise wie beim Moment, nur ist hier zu beachten, daß die Einflußfläche für $Q_c'$ mit $\cos \varphi$ zu multiplizieren ist. In Abb. 105 ist noch die Einflußfläche für die Querkraft eines in der Nähe des Scheitelgelenkes liegenden Querschnitts $c$ gezeichnet, und zwar für indirekte Belastung.

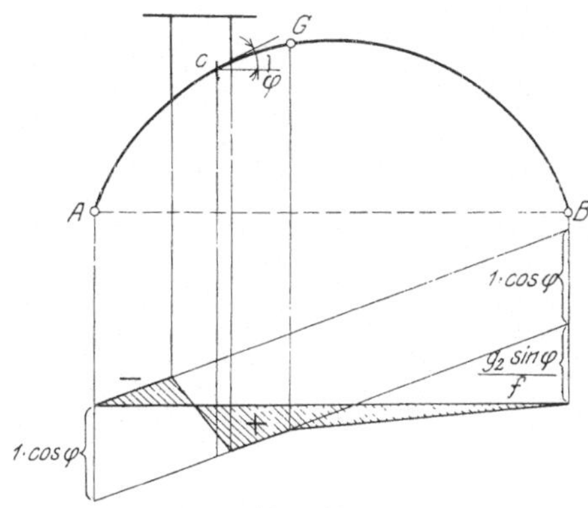

Abb. 105.

Die Einflußlinien für die senkrechten Stützendrücke $A$ und $B$ sind, wie aus Gleichung (16) hervorgeht, die gleichen wie für den einfachen Balken (vgl. S. 39).

Im Falle ruhender, beliebig gerichteter Lasten führt das nachstehend besprochene Verfahren schnell zum Ziele. Der Bogen möge gemäß Abb. 106 belastet sein. Die Resultierende der links vom Gelenk $G$ wirkenden Kräfte sei $R_l$; $R_r$ diejenige der rechts von $G$ angreifenden. Mit Hilfe der Kämpferdrucklinie können erst die Kämpferdrücke $K_{ar}$ und $K_{br}$ infolge $R_r$ und darauf die Drücke $K_{al}$ und $K_{bl}$ infolge $R_l$ zeichnerisch er-

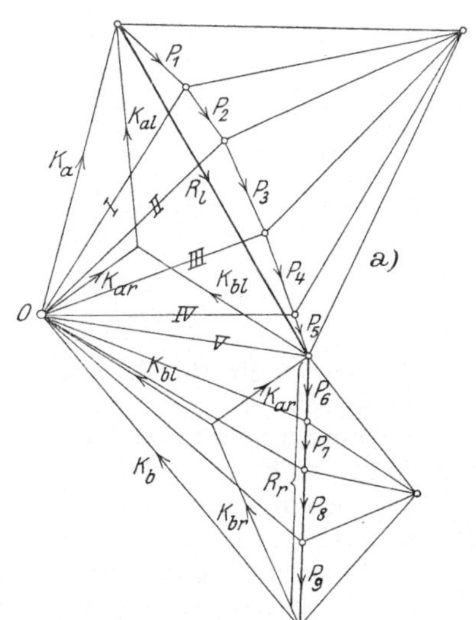

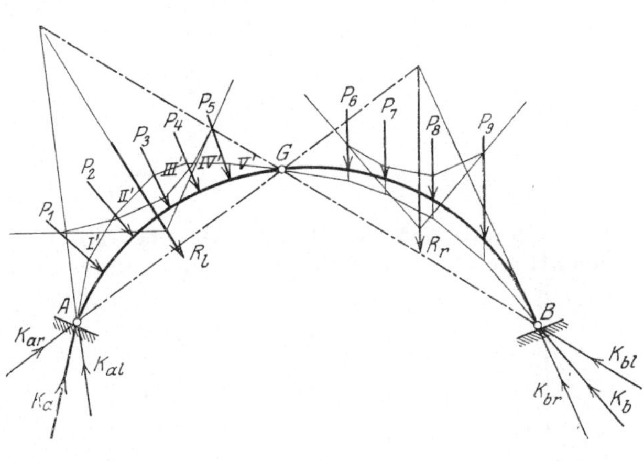

Abb. 106.

mittelt werden. Die wirklichen Kämpferdrücke $K_a$ und $K_b$ findet man dann als Resultierende von $K_{ar}$ und $K_{al}$ einerseits, sowie $K_{br}$ und $K_{bl}$ andererseits, und zwar bilden diese mit den gegebenen Lasten ein geschlossenes Krafteck von stetigem Umfahrungssinn. Wählt man nun den Schnittpunkt $O$ von $K_a$ und $K_b$ in Abb. 106a als Pol und zeichnet zu den Lasten $P$ das Seilpolygon durch das Kämpfergelenk $A$, so geht dieses auch durch $G$ und $B$. Der zwischen den beiden dem Gelenk benachbarten Kräften $P_5$ und $P_6$ laufende Seilstrahl $V'$

stellt nämlich die Richtungslinie der Resultierenden (Seilkraft $V$ im Kräfteplan 106 a) aller links von $G$ liegenden Kräfte dar, und diese muß, wenn
$M_g = 0$ sein soll, durch das Gelenk $G$ gehen. Entsprechend geht die letzte
Seilpolygonseite durch das Kämpfergelenk $B$.
Man nennt dieses ausgezeichnete Seilpolygon
die Drucklinie oder das Mittelkraftpolygon, weil im allgemeinen alle Seilkräfte Drücke sind, und weil jeder Seilstrahl die Mittelkraft aller äußeren Kräfte
darstellt, die links bzw. rechts von einem
durch das betreffende Feld gelegten Schnitt
am Bogen wirksam sind.

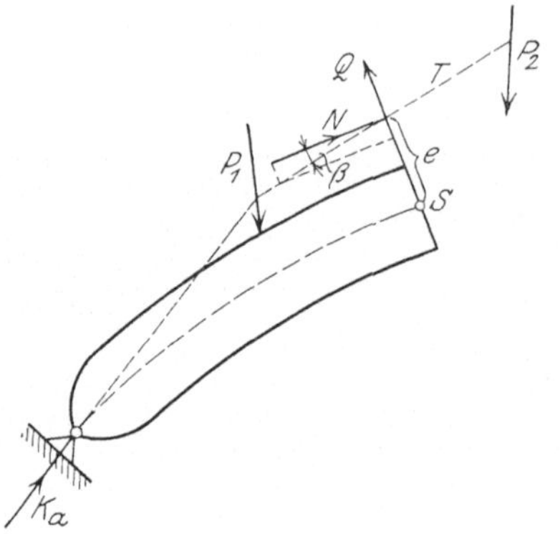

Die Drucklinie bietet ein bequemes
Mittel zur Berechnung der Spannungen in
einem beliebigen Querschnitt. Die Lage
der zu diesem Querschnitt gehörigen Mittelkraft $T$ ist aus dem Seilpolygon, ihre
Größe und Richtung aus dem Kräfteplan
zu entnehmen. Bezeichnet $\beta$ den Neigungs-

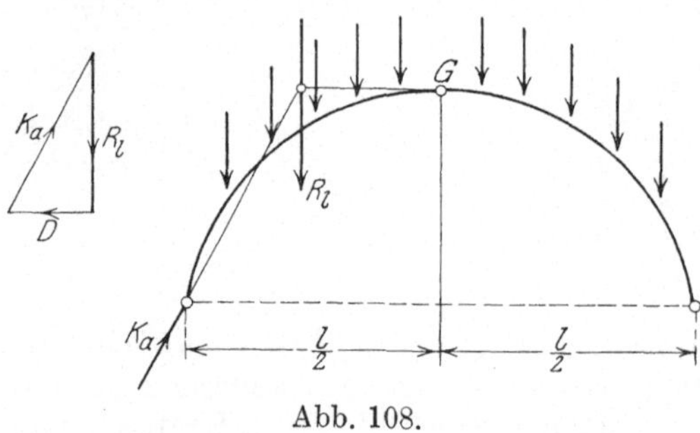

Abb. 107.

winkel der Kraft $T$ gegen die Querschnittsnormale (Abb. 107), so wird die
Längskraft

$$N = T \cdot \cos \beta$$

und die Querkraft

$$Q = T \cdot \sin \beta .$$

Ist ferner $e$ der Abstand der Kraft $N$ vom Schwerpunkt, so ergibt sich als
Biegungsmoment in bezug auf den fraglichen Querschnitt

$$M = N \cdot e .$$

Unter Beachtung der Ausführungen auf Seite 24 hinsichtlich der Anwendung
der für den geraden Stab geltenden Spannungsgesetze auf einfach gekrümmte
Stäbe erhält man somit nach Gleichung (7), Abschn. I:

$$\sigma_{ob} = -\frac{N}{F} - \frac{M}{W_{ob}}$$

$$\sigma_{ut} = -\frac{N}{F} + \frac{M}{W_{ut}}$$

Die Längskraft $N$ erhält hier das negative Vorzeichen, da sie die durch den
Schnitt getrennten Stabteile gegeneinander zu drücken sucht.

Eine Vereinfachung in der
Bestimmung der Kämpferdrücke
ergibt sich, wenn das Gelenk $G$
im Bogenscheitel angeordnet ist
und die Belastung aus symmetrisch zur Mitte liegenden
Kräften besteht. In diesem Falle
verläuft der durch $G$ gehende
Seilstrahl, welcher gleichzeitig
die Richtungslinie des von der
rechten auf die linke Bogenhälfte ausgeübten Gelenkdruckes
$D$ darstellt, horizontal. Da aber
der Kämpferdruck $K_a$ mit $D$ und $R_l$ im Gleichgewicht stehen muß, so ist
die Richtung von $K_a$ durch den Schnittpunkt von $D$ und $R_l$ festgelegt, während
seine Größe aus einem Kräftedreieck bestimmt werden kann (Abb. 108).

Abb. 108.

Die vorstehend für den Dreigelenkbogen entwickelten analytischen und graphischen Verfahren lassen sich auch anwenden, wenn ein aus mehreren Dreigelenkbögen zusammengesetztes System, wie das in Abb. 109 skizzierte, vorliegt.

Soll der Einfluß einer am mittleren Dreigelenkbogen $I$ wirkenden, beliebig gerichteten Last $P$ untersucht werden, so bestimme man zuerst die

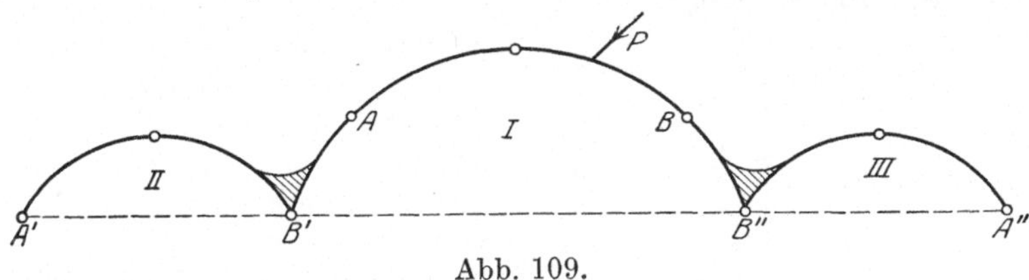

Abb. 109.

Kämpferdrücke $K_a$ und $K_b$ des mittleren Dreigelenkbogens, betrachte diese nunmehr als Lasten (Pfeilsinn umkehren) an den beiden Dreigelenkbögen mit überkragenden Armen $II$ und $III$ und bestimme darauf die Kämpferdrücke $K_a'$, $K_b'$, $K_a''$ und $K_b''$. Sind diese gefunden, so können die Momente und Querkräfte für alle Systempunkte ermittelt werden.

Für den Dreigelenkbogen mit überkragendem Ende sei das analytische Verfahren noch kurz angedeutet. Es möge $K_a$ den von dem mittleren Dreigelenkbogen auf den linkseitigen ausgeübten Gelenkdruck bezeichnen,

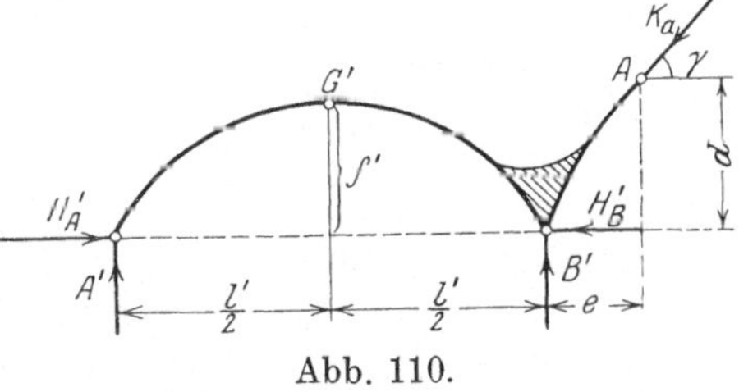

Abb. 110.

der unter dem Winkel $\gamma$ gegen die Horizontale geneigt sei. Unter Beachtung der in Abb. 110 gewählten Bezeichnungen liefern die Gleichgewichtsbedingungen:

1. $\Sigma M = 0$ um $B'$:

$$A' \cdot l' + K_a \cdot \sin \gamma \cdot e - K_a \cdot \cos \gamma \cdot d = 0$$

oder

$$A' = \frac{K_a}{l'} (d \cos \gamma - e \cdot \sin \gamma).$$

2. $\Sigma V = 0$: $\qquad B' + A' - K_a \cdot \sin \gamma = 0$

oder

$$B' = K_a \cdot \sin \gamma - A' = \frac{K_a}{l'} \{ (l' + e) \sin \gamma - d \cos \gamma \}.$$

3. Die Gelenkbedingung $M_g = 0$ liefert:

$$A' \cdot \frac{l'}{2} - H_A' \cdot f' = 0$$

oder

$$H_A' = \frac{A' \cdot l'}{2 f'} = \frac{K_a}{2 f'} (d \cos \gamma - e \sin \gamma).$$

4. $\Sigma H = 0$: $\qquad H_A' - H_B' - K_a \cdot \cos \gamma = 0$

oder

$$H_B' = H_A' - K_a \cos \gamma = \frac{K_a}{2 f'} \{ (d - 2 f') \cos \gamma - e \cdot \sin \gamma \}.$$

## § 4.  Kreisförmig gekrümmte Träger bei senkrecht zur Krümmungsebene wirkender Belastung.

Die Systemlinie des in Abb. 111 dargestellten, in den Punkten $A$, $B$, $C$ gestützten Trägers sei ein in horizontaler Ebene liegender Kreisbogen vom Halbmesser $r$. Bei $C$ möge ein festes Gelenklager mit drei unbekannten Stützkomponenten $C_x$, $C_y$, $C_z$, bei $A$ ein tangential verschiebliches mit zwei Lagerkomponenten $A_z$ und $A_r$ (radial gerichtet) und endlich bei $B$ ein in der Krümmungsebene allseitig verschiebliches Lager mit einer Komponente $B_z$ angeordnet sein. Diesen sechs unbekannten Lagerkräften stehen ebenso viele Gleichgewichtsbedingungen des starren Körpers gegenüber, der Träger ist also statisch bestimmt, seine Lagerkräfte infolge einer beliebigen Belastung können eindeutig berechnet werden[1]).

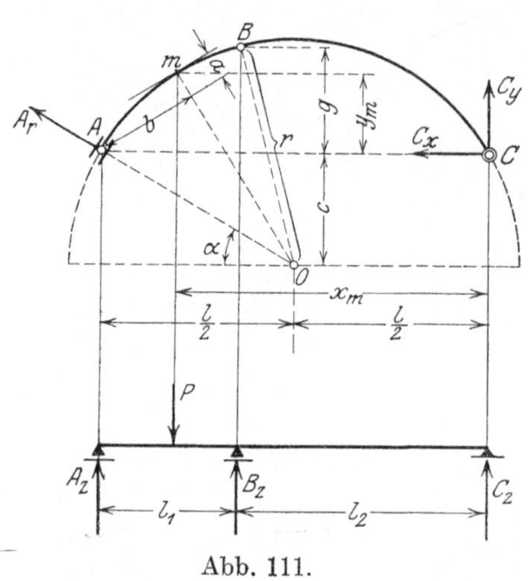

Abb. 111.

Denkt man sich nun das System so belastet, daß links von dem an einer beliebigen Stelle $m$ senkrecht zur Stabachse geführten Querschnitt nur der Stützdruck $A_z$ wirken möge, so erhält man in bezug auf $m$ das Biegungsmoment $M_b = A_z \cdot b$ und das Verdrehungsmoment (Torsionsmoment) $M_d = - A_z \cdot a$, wenn $b$ und $a$ die aus Abb. 111 ersichtliche Bedeutung haben. Man erkennt also, daß außer der Biegungsbeanspruchung gleichzeitig eine Beanspruchung auf Verdrehen eintritt, daß also die früher für den geraden Stab abgeleiteten Gesetze (vgl. Abschn. I § 7) für den vorliegenden Fall einer Erweiterung bedürfen.

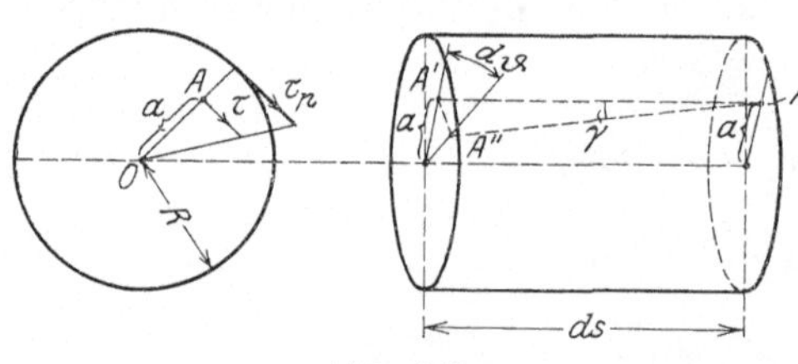

Abb. 112.

Zu diesem Zwecke sei zunächst angenommen, der Querschnitt des zu untersuchenden Trägers sei ein Kreis vom Radius $R$. Unter dem Einfluß eines Torsionsmomentes verdrehen sich zwei benachbarte Querschnitte eines Trägerdifferentials von der Länge $ds$ (Abb. 112) gegeneinander um den Winkel $d\vartheta$, d. h. Punkt $A'$ verschiebt sich um $a \cdot d\vartheta$ nach $A''$, wenn $a$ den Abstand des Punktes $A$ bzw. $A'$ vom Schwerpunkt $O$ angibt. Bezeichnet nun $\gamma$ den Winkel $A'AA''$, so läßt sich die Strecke $A'A''$ auch durch das Produkt $\gamma ds$ ausdrücken, weshalb

$$a \cdot d\vartheta = \gamma \cdot ds$$

oder

$$\gamma = a \cdot \frac{d\vartheta}{ds}.$$

Andererseits kann die Winkeländerung $\gamma$ nach dem Hookeschen Gesetz (vgl.

---

[1]) Ein Ausnahmefall liegt vor, wenn die Lager $C$ und $A$ auf einem Kreisdurchmesser liegen.  Das System wird dann infolge horizontaler Lasten verschieblich, also unbrauchbar.

S. 21) durch den Quotienten aus der Schubspannung $\tau$ und der konstant angenommenen Gleitzahl $G$ dargestellt werden:

$$\gamma = \frac{\tau}{G},$$

wobei $\tau$ entsprechend der Verdrehung zum Radius $r$ senkrecht steht. Setzt man beide für $\gamma$ gefundenen Werte einander gleich, so erhält man eine Beziehung für die Schubspannung:

$$(22) \qquad \tau = G \cdot a \frac{d\vartheta}{ds},$$

welche besagt, daß die Schubspannungen linear über den Querschnitt verteilt sind. Für die Schubspannung am Umfang gilt also

$$\tau_u = \frac{\tau \cdot R}{a}.$$

Zwischen den inneren Kräften $\tau \, dF$ und dem auf den Querschnitt wirkenden Drehmoment $M_d$ muß Gleichgewicht bestehen. Diese Bedingung liefert:

$$M_d = \int \tau \, dF \cdot a = \frac{\tau_u}{R} \int a^2 \, dF,$$

wobei $\int a^2 dF = J_p$ das polare Trägheitsmoment des Kreisquerschnitts ausdrückt. Man findet somit für die Schubspannung am Rande

$$(23) \qquad \tau_u = M_d \frac{R}{J_p},$$

bzw. an einer beliebigen Stelle im Abstand $a$ vom Schwerpunkt

$$(24) \qquad \tau = M_d \cdot \frac{a}{J_p}.$$

Setzt man diesen Wert in (22) ein, so erhält man schließlich

$$d\vartheta = \frac{M_d \cdot ds}{G \cdot J_p}.$$

Daraus ergibt sich der Verdrehungswinkel zweier um die Strecke $s$ voneinander entfernter Querschnitte

$$(25) \qquad \vartheta = \int_0^s \frac{M_d \, ds}{G \cdot J_p}.$$

Den Gleichungen (24) und (25) liegt die Voraussetzung zugrunde, daß die Querschnitte nach der Verdrehung eben bleiben, eine Bedingung, welche nach den Ergebnissen theoretischer und praktischer Untersuchungen beim Kreisquerschnitt erfüllt ist. Bei allen anderen Querschnitten treten jedoch, wie zuerst von St. Venant nachgewiesen wurde, neben der Drehung um die Stabachse auch Verrückungen parallel zu dieser auf, welche von der Querschnittsform und der jeweiligen Lage der Querschnittselemente abhängig sind. St. Venant hat für eine Reihe verschiedener Querschnittsformen die Verdrehungswinkel berechnet, jedoch darf die von ihm aufgestellte Gleichung

$$\vartheta = \int_0^s \frac{M_d \cdot \varkappa \cdot J_p}{G \cdot F^4} \cdot ds, \, {}^{1})$$

---

$^{1}$) de St. Venant, B.: Comptes rendus, Band 88, S. 144. 1879.

worin $\varkappa = \sim 40$ zu setzen ist, nicht als allgemein gültig angesehen werden, da sie besonders bei den im Eisenbau verwendeten Walzprofilen zu unrichtigen Ergebnissen führt.

Die für die Schubspannung gefundene Beziehung (23) wird häufig auf die Form gebracht

$$\tau_{max} = \frac{M_d}{W_d},$$

wobei beim Kreisquerschnitt $W_d = \dfrac{J_p}{R}$ das Widerstandsmoment gegen Drehen bedeutet. Außer für den Kreis sind auch für Ellipsen- sowie für rechteckige und andere häufiger vorkommende Querschnitte die Werte $W_d$, wenn auch nur näherungsweise, berechnet und in den Handbüchern verzeichnet (vgl. z. B. Hütte I, 20. Aufl. S. 471).

Für Baukonstruktionen kommen fast ausschließlich rechteckige oder aus Rechtecken zusammengesetzte Querschnitte in Frage. Die größte Schubspannung infolge eines Drehmomentes tritt beim einfachen Rechteck in der Mitte der größten Rechteckseite und zwar am Umfange auf. Sie nimmt bei Rechtecken, die sich nicht allzuviel vom Quadrat unterscheiden, näherungsweise den Wert an[1])

$$\tau_{max} = \frac{9}{2} \cdot \frac{M_d}{b^2 h},$$

wenn $b$ die kurze, $h$ die lange Rechteckseite angibt. Entsprechend wird in der Mitte der kurzen Rechteckseite

$$\tau = \frac{9}{2} \cdot \frac{M_d}{b h^2}.$$

Bei sehr schmalen Rechtecken wird näherungsweise[1])

$$\tau_{max} = 3 \frac{M_d}{b^2 \cdot h}.$$

In den Ecken ist $\tau = 0$.

Für Walzträger gibt Föppl[2]) folgende Näherungswerte an:

$$(26) \qquad\qquad J_d = \tfrac{1}{3} \Sigma d^3 l$$

und

$$(27) \qquad\qquad W_d = \frac{\Sigma d^3 l}{3 d_{max}},$$

worin $d$ und $l$ die Schmal- bzw. Langseiten der einzelnen Rechtecke bezeichnen, aus denen der Gesamtquerschnitt besteht, und $d_{max}$ die Schmalseite des dicksten Rechtecks bedeutet. $J_d$ — von Föppl Drillungswiderstand des Querschnitts[3]) genannt — gibt denjenigen Wert an, durch welchen $J_p$ in Gleichung (25) bei den hier ins Auge gefaßten Querschnitten zu ersetzen ist. Als größte Schubspannung erhält man

$$(28) \qquad\qquad \tau_{max} = \frac{M_d}{W_d} = \frac{3 M_d \cdot d_{max}}{\Sigma d^3 l},$$

---

[1]) Vgl. Föppl, A.: Techn. Mechanik III, 3. Aufl. S. 319 und 399.

[2]) Föppl, A.: Über den elast. Verdrehungswinkel eines Stabes: München, Verlag der Bayr. Akademie der Wissenschaften. 1917. — Föppl, A. u. L.: Drang und Zwang II, S. 100. — Föppl, A.: Techn. Mechanik V, 4. Aufl. S. 163 f.

[3]) Nach Versuchen von A. Föppl ist dem obigen Wert für $J_d$ noch ein Berichtigungsfaktor beizugeben, so daß genauer zu setzen ist $J_d = \eta \cdot \tfrac{1}{3} \Sigma d^3 l$. Für ⊥-Profile hat sich $\eta$ im Mittel zu 1,3 ergeben, für alle anderen Walzprofile war $\eta$ kleiner, bei Winkeleisen nahezu gleich 1.

und zwar tritt diese in der Mitte der Langseite desjenigen Rechtecks auf, dessen Dicke den größten Wert hat. Die Anwendung der Gleichungen (26) bis (28) setzt voraus, daß die Längen der einzelnen Rechtecke, aus denen der Querschnitt besteht, groß im Verhältnis zu den Breiten sind, und daß durch entsprechende Ausrundungen an den einspringenden Ecken unverhältnismäßig große Spannungserhöhungen vermieden werden. Bei den üblichen Walzträgern besitzen die Flanschen größere Dicke als der Steg. $\tau_{max}$ wird also bei diesen in Flanschmitte auftreten, und zwar an der Außenseite des Flansches.

Die hier für den Verdrehungswinkel und die maximale Schubbeanspruchung angegebenen Formeln sind zunächst nur für den Fall einer reinen Verdrehung gültig, bei der außer den an den beiden Endquerschnitten des Stabes angreifenden verdrehenden Kräftepaaren keine äußeren Kräfte auf den Stab wirken. Weiter oben war bereits darauf hingewiesen, daß bei allen Querschnittsformen mit Ausnahme des Kreises eine Verwindung bzw. Wölbung des Querschnitts infolge der Drillung eintritt, welche bei reiner Verdrehung ungestört vor sich gehen kann. In allen anderen Fällen tritt eine mehr oder weniger starke Behinderung dieser Querschnittswölbung auf, wodurch — wie Versuche von A. Föppl ergeben haben — die Beanspruchung auf Verdrehen beeinflußt wird, und zwar in nur geringem Maße bei gedrungenen Querschnitten, wie z. B. Rechtecken von nahezu quadratischer Form, stärker dagegen bei $\mathsf{I}$-Trägern. Will man sich also in solchen Fällen der vorstehenden Formeln bedienen, so darf bei $\mathsf{I}$-Trägern nicht auf allzu große Genauigkeit der Ergebnisse gerechnet werden.

Wirkt auf den betrachteten Querschnitt außer dem Verdrehungsmoment $M_d$ noch ein Biegungsmoment $M_\eta$ in bezug auf den zu dem fraglichen Querschnitt gehörigen Krümmungsradius als $\eta$-Achse ($m — O$ in Abb. 111), so lassen sich die von letzterem erzeugten Normalspannungen $\sigma$ mittels der für den geraden Stab abgeleiteten Gleichung

$$\sigma = \frac{M_\eta}{J_\eta} \cdot \zeta$$

bestimmen, wenn $\zeta$ den Abstand eines Querschnittselementes von der $\eta$-Achse angibt. Wird der Einfluß der Querkraft $Q$ auf die Schubspannung bei den hier ins Auge gefaßten Fällen vernachlässigt, so erhält man die größte Anstrengung des Materials aus Biegung und Verdrehung mit Hilfe der auf S. 24 entwickelten Gleichung (16)

$$\sigma_r = \frac{m-1}{2\,m}\,\sigma \pm \frac{m+1}{2\,m} \sqrt{4\,\tau^2 + \sigma^2}\,,$$

wobei für Flußeisen $m = \frac{10}{3}$ zu setzen ist.

Da bei Walzträgern im Falle parallel zum Steg wirkender Lasten $\sigma_{max}$ an den äußeren Fasern der Flanschen auftritt, so sind zur Ermittlung der größten Beanspruchung die Spannungen $\sigma_{max}$ und $\tau_{max}$ in obige Gleichung einzuführen.

Mit Hilfe der vorstehenden Erläuterungen kann eine näherungsweise Ermittlung der Spannungen des in Abb. 111 skizzierten Trägers und ähnlicher Systeme durchgeführt werden, sobald für die einzelnen Querschnitte die Dreh- und Biegungsmomente infolge einer lotrechten Belastung bekannt sind.

Wirkt auf den Träger die senkrechte Last $P$ an der Stelle $m$, so liefern die Gleichgewichtsbedingungen für den starren Körper, der auf ein rechtwinkliges Achsenkreuz mit $C$ als Ursprung bezogen wird, unter Beachtung der in Abb. 111 gewählten Bezeichnungen:

$$1. \quad \Sigma X = 0: \quad C_x + A_r \cos \alpha = 0,$$
$$2. \quad \Sigma Y = 0: \quad C_y + A_r \cdot \sin \alpha = 0,$$
$$3. \quad \Sigma Z = 0: \quad A_z + B_z + C_z - P = 0,$$
$$4. \quad \Sigma M_x = 0: \quad B_z \cdot g - P \cdot y_m = 0,$$
$$5. \quad \Sigma M_y = 0: \quad A_z \cdot l + B_z \cdot l_2 - P \cdot x_m = 0,$$
$$6. \quad \Sigma M_z = 0: \quad A_r \sin \alpha \cdot l = 0.$$

Daraus findet man $A_r = C_x = C_y = 0$;

$$B_z = \frac{P \cdot y_m}{g}; \quad A_z = \frac{1}{l}(P \cdot x_m - B_z \cdot l_2) = \frac{P}{l}\left(x_m - y_m \frac{l_2}{g}\right);$$

$$C_z = P - (A_z + B_z) = \frac{P}{l}\left(l - x_m - \frac{y_m l_1}{g}\right).$$

Man denke sich nun durch den Schwerpunkt des Querschnitts $m$ ein ebenes Achsenkreuz $(\eta, \zeta)$ gelegt, derart, daß die $\eta$-Achse mit dem Krümmungsradius und die $\zeta$-Achse mit der Normalen zur Krümmungsebene zusammenfällt. Dann mögen bezeichnen:

    $M_\eta$ das Biegungsmoment in bezug auf die $\eta$-Achse,
    $M_\zeta$ das Biegungsmoment in bezug auf die $\zeta$-Achse,
    $M_d$ das Drehmoment in bezug auf die Tangente in $m$.

Die entsprechenden Querkräfte $Q_\eta$ und $Q_\zeta$ sollen vernachlässigt werden. Für senkrechte Lasten wird, da $A_r = C_x = C_y = 0$, das Moment $M_\zeta = 0$. Steht die Last $P$ rechts von $m$, so erhält man die Momente (Abb. 113 a)

$$M_{\eta m} = A_z \cdot b; \quad M_{dm} = - A_z \cdot a,$$

und bei Laststellnng links von $m$

$$M_{\eta m} = A_z \cdot b - P \cdot u; \quad M_{dm} = - A_z \cdot a + P \cdot v,$$

wobei
$$u = r \cdot \sin(\varphi - \psi); \quad v = r\{1 - \cos(\varphi - \psi)\}.$$

Soll der Einfluß einer gleichmäßig verteilten, senkrechten Belastung $p$ kg/m verfolgt werden, so schreibe man zunächst wieder zur Ermittlung der Lagerkräfte die Gleichgewichtsbedingungen

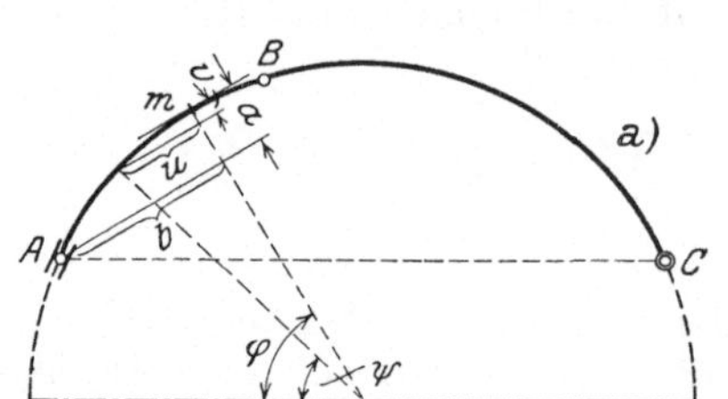
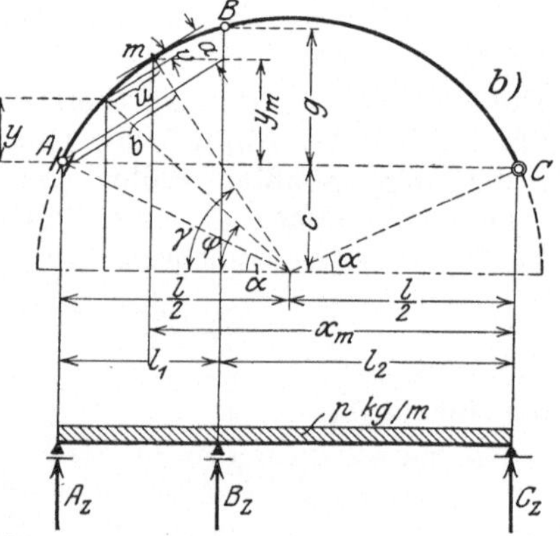

Abb. 113.

an, welche mit Bezug auf Abb. 113 b nach Ausschaltung der horizontalen Stützenreaktionen, die zu Null werden, lauten:

$$A_z + B_z + C_z - p \int_\alpha^{\pi - \alpha} r\, d\varphi = 0, \quad B_z \cdot g - p \int_\alpha^{\pi - \alpha} r\, d\varphi \cdot y = 0,$$

$$A_z \cdot l - \frac{pl}{2} \int_\alpha^{\pi - \alpha} r\, d\varphi + B_z \cdot l_2 = 0.$$

Mit $y = r \cdot \sin \varphi - c$ wird

$$\int_{\alpha}^{\pi-\alpha} r \cdot y \cdot d\varphi = r^2 \int_{\alpha}^{\pi-\alpha} \left( \sin \varphi - \frac{c}{r} \right) d\varphi = 2\, r^2 \cos \alpha - cr\, (\pi - 2\,\alpha).$$

Setzt man noch $\cos \alpha = \dfrac{l}{2\,r}$ und $\int_{\alpha}^{\pi-\alpha} r\, d\varphi = r\, (\pi - 2\,\alpha)$, so lauten nunmehr die Ausdrücke für die Lagerkräfte:

$$B_z = \frac{p\,r}{g} \{ l - c\, (\pi - 2\,\alpha) \};$$

$$A_z = \frac{p\,r}{2} (\pi - 2\,\alpha) - \frac{p\,r\,l_2}{g\,l} \{ l - c\, (\pi - 2\,\alpha) \};$$

$$C_z = \frac{p\,r}{2} (\pi - 2\,\alpha) - \frac{p\,r\,l_1}{g\,l} \{ l - c\, (\pi - 2\,\alpha) \}.$$

Für einen zwischen den Stützen $A$ und $B$ liegenden Querschnitt $m$ ergibt sich unter Beachtung der Abb. 113 b das Biegungsmoment

$$M_{\eta m} = A_z \cdot b - p \int_{\alpha}^{\gamma} r\, d\varphi \cdot u,$$

oder mit

$$u = r \cdot \sin (\gamma - \varphi),$$

$$M_{\eta m} = A_z \cdot b - r^2 p \int_{\alpha}^{\gamma} \sin (\gamma - \varphi)\, d\varphi$$

$$= A_z \cdot b - r^2 p \int_{\alpha}^{\gamma} \left( \cos \varphi \cdot \frac{y_m + c}{r} - \sin \varphi \cdot \frac{x_m - \dfrac{l}{2}}{r} \right) d\varphi$$

$$= A_z \cdot b - p \left\{ y_m (y_m + c) + (x_m - l) \left( x_m - \frac{l}{2} \right) \right\}$$

und das Drehmoment:

$$M_{dm} = - A_z \cdot a + p \int_{\alpha}^{\gamma} r\, d\varphi \cdot v,$$

oder mit

$$v = r \{ 1 - \cos (\gamma - \varphi) \}$$

$$M_{dm} = - A_z \cdot a + p r^2 \int_{\alpha}^{\gamma} \{ 1 - \cos (\gamma - \varphi) \}\, d\varphi$$

$$= - A_z \cdot a + p r^2 (\gamma - \alpha) - p r^2 \int_{\alpha}^{\gamma} \left( \cos \varphi \cdot \frac{x_m - \dfrac{l}{2}}{r} + \sin \varphi \cdot \frac{y_m + c}{r} \right) d\varphi$$

$$= - A_z \cdot a + p r^2 (\gamma - \alpha) - p \left\{ y_m \left( x_m - \frac{l}{2} \right) + (l - x_m)(y_m + c) \right\}.$$

# Spannungsermittlung statisch bestimmter Fachwerke.

## § 1. Statische Verfahren für das ebene Fachwerk.

### a) Schnittmethoden.

#### α) Das Culmannsche Verfahren.

Durch das in Abb. 114 dargestellte Fachwerk, an welchem sich die Lasten $P_1$ bis $P_6$ im Gleichgewicht befinden mögen, denke man sich einen Schnitt $t-t$ gelegt, welcher drei sich nicht in einem Punkte schneidende Stäbe treffen möge. Ist $R$ die Resultierende aller links vom Schnitt liegenden äußeren Kräfte, so müssen, wenn Gleichgewicht am linken Trägerteil bestehen soll, die Spannkräfte der geschnittenen Stäbe mit der Resultierenden $R$ ein geschlossenes Krafteck bilden. Zur Bestimmung der fraglichen Spannkräfte hat man somit nur die Aufgabe zu lösen: Eine nach Größe, Richtung und Lage gegebene Kraft $R$ nach drei Kräften von bekannter Lage zu zerlegen, die sich nicht in einem Punkte schneiden (vgl. S. 9).

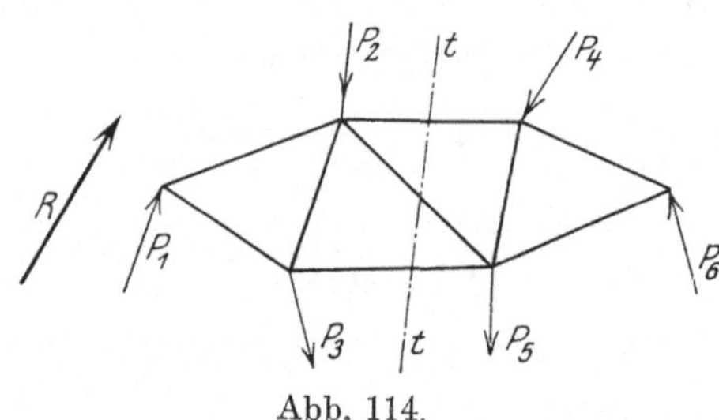

Abb. 114.

Sollen also die Spannkräfte der drei Stäbe $O$, $D$ und $U$ des in Abb. 115 dargestellten, mit senkrechten Kräften belasteten Fachwerkträgers bestimmt werden, so denke man sich einen diese Stäbe treffenden Schnitt $t-t$ durch das Fachwerk gelegt. Die Mittelkraft der am linken Trägerteil wirkenden äußeren Kräfte ist identisch mit der Querkraft $Q = A - P_1$ in dem vom Schnitt getroffenen Trägerfeld des belasteten Gurtes, deren Lage in bekannter Weise aus dem Seilpolygon der äußeren Kräfte gefunden

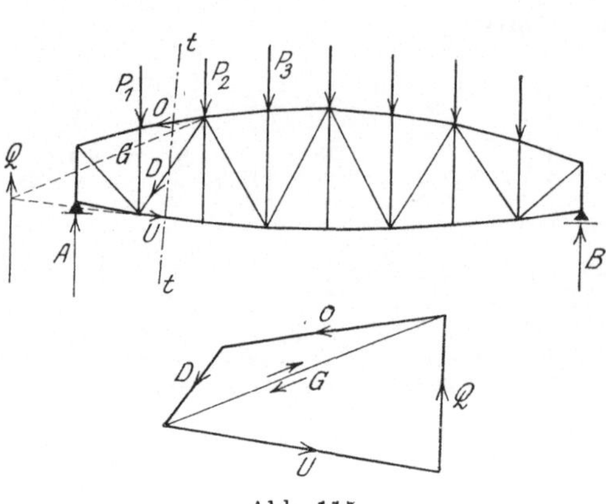

Abb. 115.

werden kann (vgl. S. 38). Die Aufgabe lautet also jetzt: Die nach Größe, Richtung und Lage bekannte Querkraft $Q$ nach den drei Stabrichtungen $O, D$ und $U$ zu zerlegen. Zu diesem Zwecke bringt man je zwei der vier Kraftrichtungen zum Schnitt, etwa $U$ mit $Q$ und $O$ mit $D$ und verbindet diese Schnittpunkte durch die Hilfsgerade $G$. Nun zerlegt man zunächst $Q$ nach $G$ und $U$, darauf $G$ nach $O$ und $D$ und findet demnach die gesuchten Spannkräfte. Der Umfahrungssinn zur Bestimmung der Vorzeichen ist durch den Pfeilsinn von $Q$ gegeben. Im vorliegenden Falle ergeben sich $O$ und $D$ als Druckkräfte, während $U$ eine Zugkraft darstellt.

Denkt man sich den Träger so belastet, daß die Kraftrichtung von $Q$ gerade durch den Schnittpunkt der vom Schnitt $t-t$ getroffenen Stäbe $O$ und $U$ geht, so fällt die Hilfsgerade $G$ mit $O$ zusammen, d. h. im Kräfteplan muß sich $D$ zu Null ergeben. Man erkennt also, daß für einen bestimmten Befastungsfall des Trägers die Diagonalspannkraft den Wert Null annehmen kann.

Die Schnittpunkte des beiderseits verlängerten Untergurtstabes $U$ mit den Auflagersenkrechten (Abb. 116) seien mit $A'$ und $B'$, der Schnittpunkt der Geraden $A'a$ und $B'b$ mit $L$ bezeichnet. Durch $L$ möge die Richtungs-

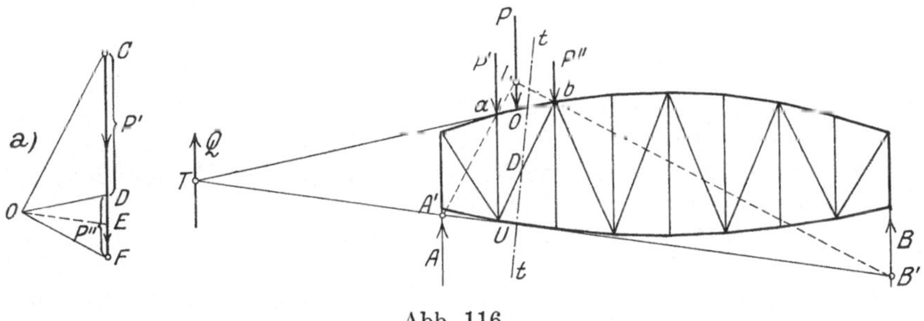

Abb. 116.

linie einer am Obergurt angreifenden Last $P$ gehen, welche nach zwei in den Knotenpunkten $a$ und $b$ der oberen Gurtung angreifenden Seitenkräften $P'$ und $P''$ zerlegt werden soll. Zu diesem Zwecke trage man $P = CF$ als Strecke auf (Abb. 116a), ziehe $CO \parallel LA'$, $FO \parallel B'L$ und $OD \parallel ab$. Dann ist $CD = P'$ und $DF = P''$. Zieht man ferner $OE \parallel A'B'$, so liefern die Strecken $EC$ und $FE$ die Auflagerdrücke $A$ und $B$ infolge der Last $P$, bzw. der Lasten $P'$ und $P''$ (vgl. S. 37). Der Geradenzug $A' - a - b - B'$ stellt das Seilpolygon dieser Lasten mit dem Pol $O$ dar. Die Querkraft $Q$ des vom Schnitt $t-t$ getroffenen Feldes muß also durch den Schnittpunkt $T$ der Schlußlinie $A'B'$ mit dem Seilstrahl $a-b$ gehen. Nun ist aber $T$ identisch mit den dem Schnittpunkt der Gurtstäbe $O$ und $U$. Die Spannkraft im Stabe $D$ wird also zu Null, sobald die Last $P$ die hier vorausgesetzte ausgezeichnete Lage einnimmt.

Steht $P$ im Knoten $b$, so ist die Mittelkraft aller am linken Trägerteil wirkenden äußeren Kräfte gleich dem Auflagerdruck $A$, da dieser allein an dem abgeschnittenen Teil angreift. Die Lage von $A$ ist bekannt, seine Größe sei etwa auf rechnerischem Wege oder mit Hilfe des $A$-Polygons (vgl. S. 41) gefunden. Wendet man jetzt auf diesen Belastungszustand das Culmannsche Verfahren an (Abb. 117a), so findet man, daß bei aufwärtsgerichtetem $A$ der links fallende Diagonalstab $D$ infolge der gewählten Laststellung stets Druck erhält, sofern sich die Stäbe $O$ und $U$ außerhalb der Stützweite $AB$ schneiden. Zu dem gleichen Ergebnis gelangt man, wenn die Last $P$ in irgendeinem anderen Knotenpunkte zwischen $b$ und dem rechten Trägerende angreift. Steht dagegen $P$ im Punkte $a$, so liefert das Culmannsche Verfahren, auf den rechten Trägerteil unter Benutzung des Auflagerdruckes $B$ angewandt (Abb. 117b), im Diagonalstab $D$ stets eine Zugkraft. Aus dieser Betrachtung ergibt sich, daß die Spannkraft $D$ ihr Vorzeichen wechselt, sobald die Last $P$ vom Knoten $a$ nach $b$ rückt und umgekehrt. Zwischen

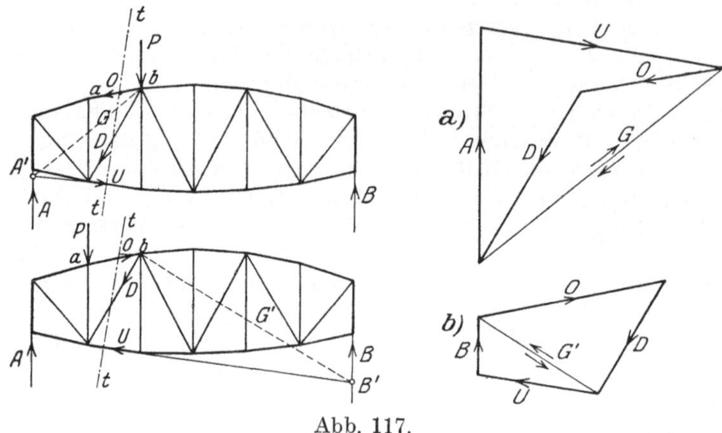

Abb. 117.

beiden Knoten liegt der Punkt $L$, der insofern ausgezeichnet ist, als eine durch ihn gehende Last $P$ im Stabe $D$ die Spannkraft Null erzeugt. Wegen dieser besonderen Eigenschaft heißt $L$ die Lastscheide für den Stab $D$, die in der Theorie der Einflußlinien eine wichtige Rolle spielt (vgl. S. 82).

Greifen die Lasten am Untergurt an, so bringe man zur Bestimmung von $L$ den vom Schnitt $t-t$ getroffenen Obergurtstab mit den Auflegersenkrechten zum Schnitt und verfahre im übrigen in ganz analoger Weise. So ist z. B. in Abb. 119 die Lastscheide $L$ für die rechts fallende Diagonale $D_{5-6}$ gezeichnet worden. Lasten rechts von $L$ erzeugen in diesem Stabe Zug, Lasten links von $L$ dagegen Druck. Die Abb. 118a und 118b zeigen noch die Ermittlung der Lastscheide für ein reines Strebenfachwerk, einmal bei Belastung des Untergurtes, das andere Mal bei Belastung des Obergurtes.

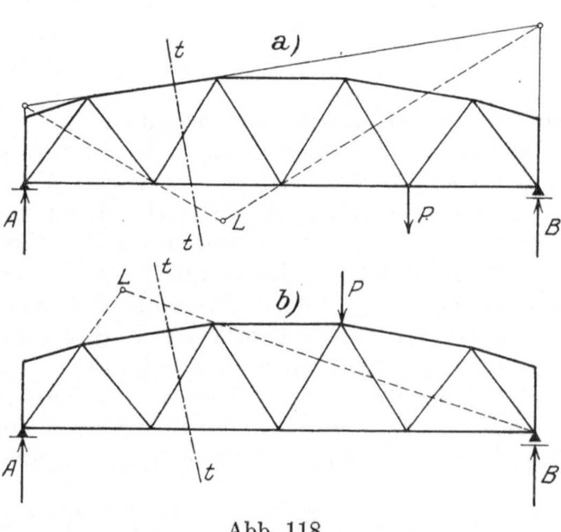

Abb. 118.

Häufige Anwendung findet das Culmannsche Verfahren zur Bestimmung der größten Diagonalspannkräfte infolge eines über den Träger wandernden Zuges von Einzellasten. Der in Abb. 119 skizzierte Träger sei der Betrachtung zugrunde gelegt. Die Stabkräfte $O$, $D$ und $U$ im Obergurt, in den Diagonalen und im Untergurt erhalten zur Unterscheidung die Ordnungsziffer des ihnen angehörigen rechten Knotenpunktes als Index beigefügt, welche Bezeichnung auch in Zukunft beibehalten werden soll. So bezeichnet z. B. $D_6$ die Diagonalspannkraft im Stabe 5—6, $U_6$ die Spannkraft im Stabe 4—6 usw. Lasten zwischen Punkt 6 und dem Auflager $B$ erzeugen im Stabe $D_6$ Zug, während Lasten links von 4 im gleichen Stabe Druck hervorbringen. Um nun die größte positive Diagonalspannung $D_{6\,max}$ zu erhalten, lasse man den Lastenzug vom Auflager $B$ bis zum Punkt 6 vorrücken. Diese Laststellung wird als Grundstellung (vgl. S. 43) bezeichnet. Aus dem $A$-Polygon kann der Auflagerdruck $A_6$ infolge dieser Laststellung entnommen werden. Denkt man sich nun einen Schnitt $t\!-\!t$ durch den Träger geführt, der die Stäbe $O_7$, $D_6$ und $U_6$ trifft, so stellt $A_6$ die Mittelkraft der am abgeschnittenen linken Trägerteil wirkenden äußeren Kräfte dar. Zur Bestimmung von $D_6$ hat man also nur die Aufgabe zu lösen: den nach Größe, Richtung und Lage bekannten Auflagerdruck $A_6$ nach den drei Stabrichtungen $O_7$, $D_6$ und $U_6$

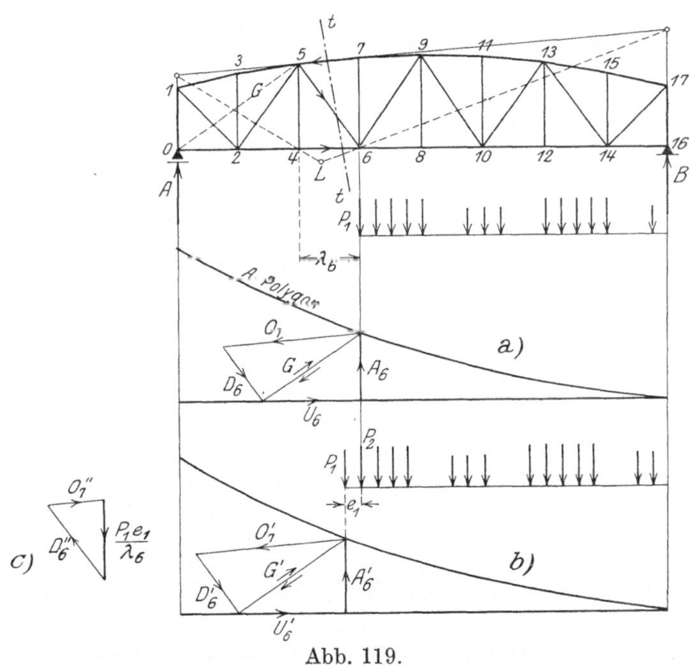

Abb. 119.

zu zerlegen (vgl. Abb. 119a). $D_6$ ergibt sich wie vorauszusehen war als Zugkraft, denn die im Kräfteplan gefundenen Pfeile sind an den Schnittstellen des linken Trägerteiles anzutragen. Ob infolge der angenommenen Grundstellung in der Tat $D_{6\,max}$ erzeugt wird, kann nicht ohne weiteres gesagt werden. Um dieses zu prüfen, verschiebe man den Lastenzug so weit nach links, bis die zweite Last am Punkt 6 angreift. Die unter der ersten Last aus dem $A$-Polygon entnommene Ordinate $A_6'$ gibt den Auflagerdruck infolge der neuen Laststellung an, dessen Einfluß auf die drei vom Schnitt getroffenen Stäbe genau wie vorher ermittelt wird. Die so gewonnenen Spannkräfte seien mit $O_7'$, $D_6'$, $U_6'$ bezeichnet (Abb. 119b). Da nun aber $P_1$ über 6 hinausgerückt ist, so verteilt sich diese Kraft auf die Knotenpunkte 4 und 6, und zwar entfällt auf 4 der Anteil $K = \dfrac{P_1 \cdot e_1}{\lambda_6}$, wenn $e_1$ den Abstand der Last $P_1$ von $P_2$ und $\lambda_6$ die Feldweite 4—6 bezeichnen. $K$ ist nun ebenfalls unter Anwendung des Culmannschen Verfahrens nach den vom Schnitt getroffenen Stabrichtungen zu zerlegen. Im vorliegenden Falle deckt sich die Hilfsgerade $G$ mit der Kraftrichtung von $K$, weshalb $K$ am Knoten 5 direkt nach $O_7$ und $D_6$ zerlegt werden kann. Die Komponenten seien mit $D_6''$ und $O_7''$ bezeichnet, und zwar ergibt sich hier $D_6''$ als Druck, $O_7''$ als Zug (Abb. 119 c). Die wirkliche Spannkraft in der Diagonale $D_6$ erhält man schließlich, indem man $D_6''$ zu dem bereits mit Hilfe von $A_6'$ ermittelten Beitrag $D_6'$ addiert, wobei auf die Vorzeichen zu achten ist. Wird der so gefundene Wert $D_6 = D_6' + D_6''$ größer als der sich aus der Grundstellung ergebende, so entsteht die Frage, ob nicht eine weitere Verschiebung des Zuges nach links zu erfolgen hat, was bei größeren Feldweiten gewöhnlich notwendig wird, bis sich schließlich eine der gefundenen Spannkräfte als die größte ergibt (vgl. auch S. 43). In ähnlicher Weise lassen sich die Größtwerte der übrigen Diagonalspannkräfte bestimmen. Um z. B. den größten Druck im Stabe $D_5$ zu finden, muß zunächst der Lastenzug bis zum Knoten 4 vorgeschoben und darauf untersucht werden, ob die Grundstellung maßgebend ist oder nicht. Andererseits müßte man, um den größten Druck $D_{6\,min}$

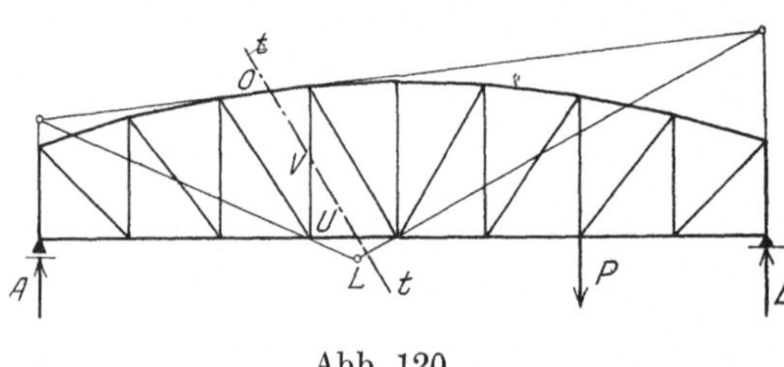

Abb. 120.

im Stabe $D_6$ zu bestimmen, den Lastenzug von $A$ aus bis zum Punkte 4 vorrücken lassen. Zu diesem Zwecke wäre die Auftragung des $B$-Polygons erforderlich. Bei symmetrisch zur Mitte gebauten Systemen können jedoch alle Grenzwerte mit Hilfe des $A$-Polygons ermittelt werden, denn es ist ersichtlich, daß $D_{6\,min} = D_{13\,min}$ sein muß. $D_{13\,min}$ aber wird gefunden, wenn der Lastenzug von $B$ aus bis zum Knoten 12 vorgerückt ist, sofern etwa für diesen Fall die Grundstellung maßgebend wäre.

In ähnlicher Weise können auch die Vertikalspannkräfte bestimmt werden, wenn es sich um ein Ständerfachwerk handelt, wie z. B. in Abb. 120. Man hat dann den Schnitt $t—t$ nur so zu führen, daß die fragliche Vertikale von diesem getroffen wird, und zerlegt die Mittelkraft aller links vom Schnitt $t—t$ wirkenden äußeren Kräfte nach den drei Stabrichtungen $O$, $V$ und $U$.

Eine Erweiterung des Culmannschen Verfahrens ist das von H. Zimmermann gegebene Verfahren zur graphischen Bestimmung der Stabspannkräfte, welches allerdings nur bei lauter parallelen äußeren Kräften anwendbar ist, auf das hier aber nicht näher eingegangen werden soll (vgl. Müller-Breslau: Statik der Baukonstruktionen, Band I, 5. Aufl., S. 295: Mehrtens: Statik und Festigkeitslehre, II. Bd., 2. Aufl., S. 79).

### $\beta$) Das Rittersche Verfahren.

Stehen an einem Trägersystem beliebig gerichtete Kräfte miteinander im Gleichgewicht, so ist die Summe der Momente aller dieser Kräfte in bezug auf einen beliebig gewählten Momentenpunkt in der Trägerebene gleich Null. Dieser Satz gilt auch, wenn man sich ein Fachwerk durch einen Schnitt in zwei Teile zerlegt denkt und das Gleichgewicht eines dieser Teile, etwa des linken, für sich untersucht, nur müssen dabei die Spannkräfte der vom Schnitt getroffenen Stäbe als äußere Kräfte an dem betrachteten Scheibenteil angebracht werden. Da ihr Pfeilsinn zunächst nicht bekannt ist, führt man sie vorübergehend als positive, also Zugkräfte ein. Gelingt es nun, den Bezugspunkt, für welchen die Momentensumme aller am linken Scheibenteil angreifenden Kräfte gebildet werden soll, so zu wählen, daß alle unbekannten

Spannkräfte außer einer durch diesen Punkt gehen, so kann diese eine aus der Momentenbedingung berechnet werden.

Denkt man sich z. B. an dem in Abb. 121 skizzierten einfachen Fachwerkbalken den Schnitt $t-t$ so geführt, daß von ihm die drei Stäbe $O_{m+1}$, $D_m$ und $U_m$ getroffen werden, so müssen die zunächst als Zugkräfte angenommenen Stabspannungen $O_{m+1}$, $D_m$ und $U_m$ mit den am linken Scheibenteil wirkenden äußeren Kräften zusammen ein Gleichgewichtssystem bilden. Um nun die Spannkraft $U_m$

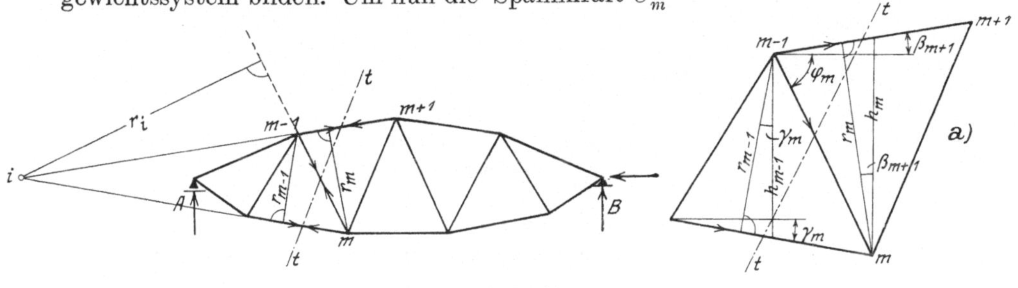

Abb. 121.

zu bestimmen, wähle man als Momentenpunkt den Schnittpunkt $m-1$ der Stäbe $O_{m+1}$ und $D_m$. Dann lautet die Momentenbedingung in bezug auf $m-1$:

$$M_{m-1} - U_m \cdot r_{m-1} = 0$$

oder

(1)
$$U_m = \frac{M_{m-1}}{r_{m-1}},$$

wenn $M_{m-1}$ das Moment aller links vom Schnitt $t-t$ angreifenden äußeren Kräfte, welches positiv angenommen wird, wenn es den linken Trägerteil gegen den rechten im Uhrzeigersinn zu verdrehen sucht, und $r_{m-1}$ den Hebelarm des Stabes $U_m$ in bezug auf $m-1$ angibt. Die Gleichung (1) besagt, daß der für $U_m$ angenommene Pfeil richtig ist, solange $M_{m-1}$ positiv wird.

In gleicher Weise bestimmt man $O_{m+1}$, indem man als Bezugspunkt den Schnittpunkt $m$ von $D_m$ und $U_m$ wählt. Die Momentenbedingung liefert dann:

$$M_m + O_{m+1} \cdot r_m = 0$$

oder

(2)
$$O_{m+1} = -\frac{M_m}{r_m},$$

d. h. hier ist der gewählte Pfeil für $O_{m+1}$ umzukehren, da $O_{m+1}$ bei positivem $M_m$ eine Druckkraft ergibt. Um endlich $D_m$ zu finden, wähle man als Bezugspunkt den Schnittpunkt $i$ von $O_{m+1}$ und $U_m$ und schreibe die Momentengleichung an:

$$M_i + D_m \cdot r_i = 0,$$

woraus folgt:

(3)
$$D_m = -\frac{M_i}{r_i},$$

wenn $M_i$ das Moment aller am linken Scheibenteil angreifenden äußeren Kräfte in bezug auf den Punkt $i$ bedeutet.

Die Bestimmung des Schnittpunktes $i$ wird ungenau, sobald die Stäbe $O_{m+1}$ und $U_m$ sich unter sehr spitzem Winkel schneiden. Es empfiehlt sich dann, einen anderen Weg zur Bestimmung von $D_m$ einzuschlagen. Zu diesem Zwecke projiziere man die Stabkräfte $O_{m+1}$, $D_m$ und $U_m$ auf eine Horizontale und bilde $\Sigma H = 0$. Greifen nur senkrechte Lasten am Träger an, was hier vorausgesetzt sein möge, so liefern die äußeren Kräfte keinen Beitrag zu dieser Gleichung, und man erhält, wenn $\beta_{m+1}$ den Neigungswinkel des Obergurtstabes $O_{m+1}$, $\varphi_m$ den der Diagonale $D_m$ und $\gamma_m$ den des Untergurtstabes $U_m$ gegen die Horizontale bezeichnen,

$$O_{m+1} \cdot \cos \beta_{m+1} + D_m \cdot \cos \varphi_m + U_m \cdot \cos \gamma_m = 0.$$

Nun ist aber

$$O_{m+1} = -\frac{M_m}{r_m}; \qquad U_m = \frac{M_{m-1}}{r_{m-1}}$$

und somit

$$D_m \cdot \cos \varphi_m = \frac{M_m}{r_m} \cdot \cos \beta_{m+1} - \frac{M_{m-1}}{r_{m-1}} \cdot \cos \gamma_m.$$

Bezeichnet man ferner allgemein das zwischen Ober- und Untergurt liegende Stück der Senkrechten durch einen beliebigen Knoten $k$ mit $h_k$, so wird wegen $r_m = h_m \cdot \cos \beta_{m+1}$ und $r_{m-1} = h_{m-1} \cdot \cos \gamma_m$

$$D_m \cos \varphi_m = \frac{M_m}{h_m} - \frac{M_{m-1}}{h_{m-1}}$$

Man findet also die Diagonalspannkraft direkt aus den Angriffsmomenten für die Punkte $m$ und $m-1$. Die hier betrachtete Diagonale fällt von links nach rechts. Für die von rechts nach links fallende Diagonale $D_{m+1}$ würde sich ergeben:

$$D_{m+1} \cdot \cos \varphi_{m+1} = -\frac{M_{m+1}}{h_{m+1}} + \frac{M_m}{h_m},$$

wovon man sich nach den vorstehenden Erläuterungen leicht überzeugen kann. Bezeichnen also $M_0$ und $M_u$ die Momente in bezug auf den oberen und unteren Endpunkt einer Diagonale $D$, $h_0$ und $h_u$ die zugehörigen Trägerhöhen und $\varphi$ den Neigungswinkel gegen die Horizontale, so gilt allgemein

$$(4) \qquad D \cdot \cos \varphi = \frac{M_u}{h_u} - \frac{M_0}{h_0}.$$

Aus den für $O$ und $U$ abgeleiteten Ausdrücken erkennt man, daß die Gurtkräfte ihre größten Werte annehmen, wenn für die zugehörigen Bezugspunkte die größten Momente entstehen. Das Rittersche Verfahren eignet

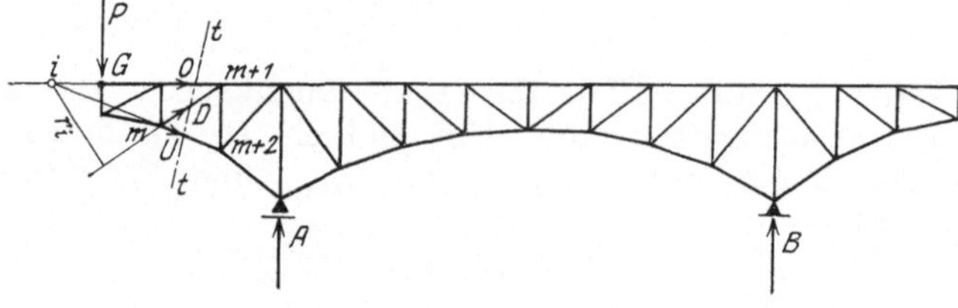

Abb. 122.

sich somit besonders zur Bestimmung der maximalen Spannkräfte in den Gurtungen, sobald für den betreffenden Träger die Kurve der Maximalmomente gegeben ist (vgl. S. 44). Bei senkrecht abwärts gerichteten Lasten werden die Momente eines einfachen Fachwerkbalkens stets positiv, die Obergurtstäbe erhalten also in diesem Falle Druck, die Untergurtstäbe Zug.

Das Rittersche Verfahren gilt ganz allgemein für jedes einfache Dreiecksnetz — sofern sich nur ein Bezugspunkt finden läßt, durch den alle Stabrichtungen bis auf diejenige gehen, deren Spannkraft gesucht wird — also z. B. auch für den in Abb. 122 skizzierten Kragträger. Für die vom Schnitt $t-t$ getroffenen Stäbe ergibt sich:

$$O_{m+1} = -\frac{M_m}{r_m}$$

$$U_{m+2} = \frac{M_{m+1}}{r_{m+1}}$$

$$D_{m+1} = \frac{M_i}{r_i},$$

wie sich leicht aus den Momentengleichungen um die Bezugspunkte $m$, $m+1$ und $i$ erkennen läßt. Hier ist indessen zu beachten, daß die Momente $M_m$ und $M_{m+1}$ infolge einer im Knoten $G$ stehenden Last $P$ negative Werte annehmen, weshalb sich nach Einführung der Zahlenwerte die Vorzeichen für die zugehörigen Gurtkräfte umkehren. Im übrigen empfiehlt es sich, bei derartigen Systemen die Bestimmung der Spannkräfte mit Hilfe der Einflußlinien vorzunehmen (vgl. S. 85).

Bei der Untersuchung eines Dreigelenkbogens mit ruhender Belastung von der in Abb. 123 dargestellten Form kann das Rittersche Verfahren mit Vorteil zur Anwendung gelangen. Hat man die Kämpferdrücke $K_a$ und $K_b$ auf graphischem

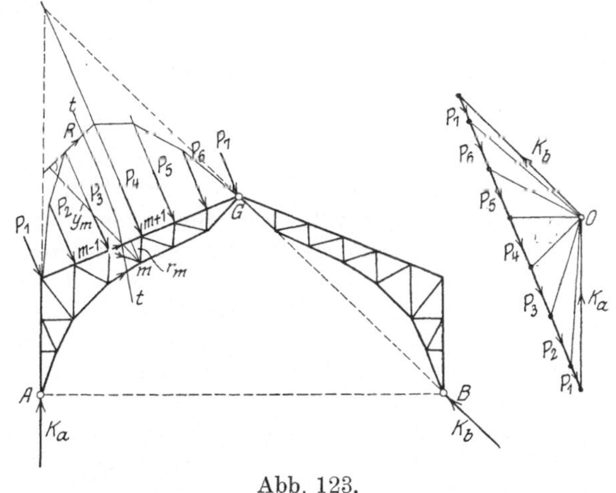

Abb. 123.

Wege gefunden und das Mittelkraftpolygon gezeichnet (vgl. S. 60), so gibt der vom Schnitt $t-t$ getroffene Seilstrahl die Mittelkraft $R$ aller links vom Schnitt am Bogen angreifenden äußeren Kräfte an. Bezeichnet nun $r_m$ das Lot vom Knoten $m$ auf den Obergurtstab $O_{m+1}$, und $y_m$ das Lot von $m$ auf $R$, so lautet die Momentenbedingung für $m$ als Bezugspunkt:

$$O_{m+1} \cdot r_m + R \cdot y_m = 0$$

oder

$$O_{m+1} = -\frac{R \cdot y_m}{r_m}.$$

In gleicher Weise läßt sich die Spannkraft im Stabe $U_m$ berechnen. Die Bestimmung der Spannkräfte in den Füllungsstäben ist indessen für den Mittelteil des Bogens nach Ritter nicht zu empfehlen, mit Rücksicht auf die zeichnerisch nur ungenau zu ermittelnden Schnittpunkte der Gurtstäbe. Sind jedoch alle Gurtkräfte bekannt, so lassen sich die Vertikal- und Diagonalspannkräfte leicht finden, indem man für die in Frage kommenden Knotenpunkte des unbelasteten Gurtes — hier des Untergurtes — je ein Krafteck zeichnet. Anstatt die Angriffsmomente für die einzelnen Bezugspunkte mit

Hilfe der Drucklinie zu bestimmen, kann man diese auch rechnerisch ermitteln, ein Verfahren, das bei lauter senkrechten Lasten schnell zum Ziele führt.

## b) Die Cremonaschen Kräftepläne.

Die Ermittlung der Spannkräfte eines Fachwerkes mit Hilfe Cremonascher Kräftepläne empfiehlt sich besonders dann, wenn es sich um ruhende Belastung handelt, und das Fachwerk von der einfachsten Art, d. h. so gebildet ist, daß es mindestens einen Knotenpunkt besitzt, von dem nur zwei Stäbe ausgehen, und daß an jedem folgenden Knoten immer nur zwei neue Stäbe hinzutreten.

Ein Fachwerk, in dessen Knotenpunkten beliebig gerichtete, miteinander im Gleichgewicht stehende äußere Kräfte angreifen, kann statisch als ein System von Punktkörpern aufgefaßt werden, wenn man sich seine Masse auf die einzelnen Knotenpunkte verteilt denkt und die in den Fachwerkstäben wirkenden Spannkräfte als äußere Kräfte an den Knotenpunkten wirksam annimmt. Die Aufgabe des Gleichgewichts der Fachwerkscheibe kann unter dieser Voraussetzung als Aufgabe über das gleichzeitige Gleichgewicht aller Knotenpunkte behandelt werden. Für jeden Punktkörper stehen in der Ebene zwei Gleichgewichtsbedingungen zur Verfügung ($\Sigma V = 0$, $\Sigma H = 0$), welche zur Bestimmung der hier als äußere Kräfte gedachten, vorläufig unbekannten Stabspannungen verwendet werden können. Ist nämlich mindestens ein Knotenpunkt vorhanden, an dem nur zwei nicht in eine Richtung fallende Stäbe zusammentreffen, so liefern die Gleichgewichtsbedingungen sofort die unbekannten Stabspannkräfte. Bei einem Fachwerk von der einfachsten Art läßt sich von diesem ersten ausgezeichneten Knoten ausgehend immer ein weiterer finden, an dem nur zwei neue unbekannte Kräfte auftreten, die in der gleichen Weise gefunden werden. Die Bestimmung der Stabspannkräfte beruht also auf einer von Knotenpunkt zu Knotenpunkt fortschreitenden Anwendung der Gleichgewichtsbedingungen. Es wäre demnach für jeden Knotenpunkt gesondert ein geschlossenes Kräftepolygon zu zeichnen, dessen Seiten zu den Richtungen der an diesem Knoten angreifenden Kräfte und Fachwerkstäbe parallel sind. Nun verbindet aber jeder Fachwerkstab zwei Knotenpunkte, seine Spannkraft tritt also immer in zwei Kräftepolygonen auf. Die gesonderte Zeichnung all dieser $k$ Polygone bei $k$ Fachwerkknoten ist umständlich. Man fügt sie deshalb zur Vereinfachung so aneinander, daß jede Stabkraft nur einmal auftritt, und erhält somit einen Kräfteplan, der allgemein unter dem Namen Cremonascher Kräfteplan bekannt ist, weil Cremona besonders auf seine geometrischen Eigenschaften hingewiesen und einen praktisch brauchbaren Weg für seine Anwendung gegeben hat. Das Verfahren sei nachstehend genauer an Hand eines Beispiels erläutert.

Der in Abb. 124 dargestellte Fachwerkträger, dessen Knotenpunkte mit den Ordnungsziffern 0 bis 10 belegt werden, sei mit den aus der Abbildung ersichtlichen Kräften $P$ belastet. Man bestimme zunächst mit Hilfe eines Seilpolygons die Resultierende $R$ der gegebenen Lasten und ermittle mit ihrer Hilfe die Auflagerreaktionen $A$ und $B$. Darauf trage man die gesamten äußeren Kräfte, einschließlich der Lagerkräfte, mit einer beliebigen Kraft beginnend und ringsherum dem Rande des Fachwerks entlang fortschreitend, zu einem geschlossenen Kräftepolygon von stetigem Umfahrungssinn auf (Abb. 124a). Nun suche man einen Knoten auf, an dem nur zwei unbekannte Stabkräfte angreifen, also z. B. den Knoten 0, und zerlege die dort wirkende äußere Kraft $A$ nach $O_1$ und $U_2$. Für den Knoten 0, und in der Folge ebenso für jeden weiteren Knoten, muß sich wegen des bestehenden Knotengleichgewichts ein geschlossenes Krafteck ergeben, dessen Umfahrungssinn ebenfalls kontinuierlich ist. Die Zerlegung von $A$ nach $O_1$ und $U_2$ kann auf zwei Arten erfolgen, entweder indem man die Parallele zu $O_1$ durch den Schnittpunkt von $A$ und $P_1$ im Kräfteplan zieht und entsprechend diejenige zu $U_2$ durch den Schnittpunkt von $P_2$ und $A$, oder umgekehrt. Soll dagegen jede Spannkraft im Kräfteplan nur einmal auftreten, so bedenke man, daß $O_1$ sowohl dem Krafteck für Knoten 0 als auch für Knoten 1 angehört.

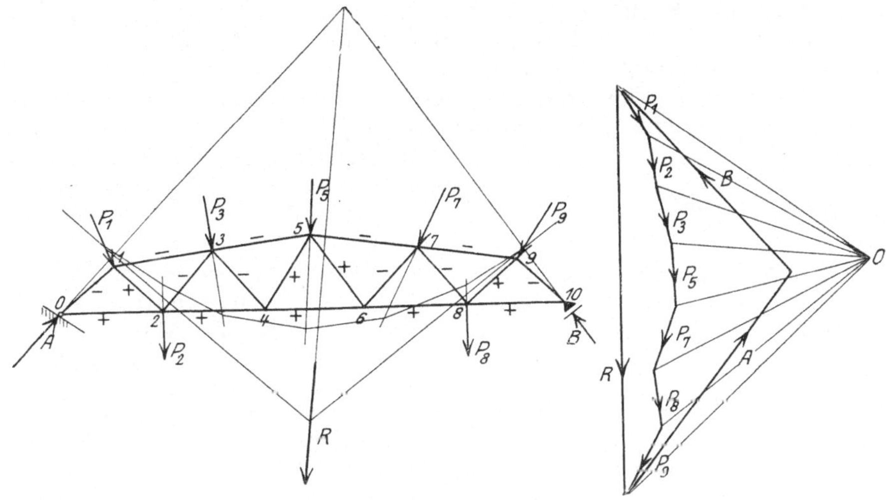

Abb. 124.

Dem ersteren gehört auch die äußere Kraft $A$, dem letzteren die äußere Kraft $P_1$ an. Man wird also die Parallele zu $O_1$ durch den Schnittpunkt von $A$ und $P_1$ und entsprechend diejenige zu $U_2$ durch den Schnittpunkt von $A$ und $P_2$ ziehen müssen, um die genannte Bedingung zu erfüllen. Daraus ergibt sich allgemein der Satz, daß im Kräfteplan jede Stabkraft eines Randstabes immer von einer ganz bestimmten Ecke des Kräftepolygons ausgehen muß. Der Umfahrungssinn des Kraftecks für Knoten 0 ergibt gleichzeitig die Vorzeichen für die gefundenen Stabspannungen, denn eine nach dem Knoten hin gerichtete Kraft erzeugt im Stabe Druck, eine vom Knoten weg gerichtete Kraft erzeugt im Stabe Zug. Die so gefundenen Vorzeichen werden zweckmäßig in das Trägernetz für jeden Stab eingetragen. Vom Knoten 0 geht man nun zum Knoten 1 weiter, denn an

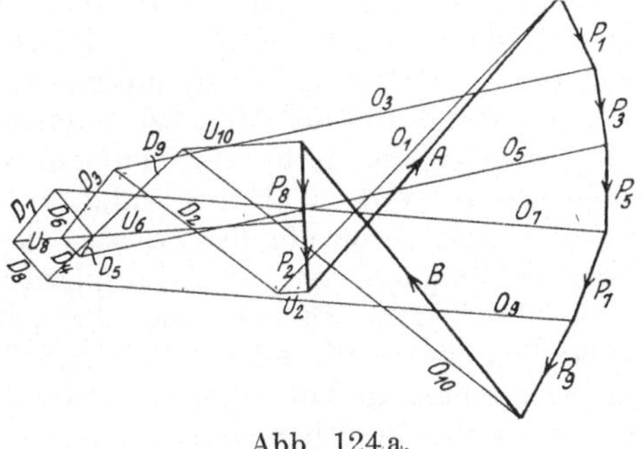

Abb. 124 a.

diesem greifen jetzt nur noch zwei unbekannte Stabkräfte $D_2$ und $O_3$ an. $O_3$ gehört den beiden Kraftecken für Knotenpunkt 1 und 3 an, muß also durch den Schnittpunkt von $P_1$ und $P_3$ gehen, womit gleichzeitig festgelegt ist, daß $D_2$ durch den Schnittpunkt von $O_1$ und $U_2$ gehen muß. Daraus erkennt man, daß die Spannkräfte der drei Stäbe $O_1$, $D_2$ und $U_2$, welche im Trägernetz ein Dreieck bilden, im Kräfteplan durch einen Punkt gehen. Dieser Satz gilt allgemein und bietet ein einfaches Hilfsmittel zur schnellen Auftragung des Kräfteplanes. Man findet somit aus dem zum Knoten 1 gehörigen Krafteck die bisher unbekannten Spannkräfte $O_3$ und $D_2$, deren Pfeilsinn in bezug auf Knoten 1 zugleich angibt, daß $O_1$ eine Druckkraft, $D_2$ dagegen eine Zugkraft ist. In gleicher Weise geht man von Knoten zu Knoten weiter, immer zunächst denjenigen wählend, an dem nur zwei unbekannte Stabkräfte angreifen. Am Knoten 10 müssen schließlich die Spannkräfte $O_{10}$ und $U_{10}$ mit der Lagerreaktion $B$ im Gleichgewicht stehen, also mit dieser im Kräfteplan ein geschlossenes Krafteck bilden, wodurch eine wichtige Kontrolle für die Richtigkeit des Kräfteplans gegeben ist.

Ein Nachteil der Cremonapläne liegt darin, daß sich Fehler schnell fortpflanzen. Zur Erzielung genauer Resultate empfiehlt es sich, das Trägernetz in möglichst großem Maßstabe aufzutragen oder auch die Spannkräfte einzelner Stäbe zur Kontrolle rechnerisch nachzuprüfen.

Liegt ein System vor, das nicht von der einfachsten Art ist, wie z. B. der in Abb. 125 dargestellte Polonceau-Dachbinder, so empfiehlt es sich, eine oder mehrere Stabkräfte durchRechnung zu bestimmen und darauf unter Benutzung der so gefundenen Kräfte den Cremonaplan in der oben besprochenen Weise zu zeichnen.

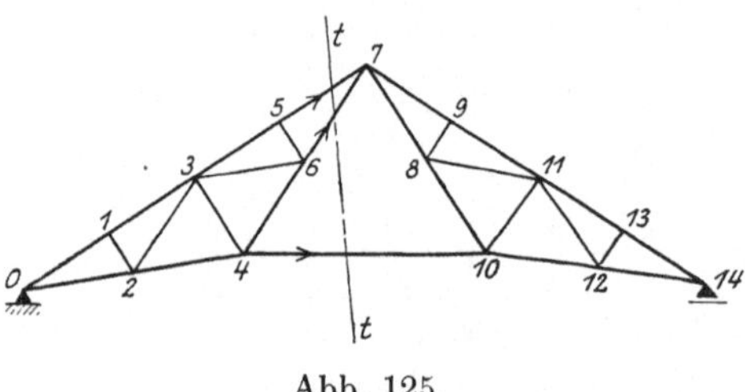

Abb. 125.

Nach Ermittlung der Auflagerkräfte könnte man bei dem vorliegenden System etwa am Knoten 0 mit der Auftragung des Cremonaplans beginnen. Sobald jedoch die Kräftezerlegung an den Knoten 1 und 2 erledigt ist, würde man sowohl beim Knoten 3 als auch bei 4 nicht zwei, sondern drei unbekannte Stabkräfte antreffen, deren Bestimmung im Kräfteplan nicht ohne weiteres möglich ist. Hier leistet das Rittersche Verfahren gute Dienste, denn legt man jetzt einen Schnitt $t — t$ durch die drei Stäbe $5 — 7$, $6 — 7$ und $4 — 10$, so läßt sich in bezug auf den Knoten 7 eine Momentengleichung aufstellen, welche außer den gegebenen äußeren Kräften nur die unbekannte Stabkraft $4 — 10$ enthält, die somit berechnet werden kann. Ist diese gefunden, dann treten am Knoten 4 nur noch zwei unbekannte Stabkräfte auf, und der Cremonaplan kann nunmehr vervollständigt werden.

An Hand des in Abb. 124a dargestellten Cremonaplanes soll jetzt noch auf einige geometrische Beziehungen zwischen Trägersystem und Kräfteplan hingewiesen werden. Dabei sollen zu ersterem auch die Richtungslinien der am Fachwerk angreifenden Lasten und Lagerreaktionen gerechnet werden. Dem Bildungsgesetz des Kräfteplanes entsprechend gehört dann zu jeder Linie des Trägersystems eine ihr parallele im Kräfteplan und umgekehrt. Außerdem entspricht jedem Knotenpunkt des Fachwerks ein Polygon (Krafteck) im Kräfteplan, da an jedem Knoten zwischen äußeren nnd inneren Kräften Gleichgewicht bestehen muß. Aber auch umgekehrt entspricht jedem Eckpunkt im Kräfteplan ein Polygon im Trägersystem. Für solche Eckpunkte des Kräfteplanes, von denen keine äußeren Kräfte ausgehen, ist das schon oben bei der Besprechung des Kräfteplanes gezeigt worden, denn es bildeten im Trägersystem immer die drei Stäbe ein Dreieck, deren Spannkräfte im Kräfteplan durch einen Punkt gingen. Aber auch denjenigen Eckpunkten des Kräfteplanes, an denen zwei äußere Kräfte und eine oder mehrere Stabspannungen zusammentreffen, entspricht im Trägersystem ein Polygon, und zwar besteht dieses aus den Richtungslinien der betreffenden äußeren Kräfte und den zwischen ihnen liegenden Stabachsen, wobei man sich das Polygon geschlossen denken kann, indem man die Kraftlinien bis zum Schnitt verlängert. Diese gegenseitigen Beziehungen zwischen Trägernetz und Kräfteplan, welche bei dem vorliegenden System leicht zu erkennen sind, bestehen auch in etwas erweiterter Form bei verwickelteren Systemen. Zwei Figuren, die zueinander in einem derartigen geometrischen Verhältnis stehen, bezeichnet man als reziprok und nennt deshalb die Cremonaschen Kräftepläne auch „reziproke Kräftepläne".

Bislang war vorausgesetzt, daß die Spannkräfte des Trägers für einen festen, unveränderlichen Belastungsfall ermittelt werden sollten. Nun leistet aber auch der Cremonaplan in Verbindung mit dem $A$-Polygon (vgl. S. 41) vielfach gute Dienste bei der Bestimmung der größten Spannkräfte in den Füllungsstäben einfacher Fachwerkbalken infolge eines über den Träger wandernden Zuges von Einzellasten.

Zu diesem Zwecke denke man sich den in Abb. 126 dargestellten Brückenträger $AB$ von der Stützweite $l$ in der Nähe des Auflagers $B$ durch eine Einzellast $P$ so belastet, daß bei $A$ der Anflagerdruck $A = 1$ entsteht. Das ist z. B. der Fall, wenn die Last $P = 1 \cdot \dfrac{l}{b}$ im Abstand $b$ von $B$ steht, denn dann ergibt sich $A = 1 \cdot \dfrac{l}{b} \cdot \dfrac{b}{l} = 1$. Indessen ist die Angabe dieser Last nicht erforderlich, da man nur die Spannkräfte der Stäbe links von $P$ zu ermitteln hat. Nun zeichne man am Knoten 0 beginnend für diesen Belastungszustand, welcher hinfort der „Zustand $A = 1$" genannt werden soll, den Cremonaplan, der für die Diagonalstäbe die Spannkräfte $\mathfrak{D}$ ergeben möge. Ein von $B$ aus auf dem Träger vorrückender Lastenzug erzeugt nach S. 71 z. B. in dem Diagonalstab $D_4$ nur Zug, solange alle Lasten rechts vom Knoten 4

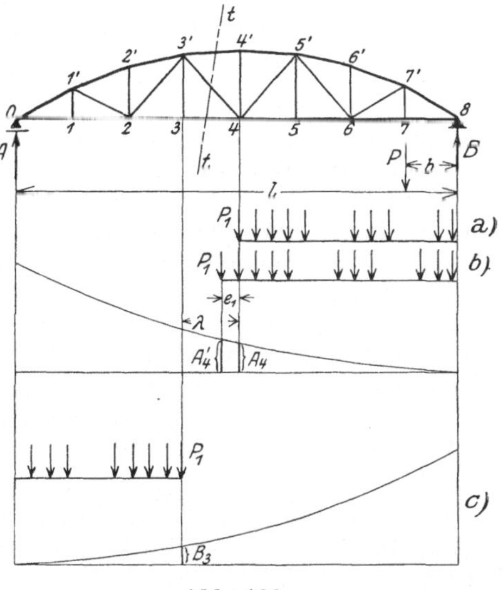

Abb. 126.

stehen. Im Falle der Grundstellung ergibt sich aus dem $A$-Polygon der Lagerdruck $A_4$ und demnach erhält man, sofern die Grundstellung für die Bestimmung des größten Zuges im Stabe $D_4$ maßgebend ist (Abb. 126a),

$$D_{4\,\text{max}} = \mathfrak{D}_4 \cdot A_4 .$$

Wird die Grundstellung soweit überschritten, daß die zweite Last im Knoten 4 steht (Abb. 126b), so greife man im $A$-Polygon unter der ersten Last den Stützendruck $A_4{}'$ ab. Die durch $A_4{}'$ in der Diagonale $D_4$ erzeugte Spannkraft wird dann $\mathfrak{D}_4 \cdot A_4{}'$. Die Kraft $P_1$ verteilt sich auf die Knoten 3 und 4, und zwar entfällt auf 3 der Beitrag $P_1 \dfrac{e_1}{\lambda}$, wenn $\lambda$ die Feldweite und $e_1$ den

Abstand der Last $P_1$ von $P_2$ angibt. Der Einfluß von $P_1 \dfrac{e_1}{\lambda}$ auf $D_4$ kann nun in gleicher Weise bestimmt werden, wie dieses bereits bei Besprechung des Culmannschen Verfahrens gezeigt ist (vgl. S. 71). In analoger Weise kann man

z. B. die größte Druckkraft $D_3$ im Stabe 2—3' ermitteln, indem man den Lastenzug zunächst bis zum Knoten 3 vorrücken läßt und den Wert $D_3 = \mathfrak{D}_3\,A_3$ bestimmt. Es ist dann zu untersuchen, ob dieser den größten negativen Wert $D_{3\,min}$ darstellt, oder ob die Grundstellung überschritten werden muß. Zur Ermittelung von $D_{4\,min}$ müßte man den Lastenzug von $A$ aus bis zum Knoten 3 vorrücken lassen und hätte das $B$-Polygon aufzutragen (Abb. 126c), sowie den Cremonaplan für den „Zustand $B = 1$" zu zeichnen. Letzterer liefert für die Diagonalen die Spannkräfte $\mathfrak{D}'$. Ist die Grundstellung maßgebend, so ergibt sich der größte Druck

$$D_{4\,min} = B_3 \cdot \mathfrak{D}_4'.$$

Bei symmetrischen Systemen ist der Cremonaplan für $A = 1$ das Spiegelbild des Cremonaplanes für $B = 1$ und das $A$-Polygon das Spiegelbild des $B$-Polygons. In diesem Falle können alle Größtwerte mit Hilfe des Cremonaplanes für $A = 1$ in Verbindung mit dem $A$-Polygon festgelegt werden (vgl. auch S. 72).

## c) Spannkraftermittlung mit Hilfe der Einflußlinien.

Die allgemeine Theorie der Einflußlinien ist bereits im § 6 des I. Abschnitts behandelt worden. Es sollen nun an dieser Stelle die Einflußlinien der wichtigsten Fachwerksysteme besprochen werden, wobei durchweg senkrechte Belastung vorausgesetzt wird.

Die Einflußlinien für die Stützendrücke $A$ und $B$ eines einfachen Fachwerkbalkens sind die gleichen wie die bereits im § 1 des II. Abschnitts gefundenen des einfachen Vollwand-Balkens.

Für die Spannkräfte in den Gurtstäben ergab sich mit Hilfe des Ritterschen Verfahrens eine allgemeine Beziehung, wonach erstere gleich dem Quotienten aus dem Moment des Bezugspunktes und dem zugehörigen Hebelarm gesetzt werden können, und zwar erhalten die Obergurtkräfte das negative, die Untergurtkräfte das positive Vorzeichen. Ihre Einflußlinien ergeben sich somit aus denjenigen für die Momente der Bezugspunkte, wenn man diesen den

Multiplikator $\mu = \dfrac{1}{r}$ beilegt, wobei $r$ den zugehörigen Hebelarm bezeichnet.

In Abb. 127a und b sind die Einflußlinien für den Obergurtstab $O_{m+1}$ und den Untergurtstab $U_m$ eines einfachen Fachwerkbalkens $AB$ aufgetragen. Da der Bezugspunkt $m - 1$ zwischen zwei Knotenpunkten des Lastgurtes liegt, so ist die Spitze der Einflußlinie für $U_m$ auf die Länge des Feldes $(m - 2) - m$ abzuschneiden (vgl. S. 40).

Die Bestimmung der Einflußlinie eines Diagonalstabes kann im allgemeinen ebenfalls mit Hilfe des Ritterschen Verfahrens erfolgen. Bezeichnet $i$ den Bezugspunkt des Stabes $D_m$ und $r_i$ den zugehörigen Hebelarm, so lautet die Momentengleichung in bezug auf $i$ für den durch den Schnitt $t - t$ abgetrennten linken Trägerteil (vgl. Abb. 127):

$$D_m \cdot r_i + M_i = 0,$$

woraus folgt

$$D_m = - \frac{M_i}{r_i}.$$

Steht die Last 1 im Knotenpunkt $m$ oder rechts von $m$, so ist das Moment der am linken Trägerteil angreifenden äußeren Kräfte, wenn $a$ den Abstand des Punktes $i$ von der Auflagersenkrechten durch $A$ angibt,

$$M_i = - A \cdot a.$$

Man erhält also

$$D_m = \frac{a}{r_i} \cdot A \,.$$

Steht dagegen die Last 1 im Knoten $m - 2$ oder links davon, so liefert die Momentengleichung der am rechten Trägerteil wirkenden Kräfte in bezug auf Punkt $i$, wenn $b$ dessen Abstand von der Auflagersenkrechten durch $B$ bezeichnet,

$$B \cdot b + D_m \cdot r_i = 0$$

oder

$$D_m = - \frac{b}{r_i} \cdot B \,.$$

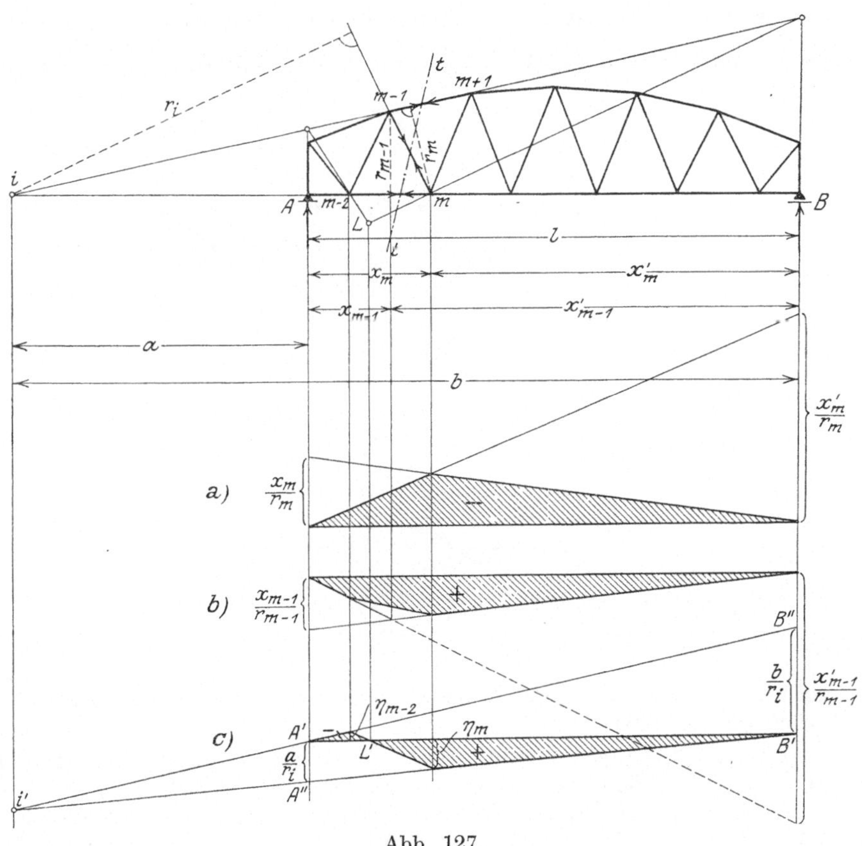

Abb. 127.

Die Größen $\dfrac{a}{r_i} \cdot A$ und $- \dfrac{b}{r_i} \cdot B$ geben demnach die Ordinaten der Einflußlinie für $D_m$ rechts und links des vom Schnitt getroffenen Trägerfeldes der belasteten Gurtung an. Trägt man nun von einer Horizontalen $A' - B'$ (Abb. 127 c) aus unter $A$ den Wert $1 \cdot \dfrac{a}{r_i} = A' A''$ und unter $B$ den Wert $-1 \dfrac{b}{r_i} = B' B''$ auf, und verbindet $A''$ mit $B'$ und $B''$ mit $A'$, so stellen die Geraden $B' A''$ und $A' B''$ zwischen $B$ und $m$ bzw. $A$ und $m - 2$ die Einflußlinie für $D_m$ dar. Im Feld $(m - 2) - m$ wechselt diese ihr Vorzeichen und geht unter der Lastscheide $L$ durch den Nullpunkt. Man hat also nur noch die Endpunkte der den Punkten $m$ und $m-2$ entsprechenden Ordinaten $\eta_m$ und $\eta_{m-2}$ zu verbinden, um die vollständige Einflußlinie zu erhalten.

Zu einer bemerkenswerten Eigenschaft der Einflußlinie führt noch eine Beziehung, welche zwischen den unter $A$ und $B$ aufgetragenen Strecken $\dfrac{a}{r_i}$ und $-\dfrac{b}{r_i}$, sowie den Abständen $a$ und $b$ des Punktes $i$ von den Lagersenkrechten besteht. Es verhält sich nämlich

$$\frac{a}{r_i} : \frac{b}{r_i} = a : b,$$

d. h. der Schnittpunkt der Geraden $A'B''$ und $B'A''$ liegt senkrecht unter dem Bezugspunkt $i$. Beachtet man diese Eigenschaft, so bedarf es nur der Auftragung eines der Werte $\dfrac{a}{r_i}$ oder $-\dfrac{b}{r_i}$, um die Einflußlinie festzulegen. Das-

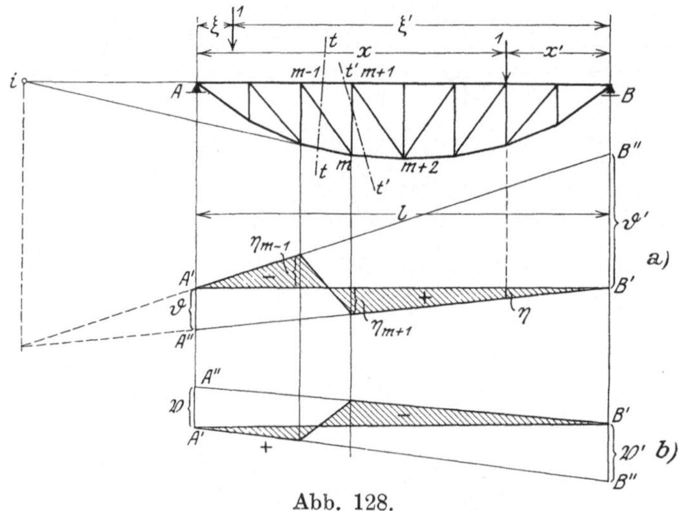

Abb. 128.

selbe gilt, wenn die Lastscheide $L$ bestimmt wird, wodurch der Nullpunkt $L'$ der Einflußlinie gegeben ist.

Zu einer zweiten Lösung der Aufgabe führt die Benutzung der Cremonapläne für die bereits früher erwähnten Zustände $A = 1$ und $B = 1$ (vgl. S. 79). Die sich aus diesen ergebenden Spannkräfte in den Diagonalen und Vertikalen des in Abb. 128 skizzierten Systems seien infolge $A = 1$ mit $\mathfrak{D}$ und $\mathfrak{B}$, infolge $B = 1$ mit $\mathfrak{D}'$ und $\mathfrak{B}'$ bezeichnet.

Eine rechts von $m+1$ am Obergurt angreifende Last 1 erzeugt den Stützendruck $A = \dfrac{1 \cdot x'}{l}$. Die im Stabe $D_m$ herrschende Spannkraft wird somit

$$D_m = A \cdot \mathfrak{D} = \frac{1 \cdot x'}{l} \cdot \mathfrak{D}.$$ Entsprechend erzeugt eine links von $m-1$ wirkende Last 1 den Stützendruck $B = \dfrac{1 \cdot \xi}{l}$, weshalb für diese Belastung $D_m = \dfrac{1 \cdot \xi}{l} \cdot \mathfrak{D}'$ wird. Trägt man jetzt von einer Horizontalen $A'B'$ aus unter $A$ den Wert $\mathfrak{D} = A'A''$ und unter $B$ den Wert $\mathfrak{D}' = B'B''$ unter Beachtung der Vorzeichen auf, und zieht die Gerade $B'A''$ (Abb. 128a), so schneidet diese zusammen mit der

Horizontalen $A'B'$ auf der Richtungslinie einer Last $1$ rechts von $m+1$ die Strecke $\eta = \mathfrak{D} \cdot \dfrac{x'}{l}$ ab. Diese Gerade stellt also die Einflußlinie für $D_m$ zwischen $B$ und $m+1$ dar. Analoges gilt für die Gerade $A'B''$ zwischen $A$ und $m-1$. Dem Feld $(m-1)-(m+1)$ endlich entspricht in der Einflußlinie die Verbindungsgerade der Endpunkte der beiden Ordinaten $\eta_{m-1}$ und $\eta_{m+1}$. Auch

hier müssen sich die Geraden $A'B''$ und $B'A''$ senkrecht unter dem Schnittpunkt $i$ der zu $D_m$ gehörigen Gurtstäbe $O_{m+1}$ und $U_m$ schneiden, wodurch eine Zeichenkontrolle gegeben ist.

Indessen ist bei der hier angeführten Lösung die Bestimmung des Punktes $i$ entbehrlich, so daß dieses Verfahren mit Vorteil dann angewendet wird, wenn sich die entsprechenden Gurtstäbe unter sehr spitzem Winkel schneiden, z. B. bei der Auftragung der Einflußlinie für den Vertikalstab $V_m$ (Abb. 128 h).

Eine Vereinfachung in der Konstruktion der Einflußlinien für die Füllungsstäbe tritt besonders dann auf, wenn Ober- und Untergurt einander parallel sind. Für die Diagonale $D_m$ des in Abb. 129 dargestellten Parallelträgers, dessen Untergurt der Lastgurt sein möge, ist nach Gleichung (4)

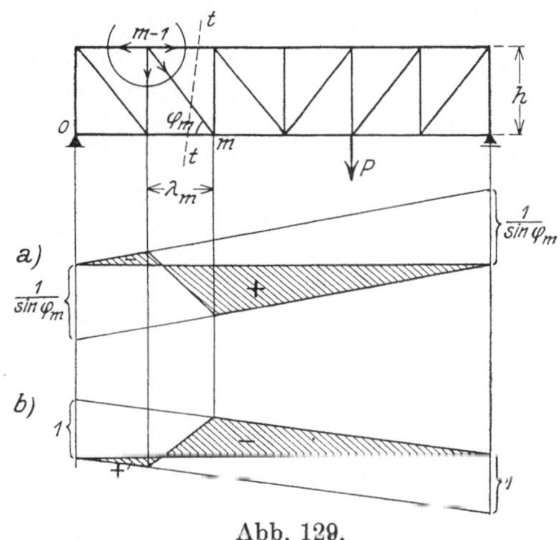

Abb. 129.

$$D_m \cdot \cos \varphi_m = \frac{M_m - M_{m-1}}{h}.$$

oder mit $h = \lambda_m \cdot \operatorname{tg} \varphi_m$

$$D_m = \frac{M_m - M_{m-1}}{\lambda_m \sin \varphi_m} = \frac{Q_m}{\sin \varphi_m}.$$

Die Einflußlinie für $D_m$ ist demnach die gleiche wie für die Querkraft $Q_m$ des $m$-ten Feldes, wenn letztere den Multiplikator $\mu = \dfrac{1}{\sin \varphi_m}$ erhält (Abb. 129a).

Denkt man sich den Knoten $m-1$ des Obergurtes durch einen Schnitt vom Träger getrennt, so muß, da Lasten nur am Untergurt angreifen, zwischen den Spannkräften der von diesem Schnitt getroffenen Stäbe Gleichgewicht bestehen. Die Bedingung $\Sigma V = 0$ liefert:

$$V_{m-1} + D_m \sin \varphi_m = 0$$

oder

$$V_{m-1} = -D_m \sin \varphi_m = -Q_m.$$

Die Einflußlinie für $V_{m-1}$ ist also gegeben durch die mit dem Multiplikator $\mu = -1$ behaftete Einflußlinie für die Querkraft $Q_m$ (Abb. 129b).

Greifen die Lasten am Obergurt an (Abb. 130), so ändert sich hinsichtlich der Bestimmung von $D_m$ gegenüber dem oben betrachteten Fall des belasteten Untergurtes nichts,

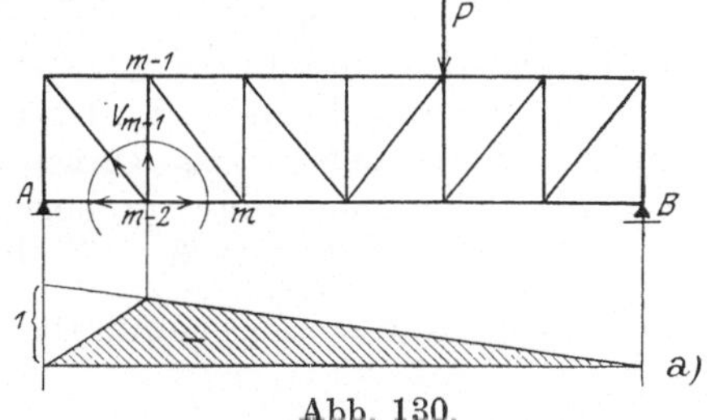

Abb. 130.

6*

denn für diese Diagonale gilt das dort abgeleitete Gesetz unverändert. Zur Bestimmung von $V_{m-1}$ dagegen trenne man jetzt den Knoten $m-2$ des Untergurtes vom Träger ab und bilde

oder

$$D_{m-2} \cdot \sin \varphi_{m-2} + V_{m-1} = 0$$

$$V_{m-1} = -D_{m-2} \cdot \sin \varphi_{m-2} = -Q_{m-1}.$$

Die Einflußfläche für $V_{m-1}$ ist also gleich der mit $-1$ multiplizierten Einflußfläche für die Querkraft $Q_{m-1}$ des $(m-1)$-ten Feldes (Abb. 130a).

Bei Fachwerkträgern von größerer Spannweite treten häufig innerhalb des Hauptnetzes noch Zwischensysteme auf, wodurch ein Fachwerk entsteht, das nicht mehr von der einfachsten Art ist. Ein solcher Träger ist z. B. in Abb. 131 dargestellt. Handelt es sich dabei um eine ruhende, gleichbleibende

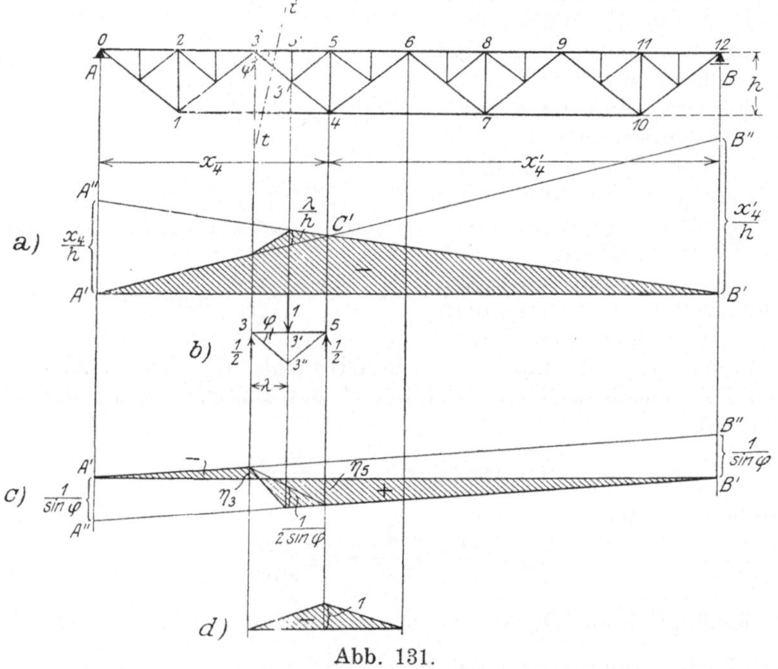

Abb. 131.

Belastung, so kann die Ermittlung der Spannkräfte mit Hilfe eines Cremonaplanes erfolgen, nachdem vorher etwa nach der Ritterschen Methode die Spannkräfte der an bestimmten Knoten überzähligen Stäbe berechnet sind (vgl. Polonceau-Binder S. 78). Besteht die Belastung dagegen aus verschieblichen Einzellasten, die hier am Obergurt angreifen mögen, so benutzt man zweckmäßig die Einflußlinien.

Soll z. B. die Einflußlinie für $O_5$ (Abb. 131a) gezeichnet werden, so verfahre man zunächst genau so, als ob das Zwischensystem nicht vorhanden sei, und trage die Einflußlinie $A' C' B'$ in bekannter Weise für das Hauptnetz auf. Denkt man sich nun im Knoten $3'$ zwischen 3 und 5 die Last 1 stehend, und betrachtet das Dreieck $3 - 3'' - 5$ als selbständigen Träger (Abb. 131b), so erzeugt diese in bezug auf $3''$ das Moment $\frac{1}{2} \cdot \lambda$, wenn $\lambda$ die durchweg gleiche Feldweite $3 - 3'$ des Systems bedeutet. Aus diesem Moment ergibt sich die Zusatzspannkraft im Obergurtstab $O_5' = -\dfrac{1}{2} \cdot \dfrac{\lambda}{\dfrac{h}{2}} = -\dfrac{\lambda}{h},$

wobei $h$ die Trägerhöhe bezeichnet. Man erkennt leicht, daß $\dfrac{\lambda}{h}$ diejenige Strecke ist, welche von den Geraden $A'B''$ und $B'A''$ auf der Senkrechten durch 3' abgeschnitten wird, wie sich aus ähnlichen Dreiecken ergibt. In den Feldern 3—3' einerseits und 3'—5 andererseits muß die Einflußlinie geradlinig verlaufen, ihre Form ist somit festgelegt. In ähnlicher Weise sind diejenigen für die anderen Obergurtstäbe zu bestimmen.

Die Spannkräfte der Untergurtstäbe werden im vorliegenden Fall durch das Zwischensystem nicht berührt, ihre Einflußlinien weisen also keine Besonderheit auf. Das gleiche gilt von den unteren Hälften der Diagonalstäbe, während die oberen Hälften dieser Stäbe Zusatzkräfte aus dem Zwischensystem erhalten.

Zur Bestimmung der Einflußlinie für $D_{3''}$ trage man zunächst diejenige für $D_4$ in bekannter Weise auf, die besonders einfach zu zeichnen ist, da es sich hier um einen Parallelträger handelt, bei dem alle Diagonalen unter dem gleichen Winkel $\varphi$ geneigt sind (Abb. 131 c). Für den in Abb. 131 b skizzierten Belastungsfall entsteht in der Diagonale $D_{3''}$ eine Zusatzkraft, welche sich durch Zerlegung der Kraft $\dfrac{1}{2}$ nach $O_{3'}$ und $D_{3''}$ zu $+\dfrac{1}{2\sin\varphi}$ ergibt. Nun schneiden aber die beiden parallelen Geraden $A'B''$ und $B'A''$ der Einflußlinie auf der Senkrechten durch 3' die Strecke $\dfrac{1}{\sin\varphi}$ ab, und diese wird, da 3' in der Mitte zwischen 3 und 5 liegt, durch die dem Feld 3—5 entsprechende Gerade der Einflußlinie des Hauptsystems in zwei gleiche Teile zerlegt, deren unterer somit gleich $\dfrac{1}{2\sin\varphi}$ ist, um welchen Wert die dem Punkt 3' entsprechende Ordinate der Einflußlinie bei Anordnung des Zwischensystems vergrößert werden muß. Da die Einflußlinie in den Feldern 3—3' und 3'—5 geradlinig verlaufen muß, so ist ihre endgültige Form leicht festzulegen.

In Abb. 131 d ist endlich die Einflußlinie für die Hauptvertikale $V_5$ aufgetragen, deren Bildungsgesetz einer weiteren Erklärung nicht bedarf.

Von besonderer Wichtigkeit ist das Verfahren der Einflußlinien für zusammengesetzte Fachwerke, wie Gerberträger, Dreigelenkbogen und verwandte Systeme. Bei der Besprechung dieser Einflußlinien kann zum Teil auf die in den §§ 2 und 3 des II. Abschnitts angestellten Betrachtungen Bezug genommen werden.

Die Einflußlinien für die Spannkräfte von Stäben der Mittelöffnung $AB$ des in Abb. 132 dargestellten Gerberträgers, dessen Obergurt der Lastgurt ist, unterscheiden sich innerhalb der Stützweite $AB$ nicht von denen für die entsprechenden Stäbe eines einfachen Balkens. Um die Beiträge der rechts und links anschließenden Kragarme und Koppelträger zu erhalten, verlängert man die Einflußlinien der Mittelöffnung beiderseits bis zu den Senkrechten durch die Gelenke und läßt sie von da ab unter den äußeren Lagern zu Null abfallen. Daß dieses für die Gurtkräfte zutrifft, ist nach den Erläuterungen auf S. 54 ohne weiteres verständlich, wenn man beachtet, daß deren Einflußlinien direkt aus denen für die Momente der zugehörigen Bezugspunkte abgeleitet werden können, unter Berücksichtigung der aus dem Ritterschen Verfahren sich ergebenden Vorzeichen und Division mit den entsprechenden Hebelarmen. So wurde in Abb. 132a die Einflußlinie für den Obergurtstab $O_{m+1}$ und in Abb. 132b diejenige für den Untergurtstab $U_m$ aufgetragen.

Aber auch für die Diagonalen kann man sich von der Richtigkeit dieser Konstruktion leicht überzeugen. Bei Belastung der Mittelöffnung verhält sich der Träger wie ein einfacher Balken, die Einflußlinien der Diagonalspannkräfte können also für diesen Trägerteil nach den früheren Erläuterungen gezeichnet werden. Steht nun die Last 1 über dem Gelenk $G_2$, so greift in bezug auf den Schnitt $t-t$ am linken Trägerteil als äußere Kraft nur der Auflagerdruck $A$ an, und zwar wird dieser $A = -1 \cdot \dfrac{l_2}{l}$, wenn $l$ die Stützweite der Mittelöffnung und $l_2$ die Länge des Kragarmes $B G_2$ angeben. Für den

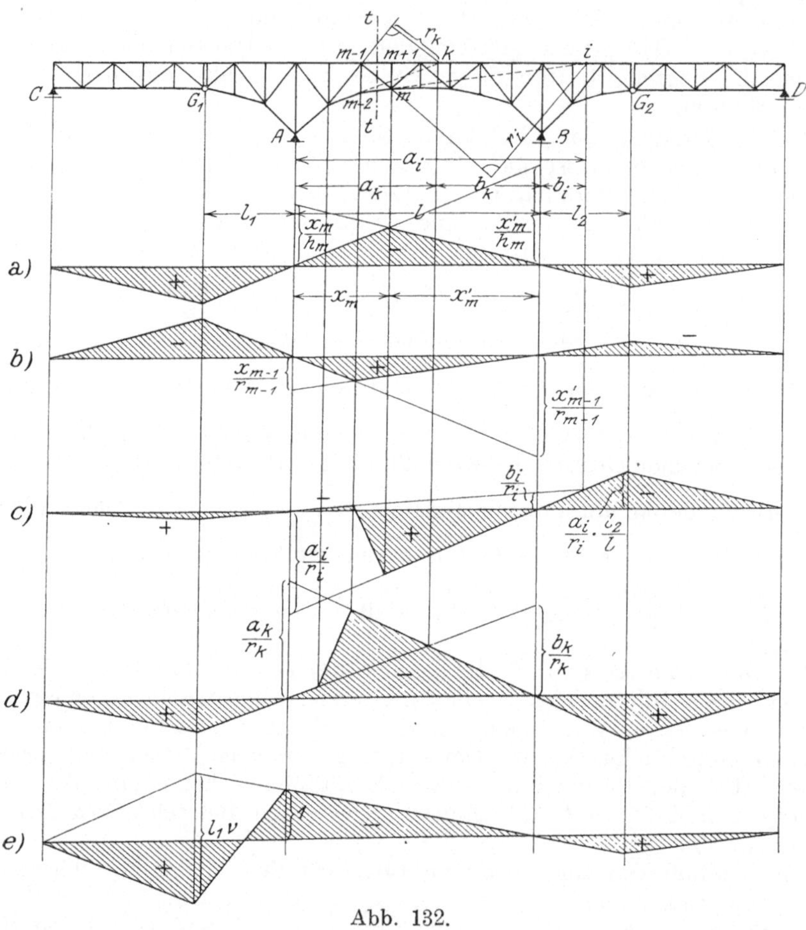

Abb. 132.

Diagonalstab $D_m$ ist der Bezugspunkt $i$ maßgebend. Die Momentengleichung der am linken Trägerteil wirkenden Kräfte für diesen Punkt lautet nun:

$$A \cdot a_i - D_m \cdot r_i = 0,$$

woraus folgt

$$D_m = A \cdot \frac{a_i}{r_i} = -1 \cdot \frac{l_2}{l} \cdot \frac{a_i}{r_i}.$$

Man überzeugt sich leicht, daß in Abb. 132 c, welche die Einflußlinie für $D_m$ darstellt, in der Tat die unter $G_2$ liegende Ordinate die Größe $-\dfrac{l_2}{l} \cdot \dfrac{a_i}{r_i}$ besitzt. In gleicher Weise könnte man am linken Kragarme verfahren. Zwischen dem Gelenkpunkt $G_1$ und den Lagern $C$ und $A$, bzw. $G_2$ und den Lagern $B$ und $D$ verläuft die Einflußlinie geradlinig, wie bereits früher gezeigt ist (vgl. S. 54). Anstatt die Werte $\dfrac{a_i}{r_i}$ und $\dfrac{b_i}{r_i}$ zu bestimmen, kann man auch hier die Größen $\mathfrak{D}_m$ und $\mathfrak{D}'_m$ benutzen, welche die Spannkräfte im Stabe $D_m$ für den Fall angeben, daß am linken Trägerteil nur der Lagerdruck $A = 1$, bzw. am rechten Trägerteil nur $B = 1$ wirkt, und mit Hilfe zweier Cremonapläne gefunden werden können (vgl. S. 82).

In Abb. 132 d ist noch die Einflußlinie für den Stab $D_{m-1}$ gezeichnet, die insofern bemerkenswert ist, als sie ihr Vorzeichen innerhalb der Öffnung $AB$ nicht ändert. Dieser Fall tritt immer dann ein, wenn der Schnittpunkt der zugehörigen Gurtstäbe — hier mit $k$ bezeichnet — innerhalb der Stützweite $AB$ liegt.

Die durch den Knoten $m + 1$ gehende Vertikale $V_{m+1}$ tritt nur in Tätigkeit bei Be-

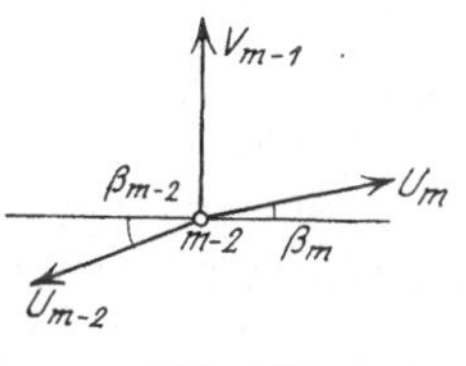

Abb. 133.

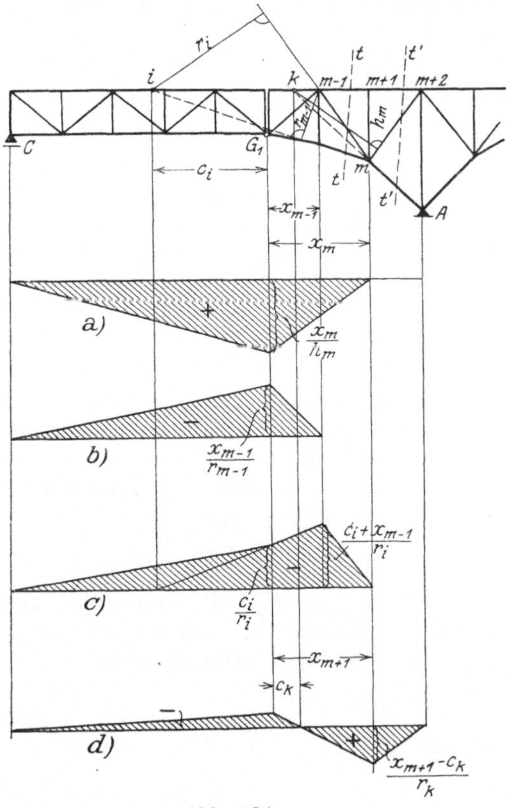

Abb. 134.

lastung der beiden ihr benachbarten Trägerfelder. Ihre Spannkraft ist somit leicht anzugeben. Dagegen wird die durch $m - 1$ gehende Vertikale $V_{m-1}$ durch alle den Träger belastenden Kräfte beansprucht. Denkt man sich den Knoten $m - 2$ der unteren Gurtung herausgeschnitten, und bildet für diesen Knoten $\Sigma V = 0$, so wird, wenn $\beta_{m-2}$ und $\beta_m$ die Neigungswinkel von $U_{m-2}$ und $U_m$ gegen die Horizontale angeben (Abb. 133),

$$- U_{m-2} \cdot \sin \beta_{m-2} + V_{m-1} + U_m \cdot \sin \beta_m = 0$$

oder

$$V_{m-1} = U_{m-2} \cdot \sin \beta_{m-2} - U_m \cdot \sin \beta_m \,.$$

Man kann also die Einflußlinie für $V_{m-1}$ aus denjenigen für $U_{m-2}$ und $U_m$ ableiten.

Die Einflußlinien der Gurtkräfte des Kragarmes ergeben sich wieder aus denen für die Momente der zugehörigen Bezugspunkte. In Abb. 134 a und b sind diejenigen für die Stabkräfte $O_{m+1}$ und $U_m$ aufgetragen, die unter Beachtung der auf S. 48 und 54 gegebenen Erläuterungen keiner weiteren Erklärung bedürfen.

Im Diagonalstab $D_m$ kann offenbar nur dann eine Spannkraft auftreten, wenn der Träger links vom Knoten $m+1$ belastet wird. Man stelle nun die Last 1 in den Knoten $m-1$, bestimme den Bezugspunkt $i$ und schreibe die Momentengleichung für die links vom Schnitt $t-t$ wirkenden Kräfte an. Diese lautet unter Beachtung der aus Abb. 134 ersichtlichen Bezeichnungen:

$$1 \cdot (c_i + x_{m-1}) + D_m \cdot r_i = 0 \, .$$

Daraus findet man

$$D_m = -1 \cdot \frac{c_i + x_{m-1}}{r_i}$$

als Einflußordinate für den Punkt $m-1$. Steht die Last 1 im Gelenkpunkt, so wird entsprechend

$$D_m = -1 \cdot \frac{c_i}{r_i} \, .$$

Durch diese beiden Ordinaten ist die Einflußlinie festgelegt (Abb. 134 c). Sie hat unter $m+1$ einen Nullpunkt, unter $G$ einen Knickpunkt, denn dem Koppelträger entspricht wieder als Einflußlinie eine Gerade. Die Verbindungslinie der Endpunkte der beiden Einflußordinaten unter $m-1$ und $G_1$ schneidet die Nullinie senkrecht unter dem Bezugspunkt $i$, eine Eigenschaft, die mit Vorteil bei der Konstruktion der Einflußlinie benutzt wird.

Endlich ist in Abb. 134 d die Einflußlinie für die Spannkraft $D_{m+2}$ aufgetragen. Der Bezugspunkt $k$ liegt hier rechts von $G_1$. Eine in diesem Punkt stehende Last 1 erzeugt den Wert $D_{m+2} = 0$, was sowohl aus der Momentengleichung hervorgeht, als auch aus den auf S. 69 bei Besprechung des Culmannschen Verfahrens gegebenen Erläuterungen ersichtlich ist.

Zur Bestimmung der Einflußlinie für die Hauptvertikale $V_A$ über der Stütze $A$ denke man sich den Lagerknoten herausgeschnitten (Abb. 135) und stelle die Knotengleichgewichtsbedingung $\Sigma V = 0$ auf. Diese liefert

$$A + V_A + U_l \cdot \sin \beta_l + U_r \cdot \sin \beta_r = 0 \, ,$$

wenn mit $U_l$ und $U_r$ die links und rechts von $A$ anschließenden Untergurtstäbe bezeichnet werden, und $\beta_l$ bzw. $\beta_r$ deren Neigungswinkel gegen die Horizontale angeben. Die Auflösung der vorstehenden Gleichung nach $V_A$ ergibt:

$$V_A = -(A + U_l \cdot \sin \beta_l + U_r \cdot \sin \beta_r)$$

oder mit

$$U_r \cos \beta_r = U_l \cdot \cos \beta_l = \frac{M_A}{h} \, ,$$

wobei $h$ die Höhe der Vertikalen $V_A$ und $M_A$ das Stützmoment bedeuten,

$$V_A = -\left[ A + \frac{M_A}{h} (\operatorname{tg} \beta_l + \operatorname{tg} \beta_r) \right] .$$

Somit läßt sich die Einflußfläche für $V_A$ als Summe der Einflußfläche für $A$ (Ordinate 1 unter $A$) und der mit $\nu = \frac{1}{h}(\operatorname{tg} \beta_l + \operatorname{tg} \beta_r)$ multiplizierten Einflußfläche für das Stützmoment $M_A$ darstellen. Erstere ist zwischen den Stützen $C$ und $A$ positiv, letztere negativ. Nach Multiplikation mit $-1$ entsteht die aus Abb. 132 e ersichtliche Einflußfläche für $V_A$.

Beim Dreigelenk-Fachwerkbogen können die Einflußlinien für den Horizontalschub und die Gurtspannkräfte nach den für den vollwandigen Bogen (Abschn. II, § 3) gegebenen Erläuterungen gezeichnet werden, indem man bei den Gurtstäben wieder die zwischen diesen und den Momenten der zugehörigen Bezugspunkte bestehenden Beziehungen beachtet. In Abb. 136 a—c sind die Einflußlinien für den Horizontalschub, sowie die Spannkräfte $O_{m+1}$ und $U_m$ für einen symmetrisch gebauten Zwickelbogen aufgetragen (vgl. Abb. 104).

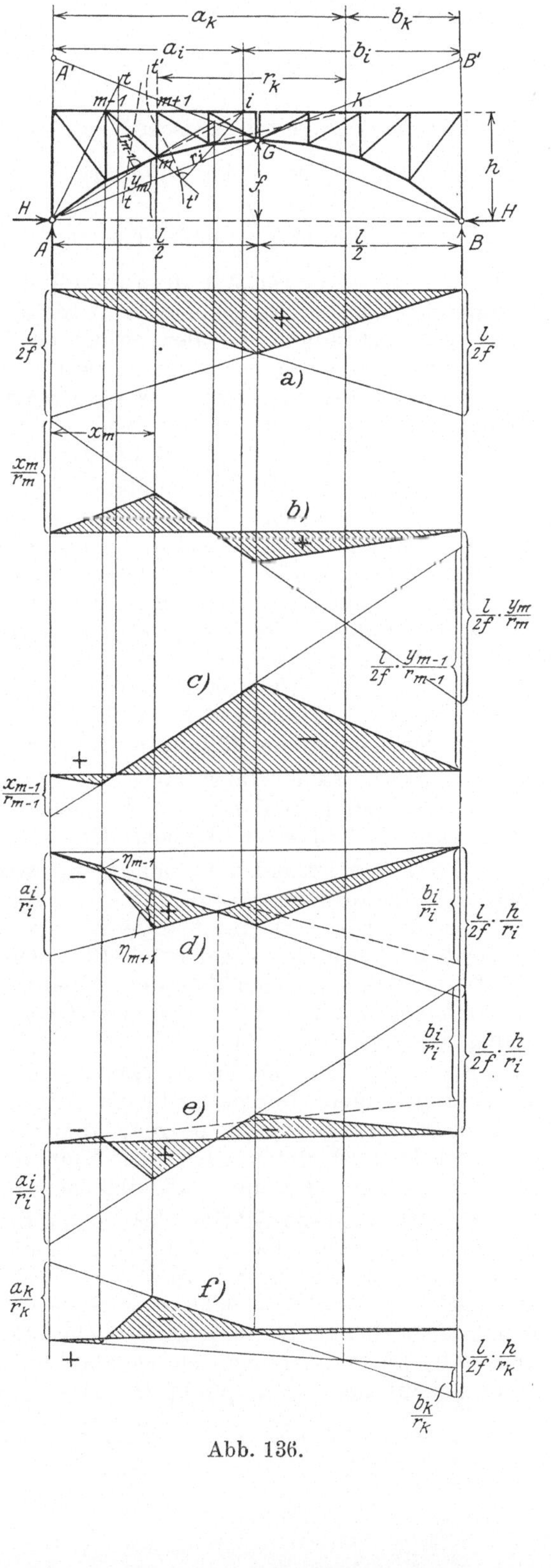

Zur Konstruktion derjenigen für $D_m$ denke man sich den Schnitt $t-t$ gelegt und bestimme den Schnittpunkt $i$ von $O_{m+1}$ und $U_m$. Steht die Last 1 im Punkte $m+1$ oder rechts davon, so greifen am linken Trägerteil nur der Lagerdruck $A$ und der Horizontalschub $H$ an. Die Momentengleichung für Punkt $i$ lautet somit:

$$A \cdot a_i - H \cdot h - D_m \cdot r_i = 0,$$

wenn $h$ die Höhe des Obergurtes über den Kämpfern

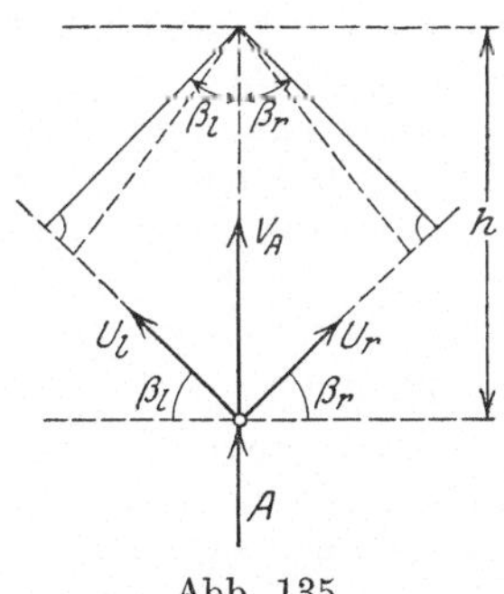

Abb. 135.

und $a_i$ bzw. $r_i$ die Hebelarme von $A$ und $D_m$ in bezug auf $i$ bedeuten. Nach $D_m$ aufgelöst, erhält man

$$D_m = \frac{1}{r_i}(A \cdot a_i - H \cdot h),$$

und findet somit für den Teil zwischen $m+1$ und $B$ die Einflußordinaten für $D_m$ als Differenz der mit $\dfrac{a_i}{r_i}$ multiplizierten Ordinaten der $A$-Linie und der mit $\dfrac{h}{r_i}$ multiplizierten Einflußordinaten für $H$. (Abb. 136 d.) Steht die Last 1 dagegen im Knoten $m-1$ oder links davon, so lautet die Mo-

Abb. 136.

mentengleichung der am rechten Trägerteil angreifenden Kräfte in bezug auf $i$:

$$B \cdot b_i - H \cdot h - D_m \cdot r_i = 0 \,,$$

woraus folgt

$$D_m = \frac{1}{r_i} (B \cdot b_i - H \cdot h) \,.$$

Für den Trägerteil zwischen $m - 1$ und $A$ ergeben sich die Einflußordinaten für $D_m$ somit als Differenz der mit $\dfrac{b_i}{r_i}$ multiplizierten Ordinaten der $B$-Linie und der mit $\dfrac{h}{r_i}$ multiplizierten Einflußordinaten für $H$. Im Feld $(m - 1) - (m + 1)$ verläuft die Einflußlinie geradlinig, man hat also nur die Endpunkte der bereits gefundenen Ordinaten $\eta_{m-1}$ und $\eta_{m+1}$ zu verbinden, um das vollständige Bild der. gesuchten Einflußlinie zu eihalten. Für die Auswertung ist es immer wünschenswert, daß die Einflußordinaten von einer Horizontalen aus abgegriffen werden können. Es empfiehlt sich also, die Bestimmungsgrößen in der in Abb. 136e angegebenen Weise aufzutragen. Die Übereinstimmung beider Einflußlinien ist unschwer zu erkennen.

In Abb. 136f ist die Einflußlinie für die Vertikale $V_{m+1}$ gezeichnet, unter Anwendung des gleichen Bildungsgesetzes wie für $D_m$. Bemerkenswert ist, daß hier nur ein Nullpunkt zwischen $A$ und $B$ auftritt. Das ist immer der Fall, wenn der Bezugspunkt des zu untersuchenden $V$- oder $D$-Stabes — im vorliegenden Beispiel $k$ — außerhalb des durch die Kämpferdrucklinie $A' G B'$ begrenzten Feldes fällt. Liegt er gerade auf der Kämpferdrucklinie, dann muß bei Belastung der rechten Scheibe der linke Kämpferdruck immer durch den Bezugspunkt gehen, d. h. bei dieser Belastung wird die Spannkraft in dem betreffenden Füllungsstabe zu Null. Die der rechten Scheibe entsprechende Gerade der Einflußlinie fällt also mit der Nullinie zusammen.

An dieser Stelle sollen noch zwei Tragsysteme Erwähnung finden, die durch Verbindung zweier starrer Scheiben mit einer Anzahl von Stäben entstehen und in statischer Hinsicht dem Dreigelenkbogen verwandt sind.

Abb. 137 zeigt einen Gelenkbogen, welcher durch einen den Schub des Bogens aufnehmenden Fachwerkträger versteift ist. Daß dieses System statisch bestimmt ist, erkennt man leicht, wenn man sich einen Stab des Bogens entfernt denkt und an seiner Stelle einen neuen Stab am Untergurt des Versteifungsträgers gegenüber dem Gelenk $G$ einschaltet. Es entsteht dann ein einfacher Balken $AB$, an dessen Obergurt einzelne Knotenpunkte zweistäbig angeschlossen sind.

Bei $A$ ist ein auf horizontaler Bahn verschiebliches, bei $B$ ein festes Lager angeordnet. Infolge senkrechter Lasten, welche am Obergurt des Versteifungsträgers angreifen mögen, können auf die Stützen nur senkrechte Lagerdrücke ausgeübt werden. Die Einflußlinien für $A$ und $B$ stimmen also mit der $A$- bzw. $B$-Linie eines einfachen Balkens überein.

Die Horizontalprojektion der in den Bogenstäben wirkenden Spannkräfte hat für alle Stäbe die gleiche Größe und soll mit $H$ bezeichnet werden. Führt man nun einen Schnitt $t - t$ durch den Träger, welcher den dem Bogenscheitel rechts benachbarten Stab der Bogengurtung und die beiden rechts vom Gelenk $G$ ausgehenden Gurtstäbe des Versteifungsträgers trifft, und stellt die Momentengleichung aller links vom Schnitt wirkenden Kräfte in bezug auf den Gelenkpunkt $G$ auf, so muß sein:

$$M_{g_0} + H \cdot f = 0 \,,$$

wenn $f$ den Bogenpfeil und $M_{g_0}$ das Moment der äußeren Kräfte eines einfachen Balkens $AB$ in bezug auf den Punkt $G$ angibt. Demnach wird

$$H = -\frac{M_{g_0}}{f}.$$

Bezeichnet nun allgemein $\alpha_r$ den Neigungswinkel des Bogenstabes $S_r$ gegen die Horizontale, so wird die Spannkraft in diesem Stabe

$$S_r = \frac{H}{\cos\alpha_r} = -\frac{M_{g_0}}{f\cos\alpha_r}.$$

Es genügt demnach die Auftragung der Einflußlinie für $H$, um damit alle Spannkräfte $S_r$ festzulegen. Diese stimmt ihrer Gestalt nach überein mit derjenigen für den Horizontalschub eines Dreigelenkbogens von der Pfeilhöhe $f$ (Abb. 137a).

Die Gurtspannkräfte können auch hier aus den Knotenpunktsmomenten der zugehörigen Bezugspunkte abgeleitet werden. Um z. B. die Spannkraft im Stabe $O_6$ zu bestimmen, denke man sich einen Schnitt $t-t'$ senkrecht durch den Bezugspunkt 5 geführt und zerlege die Spannkraft $S_{6'}$ des vom Schnitt getroffenen Bogenstabes im Punkte $5'$ (siehe Abb. 137) in ihre senkrechte und wagerechte Komponente. Erstere geht durch den Knoten 5, letztere ist gleich $H$. Die Momentengleichung aller am linken Trägerteil wirkenden Kräfte in bezug auf Knoten 5 lautet:

$$M_{5_0} + H\cdot y_5 + O_6\cdot h = 0,$$

wenn $y_5$ den Abstand des Punktes $5'$ vom Knoten 5 und $h$ die Höhe des Versteifungsbalkens bezeichnen. Daraus folgt:

$$O_6 = -\frac{M_{5_0} + H\cdot y_5}{h}.$$

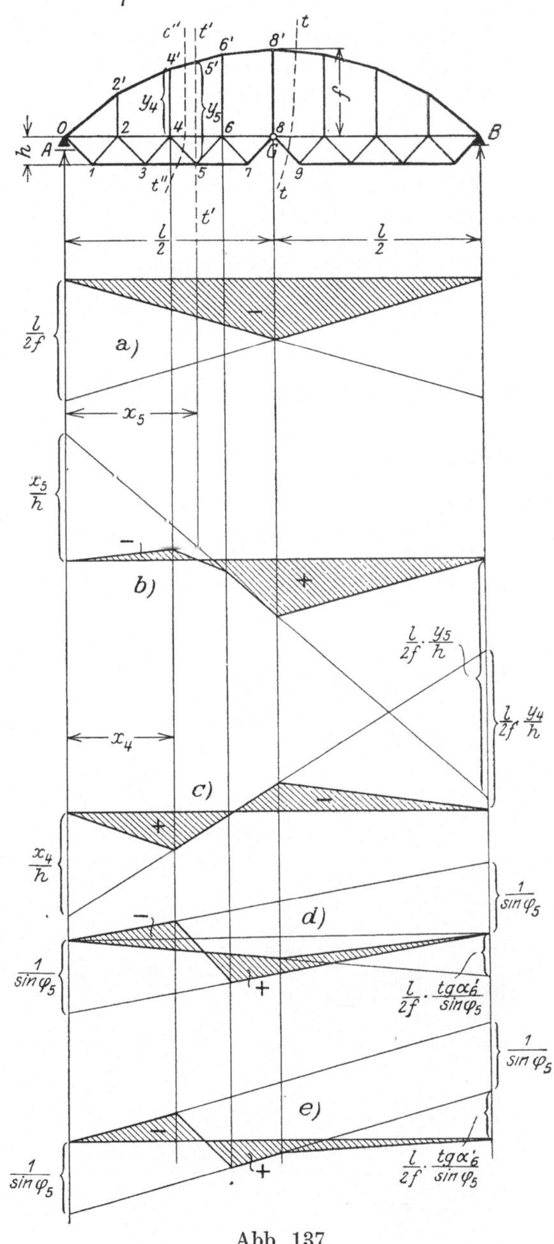

Abb. 137.

Die Einflußfläche für $O_6$ läßt sich somit darstellen als Summe der mit $-\dfrac{y_5}{h}$ multiplizierten Einflußfläche für $H$ und der mit $-\dfrac{1}{h}$ multiplizierten für das Moment $M_{5_0}$ des einfachen Balkens $AB$. In Abb. 137b sind die Bestimmungs-

stücke $\dfrac{x_5}{h}$ und $\dfrac{l}{2f} \cdot \dfrac{y_5}{h}$ wieder so aufgetragen, daß die Ordinaten der Einflußlinie von einer horizontalen Nullgeraden aus abgegriffen werden können
(vgl. hierzu S. 58). In gleicher Weise wurde die Einflußlinie für den Stab
$U_5$ in Abb. 137 c gefunden.

Legt man einen Schnitt $t'' - t''$, welcher die Stäbe $S_{6'}$, $O_6$, $D_5$ und $U_5$
trifft, und stellt für den linken Trägerteil die Gleichgewichtsbedingung
$\Sigma V = 0$ auf, so liefert diese:

$$Q_{6_0} + S_{6'} \cdot \sin \alpha_{6'} - D_5 \cdot \sin \varphi_5 = 0,$$

wenn $Q_{6_0}$ die Querkraft des einfachen Balkens $AB$ im Feld 4—6, $\alpha_{6'}$ den
Neigungswinkel des Stabes $S_{6'}$ und $\varphi_5$ den Neigungswinkel der Diagonale $D_5$
gegen die Horizontale bezeichnen. Daraus folgt mit $S_{6'} = \dfrac{H}{\cos \alpha_{6'}}$

$$D_5 = \frac{Q_{6_0} + H \cdot \operatorname{tg} \alpha_{6'}}{\sin \varphi_5}.$$

Man erhält also die Einflußordinaten für $D_5$ als Summe der mit $\dfrac{1}{\sin \varphi_5}$
multiplizierten Ordinaten der $Q_{6_0}$-Linie und der mit $\dfrac{\operatorname{tg} \alpha_{6'}}{\sin \varphi_5}$ multiplizierten
Ordinaten der $H$-Linie (Abb. 137 d). Es empfiehlt sich auch hier, die Be-
stimmungsstücke $\dfrac{1}{\sin \varphi_5}$ und $\dfrac{l}{2f} \cdot \dfrac{\operatorname{tg} \alpha_{6'}}{\sin \varphi_5}$ gemäß Abb. 137 e aufzutragen.

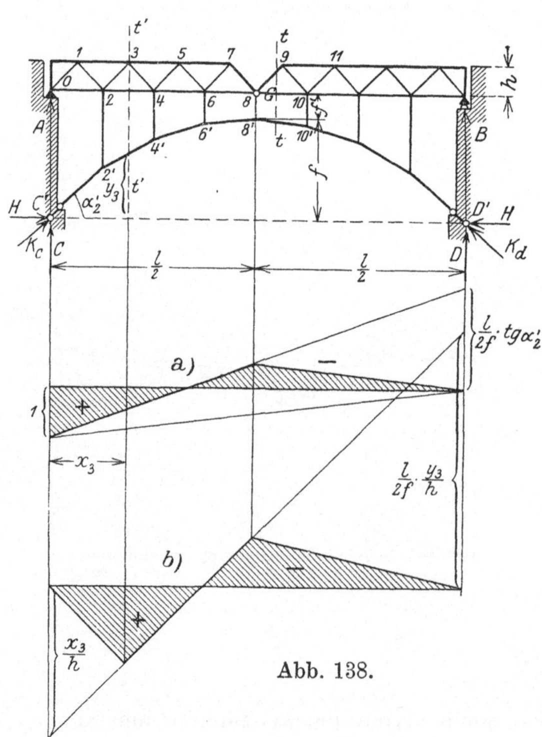

Abb. 138.

Ganz ähnliche Verhält-
nisse liegen bei dem in
Abb. 138 dargestellten Gelenkbogen mit darüberliegen-
dem Versteifungsträger $A—B$
vor. Das System besteht aus
zwei starren Scheiben $AG$
und $BG$, die durch das Gelenk $G$ miteinander verbunden sind und vermittels vertikaler Ständer mit dem aus
einzelnen Stäben bestehenden
Gelenkbogen in Verbindung
stehen. Der Versteifungsträger erhält bei $A$ ein festes,
bei $B$ ein horizontal verschiebliches Lager. Es soll der Einfluß senkrechter Lasten verfolgt werden.

Verlängert man die Achse
des mit dem Lager $C$ verbundenen Bogenstabes bis
zum Schnittpunkt $C'$ mit der
Auflagersenkrechten durch $A$
und zerlegt den Kämpferdruck
$K_c$ im Punkte $C'$ nach seiner
Horizontalkomponente $H$ und seiner Vertikalkomponente $C$, und entsprechend
im Punkte $D'$ den Kämpferdruck $K_d$ nach $H$ und $D$, so müssen offenbar die
Summen der senkrechten Lagerdrücke $A + C$ einerseits und $B + D$ andererseits

gleich den Auflagerkräften $A_0$ bzw. $B_0$ eines einfachen Balkens von der Stützweite $l$ sein. Bezeichnet $\alpha_{2'}$ den Neigungswinkel des Bogenstabes $S_{2'}$ gegen die Horizontale, so ist gemäß der in $C'$ vorgenommenen Zerlegung $\operatorname{tg}\alpha_{2'} = \dfrac{C}{H}$ oder $C = H\cdot\operatorname{tg}\alpha_{2'}$. Der Horizontalschub $H$ ist gleich der Horizontalprojektion der in den Bogenstäben wirkenden Druckkräfte. Denkt man sich nun einen die Stäbe $O_9$, $U_{10}$, $S_{10'}$ treffenden Schnitt $t-t$ durch den Träger geführt, und stellt für den linken Trägerteil die Momentengleichung in bezug auf den Gelenkpunkt $G$ auf, so liefert diese

$$M_{g_0'} - H(f + f') - S_{10'}\cos\alpha_{10'}\cdot f' = 0$$

oder mit $S_{10'}\cdot\cos\alpha_{10'} = -H$

$$H = \frac{M_{g_0'}}{f},$$

wenn $M_{g_0}$ wieder die bekannte Bedeutung hat, $f$ den Bogenpfeil, gemessen von der Sehne $C'D'$ aus, und $f'$ den Abstand $8-8'$ des Bogenscheitels vom Untergurt des Versteifungsträgers angibt. Der für $H$ gewonnene Ausdruck stimmt überein mit demjenigen für den Horizontalschub eines Dreigelenkbogens von der Pfeilhöhe $f$, seine Einflußlinie ist also bekannt. Damit ist aber auch diejenige für $C = H\cdot\operatorname{tg}\alpha_{2'}$ gegeben. Ferner war

$$A_0 = A + C = A + H\cdot\operatorname{tg}\alpha_{2'},$$

woraus folgt

$$A = A_0 - H\cdot\operatorname{tg}\alpha_{2'}.$$

Die Einflußlinie für den Stützendruck $A$ des Versteifungsträgers kann also aus der $A_0$-Linie des einfachen Balkens und der $H$-Linie abgeleitet werden (Abb. 138a).

Zur Bestimmung der Einflußlinien für die Gurtkräfte bedient man sich wieder der Momentengleichung für die zugehörigen Bezugspunkte. Denkt man sich z. B. einen senkrechten Schnitt $t'-t'$ durch den Knoten 3 gelegt, und betrachtet das Gleichgewicht des linken Trägerteiles, so gilt

$$M_{3_0} - H\cdot y_3 - U_4\cdot h = 0,$$

oder

$$U_4 = \frac{M_{3_0} - H\cdot y_3}{h}.$$

Mit Hilfe dieses Ausdrucks kann die Einflußlinie für $U_4$ sofort aufgetragen werden (Abb. 138b). Die Bestimmung der Einflußlinien für die Diagonalstäbe läßt sich in ganz analoger Weise durchführen, wie dieses an Hand des vorhergehenden Beispiels gezeigt worden ist.

## d) Die Methode der Stabvertauschung.

Liegt ein Fachwerk vor, bei dem die unter a bis c besprochenen Verfahren versagen, so leistet die Methode der Stabvertauschung gute Dienste, welche stets zum Ziele führt, sofern es sich nur um ein stabiles Fachwerk handelt, was hier vorausgesetzt wird.

Der Betrachtung sei das in Abb. 139a skizzierte Tragsystem zugrunde gelegt, das in den Punkten 0 und 11 statisch bestimmt gestützt sei. Im ganzen sind $a = 3$ unbekannte Lagergrößen, $r = 21$ unbekannte Stabspannkräfte und $2k = 24$ Knotengleichgewichtsbedingungen vorhanden. Die früher für die Stabilität des ebenen, statisch bestimmten Fachwerks abgeleitete Bedingung

$$r + a = 2k$$

ist somit erfüllt  Da an dem vorliegenden System kein Knotenpunkt vorhanden ist, von dem nur zwei Stäbe ausgehen, so läßt sich ein Cremonascher Kräfteplan nicht zeichnen. Auch die Schnittmethoden von Ritter und Culmann führen nicht zum Ziel, denn an keiner Stelle kann ein Schnitt gelegt werden, der nur drei Stäbe trifft, die sich nicht in einem Punkte schneiden. Um nun zu einer Lösung zu gelangen, denke man sich an einem Knotenpunkt mit drei Stäben einen Stab entfernt, z. B. den Stab 3—4 am Knoten 3, und ersetze die in ihm wirkende Spannkraft $S_{34} = Z_1$ durch zwei in seine Achse fallende, in den Punkten 3 und 4 angreifende äußere Kräfte von gleicher Größe aber entgegengesetzter Richtung (Abb. 139 b). Da das System durch Hinwegnahme dieses Stabes labil würde, so muß an anderer Stelle ein neuer Stab — Ersatzstab — dem Fachwerk zugefügt werden. Dieser kann entweder zwei Knotenpunkte des Trägers oder auch einen Knotenpunkt mit einem beliebigen festen Punkt außerhalb des Fachwerks verbinden. Über die Stelle, an welcher dieser Stab eingezogen wird, soll später noch verfügt werden. Setzt man zunächst die Kräfte $Z_1$ als bekannt voraus, so kann an den Knotenpunkten 3 und 4 die Zerlegung der dort angreifenden äußeren Kräfte nach den Fachwerkstäben erfolgen. Vom Knoten 4 kann man in gleicher Weise nach 5, von 3 nach 1 fortschreiten, da dort nur je zwei neue unbekannte Stabspannkräfte

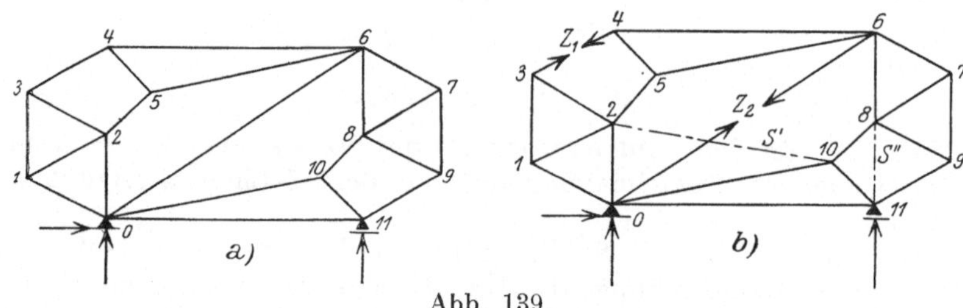

Abb. 139.

hinzutreten. Geht man darauf nach 2, so trifft man nur eine unbekannte Stabkraft, nämlich $S_{0-2}$, an. An dieser Stelle wird jetzt der Ersatzstab $S'$ für $S_{3-4}$ eingefügt, damit eine eindeutige Kräftezerlegung möglich ist. $S'$ sei hier als Verbindungsstab der Knoten 2 und 10 gewählt. Nach Bestimmung der Spannkräfte $S'$ und 0—2 geht man zum Knoten 0 und trifft dort drei Stäbe mit unbekannten Stabkräften an, von denen einer, nämlich 0—6, entfernt und durch den Stab $S''$ ersetzt wird, welcher die Knoten 8 und 11 verbinden möge. Die im Stabe 0—6 wirkende unbekannte Spannkraft $S_{06} = Z_2$ ersetzt man durch zwei äußere, gleich große und entgegengesetzt gerichtete Kräfte $Z_2$ in den Punkten 0 und 6. Nun kann die Kräftezerlegung am Knoten 0 und von da aus an jedem folgenden Knotenpunkte vorgenommen werden, sobald die Kräfte $Z_2$ bekannt sind. Der Träger ist durch die Stabvertauschung in ein Fachwerk von der einfachsten Art übergeführt, dessen Stabilität keinem Zweifel unterliegt.

Denkt man sich nun die unbekannten Kräfte $Z_1$ und $Z_2$ zunächst entfernt, so können die Spannkräfte in allen Stäben des neuen Fachwerks infolge einer beliebigen Belastung mit gegebenen Lasten $P$ graphisch oder rechnerisch ermittelt werden. Sie seien allgemein mit $S_0$ bezeichnet. In gleicher Weise lassen sich alle Spannkräfte $S_1$ des Fachwerks von der einfachsten Art bestimmen, wenn nur die beiden Kräfte $Z_1 = 1$ am Träger angreifen, und ebenso die Spannkräfte $S_2$, wenn nur die beiden Kräfte $Z_2 = 1$ wirksam sind. Durch Superposition der einzelnen Wirkungen $P$, $Z_1$

und $Z_2$ erhält man somit die wirklichen Spannkräfte

$$(5) \qquad S = S_0 + S_1 \cdot Z_1 + S_2 \cdot Z_2.$$

Eine solche Gleichung läßt sich auch für jeden der beiden Ersatzstäbe $S'$ und $S''$ anschreiben. Nun sind aber in Wirklichkeit diese Ersatzstäbe nicht vorhanden, können also auch keine Spannkräfte übertragen. Aus dieser Bedingung ergeben sich zwei Gleichungen

$$(6) \qquad \begin{cases} S' = 0 = S_0' + S_1' Z_1 + S_2' Z_2, \\ S'' = 0 = S_0'' + S_1'' Z_1 + S_2'' Z_2, \end{cases}$$

aus denen die unbekannten Stabkräfte $Z_1$ und $Z_2$ eindeutig berechnet werden können, sobald die Nennerdeterminante des Gleichungssystems

$$\Delta = \begin{vmatrix} S_1' & S_2' \\ S_1'' & S_2'' \end{vmatrix} = S_1' \cdot S_2'' - S_1'' S_2'$$

einen von Null verschiedenen Wert annimmt. Sind aber $Z_1 = S_{34}$ und $Z_2 = S_{06}$ bekannt, so läßt sich die Bestimmung der übrigen Spannkräfte des Trägers in Abb. 139a etwa mit Hilfe eines Cremonaplanes oder einer der Schnittmethoden durchführen.

Die Gleichung (5) gilt zunächst nur für Spannkräfte des neuen Fachwerks. Für den Fall jedoch, daß die Spannkräfte $Z_1$ und $Z_2$ den Bedingungen (6) genügen, d. h. so bestimmt sind, daß $S'$ und $S''$ zu Null werden, gilt sie auch für die Spannkräfte des ursprünglichen Systems und kann mit Vorteil zu deren Berechnung benutzt werden, sobald $Z_1$ und $Z_2$ gefunden sind.

Das vorstehende Verfahren kann ganz allgemein für ebene und in etwas erweiterter Form auch für räumliche Fachwerke, für die es von besonderer Wichtigkeit ist (vgl. S. 122) zur Anwendung gelangen. Zudem bietet die Untersuchung der Nennerdeterminante der Bestimmungsgleichungen (6) für die $Z$-Stäbe ein willkommenes Mittel, um Aufschluß über die Stabilität des betrachteten Systems zu erlangen.

Ist das vorliegende Fachwerk so gebaut, daß nicht einer oder zwei, sondern $n$ Ersatzstäbe erforderlich werden, so erhält man entsprechend den obigen Gleichungen (6) $n$ Bestimmungsgleichungen für die $Z$-Stäbe von der Form:

$$\begin{cases} S' = 0 = S_0' + S_1' Z_1 + S_2' Z_2 + \ldots + S_n' \cdot Z_n \\ S'' = 0 = S_0'' + S_1'' Z_1 + S_2'' Z_2 + \ldots + S_n'' \cdot Z_n \\ \cdots \cdots \cdots \cdots \cdots \cdots \cdots \cdots \cdots \cdots \\ S^n = 0 = S_0^n + S_1^n Z_1 + S_2^n Z_2 + \ldots + S_n^n Z_n. \end{cases}$$

Nachdem mit ihrer Hilfe die Größen $Z_1$ bis $Z_n$ gefunden sind, können die Spannkräfte aller Stäbe vermittels der Beziehung

$$S = S_0 + S_1 Z_1 + S_2 \cdot Z_2 + \ldots + S_n Z_n$$

berechnet werden.

## § 2. Die kinematische Methode.

Im Anschluß an die im vorhergehenden Paragraphen besprochenen statischen Verfahren zur Spannkraftermittlung statisch bestimmter, ebener Fachwerke soll jetzt noch die kinematische Methode erläutert werden, die insbesondere auch dort zum Ziele führt, wo die Schnittmethoden versagen, wo sich also ein drei Stäbe des Fachwerks treffender Schnitt nicht führen läßt.

Entfernt man in einem statisch bestimmten Fachwerk von $r$ Stäben, $a$ Lagergrößen und $k$ Knotenpunkten einen Stab oder eine Stütze, so ist die auf S. 27 aufgestellte Stabilitätsbedingung $r + a = 2\,k$ offenbar nicht mehr erfüllt. Die Knotenpunkte des Fachwerks können ihre Lage gegeneinander und gegen die Widerlager ändern, ohne daß damit eine Längenänderung $\varDelta s$ der Stäbe oder eine Verschiebung $c$ der Widerlager verbunden ist. Zur Bestimmung der $2\,k = r + a$ unendlich kleinen Verschiebungskomponenten der Knotenpunkte (vgl. S. 25) stehen bei Entfernung eines Stabes $r - 1$ Bedingungen $\varDelta s = 0$ — wo $\varDelta s$ aus Gleichung (18) auf S. 26 zu entnehmen ist — und $a$ Auflagerbedingungen $c = 0$ zur Verfügung, bei Entfernung einer Stütze dagegen $r$ Gleichungen $\varDelta s = 0$ und $a - 1$ Auflagerbedingungen $c = 0$, in jedem Falle also zusammen $r + a - 1$ Gleichungen, welche als **Starrheitsbedingungen** bezeichnet werden. Man kann also entweder eine Unbekannte willkürlich wählen, oder aber eine willkürliche Bedingung den $r + a - 1$ anderen hinzufügen, z. B. dergestalt, daß für die Knotenpunkte $i$, $k$ des entfernten Stabes die gegenseitige Verschiebung $\varDelta s_{ik} = 1$ oder für die entfernte Stütze $r$ die Lagerverschiebung $c_r = 1$ gesetzt wird. Ist dieses geschehen, so stehen für die $2\,k$ unbekannten Verschiebungskomponenten $r + a - 1 + 1 = 2\,k$ lineare Gleichungen zur Verfügung, die eine eindeutige Bestimmung der Unbekannten ermöglichen.

In dem vorliegenden Gleichungssystem tritt außer den $2\,k$ unbekannten Verschiebungskomponenten nur ein Absolutglied auf, welches entweder gleich der willkürlich gewählten Verschiebungskomponente $\varDelta x_r$ ist, oder der wilkürlich hinzugefügten Bedingung für $\varDelta s_{ik}$ bzw. $c_r$ angehört. Für den Fall, daß $\varDelta s_{ik} = w$ gesetzt wird, wobei zunächst $w$ als veränderliche Größe gelten möge, nehmen die Verschiebungskomponenten $\varDelta x_m$ und $\varDelta y_m$ eines beliebigen Knotenpunktes $m$ die Werte an:

$$\varDelta x_m = \alpha_m \cdot w\,; \qquad \varDelta y_m = \beta_m \cdot w\,,$$

in denen $\alpha_m$ und $\beta_m$ Konstante sind. Die Verschiebungskomponenten des Punktes $m$ und damit dessen Verschiebung selbst, sind also der Größe $w$ proportional. Da außerdem $\dfrac{\varDelta x_m}{\varDelta y_m} = \dfrac{\alpha_m}{\beta_m}$, so folgt ferner, daß das Verhältnis $\dfrac{\varDelta x_m}{\varDelta y_m}$ konstant ist. Für einen beliebigen anderen Knoten $n$ möge sich ergeben $\varDelta x_n = \alpha_n \cdot w$, wobei $\alpha_n$ ebenfalls eine Konstante ist. Würde man $\varDelta s_{ik} = \dfrac{w}{\alpha_n}$ setzen, so würde $\varDelta x_n = w$ und $\varDelta x_m = \alpha_m \dfrac{w}{\alpha_n}$, $\varDelta y_m = \beta_m \cdot \dfrac{w}{\alpha_n}$ oder $\dfrac{\varDelta x_m}{\varDelta y_m} = \dfrac{\alpha_m}{\beta_m}$. Wählt man also umgekehrt nicht die Bedingung $\varDelta s_{ik} = w$ willkürlich, sondern die Verschiebungskomponente $\varDelta x_n = w$, so behält das Verhältnis $\dfrac{\varDelta x_m}{\varDelta y_m}$ denselben konstanten Wert wie im ersten Falle.

Die Verschiebung des Knotenpunktes $m$ — und damit jedes anderen Knotenpunktes — erfolgt also stets nach einer bestimmten Richtung, gleichgültig welche Bedingung willkürlich in das Gleichungssystem eingeführt wird. Einem konstanten Werte für $w$ entspricht eine bestimmte, diesem Werte proportionale Verschiebung aller Knotenpunkte.

Man nennt ein bewegliches Gebilde, dessen Glieder derartig mit einander verbunden sind, eine „zwangläufige kinematische Kette". Sie besitzt eine Bewegungsfreiheit, da ihr (durch Entfernung eines Stabes oder einer Stütze des Fachwerks) eine Starrheitsbedingung zur Stabilität fehlt. Ist über erstere eine bestimmte Verfügung getroffen, so ist damit der Verrückungszustand des Systems festgele t. Eine kinematische Kette besteht aus einer Anzahl starrer Scheiben, von denen jede in zwei Punkten mit anderen

Scheiben verbunden ist, wobei starre Stäbe die gleiche Bedeutung haben wie Scheiben.

Wirken auf die so gebidete kinematische Kette beliebig gerichtete Lasten ein, so kann man sich das Gleichgewicht dadurch hergestellt denken, daß man in den Knotenpunkten des entfernten Stabes zwei mit der Stabachse zusammenfallende Kräfte von gleicher Gıöße aber entgegengesetzter Richtung anbringt. Das Gleichgewicht des Fachwerks setzt voraus, daß an jedem Knotenpunkt Gleichgewicht bestehen muß. Die hinzugefügten Kräfte müssen also diejenige Größe haben, welche die Spannkraft in dem entfernt gedachten Stabe infolge der äußeren Belastung annehmen würde.

Unterwirft man nun das durch Entfernung eines Stabes in eine zwangläufige kinematische Kette verwandelte System einer virtuellen Verrückung (vgl. S. 6), so leisten außer den äußeren Kräften nur noch die beiden in den Knotenpunkten des entfernten Stabes angebrachten Kräfte Arbeit, während die inneren Kräfte keine Arbeit leisten können, da ja die Bewegung ohne Änderung der Stablängen vor sich geht. Nach dem Prinzip der virtuellen Verrückungen muß aber, wenn Gleichgewicht bestehen soll, die Summe der Arbeiten aller an der Kette wirkenden Kräfte gleich Null sein. Sind nun die virtuellen Verrückungen aller Knotenpunkte, in denen Kräfte angreifen, in Richtung dieser Kräfte bekannt, so ergibt sich eine Gleichung, in welcher die beiden als Ersatz für den entfernten Stab angebrachten Kräfte als einzige Unbekannte auftreten, die somit berechnet werden können. Damit ist aber auch die Spannkraft in dem fraglichen Stabe selbst bekannt.

Soll eine Auflagergröße bestimmt werden, so denke man sich das betreffende Auflager durch Stäbe ersetzt, und zwar so, daß einem festen Auflager mit zwei Lagerkomponenten zwei, einem verschieblichen Auflager dagegen ein Stützstab entspricht, deren Achsen jeweils mit den Richtungen der entsprechenden Lagerkomponenten zusammenfallen. Zur Ermittlung der gesuchten Stützenreaktion entferne man den betreffenden Lagerstab und bestimme dessen Spannkraft genau so, als wenn es sich um einen Fachwerkstab handelte.

Die Lösung der Aufgabe setzt in jedem Falle voraus, daß die virtuellen Verrückungen der Knotenpunkte gefunden sind. Da diese unendlich klein sind, so empfiehlt es sich, sie durchweg in demselben Verhältnis zu vergrößern, um in der Zeichnung oder Rechnung mit endlichen Größen arbeiten zu können. Zu diesem Zwecke benutzt man gewöhnlich an Stelle der Knotenpunktsverrückungen die Knotenpunktsgeschwindigkeiten, indem man sich alle Verrückungen durch das Zeitdifferential $dt$ dividiert denkt, während dessen die Bewegung vor sich geht.

Die Darstellung der virtuellen Verrückungen erfolgt mit Hilfe des „Satzes vom augenblicklichen Drehpol".

Die in Abb. 140a skizzierte Scheibe, welche einer zwangläufigen kinematischen Kette angehören möge, soll aus ihrer Anfangsläge in eine dieser unendlich nahe Lage übergeführt werden. Die Geschwindigkeiten der Knotenpunkte 1, 2, 3 seien mit $v_1$, $v_2$, $v_3$ bezeichnet und mögen die in der Abbildung angegebenen Richtungen haben. Die fragliche Bewegung der Scheibe kann als Drehung um einen Punkt, den augenblicklichen Drehpol der Scheibe, aufgefaßt werden. Dann müssen die Geschwindigkeiten $v_1$, $v_2$, $v_3$ der Eckpunkte offenbar senkrecht zu den von diesem Pol nach den Ecken gezogenen Polstrahlen stehen. Da aber bei einer unendlich kleinen Verrückung der Scheibe die Geschwindigkeiten $v_1$, $v_2$, $v_3$ gleichzeitig die durch $dt$ dividierten Verrückungen der Knotenpunkte darstellen, so findet man, sobald zwei dieser Verrückungen bekannt sind, den Drehpol $O$ der Scheibe als Schnittpunkt der auf ihnen errichteten Lote.

Bezeichnet $\omega$ die Winkelgeschwindigkeit der Scheibe, so erhält man für die Geschwindigkeiten der Knotenpunkte:

$$v_1 = \omega \cdot \overline{01}; \quad v_2 = \omega \cdot \overline{02}; \quad v_3 = \omega \cdot \overline{03},$$

oder

$$\frac{v_1}{\overline{01}} = \frac{v_2}{\overline{02}} = \frac{v_3}{\overline{03}},$$

d. h. die Geschwindigkeiten bzw. die Verrückungen der Eckpunkte verhalten sich zu einander wie die Längen der zugehörigen Polstrahlen. Nun denke man sich die Geschwindigkeiten $v_1$, $v_2$, $v_3$ (oder die diesen entsprechenden Verrückungen) um 90° gedreht und auf den zugehörigen Polstrahlen von den Eckpunkten 1, 2, 3 aus abgetragen (Abb. 140 b). Verbindet man jetzt ihre Endpunkte 1', 2', 3' miteinander, dann ist wegen der bestehenden Proportionalität $1'—2' \,\|\, 1—2$, $2'—3' \,\|\, 2—3$ und $1'—3' \,\|\, 1—3$. Die Ausgangsfigur $1—2—3$ soll hinfort mit $F$, die aus ihr abgeleitete Figur $1'—2'—3'$ mit $F'$ bezeichnet werden. Man erhält somit den allgemeinen Satz: Die Endpunkte der um 90° gedrehten Geschwindigkeiten (auch senkrechten Geschwindigkeiten genannt) der Eckpunkte einer sich bewegenden Figur $F$ bilden, eine Figur $F'$, welche ersterer ähnlich ist und zu ihr in bezug auf den Drehpol als Ähnlichkeitspunkt ähnlich liegt.

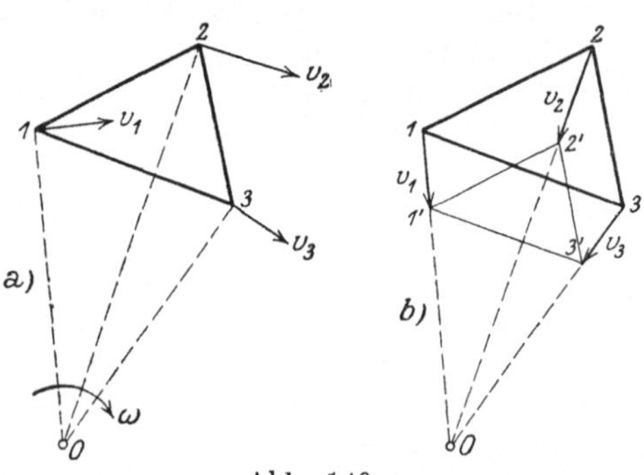

Abb. 140.

Sind die um 90° gedrehten Geschwindigkeiten gegeben, so sind auch die wirklichen Geschwindigkeiten bzw. Verrückungen bekannt. Ihre Richtung ist eindeutig bestimmt, wenn man festsetzt, daß die senkrechten Geschwindigkeiten durch Drehung im Uhrzeigersinn aus den wirklichen entstanden sind. Mit Hilfe des vorstehenden Satzes läßt sich der Verrückungszustand einer starren Scheibe angeben, sobald man ihren Drehpol $O$ und die um 90° gedrehte Geschwindigkeit eines Eckpunktes kennt. Ist z. B. in Abb. 140 b $v_1 = 1—1'$ gegeben, und der Pol $O$ bekannt, so findet man 2' als Schnittpunkt des Polstrahles $\overline{02}$ mit der Parallelen $1'—2'$ zu $1—2$, und entsprechend 3' als Schnittpunkt des Polstrahles $\overline{03}$ mit der Parallelen $1'—3'$ zu $1—3$. Die wirklichen Verrückungen der Endpunkte ergeben sich, wenn man $1—1'$, $2—2'$ und $3—3'$ um 90° dem Uhrzeigersinn entgegengesetzt dreht und mit $dt$ multipliziert. Der Verrückungszustand der Scheibe $1—2—3$ ist auch dann bestimmt, wenn $O$ nicht bekannt ist, dafür aber die senkrechten Geschwindigkeiten zweier Eckpunkte, etwa $2—2'$ und $3—3'$ gegeben sind. Man erhält dann 1' als Schnittpunkt der Parallelen $2'—1'$ und $3'—1'$ zu $2—1$ bzw. $3—1$.

Sind also die senkrechten Geschwindigkeiten $1—1'$ und $2—2'$ zweier Punkte 1 und 2 der in Abb. 141 dargestellten zwangläufigen kinematischen Kette gegeben, so kann die senkrechte Geschwindigkeit des durch zwei Stäbe an 1 und 2 angeschlossenen Knotenpunktes 3 sofort angegeben werden, indem man durch 1' und 2' zu $1—3$ bzw. $2—3$ Parallelen zieht. Ihr Schnittpunkt liefert 3'. In gleicher Weise erhält man 4' als Schnittpunkt von $3'—4' \,\|\, 3—4$ und $2'—4' \,\|\, 2—4$. Die senkrechten Knotenpunktsgeschwindigkeiten der in 4 mit der Scheibe $I$ zusammenhängenden Scheibe $II$ können zunächst nicht angegeben werden, da z. B. für 5′ oder 6′ nur ein geometrischer Ort vorhanden ist in Gestalt der Parallelen zu 4—5 bzw. 4—6 durch 4′. Ist dagegen der Drehpol — auch kurz Pol — der Scheibe *II* bekannt, dann läßt sich der Geschwindigkeitsplan vervollständigen. Dieser Pol möge mit (*II*) bezeichnet werden. Da die senkrechte Geschwindigkeit 5—5′ mit dem Polstrahl 5—(*II*) zusammenfallen muß, so ist ein zweiter geometrischer Ort für 5′ gegeben. Nach Bestimmung von 5′ sind für zwei Punkte der Scheibe *II*

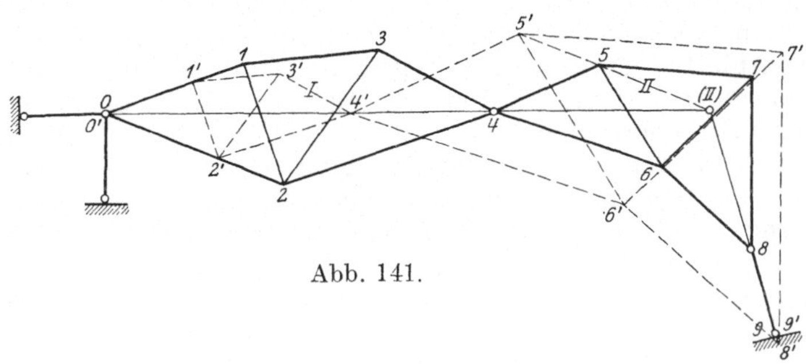

Abb. 141.

die senkrechten Geschwindigkeiten bekannt, nämlich 4—4′ und 5—5′. Mit ihrer Hilfe können genau wie bei Scheibe *I* die senkrechten Geschwindigkeiten aller übrigen Punkte gefunden werden.

Die Verbindungslinien der Endpunkte der um 90° gedrehten Geschwindigkeiten bilden einen zusammenhängenden Linienzug, welcher die Figuren *F′* der Scheiben *I* und *II* umgrenzt. Jede dieser Figuren *F′* ist der zugehörigen Scheibe *I* bzw. *II* ähnlich und in bezug auf ihren Drehpol ähnlich liegend.

Der Geschwindigkeitsplan der obigen kinematischen Kette kann auch gezeichnet werden, wenn von jeder der starren Scheiben *I* und *II* die senkrechte Geschwindigkeit eines Punktes gegeben ist. Es sei z. B. 1—1′ die

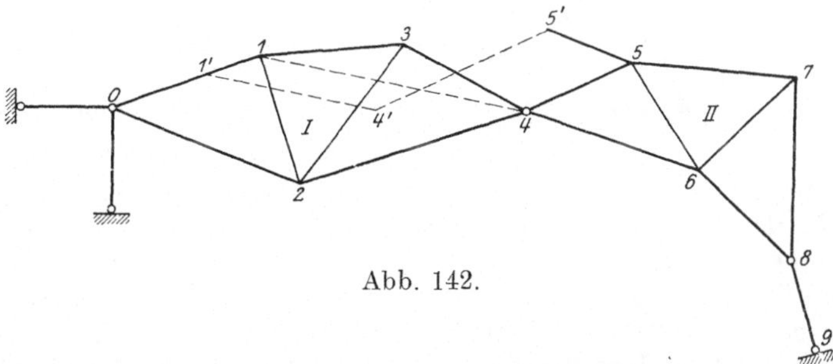

Abb. 142.

senkrechte Geschwindigkeit des Punktes 1 der Scheibe *I*, 5—5′ diejenige des Punktes 5 der Scheibe *II* (Abb. 142). Da Punkt 4 beiden Scheiben gleichzeitig angehört, so muß offenbar 4′ sowohl auf der Parallelen 1′—4′ zu 1—4, als auch auf der Parallelen 5′—4′ zu 5—4 liegen. Ihr Schnittpunkt liefert 4′. Nun sind für je zwei Punkte beider Scheiben die senkrechten Geschwindigkeiten bekannt, weshalb nach den obigen Erläuterungen auch die übrigen gefunden werden können.

Abb. 143 zeigt ein Gelenkviereck 2—3—5—4, an welches zwei starre Scheiben *I* und *II* angeschlossen sind. Denkt man sich die Scheibe *II* festgehalten, womit auch der Stab 4—5 des Gelenkvierecks festlegt, und nimmt für einen der beweglichen Punkte des Gelenkvierecks eine senkrechte Geschwindigkeit an, z. B. 3—3′ auf der Stabrichtung 3—5, so ist damit der Geschwindigkeitsplan festgelegt. Man findet den Punkt 2′, welcher auf 2—4

7*

liegen muß, da 4 der Pol des Stabes 2—4 ist, als Schnittpunkt der Parallelen $3'$—$2'$ zu 3—2 und der Stabrichtung 2—4. Nun läßt sich die Figur $F'$ der Scheibe $I$ durch Ziehen von Parallelen in bekannter Weise ergänzen, während die Figur $F'$ der Scheibe $II$ infolge der vorausgesetzten Ruhelage dieser Scheibe mit der Figur $F$ zusammenfällt.

In vielen Fällen ist es zweckmäßig, zur Zeichnung des Geschwindigkeitsplanes die Pole der einzelnen Scheiben zu benutzen. Das setzt voraus, daß diese Pole bekannt sind, bzw. gefunden werden können. Zur Erklärung ihrer Lagebestimmung mögen die folgenden Überlegungen dienen.

Die in Abb. 144 dargestellten Scheiben $I$ und $II$ sind in $a$ durch ein Gelenk miteinander verbunden. Der augenblickliche Drehpol $(I)$ der Scheibe $I$ sei bekannt. Bei einer unendlich kleinen Drehung der Scheibe $I$ um den Pol $I$ bewegt sich der Punkt $a$ auf der Senkrechten zum Polstrahl $(I)$—$a$. Gleichzeitig muß sich aber auch die Scheibe $II$ um ihren augenblicklichen Pol $(II)$ drehen, und da der Punkt $a$ auch der Scheibe $II$ angehört, so muß seine Verrückung auch zum Polstrahl $a$—$(II)$ senkrecht stehen. Das ist aber nur möglich, wenn die Polstrahlen $(I)$—$a$ und $(II)$—$a$ in eine Gerade fallen.

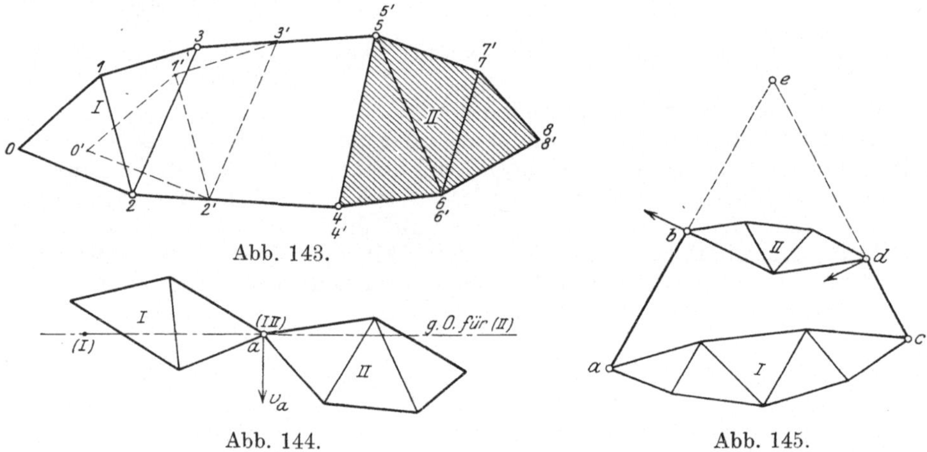

Abb. 143.

Abb. 144.　　　　　　　　　　Abb. 145.

Die Verbindungslinie von $(I)$ mit $a$ stellt also einen geometrischen Ort für den Pol $(II)$ der Scheibe $II$ dar. Der beiden Scheiben gemeinsame Punkt $a$ kann bei einer Verrückung der Scheiben ebenfalls als Pol aufgefaßt werden, nämlich als der Punkt, um welchen die relative Drehung der Scheibe $II$ gegen die Scheibe $I$ erfolgt und umgekehrt. Man nennt ihn den Nebenpol der Scheibe $I$ gegen die Scheibe $II$ — zum Unterschied von den Hauptpolen $(I)$ und $(II)$ — und gibt ihm die Bezeichnung $(I\,II)$. Aus den obigen Betrachtungen ergibt sich der für die Folge wichtige Satz: **Die beiden Hauptpole zweier durch ein Gelenk miteinder verbundener Scheiben und ihr Nebenpol liegen auf einer Geraden, und zwar ist der Gelenkpunkt der Nebenpol.**

Zwei Scheiben $I$ und $II$ mögen durch zwei Stäbe $a$—$b$ und $c$—$d$ miteinander verbunden sein (Abb. 145). Wird die Scheibe $I$ festgehalten, so bewegt sich bei einer unendlich kleinen Drehung der Scheibe $II$ der Punkt $b$ senkrecht zu $a$—$b$ und der Punkt $d$ senkrecht zu $d$—$c$. Die relative Drehung der Scheibe $II$ gegen $I$ erfolgt also um den Schnittpunkt $e$ von $a$—$b$ und $c$—$d$, welcher somit den Nebenpol $(I\,II)$ der Scheibe $I$ gegen $II$, oder umgekehrt darstellt. Der Punkt $e$ kann als gemeinsamer Punkt beider Scheiben angesehen werden und ersetzt den Gelenkpunkt $a$ des vorhergehenden Beispieles (vgl. auch S. 28). Bei einer unendlich kleinen Verrückung verhalten sich die Scheiben *I* und *II* genau so, als wären sie in *e* gelenkig miteinander verbunden. Der Satz, nach welchem die Hauptpole zweier Scheiben und ihr Nebenpol auf einer Geraden liegen, gilt also auch für den Fall, daß die beiden Scheiben nicht durch ein Gelenk sondern durch zwei Stäbe miteinander verbunden sind. Andererseits folgt aus der vorstehenden Betrachtung, daß der Nebenpol zweier durch zwei Stäbe zu einem Gelenkviereck mit einander verbundener Scheiben im Schnittpunkt dieser beiden Stäbe liegt.

Drei Scheiben *I*, *II* und *III* mögen zu einem Scheibenzug, wie in Abb. 146 skizziert, vereinigt sein. Ihre Hauptpole (*I*), (*II*) und (*III*) seien bekannt.

Die Nebenpole (*I II*) und (*II III*) sind durch die Gelenke *a* und *b* zwischen den Scheiben *I* und *II* einerseits, bzw. *II* und *III* andererseits gegeben. Für den Fall einer unendlich

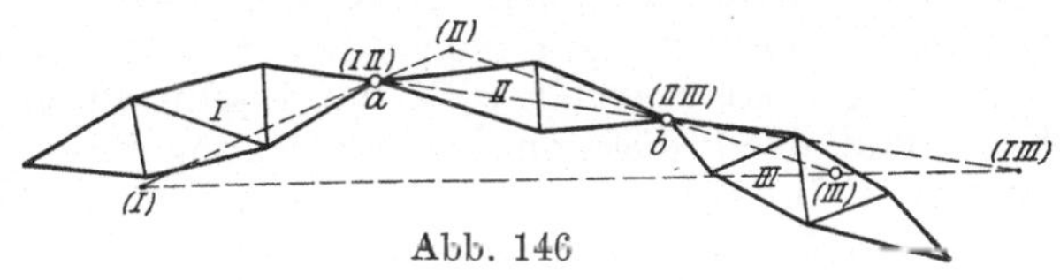

Abb. 146

kleinen Verrückung kann man den Pol (*I*) als Punkt der Scheibe *I* und den Pol (*III*) als Punkt der Scheibe *III* ansehen. Der Abstand (*I*)—(*III*) ist für die Zeit *dt* konstant, man kann sich also die Pole (*I*) und (*III*) — und damit auch die Scheiben *I* und *III* — durch einen starren Stab verbunden denken. Dann bilden die Scheiben *I* und *III* mit der Scheibe *II* und dem gedachten Stab (*I*)—(*III*) ein Gelenkviereck, ihr Nebenpol (*I III*) liegt also im Schnittpunkt von (*I*)—(*III*) und *a*—*b*. Da

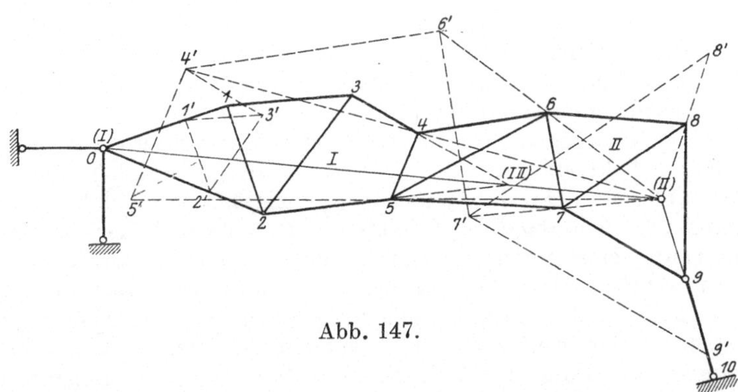

Abb. 147.

aber *a* und *b* gleichzeitig die Nebenpole (*I II*) und (*II III*) darstellen, so folgt hieraus, daß die drei Nebenpole der drei Scheiben *I*, *II* und *III* auf einer Geraden liegen. Dieser Satz gilt auch dann, wenn die Scheiben in *a* und *b* nicht durch Gelenke zusammenhängen, sondern durch je zwei Stäbe miteinander verbunden sind.

Für die in Abb. 147 skizzierte zwangläufige kinematische Kette fällt der Pol (*I*) der Scheibe *I*[1]) mit dem Schnittpunkt *O* der beiden Stützstäbe zusammen, der Nebenpol (*I II*) der Scheibe *I* gegen die Scheibe *II* mit dem Schnittpunkt der beiden Verbindungsstäbe 3—4 und 2—5. Der Pol (*II*) der Scheibe *II* liegt also erstens auf der Geraden (*I*)—(*I III*) und zweitens auf der Normalen zur Bahn des Punktes 9, d. h. auf der Verlängerung der Pendelstütze 10—9.

---

¹) Mit Scheibe *I* ist das Dreiecksnetz 0 — 1 — 3 — 2 bezeichnet.

Nun sei die senkrechte Geschwindigkeit $1 — 1'$ des Punktes 1 der Scheibe $I$ angenommen. Dann können zunächst die Punkte $2'$ und $3'$ durch Ziehen von Parallelen gefunden werden. Darauf läßt sich $4'$ bestimmen als Schnittpunkt des Polstrahls $(II) — 4$ und der Parallelen $3' — 4'$ zu $3 — 4$, ferner $6'$ als Schnittpunkt des Polstrahles $(II) — 6$ mit der Parallelen $4' — 6'$ zu $4 — 6$ usw. Nach Festlegung des Polplanes genügt also die Annahme einer senkrechten Geschwindigkeit, um die Figur $F'$ für die gesamte kinematische Kette zeichnen zu können.

Sind mit Hilfe der obigen Überlegungen die senkrechten Geschwindigkeiten und damit die virtuellen Verrückungen aller Knotenpunkte einer zwangläufigen kinematischen Kette gefunden, so kann nunmehr auf diese und die an der Kette angreifenden Kräfte das Prinzip der virtuellen Verrückungen angewandt werden. Die von einer äußeren Kraft bei einer virtuellen Verrückung geleistete Arbeit wird dargestellt durch das Produkt der betreffenden Kraft und der Projektion der Verrückung ihres Angriffspunktes auf die Kraftrichtung. In Abb. 148 möge $P$ eine an einem beliebigen Knoten $a$ der Kette angreifende äußere Kraft und $a\,a'$ die um $90^0$ gedrehte Geschwindigkeit bedeuten. Die wirkliche Geschwindigkeit $a\,a''$ erhält man, wenn man $a\,a'$ entgegengesetzt dem Uhrzeigersinn um $90^0$ dreht. Die während der virtuellen Verrückung von $P$ geleistete Arbeit ist somit $P \cdot a\,a'' \cdot dt \cos \varphi = P \cdot \bar{\delta}_a \cdot dt$. Die Projektion $\bar{\delta}_a$ ist aber gleich dem Abstand $c_a$ desPunktes $a'$ von der Kraftrichtung, was sich aus der Ähnlichkeit der beiden rechtwinkligen Dreiecke $a — a' — (a')$ und $a — a'' — (a'')$ ergibt. Die von der Kraft $P$ geleistete Arbeit ist also gleich dem mit $dt$ multiplizierten Drehmoment dieser Kraft um $a'$,

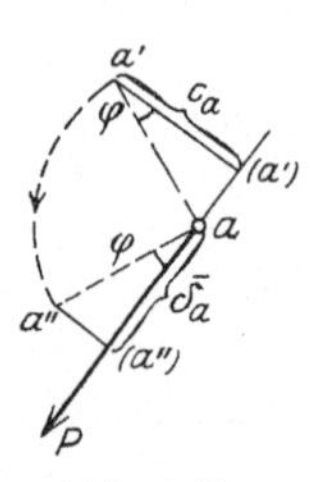

Abb. 148.

und zwar ist die Arbeit positiv, wenn $P$ im positiven (Uhrzeiger-) Sinn um $a'$ dreht. Wäre der Pfeilsinn von $P$ umgekehrt, dann wäre die virtuelle Verrückung der Kraftrichtung entgegengesetzt, die Arbeit also negativ. Dann würde aber auch das Moment der Kraft $P$ um $a'$ negativ sein. Die Arbeit einer beliebigen äußeren Kraft der Kette kann also immer angegeben werden, sobald die um $90^0$ gedrehte Geschwindigkeit des Angriffspunktes bekannt ist. Die Bezeichnung $\bar{\delta}_a$ soll andeuten, daß es sich hier nicht um eine Verschiebung des Punktes $a$ infolge gegebener Lasten $P$ handelt, sondern um eine virtuelle, durch beliebige andere Ursachen erzeugte. Der Faktor $dt$ tritt in dem Arbeitswert jeder äußeren Kraft der Kette auf und kann deshalb in der Summengleichung weggehoben werden. Aus diesem Grunde soll er in den weiteren Betrachtungen ganz außer acht bleiben.

Der allgemeine Gang des Verfahrens möge an einem Beispiel erläutert werden. Für das in Abb. 149a dargestellte statisch bestimmte Fachwerksystem soll die Spannkraft im Stabe $2 — 4$ infolge der Belastung des Systems mit der Kraft $P$ im Punkte 5 auf kinematischem Wege bestimmt werden. Zu diesem Zwecke denkt man sich den fraglichen Stab entfernt und durch die beiden in seine Achse fallenden gleich großen Kräfte $S$ von entgegengesetzter Richtung ersetzt, wodurch das Fachwerk in eine zwangläufige kinematische Kette übergeführt wird, die aus vier starren Scheiben $I — II — III — IV$ besteht. Bei $A$ und $C$ sind feste, bei $B$ ein auf horizontaler Bahn verschiebliches Auflager vorhanden. Die Hauptpole $(I)$ und $(IV)$ der Scheiben $I$ und $IV$ fallen also mit den Punkten 0 bzw. 7 zusammen, da die Scheiben $I$ und $IV$ sich um diese Punkte drehen müssen. Der Punkt 4 kann sich nur auf der horizontalen Bahn des Lagers $B$ bewegen, sein Pohlstrahl muß also senkrecht zu dieser Bahn stehen, welche demnach einen geometrischen Ort für den Pol $(III)$ der Scheibe $III$ liefert. Die Scheiben $I$ und $II$ hängen in 2 durch ein Gelenk zusammen. Der Punkt 2 stellt demnach den Nebenpol $(I\,II)$

dieser beiden Scheiben dar, und entsprechend ist 5 der Nebenpol $(III\,IV)$ der Scheiben $III$ und $IV$. Nun müssen aber die beiden Hauptpole und der zugehörige Nebenpol zweier Scheiben áuf einer Geraden liegen, weshalb die

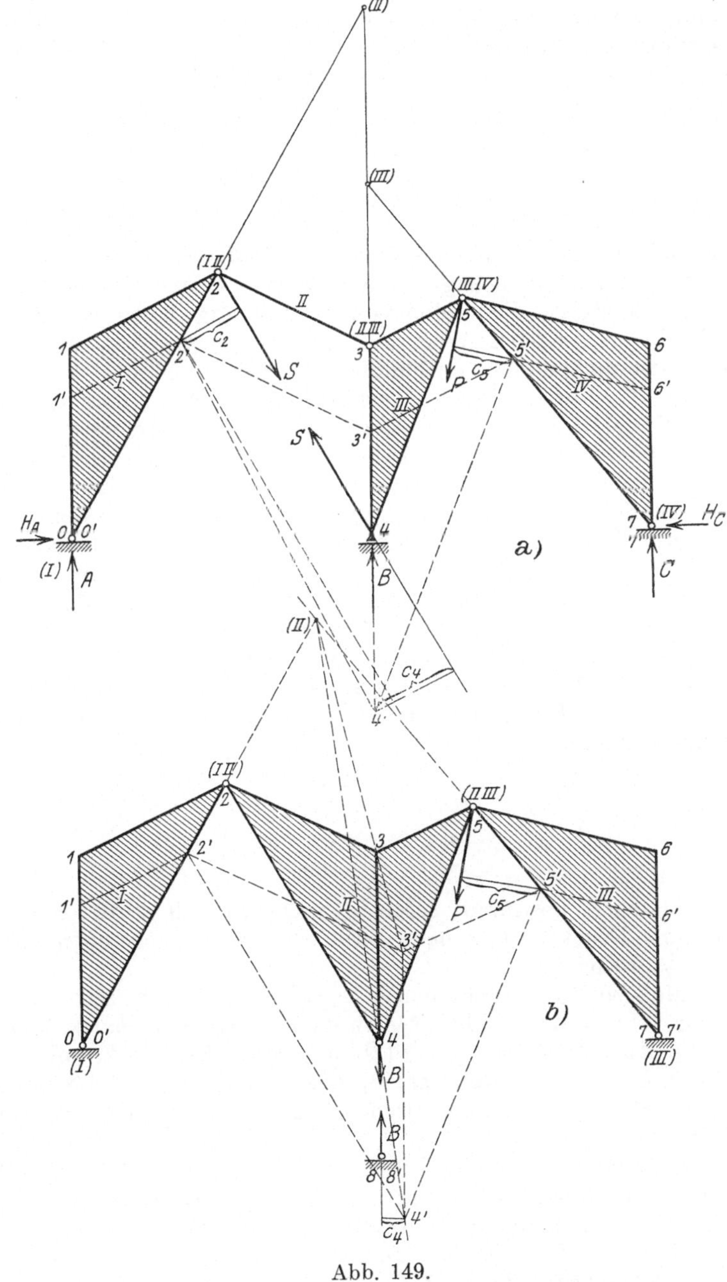

Abb. 149.

Geradé $(IV) — (III\,IV)$ einen zweiten geometrischen Ort für den Hauptpol $(III)$ liefert, der dadurch bekannt ist. Ferner findet man den Pol $(II)$ der Scheibe $II$ als Schnittpunkt der Geraden $(I) — (I\,II)$ und $(II\,III) — (III)$, womit die vier Hauptpole festgelegt sind. Jetzt denke man sich die Kette derart ángetrieben, daß der Punkt 1 eine um $90^0$ gedrehte Geschwindigkeit $1 — 1'$ erhält, welche in die Richtung $1—0$ fallen muß, und zeichne nun nach den oben angegebenen Regeln den Geschwindigkeitsplan. Als äußere Kräfte wirken an der Kette die Last $P$, die Auflagerreaktionen und die Kräfte $S$ in den Knoten 2 und 4. Bezeichnen $c_2$, $c_4$ und $c_5$ die Hebelarme der in den Konten 2, 4 und 5 angreifenden Kräfte in bezug auf die Punkte $2'$, $4'$ und $5'$, so lautet die Bedingung für den Gleichgewichtszustand:

$$(7) \qquad\qquad S\,(c_2 — c_4) — P \cdot c_5 = 0,$$

oder

$$S = P\,\frac{c_5}{c_2 — c_4}\,.$$

Die Lagerreaktionen liefern keinen Beitrag, da die Momente von $A$ und $H_A$ in bezug auf $0'$, von $B$ in bezug auf $4'$ und von $C$ und $H_C$ in bezug auf $7'$ verschwinden. Somit ist die Größe von $S$ eindeutig bestimmt, falls $c_2 — c_4$ einen von Null verschiedenen Wert hat. Die Strecken $c_2$, $c_4$ und $c_5$ können aus dem Geschwindigkeitsplan entnommen werden.

Will man die Auflagerkraft $B$ ermitteln, so denke man sich zunächst das Auflager $B$ durch eine Pendelstütze ersetzt, deren Achse mit der Bahnnormalen zusammenfällt. Darauf verwandle man das Fachwerk wieder in eine zwangläufige kinematische Kette, indem man die Pendelstütze entfernt und die in ihr wirkende Spannkraft durch zwei Kräfte $B$ von gleicher Größe und entgegengesetzter Richtung ersetzt (Abb. 149 b). Die kinematische Kette besteht jetzt aus drei starren Scheiben $I$, $II$ und $III$, ihr Polplan kann in ähnlicher Weise wie oben angegeben gezeichnet werden. Nun wählt man wieder die um $90^0$ gedrehte Geschwindigkeit $1 — 1'$ und zeichnet den Geschwindigkeitsplan, welcher für die Knoten 5 und 4 die senkrechten Geschwindigkeiten $5 — 5'$ bzw. $4 — 4'$ liefert. Die Geschwindigkeiten der übrigen Knotenpunkte, an denen äußere Kräfte angreifen, sind gleich Null. Somit lautet die Gleichgewichtsbedingung:

$$— P \cdot c_5 — B \cdot c_4 = 0,$$

woraus folgt:

$$(8) \qquad\qquad B = — P \cdot \frac{c_5}{c_4}\,.$$

Damit ist $B$ eindeutig bestimmt, sofern $c_4$ nicht zu Null wird. $B$ ergibt sich im Stützstab als Druck, was einem positiven, d. h. nach oben gerichteten Lagerdruck entspricht.

Im Anschluß an das vorstehende Beispiel soll noch auf eine für die Fachwerktheorie besonders wichtige Anwendung der Kinematik hingewiesen werden, welche Aufschluß über die Stabilität eines Fachwerks gibt.

Zu diesem Zweck sei angenommen, das hier betrachtete System sei in bezug auf den Stab $3—4$ symmetrisch. Dann muß offenbar in Abb. 149b der Pol $(II)$ in die Verlängerung des Stabes $4—3$ fallen. Der Punkt 4 bewegt sich bei einer unendlich kleinen Drehung der Scheibe $II$ um den Pol $(II)$ senkrecht zu $3—4$, d. h. in Richtung der Bahn des Auflagers $B$. Diese Bewegung kann aber durch die Stütze $B$ nicht verhindert werden, das Fachwerk ist also verschieblich. Daß es für praktische Zwecke nicht brauchbar ist, ergibt auch die Betrachtung des oben für $B$ gefundenen Ausdrucks (8). Infolge der vorausgesetzten Symmetrie fällt nämlich der Punkt $4'$ auf die Verlängerung von $3—4$, der Wert $c_4$ wird also zu Null und damit $B$ unendlich groß. Zu dem gleichen Ergebnis gelangt man bei Betrachtung der Abb. 149a. Da der Punkt $5'$ symmetrisch zu $2'$ liegt, so fällt $4'$ sowohl auf die Parallele $5'— 4'$ zu $5—4$ als auch auf die Parallele $2'—4'$ zu $2—4$. Dann ist $c_2 = c_4$ und der oben für den Stab $S$ gefundene Wert wird unendlich groß. In der Gleichung (7) verschwindet der Beitrag der Kräfte $S$. Diese leisten bei der virtuellen Verrückung keine Arbeit, was nur möglich ist, wenn die Punkte 2 und 4 ihre gegenseitige Entfernung nicht ändern, $\overline{\varDelta s_{24}}$ also zu Null wird. Die unendlich kleine Verschiebung des Fachwerks kann somit ausgeführt werden, ohne daß der fragliche Stab aus dem Fachwerk entfernt wird. Dieses ist demnach nicht starr, sondern verschieblich. Alle Geraden der Figur $F'$ sind den ihnen entsprechenden Stäben parallel, während bei dem unsymmetrischen System in Abb. 149a die Gerade $2'-4'$ dem Stab $2-4$ nicht parallel ist. Zu jedem Fachwerk können zwar beliebig viele Figuren gezeichnet werden, in denen alle Geraden den entsprechenden Stäben parallel sind, denn diese Eigenschaft besitzen alle dem Fachwerk ähnlichen Figuren. Von ihnen unterscheidet sich jedoch die Figur $F'$ einer zwangsläufigen kinematischen Kette dadurch, daß sie der Kette nicht ähnlich ist, wenigstens immer dann nicht, wenn nicht ausnahmsweise die Hauptpole aller Scheiben der Kette in einen Punkt zusammenfallen, welcher dann der Ähnlichkeitspunkt der Kette sein würde. Es ist also die Figur $F'$ des verschieblichen Fachwerks dem Fachwerk nicht ähnlich und doch sind alle Geraden den entsprechenden Stäben parallel. Aus dieser Überlegung ergibt sich der für die Beurteilung der Stabilität wichtige Satz:

Ein Fachwerk ist von unendlich kleiner Verschieblichkeit, wenn sich zu ihm eine Figur zeichnen läßt, die dem Fachwerk nicht ähnlich ist, in der sämtliche Geraden den entsprechenden Stäben des Fachwerks aber parallel sind.

Diese Regel birgt — wie schon angedeutet — eine Ausnahme, nämlich dann, wenn die Hauptpole aller Scheiben einer kinematischen Kette zusammenfallen. Liegt z. B. das in Abb. 150 dargestellte Fachwerk vor, welches durch Entfernung des punktiert gezeichneten Stabes in eine zwangläufige kinematische Kette verwandelt ist, so fallen die Pole der vier Scheiben, aus denen die Kette besteht, mit dem Schnittpunkt 0 der Normalen zu den Bahnen der drei Stützpunkte zusammen. Die Figur $F'$ wird also hier der Kette ähnlich, 0 ist der Ähnlichkeitspunkt. Indessen erkennt

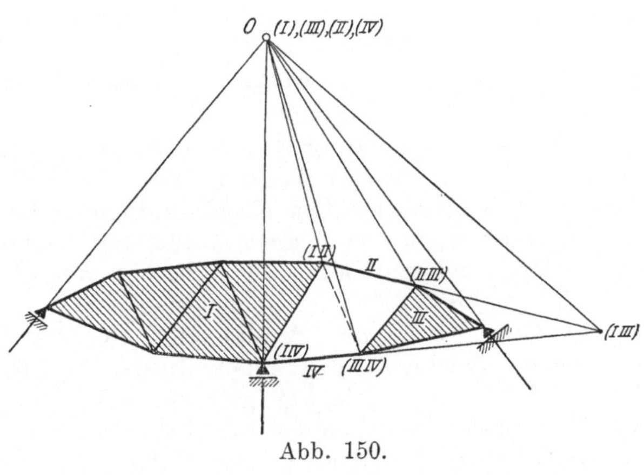

Abb. 150.

man leicht, daß das Fachwerk verschieblich ist, da die Auflager einer unendlich kleinen Drehung des Fachwerks um 0 keinen Widerstand entgegensetzen (vgl. auch S. 12).

Im Falle einer beweglichen, aus lauter parallelen Kräften bestehenden Belastung empfiehlt sich die Benutzung der Einflußlinien, zu deren Konstruktion das kinematische Verfahren besonders geeignet ist. Für die Folge werden der Einfachheit halber nur senkrechte Lasten vorausgesetzt.

Der Stab, für dessen Spannkraft die Einflußlinie bestimmt werden soll, möge die Punkte $a$ und $b$ eines stabilen Fachwerks verbinden. Durch seine Entferung wird dieses in eine zwangläufige kinematische Kette verwandelt. Die senkrechten Geschwindigkeiten der Punkte $a$ und $b$ bei einer die Auflagerreaktionen befriedigenden virtuellen Verrückung seien $a - a'$ und $b - b'$, aus denen sich durch Rückwärtsdrehung um $90^0$ die wirklichen Geschwindigkeiten $a - a''$ und $b - b''$ ergeben (Abb. 151). Bezeichnet man mit $S$ die beiden gleich großen, entgegengesetzt gerichteten Kräfte, welche als Ersatz für den entfernten Stab in den Punkten $a$ und $b$ angebracht sind, so lautet die Bedingung für das Gleichgewicht der am Fachwerk angreifenden äußeren Kräfte, einschließlich der Kräfte $S$:

$$- S\,(c_a + c_b) + \Sigma\,P_m \cdot c_m = 0,$$

wenn $c_a$ und $c_b$ die Hebelarme der $S$ in bezug auf die Punkte $a'$ und $b'$, und $c_m$ denjenigen einer beliebigen Last $P_m$ in bezug auf den Punkt $m'$ angeben. Nach $S$ aufgelöst erhält man mit $c_a + c_b = c$

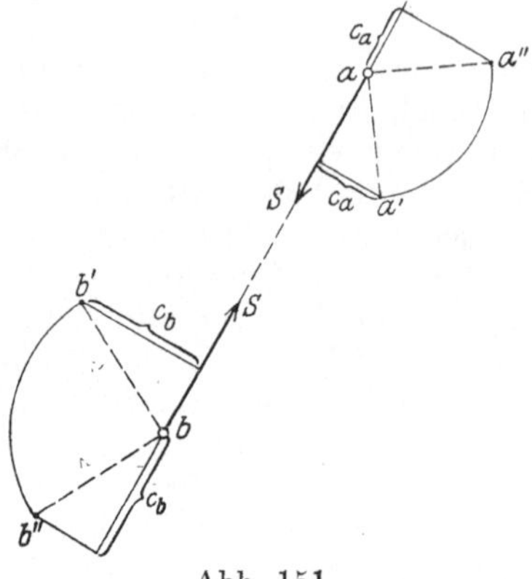

$$S = \frac{\Sigma\,P_m \cdot c_m}{c},$$

Abb. 151.

wobei $\Sigma\,P_m \cdot c_m$ nur Lasten aber keine Lagerreaktionen enthält. Die Größe $c = c_a + c_b$ stellt, wie aus Abb. 151 ersichtlich, die in unendlich großem Maßstabe aufgetragene Längenänderung $\overline{\varDelta s}$ des Knotenpunktsabstandes $a - b$ bei der betrachteten virtuellen Verrückung dar. Für den Sonderfall $\overline{\varDelta s} = 1$ wird, wenn nur die Last $P_m = 1$ im Punkte $m$ angreift

$$S = 1 \cdot c_m.$$

Die Ordinate der Einflußlinie für die Spannkraft $S$ an der Stelle $m$ ist somit gleich dem senkrechten Abstand $c_m$ des Punktes $m'$ der Figur $F'$ von der Richtung der in $m$ angreifenden Last 1. Sie ist positiv, wenn bei einer angenommenen Vergrößerung $\overline{\varDelta s} = 1$ das Moment $1 \cdot c_m$ — bzw. die Arbeit $1 \cdot c_m$ — positiv wird. In gleicher Weise können die Einflußordinaten für alle übrigen Punkte des Fachwerks dem Geschwindigkeitsplan direkt entnommen werden.

Indessen ist in den meisten Fällen die Zeichnung eines solchen gar nicht erforderlich, vielmehr kann man bereits aus dem Polplan die Gestalt der Einflußlinie ableiten.

In Abb. 152 ist der Polplan der aus den drei Scheiben $I$, $II$ und $III$ bestehenden zwangläufigen kinematischen Kette gezeichnet, welche in den Punkten 0 und 3 gelenkig gelagert sei. Die Pole $(I)$ und $(III)$ fallen mit den festen Stützpunkten 0 bzw. 3 zusammen. Während einer unendlich kleinen Verrückung der Kette möge die Scheibe $I$ die Winkelgeschwindigkeit $\omega_1$[1]) haben. Der Punkt 4 dieser Scheibe dreht sich also um den Pol $(I)$ mit der Geschwindigkeit $v_4 = \overline{0\,4} \cdot \omega_1$. Bezeichnet nun $\xi_4$ die Horizontalprojektion des Polstrahles $\overline{0\,4}$, dann ist die Projektion der Geschwindigkeit $v_4$ auf die Richtung einer in 4 wirkenden Kraft $P$ oder, was dasselbe ist, der Abstand des Punktes $4'$ von der Kraftrichtung, wenn $4 - 4'$

wieder die um $90^0$ gedrehte Geschwindigkeit angibt, $c_4 = \xi_4 \cdot \dfrac{v_4}{\overline{0\,4}} = \xi_4 \cdot \omega_1$.

Im Falle $\overline{\varDelta s} = 1$ ist $c_4 = \eta_4$ die Einflußordinate des Punktes 4, die somit als lineare Funktion des Abstandes des Punktes 4 vom Hauptpol $(I)$ der

---

[1]) $\omega_1$ wurde in Abb. 152 links drehend angenommen.

Scheibe $I$ dargestellt ist. Für $\xi = 0$ ist $\eta = 0$. Eine gleiche Überlegung kann für jede Scheibe der Kette angestellt werden. Daraus folgt, daß zu jeder starren Scheibe eine Gerade als Einflußlinie gehört, deren Nullpunkt auf der Kraftrichtung durch den zugehörigen Hauptpol der Scheibe liegt.

Im Gelenkpunkt 1, welcher die Scheiben $I$ und $II$ verbindet, hat Scheibe $I$ die gleiche Geschwindigkeit wie Scheibe $II$, somit sind auch die Projektionen beider Geschwindigkeiten auf die Kraftrichtung einander gleich. Die den Scheiben $I$ und $II$ entsprechenden Geraden der Einflußlinie müssen sich also

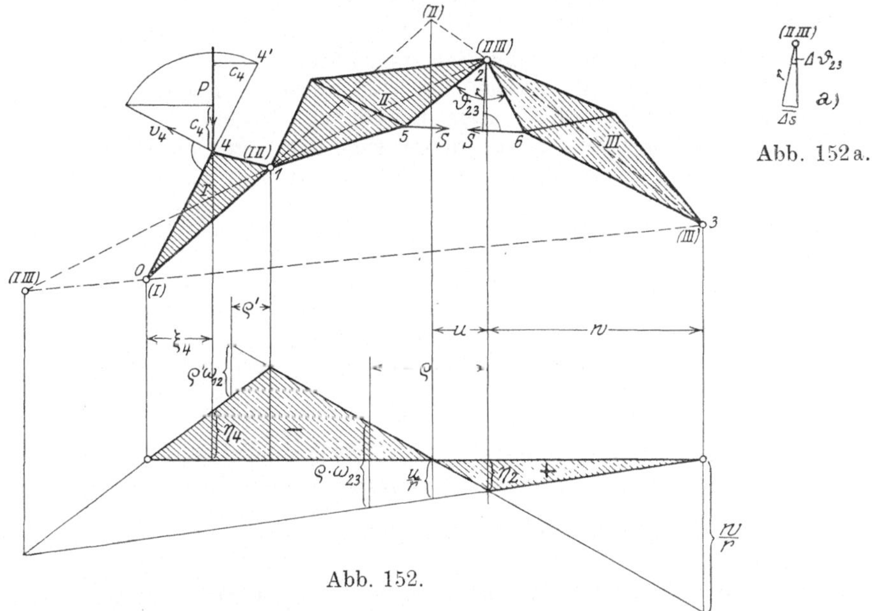

Abb. 152 a.

Abb. 152.

auf der Senkrechten durch den Nebenpol $(I\,II)$ schneiden, die Einflußlinie hat an dieser Stelle einen Knickpunkt. Dasselbe gilt offenbar für die Scheiben $II$ und $III$ in bezug auf den Nebenpol $(II\,III)$. Die Scheiben $I$ und $III$ hängen im vorliegenden Fall nicht direkt zusammen, sondern sind durch die Scheibe $II$ getrennt. Nach den oben angestellten Überlegungen kann aber ihr Nebenpol kinematisch als gemeinsamer Punkt beider Scheiben angesehen werden. Es müssen sich demnach auch die den Scheiben $I$ und $III$ entsprechenden Geraden der Einflußlinie auf der Senkrechten durch den Nebenpol $(I\,III)$ schneiden, obgleich dieser kein Punkt der Einflußlinie ist.

Durch diese wichtigen Beziehungen zwischen Hauptpolen der Scheiben und Nullpunkten der Einflußlinie einerseits, sowie Nebenpolen und Knickpunkten andererseits kann die Gestalt der Einflußlinie einer beliebigen statischen Größe angegeben werden, sobald nach Ent-

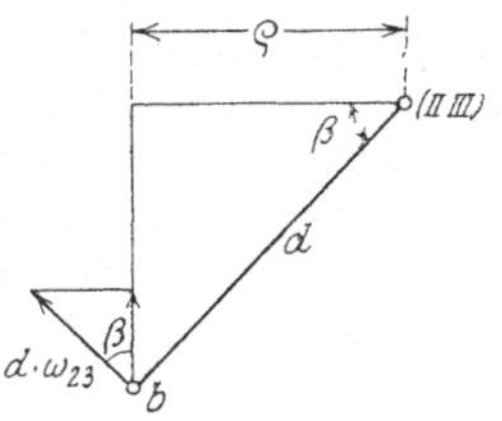

Abb. 153.

fernung des zu untersuchenden Fachwerk- bzw. Stützstabes der Polplan für die so gebildete kinematische Kette gezeichnet ist. Es bedarf nun nur noch der Größenangabe einer Ordinate, welche zwei der Einflußlinie angehörige Gerade auf einer Senkrechten abschneiden, um die Einflußlinie vollkommen festzulegen.

Auf Seite 100 war bereits darauf hingewiesen, daß der Nebenpol zweier Scheiben den Pol der relativen Drehung beider Scheiben gegeneinander darstellt. Bezeichnet nun $\omega_{23}$ die Winkelgeschwindigkeit der relativen Drehung der Scheibe $II$ gegen die Scheibe $III$, dann ist die relative Geschwindigkeit eines Punktes $b$, dessen Polstrahl die Länge $d$ besitzt (Abb. 153), $d \cdot \omega_{23}$, und ihre Projektion auf die Kraftrichtung $d \cdot \omega_{23} \cdot \cos \beta = \varrho \cdot \omega_{23}$, wenn $\varrho$ die Horizontalprojektion der Strecke $d$ darstellt. Zieht man also in Abb. 152 im Abstand $\varrho$ von $(II\,III)$ eine Senkrechte, so schneiden die den Scheiben $II$ und $III$ entsprechenden Geraden der Einflußlinie auf dieser Senkrechten die Strecke $\varrho \cdot \omega_{23}$ ab, und ebenso schneiden die den Scheiben $I$ und $II$ entsprechenden Geraden der Einflußlinie auf einer Senkrechten im Abstand $\varrho'$ vom Nebenpol $(I\,II)$ die Strecke $\varrho' \cdot \omega_{12}$ ab.

In den Punkten 5 und 6 der Scheiben $II$ und $III$ greifen die gedachten Kräfte $S$ an, die dort als Ersatz für den aus dem Fachwerk entfernten Stab angebracht wurden. Bei einer beliebigen virtuellen Verrückung der zwangläufigen kinematischen Kette möge sich der gegenseitige Abstand der Punkle 5 und 6 um $\overline{\varDelta s}$ ändern. Dadurch ändert sich der von den Stäben 5—2 und 2—6 eingeschlossene untere Winkel $\vartheta_{23}$ um den Wert $\varDelta \vartheta_{23} = \dfrac{\overline{\varDelta s}}{r}$ (Abb. 152 a), wenn $r$ das Lot von Punkt 2 auf die Richtung 5—6 bezeichnet. $\varDelta \vartheta_{23}$ gibt die relative Winkeländerung oder, wenn man wieder an Stelle der Verrückungen die Geschwindigkeiten einführt (vgl. S. 97), die relative Winkelgeschwindigkeit der Scheibe $II$ gegen die Scheibe $III$ an. Im Falle $\overline{\varDelta s} = 1$ ist demnach $\varDelta \vartheta_{23} = \omega_{23} = \dfrac{1}{r}$. Bezeichnet nun $w$ den Abstand der Senkrechten durch den Hauptpol $(III)$ vom Nebenpol $(II\,III)$, so schneiden die den Scheiben $II$ und $III$ entsprechenden Geraden der Einflußlinie auf dieser Senkrechten die Strecke $\varrho \cdot \omega_{23} \cdot \dfrac{w}{\varrho} = \dfrac{w}{r}$ und auf der Senkrechten durch den Hauptpol $II$ die Strecke $\dfrac{u}{r}$ ab, wenn $u$ deren Abstand von $(II\,III)$ angibt. In den Ordinaten $\dfrac{w}{r}$ und $\dfrac{u}{r}$ erhält man somit zwei Bestimmungsstücke für den Maßstab der Einflußlinie.

Allgemein soll festgesetzt werden, daß zur besseren Übersicht die positiven Ordinaten der Einflußlinie von der Nullinie aus nach unten, die negativen nach oben aufgetragen werden. Treibt man die Kette so an, daß die Längenänderung $\overline{\varDelta s} = 1$ wird, so erfolgt die Verrückung der Knotenpunkte 5 und 6 der Richtung der in diesen Punkten angreifenden Kräfte $S$ entgegengesetzt. Letztere leisten demnach die virtuelle Arbeit $-1 \cdot S$. Die Scheibe $II$ dreht sich um ihren Hauptpol $(II)$, die Scheibe $III$ um ihren Hauptpol $(III)$. Soll nun der Abstand 5—6 vergrößert werden, so muß der Gelenkpunkt 2 offenbar eine Verrückung erleiden, die auf der Geraden $(II) - (II\,III) - (III)$ senkrecht steht und nach unten gerichtet ist. Ihre Projektion auf die Senkrechte durch 2 ist $c_2 = \eta_2$. Eine in 2 stehende, senkrecht nach unten wirkende Last 1 leistet somit die positive virtuelle Arbeit $+1 \cdot \eta_2$, und das Prinzip der virtuellen Verrückungen liefert,

$$-1 \cdot S + 1 \cdot \eta_2 = 0,$$

woraus folgt

$$S = 1 \cdot \eta_2.$$

Die Einflußlinie erhält demnach unter dem Gelenkpunkt 2 eine positive Ordinate.

Einer Längenänderung $\overline{\varDelta s} = +1$ entspricht im vorliegenden Beispiel eine Winkeländerung $+\varDelta\vartheta_{23}$, denn der Winkel $\vartheta_{23}$ erfährt hierbei eine Vergrößerung. In diesem Falle nehmen aber auch die Ordinaten $\dfrac{w}{r}$ und $\dfrac{u}{r}$ positive Werte an, sind also von der Nullinie aus nach unten aufzutragen. Damit ergibt sich in der Einflußlinie entsprechend dem oben gefundenen Resultat eine positive Ordinate $\eta_2$, womit auch das Vorzeichen aller übrigen Ordinaten festgelegt ist.

Die Bestimmung des Vorzeichens der Einflußlinie einer beliebigen statischen Größe läßt sich demnach aus folgender einfacher Regel herleiten: Vergrößert sich infolge einer positiven Längenänderung $\overline{\varDelta s} = 1$ des entfernt gedachten Stabes der zugehörige (untere) Winkel $\vartheta$, so wird die Ordinate der Einflußlinie unter dem Winkelscheitel positiv, verkleinert sich $\vartheta$, dann wird sie negativ. Einem positiven $\varDelta\vartheta$ entspricht somit ein Knick der Einflußlinie nach unten, einem negativen $\varDelta\vartheta$ ein Knick nach oben.

Für diese Regel besteht ein Ausnahmefall, der gewöhnlich dann vorliegt, wenn der Nebenpol der beiden Scheiben, welche durch den Stab ver-

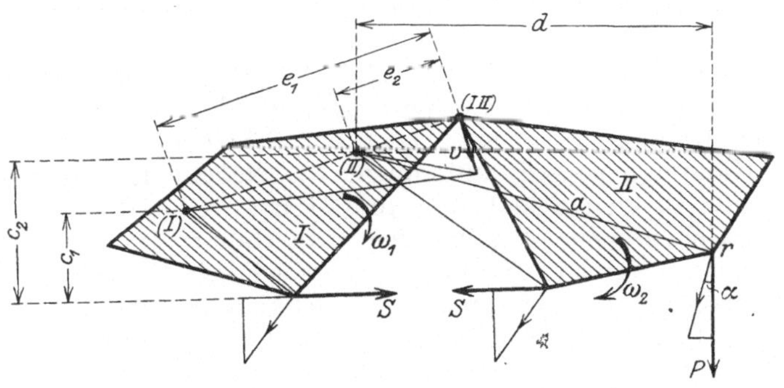


Abb. 153 a.

bunden werden, dessen Spannkraft gesucht ist, nicht zwischen die beiden Hauptpole dieser Scheiben fällt, sondern außerhalb derselben. Im Zweifelsfalle kann man sich über das Vorzeichen wie folgt Aufschluß verschaffen.

Es seien $I$ und $II$ die beiden Scheiben, $S$ die Spannkraft des sie verbindenden Stabes (Abb. 153 a). Die Hauptpole $(I)$ und $(II)$, sowie der Nebenpol $(III)$ seien bekannt. Bei einer virtuellen Verrückung der Kette möge der Punkt $(I\,II)$ die Verschiebung $v$ erleiden, welche senkrecht zu $(I)-(II)-(III)$ steht. Bezeichnen $\omega_1$ und $\omega_2$ die Winkelgeschwindigkeiten der Scheiben $I$ und $II$, so ist, da $(III)$ beiden Scheiben angehört, mit den Bezeichnungen der Abb. 153 a

$$v = e_1 \cdot \omega_1 = e_2 \cdot \omega_2 \quad \text{oder} \quad \omega_1 = \omega_2 \cdot \frac{e_2}{e_1}.$$

Bei der betreffenden virtuellen Verrückung erleidet der Punkt $r$ der Scheibe $II$ die Verschiebung $a\,\omega_2$, wenn $a$ die Länge des Polstrahles $(II)-r$ angibt. Die Projektion dieser Verschiebung auf die Richtung einer in $r$ stehenden senkrechten Last $P$ wird unter Beachtung der in der Figur gewählten Bezeichnungen $a \cdot \omega_2 \cdot \cos\alpha = d \cdot \omega_2$, und die von der Last $P$ geleistete Arbeit demnach $P \cdot d \cdot \omega_2$. In gleicher Weise können die Arbeiten der beiden Kräfte $S$ bestimmt werden. Der Angriffspunkt der an der Scheibe $I$ wirkenden Kraft $S$ erleidet in Richtung dieser Kraft die Verschiebung $-c_1\omega_1$, der Angriffspunkt der an der Scheibe $II$ wirkenden Kraft $S$ in Richtung dieser Kraft die Verschiebung $+c_2\cdot\omega_2$. Da weitere Kräfte nicht wirksam sind, so liefert das Prinzip der virtuellen Verrückungen

$$P\cdot d\cdot\omega_2 + S\cdot c_2\cdot\omega_2 - S\cdot c_1\cdot\omega_1 = 0,$$

oder mit $\omega_1 = \omega_2\dfrac{e_2}{e_1}$

$$P\cdot d + S\left(c_2 - c_1\frac{e_2}{e_1}\right) = 0,$$

woraus folgt

$$S = -\frac{P\cdot d}{c_2 - c_1\dfrac{e_2}{e_1}}.$$

Die Einflußordinate unter $r$ wird demnach negativ, wenn $c_2 > c_1\dfrac{e_2}{e_1}$ ist, im andern Falle positiv.

Die vorstehend entwickelten Gesetze sollen jetzt auf einige Beispiele angewendet werden.

1. Für den in Abb. 154a dargestellten Dreigelenkbogen sind die Einflußlinien der Stabkräfte $O$, $U$ und $D$ zu zeichnen.

Nach Entfernung des Stabes $O$ (Abb. 154b) geht das Fachwerk in eine zwangläufige kinematische Kette über, die aus den Scheiben $I$, $II$ und $III$ besteht. Die Hauptpole $(I)$ und $(III)$ der Scheiben $I$ und $III$ fallen mit den beiden Kämpfergelenken zusammen, die Nebenpole $(I\,II)$ und $(II\,III)$ sind durch die zu den Scheiben $I$ und $II$ bzw. $II$ und $III$ gehörigen Gelenkpunkte gegeben. Zur Bestimmung des Hauptpoles $(II)$ beachte man, daß dieser mit $(I)$ und $(I\,II)$ einerseits, sowie $(II\,III)$ und $(III)$ andererseits auf einer Geraden liegen muß. Der Schnittpunkt beider Geraden liefert den Pol $(II)$. Durch den Polplan ist die Gestalt der Einflußlinie festgelegt. Den drei Hauptpolen entsprechen Nullpunkte der Einflußlinie, den beiden Nebenpolen entsprechen Knickpunkte. Infolge einer Verlängerung des Stabes $O$ tritt eine Verkleinerung des Winkels $\vartheta_{12}$ ein, die unter $(I\,II)$ liegende Ordinate der Einflußlinie ist also negativ. Die Ordinaten $\dfrac{w}{r}$ oder $\dfrac{u}{r}$, unter $(I)$ bzw. $(II)$ aufgetragen, bestimmen den Maßstab der Einflußlinie, die somit festgelegt ist

In gleicher Weise wurde in Abb. 154c der Polplan für die Kette gezeichnet, in welche das Fachwerk nach Entfernung des Stabes $U$, dessen Einflußlinie gesucht ist, verwandelt wird. Der Hauptpol $(II)$ fällt hier in das Einflußgebiet der Scheibe $I$, d. h. die Einflußlinie hat im Bereich der Scheibe $II$ keinen Nullpunkt. Dieser liegt vielmehr links vom Nebenpol $(I\,II)$ und ist somit wohl der Nullpunkt der der Scheibe $II$ entsprechenden Geraden der Einflußlinie, nicht aber ein Nullpunkt der Einflußlinie selbst. Die Aufeinanderfolge der beiden Hauptpole $(I)$ und $(II)$ und des Nebenpols $(I\,II)$ ist hier derart, daß letzterer nicht zwischen die beiden Hauptpole fällt, sondern außerhalb derselben. In diesem Fall trifft die auf S. 109 gegebene Regel zur Bestimmung des Vorzeichens der Einflußlinie nicht zu. Obwohl hier der Winkel $\vartheta_{12}$ bei einer positiven Längenänderung $\varDelta s$ größer wird, ist die unter $(I\,II)$ liegende Ordinate nicht positiv, sondern negativ. Im vorliegenden Beispiel kann man sich davon leicht überzeugen, wenn man die Last 1 im Gelenkpunkt $(II\,III)$ angreifen läßt. Dann müssen die beiden Kämpferdrücke durch diesen Gelenkpunkt gehen und man erkennt, daß der linke Kämpferdruck in bezug auf $(I\,II)$ ein negatives Moment erzeugt. Der

Stab $U$ erhält somit bei dieser Laststellung Druck, d. h. die unter dem Gelenk $(II\,III)$ liegende Ordinate ist negativ. Da aber die Einflußlinie innerhalb der Trägerstützweite keinen Nullpunkt besitzt, so muß auch die dem Nebenpol $(I\,II)$ entsprechende Einflußordinate negativ sein. Die Bestimmungsstücke $\dfrac{w}{r}$ und $\dfrac{u}{r}$ geben den Maßstab der Einflußlinie an. Da $\varDelta\vartheta_{12}$ positiv wird, so müßten nach der obigen Regel auch $\dfrac{w}{r}$ und $\dfrac{u}{r}$ positiv (nach unten) aufgetragen werden. Trägt man hier den größeren der beiden Werte seinem Vorzeichen entsprechend auf, den kleineren dagegen im entgegengesetzten Sinn, so erhält man das richtige Vorzeichen der Einflußlinie.

In Abb. 154 d ist die Einflußlinie für den Stab $D$ dargestellt. Die Kette besteht jetzt aus den fünf Scheiben $I$ bis $V$. Unter der Annahme, daß die Lasten am Obergurt angreifen, ist für die Bestimmung der Einflußlinie der Scheibenzug $I-II-III-IV$ maßgebend. Die Hauptpole $(I)$ und $(IV)$, sowie die Nebenpole $(I\,II)$, $(II\,III)$ und $(III\,IV)$ sind durch die Stützung und den Zusammenhang der Scheiben gegeben. Für den Hauptpol $(III)$ ist ein geometrischer Ort bekannt, nämlich die Gerade $(IV)-(III\,IV)$. Um einen zweiten zu finden, muß zunächst ein Hilfspol, der Nebenpol $(I\,III)$, bestimmt werden. Da die Scheiben $I$ und $III$ mit den Stäben $II$ und $V$ ein Gelenkviereck bilden, so liegt der Nebenpol $(I\,III)$ im Schnittpunkt der Stäbe $II$ und $V$. Nun muß aber der Hauptpol $(III)$ auf der Geraden $(I)-(I\,III)$ liegen, welche demnach den zweiten geometrischen Ort für diesen Pol liefert, der damit ebenfalls bekannt ist. Endlich findet man den Hauptpol $(II)$ als Schnittpunkt der Geraden $(I)-(I\,III)$ und $(III)-(II\,III)$. Nach Zeichnung des Polplanes ist

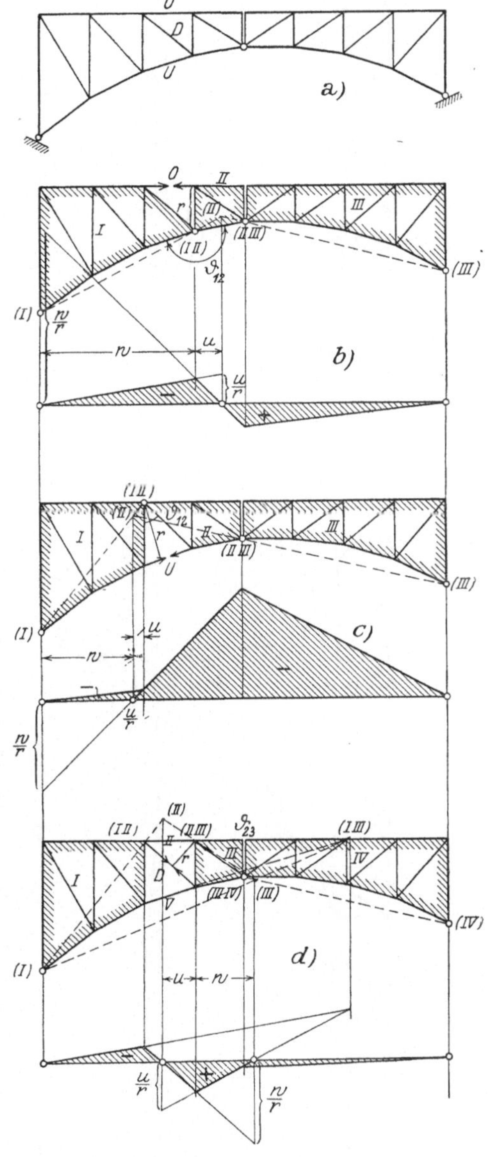

Abb. 154.

die Gestalt der Einflußlinie für $D$ festgelegt. Ihr Maßstab wird in bekannter Weise bestimmt. Bezüglich der Angabe des Vorzeichens beachte man, daß bei einer Verlängerung des Stabes $D$ eine Vergrößerung des Winkels $\vartheta_{23}$ eintritt; die unter dem Nebenpol $(II\,III)$ liegende Ordinate der Einflußlinie ist daher positiv. Zu bemerken ist noch, daß der Schnittpunkt der den Scheiben $I$ und $III$ entsprechenden Geraden der Einflußlinie unter dem Nebenpol $(I\,III)$

liegen muß, wodurch ein Mittel gegeben ist, die Richtigkeit der Einflußlinie zu prüfen.

2. In Abb. 155 ist die Einflußlinie für den Diagonalstab $D$ der Mittelöffnung eines Gerberträgers dargestllet worden. Eine Erläuterung der Zeichnung erübigt sich nach den vorhergehenden Erklärungen. Zum Vergleich sei auf die in Abb. 132 c dargestellte Einflußlinie hingewiesen, die dort mit Hilfe des Ritterschen Verfahrens abgeleitet wurde.

3. Für den in Abb. 156 dargestellten Dreigelenkbogen, dessen Belastung am Obergurt angreifen möge, soll die Einflußlinie für die Spannkraft des Obergurtstabes $O$ gezeichnet werden. Durch Entfernung dieses Stabes wird das Fachwerk in eine zwangläufige kinematische Kette verwandelt, die aus den starren Scheiben $I$, $II$, $III$ und den Stäben $IV$ bis $VII$ besteht. Für die Bestimmung der Einflußlinie sind nur die Scheiben $I$ bis $III$ maßgebend. Der Hauptpol $(III)$ fällt mit dem rechten Kämpfergelenk zusammen, außerdem sind die Nebenpole $(I\,II)$ und $(II\,III)$ durch den Zusammenhang der Scheiben gegeben. Der Hauptpol $(I)$ liegt auf der Richtung des Stabes $IV$, während für $(II)$ die Gerade $(III)-(II\,III)$ einen geometrischen Ort liefert. Um einen zweiten zu finden, müssen zunächst einige Hilfspole bestimmt werden. Der Pol $(V)$ liegt im linken Kämpfergelenk, und der Pol $(VII)$ muß erstens auf der Geraden $(V\,VII)-(V)$ und zweitens auf der Verbindungslinie der Pole $(I)$ und $(I\,VII)$ liegen. Von $(I)$ weiß man, daß er auf der Achse des Stabes $IV$ liegt. $(I\,VII)$ fällt ins Unendliche, da die beiden ihn bestimmenden Geraden $(I\,VI)-(VI\,VII)$ und $(I\,II)-(II\,VII)$ einander parallel sind. Diese schneiden im Unendlichen auch die Achse des Stabes $IV$, so daß die Verbindungslinie $(I)-(I\,VII)$ mit dem Stab $IV$ zusammenfällt. Demnach liegt der Hauptpol $(VII)$ ebenfalls im linken Kämpfergelenk. Verbindet man nun $(VII)$ mit $(II\,VII)$, so erhält man einen zweiten geometrischen Ort zur Bestimmung von $(II)$. Die Gerade $(II)-(I\,II)$ liefert endlich im Schnittpunkt mit dem Stabe $IV$ den Hauptpol $(I)$, dessen Ermittlung zur Lösung der Aufgabe an und für sich nicht erforderlich ist, da es genügt zu wissen, daß er auf der Senk-

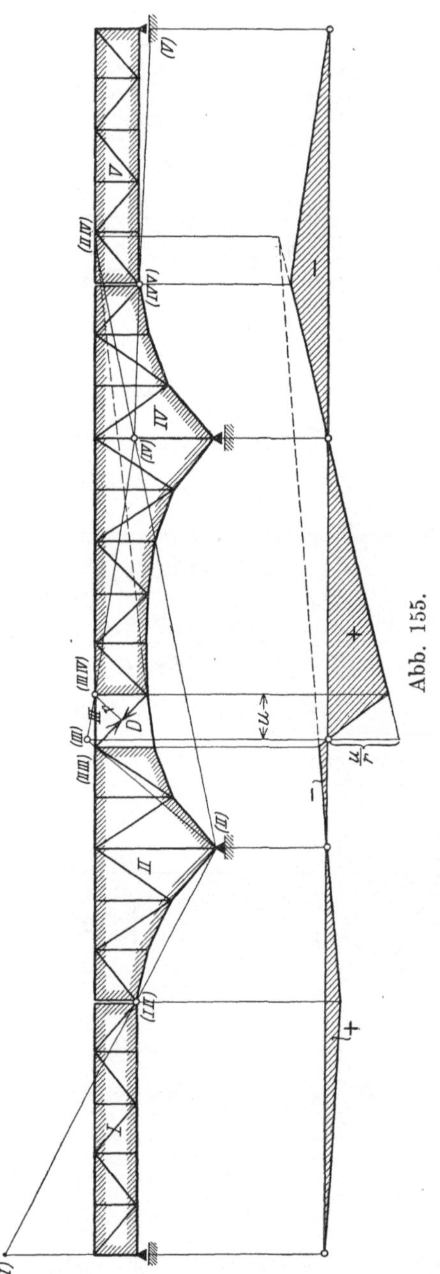

Abb. 155.

rechten durch das linke Kämpfergelenk liegen muß. Nunmehr können Gestalt, Maßstab und Vorzeichen der Einflußlinie in bekannter Weise festgelegt werden.

In ähnlicher Weise verfährt man bei der Konstruktion der Einflußlinie eines $D$-Stabes (Abb. 157). Die Kette besteht hier aus den Scheiben (bzw. Stäben) $I$ bis $IX$, von denen $I$ bis $IV$ zur Bestimmung der Einflußlinie maßgebend sind. Die Pole $(III)$, $(I\,IV)$, $(II\,IV)$ und $(II\,III)$ können sofort festgelegt werden. Hauptpol $(I)$ liegt auf der Achse des Stabes $V$, Hauptpol $(II)$ auf der Geraden $(III)-(II\,III)$. Nun sind zunächst wieder einige Hilfspole zu ermitteln. Der Pol $(VI)$ fällt mit dem linken Kämpfergelenk zusammen. Da die Nebenpole $(I\,II)$, wegen der Parallelität der Stäbe $IV$ und $IX$, sowie $(I\,VI)$, wegen der Parallelität der Stäbe $V$ und $VII$, im Unendlichen liegen, so folgt, daß auch der auf ihre Verbindungsgerade fallende Nebenpol $(VI\,II)$ ein unendlich ferner Punkt ist. Andererseits fällt er auf die Gerade $(VIII\,II)-(VIII\,VI)$, liegt also auf dieser im Unendlichen. Die Verbindungslinie des Hauptpoles $(VI)$ und des Nebenpoles $(VI\,II)$ läuft demnach der Geraden $(VIII\,II)-(VIII\,VI)$ parallel. Sie liefert den zweiten geometrischen Ort für den Hauptpol $(II)$, der damit be

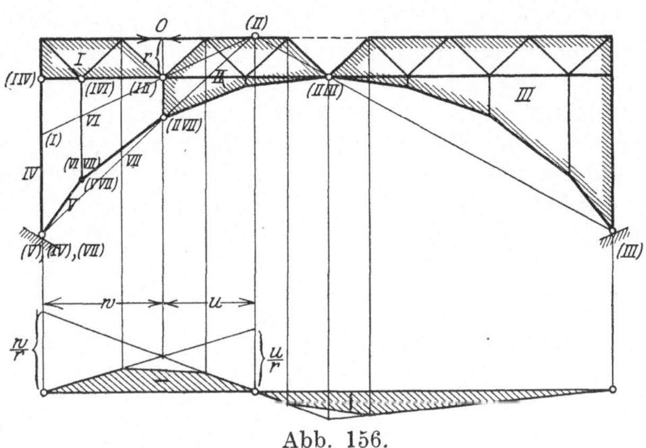

Abb. 156.

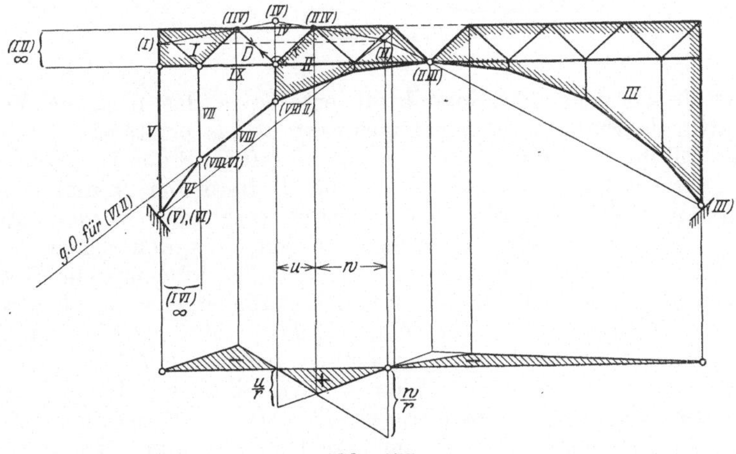

Abb. 157.

stimmt ist. Nun ist auch $(I)$ bekannt als Schnittpunkt des Stabes $V$ mit der Parallelen zu dem Stabe $IV$ (bzw. $IX$) durch den Hauptpol $(II)$. Der Pol $(IV)$ ergibt sich endlich als Schnittpunkt der Geraden $(I)-(I\,IV)$ und $(II)-(II\,IV)$. Es liegen somit die Nullpunkte und Knickpunkte der Einflußlinie für $D$ durch den Polplan fest, so daß diese in bekannter Weise aufgetragen werden kann.

4. Das in Abb. 158 skizzierte Tragsystem stellt zwei Dreigelenkbögen dar, von denen der linke auf einen Kragarm des rechten aufgesetzt ist. Es soll die Einflußlinie der senkrechten Reaktionskomponente der Stütze $B$ gezeichnet werden. Zu diesem Zweck denke man sich zunächst das feste Lager $B$ durch zwei Stützstäbe, einen senkrechten und einen horizontalen, ersetzt und entferne den senkrechten, dessen Spannkraft bestimmt werden soll. Dadurch geht das System in eine zwangläufige kinematische Kette über, die aus den Scheiben $I$ bis $V$ besteht. Die Hauptpole $(I)$, $(IV)$ und $(V)$, sowie die Nebenpole $(I\,II)$, $(II\,III)$, $(III\,V)$ und $(III\,IV)$ können sofort angegeben werden. Der Hauptpol $(III)$ liegt auf den Geraden $(III\,IV)-(IV)$ und $III\,V)-(V)$, ist also als Schnittpunkt beider festgelegt. Endlich wird der Hauptpol $(II)$ gefunden als Schnittpunkt der Geraden $(I)-(I\,II)$ und $(III)-(II\,III)$. Damit sind alle notwendigen Pole bestimmt, und die Einflußlinie kann gezeichnet werden. Ihr Maßstab und Vorzeichen sind dadurch festgelegt, daß eine über $B$ stehende Last 1 einen senkrecht nach oben gerichteten Stützendruck von der Größe 1 erzeugen muß. Als Einflußlinie der

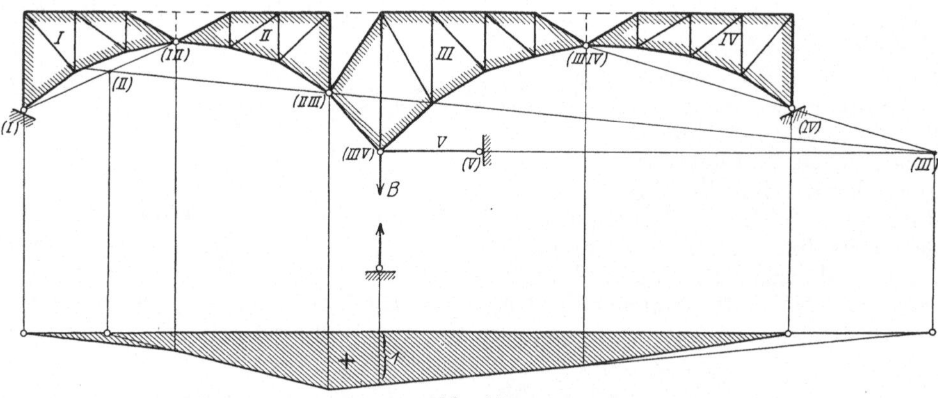

Abb. 158.

im Lagerstab herrschenden Spannkraft erhält sie das negative Vorzeichen (Druckkraft), als Einflußlinie der Lagerreaktion das positive.

5. Es soll die Einflußlinie für die Spannkraft im Stabe $U$ des in Abb. 159 skizzierten Tragsystems, welches bei $A$ und $D$ feste, bei $B$ und $C$ auf horizontaler Bahn verschiebliche Auflager besitzt, gezeichnet werden. Nach Entfernung des Stabes $U$ geht der Träger in eine aus den Scheiben $I$ bis $V$ und den Stäben $VI$ bis $IX$ bestehende zwangläufige kinematische Kette über. Die Hauptpole $(I)$ und $(V)$ fallen mit den Auflagergelenken $A$ bzw. $D$ zusammen. Die Nebenpole $(I\,II)$, $(II\,III)$, $(III\,IV)$, $(IV\,V)$, $(I\,VI)$ und $(VIII\,IV)$ sind durch den Zusammenhang der Scheiben gegeben, $(VI\,II)$ und $(VIII\,III)$ können in bekannter Weise gefunden werden. Für den Hauptpol $(II)$ ist ein geometrischer Ort in der Geraden $(I)-(I\,II)$ vorhanden. Um einen zweiten zu finden, wird zunächst der Pol $(VI)$ bestimmt. Dieser liegt auf der Bahnnormalen des Lagers $B$ und auf der Verbindungslinie der Pole $(I)$ und $(I\,VI)$. Zieht man jetzt die Gerade $(VI\,II)-(VI)$, so liefert diese einen zweiten geometrischen Ort für den Pol $(II)$, der somit ebenfalls bekannt ist. Für die Hauptpole der drei Scheiben $III$, $IV$ und $VIII$ ist je ein geometrischer Ort, $g_3$, $g_4$, $g_8$, vorhanden, nämlich die Geraden $g_3=(II)-(II\,III)$, $g_4=(V)-(IV\,V)$ und die Bahnnormale $g_8$ des Lagers $C$. Ein zweiter geometrischer Ort für einen dieser Pole kann zunächst nicht ohne weiteres angegeben werden. Die zugehörigen Nebenpole $(III\,IV)$, $(VIII\,IV)$ und $(VIII\,III)$,

welche auf einer Geraden liegen, sind bekannt. Nun weiß man, daß die Hauptpole $(III)$ und $(IV)$ mit dem Nebenpol $(III\,IV)$, die Hauptpole $(III)$ und $(VIII)$ mit dem Nebenpol $(VIII\,III)$ und die Hauptpole $(IV)$ und $(VIII)$ mit dem Nebenpol $(VIII\,IV)$ auf einer Geraden liegen müssen. Die drei Hauptpole $(III)$, $(IV)$ und $(VIII)$ bilden also die Ecken eines Dreiecks, dessen Seiten durch die zugehörigen Nebenpole gehen. Dieses kann mit Hilfe eines Lehrsatzes aus der Geometrie der Lage gezeichnet werden, welcher lautet:

Drehen sich die Seiten eines veränderlichen $n$-Ecks um feste, auf einer Geraden liegende Punkte, und bewegen sich dabei $n-1$ Ecken auf bestimmten Geraden, so bewegt sich auch die $n$-te Ecke auf einer Geraden.

Man nimmt zunächst einen Hauptpol willkürlich auf der Richtung der Geraden an, welche einen ersten geometrischen Ort für ihn darstellt, z. B. $(IV)'$ auf der Geraden $g_4$, wobei hier $(IV)'$ mit $(IV\,V)$ zusammenfallen

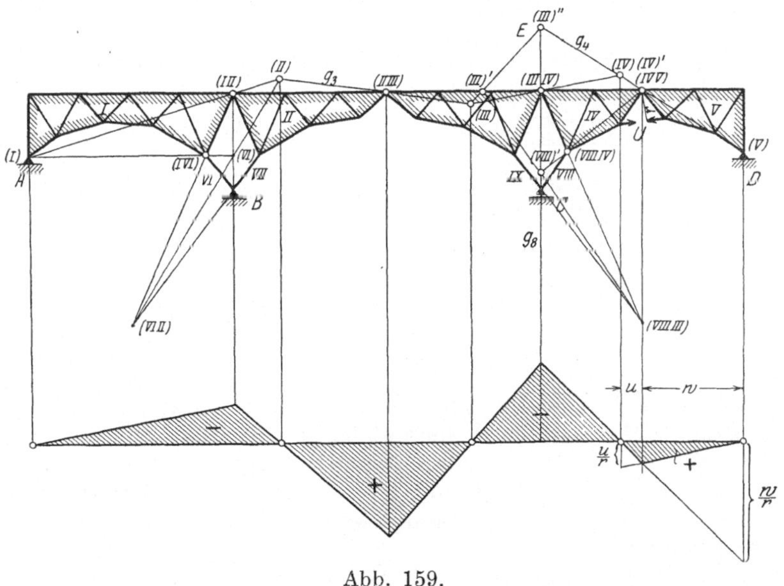

Abb. 159.

möge. Dann findet man $(VIII)'$ als Schnittpunkt von $g_8$ mit der Verbindungslinie $(IV)'-(VIII\,IV)$, und $(III)'$ als Schnittpunkt der Geraden $(VIII)'-(VIII\,III)$ und $(IV)'-(III\,IV)$. Verschiebt man $(IV)'$ auf $g_4$, wobei $(VIII)'$ auf $g_8$ wandert, so muß sich nach obigem Satz auch $(III)'$ auf einer Geraden bewegen. Nimmt nun $(IV)'$ die ausgezeichnete Lage $(IV)''$ im Schnittpunkt $E$ von $g_4$ und $g_8$ an, so fallen die Pole $(VIII)''$ und $(III)''$ — wie man sich leicht überzeugt — mit $(IV)''$ zusammen. Die Verbindungslinie $E-(III)'$ stellt also die Gerade dar, auf welcher sich der Pol $(III)'$ bewegt, wenn $(IV)'$ auf $g_4$ verschoben wird. Sie liefert einen zweiten geometrischen Ort für den Hauptpol $(III)$, welcher als Schnittpunkt der Geraden $g_3$ mit der Verbindungslinie $E-(III)'$ gefunden wird. Nun kann auch der Hauptpol $(IV)$ als Schnittpunkt von $(III)-(III\,IV)$ und $g_4$ bestimmt werden. Es sind jetzt alle Hauptpole der Scheiben $I$ bis $V$ bekannt, die Einflußlinie für $U$ läßt sich somit in bekannter Weise auftragen.

Mitunter empfiehlt es sich, die Einflußlinie eines Fachwerkstabes mit Hilfe des Geschwindigkeitsplanes zu ermitteln, ohne daß zuvor ein Polplan gezeichnet wird. Das Verfahren möge an zwei mehrteiligen Fachwerken (vgl. S. 31) erläutert werden, zu deren Untersuchung es besonders geeignet ist.

Für die Spannkraft im Stabe $D$ des in Abb. 160 dargestellten zweiteiligen Fachwerkträgers soll die Einflußlinie gezeichnet werden. Man entferne zunächst den Stab $D$, wodurch das System in eine zwangläufige kinematische Kette verwandelt wird. Die rechte Scheibe, welche durch den Stab 6—7 begrenzt wird, ist starr und möge als ruhend angesehen werden. Das Auflager bei $A$ denke man sich durch die dort wirkende Stützkraft $A$ ersetzt. Bei einer unendlich kleinen Verrückung der Kette muß sich der Punkt 5 um den ruhend gedachten Punkt 7 drehen. Seine senkrechte Geschwindigkeit 5—5′, welche beliebig gewählt wird, fällt also auf die Rich-

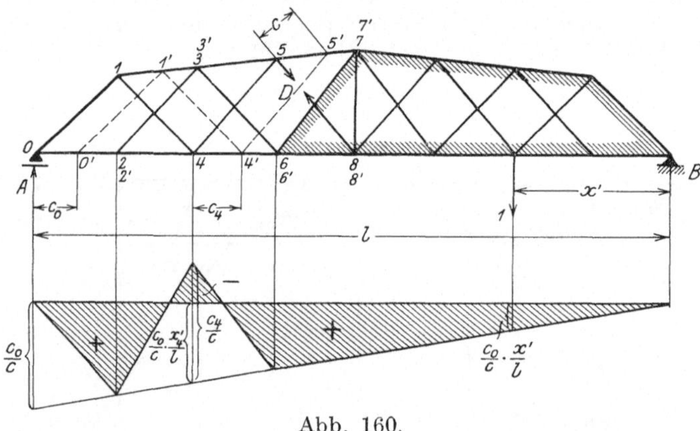

Abb. 160.

tung 5—7. 7—7′ und 6—6′ sind gleich Null. Der Punkt 4 ist an 5 und 6 angeschlossen. Demnach findet man 4′ im Schnittpunkt von 5′—4′ ∥ 5—4 und 6′—4′ ∥ 6—4. Punkt 3 ist an 5 und 6 angeschlossen, weshalb 3′ im Schnittpunkt von 5′—3′ ∥ 5—3 und 6′—3′ ∥ 6—3 liegt. Schreitet man in dieser Weise von Knoten zu Knoten weiter fort, so findet man ferner die Punkte 2′, 1′ und 0′.

Der Abstand des Punktes 5′ von $D$ sei mit $c$, derjenige des Punktes 0′ von $A$ mit $c_0$ bezeichnet. Eine zwischen dem Knoten 6 und dem Lager $B$ stehende Last 1 erzeugt den Auflagerdruck $A = 1 \cdot \dfrac{x'}{l}$. Wendet man auf diesen Belastungszustand das Prinzip der virtuellen Verrückungen an, so liefert dieses:

$$A \cdot c_0 - D \cdot c = 0 \qquad \text{oder} \qquad D = 1 \cdot \frac{x'}{l} \cdot \frac{c_0}{c}.$$

Dieser lineare Ausdruck für $D$ stellt die Ordinaten der Einflußlinie zwischen den Punkten 6 und $B$ dar. Steht die Last 1 im Knoten 4, so wird

$$A \cdot c_0 - D \cdot c - 1 \cdot c_4 = 0 \qquad \text{oder} \qquad D = 1 \cdot \frac{x_4'}{l} \cdot \frac{c_0}{c} - \frac{c_4}{c}.$$

Endlich ergibt sich, wenn die Last 1 im Knoten 2 steht,

$$A \cdot c_0 - D \cdot c = 0 \qquad \text{oder} \qquad D = 1 \cdot \frac{x_2'}{l} \cdot \frac{c_0}{c}.$$

Durch diese Ordinaten ist die Einflußlinie eindeutig festgelegt.

In ähnlicher Weise verfährt man bei der Bestimmung der Einflußlinie für die Spannkraft im Stabe $D$ des in Abb. 161 skizzierten Trägers. Wird $D$ entfernt, so entsteht eine kinematische Kette, die aus den zwei schraffierten starren Scheiben und einer Anzahl diese verbindender Stäbe besteht. Man denke sich die rechte Scheibe ruhend und erteile der Kette, nachdem man das linke Auflager durch den Stützendruck $A$ ersetzt hat, eine virtuelle Verrückung, dergestalt, daß der Knotenpunkt 7 die senkrechte Geschwindigkeit $7-7'$ erhält. Nun zeichne man in bekannter Weise den Geschwindig-

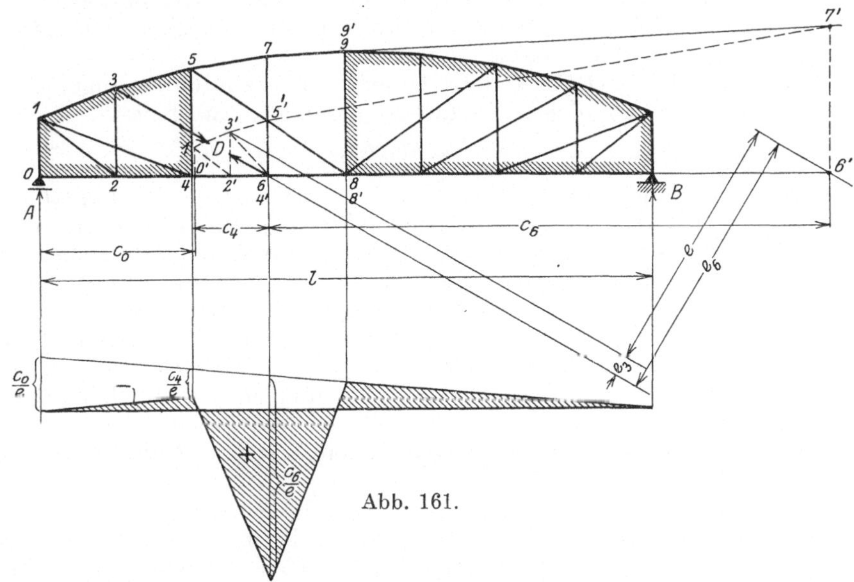

Abb. 161.

keitsplan, indem man nacheinander die Punkte $6'$, $5'$, $4'$, $3'$, $2'$, $1'$ und $0'$ bestimmt. Eine zwischen dem Knotenpunkt 8 und dem Auflager $B$ stehende Last 1 erzeugt den Auflagerdruck $A = 1 \cdot \dfrac{x'}{l}$. Für diese Laststellung liefert das Prinzip der virtuellen Verrückungen unter Beachtung der in Abb. 161 gewählten Bezeichnungen:

$$A \cdot c_0 + D(e_6 - e_3) = 0 \qquad \text{oder} \qquad D = -1 \cdot \frac{x'}{l} \cdot \frac{c_0}{e},$$

wenn $e_6 - e_3 = e$ gesetzt wird.

Damit ist die Einflußlinie zwischen 8 und $B$ festgelegt. Steht die Last 1 in 6, so wird:

$$A \cdot c_0 + D \cdot e - 1 \cdot c_6 = 0 \qquad \text{oder} \qquad D = -1 \cdot \frac{x_6'}{l} \cdot \frac{c_0}{e} + \frac{c_6}{e}.$$

Endlich liefert eine Last 1 in 4:

$$A \cdot c_0 + D \cdot e - 1 \cdot c_4 = 0 \qquad \text{oder} \qquad D = -1 \cdot \frac{x_4'}{l} \cdot \frac{c_0}{e} + \frac{c_4}{e}.$$

Die Einflußlinie für $D$ kann nunmehr gezeichnet werden.

## § 3. Räumliche Fachwerke.

Die in § 8 des I. Abschnitts besprochenen allgemeinen Grundlagen der Fachwerktheorie sollen an dieser Stelle für die Raumfachwerke noch einige Ergänzungen erfahren.

Schließt man an ein Stabdreieck $A$—$B$—$C$ einen Knotenpunkt $D$ durch drei nicht in der Ebene des Dreiecks liegende Stäbe an, so entsteht ein stabiles räumliches Gebilde. Mit dieser Grundfigur können weitere Knotenpunkte durch dreistäbigen Anschluß verbunden werden, wobei stets darauf zu achten ist, daß die drei Anschlußstäbe nicht in einer Ebene liegen, da andernfalls bei Belastung eines solchen Knotens mit einer beliebig gerichteten Kraft $P$ das Knotengleichgewicht nicht unbedingt gewährlei tet ist. Man erhält somit den dreistäbigen Knotenpunktsanschluß als einfachstes Bildungsgesetz eines räumlichen Fachwerks, wobei die Grundfigur, von welcher ausgegangen wird, ein beliebig gestalteter Raumkörper sein kann, für den nur vorausgesetzt werden muß, daß er stabil ist.

In § 8 des I. Abschnittes war bereits die Stabilitätsbedingung eines statisch bestimmten räumlichen Fachwerks gefunden. Sie lautet

$$r + a = 3\,k,$$

wenn $r$ die Anzahl der vorhandenen Stäbe, $a$ die Anzahl der Lagerkomponenten und $k$ die Anzahl der Knotenpunkte angibt. Entsprechend den sechs Bewegungsfreiheiten eines starren Körpers (drei Parallelverschiebungen nach drei nicht in einer Ebene liegenden Achsen und drei Drehungen um diese Achsen) muß die Anzahl der Lagerkomponenten mindestens $a = 6$ betragen, von denen nicht mehr als drei durch einen Punkt gehen und nicht mehr als drei in einer Ebene liegen dürfen. Denkt man sich nun ein räumliches Fachwerk gegen ein zweites abgestützt und ersetzt die Lagerkomponenten durch Stützstäbe, so sind demgemäß zur starren Verbindung beider mindestens sechs Stäbe erforderlich, womit ein zweites Bildungsgesetz für räumliche Fachwerke gegeben ist.

Die stabile Stützung eines Raumfachwerkes setzt das Vorhandensein von mindestens drei Stützpunkten voraus, die nicht in einer Geraden liegen, da andernfalls die sechs Lagerkomponenten nicht voneinander unabhängig sein würden. Ein Lager weist drei, zwei oder eine Reaktionskomponente auf, je nachdem der betreffende Punkt festgehalten, in einer Linie oder in einer Fläche geführt wird. Die Verteilung der Lagerkomponenten auf die einzelnen Stützpunkte kann auf verschiedene Weise erfolgen, jedoch muß die Anordnung der Lagerführungen stets so getroffen werden, daß nicht eine unendlich kleine Verschieblichkeit vorliegt (vgl. S. 129. Die Anzahl der Lagerkomponenten darf auch größer sein als sechs, ohne daß das System statisch unbestimmt zu sein braucht, wenn man nur ebensoviel Stäbe aus dem Fachwerk entfernt, als überzählige Lagerkomponenten vorhanden sind, so daß jedenfalls die Bedingung $a + r = 3\,k$ erfüllt ist.

Bezeichnen $Q_{xm}$, $Q_{ym}$ und $Q_{zm}$ die Komponenten einer im Knoten $m$ angreifenden Last — bzw. der Resultierenden der in $m$ wirkenden Lasten — parallel zu den Koordinatenachsen $x$, $y$, $z$, ferner $\cos\alpha$, $\cos\beta$, $\cos\gamma$ die Richtungskosinus eines von $m$ ausgehenden Fachwerkstabes und $S$ dessen Spannkraft, dann lauten die für den Knoten $m$ gültigen Gleichgewichtsbedingungen:

$$(9) \qquad \begin{cases} Q_{xm} + \varSigma S \cdot \cos\alpha = 0 \\ Q_{ym} + \varSigma S \cdot \cos\beta = 0 \\ Q_{zm} + \varSigma S \cdot \cos\gamma = 0. \end{cases}$$

Treffen in $m$ nicht mehr als drei Stäbe zusammen, so lassen sich deren Spannkräfte infolge einer beliebigeu in $m$ angreifenden Belastung aus diesen drei Gleichungen bestimmen. Ein Fachwerk, welches mindestens einen Knoten besitzt, an dem nur drei Stäbe — und damit drei unbekannte Stabkräfte — zusammenstoßen, und bei dem sich, von Knoten zu Knoten fortschreitend, immer ein weiterer finden läßt, an dem nur drei neue unbekannte Stabkräfte hinzutreten, sei hinfort als **räumliches Fachwerk von der einfachsten Art** bezeichnet (vgl. auch S. 76). Ein solches kann durch wiederholte Auflösung der obigen Gleichgewichtsbedingungen berechnet werden.

Durch geschickte Wahl der Koordinatenachsen läßt sich die Rechnung wesentlich vereinfachen. Zu diesem Zwecke wähle man etwa die $x,y$-Ebene so, daß diese sich mit der Ebene zweier in dem fraglichen Knotenpunkt zusammenstoßender Stäbe deckt, und die $x$-Achse mit einer der Stabachsen zusammenfällt. In Abb. 162 sind die Knoten 1, 2, 3 eines Raumfachwerks und der durch die Stäbe $S_1$, $S_2$, $S_3$ mit den Stablängen $s_1$, $s_2$, $s_3$ an diese angeschlossene Knoten 0 im Auf- und Grundriß dargestellt, wobei die $x,y$-Ebene die Grundrißebene bildet. Die Projektionen der Stab-

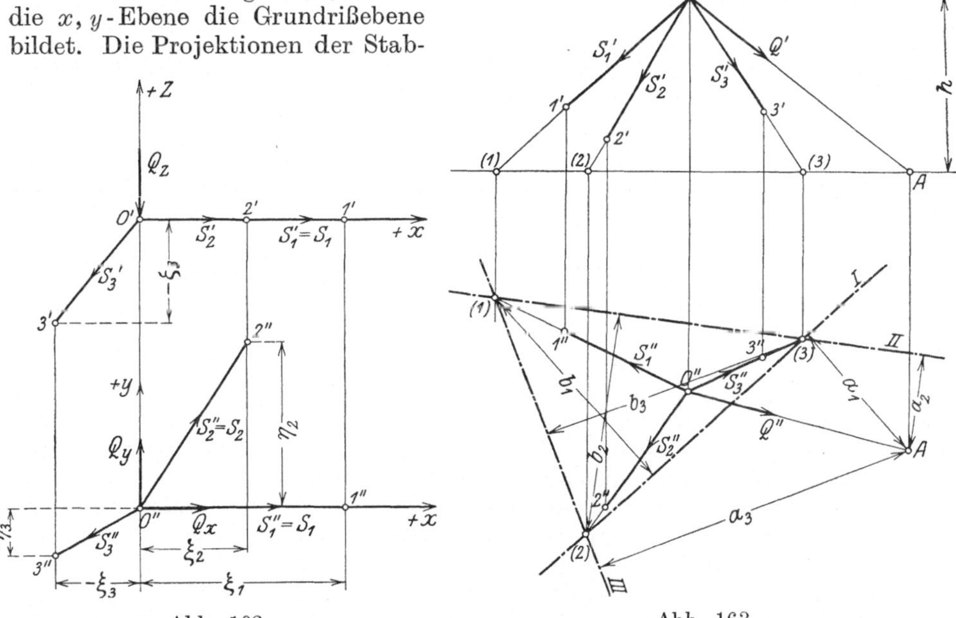

Abb. 162.
Abb. 163.

kräfte $S$ sind im Aufriß mit $S'$, im Grundriß mit $S''$ bezeichnet worden. In Übereinstimmung hiermit wurden die Knotenpunkte im Aufriß mit $0'$, $1'$, $2'$, $3'$ im Grundriß mit $0''$, $1''$, $2''$, $3''$ bezeichnet. $S_1$ und $S_2$ liegen in der $x,y$-Ebene, außerdem fällt $S_1$ mit der $x$-Achse zusammen. Nun ist allgemein

$$s_r \cdot \cos \alpha_r = \xi_r, \qquad s_r \cdot \cos \beta_r = \eta_r, \qquad s_r \cdot \cos \gamma_r = \zeta_r,$$

wenn $\xi_r$, $\eta_r$ und $\zeta_r$ die rechtwinkligen Projektionen der Stablänge $s_r$ auf die Koordinatenachsen bedeuten. Diese können für jeden der drei Stäbe aus der Abb. 162 entnommen werden. Damit lauten die Gleichgewichtsbedingungen (9) für den Knoten $m$:

$$S_1 \frac{\xi_1}{s_1} + S_2 \frac{\xi_2}{s_2} - S_3 \frac{\xi_3}{s_3} + Q_x = 0$$

$$S_2 \frac{\eta_2}{s_2} - S_3 \frac{\eta_3}{s_3} + Q_y = 0$$

$$- S_3 \frac{\zeta_3}{s_3} - Q_z = 0,$$

aus denen sich $S_1$, $S_2$ und $S_3$ bestimmen lassen.

In vielen Fällen führt auch das nachstehend angegebene allgemeine Verfahren schnell zum Ziele. Abb. 163, S. 119 zeigt die Knotenpunkte 0, 1, 2, 3 eines Raumfachwerks im Auf- und Grundriß. Die Achsen der Stäbe $S_1$, $S_2$, $S_3$ sind bis zum Schnitt (1), (2), (3) mit der Grundrißebene verlängert. Im Knoten 0 greift die Kraft $Q$ an, welche die Grundrißebene in $A$ schneidet. Nun denkt man sich in den Punkten (1), (2), (3) und $A$ die durch diese gehenden Kräfte nach ihren Vertikal- und Horizontalkomponenten zerlegt und stellt die Momentengleichung aller Kräfte in bezug auf die die Punkte (2) und (3) verbindende Achse $I$ auf. Diese lautet, wenn $b_1$ den Abstand des Punktes (1) von $I$, $a_1$ den Abstand des Punktes $A$ von $I$, $l_1$ und $q$ die wirklichen Längen $0 - (1)$ bzw. $0 - A$ und $h$ die Höhe des Punktes 0 über der Grundrißebene bezeichnen:

$$- S_1 \cdot \frac{h}{l_1} \cdot b_1 + Q \cdot \frac{h}{q} \cdot a_1 = 0,$$

woraus folgt

$$S_1 = Q \frac{l_1}{q} \cdot \frac{a_1}{b_1},$$

und entsprechend findet man aus den Momentengleichungen in bezug auf die Achsen $II$ und $III$:

$$S_2 = - Q \frac{l_2}{q} \cdot \frac{a_2}{b_2}$$

$$S_3 = - Q \frac{l_3}{q} \cdot \frac{a_3}{b_3},$$

wenn $l_2$, $l_3$, $a_2$, $a_3$, $b_2$ und $b_3$ die analogen Bedeutungen für $S_2$ und $S_3$ haben, wie $l_1$, $a_1$, $b_1$ für $S_1$. Die Strecken $b_1$ und $a_1$ brauchen nicht senkrecht zur Achse $I$ zu stehen. Es ist nur erforderlich, daß sie einander parallel sind. Das gleiche gilt für $a_2$ und $b_2$ bzw. $a_3$ und $b_3$.

Wirkt $Q$ parallel zur Grundrißebene, ein Fall, der bei praktischen Beispielen häufig vorliegt, so zerlege man $Q$ zur Bestimmung von $S_1$ nach zwei Komponenten parallel und senkrecht zur Achse $I$. Im Grundriß möge $\alpha$ den Winkel zwischen der Richtung von $Q$ und der Achse $I$ bezeichnen. Dann lautet die Momentengleichung in bezug auf $I$ (Abb. 164):

$$- S_1 \cdot \frac{h}{l_1} \cdot b_1 + Q \cdot \sin \alpha \cdot h = 0.$$

Zieht man nun $c_1 \parallel Q$, so wird wegen $b_1 = c_1 \cdot \sin \alpha$

$$- S_1 \frac{h}{l_1} \cdot c_1 + Q \cdot h = 0,$$

also

$$S_1 = Q \cdot \frac{l_1}{c_1}.$$

In gleicher Weise verfahre man bei der Bestimmung von $S_2$ und $S_3$.

Sollen die Spannkräfte graphisch ermittelt werden, so empfiehlt es sich, eine der Projektionsebenen so zu wählen, daß zwei Spannkräfte sich in dieser decken. Abb. 165a zeigt die Auf- und Grundrißprojektion eines Fachwerkknotens $m$, in dem die drei Stäbe $S_1$, $S_2$, $S_3$ zusammentreffen, die zunächst sämtlich als Zugstäbe angenommen sind. Die Stabrichtungen von $S_2$ und $S_1$ decken sich im Aufriß.

Man zerlegt im Aufriß die Kraft $Q'$ nach den Richtungen von $S_3'$ und $S_1' - S_2'$ und findet somit $S_3'$ nach Größe und Richtung (Abb. 165b). Dann bestimmt man im Grundriß $S_2''$ und $S_1'''$, die mit $Q''$ und $S_3''$ im Gleichgewicht stehen müssen. Die Lösung der Aufgabe beruht auf dem Satz, daß, falls für die vier Kräfte $Q_1$, $S_1$, $S_2$ und $S_3$ ein geschlossenes Krafteck besteht, auch die Aufriß- und Grundriß-projektion geschlossene Kraftecke darstellen.

Die wiederholte Anwendung des vorstehenden Verfahrens setzt die Benutzung verschiedener Projektionsebenen voraus, was mit Rücksicht auf die

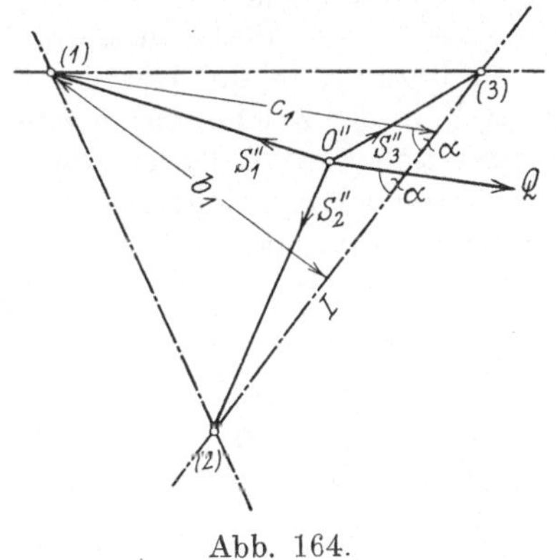

Abb. 164.

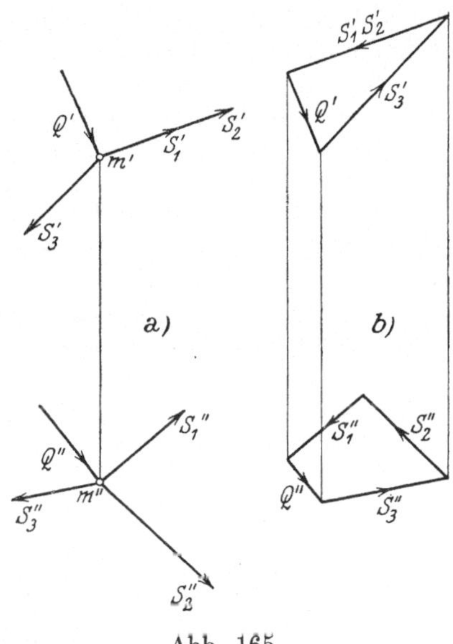

Abb. 165.

Deutlichkeit und Übersichtlichkeit der Darstellung in den meisten Fällen zu empfehlen ist.

Bei Fachwerken, die nicht von der einfachsten Art sind, gelingt es mitunter, einen solchen Schnitt zu führen, daß alle von diesem getroffenen Stäbe mit Ausnahme eines einzigen eine bestimmte Achse schneiden[1]). Stellt man nun in bezug auf diese Achse das Moment aller an dem abgetrennten Fachwerkteil wirkenden Kräfte auf, so erhält man eine Bestimmungsgleichung für die übrigbleibende Stabkraft, unter der Voraussetzung, daß alle äußeren Kräfte, einschließlich der etwa in Frage kommenden Lagerkräfte, bekannt sind. Das Verfahren, welches die Rittersche Schnittmethode auf den Raum übertragen darstellt, eignet sich mitunter auch im Verein mit den Gleichgewichtsbedingungen zur Bestimmung der Lagerkräfte, sofern deren Zahl größer ist als sechs, wenn sich nämlich der Schnitt so führen läßt, daß alle von ihm getroffenen Fachwerkstäbe eine bestimmte Achse schneiden.

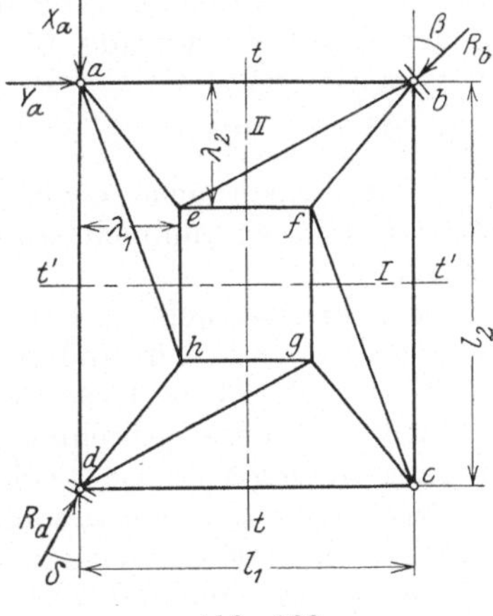

Abb. 166.

Das in Abb. 166 im Grundriß dargestellte statisch bestimmte Raumfachwerk, welches im Punkte $e$ durch eine zur Grundrißebene senkrechte Kraft $P$ belastet sei, möge bei $a$ ein festes, bei $d$ und $b$ auf Linien bewegliche und bei $c$ ein in der Grundrißebene verschiebliches Lager im ganzen also $3 + 2 \cdot 2 + 1 = 8$

---

[1]) Vgl. Landsberg: Zentralbl. der Bauverw. 1903, S. 221 u. 361.

Lagerkomponenten aufweisen. Zu deren Bestimmung stehen nur sechs Gleich-gewichtsbedingungen zur Verfügung. Legt man nun einen Schnitt $t - t$ senkrecht zur Grundrißebene durch die Längsachse des Systems, so gehen alle vom Schnitt getroffenen Stäbe durch die Schnittgerade $I$ der beiden Ebenen $a - b - f - e$ und $d - c - g - h$. Die Momentengleichung aller am rechten Fachwerkteil wirkenden Kräfte in bezug auf die Gerade $I$ als Momentenachse enthält nur drei unbekannte Lagergrößen, da andere äußere Kräfte nicht in Betracht kommen. Der Abstand der Geraden $I$ von der Ebene der Auflager sei mit $h$ bezeichnet. In gleicher Weise kann man einen zweiten Schnitt $t' - t'$ senkrecht zum ersten durch die Querachse des Systems legen und findet eine zweite Momentenachse $II$ als Schnitt-gerade der Ebenen $a - e - h - d$ und $b - c - g - f$, deren Abstand von der Lagerebene $h'$ sein möge. Stellt man in bezug auf die Gerade $II$ die Momentengleichung aller am unteren Trägerteil (in der Zeichnung) wirkenden Kräfte auf, so enthält diese ebenfalls nur drei unbekannte Lagergrößen.

Mit den Bezeichnungen der Abb. 166 lauten die Gleichgewichtsbedingungen, wenn das ganze Fachwerk auf ein rechtwinkliges Koordinatensystem mit dem Ursprung in $a$ bezogen wird:

1)  $\qquad \Sigma X = 0 \quad$ gibt: $\quad X_a + R_b \cdot \cos \beta - R_d \cdot \cos \delta = 0$

2)  $\qquad \Sigma Y = 0 \quad \text{,,} \quad Y_a - R_b \cdot \sin \beta + R_d \cdot \sin \delta = 0$

3)  $\qquad \Sigma Z = 0 \quad \text{,,} \quad Z_a + Z_b + Z_c + Z_d - P = 0$

4)  $\qquad \Sigma M_x = 0 \quad \text{,,} \quad (Z_b + Z_c) \, l_1 - P \cdot \lambda_1 = 0$

5)  $\qquad \Sigma M_y = 0 \quad \text{,,} \quad (Z_c + Z_d) \, l_2 - P \cdot \lambda_2 = 0$

6)  $\qquad \Sigma M_z = 0 \quad \text{,,} \quad R_b \cdot \cos \beta \cdot l_1 - R_d \cdot \sin \delta \cdot l_2 = 0 \,.$

Die Momentengleichung der Kräfte am rechten Trägerteil (Schnitt $t - t$) in bezug auf die Gerade $I$ liefert:

7)  $$(Z_b - Z_c) \cdot \frac{l_2}{2} - R_b \cdot \cos \beta \cdot h = 0 \,;$$

und die Momentengleichung der Kräfte am unteren Trägerteil (Schnitt $t' - t'$) in bezug auf die Gerade $II$:

8)  $$(Z_c - Z_d) \frac{l_1}{2} + R_d \cdot \sin \delta \cdot h' = 0 \,.$$

Aus diesen acht Gleichungen, deren Auflösung keine Schwierigkeiten bereitet, können nunmehr sämtliche acht unbekannten Lagergrößen berechnet werden.

Bei Fachwerken, die nicht von der einfachsten Art sind, und deren Spannkräfte sich auf andere Weise nicht berechnen lassen, führt die Me-thode der Stabvertauschung stets zum Ziel. Diese wurde bereits im § 1, Ziffer d dieses Abschnitts für ebene Fachwerke besprochen, kann aber in ganz analoger Weise auch auf räumliche Fachwerke angewandt werden. Zu diesem Zwecke verwandelt man das zu untersuchende Fachwerk in ein solches von der einfachsten Art, indem man eine bestimmte Anzahl von Stäben entfernt und an anderer Stelle ebensoviel Ersatzstäbe $S'$, $S''$, $S'''\ldots$ hinzufügt, wodurch an der statischen Bestimmtheit des Systems — um ein solches möge es sich handeln — nichts geändert wird. An Stelle der ent-fernten Stäbe bringt man deren Spannkräfte als Lasten an dem so ge-wonnenen Fachwerk von der einfachsten Art an und erhält dann die Spann-kraft in einem beliebigen Stabe des neuen Fachwerks nach dem Gesetz der Superposition in der linearen Form:

$$S = S_0 + S_1 Z_1 + S_2 Z_2 + \ldots + S_n Z_n,$$

wenn $S_0, S_1, S_2 \ldots S_n$, sowie $Z_1, Z_2 \ldots Z_n$ die gleiche Bedeutung haben wie in § 1, Ziffer d, und $n$ die Anzahl der vorhandenen Ersatzstäbe angibt. Aus der Bedingung, daß die Spannkräfte in den Ersatzstäben gleich Null sein müssen, erhält man $n$ Gleichungen von Form

$$S_0{}' + S_1{}' \cdot Z_1 + S_2{}' \cdot Z_2 + \ldots + S_n{}' \cdot Z_n = 0$$
$$S_0{}'' + S_1{}'' \cdot Z_1 + S_2{}'' \cdot Z_2 + \ldots + S_n{}'' \cdot Z_n = 0$$
$$\cdot \cdot \cdot \cdot \cdot \cdot \cdot \cdot \cdot \cdot \cdot \cdot \cdot \cdot \cdot$$
$$S_0^n + S_1^n \cdot Z_1 + S_2^n \cdot Z_2 + \ldots + S_n^n \cdot Z_n = 0,$$

aus denen $Z_1, Z_2 \cdots Z_n$ eindeutig berechnet werden können, sofern die Nennerdeterminante

$$\varDelta = \begin{vmatrix} S_1{}' & S_2{}' & S_3{}' & \ldots & S_n{}' \\ S_1{}'' & S_2{}'' & S_3{}'' & \ldots & S_n{}'' \\ \cdot & \cdot & \cdot & \cdot & \cdot \\ \cdot & \cdot & \cdot & \cdot & \cdot \\ S_1^n & S_2^n & S_3^n & \ldots & S_n^n \end{vmatrix}$$

einen von Null verschiedenen Wert annimmt. Die Untersuchung dieser Determinante bietet somit zugleich ein Hilfsmittel, um sich über die Stabilität des Systems ein Urteil bilden zu können. Wird $\varDelta = 0$, so ist das Fachwerk verschieblich, also unbrauchbar.

Nachdem $Z_1, Z_2, \ldots, Z_n$ bekannt sind, können auch alle übrigen Spannkräfte bestimmt werden. Es empfiehlt sich, die Lage der Ersatzstäbe, welche auch Lagerstäbe sein können, immer so zu wählen, daß die Ermittlung ihrer Spannkräfte leicht möglich ist.

Ist nur die Anordnung eines Ersatzstabes notwendig, so lautet die Bestimmungsgleichung für $Z_1$:

$$S_0{}' + S_1{}' \cdot Z_1 = 0,$$

woraus folgt:

$$Z_1 = -\frac{S_0{}'}{S_1{}'}.$$

Zur Beurteilung der Stabilität des Systems genügt es demnach, festzustellen, ob die Spannkraft $S_1{}'$ des Ersatzstabes infolge des Belastungszustandes $Z_1 = 1$ von Null verschieden ist, denn für $S_1{}' = 0$ wird $Z_1$ bei einem endlichen Werte von $S_0{}'$ unendlich groß, das System also unbrauchbar.

Sind mehrere Ersatzstäbe vorhanden, so macht das Verfahren die Auflösung von $n$ linearen Gleichungen mit $n$ Unbekannten erforderlich.

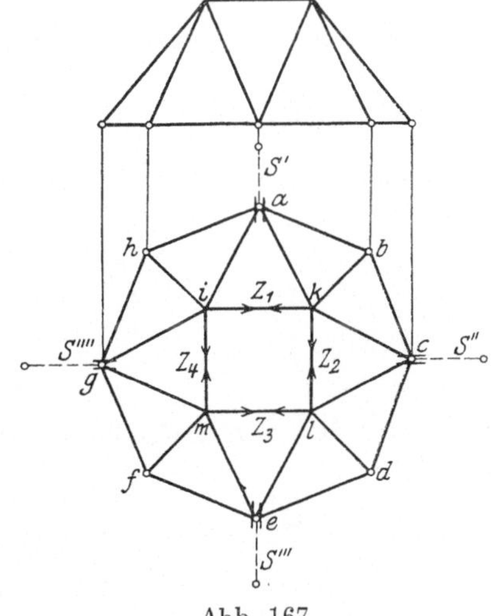


Abb. 167.

Das in Abb. 167 dargestellte Raumfachwerk hat bei $a$, $c$, $e$ und $g$ auf radial gerichteten Geraden bewegliche, bei $b$, $d$, $f$ und $h$ in der Grundrißebene bewegliche Auflager und ist offenbar nicht von der einfachsten Art. Es besitzt $a = 12$ Auflagerkomponenten, $r = 24$ Fachwerkstäbe und $k = 12$ Fachwerkknoten, die Stabilitätsbedingung $a + r = 3\,k$ ist somit erfüllt. Um das Fachwerk in ein solches von der einfachsten Art zu verwandeln, denke man sich die Stäbe $Z_1, Z_2, Z_3$ und $Z_4$ entfernt, füge an deren Stelle die Stützstäbe $S'$, $S''$, $S'''$ und $S''''$ ein, durch welche die Linienbeweglichkeit der

Lager $a$, $c$, $e$ und $g$ aufgehoben wird, und bringe in den Knotenpunkten $i$ bis $m$ des oberen Polygons die Spannkräfte $Z_1$, $Z_2$, $Z_3$, $Z_4$ der entfernten Stäbe als Lasten an. In diesen Punkten treffen jetzt nur je drei unbekannte Stabkräfte zusammen, welche nach einem der oben besprochenen Verfahren bestimmt werden können, sobald die Kräfte $Z$ bekannt sind. Für letztere stehen vier Bestimmungsgleichungen zur Verfügung, nämlich

$$\begin{cases} S_0{}' + S_1{}'\, Z_1 + S_2{}'\, Z_2 + S_3{}'\, Z_3 + S_4{}'\, Z_4 = 0 \\ S_0{}'' + S_1{}''\, Z_1 + S_2{}''\, Z_2 + S_3{}''\, Z_3 + S_4{}''\, Z_4 = 0 \\ S_0{}''' + S_1{}'''\, Z_1 + S_2{}'''\, Z_2 + S_3{}'''\, Z_3 + S_4{}'''\, Z_4 = 0 \\ S_0{}'''' + S_1{}''''\, Z_1 + S_2{}''''\, Z_2 + S_3{}''''\, Z_3 + S_4{}''''\, Z_4 = 0 \, . \end{cases}$$

Nun ist aber, wie leicht ersichtlich, infolge der bestehenden Symmetrie des Fachwerks

$$S_1{}' = S_2{}'' = S_3{}''' = S_4{}'''' = \alpha_1$$
$$S_2{}' = S_3{}'' = S_4{}''' = S_1{}'''' = \alpha_2$$
$$S_3{}' = S_4{}'' = S_1{}''' = S_2{}'''' = \alpha_3 = 0$$
$$S_4{}' = S_1{}'' = S_2{}''' = S_3{}'''' = \alpha_4 = \alpha_2 \, .$$

Das obige Gleichgewichtssystem geht also über in:

$$\begin{cases} \alpha_1 Z_1 + \alpha_2 Z_2 \qquad\quad + \alpha_2 Z_4 = -S_0{}' \\ \alpha_2 Z_1 + \alpha_1 Z_2 + \alpha_2 Z_3 \qquad\quad = -S_0{}'' \\ \qquad\quad \alpha_2 Z_2 + \alpha_1 Z_3 + \alpha_2 Z_4 = -S_0{}''' \\ \alpha_2 Z_1 \qquad\quad + \alpha_2 Z_3 + \alpha_1 Z_4 = -S_0{}'''' \, , \end{cases}$$

aus dem sich die Unbekannten

$$Z_1 = \frac{\varDelta_1}{\varDelta}; \qquad Z_2 = \frac{\varDelta_2}{\varDelta}; \qquad Z_3 = \frac{\varDelta_3}{\varDelta}; \qquad Z_4 = \frac{\varDelta_4}{\varDelta}$$

bestimmen lassen. Die Zählerdeterminanten $\varDelta_1$, $\varDelta_2$ ... nehmen folgende Werte an:

$$\varDelta_1 = \begin{vmatrix} -S_0{}' & \alpha_2 & 0 & \alpha_2 \\ -S_0{}'' & \alpha_1 & \alpha_2 & 0 \\ -S''' & \alpha_2 & \alpha_1 & \alpha_2 \\ -S_0{}'''' & 0 & \alpha_2 & \alpha_1 \end{vmatrix} ; \qquad \varDelta_2 = \begin{vmatrix} \alpha_1 & -S_0{}' & 0 & \alpha_2 \\ \alpha_2 & -S_0{}'' & \alpha_2 & 0 \\ 0 & -S_0{}''' & \alpha_1 & \alpha_2 \\ \alpha_2 & -S_0{}'''' & \alpha_2 & \alpha_1 \end{vmatrix}$$

usw., und die Nennerdeterminante $\varDelta$ lautet:

$$\varDelta = \begin{vmatrix} \alpha_1 & \alpha_2 & 0 & \alpha_2 \\ \alpha_2 & \alpha_1 & \alpha_2 & 0 \\ 0 & \alpha_2 & \alpha_1 & \alpha_2 \\ \alpha_2 & 0 & \alpha_2 & \alpha_1 \end{vmatrix} \, .$$

Sie ändert ihren Wert nicht, wenn man zu den Elementen einer Reihe ein beliebiges Vielfaches von den Elementen einer parallelen Reihe addiert. Läßt man nun die ersten beiden Horizontalreihen bestehen und addiert zu den Elementen der dritten die mit $-1$ multiplizierten Elemente der ersten und zu den Elementen der vierten die mit $-1$ multiplizierten Elemente der zweiten, so erhält man:

$$\varDelta = \begin{vmatrix} \alpha_1 & \alpha_2 & 0 & \alpha_2 \\ \alpha_2 & \alpha_1 & \alpha_2 & 0 \\ -\alpha_1 & 0 & \alpha_1 & 0 \\ 0 & -\alpha_1 & 0 & \alpha_1 \end{vmatrix} ,$$

und wenn man noch die erste und vierte Spalte miteinander vertauscht:

$$\varDelta = - \begin{vmatrix} \alpha_2 & \alpha_2 & 0 & \alpha_1 \\ 0 & \alpha_1 & \alpha_2 & \alpha_2 \\ 0 & 0 & \alpha_1 & -\alpha_1 \\ \alpha_1 & -\alpha_1 & 0 & 0 \end{vmatrix}.$$

Jetzt löst man die Determinante wie folgt auf:

$$\varDelta = -\alpha_2 \begin{vmatrix} \alpha_1 & \alpha_2 & \alpha_2 \\ 0 & \alpha_1 & -\alpha_1 \\ -\alpha_1 & 0 & 0 \end{vmatrix} + \alpha_1 \begin{vmatrix} \alpha_2 & 0 & \alpha_1 \\ \alpha_1 & \alpha_2 & \alpha_2 \\ 0 & \alpha_1 & -\alpha_1 \end{vmatrix}$$

$$= -\alpha_2 \left[ -\alpha_1 \left( -2\,\alpha_1\,\alpha_2 \right) \right] + \alpha_1 \left[ \alpha_2 \left( -2\,\alpha_1\,\alpha_2 \right) + \alpha_1{}^3 \right],$$

und findet schließlich

$$\varDelta = \alpha_1{}^2 \left( \alpha_1{}^2 - 4\,\alpha_2{}^2 \right).$$

Die Stabilität des betrachteten Systems setzt voraus, daß $\varDelta \gtrless 0$ ist, wovon man sich ohne Schwierigkeit überzeugen kann, nachdem die Spannkräfte $\alpha_1 = S_1{}'$ und $\alpha_2 = S_1{}''$ für den Zustand $Z_1 = 1$ bestimmt sind.

Die Formen, welche die räumlichen Fachwerke annehmen können, sind äußerst mannigfaltig. Für die Praxis sind diejenigen Systeme von besonderer Wichtigkeit, bei denen die gesamten tragenden Konstruktionsteile auf einem Mantel liegen, welcher einen einfach zusammenhängenden inneren Raum umschließt. Derartige Raumfachwerke bestehen im allgemeinen aus Sparren oder Schrägstäben und einem oder mehreren übereinanderliegenden Stabpolygonen, auch Ringen genannt, in deren Eckpunkten die Sparren oder Schrägstäbe angreifen. Um eine Verschiebung der Knotenpunkte zu verhindern, sind in den Mantelflächen — sofern diese nicht schon aus Dreiecken bestehen — Diagonalstäbe eingeschaltet. Die Gliederung der einzelnen Systeme, die in der vorstehend angegebenen Weise geformt sind, kann wiederum je nach dem angewandten Bildungsgesetz sehr verschieden sein.

## a) Netzwerkkuppeln.

Ihre Hauptbestandteile sind einzelne, meist aus regelmäßigen Polygonen bestehende Stockwerkringe und Netzwerkstäbe, welche die übereinanderliegenden, das Fachwerk in mehrere Geschosse oder Stockwerke teilenden Ringe verbinden und mit den Polygonseiten in der Mantelfläche liegende Dreiecke bilden. Die Stockwerkringe liegen versetzt gegeneinander, derart, daß sich im Grundriß immer Ringecke und Ringseite zweier aufeinander folgender Ringe gegenüberstehen.

Abb. 168 zeigt den Grundriß einer Netzwerkkuppel, deren Stockwerkringe aus regelmäßigen Fünfecken bestehen. Die fünf Stützpunkte erhalten sämtlich auf Linien bewegliche Lager mit je zwei, im ganzen also $a = 10$ Lagerkomponenten. Da ferner die Anzahl der Stäbe $r = 35$ und die Anzahl der Knotenpunkte $k = 15$ beträgt, so ist die Stabilitätsbedingung $a + r = 3\,k$ erfüllt. An Stelle der beweglichen

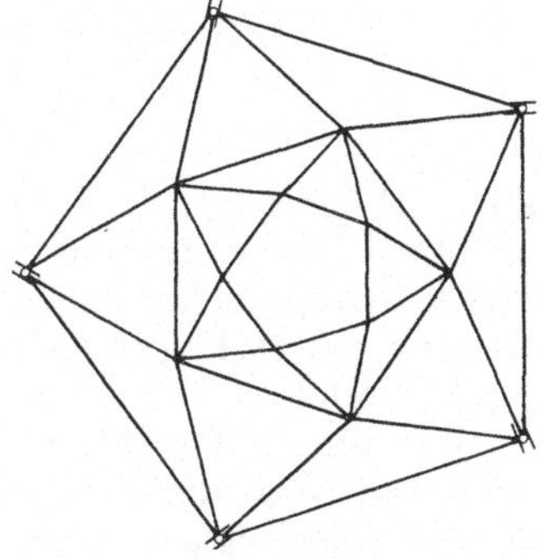

Abb. 168.

Lager können auch feste mit je drei Lagerkomponenten angeordnet werden, wenn man dafür die fünf Stäbe des Fußringes entfernt. Würde man auf den oberen Ring eine Spitze aufsetzen, die mit fünf Stäben an die Ecken dieses Ringes angeschlossen würde, so wäre, da für den neu hinzukommenden Knoten nur drei weitere Gleichgewichtsbedingungen verfügbar sind, das Fachwerk $5 - 3 = 2$-fach statisch unbestimmt.

Die vorliegende Kuppel ist, wie man sich leicht überzeugt, nicht von der einfachsten Art. Zu ihrer Berechnung bedient man sich mit Vorteil der Methode der Stabvertauschung. Ist die Seitenzahl der Ringe gerade, erhalten diese also 4, 6, 8 usw. Ecken, so ist das Fachwerk von unendlich kleiner Beweglichkeit, wie zuerst von Föppl gezeigt ist (vgl. Föppl: Vorlesungen über Technische Mechanik, II. Bd., 5. Aufl., S. 257). Zu dem gleichen Ergebnis gelangt Müller-Breslau auf dem Wege der Stabvertauschung (Müller-Breslau: Die neueren Methoden der Festigkeitslehre, 4. Aufl., S. 284). Regelmäßige Netzwerkkuppeln von gerader Seitenzahl sind demnach für praktische Zwecke unbrauchbar. Aber auch schon dann, wenn bei gerader Seitenzahl die Ringe nicht vollkommen regelmäßig sind, können sehr große Spannungen auftreten, weshalb bei der Verwendung derartiger Systeme Vorsicht geboten ist.

## b) Schwedler-Kuppeln.

Den vorstehenden Systemen im Aufbau verwandt sind die Schwedler-Kuppeln, welche aus den Netzwerkkuppeln hervorgehen, wenn man die Stockwerkringe gegeneinander so verdreht, daß die entsprechenden Seiten der übereinanderliegenden Ringe einander parallel werden (Abb. 169).

Die Schwedler-Kuppeln sind besonders dadurch gekennzeichnet, daß sie in Meridianebenen liegende Sparren besitzen, welche mit den Ringseiten Trapeze bilden, die durch Diagonalen versteift sind. Die Sparren können geradlinig oder gebrochen sein. Im ersteren Falle entsteht eine abgestumpfte Pyra-

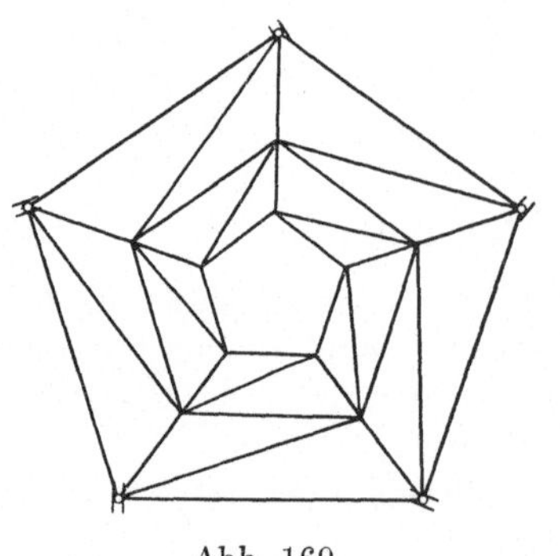

Abb. 169.

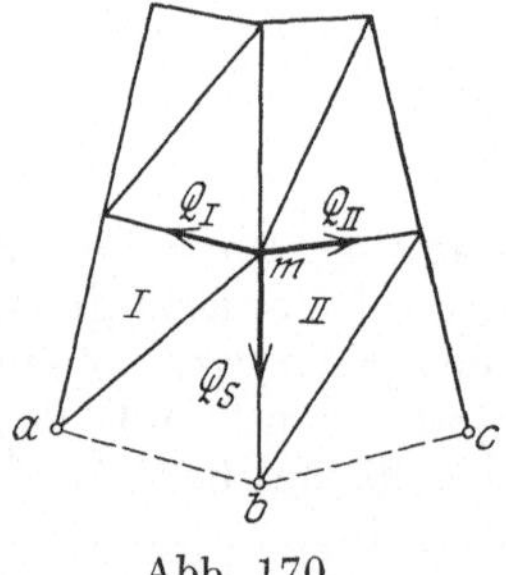



Abb. 170.

mide. Hinsichtlich der Lagerung gilt das gleiche wie bei den Netzwerkkuppeln. Die hier und im vorigen Beispiel angedeutete, von Müller-Breslau vorgeschlagene Lagerführung ist insofern bemerkenswert, als außer den senkrechten Lagerkräften nur solche in Richtung der Fußringseiten übertragen werden.

Wie die Netzwerkkuppeln so sind auch die Schwedler-Kuppeln keine Fachwerke von der einfachsten Art. Ihre Berechnung läßt sich jedoch in sehr einfacher Weise durchführen, wenn man sich des von Müller-Breslau angegebenen Verfahrens bedient[1]. Zu dessen Erläuterung sei zunächst als Sonderfall der Schwedler-Kuppel die abgestumpfte Pyramide betrachtet.

---

[1] Müller-Breslau: Die neueren Methoden der Festigkeitslehre, 4. Aufl., S. 320.

Abb. 170 stellt zwei benachbarte Felder der Mantelfläche einer zweistöckigen abgestumpften Pyramide — oder Schwedler-Kuppel mit geradlinigen Sparren — dar. Eine in $m$ angreifende, beliebig gerichtete Last $Q$ denke man sich nach drei Seitenkräften $Q_I$, $Q_{II}$ und $Q_s$ zerlegt, und zwar so, daß $Q_s$ in die Sparrenrichtung, $Q_I$ und $Q_{II}$ in die Richtungen der den Scheiben $I$ bzw. $II$ angehörigen mittleren Ringseiten fallen. $Q_I$ belastet nur die Scheibe $I$, $Q_{II}$ nur die Scheibe $II$ und $Q_s$ nur den unteren Sparrenteil zwischen beiden Scheiben. Besitzt das Fachwerk bei $a$, $b$, $c$ feste Lager, so kann jetzt jede der Scheiben $I$ und $II$ als selbständiger, ebener Träger, der in zwei Punkten $a$ und $b$, bzw. $b$ und $c$ gestützt ist, aufgefaßt und berechnet werden. Der Stab $m-b$ erhält außer der Kraft $S_b = -Q_s$ noch Spannkräfte als Gurtstab der Scheiben $I$ und $II$. Durch Addition aller drei Beiträge findet man die wirkliche Spannkraft. Man erkennt aus dieser Überlegung, daß auch dann, wenn nicht nur in $m$, sondern auch in anderen Knotenpunkten des Fackwerks Lasten angreifen, das vorstehende Verfahren stets zum Ziele führt. Auch ist die Lösung durchaus nicht an die in Abb. 170 gewählte Gliederung des Systems gebunden, sondern immer dann möglich, wenn die einzelnen Scheiben $I, II \ldots$ der Pyramide ebene, statisch bestimmte Träger bilden. Nachdem alle Spannkräfte in den Fachwerkstäben bekannt sind, erfolgt die Bestimmung der Lagerreaktionen mit Hilfe der Gleichgewichtsbedingungen für die einzelnen Stützpunkte.

Das vorstehend beschriebene Verfahren kann auch dann angewendet werden, wenn die Sparren nicht geradlinig durchlaufen, wie bei der abge

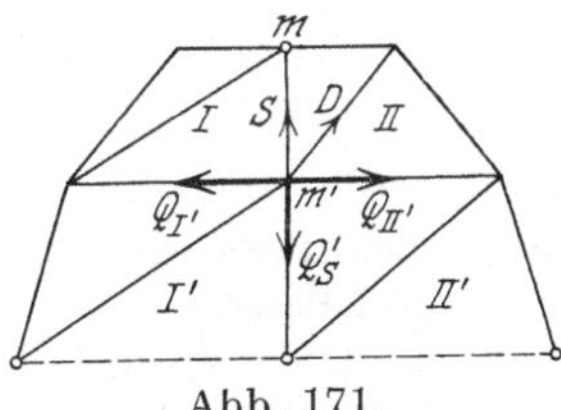

Abb. 171.

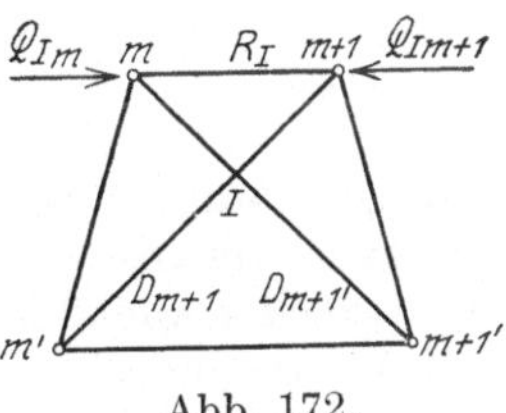

Abb. 172.

stumpften Pyramide, sondern an jedem Stockwerkring einen Knick aufweisen. Abb. 171 stellt den Aufriß einer zweigeschossigen Schwedler-Kuppel dar. Das obere Stockwerk dieser Kuppel kann als abgestumpfte Pyramide aufgefaßt und nach den obigen Regeln berechnet werden. Im Knoten $m'$ des mittleren Ringes greifen nun neben den äußeren Kräften noch die bereits bekannten Spannkräfte $S$ und $D$ des oberen Stockwerks an. Man hat also jetzt sowohl die äußeren Kräfte als auch $S$ und $D$ nach $Q_I'$, $Q_{II}'$ und $Q_s'$ zu zerlegen und verfährt dann genau wie früher, wobei immer nur die Spannkräfte ebener Träger zu bestimmen sind. Am Schluß werden alle Einzelwirkungen für jeden Stab addiert.

Für die Stabilität der Schwedler-Kuppel genügt es, wenn in jedem Trapezfeld eine Diagonale vorhanden ist. Infolge symmetrischer Belastung sind diese Diagonalen spannungslos, bei unsymmetrischer dagegen können sie Zug- oder Druckkräfte erhalten. Bei praktischen Ausführungen sucht man gewöhnlich zu vermeiden, daß Diagonalstäbe gedrückt werden, da Druckstäbe mit Rücksicht auf die erforderliche Knicksicherheit im allgemeinen größere Querschnitte bedingen als Zugstäbe. Aus diesem Grunde legt man in jedes Feld zwei sich kreuzende Diagonalen, von denen immer nur eine, je nach Art der Belastung, Zug erhält, während die andere als spannungslos angesehen wird. Welche der Diagonalen Spannung erhält, läßt sich im Zusammenhang mit den obigen Betrachtungen leicht entscheiden. In Abb. 172

seien $Q_{Im}$ und $Q_{Im+1}$ die Komponenten der in $m$ bzw. $m+1$ wirkenden Kräfte nach der Richtung der oberen Ringseite $R_I$ der Scheibe $I$. Ist $Q_{Im} > Q_{Im+1}$, dann wird $R_I = -Q_{Im}$, und im Knoten $m+1$ greift die Kraft $Q_{Im} - Q_{Im+1}$ an, die im Stabe $D_{m+1}$ Zug erzeugt, während $D_{m+1'}$ spannungslos ist. Im andern Falle erhält $D_{m+1'}$ Zug und $D_{m+1}$ wird spannungslos.

### c) Zimmermannsche Kuppeln[1]).

Die eingeschossige Zimmermannsche Kuppel (Abb. 173a) ist dadurch gekennzeichnet, daß der untere Ring doppelt soviel Ecken aufweist als der obere. Der Aufbau kann derart erfolgen, daß man zunächst beiden Ringen die gleiche Anzahl — etwa $n$ — Ecken gibt, und darauf diejenigen des unteren Ringes abschneidet, so daß $2n$ neue Ecken entstehen. Letztere verbindet man nun mit den $n$ Ecken des oberen Ringes, und zwar derart, daß die Mantelfläche aus lauter Dreiecken besteht. Das Fachwerk besitzt $n$ in der Lagerebene und $n$ in Geraden bewegliche Auflager, so daß im ganzen

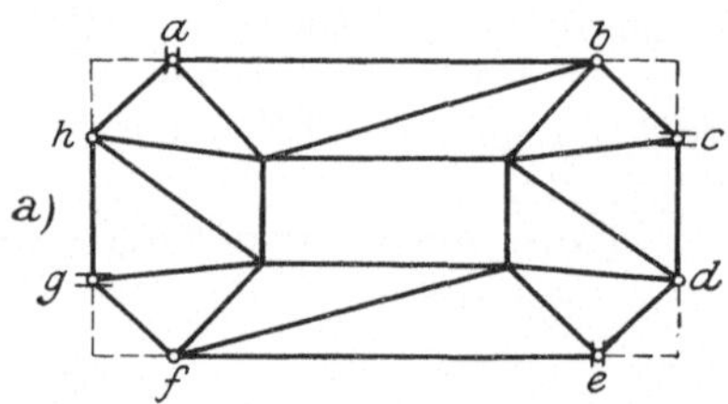
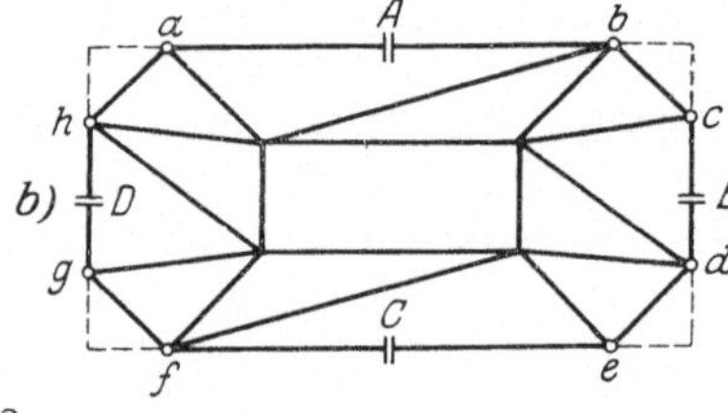

Abb. 173.

$n + 2n = 3n$ Lagerkomponenten vorhanden sind. Besonders zweckmäßig ist die von **Zimmermann** bei der Reichstagskuppel gewählte Stützung (Abb. 173 b), bei welcher alle $2n$ Ecken des unteren Ringes in der Lagerebene geführt sind, also nur lotrechte Drücke ausüben. Die zur sicheren Stützung noch fehlenden horizontalen Lager werden in die Mitten $A$, $B$, $C$, $D$ der vier Ringstäbe $a-b$, $c-d$, $e-f$, $g-h$ verlegt und übertragen nur wagerechte aber keine senkrechten Kräfte.

Ersetzt man die $3n$ Lagerkomponenten einer Zimmermannschen Kuppel durch ebensoviel Stützstäbe (Abb. 174), und zwar so, daß einem auf einer

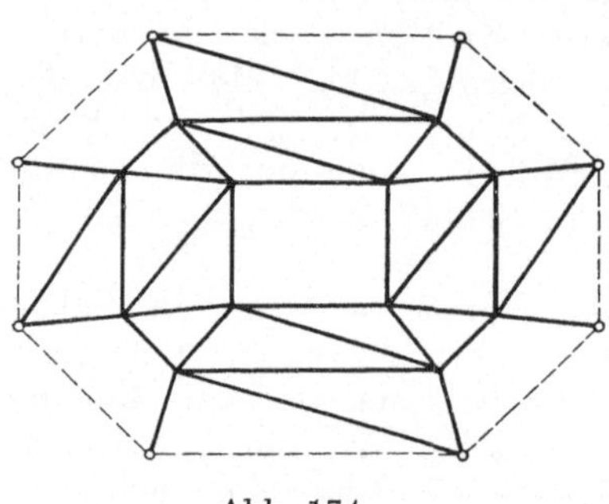

Geraden beweglichen Lager zwei und einem in einer Ebene beweglichen Lager ein Stützstab entsprechen, so ergibt sich die zur Bildung mehrgeschossiger Kuppeln erforderliche Stabanordnung. Man kann nun die vorhandene Kuppel einschließlich ihrer Lagerstäbe auf eine andere eingeschossige Zimmermannsche Kuppel aufsetzen und erhält damit ein mehrgeschossiges System.

Außer den vorstehend besprochenen Kuppeln gibt es eine große Reihe anderer Formen, die teils aus den hier behandelten Fachwerken abgeleitet sind, teils auch anderen Bildungsgesetzen folgen.

Abb. 174.

An dieser Stelle soll noch eine Bemerkung über die Art der Lagerführung bei Raumfachwerken mit auf Geraden verschieblichen Stützpunkten und Fuß-

---

[1]) **Zimmermann:** Über Raumfachwerke. Berlin: Wilhelm Ernst & Sohn 1901.

ring eingeflochten werden. Besteht der Fußring aus einem regelmäßigen $n$-Eck, so ist ersichtlich, daß eine unendlich kleine Drehung des ganzen Fachwerks um die Systemachse möglich ist, falls alle Eckpunkte des Fußringes in den Tangenten an den umbeschriebenen Kreis des $n$-Ecks geführt werden. Ein derartiges System ist verschieblich, also unbrauchbar. Das gleiche gilt für solche Systeme, deren Fußring ein regelmäßiges $n$-Eck von gerader Seitenzahl darstellt, sofern sämtliche Eckpunkte auf Lagern geführt werden, deren Gleitbahnen durchweg radial gerichtet sind. In diesem Falle ist eine Verschiebung der Stützpunkte abwechselnd nach innen und außen ohne Änderung der Stablängen möglich (Abb. 175). Weist das $n$-Eck dagegen ungerade Seitenzahl auf, so ist das Fachwerk bei radial angeordneten Gleitbahnen stabil.

Zu einer allgemeinen Untersuchung der Frage, ob die gewählte Stützung des Fußringes sicher ist oder nicht, bedient man sich zweckmäßig eines Geschwindigkeitsplanes[1]).

Abb. 176 möge den Fußring eines Raumfachwerkes darstellen, dessen Eckpunkte $a$, $b$, $c$, ..., $f$ in den Geraden $g_a$ bis $g_f$ geführt werden sollen. Man denke sich die Führung $g_f$ entfernt und erteile dem Punkt $a$ der

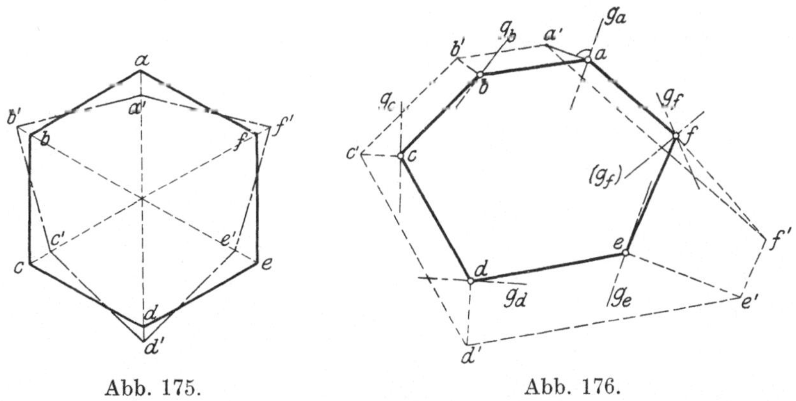

Abb. 175.           Abb. 176.

so entstehenden zwangläufigen kinematischen Kette die senkrechte Geschwindigkeit $a-a'$, welche senkrecht zur Bahn $g_a$ steht. Darauf konstruiere man $b'$ als Schnittpunkt von $a'-b' \parallel a-b$ und $b-b' \perp g_b$, $c'$ als Schnittpunkt von $b'-c' \parallel b-c$ und $c-c' \perp g_c$ usw. bis zum Punkte $e'$. Die Ecke $f$ ist an $a$ und $e$ angeschlossen. Man findet somit $f'$ als Schnittpunkt der Geraden $a'-f' \parallel a-f$ und $e'-f' \parallel e-f$. Steht nun die Gerade $f-f'$ senkrecht zur Bahn des Punktes $f$, so fällt die Verrückung von $f$ in diese Bahn $(g_f)$, ist also möglich. Das Fachwerk wäre demnach von unendlich kleiner Verschieblichkeit. Um dieses zu vermeiden, muß man der Führung des Punktes $f$ eine von $(g_f)$ abweichende Richtung geben, z. B. $g_f$.

Wie bereits früher erwähnt (vgl. S. 24), liegt der Fachwerktheorie die Annahme zugrunde, daß alle Stäbe in den Knotenpunkten durch reibungslose Kugelgelenke miteinander verbunden sind, eine Voraussetzung, die indessen bei den in der Praxis üblichen Knotenpunktsverbindungen niemals

---

[1]) Vgl. Müller-Breslau: Zentralbl. der Bauverw. 1892, S. 203.

erfüllt ist. Vielmehr sind alle Stäbe in gewissem Grade eingespannt und erhalten außer den Hauptspannungen, die sich auf Grund der obigen Annahme ergeben, noch Neben- oder Sekundärspannungen infolge der an den Knotenpunkten wirkenden Einspannungsmomente. Der Einfluß dieser Knotensteifigkeit ist bei räumlichen Systemen mitunter recht erheblich, so daß die übliche Berechnungsart in vielen Fällen nur sehr rohe Näherungswerte liefert[1]).

[1]) Vgl. hierzu den Aufsatz des Verfassers in der Zeitschr. f. angew. Math. u. Mechanik. 1921, Heft 5, betitelt: „Beitrag zur Berechnung räumlicher Fachwerke von zyklischer Symmetrie mit biegungssteifen Ringen und Meridianen".

Vierter Abschnitt.

# Die elastischen Formänderungen.

## § 1. Allgemeines.

Jedes aus elastischen Stäben bestehende Fachwerk, bzw. jeder elastische, biegungssteife Stab erleidet unter dem Einfluß beliebiger äußerer Kräfte oder Temperaturänderungen eine Formänderung, die so lange anhält, bis der Gleichgewichtszustand hergestellt ist. Die elastischen Verschiebungen um solche allein handelt es sich hier —, welche die Knotenpunkte des Fachwerks bzw. die einzelnen Punkte der Systemachse des steifen Stabes dabei erfahren, sind sehr klein, so daß alle Kräfte am belasteten Bauwerk in der Lage angenommen werden können, die sie am unbelasteten einnehmen würden.

Zwischen der elastischen Formänderung $\varDelta s_{ik}$ des Stabes $S_{ik}$ eines Fachwerks und den Verrückungen $\varDelta x_k$, $\varDelta x_i$, $\varDelta y_k$, $\varDelta y_i$, $\varDelta z_k$, $\varDelta z_i$ seiner Knotenpunkte besteht nach S. 26 die Beziehung

$$\varDelta s_{ik} = (\varDelta x_k - \varDelta x_i)\cos\alpha_{ik} + (\varDelta y_k - \varDelta y_i)\cos\beta_{ik} + (\varDelta z_k - \varDelta z_i)\cos\gamma_{ik}.$$

Eine derartige Gleichung kann für jeden der $r$ Stäbe eines Fachwerks angeschrieben werden. Sind außerdem die $a$ Auflagerbedingungen der Stützpunkte gegeben oder durch Beobachtung gefunden, so stehen zur Berechnung der $3\,k$ Verschiebungskomponenten aller $k$ Knotenpunkte $r + a$ Bedingungsgleichungen zur Verfügung, sobald die Längenänderungen

$$\varDelta s = \frac{S \cdot s}{EF} + \varepsilon t s$$

aller Stäbe bekannt sind. Dadurch ist aber nach den Ausführungen auf S. 27 die Formänderung eines stabilen Fachwerks eindeutig festgelegt. In gleicher Weise ist die Formänderung des geraden, biegungssteifen Stabes bestimmt, sobald die Auflagerbedingungen gegeben und die Verzerrungskomponenten $\varepsilon_x = \dfrac{\sigma_x}{E} + \varepsilon t$, $\gamma_z = \dfrac{\tau_z}{G}$, $\gamma_y = \dfrac{\tau_y}{G}$ (vgl. Abschnitt I, § 7) aller Punkte des Stabes bekannt sind.

Die Bestimmung der Formänderung eines Tragwerks hat somit die Ermittlung der Spannkräfte bzw. Spannungen zur Voraussetzung. Für statisch bestimmte Systeme kann diese nach den Lehren der Abschnitte II und III erfolgen, wogegen über die Spannungsermittlung in statisch unbestimmten Systemen die Abschnitte V und VI Auskunft geben.

## § 2. Das Prinzip der virtuellen Verrückungen.

### a) Fachwerke.

Denkt man sich alle Knotenpunkte eines mit beliebigen Kräften belasteten, ebenen Fachwerks durch Schnitte von diesem abgetrennt, so stehen für jeden Knoten zwei Gleichgewichtsbedingungen

$$Q_{xm} + \Sigma S \cdot \cos \alpha = 0,$$
$$Q_{ym} + \Sigma S \cdot \cos \beta = 0.$$

zur Verfügung. In diesen bedeuten $Q_{xm}$ und $Q_{ym}$ die Komponenten der Resultierenden aller in $m$ angreifenden äußeren Kräfte nach zwei rechtwinkligen Koordinatenachsen $(x, y)$ und $S$ die von den gegebenen Lasten erzeugten Stabspannkräfte. $\Sigma S$ erstreckt sich über sämtliche in $m$ zusammenstoßende Stäbe, deren Richtungskosinus mit $\cos \alpha$ und $\cos \beta$ bezeichnet sind. Jeder dieser Fachwerkknoten kann einer virtuellen Verrückung unterworfen werden, welche nur an die Bedingung geknüpft ist, daß durch sie der Zusammenhang des ganzen Systems nicht aufgehoben werden darf. Es ist somit jede virtuelle Verrückung zulässig, die mit den geometrischen Bedingungen des Fachwerks in Einklang steht. $\bar\delta_{xm}$ und $\bar\delta_{ym}$ mögen die Komponenten der virtuellen Verrückung des Knotens $m$ nach den Koordinatenachsen bezeichnen. Dann ist im Gleichgewichtsfall die Arbeit aller am Knotenpunkt $m$ wirkenden Kräfte bei zwei virtuellen Verschiebungen nach den zwei Koordinatenachsen gleich Null (Prinzip der virtuellen Verrückungen für den Punktkörper in der Ebene, vgl. S. 8). Man erhält also für diesen Knotenpunkt:

$$(Q_{xm} + \Sigma S \cdot \cos \alpha)\,\bar\delta_{xm} = 0,$$
$$(Q_{ym} + \Sigma S \cdot \cos \beta)\,\bar\delta_{ym} = 0.$$

Nun ist aber $Q_{xm} = Q_m \cdot \cos \varphi$ und $Q_{ym} = Q_m \cdot \cos \psi$, wenn $\varphi$ und $\psi$ die Neigungswinkel von $Q_m$ gegen die $x$- bzw. $y$-Achse angeben (Abb. 177). Führt man diese Werte in die obigen Gleichungen ein und addiert beide, so wird:

$$Q_m (\bar\delta_{xm} \cdot \cos \varphi + \bar\delta_{ym} \cdot \cos \psi) + \Sigma S \cdot \cos \alpha \cdot \bar\delta_{xm} + \Sigma S \cdot \cos \beta \cdot \bar\delta_{ym} = 0.$$

Der vorstehende Klammerwert stellt die Projektion $\bar\delta_m$ der virtuellen Verrückung $m - m'$ auf die Richtung der Kraft $Q_m$ dar. Es ist also

$$Q_m \cdot \bar\delta_m + \Sigma S \cdot \cos \alpha \cdot \bar\delta_{xm} + \Sigma S \cdot \cos \beta \cdot \bar\delta_{ym} = 0.$$

Eine solche Gleichung läßt sich für jeden Knotenpunkt des Fachwerks anschreiben. Ihre Addition ergibt den Ausdruck:

$$(1) \qquad \Sigma Q_m \cdot \bar\delta_m + \Sigma (\Sigma S \cos \alpha \cdot \bar\delta_{xm} + \Sigma S \cdot \cos \beta \cdot \bar\delta_{ym}) = 0.$$

Die Spannkraft $S_{ik}$ am Knoten $i$ liefert zu obigem Ausdruck den Beitrag

$$S_{ik} \cdot \cos \alpha_{ik} \cdot \overline{\Delta x_i} + S_{ik} \cdot \cos \beta_{ik} \cdot \overline{\Delta y_i},$$

wenn jetzt an Stelle der Verrückungskomponenten $\bar\delta_{xi}$ und $\bar\delta_{yi}$ des Knotenpunktes $i$ die Bezeichnungen $\overline{\Delta x_i}$ und $\overline{\Delta y_i}$ eingeführt werden. Am Koten $k$ liefert die Spannkraft $S_{ki}$ den Arbeitsbeitrag

$$S_{ki} \cdot \cos \alpha_{ki} \cdot \overline{\Delta x_k} + S_{ki} \cdot \cos \beta_{ki} \cdot \overline{\Delta y_k}.$$

Nun ist aber (Abb. 178)

$$\cos \alpha_{ki} = - \cos \alpha_{ik}; \qquad \cos \beta_{ki} = - \cos \beta_{ik},$$

so daß wegen $S_{ki} = S_{ik}$ die Beiträge der Spannkräfte $S_{ik}$ am Knoten $i$ und $S_{ki}$ am Knoten $k$ in folgenden Ausdruck zusammengefaßt werden können:

$$S_{ik}\left[(\overline{\varDelta x_i} - \overline{\varDelta x_k})\cos\alpha_{ik} + (\overline{\varDelta y_i} - \overline{\varDelta y_k})\cos\beta_{ik}\right].$$

Verfährt man in gleicher Weise mit allen übrigen Spannkräften $S$ und beachtet die geometrische Bedingung (vgl. S. 26)

$$\overline{\varDelta s_{ik}} = (\overline{\varDelta x_k} - \overline{\varDelta x_i})\cos\alpha_{ik} + (\overline{\varDelta y_k} - \overline{\varDelta y_i})\cos\beta_{ik},$$

so geht schließlich der obige Ausdruck (1) über in

$$\Sigma\,Q_m\cdot\overline{\delta}_m - \Sigma S\cdot\overline{\varDelta s} = 0$$

oder

(2)
$$\Sigma Q_m\cdot\overline{\delta}_m = \Sigma S\cdot\overline{\varDelta s}.$$

Bisher war von einer beliebigen virtuellen Verrückung die Rede, von der nur vorausgesetzt wurde, daß sie mit den geometrischen Bedingungen des Fachwerks verträglich sei. An ihre Stelle kann also auch jede infolge eines gegebenen Belastungszustandes eintretende elastische Formänderung des Fachwerks gesetzt werden. Der der Gleichung (2) zugrunde liegende Belastungs-

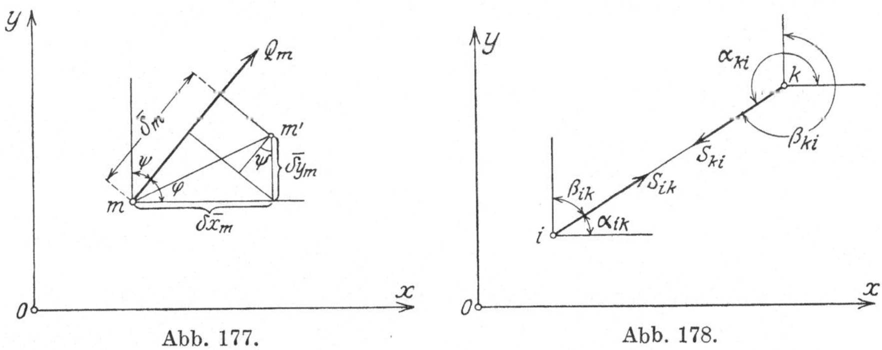

Abb. 177.      Abb. 178.

und Spannungszustand ist von dem Verrückungszustand vollkommen unabhängig und setzt nur voraus, daß zwischen den äußeren Kräften $Q$ einerseits und den Spannkräften $S$ andererseits Gleichgewicht besteht. In der Gleichung (2) kann also auch ein ganz beliebiger, nur gedachter Belastungszustand mit einem wirklichen, durch die elastischen Formänderungen des Fachwerks infolge einer gegebenen Belastung dargestellten Verschiebungszustand kombiniert werden. Bezeichnet man jetzt diese gedachten Lasten mit $\overline{Q}$ und die mit ihnen im Gleichgewicht stehenden virtuellen Spannkräfte mit $\overline{S}$, ferner die Projektionen der infolge einer tatsächlichen Belastung auftretenden elastischen Verschiebungen der Knotenpunkte auf die Richtungen der Lasten $\overline{Q}$ mit $\delta$ und die elastischen Längenänderungen der Fachwerkstäbe mit $\varDelta s$, so geht Gleichung (2) über in

(3)
$$\Sigma\overline{Q}_m\cdot\delta_m = \Sigma\overline{S}\cdot\varDelta s.$$

$\delta_m$ ist positiv oder negativ einzusetzen, je nachdem es den gleichen oder entgegengesetzten Richtungssinn hat wie $\overline{Q}_m$. Der gedachte Belastungszustand, welcher auch als virtueller Belastungszustand bezeichnet wird, ist von dem wirklichen Formänderungszustand vollkommen unabhängig und kann beliebig gewählt werden.

Die hier für ebene Fachwerke gegebene Ableitung des Prinzips der virtuellen Verrückungen hat, sobald man sie dreidimensional behandelt, auch für räumliche Fachwerke Gültigkeit. (Der Beweis ist nach den vorstehenden Erläuterungen ohne weiteres ersichtlich.)

Das Produkt $\overline{Q}_m \cdot \delta_m$ stellt die Arbeit dar, welche die Kraft $\overline{Q}_m$ leistet, sobald ihr Angriffspunkt $m$ im Sinne von $\overline{Q}_m$ um den Wert $\delta_m$ verschoben wird. Da aber $\overline{Q}_m$ und $\delta_m$ voneinander vollkommen unabhängig sind, nennt man das Produkt $\overline{Q}_m \cdot \delta_m$ die virtuelle Arbeit der Kraft $\overline{Q}_m$. In gleicher Weise sind $\overline{S}$ und $\varDelta s$ voneinander unabhängig. Der Wert $\varSigma \overline{S} \cdot \varDelta s$ stellt deshalb die virtuelle Formänderungsarbeit des Fachwerks dar. Gleichung (3) soll hinfort nach dem Vorgange von Müller-Breslau die Arbeitsgleichung für den Belastungszustand $\overline{Q}$ genannt werden.

Während aus Gleichung (2) der Wert einer beliebigen Spannkraft $S$ infolge eines bestimmten Belastungsfalles berechnet werden kann, sobald eine geeignete Wahl des virtuellen Verrückungszustandes $(\overline{\delta}_m, \overline{\varDelta s})$ getroffen wird, liefert (3) eine beliebige Verschiebungsgröße $\delta_m$ infolge einer gegebenen Belastung, sobald eine geeignete Wahl des virtuellen Belastungszustandes $(\overline{Q}_m, \overline{S})$ getroffen wird. Gleichung (3) spielt in der Theorie der elastischen Formänderungen eine bedeutende Rolle.

Die zu dem virtuellen Belastungszustand gehörigen virtuellen Stützenreaktionen mögen allgemein mit $\overline{C}$ bezeichnet werden. Treten nun infolge der tatsächlichen Belastung des Fachwerks Lagerverschiebungen auf, deren Größe $c$ in Richtung der Lagerkräfte bekannt sein möge, so leisten die Stützenreaktionen eine virtuelle Arbeit $\varSigma \overline{C} \cdot c$. Die virtuelle Arbeit der äußeren Kräfte kann somit getrennt werden in den Beitrag der Lasten $\varSigma \overline{P}_m \cdot \delta_m$ und den Beitrag der Lagerkräfte $\varSigma \overline{C} \cdot c$. Damit geht (3) über in

$$(4) \qquad \varSigma \overline{P}_m \cdot \delta_m = \varSigma \overline{S} \cdot \varDelta s - \varSigma \overline{C} \cdot c.$$

Wählt man nun den virtuellen Belastungszustand so, daß die virtuelle Arbeit der Lasten $\overline{P}_m$ gleich $1 \cdot \delta_m$ wird, d. h. gleich dem Produkt aus der Krafteinheit und der gesuchten Verschiebung des Knotenpunktes $m$, so geht Gleichung (4) über in

$$1 \cdot \delta_m = \varSigma \overline{S} \cdot \varDelta s - \varSigma \overline{C} \cdot c,$$

oder mit

$$\varDelta s = \frac{S \cdot s}{E F} + \varepsilon t s = S \cdot \varrho + \varepsilon t s,$$

wobei

$$\varrho = \frac{s}{E F},$$

$$(5) \qquad 1 \cdot \delta_m = \varSigma \overline{S} \cdot S \cdot \varrho + \varSigma \overline{S} \cdot \varepsilon t s - \varSigma \overline{C} \cdot c.$$

Die äußerst einfache Anwendung der Gleichung (5) möge an einigen Beispielen erläutert werden.

1. Es ist die senkrechte Verschiebung (Durchbiegung) des Knotenpunktes $m$ des in Abb. 179a skizzierten Fachwerkträgers unter dem Einfluß einer gegebenen Belastung zu bestimmen. Temperaturänderungen und Lagerverschiebungen mögen nicht auftreten.

Die Lösung der Aufgabe setzt voraus, daß die Spannkräfte $S$ infolge der gegebenen Lasten $P$ bekannt sind. Man bringe im Knoten $m$ in Richtung der gesuchten Verschiebung (hier senkrecht) die Last 1 an (Abb. 179b) und bestimme die infolge dieses gedachten Belastungszustandes in den Fachwerkstäben entstehenden virtuellen Spannkräfte $\overline{S}$ (etwa mit Hilfe eines Cremonaplanes). Mit diesen Werten liefert Gleichung (5)

$$1 \cdot \delta_m = \Sigma\,\overline{S} \cdot S \cdot \varrho,$$

woraus die gesuchte Verschiebung $\delta_m$ berechnet werden kann. Die Summe erstreckt sich über sämtliche Stäbe des Fachwerks.

2. Es soll die Verschiebung des Gelenkpunktes $G$ des in Abb. 180a dargestellten Dreigelenkbogens unter dem Einfluß einer gegebenen Belastung bestimmt werden. Die Gesamtverschiebung von $G$ ergibt sich als Resultierende zweier Verschiebungen, deren Richtungen beliebig gewählt werden können. Die Lösung der Aufgabe macht somit die zweimalige Anwendung der Arbeitsgleichung erforderlich. Als erster virtueller Belastungszustand wird zweckmäßig die Last 1 in $G$ so eingeführt, daß ihre Richtung mit der Geraden $A\!-\!G$ zusammenfällt (Abb. 180b). In diesem Fall ist sofort der virtuelle Kämpferdruck $\overline{K}_A = 1$ bekannt, und man erkennt, daß die virtuelle Belastung nur in der linken Scheibe Spannungen $\overline{S}_1$ erzeugt, während die rechte spannungslos ist. Sind nun die infolge der wirk

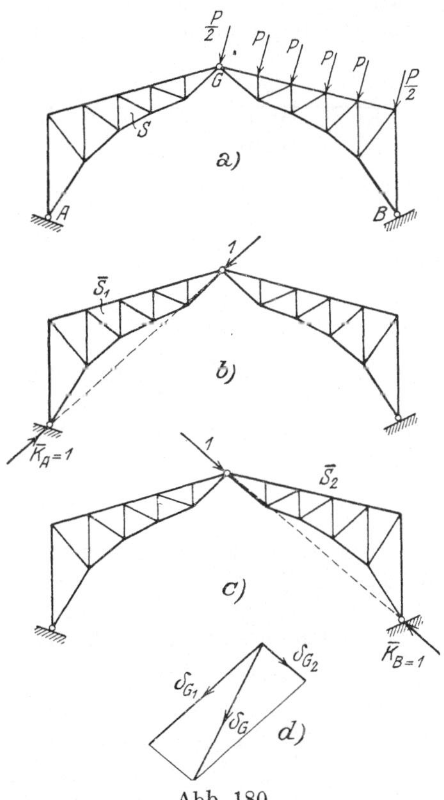

a)

b)

c)

d)

Abb. 180.

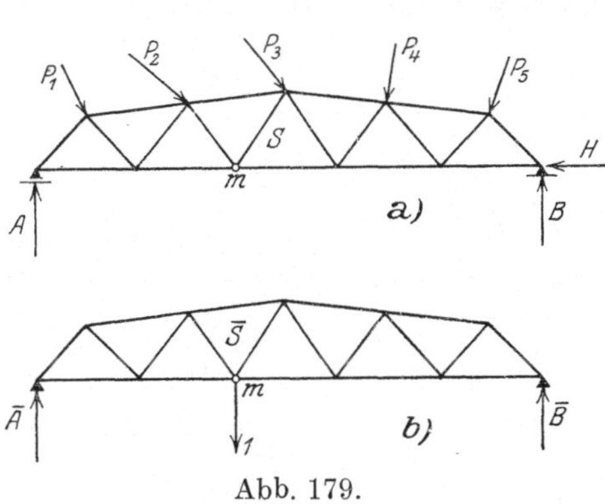

a)

b)

Abb. 179.

lichen Belastung $(P)$ in den Fachwerkstäben auftretenden Spannkräfte $S$ und Temperaturänderungen $t$ bekannt, so findet man im Falle starrer Widerlager die Komponente $\delta_{G_1}$ der Verschiebung des Punktes $G$ in Richtung $A\!-\!G$ aus der Arbeitsgleichung:

$$1 \cdot \delta_{G_1} = \Sigma\,\overline{S}_1 \cdot S \cdot \varrho + \Sigma\,\overline{S}_1 \cdot \varepsilon\, t\, s.$$

In analoger Weise bestimmt man jetzt die Verschiebung $\delta_{G_2}$ des Punktes $G$ in Richtung der Geraden $G\!-\!B$. Der virtuelle Belastungszustand ist in Abb. 180c skizziert. In diesem Falle erhalten nur die Stäbe der rechten Scheibe virtuelle Spannkräfte $\overline{S}_2$, während die linke spannungslos bleibt. Die Arbeitsgleichung liefert:

$$1 \cdot \delta_{G_2} = \Sigma\,\overline{S}_2 \cdot S \cdot \varrho + \Sigma\,\overline{S}_2 \,\varepsilon\, t\, s.$$

Schießlich ergibt sich die Gesamtverschiebung $\delta_G$ als Resultierende der Verschiebungen $\delta_{G_1}$ und $\delta_{G_2}$ (Abb. 180d).

In den beiden vorstehenden Beispielen handelt es sich darum, die Verschiebung eines Punktes $m$ in bestimmter Richtung zu ermitteln. Der virtuelle Belastungszustand besteht hier aus der Last $\overline{P}_m = 1$, welche an dem Knotenpunkt, dessen Verschiebung gesucht ist, im Sinne und in der Richtung der als positiv festgelegten Verschiebung angebracht wird. Diese virtuelle Belastung soll hinfort als Belastungseinheit des Punktes bezeichnet werden.

Für die Folge ist es wichtig und zweckmäßig, den bisher für $\delta_m$ gebrauchten Begriff der Verschiebung zu erweitern.

3. Es sei die Aufgabe gestellt, die relative Verschiebung der Knotenpunkte $m$ und $m_1$ des in Abb. 181 dargestellten Dreigelenkbogens gegeneinander infolge einer bestimmten Belastung zu ermitteln, d. h. anzugeben, um welchen Wert sich die Länge der Sehne $m - m_1$ ändert. Zu diesem Zwecke bringe man in $m$ und $m_1$ zwei in die Richtung $m - m_1$ fallende, entgegengesetzt gerichtete Lasten 1 an und wähle ihren Sinn so, daß sie im Falle einer Verlängerung der Sehne $m - m_1$ die positive virtuelle Arbeit $1 \cdot \delta_m$ leisten. Sie erzeugen in den Fachwerkstäben die virtuellen Spannkräfte

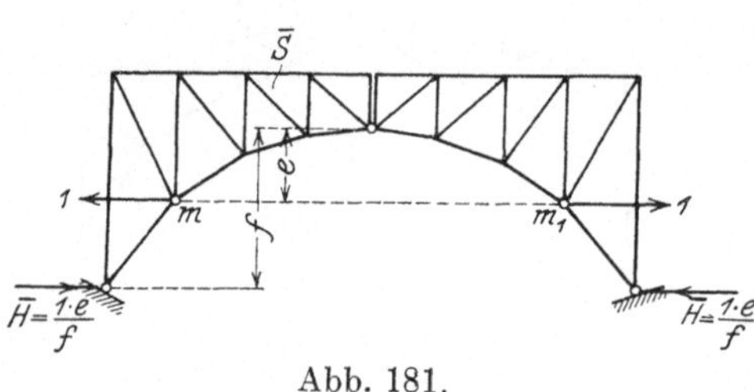

Abb. 181.

$\overline{S}$, sowie die virtuellen Lagerreaktionen $\overline{C}$. Sind nun die infolge des wirklichen Belastungszustandes auftretenden Spannkräfte $S$, Temperaturänderungen $t$ und Lagerverschiebungen $c$ bekannt, was hier vorausgesetzt wird, so liefert die Arbeitsgleichung (5)

$$1 \cdot \delta_m = \Sigma \overline{S} \cdot S \cdot \varrho + \Sigma \overline{S} \varepsilon t s - \Sigma \overline{C} \cdot c,$$

und zwar stellt $\delta_m$ die gesuchte Längenänderung der Sehne $m - m_1$, bzw. die gegenseitige Verschiebung der Punkte $m$ und $m_1$ dar.

Um also allgemein die gegenseitige Verschiebung zweier Punkte $m$ und $m_1$ zu finden, ist der virtuelle Belastungszustand so zu wählen, daß in den

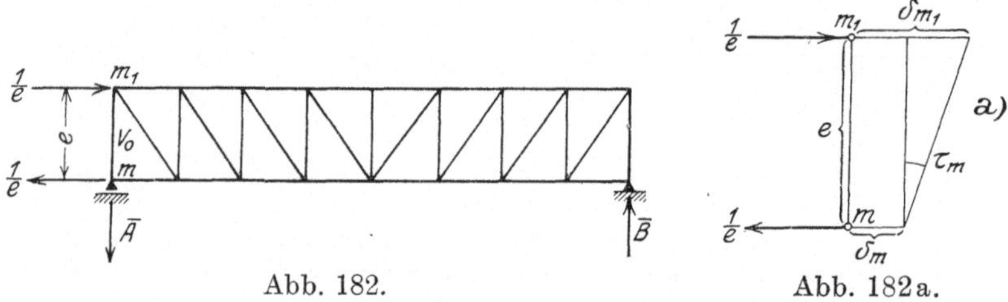

Abb. 182.                     Abb. 182a.

Knotenpunkten $m$ und $m_1$ die Lasten 1 in der Richtung $m - m_1$, im Sinne einer Vergrößerung von $m - m_1$ wirkend, angebracht werden. Dieser Belastungszustand soll hinfort die Belastungseinheit des Punktpaares genannt werden.

4. Als weitere Verschiebungsgröße, deren Ermittlung häufig notwendig wird, kommt die Drehung einer durch zwei Punkte $m$, $m_1$ eines Fachwerks gelegten Geraden gegen die Widerlager in Frage. Dieser Fall liegt z. B. vor, wenn die unter dem Einfluß einer gegebenen Belastung auftretende Drehung der Endvertikalen $V_0$ des in Abb. 182 skizzierten Trägers gesucht ist. Zu ihrer Bestimmung bringe man in den Knotenpunkten $m$ und $m_1$ senkrecht zur Geraden $m - m_1$, deren Länge mit $e$ bezeichnet sei, die Lasten

$\dfrac{1}{e}$ an, und zwar so gerichtet, daß das von dem Kräftepaar $\dfrac{1}{e}$ erzeugte Moment $\overline{M}_m = 1$ im Sinne der als positiv festgesetzten Drehung $\tau_m$ der Geraden $m - m_1$ wirkt. Bezeichnen $\delta_m$ und $\delta_{m_1}$ die Projektionen der tatsächlichen Verschiebungen der Punkte $m$ und $m_1$ auf die Richtung der virtuellen Lasten $\dfrac{1}{e}$ (Abb. 182 a), so wird die virtuelle Arbeit dieser Lasten

$$\frac{1}{e}\left(\delta_{m_1} - \delta_m\right).$$

Nun ist aber

$$\frac{\delta_{m_1} - \delta_m}{e} = \tau_m\,,$$

wobei der Winkel $\tau_m$ im Bogenmaß gemessen wird. Die virtuelle Arbeit der Lasten $\dfrac{1}{e}$ wird also

$$\frac{1}{e}\left(\delta_{m_1} - \delta_m\right) = 1 \cdot \tau_m\,.$$

Der Wert $1 \cdot \tau_m$ stellt das Produkt aus dem Moment 1 und einer Zahl (Winkel im Bogenmaß) dar. Das Moment 1 entsteht als Produkt der Last $1 \cdot \dfrac{1}{e}\,\dfrac{\mathrm{cm}}{\mathrm{cm}}$ und der Strecke $e^{\,\mathrm{cm}}$. Seine Dimension, und demnach auch diejenige des Wertes $1 \cdot \tau_m$, ist also $1 \times$ Längeneinheit, sofern als Krafteinheit die Zahl 1 eingeführt wird.

Der hier betrachtete virtuelle Belastungszustand liefert mit Hilfe der Arbeitsgleichung die gesuchte Drehung $\tau_m$ der Geraden $m - m_1$. Er wird hinfort allgemein als **Belastungseinheit der Geraden** bezeichnet.

5. Als vierte Verschiebungsgröße kommt die Änderung $\tau_m$ des von zwei Geraden $i - i_1$ und $k - k_1$, welche sich in $m$ schneiden mögen, eingeschlossenen Winkels $\varphi_m$ unter dem Einfluß einer bestimmten Belastung oder, was dasselbe ist, die gegenseitige Drehung dieser beiden Geraden in Frage. Zur Bestimmung der gesuchten Winkeländerung $\tau_m$ belaste man jede dieser Geraden mit der Belastungseinheit der Geraden (Abb. 183) und zwar derart,

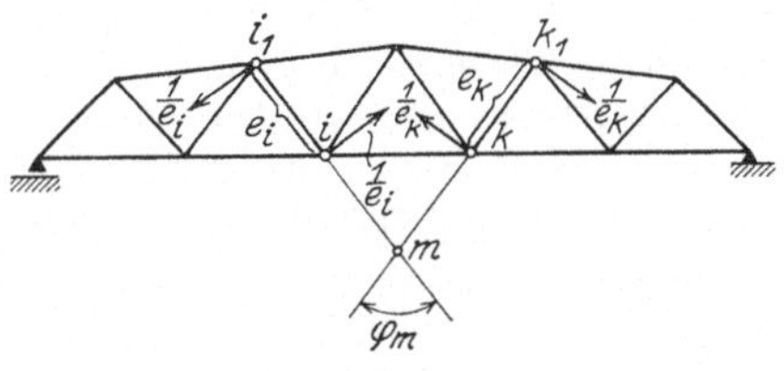

Abb. 183.

daß die von den Kräftepaaren $\dfrac{1}{e_i}$ bzw. $\dfrac{1}{e_k}$ erzeugten Momente im Sinne einer Vergrößerung von $\varphi_m$ wirken. Die Lasten $\dfrac{1}{e_i}$ in $i_1$ und $i$ leisten die virtuelle Arbeit $1 \cdot \tau_i$, die Lasten $\dfrac{1}{e_k}$ in $k_1$ und $k$ die virtuelle Arbeit $1 \cdot \tau_k$, sofern sich die Geraden $i - i_1$ und $k - k_1$ im Sinne der zugehörigen Kräftepaare drehen. Die gesamte relative Drehung beider Geraden gegeneinander wird demnach $1\,(\tau_i + \tau_k) = 1 \cdot \tau_m$. Hinsichtlich der Dimension gilt das unter Ziffer 4 Gesagte. Der hier zugrunde gelegte virtuelle Belastungsfall heißt die **Belastungseinheit des Geradenpaares** und liefert mit Hilfe der Arbeitsgleichung die gesuchte Winkeländerung $\tau_m$.

Die vorstehend besprochenen vier Belastungseinheiten ermöglichen im

Verein mit der Arbeitsgleichung

$$1 \cdot \delta_m = \Sigma \bar{S} \cdot \varDelta s - \Sigma \bar{C} \cdot c$$

bzw.

$$1 \cdot \tau_m = \Sigma \bar{S} \cdot \varDelta s - \Sigma \bar{C} \cdot c$$

die Berechnung jeder Verschiebungsgröße, sobald die Spannkräfte $S$ und Temperaturänderungen $t$ aller Stäbe eines Fachwerks, sowie die etwa auftretenden Lagerverschiebungen $c$ infolge einer bestimmten, gegebenen Belastung bekannt sind.

## b) Stabwerke.

Für kontinuierliche, elastische Körper von beliebiger Gestalt lassen sich den Gleichungen (2) und (3) im Aufbau ganz analoge Beziehungen ableiten, welche das Prinzip der virtuellen Verrückungen für den elastischen Körper in allgemeiner Form zum Ausdruck bringen. Diese lauten[1]):

$$(6\,\text{a}) \qquad \Sigma Q_m \cdot \bar{\delta}_m = \int (\sigma_x \cdot \bar{\varepsilon}_x + \sigma_y \cdot \bar{\varepsilon}_y + \sigma_z \cdot \bar{\varepsilon}_z + \tau_x \cdot \bar{\gamma}_x + \tau_y \cdot \bar{\gamma}_y + \tau_z \cdot \bar{\gamma}_z)\, dV;$$

$$(6\,\text{b}) \qquad \Sigma \bar{Q}_m \cdot \delta_m = \int (\bar{\sigma}_x \cdot \varepsilon_x + \bar{\sigma}_y \cdot \varepsilon_y + \bar{\sigma}_z \cdot \varepsilon_z + \bar{\tau}_x \cdot \gamma_x + \bar{\tau}_y \cdot \gamma_y + \bar{\tau}_z \cdot \gamma_z)\, dV.$$

Hierin bedeuten im Falle der Gleichung (6 a) $\sigma_x$, $\sigma_y$, $\sigma_z$, $\tau_x$, $\tau_x$, $\tau_z$ die wirklichen Spannungen infolge einer bestimmten, gegebenen Belastung $Q$, und $\bar{\varepsilon}_x$, $\bar{\varepsilon}_y$, $\bar{\varepsilon}_z$, $\bar{\gamma}_x$, $\bar{\gamma}_y$, $\bar{\gamma}_z$ die virtuellen Dehnungen und Gleitungen infolge eines gedachten Belastungszustandes, im Falle der Gleichung (6 b) dagegen $\bar{\sigma}_x$, $\bar{\sigma}_y$, $\bar{\sigma}_z$, $\bar{\tau}_x$, $\bar{\tau}_y$, $\bar{\tau}_z$ die virtuellen Spannungen infolge eines gedachten Belastungszustandes $\bar{Q}$, und $\varepsilon_x$, $\varepsilon_y$, $\varepsilon_z$, $\gamma_x$, $\gamma_y$, $\gamma_z$ die wirklichen Dehnungen und Gleitungen infolge einer bestimmten gegebenen Belastung. Außerdem bezeichnet $dV = d_x \cdot d_y \cdot d_z$ das Volumendifferential des betrachteten Körpers.

In der Statik der Baukonstruktion treten vollwandige Systeme fast ausschließlich in der Form von geraden oder schwach gekrümmten, biegungssteifen Stäben oder Stabzügen — kurz Stabwerke genannt — auf, deren Querschnittsabmessungen klein gegenüber ihrer Länge sind, und bei denen die Lastebene mit der Stabachse zusammenfällt. In solchen Fällen besitzen nur die Normalspannungen $\sigma_x$ und Temperaturänderungen $t$ einen wesentlichen Einfluß auf die Formänderung des Systems. (Über den Einfluß der Schubspannungen vgl. S. 181.) Für diesen Sonderfall läßt sich die Arbeitsgleichung wie folgt ableiten.

Mit $\bar{\sigma}_y = \bar{\sigma}_z = \bar{\tau}_x = \bar{\tau}_y = \bar{\tau}_z = 0$ und $\varepsilon_x = \dfrac{\sigma_x}{E} + \varepsilon\, t$ (vgl. S. 20) geht Gleichung (6 b), wenn jetzt — da keine Verwechslung mehr möglich ist — $\sigma_x = \sigma$, bzw. $\bar{\sigma}_x = \bar{\sigma}$ gesetzt wird, über in:

$$\Sigma \bar{Q}_m \cdot \delta_m = \int \bar{\sigma} \left(\frac{\sigma}{E} + \varepsilon\, t\right) dV = \iint \bar{\sigma}\, dF \left(\frac{\sigma}{E} + \varepsilon\, t\right) ds.$$

Das Doppelintegral besagt, daß die Integration sich sowohl über den Querschnitt $F$ als auch über die Stablänge $s$ zu erstrecken hat. Mit

$$\sigma = \frac{N}{F} + \frac{M}{J} \cdot z \quad \text{und} \quad t = t_s + \frac{\varDelta t}{h} \cdot z \quad \text{(vgl. S. 20)}$$

---

[1]) Auf die Ableitung der Gleichungen (6 a) und (6 b) kann an dieser Stelle mit Rücksicht auf den zur Verfügung stehenden beschränkten Raum nicht eingegangen werden, zumal diese die Besprechung der wichtigsten Grundlagen aus der höheren Elastizitätstheorie zur Voraussetzung hätte, also außerhalb des Rahmens dieses Buches liegt. Diejenigen Leser, welche sich über die Ableitung des Prinzips der virtuellen Verrückungen für das elastische Kontinuum unterrichten wollen, seien auf Föppl: Technische Mechanik, Bd. V, 4. Aufl., S. 260 verwiesen.

wird

$$\Sigma \overline{Q}_m \cdot \delta_m = \iint \overline{\sigma}\, dF \left(\frac{N}{EF} + \frac{M}{EJ}\cdot z\right) ds + \iint \overline{\sigma}\, dF \left(t_s + \frac{\Delta t}{h}\cdot z\right) \varepsilon\, ds$$

$$= \int ds \left\{ \frac{N}{EF} \int \overline{\sigma}\, dF + \frac{M}{EJ} \int \overline{\sigma} z\, dF \right\}$$

$$+ \int \varepsilon\, ds \left\{ \int \overline{\sigma}\cdot t_s\, dF + \int \overline{\sigma}\cdot z\frac{\Delta t}{h}\, dF \right\}.$$

Beachtet man noch, daß $\int \overline{\sigma}\, aF = \overline{N}$ und $\int \overline{\sigma} z\, dF = \overline{M}$, so wird schließlich

$$(7) \qquad \Sigma \overline{Q}_m \cdot \delta_m = \int \frac{\overline{N} N}{EF}\, ds + \int \frac{\overline{M} M}{EJ}\, ds + \int \overline{N}\varepsilon\, t_s\, ds + \int \overline{M}\,\varepsilon\cdot\frac{\Delta t}{h}\, ds,$$

wobei wieder $\Sigma \overline{Q}_m \cdot \delta_m = \Sigma \overline{P}_m \cdot \delta_m + \Sigma \overline{C}\cdot c$ zu setzen ist. Der Ausdruck (7) stellt die Arbeitsgleichung für den Belastungszustand $\overline{Q}$ eines biegungssteifen Stabes dar. $N$ und $M$ bedeuten die Längskraft bzw. das Moment infolge der wirklichen Belastung, $\overline{N}$ und $\overline{M}$ die entsprechenden Werte für den virtuellen Belastungszustand. Wählt man wieder letzteren so, daß die virtuelle Arbeit der Lasten $\overline{P}_m$ gleich $1\cdot\delta_m$ wird, so geht Gleichung (7) über in

$$(7\,\mathrm{a}) \qquad 1\cdot\delta_m = \int \frac{\overline{N} N}{EF}\, ds + \int \frac{\overline{M} M}{EJ}\, ds + \int \overline{N}\,\varepsilon\, t_s\, ds + \int \overline{M}\,\varepsilon\frac{\Delta t}{h}\, ds - \Sigma \overline{C}\cdot c,$$

wobei $\Sigma \overline{C}\cdot c$ die virtuelle Arbeit der Lagerkräfte angibt.

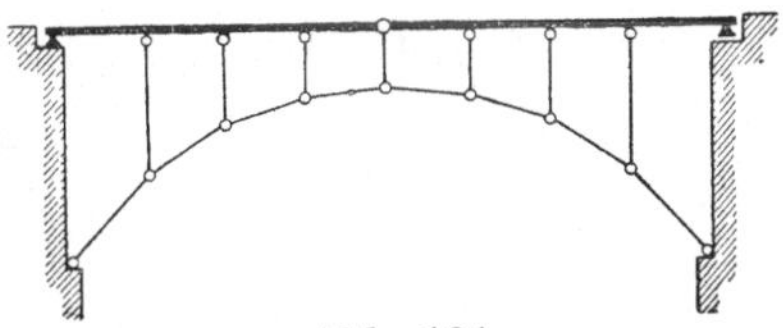

Mitunter liegt ein System vor, welches aus biegungssteifen Stäben und lediglich durch Normalkräfte beanspruchten Fachwerkstäben besteht, wie z. B. der in Abb. 184 dargestellte Gelenkbogen mit Versteifungsträger. Für derartige Systeme lautet die Arbeitsgleichung:

Abb. 184.

$$1\cdot\delta_m = \int \frac{\overline{N} N}{EF}\cdot ds + \int \frac{\overline{M} M}{EJ}\, ds + \int \overline{N}\cdot\varepsilon\, t_s\, ds + \int \overline{M}\,\varepsilon\frac{\Delta t}{h}\, ds$$

$$+ \Sigma \overline{S}\cdot S\cdot\varrho + \Sigma \overline{S}\,\varepsilon\, t\cdot s - \Sigma \overline{C}\cdot c,$$

in der die beiden Glieder, welche die Spannkräfte $\overline{S}$ enthalten, sich über sämtliche Stäbe des Bogens und der Gelenkstangen zwischen diesem und dem Versteifungsträger erstrecken.

Die unter Ziffer **a)** für das Fachwerk eingeführten virtuellen Belastungseinheiten können in ganz ähnlicher Weise auch für das Stabwerk beibehalten werden, wie nachstehend an einigen Beispielen gezeigt wird.

1. Für das in Abb. 185a dargestellte, aus biegungssteifen Stäben bestehende Tragsystem, welches bei $A$ ein festes, bei $B$ ein auf horizontaler Bahn verschiebliches Auflagergelenk besitzt, soll die horizontale Verschiebung des Lagerpunktes $B$ unter dem Einfluß einer in $C$ angreifenden Last $W$ berechnet werden. Bei dieser Belastung möge sich der Stützpunkt $B$ um den beobachteten Wert $c_b$ senken, während $A$ um $c_a$ gehoben und gleichzeitig um $c_h$ nach innen (rechts) gedrückt werden möge. Eine Temperaturänderung dagegen sei nicht vorhanden. Das Trägheitsmoment der Stiele sei $J_1$, das des Riegels $J_2$.

140                     Die elastischen Formänderungen.

Die Momentengleichung um den Punkt $A$ liefert

$$W \cdot h - B \cdot l = 0 \, ,$$

oder

$$B = \frac{W \cdot h}{l} \, .$$

Aus $\Sigma V = 0$ ergibt sich demnach $A = - \dfrac{W \cdot h}{l}$, und aus $\Sigma H = 0$ findet man

$H_A = - W$. Mit Hilfe dieser Stützkräfte läßt sich sofort die aus Abb. 185 a ersichtliche Momentenfläche zeichnen, aus welcher das an jedem Punkt der Systemachse wirkende Moment der äußeren Kräfte entnommen werden kann. Die Momente werden positiv eingeführt, wenn sie die Stiele und den Querriegel so zu biegen suchen, daß diese ihre konvexe Seite nach innen kehren. Der Einfluß der Längskräfte auf die gesuchte Verschiebung soll gegenüber den Momenten außer Betracht bleiben.

Der virtuelle Belastungszustand ist in Abb. 185 b skizziert. Man bringt in $B$ die Last 1 in Richtung der gesuchten Horizontalverschiebung an, welche bei $A$ die gleich große, aber entgegengesetzt gerichtete virtuelle Reaktion 1

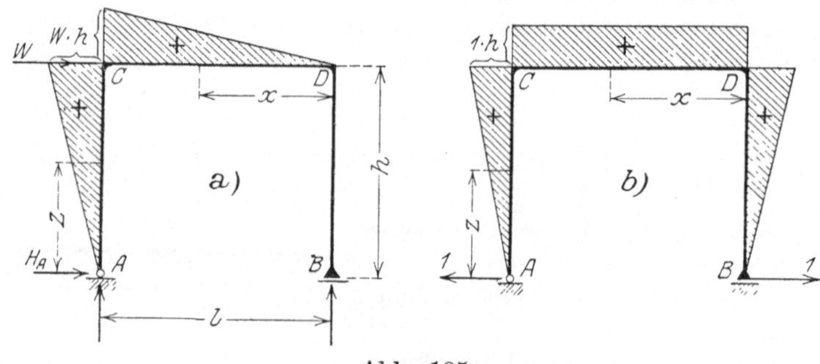

Abb. 185.

erzeugt. Senkrechte Stützkräfte können infolge dieser Belastung nicht auftreten. Demnach ergibt sich die aus der Abbildung ersichtliche Momentenfläche, welche die Momente $\overline{M}$ liefert. Auf diesen virtuellen Belastungszustand und den wirklichen Formänderungszustand wendet man nun die Arbeitsgleichung (7 a) an. Diese liefert:

$$1 \cdot \delta_m = \int \frac{\overline{M} M}{E J} \, ds - (-1 \cdot c_h) \, .$$

Der Wert $-1 \cdot c_h$ stellt die virtuelle Arbeit der Lagerkräfte dar, zu welcher nur der Horizontalschub in $A$ einen Beitrag liefert, weil infolge der virtuellen Belastung senkrechte Stützkräfte nicht auftreten. Zur Bestimmung der gesuchten Verschiebung ist also nur noch das Integral auszuwerten. Für den linken Stiel ergibt sich aus der Momentenfläche Abb. 185 a an der Stelle $z$ das tatsächliche Moment

$$M_z = - H_A \cdot z = W \cdot z \, ,$$

aus der Abb. 185 b das virtuelle Moment

$$\overline{M} = 1 \cdot z \, ,$$

und entsprechend für den oberen Querriegel an der Stelle $x$

$$M_x = \frac{W \cdot h}{l} \cdot x$$

bzw.

$$\overline{M}_x = 1 \cdot h .$$

Damit wird

$$1 \cdot \delta_m = \frac{W}{EJ_1} \int_0^h z^2 \, dz + \frac{W \cdot h^2}{EJ_2 \cdot l} \int_0^l x \, dx + c_h$$

$$= \frac{W}{EJ_1} \cdot \frac{h^3}{3} + \frac{W \cdot h^2}{EJ_2 \cdot l} \cdot \frac{l^2}{2} + c_h$$

$$= \frac{W \cdot h^2}{6\,E} \left( \frac{2\,h}{J_1} + \frac{3\,l}{J_2} \right) + c_h .$$

2. Es soll berechnet werden, wie groß die Änderung der Entfernung $m - m_1$ der beiden in gleichem Abstand $e$ vom oberen Riegel gelegenen Punkte $m$ und $m_1$ des im vorigen Beispiel betrachteten Stabwerks unter dem Einfluß der in $C$ angreifenden Horizontalkraft $W$ ist (Abb. 186a). Zur Lösung der Aufgabe führe man die Belastungseinheit des Punktpaares $m$, $m_1$

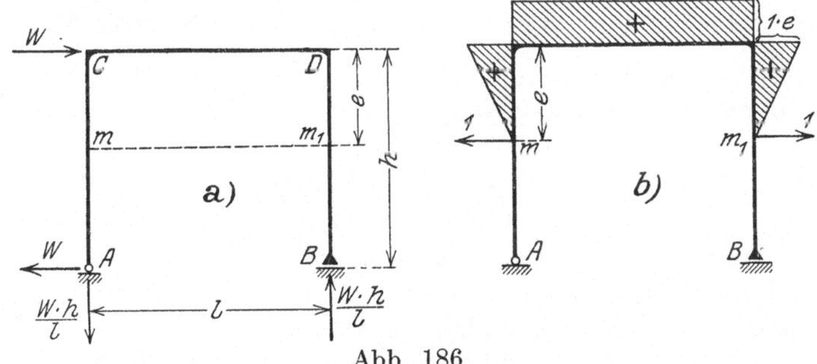

Abb. 186.

ein. Infolge dieser Belastung treten bei $A$ und $B$ keine Lagerkräfte auf. Es ergibt sich somit die in Abb. 186b skizzierte virtuelle Momentenfläche. Wird wieder der Einfluß der Längskräfte vernachlässigt, und sind ferner Temperaturänderungen nicht vorhanden, so erhält man aus Gleichung (7a) die gesuchte Längenänderung

$$1 \cdot \delta_m = \int \frac{\overline{M}\,M}{EJ} \, ds .$$

Die virtuellen Lasten 1 in $m$ und $m_1$ wurden im Sinne einer Vergrößerung von $m - m_1$ angenommen. Ergibt sich also $\delta_m$ positiv — was hier der Fall ist, da beide Momentenflächen (Abb. 185a und Abb. 186b) positiv sind —, so wird $m - m_1$ infolge der bestehenden Belastung $W$ vergrößert, im andern Falle verkleinert. Die Auswertung des Integrals hat in ähnlicher Weise zu erfolgen wie im 1. Beispiel.

3. Das in Abb. 187a skizzierte Stabwerk sei am rechten unteren Stielende durch das Moment $M$ belastet. Es soll die Drehung der Endtangente in $B$ an diesen Stiel berechnet werden. Das System ist statisch bestimmt, denn den vier unbekannten Auflagergrößen stehen drei Gleichgewichtsbedingungen und eine Gelenkbedingung bei $C$ ($M_C = 0$) zur Verfügung, aus denen sich $A = \dfrac{M}{l}$, $B = -\dfrac{M}{l}$, $H_A = H_B = 0$ ergeben. Demnach nimmt die wirkliche Momentenfläche die aus Abb. 187a ersichtliche Form an.

Die an den rechten Stiel gelegte Endtangente denke man sich als starren Stab in $B$ fest mit dem Stiel verbunden und bringe an ihr die Belastungseinheit der Geraden an (Abb. 187b), wobei der Abstand $e$ beliebig gewählt

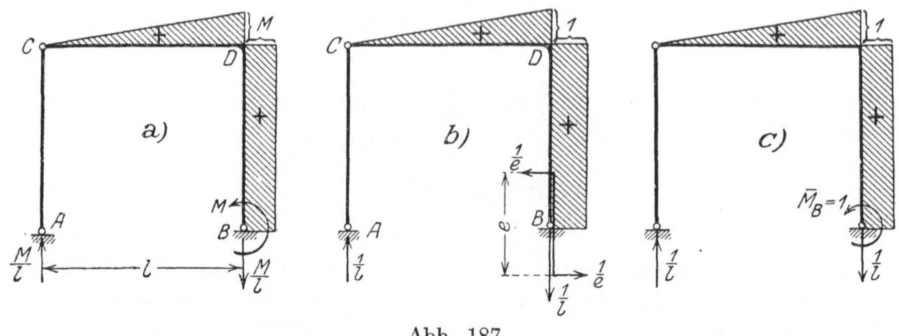

Abb. 187.

werden kann. Infolge dieses virtuellen Belastungszustandes entstehen die Stützendrücke $\overline{A} = \dfrac{1}{l}$ und $\overline{B} = -\dfrac{1}{l}$, so daß die virtuelle Momentenfläche die in Abb. 187b skizzierte Form annimmt. Die gesuchte Drehung $\tau_B$ ergibt sich nun aus der Arbeitsgleichung:

$$1 \cdot \tau_B = \int \frac{\overline{M} M}{E J} \, ds,$$

wenn wieder der Einfluß von Längskräften, Temperaturänderungen und Lagerverschiebungen unberücksichtigt bleibt.

Der einfacheren Darstellung halber wird in Zukunft für die Belastungseinheit der Tangente im Punkte $m$ eines Stabzuges direkt das Moment $\overline{M}_m = 1$ eingeführt (Abb. 187c).

4. Es soll die gegenseitige Drehung $\tau_C$ der Tangenten des linken Stieles $A - C$ und des Querriegels $C - D$ infolge der im vorigen Beispiel gegebenen Belastung des Stabwerks durch das Moment $M$ in $B$ berechnet werden.

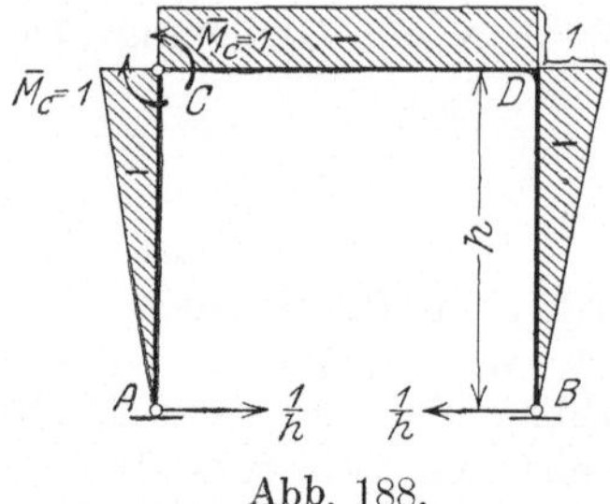

Abb. 188.

Zur Lösung der Aufgabe wird die Belastungseinheit des Tangentenpaares im Sinne einer Vergrößerung des von den Tangenten bei $C$ eingeschlossenen Winkels eingeführt (Abb. 188). Infolge dieses virtuellen Belastungszustandes werden die senkrechten Lagerkräfte zu Null, dagegen nehmen die Horizontalschübe den Wert $\dfrac{1}{h}$ an, bei $A$ und $B$ nach innen gerichtet.

Demnach erhält man die aus Abb. 188 ersichtliche virtuelle Momentenfläche. Die Arbeitsgleichung liefert die gesuchte Winkeländerung

$$1 \cdot \tau_C = \int \frac{\overline{M} M}{E J} \, ds,$$

wobei $M$ die wirklichen Momente darstellen, welche aus Abb. 187a und $\overline{M}$ die virtuellen Momente, welche aus Abb. 188 entnommen werden können.

# § 3. Die Sätze von der Gegenseitigkeit der elastischen Formänderungen.

Auf ein stabiles Fachwerk mit starren Lagern möge im Punkte $m$ die Last $P_m = 1$ wirken, welche in den Fachwerkstäben die Spannkräfte $S_m$ erzeugt. Temperaturänderungen sollen nicht in Frage kommen. Unabhängig von der Last $P_m = 1$ möge in $n$ eine zweite Last $P_n = 1$ wirken, durch welche im Fachwerk Spannkräfte $S_n$ hervorgerufen werden. Infolge der Last $P_m = 1$ erleidet der Knotenpunkt $n$ in Richtung der Last $P_n$ eine elastische Verschiebung, die mit $\delta_{nm}$ bezeichnet werden soll. Umgekehrt erzeugt die Last $P_n = 1$ eine Verschiebung des Knotenpunktes $m$, welche in Richtung der Last $P_m$ gemessen die Größe $\delta_{mn}$ haben möge. Die Arbeitsgleichung für den Belastungszustand $P_m = 1$ und den hiervon unabhängigen Verschiebungszustand $\delta_{mn}$ lautet

$$1 \cdot \delta_{mn} = \Sigma S_m \cdot \varDelta s_n,$$

wenn $\varDelta s_n = S_n \cdot \varrho$ die von den Spannkräften $S_n$ erzeugten Längenänderungen der Fachwerkstäbe bedeuten. Setzt man diesen Wert ein, so wird

$$1 \cdot \delta_{mn} = \Sigma S_m S_n \cdot \varrho.$$

Die Arbeitsgleichung für den Belastungszustand $P_n = 1$ und den Verschiebungszustand $\delta_{nm}$ lautet

oder mit
$$1 \cdot \delta_{nm} = \Sigma S_n \cdot \varDelta s_m,$$
$$\varDelta s_m = S_m \cdot \varrho$$
$$1 \cdot \delta_{nm} = \Sigma S_n S_m \cdot \varrho.$$

Ein Vergleich der beiden für $\delta_{nm}$ und $\delta_{mn}$ gefundenen Ausdrücke ergibt

$$(8) \qquad\qquad \delta_{nm} = \delta_{mn}.$$

Bisher war nur von der Belastungseinheit des Punktes $m$, bzw. des Punktes $n$ die Rede. Die hier angestellte Betrachtung gilt indessen auch für die drei übrigen Belastungseinheiten (vgl. § 2), wenn man nur den Begriff der Verschiebung $\delta_{nm}$ bzw. $\delta_{mn}$ entsprechend erweitert. Zu diesem Zwecke soll für die Folge allgemein unter $\delta_{nm}$ die elastische Verschiebung der Angriffspunkte der Belastungseinheit $P_n$ in Richtung von $P_n$, hervorgerufen durch die Belastungseinheit $P_m$ und unter $\delta_{mn}$ die elastische Verschiebung der Angriffspunkte der Belastungseinheit $P_m$ in Richtung von $P_m$, hervorgerufen durch die Belastungseinheit $P_n$ verstanden werden.

Das vorstehende Gesetz heißt nach seinem Entdecker der Maxwellsche Satz von der Gegenseitigkeit der elastischen Formänderungen. Es gilt allgemein für statisch bestimmte und unbestimmte Systeme. Voraussetzung ist, daß weder eine Temperaturänderung des spannungslosen Anfangszustandes noch Lagerverschiebungen auftreten, und die Gliederung des Fachwerks bei den vorkommenden Belastungen unveränderlich bleibt.

Liegt ein Stabwerk vor, so lautet die Arbeitsgleichung für den Belastungszustand $P_m = 1$ und den Verschiebungszustand $\delta_{mn}$:

$$1 \cdot \delta_{mn} = \int \frac{N_m \cdot N_n}{EF} \cdot ds + \int \frac{M_m \cdot M_n}{EJ} \, ds,$$

für den Belastungszustand $P_n = 1$ und den Verschiebungszustand $\delta_{nm}$:

$$1 \cdot \delta_{nm} = \int \frac{N_n \cdot N_m}{EF} \cdot ds + \int \frac{M_n \cdot M_m}{EJ} \, ds.$$

144          Die elastischen Formänderungen.

Daraus folgt wieder

$$\delta_{nm} = \delta_{mn},$$

d. h. der Maxwellsche Satz gilt unter den für das Fachwerk getroffenen Voraussetzungen auch für das Stabwerk.

Der Maxwellsche Satz, welcher für die Theorie der statisch unbestimmten Systeme eine weittragende Bedeutung besitzt, ist ein Sonderfall des erst später entdeckten Bettischen Satzes, zu welchem man durch folgende Überlegung gelangt.

Man denke sich ein Fachwerk, für welches die oben gemachten Voraussetzungen erfüllt sind, erst mit den beliebigen Lasten $(P_m)$ belastet, die in ihm Spannkräfte $(S_m)$ und Längenänderungen der Stäbe $\Delta s_m$ erzeugen. Unabhängig von den Lasten $(P_m)$ denke man sich andere Lasten $(P_n)$ auf das Fachwerk wirkend, welche Spannkräfte $(S_n)$ und Längenänderungen $\Delta s_n$ hervorrufen. Infolge dieser zweiten Belastung $(P_n)$ erleiden die Angriffspunkte $m$ der Lasten $(P_m)$ in Richtung dieser Lasten Verschiebungen, welche mit $(\delta_{mn})$ bezeichnet werden mögen, wobei

$$(\delta_{mn}) = \Sigma P_n \cdot \delta_{mn},$$

und ebenso erleiden die Angriffspunkte der Lasten $(P_n)$ Verschiebungen $(\delta_{nm})$ in Richtung dieser Lasten, wenn auf das Fachwerk nur die Belastung $(P_m)$ einwirkt, wobei

$$(\delta_{nm}) = \Sigma P_m \cdot \delta_{nm}.$$

Die Arbeitsgleichung für den Kräftezustand $(P_n)$ und den Verschiebungszustand $(\delta_{nm})$ liefert:

$$\Sigma (P_n) \cdot (\delta_{nm}) = \Sigma (S_n)\, \Delta s_m = \Sigma (S_n)(S_m)\,\varrho,$$

ferner für den Kräftezustand $P_m$ und den Verschiebungszustand $(\delta_{mn})$:

$$\Sigma (P_m)(\delta_{mn}) = \Sigma (S_m) \cdot \Delta s_n = \Sigma (S_m)(S_n)\,\varrho.$$

Aus den vorstehenden Gleichungen findet man:

$$(9) \qquad \Sigma (P_n)(\delta_{nm}) = \Sigma (P_m)(\delta_{mn}).$$

Die hier gewonnene Beziehung besagt, daß die Lasten $(P_m)$ infolge der von den Lasten $(P_n)$ erzeugten Verschiebungen die gleiche Arbeit leisten wie die Lasten $(P_n)$ infolge der von den Lasten $(P_m)$ erzeugten Verschiebungen. Dieses Gesetz wurde zuerst von Betti bewiesen und

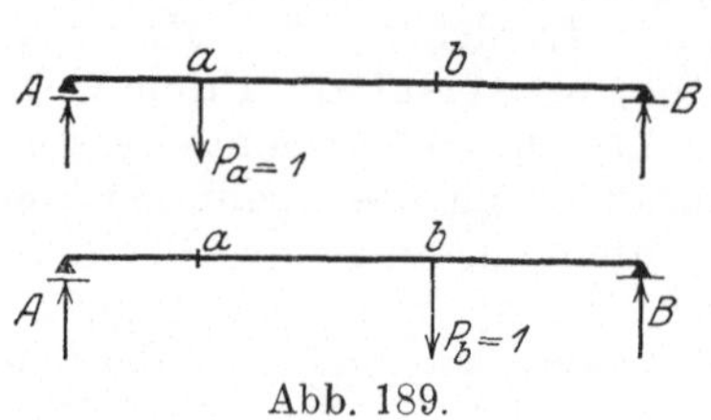

Abb. 189.

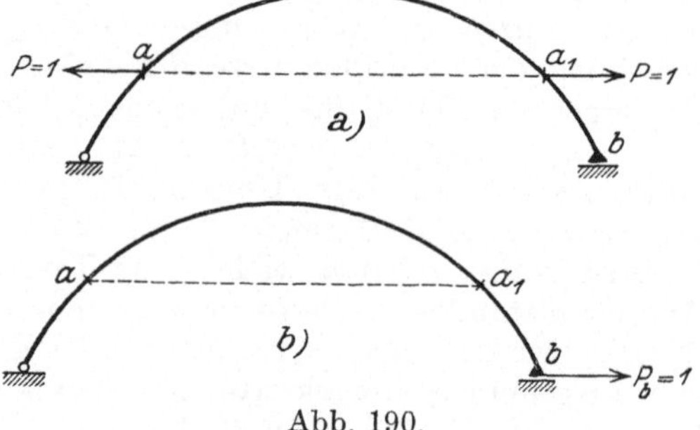

Abb. 190.

heißt nach ihm der Bettische Satz. Für den Sonderfall $(P_m) = 1$ und $(P_n) = 1$ erhält man den oben bewiesenen Maxwellschen Satz.

Die Vielseitigkeit des Maxwellschen Satzes soll nachstehend an einigen einfachen Beispielen gezeigt werden.

1. Die Verschiebung $\delta_{ba}$ des Punktes $b$ in Richtung der Kraft $P_b = 1$, hervorgerufen durch die Kraft $P_a = 1$ ist gleich der Verschiebung $\delta_{ab}$ des

Punktes $a$ in Richtung der Kraft $P_a = 1$, hervorgerufen durch die Kraft $P_b = 1$ (Abb. 189).

2. Die Verschiebung $\delta_{ba}$ des Punktes $b$ in Richtung der Kraft $P_b = 1$, hervorgerufen durch die Belastungseinheit des Punktpaares $a$, $a_1$ ist gleich der gegenseitigen Verschiebung $\delta_{ab}$ des Punktpaares $a$, $a_1$, hervorgerufen durch die Kraft $P_b = 1$ (Abb. 190).

3. Die Verschiebung $\delta_{ba}$ des Punktes $b$ in Richtung der Kraft $P_b = 1$, hervorgerufen durch die Belastungseinheit der Tangente in $a$, ist gleich der Drehung $\tau_{ab}$

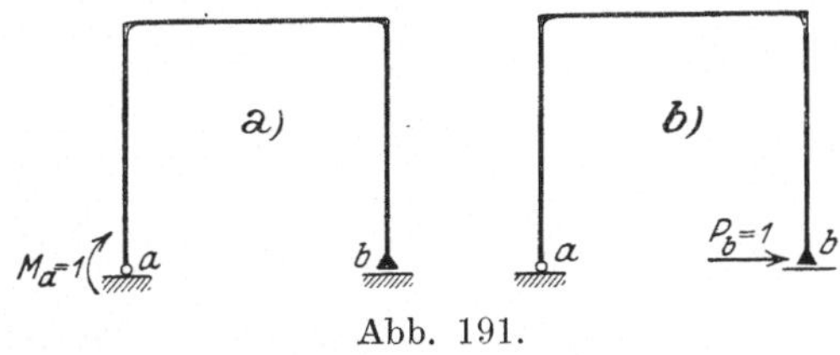

Abb. 191.

der Tangente in $a$, hervorgerufen durch die Kraft $P_b = 1$ (Abb. 191).

4. Die gegenseitige Drehung $\tau_{(r+1)r}$ des Tangentenpaares in $r + 1$, hervorgerufen durch die Belastungseinheit des Tangentenpaares in $r$, ist

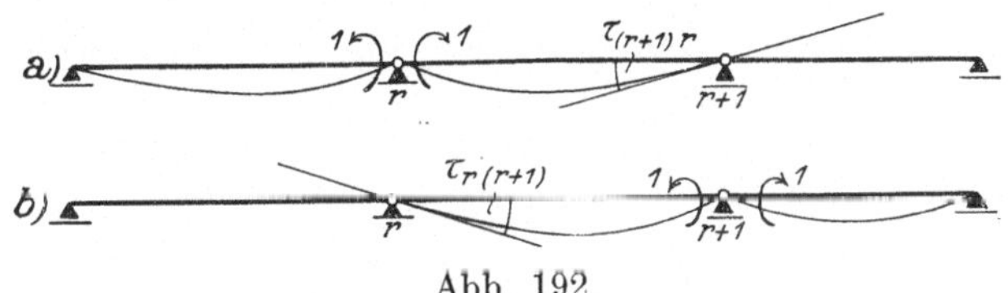

Abb. 192.

gleich der gegenseitigen Drehung $\tau_{r(r+1)}$ des Tangentenpaares in $r$, hervorgerufen durch die Belastungseinheit des Tangentenpaares in $r + 1$ (Abb. 192)

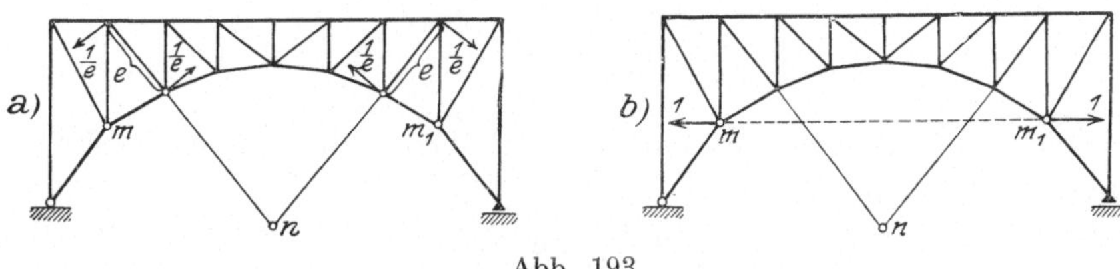

Abb. 193.

5. Die gegenseitige Verschiebung $\delta_{mn}$ des Punktpaares $m$, $m_1$, hervorgerufen durch die Belastungseinheit des Geradenpaares $n$ ist gleich der gegenseitigen Drehung $\tau_{nm}$ des Geradenpaares $n$, hervorgerufen durch die Belastungseinheit des Punktpaares $m$, $m_1$ (Abb. 193).

# § 4. Der Castiglianosche Satz vom Differentialquotienten der Formänderungsarbeit.

## a) Fachwerke.

Ein anfangs spannungsloses Fachwerk mit starren Lagern, welches keinen Temperaturänderungen ausgesetzt sei, möge von beliebigen Lasten ergriffen werden. Wie bereits auf S. 3 gesagt, wird in der Statik der Baukonstruktionen allgemein die Annahme gemacht, daß alle Lasten und mit ihnen alle Spannkräfte $S$ allmählich von Null bis zu ihrem Endwert anwachsen, eine stoßartige Belastung ist also ausgeschlossen. Zur Zeit $t$, welche kleiner sei als diejenige, zu der die Kräfte bereits ihre Endwerte erreicht haben, mögen die Spannkräfte die Werte $S_x'$ besitzen. Während des Zeitdifferentials $dt$, in dem diese Kräfte $S_x$ wirksam sind, wachsen die Längenänderungen $\varDelta s$ der Stäbe um $d\varDelta s$. Die Spannkräfte $S_x$ leisten also die Formänderungsarbeit

$$dA = \varSigma S_x \cdot d\varDelta s,$$

oder mit

$$\varDelta s = \frac{S_x \cdot s}{EF}$$

$$dA = \sum S_x \cdot \frac{dS_x \cdot s}{EF}.$$

Für die gesamte Dauer des Anwachsens der Spannkräfte von Null bis zu ihren Endwerten wird

$$(10) \qquad A = \sum \int_0^S S_x \frac{dS_x \cdot s}{EF} = \sum \frac{S^2 \cdot s}{2\,EF} = \frac{1}{2}\,\varSigma S^2 \cdot \varrho,$$

wobei $A$ die **wirkliche Formänderungsarbeit des Fachwerks** darstellt.

Die Spannkräfte $S$ eines Fachwerks lassen sich unter Beachtung des Superpositionsgesetzes in der linearen Form anschreiben:

$$S = S_1 P_1 + S_2 P_2 + \cdots + S_m P_m + \cdots + S_n P_n,$$

wenn $S_1, S_2 \ldots S_m \ldots S_n$ diejenigen Spannkräfte bezeichnen, welche in den Stäben infolge der Belastungszustände $P_1 = 1$, $P_2 = 1 \ldots$ entstehen. Die partielle Ableitung des vorstehenden Ausdrucks für $S$ nach der Kraft $P_m$ liefert

$$\frac{\partial S}{\partial P_m} = S_m.$$

Unter des Voraussetzung starrer Lager lautet die Arbeitsgleichung für den Belastungszustand $\overline{Q}_m = 1$

$$1 \cdot \delta_m = \varSigma \overline{S} \cdot \varDelta s,$$

wobei die Werte $\overline{S}$ identisch sind mit den Werten $S_m$ infolge $P_m = 1$, wenn als Richtung von $\overline{Q}_m$ diejenige von $P_m$ angenommen wird. Ersetzt man nun $\overline{S}$ durch $S_m = \dfrac{\partial S}{\partial P_m}$, so erhält man

$$1 \cdot \delta_m = \sum \frac{\partial S}{\partial P_m} \cdot \varDelta s = \sum \frac{\partial S}{\partial P_m} \cdot S \cdot \varrho,$$

und man erkennt, daß die rechte Seite dieser Gleichung übereinstimmt mit der partiellen Ableitung der Formänderungsarbeit $A$ [Gleichung (10)] nach $P_m$. Daraus folgt:

$$11) \qquad \delta_m = \frac{\partial A}{\partial P_m}.$$

Dieser Satz wurde zuerst von Castigliano bewiesen und kann unter der Voraussetzung eines spannungslosen Anfangszustandes, starrer Lager und unveränderlicher Temperatur wie folgt formuliert werden: **Die Verschiebung $\delta_m$ des Punktes $m$ in Richtung der in $m$ angreifenden Last $P_m$ ist gleich dem nach $P_m$ genommenen partiellen Differentialquotienten der Formänderungsarbeit $A$ des Fachwerks.**

Das vorstehende Gesetz ermöglicht auch die Berechnung der Verschiebung eines Punktes, an dem keine Last angreift, wenn man sich in dem fraglichen Punkte zunächst eine in die Richtung der gesuchten Verschiebung fallende Last $\overline{P}$ wirksam denkt und diese nachträglich gleich Null setzt.

Soll z. B. die Verschiebung des Punktes $m$ des in Abb. 194 skizzierten Trägers in Richtung der punktiert eingetragenen, in Wirklichkeit nicht vorhandenen Last $\overline{P}$ infolge der in 1 und 2 wirkenden Lasten $P_1$ und $P_2$ bestimmt werden, so schreibe man die Bedingung an

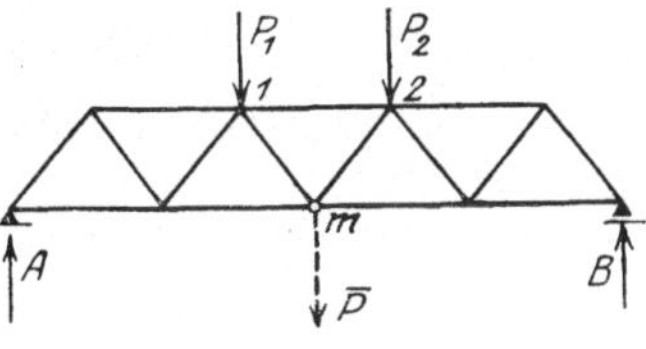

Abb. 194.

$$\delta_m = \frac{\partial A}{\partial \overline{P}} = \sum S' \cdot \varrho \cdot \frac{\partial S'}{\partial \overline{P}}.$$

Nun ist aber

$$S' = S + \overline{S} \cdot \overline{P},$$

wenn $S$ die Spannkraft infolge der gegebenen Belastung $(P_1,\ P_2)$ und $\overline{S}$ diejenige infolge des gedachten Belastungszustandes $\overline{P} = 1$ bedeutet. Demnach wird

$$\frac{\partial S'}{\partial \overline{P}} = S,$$

und damit

$$\delta_m = \Sigma (S + \overline{S}\,\overline{P})\,\varrho \cdot \overline{S}.$$

Da aber in Wirklichkeit $\overline{P} = 0$ ist, so erhält man

$$\delta_m = \Sigma S\,\overline{S} \cdot \varrho$$

und gelangt damit zu einem Ausdruck, der mit dem aus der Arbeitsgleichung für den Belastungszustand $\overline{Q} = 1$ abgeleiteten übereinstimmt.

Der Castiglianosche Satz vom Differentialquotienten der Formänderungsarbeit läßt sich auch in solchen Fällen anwenden, wo Temperaturänderungen und Lagerverschiebungen auftreten, sofern man die wirkliche Formänderungsarbeit $A$ durch eine Funktion $A'$ ersetzt, welche den veränderten Verhältnissen Rechnung trägt.

Die Arbeitsgleichung für den Belastungszustand $\overline{P}_m = 1$ lautet

$$1 \cdot \delta_m = \Sigma \overline{S} \cdot \varDelta s - \Sigma \overline{C} \cdot c.$$

Mit

$$\overline{S} = \frac{\partial S}{\partial P_m} \quad \text{und} \quad \varDelta s = \frac{S \cdot s}{EF} + \varepsilon t s$$

geht sie über in

$$(12) \qquad 1 \cdot \delta_m = \sum \frac{\partial S}{\partial P_m} \cdot S \cdot \varrho + \sum \frac{\partial S}{\partial P_m}\,\varepsilon t s - \Sigma \overline{C} \cdot c.$$

Die wirklichen Reaktionen $C$ lassen sich als lineare Funktionen der Lasten $P$ darstellen:

$$C = C_1 P_1 + C_2 P_2 + \cdots + C_m P_m + \cdots + C_n P_n.$$

Infolge des Belastungszustandes $\overline{P}_m = 1$ nimmt demnach eine beliebige Reaktion den Wert an

$$\overline{C} = C_m = \frac{\partial C}{\partial P_m}.$$

Setzt man nun

$$(13) \qquad A' = \tfrac{1}{2} \Sigma S^2 \cdot \varrho + \Sigma S \varepsilon t s - \Sigma C \cdot c,$$

wobei die Werte $c$ wieder die gegebenen oder durch Beobachtung gefundenen Lagerverschiebungen darstellen, und bildet $\dfrac{\partial A'}{\partial P_m}$, so erkennt man, daß dieser Differentialquotient identisch ist mit der rechten Seite der Gleichung (12). Daraus folgt:

$$(14) \qquad \delta_m = \frac{\partial A'}{\partial P_m}$$

oder in Worten: **Die Verschiebung $\delta_m$ des Punktes $m$ eines unter dem Einfluß gegebener Lasten, Temperaturänderungen und Stützenverschiebungen stehenden Fachwerks, in Richtung der in $m$ angreifenden Kraft $P_m$, ist gleich dem nach $P_m$ genommenen partiellen Differentialquotienten der Funktion $A'$.**

## b) Stabwerke.

Für Stabwerke werden wieder die in § 2, Ziffer b) dieses Abschnitts festgelegten Voraussetzungen getroffen. Dann kann die wirkliche Formänderungsarbeit $A$ des Stabwerks wie folgt abgeleitet werden.

Auf ein anfangs spannungsloses Stabwerk mit starren Lagern, welches keinen Temperaturänderungen ausgesetzt sei, mögen beliebige, miteinander im Gleichgewicht stehende äußere Kräfte wirken, welche — entsprechend der in der Statik üblichen Annahme — allmählich von Null bis zu ihren Endwerten anwachsen. Nun denke man sich ein unendlich kleines Parallelepiped mit den Kantenlängen $dx$, $dy$, $dz$ herausgeschnitten, welches unter dem Einfluß der allein wirksam angenommenen Normalspannungen $\sigma_x$ eine Längenänderung $\varDelta dx$ erfahren möge, die erreicht ist, sobald $\sigma_x$ seinen Endwert erreicht hat. Bezeichnet $\sigma_x'$ einen beliebigen Wert von $\sigma_x$ zwischen Null und dem Endwert, und $\xi$ die diesem $\sigma_x'$ entsprechende Verlängerung von $dx$, so wird nach dem Hookeschen Gesetz

$$\frac{\xi}{dx} = \frac{\sigma_x'}{E} \quad \text{und} \quad d\xi = d\sigma_x' \cdot \frac{dx}{E}.$$

Auf dem Wege $d\xi$ leistet $\sigma_x' \cdot dF$ die Arbeit $\sigma_x' dF \cdot d\xi$, weshalb mit $dF \cdot dx = dV$ die gesamte Formänderungsarbeit des betrachteten Körperchens den Wert einnimmt:

$$dA = \int_0^{\sigma_x} \sigma_x' \cdot \frac{d\sigma_x'}{E} dV = \frac{\sigma_x^2}{2E} dV,$$

und die Formänderungsarbeit des Stabwerks

$$A = \int \frac{\sigma^2}{2E} dV = \int \frac{ds}{2E} \int \sigma^2 dF,$$

wenn das Längendifferential $ds$ an Stelle von $dx$ und der Einfachheit halber wieder $\sigma = \sigma_x$ gesetzt wird.

Mit

$$\sigma = \frac{N}{F} + \frac{M}{J} \cdot z.$$

erhält man

$$A = \int \frac{ds}{2\,E} \left\{ \frac{N}{F} \int \sigma\,dF + \frac{M}{J} \int \sigma z\,dF \right\},$$

und dieser Ausdruck liefert mit

$$\int \sigma\,dF = N \quad \text{und} \quad \int \sigma z\,dF = M$$

die wirkliche Formänderungsarbeit des Stabwerks

$$(15) \qquad A = \int \frac{N^2}{2\,E\,F}\,ds + \int \frac{M^2}{2\,E\,J}\,ds. \,^{1)}$$

Die in einem Stabwerk auftretenden Längskräfte $N$ und Momente $M$ lassen sich wie folgt darstellen:

$$N = N_1 \cdot P_1 + N_2 \cdot P_2 + \ldots + N_m \cdot P_m + \ldots + N_n \cdot P_n,$$
$$M = M_1 \cdot P_1 + M_2 \cdot P_2 + \ldots + M_m \cdot P_m + \ldots + M_n \cdot P_n,$$

wenn wieder $N_1$, $N_2, \ldots, N_n$ und $M_1$, $M_2, \ldots, M_n$ die in dem Stabwerk auftretenden Längskräfte bzw. Momente infolge der Belastungszustände $P_1 = 1$, $P_2 = 1, \ldots, P_n = 1$ bedeuten. Es ist also

$$\frac{\partial N}{\partial P_m} = N_m \quad \text{und} \quad \frac{\partial M}{\partial P_m} = M_m.$$

Führt man diese Werte in die Arbeitsgleichung für den Belastungszustand $\overline{P}_m = 1$ ein, wobei zunächst wieder starre Lager und unveränderliche Temperatur vorausgesetzt werden, so wird nach Gleichung (7a) mit $\overline{N} = N_m$ und $\overline{M} = M_m$

$$1 \cdot \delta_m = \int \frac{N}{E\,F} \cdot \frac{\partial N}{\partial P_m}\,ds + \int \frac{M}{E\,J} \cdot \frac{\partial M}{\partial P_m}\,ds$$

oder

$$(16) \qquad \delta_m = \frac{\partial A}{\partial P_m}.$$

Damit ist der Castiglianosche Satz vom Differentialquotienten der Formänderungsarbeit auch für Stabwerke bewiesen.

Treten Temperaturänderungen und Lagerverschiebungen auf, so wird die Formänderungsarbeit $A$ durch die Funktion $A'$ ersetzt. Diese findet man, indem man zunächst die Arbeitsgleichung (7a) anschreibt

$$1 \cdot \delta_m = \int \frac{\overline{N}\,N}{E\,F}\,ds + \int \frac{\overline{M}\,M}{E\,J}\,ds + \int \overline{N}\,\varepsilon\,t_s\,ds + \int \overline{M}\,\varepsilon\,\frac{\varDelta t}{h}\,ds - \varSigma\,\overline{C} \cdot c$$

und wieder

$$\overline{N} = N_m = \frac{\partial N}{\partial P_m}\,; \qquad \overline{M} = M_m = \frac{\partial M}{\partial P_m}\,; \qquad \overline{C} = C_m = \frac{\partial C}{\partial P_m}$$

setzt. Damit wird

$$1 \cdot \delta_m = \int \frac{N}{E\,F} \cdot \frac{\partial N}{\partial P_m}\,ds + \int \frac{M}{E\,J} \cdot \frac{\partial M}{\partial P_m}\,ds + \int \varepsilon\,t_s\,\frac{\partial N}{\partial P_m}\,ds$$

$$+ \int \varepsilon\,\frac{\varDelta t}{h}\,\frac{\partial M}{\partial P_m}\,ds - \sum \frac{\partial C}{\partial P_m} \cdot c.$$

---

[1]) Bezüglich der Berücksichtigung von Querkräften vgl. S. 181.

Der vorstehende Ausdruck stellt die partielle Ableitung der Funktion

$$(17) \qquad A' = \int \frac{N^2}{2\,E\,F}\,ds + \int \frac{M^2}{2\,E\,J}\,ds + \int N\,\varepsilon\,t_s\,ds + \int \varepsilon\,\frac{\varDelta\,t}{h}\,M\,ds - \varSigma\,C\cdot c$$

nach der Last $P_m$ dar, woraus folgt:

$$(18) \qquad\qquad\qquad\qquad \delta_m = \frac{\partial A'}{\partial P_m}.$$

Auf Seite 147 war bereits darauf hingewiesen, daß sich mit Hilfe des Castiglianoschen Satzes die Verschiebung $P_m$ eines Punktes $m$ auch immer dann bestimmen läßt, wenn in $m$ keine Last angreift. Man denkt sich dann zunächst eine Last $P$ in der Richtung der gesuchten Verschiebung wirksam und setzt diese nachträglich gleich Null. Es ist leicht ersichtlich, daß es auf diese Weise möglich ist, nicht nur die Verschiebung eines Punktes $m$, sondern auch die gegenseitige Verschiebung eines Punktpaares, die Drehung einer Geraden und die Drehung eines Geradenpaares (vgl. S. 136) zu berechnen, sobald man die hierfür erforderlichen Belastungen einführt. Der Castiglianosche Satz führt dann — allerdings auf Umwegen — zu Gleichungen, die mit den aus der Arbeitsgleichung abgeleiteten übereinstimmen. Die partiellen Ableitungen $\dfrac{\partial S}{\partial P_m}$, $\dfrac{\partial N}{\partial P_m}$, $\dfrac{\partial M}{\partial P_m}$, $\dfrac{\partial C}{\partial P_m}$ stellen dabei die statischen Größen dar, welche in dem zu untersuchenden System infolge der eingeführten Belastungseinheit entstehen.

## § 5. Die Biegungslinie.

Die in den Paragraphen 2 und 4 dieses Abschnitts besprochenen Verfahren ermöglichen die Berechnung der Verschiebung einzelner Punkte eines Fachwerks oder Stabwerks in bestimmter Richtung. Häufig ist es indessen notwendig, die Verschiebungen aller Knotenpunkte eines Fachwerks oder die Verschiebungen einer hinreichend großen Anzahl von Punkten der Achse eines biegungsfesten Stabes in bestimmter Richtung zu finden. In solchen Fällen würde zwar die wiederholte Anwendung der obigen Verfahren ebenfalls zum Ziele führen, jedoch verwendet man zweckmäßiger zur Lösung der Aufgabe die Biegungslinie. Bei Fachwerken wird diese durch einen Geradenzug dargestellt, welcher die Endpunkte der den einzelnen Knoten entsprechenden, von einer Nullinie aus als Ordinaten aufgetragenen Projektionen der totalen elastischen Verschiebungen auf die festgelegte Verschiebungsrichtung verbindet. Die Richtung der Nullinie kann dabei beliebig gewählt werden. Bei steifen Stäben bestimmt man im allgemeinen die Biegungslinie in gleicher Weise für bestimmte Punkte der Achse des Stabes oder Stabwerks. Alle Punkte, welche keine Verschiebung in der fraglichen Richtung erleiden, liegen auf der Nullinie. Positive Ordinaten werden in der Richtung der als positiv festgelegten Verschiebung, negative in entgegengesetzter Richtung von der Nullinie aus aufgetragen. Bei Fachwerken genügt es mitunter, die Verschiebungen nur für gewisse Knotenpunkte — etwa die Knotenpunkte einer Gurtung — nach bestimmter Richtung festzulegen. In solchen Fällen betrachtet man die die fraglichen Knotenpunkte verbindenden Stäbe als Stabzug mit gelenkartigen Knotenpunkten und bestimmt die Biegungslinie dieses Stabzuges.

## A. Die Biegungslinie des ebenen Fachwerks als Seilpolygon der $W$-Gewichte.

Um eine wichtige Beziehung für die Biegungslinie ableiten zu können, denke man sich zunächst, diese sei für ein beliebiges Fachwerksystem gefunden. Den einzelnen Knotenpunkten des Fachwerks entsprechen Knickpunkte der Biegungslinie. Als gesuchte Verschiebungsrichtung sei die senkrechte angenommen, jedoch steht es frei, jede beliebige andere Richtung zu wählen (Abb. 195). Dann läßt sich die Biegungslinie als Seileck paralleler (hier senkrechter) Kräfte von endlicher Größe auffassen, deren Richtungslinien durch die Eckpunkte des Biegungspolygons gehen. Die Kräfte selbst sind zunächst nicht bekannt, jedoch ist ihr Größenverhältnis bestimmt, wenn man von einem Pol $O$ zu den Seiten der Biegungslinie $I$, $II$, $III$ ... die Parallelen $I'$, $II'$, $III'$ ... zieht und diese mit einer Senkrechten in beliebigem Abstande

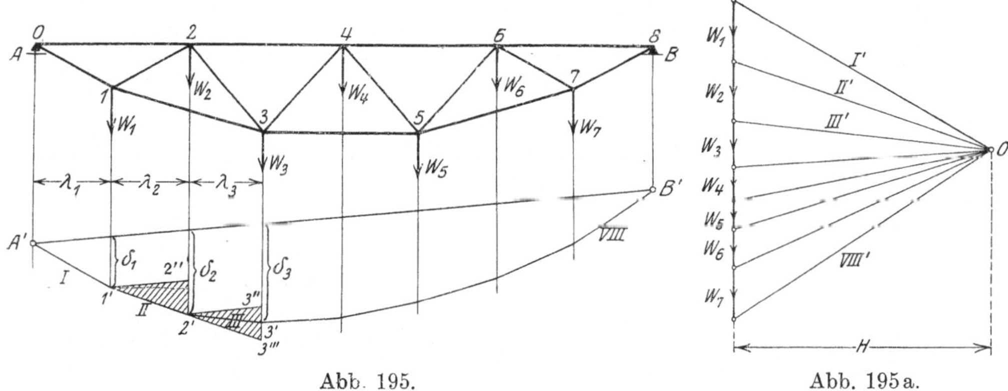

<table>
<tr><td>Abb. 195.</td><td>Abb. 195a.</td></tr>
</table>

vom Pol $O$ zum Schnitt bringt. Zwischen den gesuchten (fiktiven) Kräften, welche $W$-Gewichte genannt werden, und den Durchbiegungen $\delta$ der Knotenpunkte des Fachwerks lassen sich bestimmte Beziehungen aufstellen.

Die horizontalen Abstände der Knotenpunkte sollen mit $\lambda_1$, $\lambda_2$,..., die Projektionen der wirklichen Verschiebungen auf die Vertikale (Ordinaten der Biegungslinie) mit $\delta_1$, $\delta_2$... bezeichnet werden. Zieht man in Abb. 195 $1'-2''$ und $2'-3''$ parallel zur Nullinie $A'-B'$ und verlängert den Seilstrahl $II$ bis zum Schnitt $3'''$ mit $\delta_3$, so ist wegen der Ähnlichkeit der Dreiecke $1'-2''-2'$ und $2'-3''-3'''$

$$2'-2''\cdot\frac{\lambda_3}{\lambda_2}=3'''-3''.$$

Nun ist aber

$$2'-2''=\delta_2-\delta_1$$

und, wenn die Polweite $H=1$ gewählt wird,

$$3'''-3''=\delta_3-\delta_2+W_2\cdot\frac{\lambda_3}{1},$$

da auch das Dreieck $2'-3'-3'''$ dem von den Strahlen $II'$, $III'$ und dem Gewicht $W_2$ gebildeten Dreieck ähnlich ist. Man erhält also:

$$(\delta_2-\delta_1)\frac{\lambda_3}{\lambda_2}=\delta_3-\delta_2+W_2\cdot\frac{\lambda_3}{1},$$

oder

$$W_2 = \frac{\delta_2 - \delta_1}{\lambda_2} - \frac{\delta_3 - \delta_2}{\lambda_3}$$

und somit allgemein

(19)
$$W_m = \frac{\delta_m - \delta_{m-1}}{\lambda_m} - \frac{\delta_{m+1} - \delta_m}{\lambda_{m+1}}.$$

Damit ist zunächst eine Beziehung zwischen den Ordinaten $\delta$ der Biegungslinie und den $W$-Gewichten gefunden. Denkt man sich das Fachwerk auf ein rechtwinkliges Kordinatensystem $x$, $y$ bezogen, und legt die $y$-Achse in die Verschiebungsrichtung, so stellen die Ordinaten $\delta$ die Verschiebungskomponenten der Knotenpunkte nach der $y$-Achse dar. An Stelle der obigen Gleichung (19) kann also auch geschrieben werden:

(20)
$$W_m = \frac{\varDelta y_m - \varDelta y_{m-1}}{\lambda_m} - \frac{\varDelta y_{m+1} - \varDelta y_m}{\lambda_{m+1}}.$$

Es seien nun $m-1$, $m$, $m+1$ drei aufeinanderfolgende Knotenpunkte eines beliebigen Stabzuges mit gelenkartigen Knoten, bezogen auf das aus Abb. 196 ersichtliche Koordinatensystem, $s_m$ und $s_{m+1}$ die Längen der im Punkte $m$ zusammenstoßenden Stäbe, $\beta_m$ und $\beta_{m+1}$ deren Neigungswinkel gegen die $x$-Achse und $\vartheta_m$ der von $s_m$ und $s_{m+1}$ eingeschlossene untereRandwinkel.

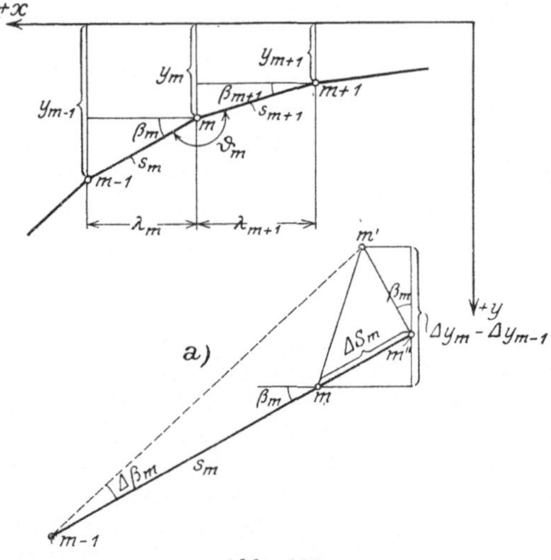



Abb. 196.

Die Differenz $\varDelta y_m - \varDelta y_{m-1}$ stellt die relative Verschiebung des Punktes $m$ gegen $m-1$ in Richtung der $y$-Achse dar. Diese kann wie folgt bestimmt werden. Man denke sich den Punkt $m-1$ festgehalten und nehme an, der Punkt $m$ verschiebe sich relativ gegen. $m-1$ um $m-m'$ (Abb. 196 a). Die Verschiebung $m-m'$ zerlege man in zwei Komponenten, von denen eine, $mm''$, in die Richtung der Stabachse fällt, die andere, $m'm''$, senkrecht dazu steht. $mm'$ stellt die Längenänderung $\varDelta s_m$ dar, $m'-(m-1)-m''=\varDelta\beta_m$ denWinkel, um welchen der Stab $s_m$ gedreht wird. Projiziert man jetzt die beiden Komponenten $m-m''=\varDelta s_m$ und $m'm''=(s_m+\varDelta s_m)\varDelta\beta_m$ auf die $y$-Richtung, so erhält man die gesuchte Relativverschiebung

$$\varDelta y_m - \varDelta y_{m-1} = -\{\varDelta s_m \cdot \sin\beta_m + (s_m + \varDelta s_m)\varDelta\beta_m \cdot \cos\beta_m\},$$

oder bei Vernachlässigung kleiner Größen zweiter Ordnung

$$\varDelta y_m - \varDelta y_{m-1} = -\{\varDelta s_m \cdot \sin\beta_m + s_m \cos\beta_m\, \varDelta\beta_m\}.$$

Das negative Vorzeichen gibt an, daß die Verschiebung den entgegengesetzten Sinn hat wie die als positiv festgelegte Verschiebungsrichtung. Eine gleiche Beziehung läßt sich für $\varDelta y_m$ und $\varDelta y_{m+1}$ anschreiben:

$$\varDelta y_{m+1} - \varDelta y_m = -\{\varDelta s_{m+1} \cdot \sin\beta_{m+1} + s_{m+1} \cos\beta_{m+1} \cdot \varDelta\beta_{m+1}\}.$$

Dividiert man die erste der vorstehenden Gleichungen durch $\lambda_m = s_m \cdot \cos \beta_m$ und die zweite durch $\lambda_{m+1} = s_{m+1} \cdot \cos \beta_{m+1}$ und führt die so gefundenen Ausdrücke für $\dfrac{\Delta y_m - \Delta y_{m-1}}{\lambda_m}$ und $\dfrac{\Delta y_{m+1} - \Delta y_m}{\lambda_{m+1}}$ in (20) ein, so ergibt sich

$$W_m = \Delta \beta_{m+1} + \frac{\Delta s_{m+1}}{s_{m+1}} \cdot \operatorname{tg} \beta_{m+1} - \Delta \beta_m - \frac{\Delta s_m}{s_m} \cdot \operatorname{tg} \beta_m .$$

Nun ist aber nach Abb. 196

$$\vartheta_m = 180^0 + \beta_{m+1} - \beta_m$$

oder

$$\Delta \vartheta_m = \Delta \beta_{m+1} - \Delta \beta_m .$$

Beachtet man noch, daß nach dem Hookeschen Gesetz

$$\Delta s_m = \frac{\sigma_m \cdot s_m}{E} + \varepsilon t_m \cdot s_m = s_m \left( \frac{\sigma_m}{E} + \varepsilon t_m \right)$$

$$\Delta s_{m+1} = s_{m+1} \left( \frac{\sigma_{m+1}}{E} + \varepsilon t_{m+1} \right),$$

und setzt diese Werte in die obige Gleichung für $W_m$ ein, so erhält man schließlich für das $W$-Gewicht den allgemeinen Ausdruck:

$$(21) \qquad W_m = \Delta \vartheta_m - \left( \frac{\sigma_m}{E} + \varepsilon t_m \right) \operatorname{tg} \beta_m + \left( \frac{\sigma_{m+1}}{E} + \varepsilon t_{m+1} \right) \operatorname{tg} \beta_{m+1} .$$

Unter der Voraussetzung, daß alle Stäbe die gleiche Elastizitätszahl $E$ besitzen, kann mit $E$ multipliziert werden, weshalb

$$(22) \quad E W_m = E \Delta \vartheta_m - \left( \sigma_m + \varepsilon E t_m \right) \operatorname{tg} \beta_m + \left( \sigma_{m+1} + \varepsilon E t_{m+1} \right) \cdot \operatorname{tg} \beta_{m+1} .$$

Eine solche Gleichung läßt sich für jeden Knotenpunkt aufstellen, verausgesetzt, daß keiner der Winkel $\beta$ gleich einem Rechten wird, da in diesem Falle $\operatorname{tg} \beta = \infty$ würde.

In dem vorstehenden Ausdruck für $W_m$ stellt $\Delta \vartheta_m$ die Änderung des Randwinkels $\vartheta_m$ infolge der wirklichen Belastung des Systems dar, welche die gesuchte Verschiebung erzeugt. Diese Winkeländerung kann immer angegeben werden, sobald die

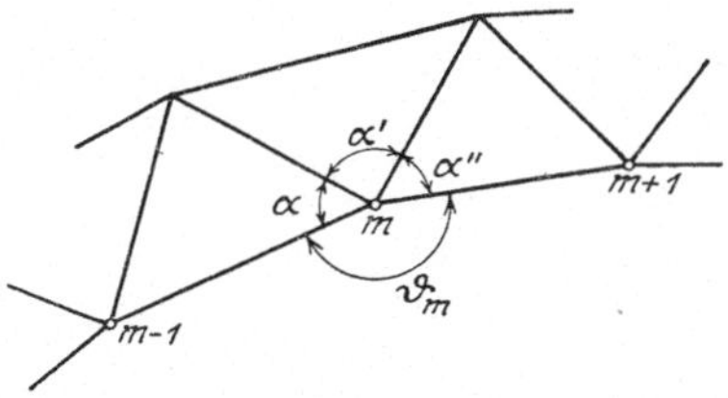

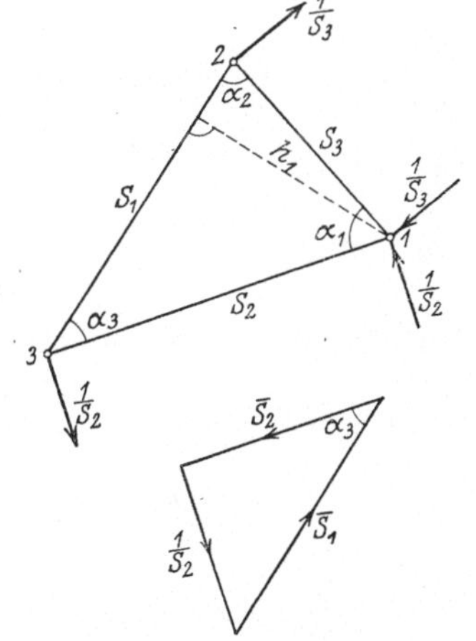

Abb. 197.

Abb. 198.

Winkeländerungen der in dem Knoten $m$ eines Stabzuges zusammentreffenden Fachwerkdreiecke bekannt sind. Bezeichnen z. B. $\alpha$, $\alpha'$, $\alpha''$ die in $m$ nebeneinander liegenden Dreieckswinkel und $\Delta \alpha$, $\Delta \alpha'$, $\Delta \alpha''$ ihre Änderungen, so ist offenbar (Abb. 197)

$$\Delta \vartheta_m = -(\Delta \alpha + \Delta \alpha' + \Delta \alpha''),$$

denn einer Vergrößerung der Winkel $\alpha$ entspricht eine Verkleinerung von $\vartheta_m$. Zur Bestimmung des Wertes $\varDelta\vartheta_m$ ist also zunächst die Ermittlung der Änderung der fraglichen Dreieckswinkel erforderlich.

Um die Winkeländerung $\varDelta\alpha_1$ des in Abb. 198 skizzierten Stabdreiecks zu finden, führe man die Belastungseinheit des Geradenpaares $s_2$ und $s_3$ ein und wende auf diesen virtuellen Belastungszustand und den wirklichen Formänderungszustand die Arbeitsgleichung an. Diese liefert:

$$1 \cdot \varDelta\alpha_1 = \bar{S}_1\,\varDelta s_1 + \bar{S}_2 \cdot \varDelta s_2 + \bar{S}_3 \cdot \varDelta s_3 .$$

Die virtuelle Spannkraft $\bar{S}_1$, welche dem dem Knoten 1 gegenüberliegenden Stabe des Dreiecks angehört, findet man, indem man die gedachte Last $\dfrac{1}{s_2}$ im Knoten 3 nach den Richtungen der beiden in 3 zusammenstoßenden Stäbe zerlegt. Aus ähnlichen Dreiecken ergibt sich

$$\bar{S}_1 : \frac{1}{s_2} = s_2 : h_1 ,$$

woraus folgt

$$\bar{S}_1 = \frac{1}{h_1} .$$

Weiter ist

$$\bar{S}_2 = -\bar{S}_1 \cdot \cos\alpha_3 = -\frac{\cos\alpha_3}{h_1} ; \qquad \bar{S}_3 = -\bar{S}_1 \cos\alpha_2 = -\frac{\cos\alpha_2}{h_1} .$$

Für die wirklichen Änderungen der Stablängen gilt:

$$\varDelta s_1 = \frac{\sigma_1}{E} \cdot s_1 + \varepsilon\, t_1\, s_1$$

$$\varDelta s_2 = \frac{\sigma_2}{E} \cdot s_2 + \varepsilon\, t_2\, s_2$$

$$\varDelta s_3 = \frac{\sigma_3}{E} \cdot s_3 + \varepsilon\, t_3\, s_3 .$$

Damit geht die Arbeitsgleichung über in

$$1 \cdot \varDelta\alpha_1 = \left(\frac{\sigma_1}{E} + \varepsilon\, t_1\right)\frac{s_1}{h_1} - \left(\frac{\sigma_2}{E} + \varepsilon\, t_2\right)\frac{s_2 \cdot \cos\alpha_3}{h_1} - \left(\frac{\sigma_3}{E} + \varepsilon\, t_3\right)\frac{s_3 \cdot \cos\alpha_2}{h_1} .$$

Setzt man ferner

$$s_1 = s_2 \cos\alpha_3 + s_3 \cdot \cos\alpha_2 ,$$

und multipliziert mit $E$, so ergibt sich

$$E \cdot \varDelta\alpha_1 = \left(\sigma_1 + \varepsilon E\, t_1 - \sigma_2 - \varepsilon E\, t_2\right)\frac{s_2 \cos\alpha_3}{h_1} + \left(\sigma_1 + \varepsilon E\, t_1 - \sigma_3 - \varepsilon E\, t_3\right)\frac{s_3 \cos\alpha_2}{h_1} .$$

Da aber

$$\frac{h_1}{s_2} = \sin\alpha_3 ; \qquad \frac{h_1}{s_3} = \sin\alpha_2 ,$$

so wird schließlich

$$(23)\quad E \cdot \varDelta\alpha_1 = [\sigma_1 - \sigma_2 + \varepsilon E\,(t_1 - t_2)]\operatorname{ctg}\alpha_3 + [\sigma_1 - \sigma_3 + \varepsilon E\,(t_1 - t_3)]\operatorname{ctg}\alpha_2 .$$

Bleibt der Temperatureinfluß unberücksichtigt, so erhält man:

$$(24)\quad \begin{cases} E \cdot \varDelta\alpha_1 = (\sigma_1 - \sigma_2)\operatorname{ctg}\alpha_3 + (\sigma_1 - \sigma_3)\operatorname{ctg}\alpha_2 \\ \text{und entsprechend} \\ E \cdot \varDelta\alpha_2 = (\sigma_2 - \sigma_3)\operatorname{ctg}\alpha_1 + (\sigma_2 - \sigma_1)\operatorname{ctg}\alpha_3 \\ E \cdot \varDelta\alpha_3 = (\sigma_3 - \sigma_1)\operatorname{ctg}\alpha_2 + (\sigma_3 - \sigma_2)\operatorname{ctg}\alpha_1 \end{cases}$$

Mit Hilfe der vorstehenden Gleichungen können die Änderungen aller in einem Knotenpunkt $m$ zusammenstoßenden Dreieckswinkel berechnet werden, womit auch die Randwinkeländerung $\varDelta\vartheta_m$ bekannt ist.

Liegt der in Abb. 199 durch starke Linien hervorgehobene Stabzug vor, so kommen zur Berechnung von $W_{m-1}$ und $W_m$ die aus der Zeichnung ersichtlichen Winkel $\vartheta_{m-1}$, $\vartheta_m$, $\beta_{m-1}$, $\beta_m$, $\beta_{m+1}$ in Frage. Hier ist:

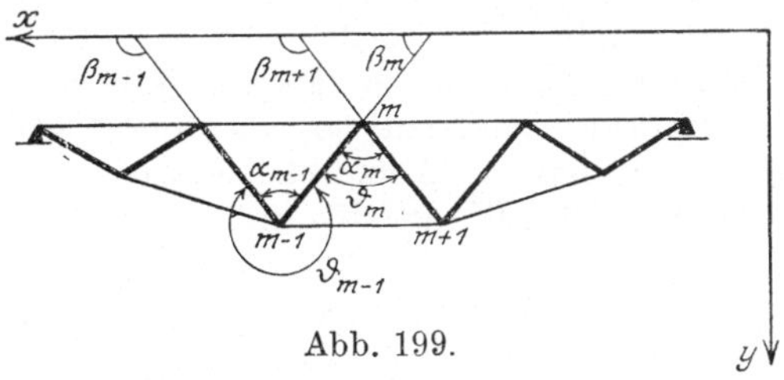

Abb. 199.

$$\varDelta\vartheta_{m-1} = -\varDelta\alpha_{m-1}$$
$$\varDelta\vartheta_m = \varDelta\alpha_m.$$

Nachdem die $W$-Gewichte sämtlicher Knoten des zu untersuchenden Stabzuges berechnet sind, trägt man sie als Lasten auf einer Parallelen zur Verschiebungsrichtung auf, wählt einen Pol $O$ im Abstand $H=1$ und zeichnet das zugehörige Seilpolygon, welches die Biegungsordinaten $\delta$ liefert, sobald die Nullinie bekannt ist. Diese wird mit Hilfe der Auflagerbedingungen gefunden. Für feste Stützpunkte und solche, die auf einer zur Verschiebungsrichtung senkrecht stehenden Bahn geführt werden, wird $\delta=0$, sofern die betreffenden Lager unnachgiebig sind, andernfalls muß die Verschiebung $c$ durch Beobachtung gegeben sein. Handelt es sich um ein bewegliches Lager $C$,

welches auf einer um den Winkel $\gamma$ gegen die Verschiebungsrichtung geneigten Bahn geführt wird (Abb. 200), so ist bei starrem Widerlager $\delta_C = \varDelta_C \cdot \cos\gamma$, wobei $\varDelta_C$ die in Richtung der Bahn gemessene Verschiebung des Punktes $C$ angibt (Abb. 200 a). $\delta_C$ wird negativ, wenn es den entgegengesetzten Sinn hat wie die als positiv festgelegte Verschiebungsrichtung.

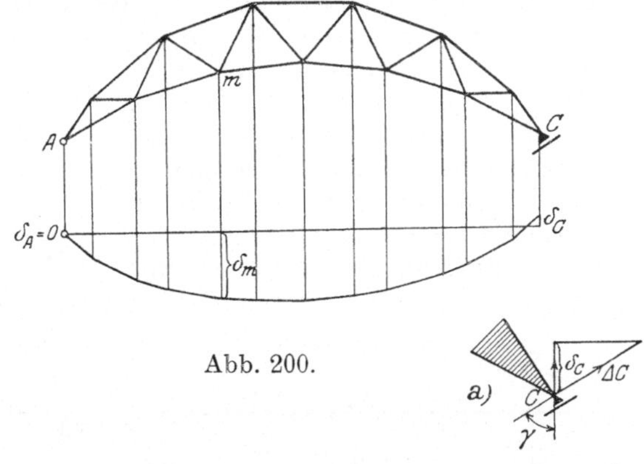

Abb. 200.

Die $W$-Gewichte ergeben sich als Zahlen, die Dimension der mit $E$ multiplizierten $W$-Gewichte ist also kg/cm². Bei der Ableitung der Gleichung (21) war die Polweite, mit welcher das Seilpolygon gezeichnet werden sollte, zu $H=1$ angenommen. In diesem Falle ergeben sich die Verschiebungen im Maßstab des Trägernetzes, sobald für die $W$-Gewichte derselbe Zahlenmaßstab gewählt wird wie für die Polweite 1. Dasselbe erreicht man, wenn man die $E$-fach zu großen $W$-Gewichte einführt und als Polweite $H=E$ wählt. Da nun aber die $\delta$-Werte sehr klein sind, ist es erforderlich, für diese einen anderen, entsprechend größeren Maßstab zu benutzen. Das wird erreicht, indem man die Polweite in dem gleichen Maße verkleinert. Will man die Ordinaten $\delta$ im Maßstab 1:1 haben (Abb. 201, S. 156), so ist, wenn das Systemnetz z. B. im Maßstab 1:200 dargestellt wurde, die Polweite $H = \dfrac{E}{200}$, will man die $\delta$ im Maßstab 3:1 — also dreifach vergrößert — erhalten, so ist die Polweite $\dfrac{E}{3\cdot200}$ zu wählen.

Wie bereits auf S. 150 erwähnt wurde, kann die Biegungslinie sowohl für alle, als auch nur für gewisse Knotenpunkte bestimmt werden. Soll z. B. für den in Abb. 199 dargestellten Träger die Biegungslinie für alle Knotenpunkte gefunden werden, so ist der stark ausgezogene Stabzug der Betrachtung zugrunde zu legen. Will man jedoch nur die Durchbiegung des Untergurtes ermitteln, so wird der Untergurt als Stabzug eingeführt.

Für den in Abb. 202 skizzierten Träger sind dann lediglich die Gewichte $W_2$, $W_4$, $W_6$ und $W_8$ zu bestimmen, deren Berechnung insofern besonders

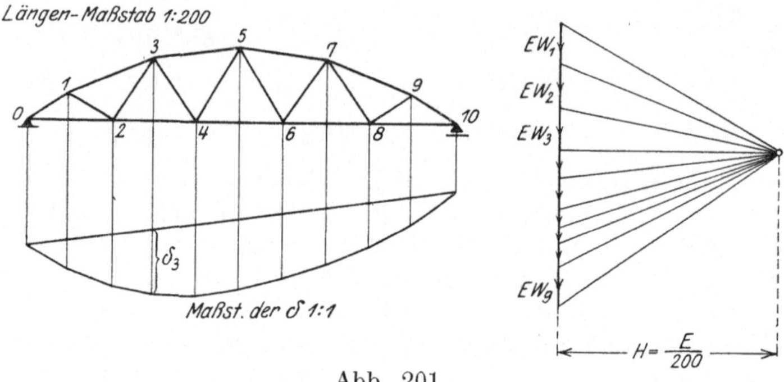


Abb. 201.

einfach ist, als die Tangenten der Winkel $\beta_m$ sämtlich zu Null werden, und deshalb die $W$-Gewichte durch die Winkeländerungen $\Delta\vartheta_2$, $\Delta\vartheta_4$, $\Delta\vartheta_6$ und $\Delta\vartheta_8$ allein bestimmt sind. Die Schlußlinie ist durch die Bedingung gegeben, daß die Verschiebungen $\delta_0$ und $\delta_{10}$ bei starren Lagern gleich Null sind.

Liegt der in Abb. 203 skizzierte Halbparabelträger vor, so kann die Biegungslinie des Untergurtes in gleicher Weise ermittelt werden wie im vorhergehenden Beispiel. Diejenige des Obergurtes bestimmt man unter Einführung des Stabzuges 1—3—5…12 und legt die Nullinie durch die Be-

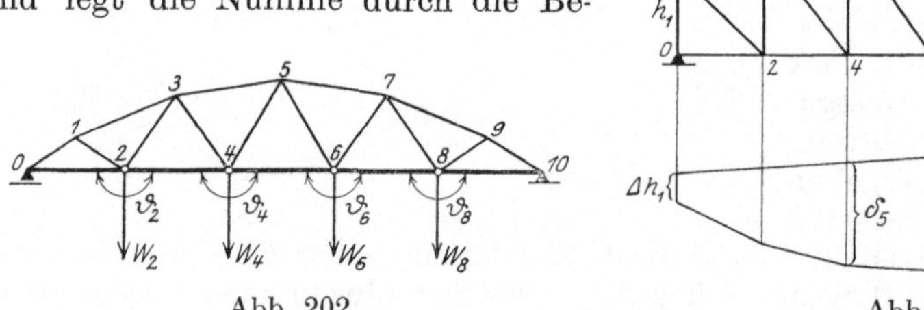


Abb. 202.

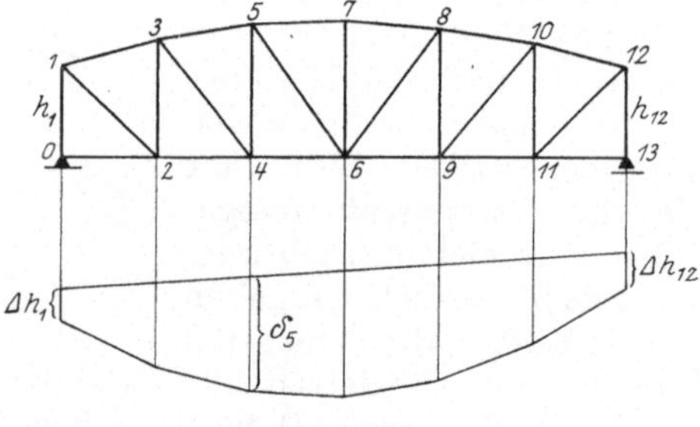


Abb. 203.

dingungen fest, daß die Knoten 1 und 12 sich im Falle senkrechter Verschiebungen um $\Delta h_1$ bzw. $\Delta h_{12}$ senken, wenn $\Delta h_1$ bzw. $\Delta h_{12}$ die elastischen Längenänderungen der auf Druck beanspruchten Endvertikalen angeben, und starre Lager vorausgesetzt sind. Im vorliegenden Falle kann auch die Biegungslinie des Obergurtes aus derjenigen für den Untergurt abgeleitet werden, indem man zu den Biegungsordinaten des Untergurtes die negativen elastischen Längenänderungen der Vertikalstäbe addiert bzw. positive von ihnen subtrahiert.

Soll die Biegungslinie für den in Abb. 204 skizzierten Dreigelenkbogen gezeichnet werden, so erkennt man, daß mit Hilfe des vorstehenden Verfahrens wohl die $W$-Gewichte $W_1$ bis $W_3$ und $W_5$ bis $W_7$ bestimmt werden können, nicht aber $W_4$, da die Winkeländerung $\Delta\vartheta_4$ am Gelenk sich nicht aus der Änderung von Dreieckswinkeln ableiten läßt. Man kann in diesem Falle so vorgehen, daß man durch Einführung der Belastungseinheit des Geradenpaares $(3-4)-(4-5)$ die gegenseitige Drehung $\Delta\vartheta_4$ der in vier zusammenstoßenden Stäbe berechnet, wobei die Lasten $\dfrac{1}{s_4}$ und $\dfrac{1}{s_5}$ so anzubringen sind, daß sie eine Vergrößerung des Winkels $\vartheta_4$ erzeugen. Ist $\Delta\vartheta_4$ bekannt, dann kann auch $W_4$ bestimmt werden.

Ein anderes Verfahren, welches schnell zum Ziele führt, beruht auf der Ermittlung der Längenänderung der Stabzugsehne $0-8$. In einem beliebigen

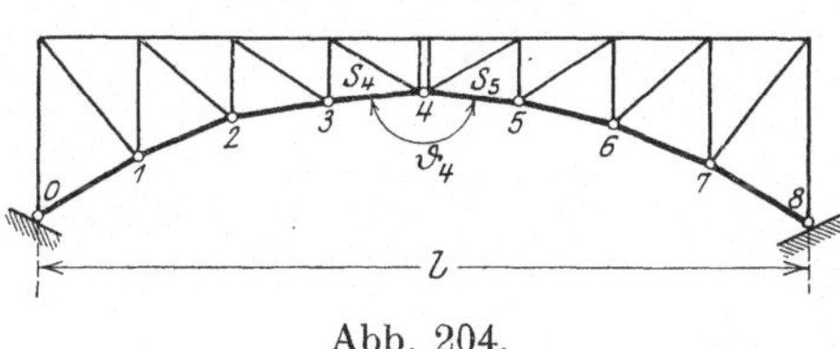

Abb. 204.

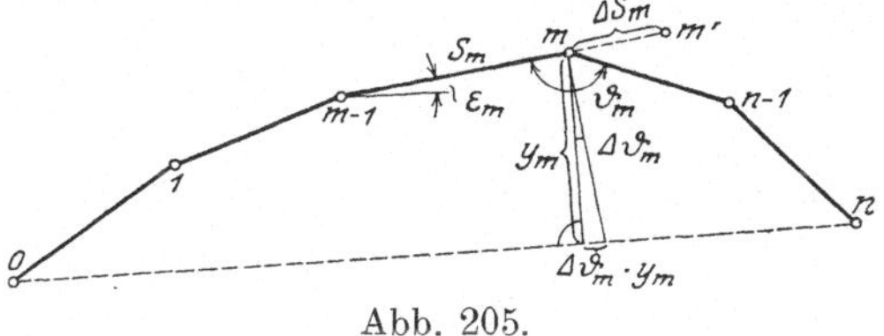

Abb. 205.

Stabzug $0-1-(m-1)-m-(n-1)-n$ (Abb. 205) bezeichne $y_m$ den senkrechten Abstand des Punktes $m$ von der Sehne $0-n$, $\vartheta_m$ den Randwinkel bei $m$, $s_m$ die Länge des Stabes $(m-1)-m$ und $\varepsilon_m$ dessen Neigungswinkel gegen die Sehne $0-n$. Einer Vergrößerung des Winkels $\vartheta_m$ um $\Delta\vartheta_m$ entspricht eine Verlängerung der Sehne des Stabzuges um den Wert $\Delta\vartheta_m \cdot y_m$, einer Verlängerung des Stabes $s_m$ um $\Delta s_m$ eine Verlängerung der Sehne um $\Delta s_m \cdot \cos\varepsilon_m$. Die gesamte Längenänderung $\Delta l$ wird demnach

$$\Delta l = \sum_{1}^{n-1} y_m \cdot \Delta\vartheta_m + \sum_{1}^{n} \Delta s_m \cdot \cos\varepsilon_m.$$

Setzt man wieder

$$\Delta s_m = \left(\frac{\sigma_m}{E} + \varepsilon\, t_m\right) s_m,$$

so wird

$$\Delta l = \sum_{1}^{n-1} y_m \cdot \Delta\vartheta_m + \sum_{1}^{n} \frac{\sigma_m + \varepsilon\, E\, t_m}{E} \cdot s_m \cdot \cos\varepsilon_m$$

oder mit

$$s_m \cdot \cos\varepsilon_m = \lambda_m$$

$$(25)\qquad \Delta l = \sum_{1}^{n-1} y_m \cdot \Delta\vartheta_m + \sum_{1}^{n} \frac{\sigma_m + \varepsilon\, E\, t_m}{E} \cdot \lambda_m.$$

Wendet man die vorstehende Beziehung auf den oben skizzierten Dreigelenkbogen (Abb. 204) an, so ergibt sich im Falle starrer Widerlager:

$$\Delta l = 0 = \sum_{1}^{3} y_m \cdot \Delta\vartheta_m + y_4 \cdot \Delta\vartheta_4 + \sum_{5}^{7} y_m \cdot \Delta\vartheta_m + \sum_{1}^{8} \frac{\sigma_m + \varepsilon\, E\, t_m}{E} \cdot \lambda_m.$$

Aus dieser Gleichung kann die Winkeländerung $\Delta\vartheta_4$ berechnet werden, sobald die übrigen $\Delta\vartheta$ mit Hilfe von (23) bzw. (24) gefunden sind. Handelt es sich um einen Dreigelenkbogen mit aufgehobenem Horizontalschub (Abb. 206), so ist $\Delta l = \dfrac{H \cdot l}{E\,F_z}$ zu setzen, d. h.

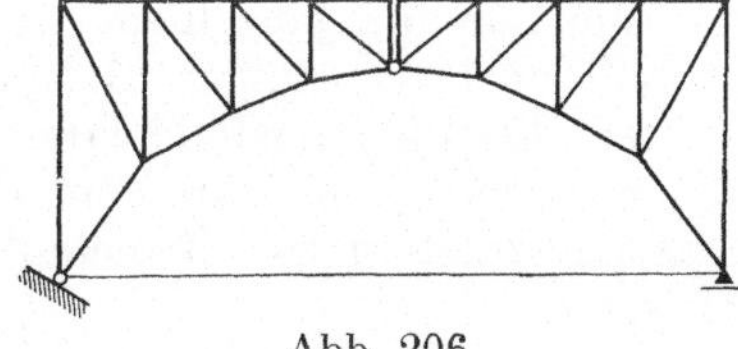

Abb. 206.

gleich der Längenänderung des Zugbandes vom Querschnitt $F_z$, wobei $H$ die im Zugband auftretende Spannkraft angibt.

Ein anderes sehr zweckmäßiges Verfahren zur Berechnung der $W$-Gewichte ist von Müller-Breslau mit Hilfe des Prinzips der virtuellen Verrückungen entwickelt worden.

Nach Gleichung (19) war für das $W$-Gewicht die Beziehung gefunden

$$W_m = \frac{\delta_m - \delta_{m-1}}{\lambda_m} - \frac{\delta_{m+1} - \delta_m}{\lambda_{m+1}}$$

oder etwas anders geschrieben

$$W_m = -\frac{1}{\lambda_m} \cdot \delta_{m-1} + \left(\frac{1}{\lambda_m} + \frac{1}{\lambda_{m+1}}\right)\delta_m - \frac{1}{\lambda_{m+1}} \cdot \delta_{m+1} \, .$$

Faßt man nun die Größen $\dfrac{1}{\lambda_m}$, $\left(\dfrac{1}{\lambda_m} + \dfrac{1}{\lambda_{m+1}}\right)$ und $\dfrac{1}{\lambda_{m+1}}$ in vorstehender Gleichung als Kräfte auf, und zwar so, daß $\dfrac{1}{\lambda_m}$ im Knoten $m-1$ und $\dfrac{1}{\lambda_{m+1}}$ im Knoten $m+1$ in entgegengesetztem, $\left(\dfrac{1}{\lambda_m} + \dfrac{1}{\lambda_{m+1}}\right)$ im Knoten $m$ aber im gleichen Sinne wie die positiv angenommene Verschiebungsrichtung wirken (Abb. 207), so

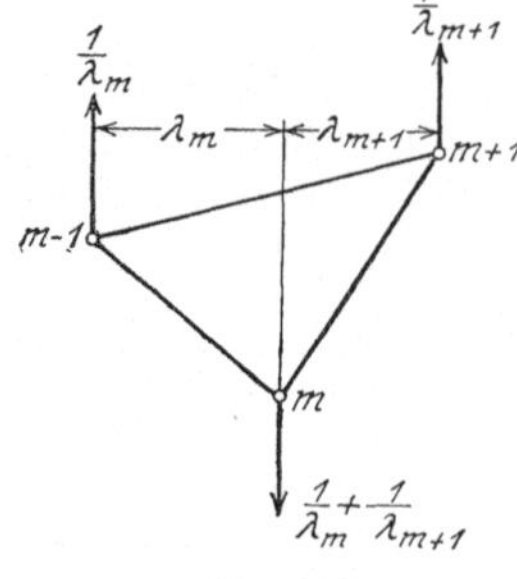

Abb. 207.

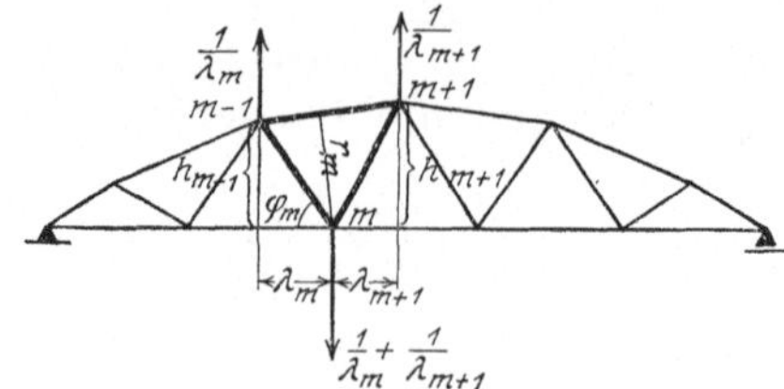

Abb. 208.

stellt die rechte Seite der obigen Gleichung die virtuelle Arbeit dieser drei Kräfte $\Sigma \overline{Q} \cdot \delta$ dar. Für das $W$-Gewicht findet man also unter Beachtung der Arbeitsgleichung den Ausdruck

$$(26) \qquad\qquad W_m = \Sigma \overline{Q} \cdot \delta = \Sigma \overline{S} \cdot \varDelta s \, ,$$

wenn $\overline{S}$ die virtuellen Spannkräfte des Fachwerks infolge der oben angegebenen „$\dfrac{1}{\lambda}$-Belastung" und $\varDelta s$ die wirklichen Längenänderungen der Stäbe bedeuten.

Der Einfluß dieser virtuellen Belastung erstreckt sich im allgemeinen nur über wenige Stäbe des Fachwerks, deren Spannkräfte entweder mit Hilfe eines Cremonaplanes oder durch Rechnung bestimmt werden. Die Längenänderungen $\varDelta s$ der Stäbe infolge der wirklichen, die Verschiebung erzeugenden Belastung müssen bekannt sein. Nachdem die $W$-Gewichte mit Hilfe der Arbeitsgleichung berechnet sind, kann die Biegungslinie in der gleichen Weise aufgetragen werden, wie dieses weiter oben bereits gezeigt ist.

Wie man im einzelnen zur Bestimmung der $W$-Gewichte zu verfahren hat, soll noch an einigen Beispielen kurz erläutert werden.

Ist die Biegungslinie aller Knotenpunkte des in Abb. 208 skizzierten Trägers gesucht, so führe man den aus der Abbildung ersichtlichen virtuellen Belastungszustand zur Berechnung von $W_m$ ein. Dann wird

$$W_m = \Sigma \overline{S} \cdot \varDelta s \, .$$

Auflagerkräfte entstehen infolge der virtuellen Belastung nicht, es werden also nur die drei stark ausgezogenen Stäbe beansprucht. Will man die virtuellen Spannkräfte rechnerisch ermitteln, so beachte man, daß $\overline{M}_m = 1$, $\overline{M}_{m-1} = \overline{M}_{m+1} = 0$ ist. Demnach wird:

$$\overline{O}_{m+1} = -\frac{\overline{M}_m}{r_m} = -\frac{1}{r_m};$$

$$\overline{D}_m = \left(\frac{\overline{M}_m}{h_m} - \frac{\overline{M}_{m-1}}{h_{m-1}}\right)\frac{1}{\cos\varphi_m} \quad \text{(vgl. S. 74)}$$

$$= \frac{1}{h_m \cos\varphi_m};$$

$$\overline{D}_{m+1} = \left(\frac{\overline{M}_m}{h_m} - \frac{\overline{M}_{m+1}}{h_{m+1}}\right)\frac{1}{\cos\varphi_{m+1}} = \frac{1}{h_m \cos\varphi_{m+1}};$$

Man erhält also im vorliegenden Falle:

$$W_m = -\frac{1}{r_m}\cdot\varDelta o_{m+1} + \frac{1}{h_m \cos\varphi_m}\cdot\varDelta d_m + \frac{1}{h_m \cos\varphi_{m+1}}\cdot\varDelta d_{m+1},$$

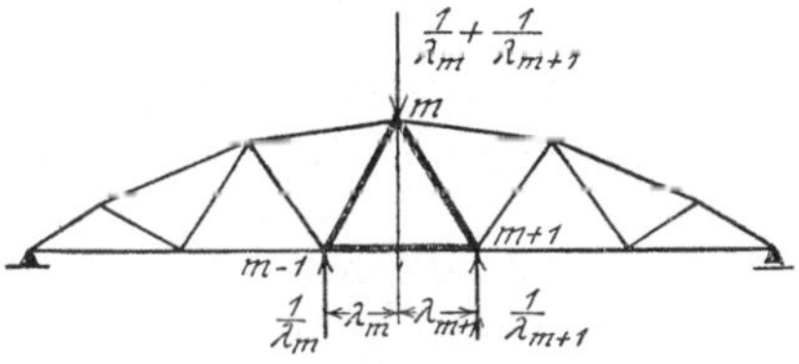

Abb. 209.

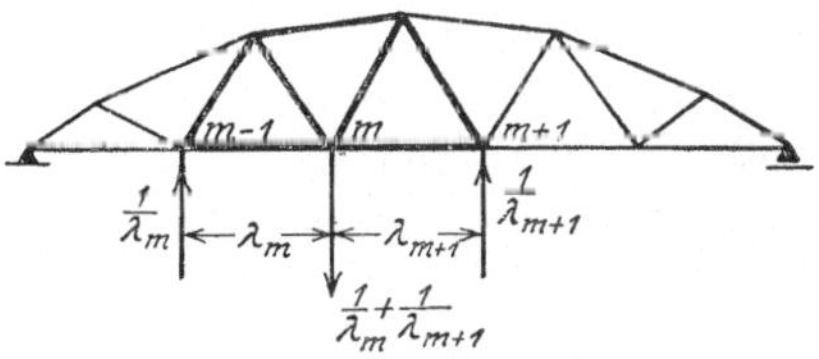

Abb. 210.

wenn $\varDelta o_{m+1}$, $\varDelta d_m$ und $\varDelta d_{m+1}$ die wirklichen Längenänderungen der drei Stäbe $O_{m+1}$, $D_m$ und $D_{m+1}$ angeben. Die rechnerische Ermittlung der $W$-Gewichte empfiehlt sich besonders bei Parallelträgern mit gleichen Feldweiten.

Entsprechend ist für einen Knotenpunkt $m$ der oberen Gurtung die aus Abb. 209 ersichtliche virtuelle Belastung einzuführen.

Soll nur die Biegungslinie des Untergurtes gefunden werden, so wähle man den in Abb. 210 skizzierten virtuellen Belastungszustand, wobei zu beachten ist, daß jetzt die Feldweiten $\lambda_m$ und $\lambda_{m+1}$ andere sind als in den ersten beiden Beispielen. Virtuelle Spannkräfte treten hier in den stark ausgezogenen Fachwerkstäben auf, die entweder graphisch oder rechnerisch leicht gefunden werden können.

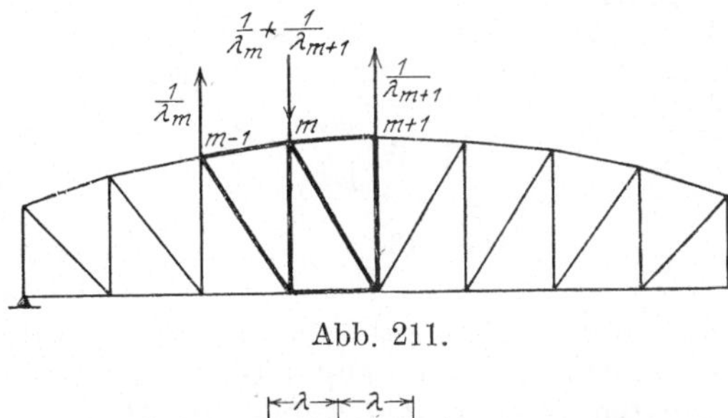

Abb. 211.

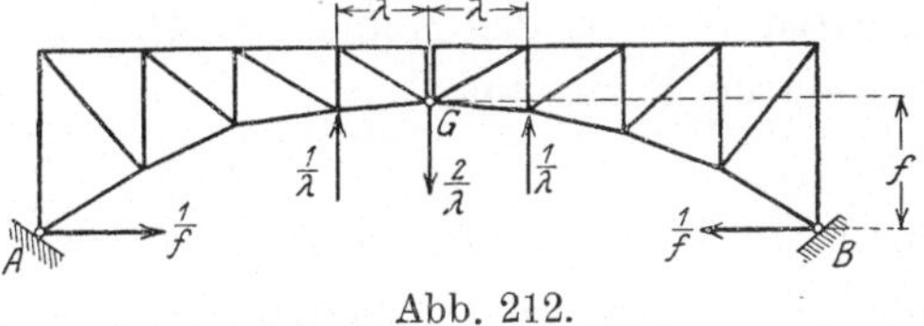

Abb. 212.

Das aus Abb. 211 ersichtliche Belastungsschema stellt die virtuelle Belastung des vorliegenen Ständerfachwerks zur Berechnung des $W$-Gewichtes $W_m$ dar, wenn die Biegungslinie des Obergurtes gesucht ist.

Soll das $W$-Gewicht für den Gelenkpunkt $G$ eines Dreigelenkbogens bestimmt werden (Abb. 212), so liefert die „$\frac{1}{\lambda}$-Belastung" nicht nur in den beiden dem Gelenk benachbarten Feldern, sondern — infolge des auftretenden Horizontalschubes $\frac{1}{f}$ — im ganzen System virtuelle Spannkräfte, welche zweckmäßig mit Hilfe eines Cremonaplanes bestimmt werden. Im übrigen ist der Rechnungsgang der gleiche wie bei den bereits besprochenen Systemen.

Das einzuschlagende Verfahren dürfte mit Hilfe der vorstehenden Beispiele zur Genüge erläutert sein. Man erkennt, daß in all diesen Fällen die Bestimmung der virtuellen Spannkräfte $\overline{S}$ und damit der $W$-Gewichte in einfacher Weise erfolgen kann. Da letztere sehr kleine Größen sind, so werden sie zweckmäßig zur besseren Handhabung entweder mit $E$ (vgl. S. 155) oder mit dem konstanten Faktor $E F_c$ multipliziert, wobei $F_c$ einen beliebigen Querschnitt angibt, für welchen im allgemeinen der am häufigsten vorkommende Gurtquerschnitt eingeführt wird. Im letzteren Falle erhält man:

$$(27) \qquad E F_c \cdot W_m = \Sigma \overline{S}\left(S \cdot s \frac{F_c}{F} + \varepsilon E\, t\, s \cdot F_c\right).$$

Hinsichtlich des Maßstabes vgl. S. 155.

Bisher wurde immer vorausgesetzt, daß die Biegungslinie des Fachwerks als Seilpolygon zu den mit Hilfe der obigen Verfahren ermittelten $W$-Gewichten gezeichnet werden sollte. Im allgemeinen und besonders bei symmetrischen

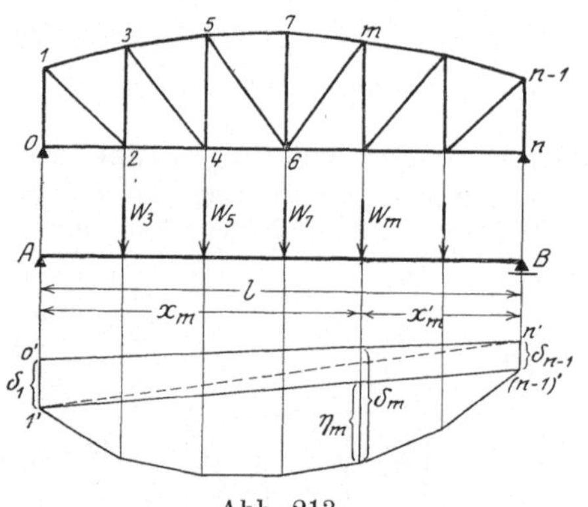

Abb. 213.

Systemen von gleicher Feldweite empfiehlt es sich jedoch, die Biegungsordinaten rechnerisch zu bestimmen.

Es sei z. B. in Abb. 213 die Biegungslinie für den Obergurt eines Halbparabelträgers bei senkrechter Verschiebungsrichtung gegeben. $\delta_1$ und $\delta_{n-1}$ seien die Verschiebungen der Punkte 1 und $n-1$. Verbindet man die Endpunkte $1'$ und $(n-1)'$ von $\delta_1$ und $\delta_{n-1}$, so kann die unter der Geraden $1' - (n-1)'$ als Schlußlinie liegende Fläche als Momentenfläche eines einfachen Balkens $A - B$ infolge der Belastung des Balkens mit den $W$-Gewichten aufgefaßt werden, wenn die Polweite $H = 1$ gewählt wird (vgl. S. 38). Zwischen den die relativen Verschiebungen der Knotenpunkte gegen die Gerade $1' - (n-1)'$ darstellenden Ordinaten $\eta_m$ und den Momenten $M_{m_w}$ infolge der $W$-Gewichte besteht dann die einfache Beziehung

$$1 \cdot \eta_m = M_{m_w}.$$

Man hat also zur Bestimmung der Ordinaten $\eta_m$ nur die Momente $M_{m_w}$ eines einfachen Balkens zu berechnen. Werden die $W$-Gewichte in $E$-facher bzw. $E F_c$-facher Vergrößerung eingeführt, so sind die Momente $M_{m_w}$ nachträglich durch $E$ bzw. $E F_c$ zu dividieren. Die Biegungsordinaten $\delta_m$ ergeben sich schließlich aus der Beziehung:

$$(28) \qquad \delta_m = \eta_m + \delta_1 \cdot \frac{x'_m}{l} + \delta_{n-1} \cdot \frac{x_m}{l}.$$

Zur Ermittlung der $M_{m_w}$ beachte man die auf S. 36 entwickelte Beziehung zwischen zwei aufeinander folgenden Momenten und der Querkraft des Feldes:

$$M_m = M_{m-1} + Q_m \cdot \lambda_m,$$

oder unter der Voraussetzung überall gleicher Feldweiten $\lambda$

$$\frac{M_m}{\lambda} = \frac{M_{m-1}}{\lambda} + Q_m,$$

mit deren Hilfe die Momente $M_{m_w}$ und damit die gesuchten Verschiebungen $\eta_m$ immer schnell angegeben werden können. Bei gleichen Feldweiten $\lambda$ bedient man sich dabei zweckmäßig der auf S. 36 angegebenen Tabelle.

Die vorstehenden Regeln lassen sich nicht nur auf einfache Balkenträger anwenden, sondern auch auf solche Systeme, welche aus mehreren starren Scheiben zusammengesetzt sind. Soll z. B. die Biegungslinie für den Untergurt des in Abb. 214 dargestellten Gerberträgers aufgetragen werden, so berechne man zunächst in der früher angegebenen Weise die $W$-Gewichte $W_1$ bis $W_3$, $W_5$ bis $W_{17}$, $W_{19}$ bis $W_{21}$, wobei $W$-Gewichte mit negativem Vorzeichen als Lasten aufzu-

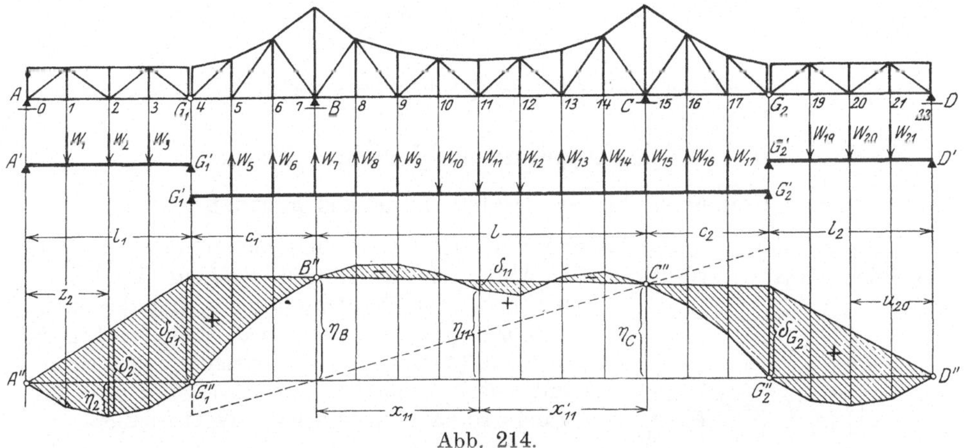

Abb. 214.

fassen sind, welche der positiven Verschiebungsrichtung entgegengesetzt wirken. Darauf belaste man den der starren Scheibe $G_1 - B - C - G_2$ entsprechenden einfachen Balken $G_1' - G_2'$ mit den $W$-Gewichten $W_5$ bis $W_{17}$, bestimme die Momente $M_{m_w}$ und trage diese unter Beachtung ihrer Vorzeichen als Ordinaten $\eta_m$ von einer Horizontalen $G_1'' - G_2''$ aus auf. Die $\eta_m$ stellen die relativen Verschiebungen der Untergurtknotenpunkte des Kragträgers gegen die Gerade $G_1 - G_2$ dar, welche zunächst als festliegend angenommen ist. $\eta_B$ und $\eta_C$ sind die relativen Verschiebungen der Stützpunkte $B$ und $C$ gegen diese Gerade. Werden alle Widerlager als starr vorausgesetzt, so sind die wirklichen Verschiebungen $\delta_B$ und $\delta_C$ der Stützpunkte $B$ bzw. $C$ gleich Null, wodurch die Nullinie $B'' - C''$ für die wirklichen Verschiebungen $\delta_m$ der Knotenpunkte des Kragträgers festgelegt ist. Nach Erfüllung der Auflagerbedingungen erhält man

$$\delta_m = \eta_m - \left( \eta_B \cdot \frac{x_m'}{l} + \eta_C \cdot \frac{x_m}{l} \right).$$

$\eta_m$, $\eta_B$ und $\eta_C$ sind mit ihren Vorzeichen einzuführen. Liegt die zu berechnende Ordinate außerhalb der mittleren Stützweite $l$, so wird $x_m$ negativ, wenn $m$ links, bzw. $x_m'$ negativ, wenn $m$ rechts von der Mittelöffnung liegt. Ähnlich verfährt man bei den Koppelträgern. Man findet zunächst aus der Momentenfläche eines mit den Gewichten $W_1$ bis $W_3$ bzw. $W_{19}$ bis $W_{21}$ belasteten einfachen Balkens (Abb. 214)

$$\eta_m = 1 \cdot M_{m_w}.$$

Da aber der Punkt $G_1$ die Verschiebung

$$\delta_{G_1} = -\left(\eta_B \cdot \frac{l+c_1}{l} - \eta_C \cdot \frac{c_1}{l}\right)$$

erleidet und der Punkt $G_2$ die Verschiebung

$$\delta_{G_2} = -\left(-\eta_B \cdot \frac{c_2}{l} + \eta_C \cdot \frac{l+c_2}{l}\right),$$

während $\delta_A = \delta_D = 0$ ist, so wird für den linken Koppelträger

$$\delta_m = \eta_m + \delta_{G_1} \cdot \frac{z_m}{l}$$

und für den rechten

$$\delta_m = \eta_m + \delta_{G_2} \cdot \frac{u_m}{l_2},$$

womit die Verschiebungen aller Knotenpunkte des Untergurtes festgelegt sind.

## B. Die Biegungslinie stabförmiger Träger.

### a) Die Gleichung der elastischen Linie des geraden Stabes.

Ein gerader, biegungsfester Stab möge von beliebigen, in der Stabebene liegenden Kräften ergriffen sein. Unter ihrem Einfluß erleiden die Punkte der Stabachse Verschiebungen, bei deren Ermittlung vorausgesetzt wird, daß der Einfluß der Querkräfte auf die Verbiegung des Stabes unberücksichtigt bleiben darf, und die Biegungsordinaten sehr kleine Werte haben.

Es soll zunächst der Winkel $d\omega$ bestimmt werden, um welchen sich zwei im spannungslosen Zustande parallele, um das Längendifferential $dx$ voneinander entfernte Querschnitte des Stabes bei der Biegung gegeneinander drehen. Eine Querschnittsfaser im Abstand $z$ von der Nullinie Abb. 215 erleidet eine Längenänderung $\varDelta dx_z$, für welche nach dem Hookeschen Gesetz gilt

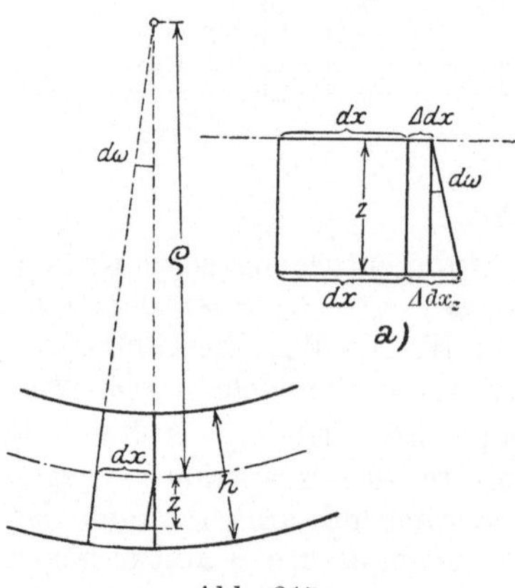

Abb. 215

$$\frac{\varDelta dx_z}{dx} = \frac{\sigma_z}{E} + \varepsilon \cdot t_z.$$

Gleichzeitig ändert sich das der Stabachse angehörige Längenelement $dx$ um den Wert

$$\frac{\varDelta dx}{dx} = \frac{\sigma}{E} + \varepsilon t_s.$$

Mit

$$\sigma_z = \frac{N}{F} + \frac{M}{J} \cdot z, \qquad \sigma = \frac{N}{F}, \qquad t_z = t_s + \frac{\varDelta t}{h} \cdot z$$

wird

$$\varDelta\,dx_z - \varDelta\,dx = \left(\frac{M}{EJ}\cdot z + \varepsilon\,\frac{\varDelta\,t}{h}\cdot z\right)dx\,.$$

Nun ist aber (Abb. 215a)

$$\varDelta\,dx_z - \varDelta\,dx = d\omega\cdot z\,,$$

weshalb

$$(29) \qquad d\omega = \left(\frac{M}{EJ} + \varepsilon\,\frac{\varDelta\,t}{h}\right)dx\,.$$

Für den Krümmungsradius $\varrho$ gilt nach den Lehren der analytischen Geometrie

$$\varrho = \frac{\left[1 + \left(\dfrac{dy}{dx}\right)^2\right]^{\frac{3}{2}}}{\dfrac{d^2y}{dx^2}}\,,$$

wobei $y$ die Ordinate der elastischen Linie des gebogenen Stabes angibt. Unter der oben erwähnten Annahme, daß die Formänderungen des Stabes sehr kleine Größen sind, stellt der Wert $\dfrac{dy}{dx}$ die Tangente eines sehr kleinen Winkels dar. Das Quadrat $\left(\dfrac{dy}{dx}\right)^2$ kann demnach gleich Null gesetzt werden, und man erhält mit hinreichender Genauigkeit

$$\varrho = \pm\,\frac{1}{\dfrac{d^2y}{dx^2}}\,.$$

Zwischen dem Krümmungsradius $\varrho$, dem Winkel $d\omega$ und dem Längenelement $dx$ besteht ferner die Beziehung (Abb. 215)

$$\varrho\cdot d\omega = dx\,.$$

Führt man für $d\omega$ den oben gefundenen Wert (29) ein, wobei zunächst der Temperatureinfluß unbeachtet bleiben soll, so erhält man

$$(30) \qquad \pm\,\frac{d^2y}{dx^2} = \frac{M}{EJ}\,.$$

Gleichung (30) stellt die **Differentialgleichung der elastischen Linie des geraden Stabes** dar, wie sie in der Statik der Baukonstruktionen im allgemeinen zur Anwendung gelangt. Das Vorzeichen von $M$ ist zunächst unbestimmt und muß in Übereinstimmung mit den übrigen Annahmen gewählt werden. Führt man — wie gewöhnlich — abwärts gerichtete Biegungsordinaten $y$ als positiv ein, so wird die Tangente $\dfrac{dy}{dx}$ an die elastische Linie eines Stabes, welcher nach unten konkav gekrümmt ist, von links nach rechts im positiven Sinne der $x$-Achse immer kleiner, bis sie schließlich negative Werte annimmt (Abb. 216). Es ist also hier $\dfrac{d^2y}{dx^2}$ immer negativ. Da nun aber eine derartige Krümmung durch positive

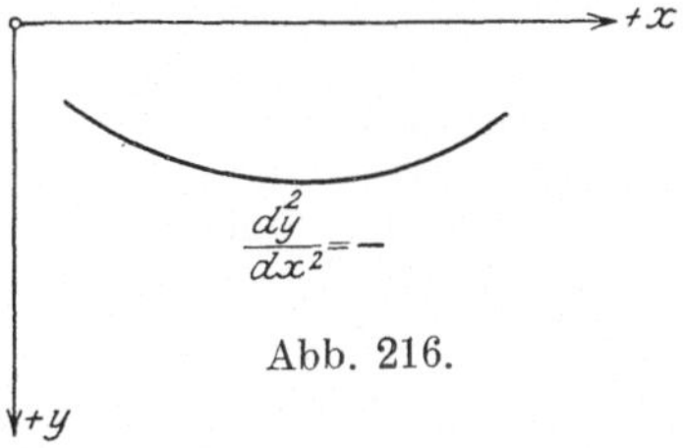

Abb. 216.

Momente erzeugt wird, so lautet unter dieser Annahme die Gleichung der elastischen Linie

$$(30\,\text{a}) \qquad \frac{d^2 y}{d x^2} = -\frac{M}{EJ}.$$

Um aus ihr die Ordinaten $y$ zu finden, stellt man das Moment $M$ als Funktion der Abszisse $x$ dar und integriert zweimal nach $x$. Das Integral enthält zwei unbekannte Konstante, welche aus den Grenz- bzw. Auflagerbedingungen berechnet werden können.

Die elastische Linie ist eine stetig gekrümmte Kurve. Sie kann einen Knick nur bei Vorhandensein eines Gelenkes aufweisen. Wird $M_x = 0$, also auch $\dfrac{d^2 y}{d x^2} = 0$, so hat sie an dieser Stelle einen Wendepunkt. Bei veränderlichem Trägheitsmoment ist der Stab in einzelne Intervalle mit konstantem $J$ zu zerlegen. Man betrachtet dann jedes Intervall als selbständigen Stab und hat bei $n$ Intervallen $2\,n$ Integrationskonstanten zu bestimmen, für welche ebensoviele Gleichungen zur Verfügung stehen, die sich aus den Auflagerbedingungen und ferner aus der weiteren Bedingung ergeben, daß an den Übergangsstellen alle Äste der elastischen Linie sich ohne Knick aneinanderschließen müssen, daß also die Ordinaten $y$ und die zugehörigen Tangenten $\dfrac{dy}{dx}$ je zweier Äste gleiche Werte haben. In analoger Weise verfährt man, wenn der Träger durch Einzellasten beansprucht wird.

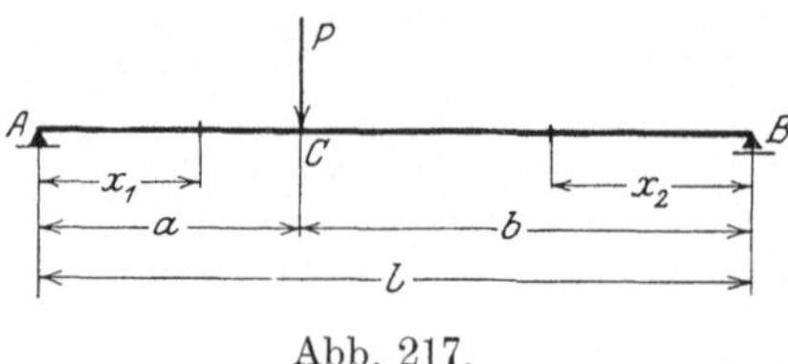

Abb. 217.

Zur Erläuterung des Verfahrens soll die elastische Linie für einen einfachen Balken mit konstantem Trägheitsmoment berechnet werden, auf den eine Last $P$ wirkt (Abb. 217). Nach (30a) ist

$$\frac{d^2 y}{d x^2} = -\frac{M}{EJ}.$$

Der Träger wird in zwei Intervalle $A - C$ und $B - C$ zerlegt. Für den linken Trägerteil $A \cdots C$ ist das Moment an der Stelle $x_1$:

$$M_{x_1} = \frac{P \cdot b}{l} \cdot x_1;$$

für den rechten Trägerteil $B - C$ an der Stelle $x_2$

$$M_{x_2} = \frac{P \cdot a}{l} \cdot x_2.$$

Man erhält also

           für den linken Ast:                  für den rechten Ast:

$$EJ \cdot \frac{d^2 y_1}{d x_1{}^2} = -\frac{P \cdot b}{l} \cdot x_1; \qquad\qquad EJ \cdot \frac{d^2 y_2}{d x_2{}^2} = -\frac{P \cdot a}{l} \cdot x_2;$$

$$EJ \cdot \frac{d y_1}{d x} = -\frac{P \cdot b}{l} \cdot \frac{x_1{}^2}{2} + A_1; \qquad\qquad EJ \cdot \frac{d y_2}{d x_2} = -\frac{P \cdot a}{l} \cdot \frac{x_2{}^2}{2} + A_2;$$

$$EJ \cdot y_1 = -\frac{P \cdot b}{l} \cdot \frac{x_1{}^3}{6} + A_1 x_1 + B_1; \qquad EJ \cdot y_2 = -\frac{P \cdot a}{l} \cdot \frac{x_2{}^3}{6} + A_2 x_2 + B_2;$$

Zur Berechnung der vier Integrationskonstanten $A_1, B_1, A_2, B_2$ stehen vier Bestimmungsgleichungen zur Verfügung:

für $x_1 = 0$ ist $y_1 = 0$, woraus folgt: 1. $B_1 = 0$

„ $x_2 = 0$ „ $y_2 = 0$, „ „ 2. $B_2 = 0$

$$\left.\begin{array}{l} x_1 = a \\ x_2 = b \end{array}\right\} \quad \text{„} \quad y_1 = y_2, \quad \text{„} \quad \text{„} \quad 3. \quad -\frac{P \cdot b}{l} \cdot \frac{a^3}{6} + A_1 \cdot a$$

$$= -\frac{P \cdot a}{l} \cdot \frac{b^3}{6} + A_2 b$$

$$\left.\begin{array}{l} x_1 = a \\ x_2 = b \end{array}\right\} \quad \text{„} \quad \frac{dy_1}{dx_1} = -\frac{dy_2}{dx_2}, \quad \text{woraus folgt: } 4. \quad -\frac{P \cdot b}{l} \cdot \frac{a^2}{2} + A_1 = \frac{P \cdot a}{l} \cdot \frac{b^2}{2} - A_2.$$

Multipliziert man Gleichung 4 mit $b$ und addiert 4 zu 3, dann wird mit $a + b = l$

$$A_1 = \frac{P \cdot ab}{6\, l^2}\,(a^2 + 3\,ab + 2\,b^2)$$

$$= \frac{P \cdot ab}{6\, l^2}\,\{l^2 + (l - b)\,b + b^2\}$$

$$= \frac{P \cdot ab}{6\, l}\,(a + 2\,b).$$

Führt man endlich $A_1$ in die Gleichung für $y_1$ ein, so erhält man die Ordinate der elastischen Linie des linken Astes:

$$(31) \qquad y_1 = \frac{P\,a^2 b^2}{6\,EJl}\left(\frac{2\,x_1}{a} + \frac{x_1}{b} - \frac{x_1^{\,3}}{a^2 b}\right)$$

und analog für den rechten Ast:

$$(31\,\mathrm{a}) \qquad y_2 = \frac{P\,a^2 b^2}{6\,EJl}\left(\frac{2\,x_2}{b} + \frac{x_2}{a} - \frac{x_2^{\,3}}{ab^2}\right).$$

Die Bestimmung der Biegungslinie des geraden Stabes mit Hilfe der Gleichung der elastischen Linie im Falle mehrerer Einzellasten ist umständlich. Man bedient sich deshalb zu ihrer Ermittlung mit Vorteil anderer Methoden.

## b) Die Biegungslinie des geraden Stabes als Seilpolygon.

Denkt man sich die elastische Linie des steifen Stabes in lauter kleine, geradlinige Teile zerlegt, so kann man sie als Seilpolygon zu bestimmten, vorläufig unbekannten, zur Stabachse senkrecht stehenden Kräften $W$ auffassen, welche in den Eckpunkten des Biegungspolygons angreifen. Die durch einen Pol $O$ zu den Seilstrahlen gelegten Parallelen schneiden auf einer Senkrechten in beliebigem Abstande vom Pol Strecken ab, durch welche das Größenverhältnis der gesuchten (fiktiven) Kräfte $W$ bestimmt ist (Abb. 218). Der von zwei aufeinanderfolgenden Seilstrahlen $n$ und $m$ eingeschlossene Winkel sei mit $\varepsilon$ bezeichnet. Den gleichen Winkel $\varepsilon$ schließen auch die den Strahlen $n$ und $m$ parallelen Polstrahlen $n'$ und $m'$ im Krafteck ein. Läßt man nun die Seilstrahlen immer kleiner werden, so stellt im Grenzfall $\varepsilon$ den Kontingenzwinkel der elastischen Linie dar, d. h. den Winkel, welchen die Tangenten der elastischen Linie in zwei unendlich nahe liegenden Stabquerschnitten miteinander bilden. Dieser ist offenbar gleich dem Winkel $d\omega$, um welchen sich die beiden Querschnitte bei der Biegung gegeneinander drehen (s. Abb. 218a). Im Falle sehr kleiner Winkel kann $\varepsilon \cdot H = W$ gesetzt werden, oder mit $\varepsilon = d\omega$ und $H = 1$

$$dW = d\omega = \left(\frac{M}{EJ} + \varepsilon \frac{\Delta t}{h}\right) dx.$$

Die Biegungslinie läßt sich demnach darstellen als Momentenkurve einer stetigen Belastung, deren Belastungsordinate an der Stelle $x$ die Größe

$$(32) \qquad\qquad w_x = \frac{M_x}{EJ} + \varepsilon \frac{\Delta t}{h}$$

besitzt. Die Nullinie wird in der früher besprochenen Weise mit Hilfe der Auflagerbedingungen festgelegt. Handelt es sich um einen einseitig ein-

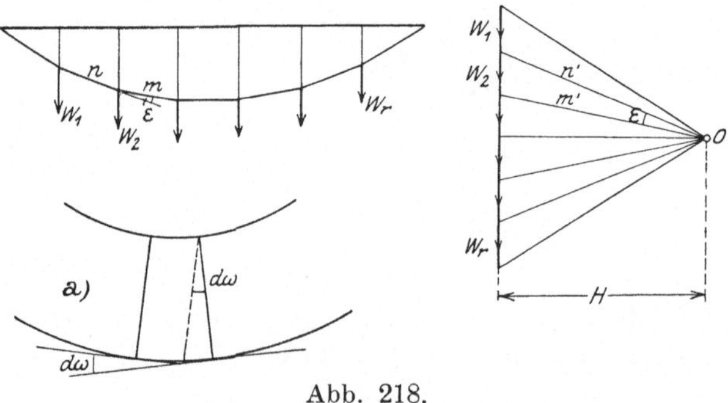

Abb. 218.

gespannten Träger, so liefert die Tangente der elastischen Linie an der Einspannungsstelle die Schlußlinie (Abb. 219).

Unter Vernachlässigung des Temperatureinflusses lautet die Belastungsordinate

$$w_x = \frac{M_x}{EJ},$$

und man erkennt, daß zur Bestimmung der elastischen Linie die mit $\dfrac{1}{EJ}$ multiplizierte Momentenfläche des Balkens als Belastungsfläche eingeführt werden muß. Das aus dieser fiktiven Belastung an der Stelle $x$ entstehende

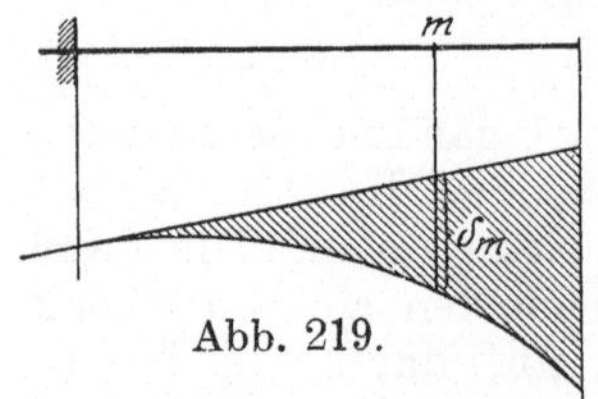

Abb. 219.

statische Moment liefert unter Beachtung der Auflagerbedingungen die Biegungsordinate $\delta_x$ senkrecht zur Stabachse. Das vorstehende Gesetz ist zuerst von O. Mohr[1]) ausgesprochen worden und wird nach ihm als Mohrscher Satz bezeichnet.

Zur Lösung der gestellten Aufgabe kann man sich des rechnerischen oder graphischen Verfahrens bedienen. Entscheidet man sich für das letztere, so empfiehlt es sich, bei konstantem Trägheitsmoment die Belastungsordinate

$$EJ \cdot w_x = M_x + \varepsilon EJ \frac{\Delta t}{h}$$

einzuführen und die Polweite $H = EJ$ zu wählen. Bei veränderlichem $J$ wird

---

[1]) Mohr O.: Beitrag zur Theorie der Holz- und Eisenkonstruktionen. Zeitschr. des Arch. und Ing.-Ver. zu Hannover 1868.

zweckmäßig nach Multiplikation mit $\dfrac{J_c}{J}$ gesetzt

$$EJ_c \cdot w_x = M_x \frac{J_c}{J} + \varepsilon\, EJ_c \frac{\Delta t}{h},$$

wobei $J_c$ ein konstantes Trägheitsmoment von beliebiger Größe angibt. Als Polweite führt man in diesem Falle $H = EJ_c$ ein. Die von den Werten $M_x \dfrac{J_c}{J}$ gebildete Fläche heißt die **verzerrte Momentenfläche** des Balkens.

Es soll z. B. die Biegungslinie für den in Abb. 220 skizzierten, mit den Kräften $P_1$, $P_2$ und $P_3$ belasteten Balken, welcher die aus der Figur ersichtlichen Trägheitsmomente haben möge, unter Ausschluß von Temperaturänderungen bestimmt werden. Die infolge der gegebenen Belastung entstehende

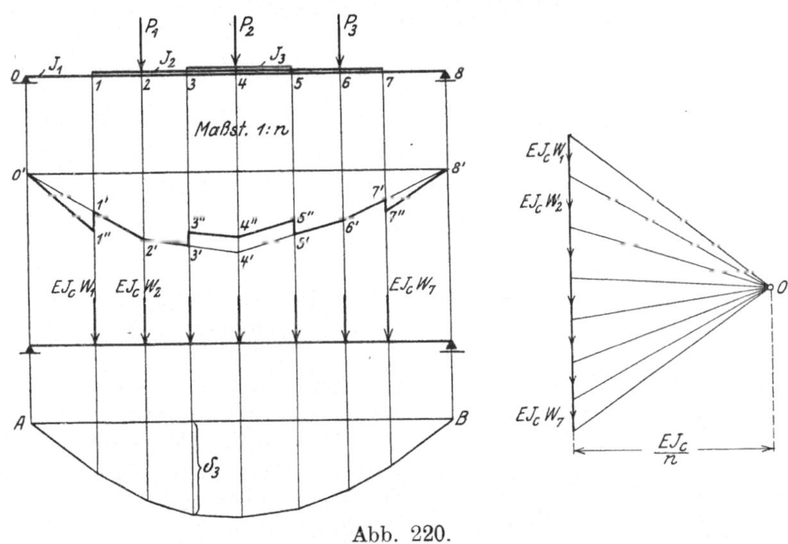


Abb. 220.

Momentenfläche $0' - 1' - 2' \ldots 6' - 7' - 8'$ wird in bekannter Weise gefunden. Das Trägheitsmoment $J_2$ wird gleich $J_c$ gesetzt und darauf $\dfrac{J_c}{J_1}$ und $\dfrac{J_c}{J_3}$ gebildet. Nun zerlegt man den Träger in einzelne Abschnitte, und zwar so, daß jeder von ihnen ein konstantes $J$ besitzt, und Lasten nur in den Endpunkten der Abschnitte wirksam sind. Darauf trägt man nach Multiplikation mit $\dfrac{J_c}{J}$ die verzerrte Momentenfläche $0' - 1'' - 1' - 2' \ldots 6' - 7' - 7'' - 8'$ (in der Figur stark ausgezogen) auf, und betrachtet diese als Belastungsfläche des Trägers. Die Flächengröße jedes Abschnitts gibt die Belastung des zugehörigen Feldes an. Nun wird die Gesamtbelastung auf die Knotenpunkte $0, 1, 2, \ldots, 6, 7, 8$ des Trägers so verteilt, als wenn sie indirekt auf den Balken wirksam wäre. Dabei verteilt sich die Belastung des ersten Abschnitts auf die Knoten 0 und 1, die des zweiten auf die Knoten 1 und 2 usw. Nachdem der auf jeden Knoten entfallende Beitrag $EJ_c W_1$, $EJ_c W_2 \ldots$ berechnet ist, bringt man diese Werte als fiktive Kräfte in den Knotenpunkten an und zeichnet zu ihnen mit der Polweite $EJ_c$ das Seilpolygon, welches die Auflagersenkrechten durch 0 und 8 in $A$ und $B$ schneiden möge. Da aber unter der Voraussetzung starrer Lager die Punkte 0 und 8 keine Senkung erfahren, so stellt $AB$ wegen $\delta_0 = \delta_8 = 0$ die Nullinie des Biegungspolygons dar. In den Knotenpunkten $1, 2, 3 \ldots$ stimmt das Moment aus den eingeführten Einzellasten $EJ_c \cdot W$ mit dem Moment aus der stetigen Belastung $EJ_c w$ überein. Man erhält demnach die Biegungslinie des Trägers als diejenige Kurve, welche dem gezeichneten Seileck umbeschrieben ist.

Bei der hier gewählten Polweite ergeben sich die Biegungsordinaten im Längenmaßstab des Trägersystems. Um zu praktisch brauchbaren Werten zu gelangen, muß man einen entsprechend kleineren Polabstand wählen. Ist der Systemmaßstab $1 : n$, so erhält man bei einer Polweite $H = \dfrac{EJ_c}{n}$ die Biegungsordinaten in ihrer wirklichen Größe, bei der Polweite $H = \dfrac{EJ_c}{n \cdot \nu}$ in $\nu$-facher Vergrößerung (vgl. S. 155).

Zur rechnerischen Ermittlung der Biegungsordinaten für die Knotenpunkte $1, 2, 3 \ldots$ hat man nur die Momente $M_{m_w}$ des Balkens an den fraglichen Punkten infolge der Lasten $EJ_c W$ zu bestimmen und nachträglich durch $EJ_c$ zu dividieren.

Das Verfahren läßt sich kurz wie folgt zusammenfassen. Zur Ermittlung der Biegungslinie eines geraden Stabes bestimmt man zunächst die Momentenfläche aus der gegebenen Belastung, verwandelt diese bei veränderlichem Trägheitsmoment in die verzerrte Momentenfläche, faßt letztere nunmehr als Belastungsfläche des Trägers auf und ermittelt die aus dieser fiktiven Belastung entstehenden Momente, welche durch $EJ_c$ dividiert, unter Berücksichtigung der Auflagerbedingungen die gesuchten Biegungsordinaten angeben. Bei Anwendung des graphischen Verfahrens läßt sich die Division mit $EJ_c$ durch entsprechende Wahl der Polweite erledigen.

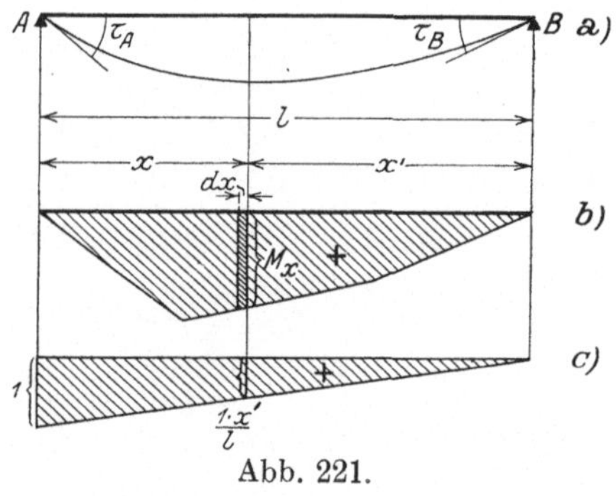

Abb. 221.

Mitunter ist es erforderlich, die Neigungswinkel $\tau_A$ und $\tau_B$ der Endtangenten eines Balkens $AB$ (Abb. 221a) unter dem Einfluß einer gegebenen Belastung zu bestimmen. Es möge z. B. Abb. 221b die Momentenfläche dieser Belastung, Abb. 221c diejenige infolge der Belastungseinheit der Tangente in $A$ ($\overline{M}_A = 1$) darstellen. Die Arbeitsgleichung für diesen gedachten Belastungszustand und den wirklichen Verschiebungszustand lautet

$$1 \cdot \tau_A = \int \frac{\overline{M}\, M\, dx}{EJ}$$

oder nach Einführung des Wertes $\overline{M} = \dfrac{1 \cdot x'}{l}$

$$EJ \cdot \tau_A = \int_0^l M\, dx\, \frac{x'}{l}.$$

Das Integral stellt den Auflagerdruck $A_f$ an der Stelle $A$ infolge der fiktiven Belastung des Balkens mit der wirklichen Momentenfläche dar. Man erhält also den Satz: Der Winkel, welchen die Tangente in $A$ eines Balkens $AB$ mit der Sehne $AB$ infolge einer gegebenen Belastung bildet, ist gleich dem mit $\dfrac{1}{EJ}$ multiplizierten Auflagerdruck $A_f$, welcher durch die fiktive Belastung des Balkens mit der gegebenen Momentenfläche erzeugt wird.

Im Falle eines veränderlichen Trägheitsmomentes tritt an Stelle der wirklichen die verzerrte Momentenfläche. $A$ ist dann zur Bestimmung von $\tau_A$ mit $\dfrac{1}{EJ_c}$ zu multiplizieren.

## c) Die Biegungslinie des steifen Stabzuges.

Als steifen oder biegungsfesten Stabzug bezeichnet man ein Stabwerk, das aus lauter biegungsfesten Stäben besteht, welche — im Gegensatz zu dem früher besprochenen Stabzug mit gelenkartigen Knoten — in den Eckpunkten starr miteinander verbunden sind. Die Knickpunkte des Stabzuges, sowie alle Punkte zwischen zwei Ecken, in denen Lasten angreifen, werden als Knotenpunkte bezeichnet.

Auch beim steifen Stabzug wird die Biegungslinie als Seilpolygon von $W$-Gewichten aufgefaßt, zu deren Ermittlung man von ganz ähnlichen Überlegungen ausgeht wie beim Stabzug mit gelenkartigen Knoten. Es seien z. B. $\delta_{m-1}$, $\delta_m$ und $\delta_{m+1}$ in Abb. 222 die senkrechten Verschiebungen der Knotenpunkte $m-1$, $m$, $m+1$ eines biegungsfesten Stabzuges, $\lambda_m$ und $\lambda_{m+1}$ die horizontalen Knotenpunktsabstände. Dann besteht zwischen den Biegungsordinaten $\delta$ und dem $W$-Gewicht des Knotens $m$ die Beziehung (19)

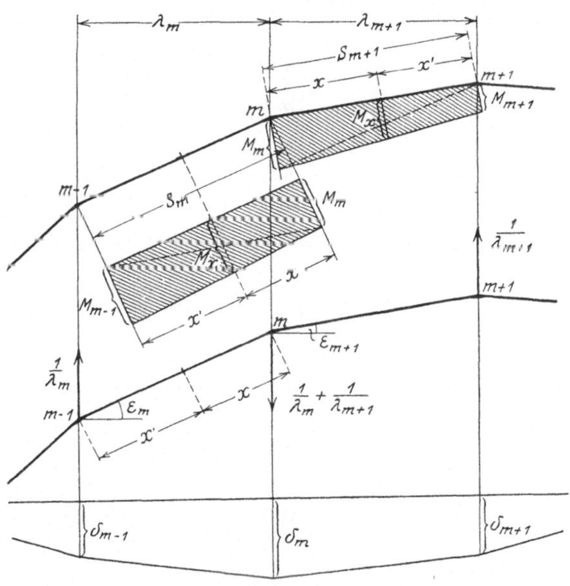

Abb. 222.

$$W_m = \frac{\delta_m - \delta_{m-1}}{\lambda_m} - \frac{\delta_{m+1} - \delta_m}{\lambda_{m+1}}$$

oder

$$W_m = -\frac{1}{\lambda_m} \cdot \delta_{m-1} + \left(\frac{1}{\lambda_m} + \frac{1}{\lambda_{m+1}}\right)\delta_m - \frac{1}{\lambda_{m+1}} \cdot \delta_{m+1}.$$

Faßt man wieder die Größen $\dfrac{1}{\lambda_m}$, $\left(\dfrac{1}{\lambda_m} + \dfrac{1}{\lambda_{m+1}}\right)$ und $\dfrac{1}{\lambda_{m+1}}$ als Kräfte auf, welche in den Knoten $m-1$, $m$, $m+1$ mit dem aus Abb. 222 ersichtlichen Pfeilsinn wirken, so stellt die rechte Seite des vorstehenden Ausdrucks die virtuelle Arbeit $\Sigma \overline{Q} \cdot \delta$ dar, und man erhält nach Gleichung (7) Seite 139

$$(33) \quad W_m = \Sigma \overline{Q} \cdot \delta = \int \frac{\overline{N}N}{EF}ds + \int \frac{\overline{M}M}{EJ}ds + \int \overline{N}\varepsilon t_s\, ds + \int \overline{M}\varepsilon \frac{\Delta t}{h}ds,$$

wenn $\overline{N}$ und $\overline{M}$ die virtuellen, $N$ und $M$ die wirklichen Längskräfte bzw. Momente in den Stäben des Stabzuges bezeichnen, und die Integrale sich über alle Teile desselben erstrecken. Für den Fall, daß der Stabteil $(m-1)-m-(m+1)$ nicht durch ein Gelenk unterbrochen ist, beeinflußt die virtuelle „$\frac{1}{\lambda}$-Belastung" nur die beiden in $m$ zusammentreffenden Stäbe, deren Längen $s_m$ bzw. $s_{m+1}$ sein mögen. Greifen — wie vorausgesetzt — Lasten nur in den Knotenpunkten an, und bezeichnen $M_{m-1}$, $M_m$, $M_{m+1}$ die Momente aus der tatsächlichen Belastung in den Punkten $m-1$, $m$ und $m+1$, so ist die für den Stab $m-(m+1)$ in Frage kommende Momentenfläche ein Trapez, dessen Parallelseiten gleich $M_m$ bzw. $M_{m+1}$ sind. Analoges gilt für die Momentenfläche des Stabes $(m-1)-m$. Mit den Bezeichnungen der Abb. 222 ergibt sich für Punkte des Stabes $(m-1)-m$ infolge der tatsächlichen Belastung:

$$M_x = M_{m-1}\cdot\frac{x}{s_m} + M_m\frac{x'}{s_m}; \quad N_m = \text{konst.}$$

infolge der virtuellen Belastung:

$$\overline{M}_x = \frac{1}{\lambda_m}\cdot x'\cdot\cos\varepsilon_m = \frac{x'}{s_m}; \quad \overline{N}_m = -\frac{1}{\lambda_m}\cdot\sin\varepsilon_m = -\frac{\operatorname{tg}\varepsilon_m}{s_m};$$

für Punkte des Stabes $m-(m+1)$ infolge der tatsächlichen Belastung:

$$M_x = M_{m+1}\frac{x}{s_{m+1}} + M_m\cdot\frac{x'}{s_{m+1}}; \quad N_{m+1} = \text{konst.,}$$

infolge der virtuellen Belastung:

$$\overline{M}_x = \frac{x'}{s_{m+1}}; \quad \overline{N}_{m+1} = \frac{\operatorname{tg}\varepsilon_{m+1}}{s_{m+1}}.$$

Führt man diese Werte in Gleichung (33) ein, so lautet diese:

$$W_m = \frac{N_{m+1}\cdot\operatorname{tg}\varepsilon_{m+1}}{EF_{m+1}\cdot s_{m+1}}\int\limits_0^{s_{m+1}} dx - \frac{N_m\operatorname{tg}\varepsilon_m}{EF_m\cdot s_m}\int\limits_0^{s_m} dx$$

$$+ \frac{1}{EJ_{m+1}\cdot s_{m+1}^2}\int\limits_0^{s_{m+1}} (M_{m+1}\cdot x + M_m\cdot x')\,x'\,dx$$

$$+ \frac{1}{EJ_m\,s_m^2}\int\limits_0^{s_m} (M_{m-1}\cdot x + M_m\,x')\,x'\,dx$$

$$+ \frac{\operatorname{tg}\varepsilon_{m+1}}{s_{m+1}}\cdot\varepsilon\,t_{s\,(m+1)}\int\limits_0^{s_{m+1}} dx - \frac{\operatorname{tg}\varepsilon_m}{s_m}\,\varepsilon\,t_{s\,m}\int\limits_0^{s_m} dx$$

$$+ \frac{\varepsilon\cdot\varDelta\,t_{m+1}}{h_{m+1}\cdot s_{m+1}}\int\limits_0^{s_{m+1}} x'\,dx + \frac{\varepsilon\cdot\varDelta\,t_m}{h_m\cdot s_m}\int\limits_0^{s_m} x'\,dx.$$

Nach Ausführung der Integration geht dieser Ausdruck über in

$$W_m = \left(\frac{N_{m+1}}{E F_{m+1}} + \varepsilon\, t_{s\,(m+1)}\right) \operatorname{tg} \varepsilon_{m+1} - \left(\frac{N_m}{E F_m} + \varepsilon t_{s\,m}\right) \operatorname{tg} \varepsilon_m + \frac{M_{m+1}\cdot s_{m+1}}{6\,E J_{m+1}}$$

$$+ \frac{M_m \cdot s_{m+1}}{3\,E J_{m+1}} + \frac{M_{m-1}\cdot s_m}{6\,E J_m} + \frac{M_m \cdot s_m}{3\,E J_m} + \frac{\varepsilon \cdot \varDelta\, t_{m+1}}{2\,h_{m+1}}\cdot s_{m+1} + \frac{\varepsilon \cdot \varDelta\, t_m}{2\,h_m}\cdot s_m;$$

oder etwas anders geordnet:

$$(34)\qquad W_m = \frac{M_{m-1} + 2\,M_m}{6\,E J_m}\cdot s_m + \frac{2\,M_m + M_{m+1}}{6\,E J_{m+1}}\cdot s_{m+1} - \left(\frac{N_m}{E F_m} + \varepsilon t_{s\,m}\right) \operatorname{tg} \varepsilon_m$$

$$+ \left(\frac{N_{m+1}}{E F_{m+1}} + \varepsilon\, t_{s\,(m+1)}\right) \operatorname{tg} \varepsilon_{m+1} + \frac{\varepsilon}{2}\left(\frac{\varDelta\, t_m}{h_m}\cdot s_m + \frac{\varDelta\, t_{m+1}}{h_{m+1}}\cdot s_{m+1}\right).$$

Der Einfluß der Längskräfte ist im allgemeinen gegenüber den Biegungsmomenten sehr klein und kann deshalb in den meisten praktischen Fällen ganz ohne Beachtung bleiben. Treten außerdem Temperaturänderungen nicht auf, so vereinfacht sich der obige Ausdruck wie folgt:

$$W_m = \frac{1}{6\,E}\left\{(M_{m-1} + 2\,M_m)\frac{s_m}{J_m} + (2\,M_m + M_{m+1})\frac{s_{m+1}}{J_{m+1}}\right\},$$

oder nach Multiplikation mit $E J_c$

$$(35)\qquad E J_c \cdot W_m = \frac{1}{6}\left\{(M_{m-1} + 2\,M_m)\, s_m \frac{J_c}{J_m} + (2\,M_m + M_{m+1})\, s_{m+1}\frac{J_c}{J_{m+1}}\right\}.$$

Wird der steife Stabzug durch ein Gelenk unterbrochen, so kann das $W$-Gewicht für den Gelenkpunkt nicht mit Hilfe der vorstehenden Gleichungen berechnet werden, da sich dann der Einfluß der „$\frac{1}{\lambda}$-Belastung" nicht nur über die zwei in diesem Punkt zusammentreffenden Stäbe erstreckt. Indessen führt das Verfahren auch hier zum Ziele, wenn man nur die Integration über alle Stäbe ausdehnt, in denen virtuelle Momente und Längskräfte auftreten.

Nachdem die $W$-Gewichte für den steifen Stabzug gefunden sind, kann die Biegungslinie in genau der gleichen Weise gezeichnet oder berechnet werden wie dieses für den Stabzug mit gelenkartigen Knoten gezeigt ist, worauf hier verwiesen wird.

In der Statik der Baukonstruktionen ist es fast immer zulässig, die vorstehend entwickelten Gleichungen auch dann anzuwenden, wenn an Stelle des hier betrachteten Stabzuges der vollwandige Bogen tritt, wobei allerdings vorausgesetzt wird, daß der Krümmungsradius sehr groß gegenüber den Querschnittsabmessungen des Stabes ist. Man ersetzt dann den Bogen durch gerade, miteinander starr verbundene Stäbe von geringer Länge und verfährt in der oben beschriebenen Weise.

Soll die stetige Krümmung des Bogens berücksichtigt werden, so setze man in (34)

$$s_m = s_{m+1} = d s; \qquad M_{m-1} = M_m = M_{m+1} = M; \qquad J_m = J_{m+1} = J, \quad \text{usw.}$$

Diese geht dann über in

$$d W = \frac{M\, d s}{E J} + \frac{\varepsilon \varDelta t}{h}\, d s + d\left(\frac{N}{E F} \operatorname{tg} \varphi\right) + d\left(\varepsilon t_s \operatorname{tg} \varphi\right),$$

wenn jetzt der Winkel $\varepsilon$ durch $\varphi$ ersetzt wird (s. Abb. 223).

Für das Bogenelement $ds$ gilt:

$$ds = \frac{dx}{\cos \varphi}.$$

Damit wird, wenn auch der Einfluß von Längskräften unbeachtet bleibt:

$$dW = \frac{M\,dx}{EJ\cos\varphi} + \frac{\varepsilon\,\Delta t}{h\cos\varphi}\cdot dx + \varepsilon\,t_s\frac{d^2 y}{dx^2}\cdot dx.$$

Man kann also die Biegungslinie als Momentenkurve einer stetigen Belastung auffassen, deren Belastungsordinate an der Stelle $x$ die Größe

$$(36) \qquad w_x = \frac{M}{EJ\cos\varphi} + \frac{\varepsilon\,\Delta t}{h\cos\varphi} + \varepsilon\,t_s\cdot\frac{d^2 y}{dx^2}$$

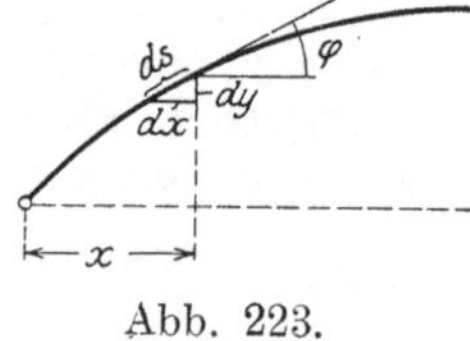

Abb. 223.

besitzt. Die Untersuchung erfolgt demnach in ganz snaloger Weise wie für den geraden Stab.

Genau genommen stellt die unter Benutzung der vorstehenden Gleichung gewonnene Biegungslinie nur eine Näherungslösung dar, da der Einfluß der Längs- und Querkräfte ausgeschaltet und außerdem vorausgesetzt wurde, daß die Normalspannungen $\sigma$ den gleichen Gesetzen folgen wie beim geraden Stab, was in Wirklichkeit nicht genau zutrifft.

## C. Die Biegungslinie als Einflußlinie einer elastischen Formänderung.

Mit Hilfe der in den Paragraphen 2, 4 und 5 dieses Abschnitts besprochenen Verfahren kann die Verschiebung eines Fachwerkknotens oder eines Punktes der Achse eines Stabwerks in bestimmter Richtung unter dem Einfluß einer gegebenen Belastung ermittelt werden. Es sei nun die Aufgabe gestellt, den Einfluß einer veränderlichen Belastung auf die Durchbiegung $\delta_m$ eines Punktes $m$ des in Abb. 224 skizzierten Trägers zu bestimmen. Bezeichnet allgemein $\delta_{mn}$ die Verschiebung des Punktes $m$ in der festgesetzten Verschiebungsrichtung, hervorgerufen durch die Last $P_n = 1$, so wird die gesuchte Verschiebung $\delta_m$ des Punktes $m$ unter Beachtung des Superpositionsgesetzes:

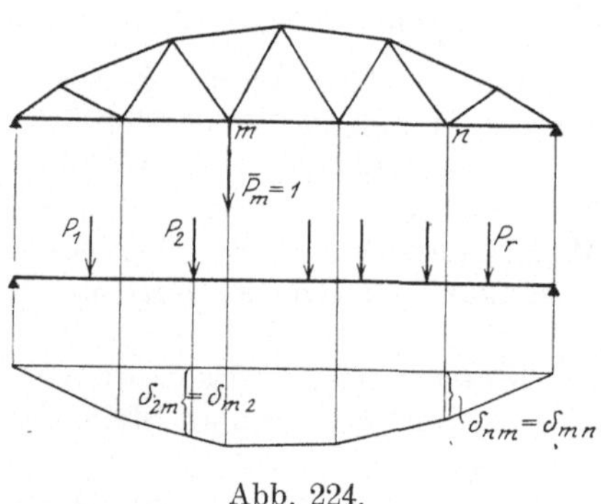

Abb. 224.

$$\delta_m = P_1\cdot\delta_{m1} + P_2\cdot\delta_{m2} + P_3\cdot\delta_{m3} + \cdots,$$

wenn $P_1$, $P_2$, $P_3$ die auf den Träger wirkenden Lasten bezeichnen. Nun ist aber nach dem Maxwellschen Satz

$$\delta_{m1} = \delta_{1m}; \quad \delta_{m2} = \delta_{2m}, \; \cdots$$

weshalb auch

$$\delta_m = P_1\cdot\delta_{1m} + P_2\cdot\delta_{2m} + \cdots$$

geschrieben werden kann. $\delta_{1m}$, $\delta_{2m}\cdots$ stellen die Verschiebungen der Angriffspunkte 1, 2, 3 ... der Lasten $P_1$, $P_2$, $P_3$ ... in Richtung dieser Lasten, hervorgerufen durch die Belastungseinheit $\overline{P}_m = 1$ dar, wobei $\overline{P}_m$ in die festgelegte Verschiebungsrichtung fällt. Zeichnet man also die Biegungslinie für die belastete Gurtung des Trägers unter dem Einfluß der Last $\overline{P}_m = 1$, so stellt diese die Einflußlinie für die gesuchte Verschiebung $\delta_m$ dar.

Was hier an einem statisch bestimmten Fachwerkträger gezeigt wurde, läßt sich auch für jedes andere statisch bestimmte oder unbestimmte System nachweisen. Dabei kann unter $\delta_m$ — wie vorstehend — sowohl die Verschiebung eines Punktes $m$ in bestimmter Richtung, als auch die gegenseitige Verschiebung eines Punktpaares, die Drehung einer Geraden und die Drehung eines Geradenpaares verstanden werden, wenn man nur jeweils die diesen Verschiebungsgrößen entsprechenden Belastungseinheiten gemäß § 2 dieses Abschnitts einführt. Das obige Gesetz läßt sich demnach wie folgt aussprechen:

Zeichnet man die Biegungslinie eines statisch bestimmten oder unbestimmten Systems infolge einer der vier Belastungseinheiten, so stellt diese die Einflußlinie für diejenige elastische Verschiebungsgröße dar, welche der gewählten Belastungseinheit entspricht.

## § 6. Vollständige Darstellung der Formänderung ebener Systeme.

Bisher wurden immer nur Verschiebungen nach bestimmten Richtungen betrachtet. Mitunter ist es jedoch erforderlich, die totalen Verschiebungen eines Fachwerks oder steifen Stabzuges darzustellen, so daß man bei Benutzung der bisher besprochenen Methoden die wirkliche Verschiebung aus zwei nach bestimmten Richtungen ermittelten Komponenten zusammensetzen müßte. Dieses Verfahren empfiehlt sich immer dann, wenn es sich nur darum handelt, die totale Verschiebung einzelner Punkte zu bestimmen. Soll jedoch die Deformation des ganzen Systems untersucht werden, so bedient man sich zweckmäßig eines der nachstehenden Verfahren.

## A. Der Williotsche Verschiebungsplan für das Fachwerk.

Die Zeichnung eines Williotschen Verschiebungsplanes für ein· Fachwerk beruht auf der wiederholten Lösung der Aufgabe: Die Verschiebung des an zwei Punkte $A$ und $B$ eines Stabdreiecks, dessen Längenänderungen $\varDelta s$ gegeben sind, angeschlossenen Knotenpunktes $C$ zu bestimmen, unter der Voraussetzung, daß die Verschiebungen der Punkte $A$ und $B$ bekannt sind.

Es mögen $\delta_a = A - A'$ und $\delta_b = B - B'$ die bekannten Verschiebungen der Knotenpunkte $A$ und $B$ bedeuten (Abb. 225, S. 174). Die Verschiebung des Punktes $C$ wird einerseits durch die Längenänderung der Stäbe $a$ und $b$ und andererseits durch eine Drehung dieser Stäbe um die Punkte $A'$ bzw. $B'$ erzeugt. Man kann sich als Folge der Verschiebungen $\delta_a$ und $\delta_b$ zunächst eine Parallelverschiebung der Stäbe $a$ und $b$ in die Lagen $A' - c'$ und $B' - c''$ vorstellen. Da aber der Stab $b$ eine Längenänderung $\varDelta b$ erfährt, so ist $\varDelta b$ von $c'$ aus parallel zur Stabrichtung $A\,C$ aufzutragen, und zwar von $A'$ weg gerichtet, wenn $\varDelta b$ eine Verlängerung darstellt. In gleicher Weise trägt man $\varDelta a$ von $c''$ aus parallel zur Stabrichtung $B - C$ ab. Wird, wie hier vorausgesetzt, $\varDelta a$ negativ (Verkürzung), so ist $\varDelta a$ nach dem festen Punkt $B'$ gerichtet. Zur Bestimmung von $C'$ hat man nur noch mit den neuen Längen $b + \varDelta b$ um $A'$ bzw. $a + \varDelta a$ um $B'$ Kreise zu schlagen, deren Schnittpunkt der gesuchte Punkt $C'$ ist. Da es sich hier, wie bei allen elastischen Formänderungen, um sehr kleine Drehungen handelt, so können die Kreisbögen durch Lote in den Endpunkten von $\varDelta b$ bzw. $\varDelta a$ ersetzt werden. Dann ergibt sich $C'$ als Schnittpunkt dieser Lote.

Die Längenänderungen $\Delta s$ der Stäbe sind ebenso wie die Drehungen sehr kleine Größen. Es ist deshalb praktisch nicht möglich, sie im gleichen Maßstab wie die Stablängen $s$ in einer Zeichnung aufzutragen. Aus diesem Grunde trennt man den Verschiebungsplan vollkommen von der Zeichnung des Systemnetzes und wählt zur Darstellung der Verschiebungen einen hinreichend großen Maßstab. Von einem beliebigen Pol $O$ (Abb. 225a) aus trägt man zunächst die Verschiebungen $\delta_a$ und $\delta_b$ der Punkte $A$ und $B$ auf. An $\delta_a$ schließt man die Verlängerung $\Delta b$ parallel zur Stabrichtung $AC$ und an $\delta_b$ die Verkürzung $\Delta a \parallel BC$, wobei auf den Richtungssinn dieser Strecken entsprechend ihrem Vorzeichen zu achten ist. Die Lote in den Endpunkten von $\Delta b$ und $\Delta a$ zu diesen Strecken, bzw. zu den

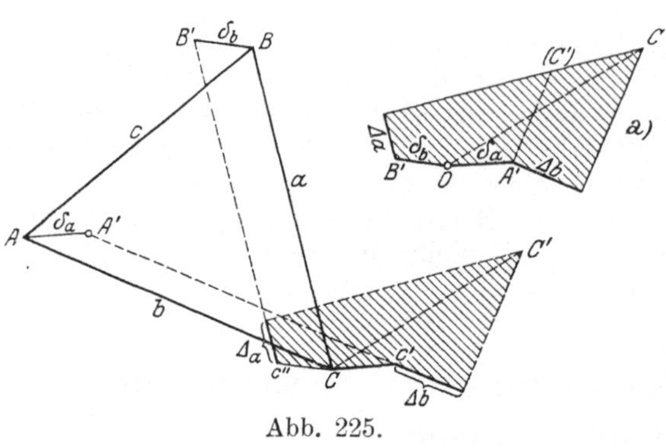

Abb. 225.

zugehörigen Stabrichtungen schneiden sich im Punkte $C'$. Nun stellt $O - C'$ die gesuchte Verschiebung des Punktes $C$ dar. Der Beweis ergibt sich aus der Kongruenz der beiden schraffierten Figuren. Wäre die Spannkraft $S_b$ im Stabe $AC$ gleich Null, also auch $\Delta b = 0$, so hätte man das Lot zur Stabrichtung $AC$ im Endpunkte von $\delta_a$ anbringen müssen (in Abb. 225a punktiert eingetragen) und hätte $(C')$ als Schnittpunkt beider Lote, demnach $O - (C')$ als gesuchte Verschiebung erhalten.

Durch wiederholte Anwendung des hier beschriebenen Verfahrens kann der Verschiebungsplan für alle die Fachwerke gezeichnet werden, welche durch zweistäbigen Anschluß neuer Knotenpunkte an ein Stabdreieck oder eine aus mehreren Stabdreiecken bestehende Scheibe gewonnen werden. Allerdings bedarf es dazu noch einer besonderen Bemerkung.

Bei der Lösung der obigen Aufgabe war angenommen, daß die Verschiebungen zweier Punkte des Ausgangsdreiecks bekannt waren. Soll nun z. B. der Verschiebungsplan für den in Abb. 226 skizzierten Fachwerkträger gezeichnet werden, so weiß man zunächst nur, daß der Punkt $A$, falls dieser fest gestützt ist, bei der Verschiebung des Systems in Ruhe bleibt, während $B$ sich auf einer unter dem Winkel $\gamma$ gegen die Horizontale geneigten Bahn bewegen muß, da jede andere Bewegung durch die Lagerführung verhindert ist. Um zu einer Lösung zu gelangen, zerlegt man die Aufgabe in zwei Teile. Man denkt sich zunächst die Lager $A$ und $B$ entfernt und zeichnet den Verschiebungsplan von einem Pol $O$ ausgehend unter der Annahme, daß die Richtung eines beliebigen Stabes, etwa 3—4, und einer seiner Endpunkte,

z. B. 4, in Ruhe bleiben. Sind alle Längenänderungen $\Delta s = \dfrac{S \cdot s}{EF} + \varepsilon t s$ der

Stäbe bekannt, was hier vorausgesetzt wird, so kann die relative Verschiebung 3—3' des Knotenpunktes 3 gegen 4 mit Hilfe der Längenänderung $\Delta s_{34}$ bestimmt werden, da 3—3' in die als ruhend angesehene Richtung 4—3 fällt. Damit sind die relativen Verschiebungen zweier Knotenpunkte, 4—4' gleich Null und 3—3' gleich $\Delta s_{34}$, bekannt. Zur besseren Übersicht wurden in Abb. 226 die Stäbe durch Buchstaben $a, b, c \ldots$ bezeichnet. Die entsprechenden Längenänderungen $\Delta a, \Delta b, \Delta c \ldots$ sind in den Verschiebungsplan (Abb. 226a) eingetragen. Der Punkt 4' fällt, da 4—4' gleich Null ist, mit dem Pol $O$ zusammen; 3' erhält man, indem man $+\Delta g$ von $O$ aus parallel zum Stabe $g$ im Sinne einer Entfernung des Punktes 3 von 4 anträgt. An die Knotenpunkte 3 und 4 des Fachwerks ist 5 angeschlossen. Zur Konstruktion des Punktes $5'$ im Verschiebungsplan geht man also wie folgt vor. Man zieht von $4'$ aus $+ \Delta i \parallel 4{-}5$ und von $3'$ aus $- \Delta h \parallel 3{-}5$, errichtet in den Endpunkten dieser Strecken Lote und bestimmt deren Schnittpunkt $5'$.

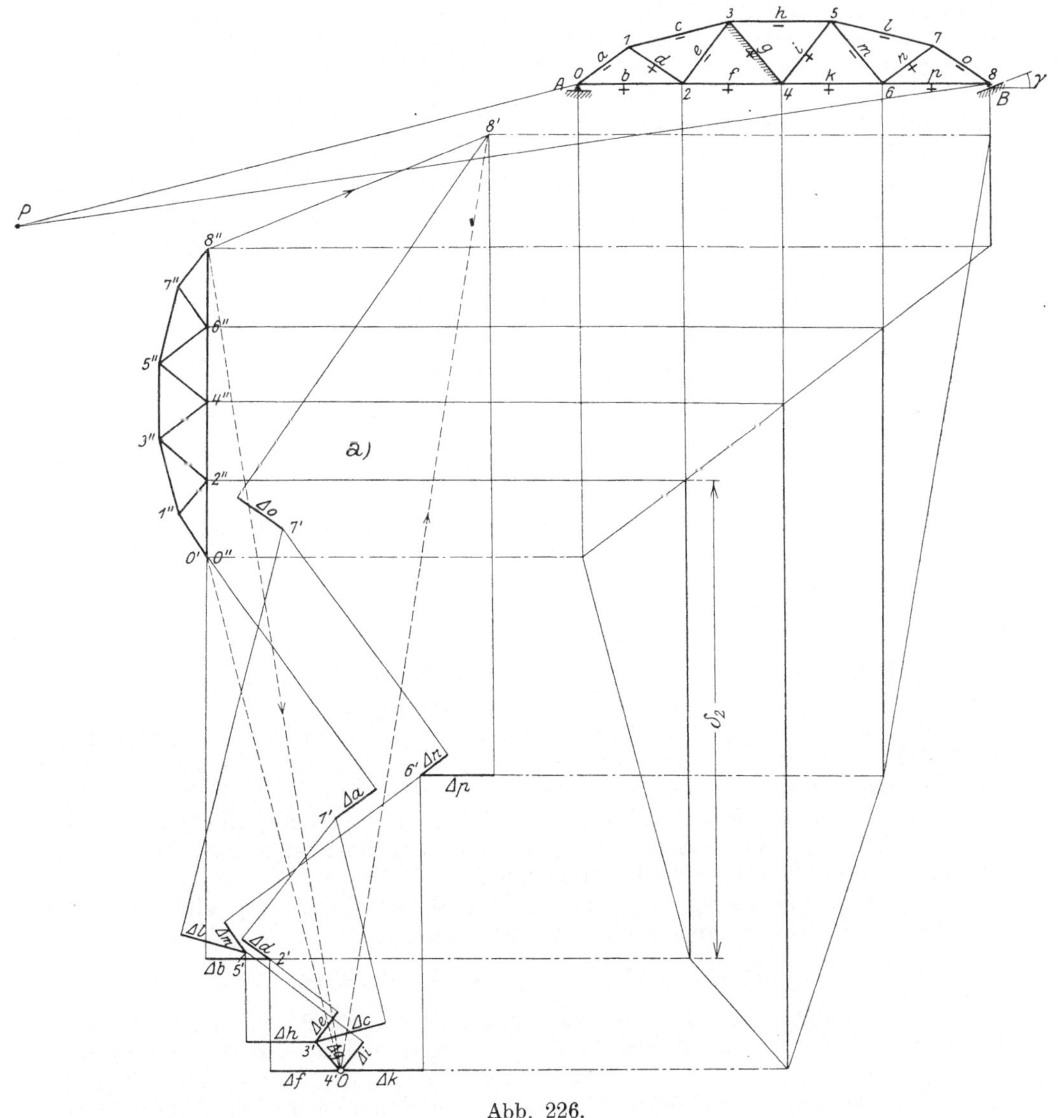

Abb. 226.

In gleicher Weise findet man von Knoten zu Knoten vorgehend die Punkte $6'$, $7'$, $8'$ und ferner links von 3—4 die Punkte $2'$, $1'$, $0'$, womit der erste Teil der Aufgabe erledigt ist.

Der zweite Teil besteht in der Erfüllung der Auflagerbedingungen. Bisher war angenommen, daß die Richtung des Stabes 3—4 und der Punkt 4 festliegen. In Wirklichkeit liegt jedoch der Stützpunkt $A = \mathrm{o}$ fest und der Punkt $B = 8$ bewegt sich auf einer vorgeschriebenen Bahn.

Um nun die wirklichen Verschiebungen der Knotenpunkte zu gewinnen, betrachtet man das bereits deformierte Fachwerk als starr und erteilt ihm eine Bewegung, durch welche die Auflagerbedingungen erfüllt werden. Die wirklichen Verschiebungen ergeben sich dann als Resultierende der mit dieser Bewegung verbundenen Verschiebungen der Knotenpunkte und der in dem Verschiebungsplan ermittelten elastischen Verschiebungen. Jede sehr kleine Bewegung einer Scheibe kann als Drehung um einen augenblicklichen Drehpol $P$ aufgefaßt werden. Dieser Pol $P$, um welchen das Fachwerk zur Erfüllung der Auflagerbedingungen gedreht werden muß, sei auf irgendeine Weise gefunden (s. Abb. 226). Aus dem Verschiebungsplan ergibt sich, daß bei dieser Drehung der Punkt o offenbar den Weg $o''$—$O$ zurücklegen muß, da die Resultierende von $O$—$o'$ (weg vom Pol $O$) und $o''$—$O$ (hin zum Pol $O$), d. h. also die wirkliche Verschiebung des Punktes o den Wert Null ergibt, was erforderlich ist, wenn $o = A$ ein festes Lager ist. Die Punkte $o'$ und $o''$ müssen also im Verschiebungsplan zusammenfallen. Die Verschiebung $o''$—$O$ steht nach dem Satz vom augenblicklichen Drehpol (vgl. S. 97) zum Polstrahl $P$—o senkrecht, und ebenso muß die vorläufig noch unbekannte Verschiebung $8''$—$O$ zu dem zugehörigen Polstrahl $P$—8 senkrecht stehen. Da ferner die Geschwindigkeiten $v_0$ und $v_8$ der Punkte o und 8 bei der Drehung einerseits den Polstrahlen $P$—o und $P$—8 und andererseits den Verschiebungen $o''$—$O$ und $8''$—$O$ dieser Punkte proportional sind, so besteht die Beziehung:

$$37) \qquad P\text{—}o : P\text{—}8 = o''\text{—}O : 8''\text{—}O .$$

Die Dreiecke o—$P$—8 und $o''$—$O$—$8''$ sind also einander ähnlich. Da aber

$$P\text{—}o \perp o''\text{—}O \quad \text{und} \quad P\text{—}8 \perp 8''\text{—}O,$$

so ist auch

$$o\text{—}8 \perp o''\text{—}8'' .$$

Die Senkrechte durch $o''$ zu o—8 stellt demnach einen geometrischen Ort für den Punkt $8''$ dar. Ein zweiter geometrischer Ort ergibt sich aus der Bedingung, daß die wirkliche Verschiebung des Punktes 8 in die Bahn des Lagers $B$ fallen muß. Die Resultierende $8''$—$8'$ der beiden Verschiebungen des Punktes 8 muß also dieser Bahn parallel sein und außerdem durch $8'$ gehen. Zur Konstruktion des Punktes $8''$ hat man somit nur die Senkrechte zu o—8 durch $o''$ zu ziehen und diese mit der Parallelen zur Bahn des Lagers $B$ durch $8'$ zum Schnitt zu bringen.

Die obige Beziehung (37) kann in analoger Weise auf alle übrigen Punkte des Fachwerks angewendet werden, weshalb

$$P\text{—}o : P\text{—}1 : P\text{—}2 \ldots = o''\text{—}O : 1''\text{—}O : 2''\text{—}O \ldots$$

Daraus folgt, daß die von den Punkten $o''$, $1''$, $2''$, $\ldots 8''$ begrenzte Figur dem Systemnetz ähnlich ist und gegen dieses um $90^0$ verdreht liegt, da ja $o''$—$8'' \perp$ o—8. Hat man demnach die Strecke $o''$—$8''$ gefunden, so können die Punkte $1''$, $2''$, $3'' \ldots$ und damit die wirklichen Verschiebungen $1''$—$1'$, $2''$—$2'$, $3''$—$3' \ldots$ konstruiert werden, womit die Aufgabe gelöst ist.

In ähnlicher Weise verfährt man, wenn die Auflagerbedingungen andere sind als hier angenommen.

Sollen aus dem Verschiebungsplan die Verschiebungen der Knotenpunkte nach einer bestimmten Richtung gewonnen werden, so hat man nur die wirklichen Verschiebungen auf die betreffende Richtung zu projizieren. So ist z. B. in Abb. 226 die Biegungslinie für den Untergurt des betrachteten Fachwerksystems dargestellt worden.

Das vorstehend beschriebene Verfahren läßt sich auch auf solche Fachwerke anwenden, die nicht nur aus einer, sondern aus mehreren, durch Gelenke miteinander zu einem stabilen System verbundenen starren Scheiben bestehen. Bei derartigen Systemen (Dreigelenkbogen, Gerberträger) denkt man sich zunächst die Verbindung im Gelenk aufgehoben und zeichnet für jede starre Scheibe nach den obigen Regeln den Verschiebungsplan, indem man sich die Richtung eines Stabes und einen seiner Endpunkte festgehalten denkt. Nach Erledigung dieser Aufgabe erteilt man jeder Scheibe eine solche Bewegung, daß die Auflager- und Gelenkbedingungen erfüllt sind und bildet schließlich die Resultierende aus den beiden Verschiebungen jedes Knotenpunktes, welche nach Größe, Richtung und Sinn die totale Verschiebung darstellt.

Sollen z. B. die Gesamtverschiebungen der Knotenpunkte des in Abb. 227 skizzierten Dreigelenkbogens dargestellt werden, so zeichne man zunächst getrennt für die Scheiben 1—2—4 und 3—2—5 je einen Williotplan, indem man etwa die Richtung des Stabes 1—4 und das Kämpfergelenk 1 der linken Scheibe bzw. die Richtung des Stabes 3—5 und das Kämpfergelenk 3 der rechten Scheibe festlegt. Diese Verschiebungspläne mögen für die linke Scheibe die den Gelenken 1 und 2 entsprechenden Punkte $1'$ und $2'$ und für die rechte Scheibe die den Gelenken 3 und 2 entsprechenden Punkte $3'$ und $2'$ liefern

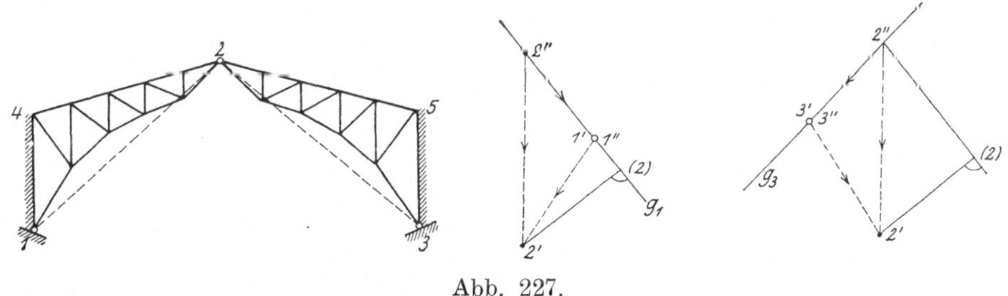

Abb. 227.

(Die übrigen Punkte sind hier der Einfachheit halber fortgelassen.) Nun erteilt man jeder Scheibe eine solche Bewegung, daß erstens die Auflagerbedingungen erfüllt und zweitens die Wege des Scheitelgelenkes 2 in beiden Plänen gleich groß werden. Im Verschiebungsplane müssen wegen der ersten Bedingung $1''$ mit $1'$ und $3''$ mit $3'$ zusammenfallen. Die Drehung der linken Scheibe erfolgt um den Punkt 1 als Pol, die der rechten um den Punkt 3 als Pol. Demnach muß im linken Plan $2''$ auf der Senkrechten $g_1$ zu 1—2 durch $1''$ und im rechten $2''$ auf der Senkrechten $g_3$ zu 3—2 durch $3''$ liegen. Zur Erfüllung der zweiten Bedingung (Gelenkbedingung) konstruiert man im linken Plan die Projektion $2'$—(2) der Verschiebung $2''$—$2'$ auf die Richtung von 1—2, indem man das Lot von $2'$ auf $g_1$ fällt, und überträgt diese in den rechten Plan. Nun errichtet man auf $2'$—(2) in (2) das Lot und bestimmt $2''$ als Schnittpunkt dieses Lotes mit der Geraden $g_3$. Dann gibt $2''$—$2'$ nach Größe, Richtung und Sinn die wirkliche Verschiebung des Scheitelgelenkes an. Man kann nun $2'$—$2''$ in den linken Plan übertragen und endlich für beide Scheiben mit Hilfe der um $90°$ gedrehten, diesen ähnlichen Figuren die totalen Verschiebungen aller Knotenpunkte in der oben besprochenen Weise bestimmen.

Mit Hilfe des hier beschriebenen Verfahrens lassen sich die Verschiebungspläne der weitaus größten Anzahl aller praktisch vorkommenden Fachwerke zeichnen. Mitunter treten jedoch auch Systeme auf, die dem oben angegebenen einfachen Bildungsgesetz nicht folgen, z. B. dann, wenn das Fachwerk, von einem aus drei Scheiben bestehenden Dreieck ausgehend, durch Anschluß neuer Knotenpunkte mit Hilfe zweier Scheiben gebildet ist, wobei an die Stelle einzelner Scheiben auch Stäbe treten können. Ein solches Fachwerk ist in Abb. 228 dargestellt. An die aus zwei starren Scheiben und einem Stab gebildete Grundfigur $ABC$ ist zunächst der Knotenpunkt $D$ mittels zweier starrer Scheiben angeschlossen, und ferner der Knotenpunkt $E$ an die Punkte $D$ und $B$ mit Hilfe des Stabes $DE$ und der Scheibe $BE$. Es wird vorausgesetzt, daß die einzelnen Scheiben in sich Fachwerke von der einfachsten Art sind. Soll nun der Verschiebungsplan eines solchen Scheibengebildes gezeichnet werden, so denke man sich nach Entfernung der Auflager die Richtung eines Stabes und einen seiner Endpunkte festgelegt — z. B. die Richtung $i$—$k$ und den Punkt $k$ der Scheibe $AC$ — und ersetze die übrigen Scheiben durch Stäbe, welche die Gelenke, in denen diese Scheiben zusammenhängen, miteinander verbinden, wodurch das ganze System in ein Fachwerk von der einfachsten Art übergeführt wird. Der Verschie-

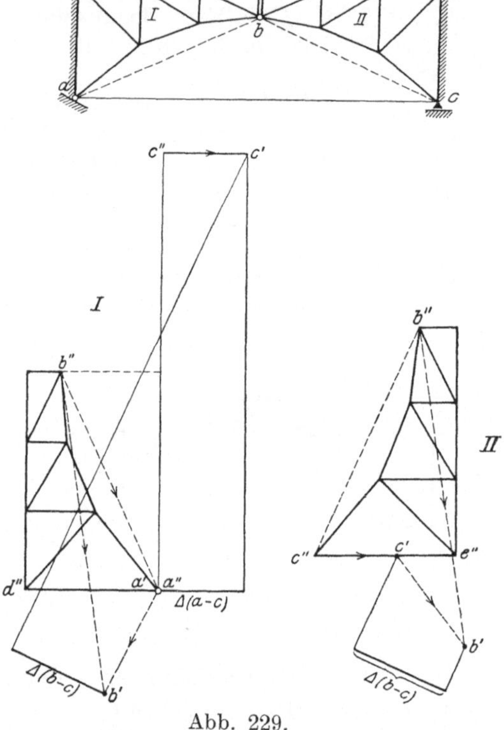

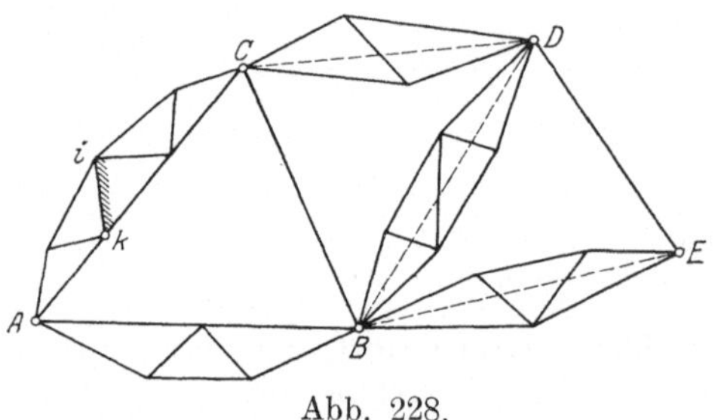

Abb. 228.                                     Abb. 229.

bungsplan kann gezeichnet werden, sobald die Längenänderungen der der Scheibe $AC$ angehörigen Stäbe, sowie der Stabsehnen $A$—$B$, $C$—$B$, $C$—$D$, $B$—$D$, $D$—$E$ und $B$—$E$ bekannt sind. Sind die Stabspannungen sämtlich gegeben, was hier vorausgesetzt wird, so sind die Längenänderungen der Stäbe $CB$ und $DE$ sowie des Stabzuges $A$—$B$ sofort bekannt, während die Längenänderungen der die Scheiben $CD$, $BD$ und $BE$ ersetzenden Stäbe mit Hilfe je eines Verschiebungsplanes für diese Scheiben als gegenseitige Verschiebung der Gelenkpunkte in Richtung der betreffenden Stabsehnen bestimmt werden können. Die Aufgabe ist demnach auf die frühere für das Fachwerk von der einfachsten Art zurückgeführt. Auf diese Weise läßt sich z. B. der Verschiebungsplan des in Abb. 229 skizzierten Dreigelenkbogens mit Zugband zeichnen. Man legt die Richtung des Stabes $a$—$d$ und das Kämpfergelenk $a$ fest und zeichnet den Williotplan I der Scheibe I, welcher für das Gelenk $b$ den Punkt $b'$ liefert. (Die übrigen Punkte sind in der Abbildung weggelassen.) In einem zweiten Verschiebungsplan II ermittelt man nach Festlegung der Richtung des Stabes $c$—$e$ und des Punktes $c$ die gegenseitige Verschiebung $\Delta(b$—$c)$ der Punkte $b$ und $c$ in Richtung der Geraden $b$—$c$ und faßt diese als Längenänderung des gedachten Stabes $b$—$c$ auf. Dann kann mit Hilfe dieser Längenänderung und derjenigen des Zugbandes $a$—$c$ der Punkt $c'$ im Verschiebungsplan I gefunden werden. Die Auflagerbedingungen erfordern, daß der Punkt $a$ in Ruhe bleibt, und daß $c$ sich auf einer Horizontalen bewegt (Lagerführung). Im Verschiebungsplan I fällt also $a''$ mit $a'$ zusammen. $c''$ liegt im Schnittpunkt der Senkrechten durch $a''$ und der Horizontalen durch $c'$. Damit kann die um 90° gedrehte, der Scheibe I ähnliche Figur $a''$—$b''$—$d''$ gezeichnet werden, wodurch die totalen Verschiebungen der Knotenpunkte dieser Scheibe gefunden sind. Nun überträgt man $c'$—$c''$ und $b'$—$b''$ in den Plan II, zeichnet die gegen die Scheibe II um 90° gedrehte, ihr ähnliche Figur $c''$—$b''$—$e''$ und erhält somit auch die totalen Verschiebungen der Knotenpunkte dieser Scheibe. Als Kontrolle ergibt sich, daß im Plan II $c''$—$b'' \perp c$—$b$ stehen muß.

## B. Ableitung der totalen Verschiebungen aus der Biegungslinie eines Stabzuges.

Die vollständige Darstellung der Knotenpunktsverschiebungen eines Stabzuges mit gelenkigen oder steifen Knoten läßt sich in sehr einfacher Weise durchführen, wenn die Biegungslinie dieses Stabzuges und die wirkliche Verschiebung eines Knotenpunktes gegeben sind.

In Abb. 230 sei $0'$—$1'$—$2'$ ... $8'$ die Biegungslinie des stark ausgezogenen Diagonalenzuges. Der Punkt 0 liegt fest, 8 bewegt sich auf einer um den Winkel $\gamma$ gegen die Horizontale geneigten Bahn. Die Ordinaten der

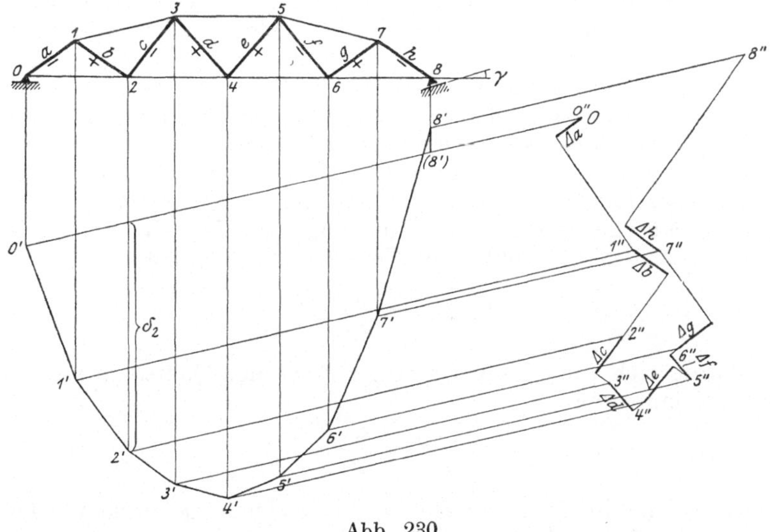

Abb. 230.

Biegungslinie geben die senkrechten Komponenten der wirklichen Verschiebungen der Knotenpunkte des Stabzuges an. Um nun zu einer Darstellung dieser Verschiebungen selbst zu gelangen, wähle man auf der Verlängerung der Schlußlinie $0'$—$(8')$ den Pol $0$ als Ausgangspunkt des Planes der totalen Verschiebungen, welche allgemein mit $0$—$m''$ bezeichnet werden sollen. Da die Totalverschiebung des Punktes 0 gleich Null ist, so fällt $0''$ mit $0$ zusammen. Der Stab $a$ erleidet eine Verkürzung um $\varDelta a$, der Punkt 1 bewegt sich also in Richtung 1—0. Bei der Deformation des Systems führt der Stab $a$ aber auch eine Drehung um den Punkt 0 aus. Man erhält also einen geometrischen Ort für den Punkt $1''$, indem man vom Pol $O$ aus $\varDelta a$ parallel zum Stabe $a$ im Sinne einer Verkürzung von $a$ aufträgt und im Endpunkte von $\varDelta a$ das Lot (an Stelle des Kreisbogens) errichtet. Der zweite geometrische Ort für $1''$ ist die Parallele zur Schlußlinie durch den Punkt $1'$ der Biegungslinie. Damit ist $1''$ gefunden, und die Strecke $O\!-\!1''$ stellt jetzt die wirkliche Verschiebung des Punktes 1 dar. Nun trägt man in analoger Weise $\varDelta b$ in $1''$ parallel zum Stab $b$ unter Beachtung des Vorzeichens an, errichtet das Lot und bringt dieses in $2''$ zum Schnitt mit der Parallelen zur Schlußlinie durch $2'$. Schreitet man auf diese Weise von Knotenpunkt zu Knotenpunkt fort, so erhält man schließlich die totalen Verschiebungen $O\!-\!m''$ aller Knotenpunkte des Stabzuges, womit die Aufgabe gelöst ist. In gleicher Weise verfährt man, wenn es sich um einen biegungsfesten Stabzug handelt, dessen Biegungslinie gegeben ist.

Die Darstellung der totalen Verschiebungen der Knotenpunkte steifer oder gelenkiger Stabzüge ist auch ohne Zuhilfenahme der Biegungslinie möglich. Ein allgemeines Verfahren zu ihrer Ermittlung ist von Müller-Breslau gegeben, worauf hier verwiesen wird[1]).

## § 7. Einfluß der Schubspannungen auf die Formänderung biegungsfester Stäbe.

In den bisherigen Untersuchungen der Formänderung steifer Stäbe war auf den Einfluß der Schubspannungen keine Rücksicht genommen, da dieser im allgemeinen gegenüber den Momenten vernachlässigt werden kann. Mitunter wird es jedoch erforderlich sein, sich über diesen Einfluß Rechenschaft abzulegen, und zwar gilt das besonders dann, wenn die Querschnitthöhe des zu untersuchenden Stabes verhältnismäßig groß zur Stablänge ist, die früher gemachten Voraussetzungen also nicht mehr zutreffen.

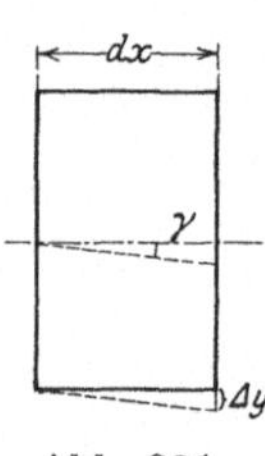

Abb. 231.

Die beiden Querschnittsflächen eines Balkenelements von der Länge $dx$ (Abb. 231) erleiden infolge der Schubspannungen eine gegenseitige Verschiebung um den Winkel $\gamma$, für den nach dem Hookeschen Gesetz die Beziehung

$$\gamma = \frac{\tau}{G}$$

besteht. Würde sich die Schubspannung $\tau'$ über den Querschnitt gleichmäßig verteilen, so könnte man

$$\tau' = \frac{Q}{F}$$

setzen, wenn $Q$ die in dem betreffenden Querschnitt $F$ wirkende Querkraft bezeichnet, und würde erhalten:

$$\gamma' = \frac{Q}{G \cdot F}\,.$$

Diese Annahme trifft indessen nicht zu, vielmehr sind die Schubspannungen in der Mitte am größten und werden an der oberen und unteren Kante des Querschnitts zu Null. Demnach ist auch der Winkel $\gamma$ nicht konstant, sondern hat seinen größten Wert in Höhe der Stabachse, wird von da aus nach den Querschnittskanten zu kleiner und schließlich zu Null.

---

[1]) Müller-Breslau, H.: Statik der Baukonstruktionen, II. Band, I. Abt., 4. Aufl. S. 87 u. II. Abt. S. 478.

Die Strecke $\Delta y$, welche angibt, um welches durchschnittliche Maß sich die Fasern zweier benachbarter Querschnitte gegeneinander verschieben, kann als Funktion von $\gamma'$ in der Form

$$\Delta y = \varkappa \cdot \gamma' \, dx$$

dargestellt werden, wobei $\varkappa$ eine von der Gestalt des Querschnitts abhängige Zahl bedeutet, durch welche die ungleichmäßige Verteilung der Schubspannungen über den Querschnitt zum Ausdruck gebracht wird. Setzt man den obigen Wert für $\gamma'$ in diese Gleichung ein, so ergibt sich

$$(38) \qquad \Delta y = \frac{\varkappa\,Q}{G\,F}\cdot dx\,.$$

Der Beitrag der Schubspannungen zu der Formänderungsarbeit für das Balkenelement von der Länge $dx$ ist, wenn $Q'$ den Wert von $Q$ während des allmählichen Anwachsens der Querkraft bezeichnet,

$$dA_q = \int_0^Q Q'\cdot d\Delta y$$

oder unter Berücksichtigung von (38)

$$dA_q = \frac{\varkappa\,dx}{G\,F}\int_0^Q Q'\,dQ' = \frac{\varkappa\cdot Q^2\,dx}{2\,G\,F}\,.$$

Demnach wird der Beitrag der Schubspannungen zur gesamten Formänderungsarbeit [s. Gleichung (15) S. 149]

$$A_q = \int \frac{\varkappa\,Q^2}{2\,G\,F}\cdot ds\,.$$

Zur Ermittlung der Verschiebung $\delta'_m$ eines Punktes $m$ des Stabwerks infolge der Schubspannungen bedient man sich zweckmäßig des Prinzips der virtuellen Verrückungen. Setzt man nämlich in Gleichung (6b) S. 138 $\bar\sigma_x = \bar\sigma_y = \bar\sigma_z = \bar\tau_x = \bar\tau_z = 0$,[1] so ergibt sich der Beitrag der Schubspannungen zur Arbeitsgleichung

$$\Sigma \bar P_m \cdot \delta'_m = \int \bar\tau_y \cdot \gamma_y \cdot dV = \int\!\int \bar\tau_y\, dF \cdot \gamma_y\, ds\,.$$

Hier wurde die Bezeichnung $\bar P$ statt $\bar Q$ zum Unterschied von den mit $Q$ bezeichneten Querkräften gewählt. Mit

$$\gamma_y = \varkappa \cdot \gamma' = \frac{\varkappa\,Q}{G\,F} \quad \text{und} \quad \int \bar\tau_y\, dF = \bar Q\,,$$

wobei $\bar Q$ die virtuelle Querkraft bedeutet, folgt

$$\Sigma \bar P_m \cdot \delta'_m = \int \varkappa \cdot \frac{\bar Q \cdot Q}{G\,F}\cdot ds\,,$$

oder für den Belastungszustand $\bar P = 1$

$$(39) \qquad 1\cdot \delta'_m = \int \varkappa \cdot \frac{\bar Q \cdot Q}{G\,F}\cdot ds\,.$$

Beachtet man, daß nach den Erläuterungen auf S. 149 $\bar Q = \dfrac{\partial Q}{\partial P_m}$ ist, so kann

---

[1] $\bar\tau_z$ kann gleich Null gesetzt werden, da es sich bei den vorliegenden Fällen nur um rechteckige oder aus Rechtecken zusammengesetzte Querschnitte handeln soll (vgl. S. 19).

Gleichung (39) auch geschrieben werden:

$$(39\,\mathrm{a}) \qquad \delta'_m = \frac{1}{G} \int \frac{\varkappa Q}{F} \cdot \frac{\partial Q}{\partial P_m} \cdot ds,$$

und man erkennt, daß die rechte Seite der vorstehenden Gleichung die partielle Ableitung der Funktion $A = \int \frac{\varkappa Q^2}{2\,G\,F} ds$ nach $P_m$ darstellt, weshalb auch hinsichtlich der Schubspannungen der Satz gilt:

$$\delta'_m = \frac{\partial A}{\partial P_m}.$$

$\delta'_m$ kann in ganz analoger Weise berechnet werden wie die Verschiebungen infolge der Momente und Längskräfte (vgl. §§ 2 und 4 dieses Abschnitts). Gleichung (39) stellt den Beitrag der Querkräfte zur Arbeitsgleichung (7 a) S. 139 dar.

Die Zahl $\varkappa$ ist je nach der Querschnittsform verschieden. Für das Rechteck wird $\varkappa = \frac{6}{5}$, für $\mathbf{I}$-Träger NP. 8 $\varkappa = 2{,}4$, für $\mathbf{I}$ NP. 50 $\varkappa = 2{,}0$,[1] während für die Gleitzahl $G$ nach S. 21 $G = \frac{m \cdot E}{2\,(m+1)}$ und $m = 3$ bis $4$ zu setzen ist $\left(\text{für Flußeisen } m = \frac{10}{3}\right)$.

Ist das Verhältnis $\frac{\varkappa}{F}$ über die ganze Länge des Trägers konstant, so läßt sich eine weitere wichtige Beziehung ableiten. In Abb. 232 möge die

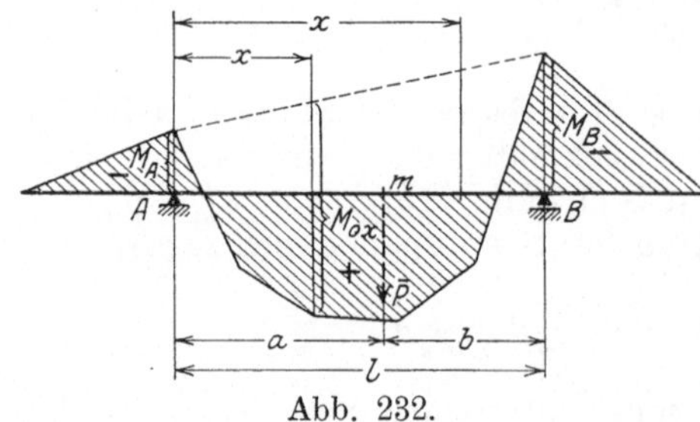

Abb. 232.

schraffierte Fläche die Momentenfläche eines mit gegebenen Kräften, deren Größe hier nicht weiter interessiert, belasteten, beiderseits überkragenden Trägers $A$—$B$ darstellen. Die Stützmomente seien $M_A$ und $M_B$, während $M_{x0}$ das Moment des einfachen Balkens $AB$ an der Stelle $x$ bezeichnen möge, d. h. also dasjenige Moment, welches entstehen würde, wenn der Balken $AB$ nur zwischen den Stützen $A$ und $B$ belastet wäre. Für einen Querschnitt an der Stelle $x$ ist (vgl. S. 52)

$$Q_x = Q_{x0} + \frac{M_B - M_A}{l}.$$

Infolge des gedachten Belastungszustandes $\bar{P}_m = 1$ entsteht zwischen $A$ und $m$ die virtuelle Querkraft $\bar{Q} = 1 \cdot \frac{b}{l}$ und zwischen $m$ und $B$ $\bar{Q} = -1 \cdot \frac{a}{l}$. Der Einfluß der Schubspannungen auf die Durchbiegung des Punktes $m$ ergibt sich mit Hilfe der Arbeitsgleichung zu

$$1 \cdot \delta'_m = \int \varkappa \frac{\bar{Q}\,Q}{G\,F}\,dx = \frac{\varkappa}{G\,F} \left\{ \int_0^a Q_x\,\frac{b}{l}\,dx - \int_a^l Q_x\,\frac{a}{l}\,dx \right\}.$$

---

[1] Föppl: Technische Mechanik, III. Band, 3. Aufl. S. 136. — Müller-Breslau: Statik d. Baukonstruktionen, II. Band, II. Abt. S. 10.

Führt man den obigen Wert für $Q_x$ ein, so wird:

$$\delta'_m = \frac{\varkappa}{GF}\left\{\frac{b}{l}\int_0^a Q_{x0}\cdot dx + \frac{M_B - M_A}{l}\cdot\frac{ab}{l} - \frac{a}{l}\int_a^l Q_{x0}\cdot dx - \frac{M_B - M_A}{l}\cdot\frac{a(l-a)}{l}\right\}$$

Mit

$$\int_0^a Q_{x0}\cdot dx = M_{m0} \quad \text{und} \quad \int_a^l Q_{x0}\, dx = -M_{m0}$$

ergibt sich

$$\delta'_m = \frac{\varkappa}{GF}\left\{\frac{b}{l}M_{m0} + \frac{a}{l}M_{m0}\right\} = \frac{\varkappa}{GF}M_{m0}.$$

Man findet also die Durchbiegung $\delta'_m$ eines Punktes $m$ der Mittelöffnung infolge des Einflusses der Schubspannungen, indem man das Moment $M_{m0}$ des einfachen Balkens $AB$ mit dem konstanten Faktor $\mu = \dfrac{\varkappa}{GF}$ multipliziert. Die Stützmomente $M_A$ und $M_B$ haben auf diese Durchbiegung keinen Einfluß.

Das hier gefundene Ergebnis läßt sich natürlich ohne weiteres auf den einfachen Balken übertragen, und man erkennt, daß die Biegungslinie infolge der Schubspannungen als Momentenlinie der gegebenen Belastung gezeichnet werden kann, wenn man als Polweite $H = \dfrac{GF}{\varkappa}$ wählt.

Soll der Einfluß der Schubspannungen bei der Konstruktion der Biegungslinie eines steifen Stabzuges berücksichtigt werden, so hat man nur den früher ermittelten $W$-Gewichten einen entsprechenden Wert zuzufügen. Für diese gilt

$$W_m = \Sigma\overline{P}\cdot\delta,$$

wobei $\overline{P}$ die gedachte „$\dfrac{1}{\lambda}$ — Belastung" des Stabwerks darstellt. Der Beitrag der Schubspannungen zur Arbeitsgleichung ist nach S. 181:

$$\Sigma\overline{P}\cdot\delta' = \int \varkappa\cdot\frac{\overline{Q}\cdot Q}{G\cdot F}\,ds.$$

Nun wird aber unter Beachtung der Abb. 222:

$$\overline{Q}_m = -\frac{1}{\lambda_m}\cdot\cos\varepsilon_m = -\frac{1}{s_m}; \qquad\qquad Q_m = \frac{M_{m-1} - M_m}{s_m};$$

$$\overline{Q}_{m+1} = -\frac{1}{\lambda_{m+1}}\cdot\cos\varepsilon_{m+1} = -\frac{1}{s_{m+1}}; \qquad Q_{m+1} = \frac{M_{m+1} - M_m}{s_{m+1}}.$$

Damit lautet der Beitrag der Schubspannungen zur Arbeitsgleichung für den betrachteten virtuellen Belastungszustand oder, was dasselbe ist, der Beitrag zum $W$-Gewicht $W_m$:

$$W_{mq} = \frac{\varkappa_m}{GF_m}\int_0^{s_m}\frac{M_m - M_{m-1}}{s_m^2}\,dx + \frac{\varkappa_{m+1}}{GF_{m+1}}\int_0^{s_{m+1}}\frac{M_m - M_{m+1}}{s_{m+1}^2}\,dx$$

$$= \frac{\varkappa_m}{GF_m}\cdot\frac{M_m - M_{m-1}}{s_m} + \frac{\varkappa_{m+1}}{GF_{m+1}}\cdot\frac{M_m - M_{m+1}}{s_{m+1}}.$$

Fünfter Abschnitt.

# Theorie der statisch unbestimmten Systeme.

## § 1. Allgemeines.

Über den grundsätzlichen Unterschied zwischen statisch bestimmten und unbestimmten Fachwerken ist bereits im § 8 des I. Abschnitts berichtet. Dort wurde auch die Eindeutigkeit der Spannungsaufgabe des statisch unbestimmten Fachwerks erörtert, worauf hier verwiesen wird.

Übersteigt in einem Fachwerk die Anzahl der unbekannten Spannkräfte und Lagerreaktionen die Zahl der verfügbaren Knotengleichgewichtsbedingungen um $n$, so kann in der Gleichgewichtsaufgabe über $n$ Unbekannte willkürlich verfügt werden. Es gibt somit in dem betrachteten Fachwerk $n \cdot \infty$ viele Spannungszustände, welche mit den Gleichgewichtsbedingungen verträglich sind. Von all diesen Spannungszuständen kann indessen nur einer wirklich zustande kommen, nämlich derjenige, bei welchem durch die eintretende Formänderung der geometrische Zusammenhang des Systems nicht gestört wird. Demnach besteht zwischen den statisch bestimmten und unbestimmten Systemen insofern ein wichtiger Unterschied, als bei ersteren die Spannkräfte und Lagerreaktionen von den Formänderungen unabhängig sind, bei letzteren dagegen nicht. Die Untersuchung eines statisch unbestimmten Systems ist vielmehr immer mit einer Formänderungsaufgabe verknüpft.

Ein Fachwerk, welches $n$ überzählige (statisch unbestimmte) Größen enthält, heißt $n$-fach statisch unbestimmt. Nach Entfernung von $n$ Konstruktionsgliedern, den Trägern dieser überzähligen Größen, entsteht ein statisch bestimmtes Fachwerk, das hinfort als statisch bestimmtes Hauptsystem (auch Grundsystem) bezeichnet werden soll  Bringt man an diesem als Ersatz für die entfernten Konstruktionsglieder äußere Kräfte $X_a$, $X_b$, $X_c \ldots$ von solcher Größe und Richtung an, wie sie die Spannkräfte und Lagerreaktionen in den entfernt gedachten Stäben und Stützungen des statisch unbestimmten Systems infolge einer gegebenen Belastung $P$ annehmen würden, so ist das mit $P$ und den Kräften $X$ belastete statisch bestimmte Fachwerk dem mit $P$ belasteten statisch unbestimmten hinsichtlich seiner Wirkungsweise gleichwertig. Über den Sinn der Kräfte $X_a$, $X_b$, $X_c \ldots$ soll so verfügt werden, daß die an Stelle einer Stabspannkraft gesetzte Größe positiv als Zugkraft, die an Stelle einer Stützkraft gesetzte positiv im Sinne der positiven Stützenreaktion eingeführt wird.

Alle Spannkräfte $S$ und Lagerreaktionen $C$ des mit $P$ und den überzähligen Größen $X_a$, $X_b$, $X_c \ldots$ belasteten statisch bestimmten Hauptsystems können nach den im III. Abschnitt besprochenen Verfahren ermittelt werden, sobald $X_a$, $X_b$, $X_c \ldots$ bekannt sind. Sie lassen sich unter Beachtung des

Superpositionsgesetzes als lineare Funktionen der gegebenen Lasten $P$ und der statisch unbestimmten Größen in der Form darstellen

$$(1) \quad \begin{cases} S = S_0 + S_a \cdot X_a + S_b \cdot X_b + S_c \cdot X_c + \ldots + S_n \cdot X_n \\ C = C_0 + C_a \cdot X_a + C_b \cdot X_b + C_c \cdot X_c + \ldots + C_n \cdot X_n, \end{cases}$$

wobei $S_0$ die Spannkraft eines Stabes und $C_0$ die Reaktion einer Stütze des statisch bestimmten Hauptsystems bedeuten, wenn auf dieses nur die Lasten $P$ wirken, und $S_a$, $S_b$, $S_c$ ... die Spannkräfte dieses Stabes bzw. $C_a$, $C_b$, $C_c$ ... die Reaktionen dieser Stütze, wenn das statisch bestimmte Hauptsystem

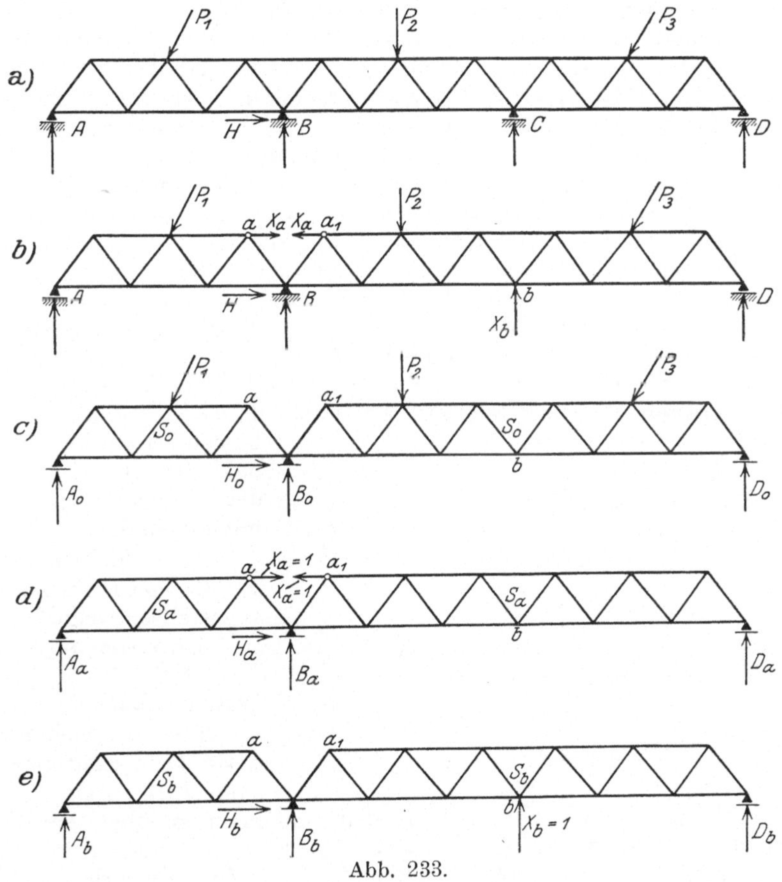

Abb. 233.

nacheinander nur durch die Lasten $X_a = 1$, $X_b = 1$, $X_c = 1$ ... beansprucht wird.

Der in Abb. 233a dargestellte Fachwerkträger auf vier Stützen ist, wie man sich leicht überzeugt, zweifach statisch unbestimmt. Als statisch bestimmtes Hauptnetz sei das aus Abb. 233b ersichtliche System gewählt, welches entsteht, wenn der der Stütze $B$ gegenüberliegende Stab $a$—$a_1$ und die Stütze $C$ entfernt werden. An der Wirkungsweise des statisch unbestimmten Systems wird nichts geändert, wenn man die am statisch bestimmten Hauptnetz als Ersatz für die entfernten Konstruktionsglieder angebrachten Kräfte $X_a$ und $X_b$ so bestimmt, daß die von ihnen im Verein mit den Lasten $P$ erzeugte Formänderung des statisch bestimmten Hauptnetzes mit derjenigen übereinstimmt, welche das statisch unbestimmte System unter dem

Einfluß der Lasten $P$ erleidet. Abb. 233c bis e zeigen die drei Belastungszustände des Hauptsystems mit den Kräften $P$, $X_a = 1$ und $X_b = 1$, welche unmittelbar die Spannkräfte $S_0$, $S_a$ und $S_b$, sowie die Lagerkräfte $A_0$, $A_a$, $A_b$, $B_0$, $B_a$, $B_b$ usw. liefern. Nachdem diese mit Hilfe der im Abschnitt III besprochenen Methoden bestimmt sind, kann der Wert jeder Spannungsgröße in der Form (1) angeschrieben werden.

Über die Größe der in einem statisch unbestimmten System auftretenden $n$ Überzähligen $X_a$, $X_b$, $X_c \ldots$ läßt sich zunächst noch nichts aussagen. Zu ihrer Berechnung sind $n$ Gleichungen erforderlich, die wie folgt gewonnen werden können.

Hat man alle Spannungsgrößen in der Form (1) dargestellt, so lassen sich die Formänderungen des statisch bestimmten Hauptsystems als lineare Funktionen der Lasten $P$, statisch unbestimmten Größen $X$, Temperaturänderungen $t$ und Lagerverschiebungen $c$ mit Hilfe der im Abschnitt IV behandelten Verfahren ermitteln. Ferner können die Formänderungen der aus dem statisch unbestimmten Fachwerk entfernten überzähligen Stäbe und Stützungen als lineare Funktionen der statisch unbestimmten Größen $X$ und Temperaturänderungen $t$ bzw. Lagerverschiebungen $c$ dargestellt werden. Soll nun der geometrische Zusammenhang des statisch unbestimmten Systems gewahrt bleiben, so müssen die Formänderungen der $n$ überzähligen Konstruktionsglieder den entsprechenden Formänderungen des statisch bestimmten Hauptsystems gleich sein. Man erhält somit $n$ lineare Bedingungsgleichungen zur Berechnung der $n$ statisch unbestimmten Größen. Unter obiger Voraussetzung geben die Gleichungen (1) die Spannkräfte und Lagerreaktionen des mit den Kräften $P$ belasteten statisch unbestimmten Systems an, welche berechnet werden können, sobald die $X_a$, $X_b$, $X_c \ldots$ in der vorstehenden Weise ermittelt sind.

Ähnliche Überlegungen, wie die hier für das Fachwerk angestellten, sind auch bei der Untersuchung vollwandiger statisch unbestimmter Systeme maßgebend.

Der in Abb. 234 skizzierte Träger auf vier Stützen kann z. B. in ein statisch bestimmtes Hauptsystem verwandelt werden, indem man über der Stütze $B$ ein Gelenk einschaltet und die Stütze $C$ entfernt. Das Hauptsystem besteht dann aus zwei einfachen Balken $AB$ und $BD$. Zur Wiederherstellung des ursprünglichen Zustandes bringt man in $a$ zwei entgegengesetzt gerichtete, gleich große Momente $X_a$ an, positiv im Sinne einer positiven Verbiegung des statisch bestimmten Hauptsystems, und in $b$ die Kraft $X_b$, positiv nach oben gerichtet. Nun können alle Momente und Längskräfte in der Form

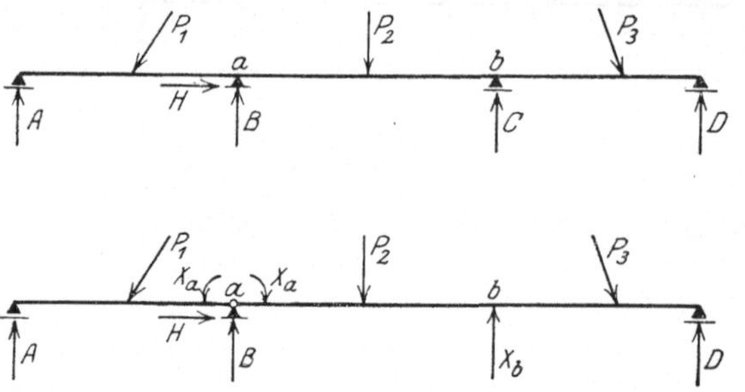

Abb. 234.

$$M = M_0 + M_a \cdot X_a + M_b \cdot X_b$$

bzw.

$$N = N_0 + N_a \cdot X_a + N_b \cdot X_b$$

dargestellt werden, wobei $M_0$ und $N_0$ das Moment bzw. die Längskraft eines Punktes der Systemachse des statisch bestimmten Hauptsystems infolge der Lasten $P$, ferner $M_a$ und $N_a$ das Moment bzw. die Längskraft dieses Punktes infolge des Belastungszustandes $X_a = 1$ und $M_b$ bzw. $N_b$ die entsprechenden Werte infolge $X_b = 1$ angeben. Zur Bestimmung der statisch unbestimmten

Größen $X_a$ und $X_b$ stehen zwei Bedingungsgleichungen zur Verfügung. Es muß nämlich das mit den Lasten $P$, statisch unbestimmten Größen $X$ und Temperaturänderungen $t$ belastete statisch bestimmte Hauptsystem eine solche Formänderung ergeben, daß einerseits die gegenseitige Verdrehung der in $a$ zusammentreffenden Endquerschnitte der Balken $AB$ und $BD$, und andererseits die senkrechte Verschiebung des Punktes $b$ im Falle starrer Lager gleich Null wird.

Innerhalb gewisser Grenzen ist die Wahl der überzähligen Konstruktionsglieder eines statisch unbestimmten Systems, welche zur Herstellung des statisch bestimmten Hauptsystems entfernt werden müssen, gleichgültig. So können z. B. in dem Fachwerkträger auf vier Stützen (Abb. 233) auch zwei Auflager — etwa $A$ und $C$ — entfernt werden, wodurch das Fachwerk in einen Balken auf zwei Stützen mit Kragarm übergeht, oder man kann alle Stützen beibehalten und außer dem Stabe $a$ — $a_1$ auch den Stab über der Stütze $C$ entfernen. Das statisch bestimmte Hauptsystem besteht dann aus drei nebeneinander liegenden einfachen Balken $AB$, $BC$, $CD$.

Eine notwendige Bedingung bei der Wahl der überzähligen Größen ist die, daß das entstehende statisch bestimmte Hauptsystem stabil ist. Wollte man z. B. in dem in Abb. 235 dargestellten einfach statisch unbestimmten Tragwerk die Horizontalreaktion $H$ der Mittelstütze als statisch unbestimmte Größe einführen, so würde als statisch bestimmtes Hauptnetz ein System von unendlich kleiner Beweglichkeit entstehen, welches unendlich große Spannkräfte $S_0$ und $S_a$ liefert, also unbrauchbar ist (vgl. S. 104).

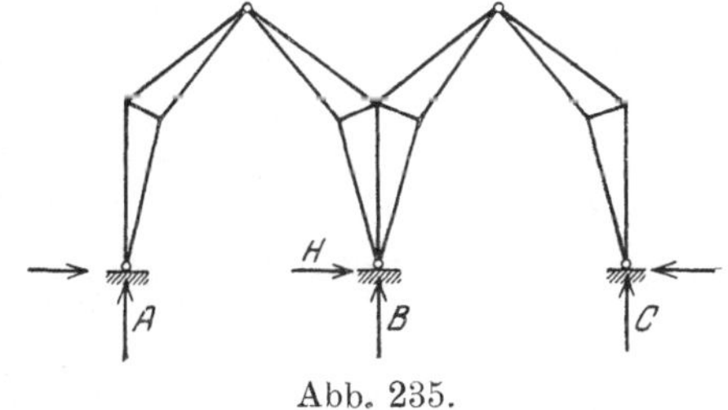


Abb. 235.

In allen Fällen wird man bestrebt sein, ein möglichst einfaches statisch bestimmtes Hauptsystem zu wählen, um alle erforderlichen Untersuchungen übersichtlich und schnell durchführen zu können. Wie an den obigen Beispielen bereits gezeigt wurde, gelangt man zu ihm durch Entfernung von Fachwerkstäben und Stützen, sowie Einschalten von Gelenken in biegungssteife Stäbe.

Bisher war immer die Rede davon, daß ein Fachwerkstab entfernt werden sollte, sofern er Träger einer statisch unbestimmten Größe ist (Abb. 236 a). Es ist indessen ohne weiteres ersichtlich, daß der gleiche Zweck erreicht wird,

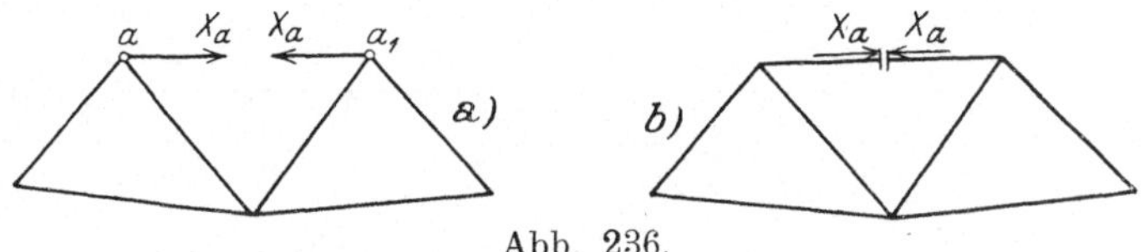


Abb. 236.

wenn man den betreffenden Stab nur durchschneidet. Seine Wirkung wird dann am statisch bestimmten Hauptsystem durch zwei in den Schnittflächen angreifende Kräfte $X$ von gleicher Größe und entgegengesetzter Richtung ersetzt, welche mit der Stabachse zusammenfallen (Abb. 236 b). Die Stabilität der übrigbleibenden Stabstücke ist gesichert, da bei den in Frage kommenden Belastungsfällen nur axiale Kräfte auftreten können. In den folgenden Betrachtungen soll von der hier beschriebenen Auffassung Gebrauch gemacht werden, da durch sie die Untersuchung statisch unbestimmter Systeme vereinfacht wird.

Die Wahl des statisch bestimmten Hauptsystems möge nachstehend noch an einigen Beispielen erläutert werden.

1. Der in Abb. 237a dargestellte Zweigelenkbogen ist einfach statisch unbestimmt. Als statisch bestimmtes Hauptsystem wählt man entweder den Dreigelenkbogen (Abb. 237b), welcher entsteht, wenn der über $G$ liegende Gurtstab durchschnitten wird, oder den einfachen Balken $AB$, welcher entsteht, wenn man die horizontale Stützung bei $B$ entfernt (Abb. 237c).

2. Abb. 238a stellt einen über drei Öffnungen gespannten dreifach statisch unbestimmten Träger dar. Schaltet man bei $G_1$ und $G_2$ durch Zerschneiden der über diesen Knotenpunkten liegenden Stäbe (Abb. 238b) Gelenke ein und entfernt die Horizontalkomponente des Lagers $B$, so entsteht als statisch bestimmtes Hauptsystem ein Gerberträger. Man kann aber auch die Stützung bei $B$ bestehen lassen und dafür ein weiteres Gelenk $G_3$ in die Mittelöffnung einschalten. Dann erhält man als Hauptsystem einen Dreigelenkbogen $BG_3C$ mit überkragenden Enden und beiderseits eingehängten Koppelträgern (Abb. 238c).

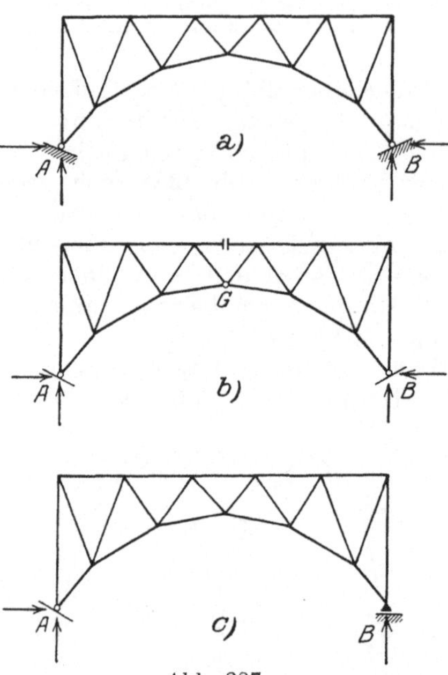

Abb. 237.

3. Der in Abb. 239a skizzierte Gelenkbogen mit unterem Versteifungsträger (Langerscher Balken) ist einfach statisch unbestimmt. Zur Herstellung des statisch bestimmten Hauptsystems durchschneidet man entweder den Stab

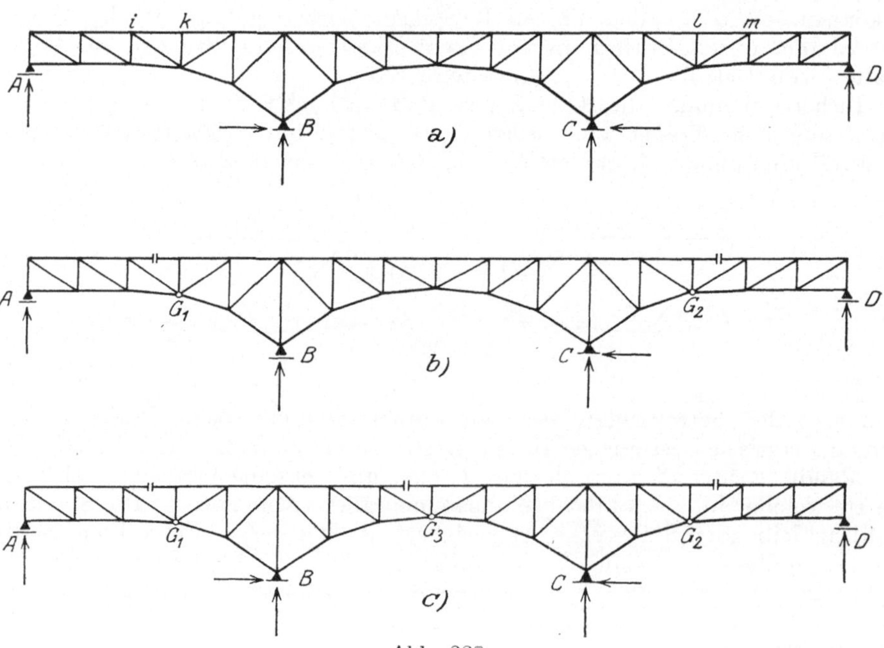

Abb. 238.

$a-a_1$ im Obergurt des Versteifungsträgers und erhält ein statisch bestimmtes System von der auf S. 91 besprochenen Form (Abb. 239b), oder
man durchschneidet einen Stab des Gelenkbogens und erhält als statisch
bestimmtes Hauptsystem einen Balken auf zwei Stützen $AB$, an dessen

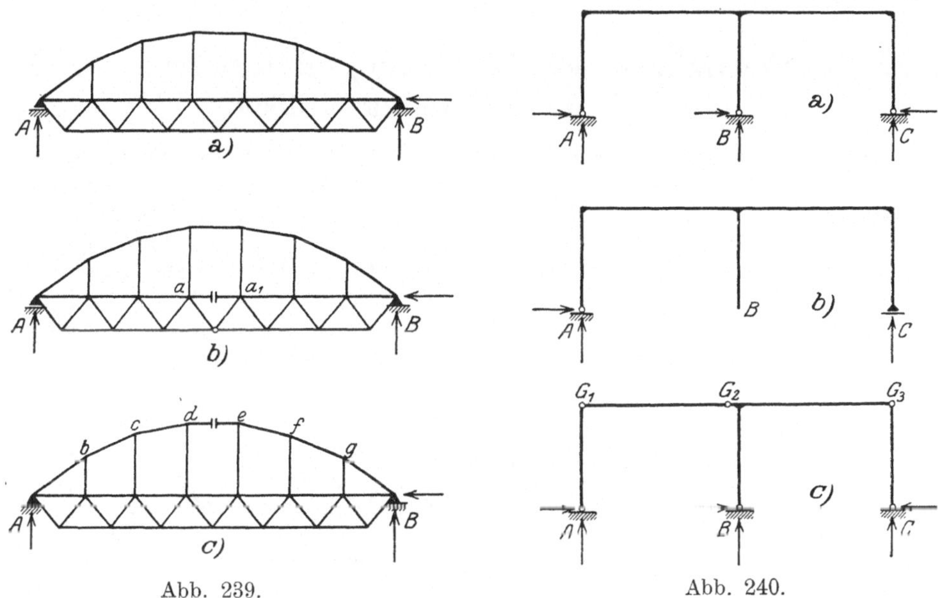

Abb. 239.　　　　　　　　　　Abb. 240.

Obergurt einzelne Knotenpunkte $b$, $c$, $d$, ..., $g$ zweistäbig angeschlossen sind
(Abb. 239c).

4. Abb. 240a stellt ein gelenkig gelagertes Doppelportal (dreistieliger
Gelenkrahmen) dar, welches dreifach statisch unbestimmt ist. Um zu einem
statisch bestimmten Hauptsystem zu gelangen, kann man entweder die vertikale und horizontale Stützung bei $B$ und die horizontale Stützung bei $C$

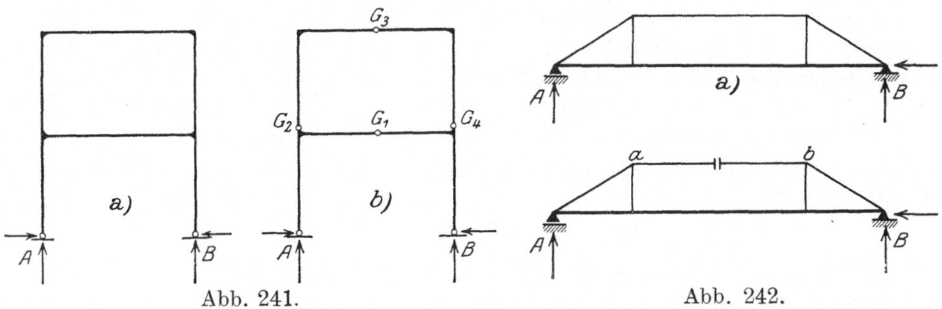

Abb. 241.　　　　　　　　　　Abb. 242.

entfernen und erhält dann einen Balken auf zwei Stützen $AC$ (Abb. 240b),
oder man behält alle Stützungen bei, schaltet aber drei Gelenke $G_1$, $G_2$, $G_3$
ein, so daß ein Dreigelenkbogen $CG_3B$ entsteht, auf den ein zweiter $AG_1G_2$
in $G_2$ abgestützt ist (Abb. 240c).

5. In ähnlicher Weise geht man bei dem in Abb. 241a skizzierten Stock-
werkrahmen vor, welcher vierfach statisch unbestimmt ist. Man schaltet vier
Gelenke $G_1$ bis $G_4$ (Abb. 241b) ein und erhält einen Dreigelenkbogen $AG_1B$,
auf welchen ein zweiter Dreigelenkbogen $G_2G_3G_4$ aufgesetzt ist.

6. Das in Abb. 242a dargestellte Hängewerk ist einfach statisch unbestimmt. Als statisch bestimmtes Hauptsystem wählt man zweckmäßig den einfachen Balken $AB$, an den zwei Knotenpunkte $a$ und $b$ zweistäbig angeschlossen sind. Das System ist eine Verbindung von biegungssteifem Balken und Fachwerkkonstruktion.

## § 2. Die Elastizitäts- oder Bedingungsgleichungen für die statisch unbestimmten Größen.

Das in Abb. 243 skizzierte, unter dem Einfluß der Lasten $P$, statisch unbestimmten Größen $X_a$ und $X_b$, Temperaturänderungen $t$ und Lagerverschiebungen $c$ stehende statisch bestimmte Hauptsystem ist dem in Abb. 233a dargestellten, durch die Lasten $P$, Temperaturänderungen $t$ und Lagerverschiebungen $c$ beeinflußten Träger auf vier Stützen hinsichtlich seiner Wirkungsweise gleichwertig, wenn die Größen $X_a$ und $X_b$ so gewählt sind, daß erstens die Querschnittsufer $a$ und $a_1$ des über der Stütze $B$ liegenden, durchschnittenen Stabes ihren gegenseitigen Abstand nicht ändern, und zweitens

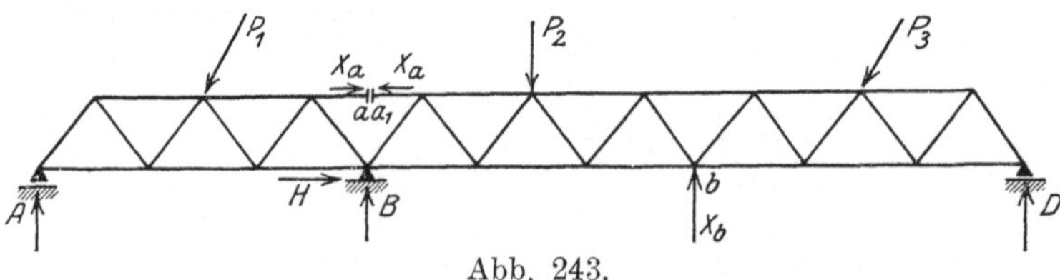



Abb. 243.

die Verschiebung des Punktes $b$ in Richtung der Kraft $X_b$ gleich der beobachteten senkrechten Verschiebung des Lagers $C$ wird. Aus diesen Bedingungen ergeben sich zwei Gleichungen für $X_a$ und $X_b$, die wie folgt gewonnen werden. Zur Bestimmung der gegenseitigen axialen Verschiebung der Punkte $a$ und $a_1$ schreibe man die Arbeitsgleichung für die Belastungseinheit des Punktpaares $a$, $a_1$ und den wirklichen Verschiebungszustand

$$1 \cdot \delta_a + \Sigma \overline{C} \cdot c = \Sigma \overline{S} \cdot \varDelta s$$

an, wobei $\delta_a$ die gesuchte Verschiebung, $\overline{S}$ und $\overline{C}$ die virtuellen Spannkräfte bzw. Lagerreaktionen, $\varDelta s$ die wirklichen Längenänderungen der Stäbe und $c$ die beobachteten Lagerverschiebungen bezeichnen. Da der hier gewählte virtuelle Belastungszustand identisch ist mit dem Belastungszustand $X_a = 1$, so kann $\overline{S} = S_a$ und $\overline{C} = C_a$ gesetzt werden. Die Bedingung $\delta_a = 0$ lautet demnach:

$$\delta_a = 0 = \Sigma S_a \cdot \varDelta s - \Sigma C_a \cdot c.$$

In analoger Weise bestimmt man die Verschiebung des Punktes $b$ in Richtung der Kraft $X_b$ aus der Gleichung

$$1 \cdot \delta_b + \Sigma \overline{C} \cdot c = \Sigma \overline{S} \cdot \varDelta s.$$

Hier stimmt der virtuelle Belastungszustand überein mit dem Zustand $X_b = 1$, weshalb $\overline{S} = S_b$, $\overline{C} = C_b$ gesetzt werden kann. Es möge nun das Widerlager $C$ (Abb. 233a) infolge Nachgiebigkeit des Baugrundes die beobachtete, senkrecht nach unten gerichtete Verschiebung $c_C$ erleiden. Mit der Bedingung $\delta_b = -c_C$ lautet dann die vorstehende Arbeitsgleichung

$$0 = \Sigma S_b \, \varDelta s - \Sigma C_b \cdot c + 1 \cdot c_C.$$

Die Summen $\Sigma C_b \cdot c$ und $\Sigma C_a \cdot c$ erstrecken sich über sämtliche Auflager des statisch bestimmten Hauptsystems, welche Stützenverschiebungen $c$ in Richtung der Lagerreaktionen erleiden. Um nun die beiden hier gefundenen Bedingungsgleichungen auf dieselbe Form zu bringen, braucht man nur die virtuellen Arbeiten $\Sigma(C_a \cdot c)$ bzw. $\Sigma(C_b \cdot c)$ für alle Auflager zu bilden, auch für dasjenige bei $C$, welches Träger einer statisch unbestimmten Größe ist. Durch diese Festsetzung nimmt $\Sigma(C_a \cdot c)$ denselben Wert an wie $\Sigma C_a \cdot c$, da für den Belastungszustand $X_a = 1$ an der Stütze $C$ eine Lagerkraft nicht auftritt. Bei dem Belastungszustand $X_b = 1$ dagegen wirkt an der Stütze $C$ die Kraft $C_b = X_b = 1$. Ihr Beitrag zur Arbeitssumme $-\Sigma(C_b \cdot c)$ ist also $+1 \cdot c_C$, da $c_C$ der Kraft 1 entgegengesetzt gerichtet ist. Demnach wird

$$-\Sigma(C_b \cdot c) = -\Sigma C_b \cdot c + 1 \cdot c_C,$$

und die beiden Bedingungsgleichungen können in der Form geschrieben werden

$$(2) \qquad \begin{cases} 0 = \Sigma S_a \cdot \varDelta s - \Sigma(C_a \cdot c) \\ 0 = \Sigma S_b \cdot \varDelta s - \Sigma(C_b \cdot c). \end{cases}$$

Führt man in diese nach Seite 134 und unter Beachtung von (1) den Wert

$$\varDelta s = S \cdot \varrho + \varepsilon t s = (S_0 + S_a \cdot X_a + S_b \cdot X_b) \varrho + \varepsilon t s$$

ein, so gehen sie über in

$$0 = \Sigma S_a \varrho (S_0 + S_a \cdot X_a + S_b \cdot X_b) + \Sigma S_a \varepsilon t s - \Sigma(C_a \cdot c),$$
$$0 = \Sigma S_b \varrho (S_0 + S_a \cdot X_a + S_b \cdot X_b) + \Sigma S_b \varepsilon t s - \Sigma(C_b \cdot c).$$

Die hier angestellte Betrachtung läßt sich offenbar in ganz analoger Weise für jedes statisch unbestimmte Fachwerk durchführen. Jeder statisch unbestimmten Größe $X_r$ entspricht eine Gleichung von der Form:

$$0 = \Sigma S_r \varrho (S_0 + S_a X_a + S_b X_b + \ldots + S_r X_r + \ldots) + \Sigma S_r \varepsilon t s - \Sigma(C_r \cdot c).$$

In dieser bezeichnen $X_a$, $X_b$, $\ldots X_r$, $\ldots$ die statisch unbestimmten Größen, $S_0$ die Spannkräfte des statisch bestimmten Hauptsystems infolge der Lasten $P$ ferner $S_a$, $S_b$, $\ldots$, $S_r$, $\ldots$ die Spannkräfte des statisch bestimmten Hauptsystems, wenn auf dieses nacheinander die Belastungen $X_a = 1$, $X_b = 1$, $\ldots$, $X_r = 1$, $\ldots$ wirken, $C_r$ die Auflagerreaktionen am statisch bestimmten Hauptsystem infolge der Belastung $X_r = 1$, einschließlich der Kraft $X_r = 1$, sofern $X_r$ eine Stützenreaktion darstellt, und $c$ die Verschiebungen der Stützpunkte in Richtung der Lagerreaktionen. Die virtuelle Arbeit $C_r \cdot c$ wird negativ, sobald die virtuelle Lagerkraft $C_r$ der wirklichen Verschiebung $c$ des Lagers entgegengesetzt gerichtet ist. Ganz analoge Gleichungen lassen sich für jede der übrigen statisch unbestimmten Größen aufstellen, und man erhält somit die allgemeinen Bedingungsgleichungen zur Berechnung eines mehrfach statisch unbestimmten Fachwerks:

$$(\mathrm{I}) \qquad \begin{cases} \Sigma(C_a \cdot c) = \Sigma S_0 S_a \varrho + X_a \cdot \Sigma S_a{}^2 \varrho + X_b \cdot \Sigma S_b S_a \varrho \\ \qquad\qquad + X_c \cdot \Sigma S_c S_a \varrho + \ldots + \Sigma S_a \varepsilon t s. \\[4pt] \Sigma(C_b \cdot c) = \Sigma S_0 S_b \varrho + X_a \cdot \Sigma S_a S_b \varrho + X_b \cdot \Sigma S_b{}^2 \varrho \\ \qquad\qquad + X_c \cdot \Sigma S_c S_b \varrho + \ldots + \Sigma S_b \varepsilon t s. \\[4pt] \Sigma(C_c \cdot c) = \Sigma S_0 S_c \varrho + X_a \cdot \Sigma S_a S_c \varrho + X_b \cdot \Sigma S_b S_c \varrho \\ \qquad\qquad + X_c \cdot \Sigma S_c{}^2 \varrho + \ldots + \Sigma S_c \varepsilon t s. \\[4pt] \cdot\;\cdot\;\cdot\;\cdot\;\cdot\;\cdot\;\cdot\;\cdot\;\cdot\;\cdot\;\cdot\;\cdot\;\cdot\;\cdot\;\cdot \\ \cdot\;\cdot\;\cdot\;\cdot\;\cdot\;\cdot\;\cdot\;\cdot\;\cdot\;\cdot\;\cdot\;\cdot\;\cdot\;\cdot\;\cdot \end{cases}$$

In diesen $n$ Gleichungen treten außer den $n$ statisch unbestimmten Größen lauter bekannte Werte auf, erstere können somit aus ihnen gewonnen werden.

Zur Ableitung einer weiteren Beziehung für die statisch unbestimmten Größen mögen die auf Seite 191 entwickelten Gleichungen (2) noch etwas näher untersucht werden. Wegen $S_a = \dfrac{\partial S}{\partial X_a}$, $S_b = \dfrac{\partial S}{\partial X_b}$, $C_a = \dfrac{\partial C}{\partial X_a}$, $C_b = \dfrac{\partial C}{\partial X_b}$ lauten diese, wenn man noch $\Delta s = S \cdot \varrho + \varepsilon\, t\, s$ setzt,

$$0 = \sum S \frac{\partial S}{\partial X_a} \cdot \varrho + \sum \frac{\partial S}{\partial X_a} \varepsilon\, t\, s - \sum \left( \frac{\partial C}{\partial X_a} \cdot c \right)$$

$$0 = \sum S \frac{\partial S}{\partial X_b} \cdot \varrho + \sum \frac{\partial S}{\partial X_b} \varepsilon\, t\, s - \sum \left( \frac{\partial C}{\partial X_b} \cdot c \right).$$

Nun stellen aber die rechten Seiten der vorstehenden Gleichungen die partiellen Ableitungen der Funktion

$$A' = \tfrac{1}{2} \sum S^2 \varrho + \sum S\, \varepsilon\, t s - \sum (C \cdot c)$$

nach den statisch unbestimmten Größen $X_a$ und $X_b$ dar, woraus folgt

$$0 = \frac{\partial A'}{\partial X_a}; \qquad 0 = \frac{\partial A'}{\partial X_b}.$$

Die Summe $\sum (C \cdot c)$ erstreckt sich über sämtliche Auflager, auch über diejenigen, welche Träger statisch unbestimmter Größen sind. Für den Fall, daß Lagerverschiebungen und Temperaturänderungen nicht auftreten, geht $A'$ über in den Ausdruck für die wirkliche Formänderungsarbeit

$$A = \tfrac{1}{2} \sum S^2 \varrho,$$

und man erhält

$$0 = \frac{\partial A}{\partial X_a}; \qquad 0 = \frac{\partial A}{\partial X_b}.$$

Da

$$\frac{\partial A}{\partial X_a} = \sum S \frac{\partial S}{\partial X_a} \cdot \varrho \quad \text{und} \quad \frac{\partial A}{\partial X_b} = \sum S \frac{\partial S}{\partial X_b} \cdot \varrho$$

ist, so lauten die zweiten Differential-Quotienten, wenn $\dfrac{\partial S}{\partial X_a} = S_a$, $\dfrac{\partial S}{\partial X_b} = S_b$ gesetzt wird,

$$\frac{\partial^2 A}{\partial X_a{}^2} = \frac{\partial \sum S S_a \varrho}{\partial X_a} = \sum S_a{}^2 \varrho; \qquad \frac{\partial^2 A}{\partial X_b{}^2} = \sum S_b{}^2 \varrho.$$

Diese Werte sind immer positiv, da alle Spannkräfte $S_a$ bzw. $S_b$ im Quadrat auftreten.

Die vorstehende Überlegung läßt sich offenbar für jedes statisch unbestimmte Fachwerk anstellen. Sie führt zu dem Castiglianoschen Satz vom Minimum der Formänderungsarbeit, welcher wie folgt formuliert werden kann: Unter der Voraussetzung starrer Lager und eines unveränderlichen Temperaturzustandes müssen die statisch unbestimmten Größen die wirkliche Formänderungsarbeit des Fachwerks zu einem Minimum machen.

Die Summe $\sum$ in dem Ausdruck für die wirkliche Formänderungsarbeit erstreckt sich über sämtliche Stäbe. In dem hier betrachteten Beispiel ist für den durchschnittenen Stab $S_0 = S_b = 0$ und $S_a = 1$, also $S = S_0 + S_a X_a + S_b \cdot X_b = X_a$.

Treten Temperaturänderungen und Lagerverschiebungen auf, so kann der Castiglianosche Satz ebenfalls angewendet werden, wenn man an Stelle der wirklichen Formänderungsarbeit des Fachwerks die oben entwickelte

Funktion $A'$ einführt. In dieser Form liefert er die allgemeinen Elastizitätsgleichungen (I) mit Hilfe der Bedingungen:

$$\frac{\partial A'}{\partial X_a} = 0; \qquad \frac{\partial A'}{\partial X_b} = 0; \qquad \frac{\partial A'}{\partial X_c} = 0; \ldots$$

Aus der ersten Bedingung ergibt sich z. B.

$$0 = \sum S \frac{\partial S}{\partial X_a} \varrho + \sum \frac{\partial S}{\partial X_a} \varepsilon\, ts - \sum \left( \frac{\partial C}{\partial X_a} \cdot c \right)$$

oder wegen $\dfrac{\partial S}{\partial X_a} = S_a$, $\dfrac{\partial C}{\partial X_a} = C_a$ und unter Beachtung von (1)

$$0 = \Sigma S_0 S_a \varrho + X_a \Sigma S_a{}^2 \varrho + X_b \Sigma S_b \cdot S_a \varrho + X_c \cdot \Sigma S_c S_a \varrho + \cdots$$
$$+ \Sigma S_a \varepsilon\, ts - \Sigma (C_a \cdot c).$$

Dieser Ausdruck stimmt mit der ersten Gleichung der Gruppe (I) überein, die folgenden würde man erhalten, wenn man in der vorstehenden Weise die Bedingungen $\dfrac{\partial A'}{\partial X_b} = 0$; $\dfrac{\partial A'}{\partial X_c} = 0$; usw. auswertet.

Um die Anwendung der Gleichungen (I) dem Verständnis näher zu bringen, soll der Gang der Untersuchung an dem in Abb. 244a dargestellten dreifach statisch unbestimmten Fachwerkträger durchgeführt werden. Dieser hat bei $A$ und $D$ feste Lager, während die Punkte $B$ und $C$ auf Pendelstützen von der Länge $s_D$ bzw. $s_C$ ruhen, deren Querschnitte $F_B$ bzw. $F_C$ sein mögen.

Als statisch unbestimmte Größen werden der Horizontalschub $X_a$ bei $A$, sowie die Spannkräfte $X_b$ und $X_c$ in den Stäben $i$—$k$ und $l$—$m$ eingeführt (Abb. 244b). Das statisch bestimmte Hauptsystem ist also ein Gerberträger mit den Gelenken $G_1$ und $G_2$ in den Seitenöffnungen. Man erhält es, indem man die horizontale Stützung bei $A$ entfernt und die Stäbe $i$—$k$ und $l$—$m$ durchschneidet.

Zunächst werden die Spannkräfte $S_0$ des statisch bestimmten Hauptsystems infolge der gegebenen Lasten $P$ in bekannter Weise ermittelt (Abb. 244c). In den durchschnittenen Stäben entstehen dabei die Spannkräfte $S_0 = 0$. Darauf geht man an die Untersuchung der Zustände $X_a = 1$, $X_b = 1$ und $X_c = 1$. Den Belastungszustand $X_a = 1$ zeigt Abb. 244d. Die infolge dieser Belastung auftretenden Lagerreaktionen lassen sich wie folgt berechnen. Da im Gelenk $G_1$ ein Moment nicht übertragen werden kann, so besteht die Bedingung

$$-1 \cdot e + A_a (l_1 - d) = 0, \quad \text{oder} \quad A_a = \frac{e}{l_1 - d}.$$

Wegen $\Sigma H = 0$ muß $H_a = 1$ werden. Man erhält also in gleicher Weise wie für $A_a$

$$D_a = \frac{e}{l_1 - d} = A_a.$$

Die Momentenbedingung für den Punkt $B$ liefert:

$$A_a \cdot l_1 - C_a \cdot l_2 - D_a (l_1 + l_2) = 0,$$

woraus folgt

$$C_a = \frac{1}{l_2} \cdot A_a (l_1 - l_1 - l_2) = -A_a = -\frac{e}{l_1 - d},$$

und endlich wegen $\Sigma V = 0$

$$B_a = C_a = -\frac{e}{l_1 - d}.$$

Nachdem alle Lagerreaktionen bekannt sind, lassen sich die Spannkräfte $S_a$ des statisch bestimmten Hauptsystems mit Hilfe eines Cremonaplanes ermitteln. Für die durchschnittenen Stäbe wird $S_a = 0$.

Den Zustand $X_b = 1$ zeigt Abb. 244e. Aus der Gelenkbedingung für $G_1$ ergibt sich

$$A_b\,(l_1 - d) + 1 \cdot f = 0 \quad \text{oder} \quad A_b = -\frac{f}{l_1 - d}.$$

Da $H_b$ infolge $\Sigma H = 0$ zu Null wird, so ergibt sich auch $D_b$ aus der Gelenkbedingung für $G_2$ gleich Null. Die Momentenbedingung für den Punkt $B$ liefert

$$A_b \cdot l_1 - C_b \cdot l_2 = 0 \quad \text{oder} \quad C_b = A_b \cdot \frac{l_1}{l_2} = -\frac{f}{l_1 - d} \cdot \frac{l_1}{l_2},$$

und endlich erhält man wegen $\Sigma V = 0$

$$B_b = -(A_b + C_b) = \frac{f}{l_1 - d} \cdot \frac{l_1 + l_2}{l_2}.$$

Die Spannkräfte $S_b$ infolge $X_b = 1$ im statisch bestimmten Hauptsystem können wieder mit Hilfe eines Cremonaplanes ermittelt werden. Für den Stab $i$—$k$ ergibt sich $S_b = 1$, für $l$—$m$ dagegen $S_b = 0$.

Endlich verfährt man in analoger Weise für den Zustand $X_c = 1$ (Abb. 244f) und findet die Spannkräfte $S_c$ sowie die Lagerreaktionen

$$A_c = 0; \qquad B_c = -\frac{f}{l_1 - d} \cdot \frac{l_1}{l_2}; \qquad C_c = \frac{f}{l_1 - d} \cdot \frac{l_1 + l_2}{l_2};$$

$$D_c = -\frac{f}{l_1 - d}; \qquad H_c = 0.$$

Der Stab $i$—$k$ erhält die Spannkraft $S_c = 0$, der Stab $l$—$m$ dagegen $S_c = 1$.

Für die weitere Untersuchung sei vorausgesetzt, daß das Lager $A$ infolge Nachgiebigkeit des Baugrundes eine Verschiebung $c_a$ horizontal nach links und eine Verschiebung $c_A$ senkrecht nach unten erleiden möge, entsprechend das Lager $D$ eine horizontale Verschiebung $c_d$ nach rechts und eine vertikale nach abwärts $c_D$ (Abb. 244a). Die Pendelstützen mögen so fundiert sein, daß eine Senkung der Stützenfüße nicht eintritt. Die in diesen Pendelstützen wirkenden Drücke lassen sich in der linearen Form anschreiben:

$$B = B_0 + B_a X_a + B_b \cdot X_b + B_c \cdot X_c$$
$$C = C_0 + C_a X_a + C_b \cdot X_b + C_c \cdot X_c.$$

Bei positiven Lagerkräften erleiden die Pendelstützen eine Zusammendrückung, deren Größe nach dem Hookeschen Gesetz wird

$$\varDelta s_B = \frac{B \cdot s_B}{E F_B} \quad \text{bzw.} \quad \varDelta s_C = \frac{C \cdot s_C}{E F_C}.$$

Treten außerdem noch Temperaturänderungen auf, so werden die vorstehenden Größen um $\varepsilon\,t_B \cdot s_B$ bzw. $\varepsilon\,t_C \cdot s_C$ vermindert, da einer positiven Temperaturänderung eine Dehnung der Stäbe entspricht. Die abwärts gerichteten Verschiebungen der Stützpunkte $B$ und $C$ lassen sich also in der Form anschreiben

$$c_B = \frac{B \cdot s_B}{E F_B} - \varepsilon\,t_B \cdot s_B; \qquad c_C = \frac{C \cdot s_C}{E F_C} - \varepsilon\,t_C \cdot s_C,$$

wobei für $B$ und $C$ die obigen Werte einzuführen sind. In den auf S. 191

$c_a$
$A$
$c_A$
$B$
$c=0$
$C$
$c=0$
$D$
$c_d$
$c_D$
a)

$i$ $b\,b_1$ $k$
$X_b$
$G_1$
$B$
$X_a$
$A$
$S_B$
$B'$
$l$ $c\,c_1$ $m$
$X_c$
$G_2$
$C$
$S_C$
$C'$
$H$
$D$
b)

$P_1$ $P_2$ $P_3$ $b\,b_1$
$P_4$
$c\,c_1$
$P_5$
$A_o$
$B_o$
$S_o$
$C_o$
$H_o$
$D_o$
c)

$i$ $b\,b_1$ $k$
$l$ $c\,c_1$ $m$
$X_a=1$
$a$
$A_a$
$e$ $G_1$
$B_a$
$d$
$S_a$
$C_a$
$d$
$G_2$
$e$
$H_a$
$D_a$
$l_1$
$l_2$
$l_1$
d)

$X_b=1$
$f$
$b\,b_1$
$c\,c_1$
$a$
$A_b$
$e$ $G_1$
$B_b$
$d$
$S_b$
$C_b$
$G_2$
$H_b$
$D_b$
e)

$b\,b_1$
$X_c=1$
$c\,c_1$
$a$
$A_c$
$B_c$
$S_c$
$C_c$
$H_c$
$D_c$
f)

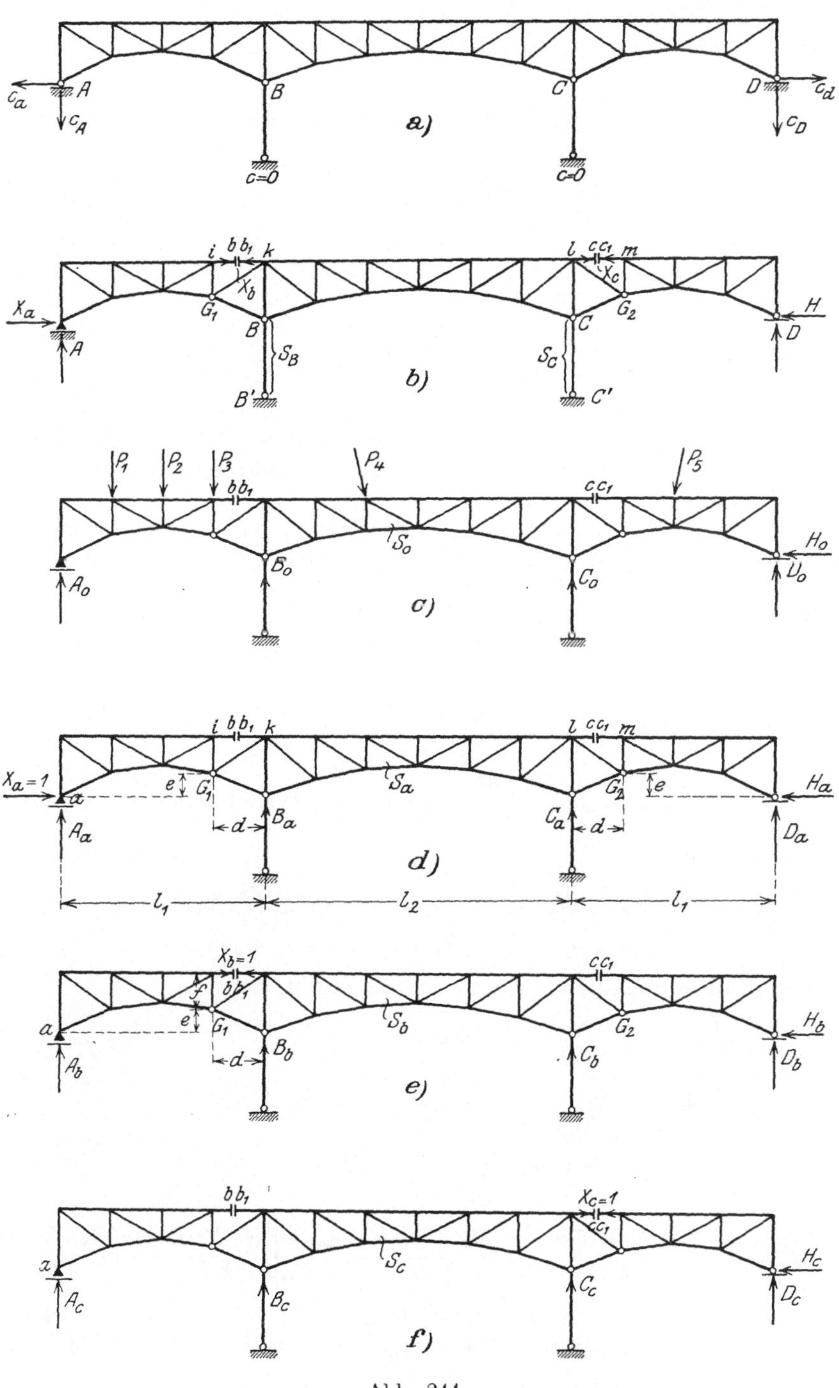

Abb. 244.

entwickelten Bedingungsgleichungen (I) ist nun in bezug auf das hier behandelte Beispiel zu setzen:

$$\Sigma(C_a \cdot c) = -1 \cdot c_a - \frac{e}{l_1 - d} \cdot c_A + \frac{e}{l_1 - d} \cdot c_B + \frac{e}{l_1 - d} \cdot c_C - \frac{e}{l_1 - d} \cdot c_D - 1 \cdot c_d$$

$$= -1\,(c_a + c_d) - \frac{e}{l_1 - d}\,(c_A - c_B - c_C + c_D).$$

$$\Sigma(C_b \cdot c) = \frac{f}{l_1 - d} \cdot c_A - \frac{f}{l_1 - d} \cdot \frac{l_1 + l_2}{l_2} \cdot c_B + \frac{f}{l_1 - d} \cdot \frac{l_1}{l_2} \cdot c_C$$

$$= \frac{f}{l_1 - d}\left(c_A - \frac{l_1 + l_2}{l_2} \cdot c_B + \frac{l_1}{l_2} \cdot c_C\right).$$

$$\Sigma(C_c \cdot c) = \frac{f}{l_1 - d}\left(\frac{l_1}{l_2} \cdot c_B - \frac{l_1 + l_2}{l_2} \cdot c_C + c_D\right).$$

Führt man diese Werte in die Elastizitätsgleichungen (I) ein, so können aus letzteren die drei statisch unbestimmten Größen $X_a$, $X_b$, $X_c$ berechnet werden, womit unter Beachtung von (1) auch alle übrigen Spannungsgrößen $S$ und $C$ bekannt sind.

Den Gleichungen (I) ganz analoge Beziehungen ergeben sich für Stabwerke, wenn man unter Beachtung der auf Seite 190 gegebenen Erläuterungen nacheinander auf die gedachten Belastungszustände $X_a = 1$, $X_b = 1$, $X_c = 1 \ldots$ und den wirklichen Formänderungszustand die Arbeitsgleichung anwendet. Für den Zustand $X_r = 1$ lautet diese, wenn $X_r$ z. B. eine Stützenreaktion ist,

$$1 \cdot \delta_r = \int \frac{N_r N\, ds}{EF} + \int \frac{M_r M\, ds}{EJ} + \int N_r \varepsilon\, t_s\, ds + \int M_r \varepsilon \frac{\Delta t}{h}\, ds - \Sigma C_r \cdot c$$

oder

$$(2') \qquad 0 = \int \frac{N_r N\, ds}{EF} + \int \frac{M_r M\, ds}{EJ} + \int N_r \varepsilon\, t_s\, ds + \int M_r \varepsilon \frac{\Delta t}{h}\, ds - \Sigma(C_r \cdot c).$$

Nun ist aber

$$M = M_0 + M_a X_a + M_b X_b + \ldots + M_r X_r + \ldots$$
$$N = N_0 + N_a X_a + N_b X_b + \ldots + N_r X_r + \ldots$$

Nach Einführung dieser Werte in (2') ergibt sich:

$$0 = \int(N_0 + N_a X_a + N_b \cdot X_b + \ldots + N_r X_r + \ldots) N_r \frac{ds}{EF}$$

$$+ \int(M_0 + M_a X_a + M_b \cdot X_b + \ldots + M_r X_r + \ldots) M_r \frac{ds}{EJ}$$

$$+ \int N_r \varepsilon\, t_s\, ds + \int M_r \varepsilon \frac{\Delta t}{h}\, ds - \Sigma(C_r \cdot c).$$

oder

$$(\mathrm{I\,a}) \quad \Sigma(C_r\, c) = \int \frac{N_0 N_r\, ds}{EF} + \int \frac{M_0 M_r\, ds}{EJ} + X_a\left(\int \frac{N_a N_r\, ds}{EF} + \int \frac{M_a M_r\, ds}{EJ}\right)$$

$$+ X_b\left(\int \frac{N_b N_r\, ds}{EF} + \int \frac{M_b M_r\, ds}{EJ}\right) + \ldots + X_r\left(\int \frac{N_r^2\, ds}{EF} + \int \frac{M_r^2\, ds}{EJ}\right)$$

$$+ \ldots + \int N_r \varepsilon\, t_s\, ds + \int M_r \frac{\varepsilon \Delta t}{h}\, ds.$$

In ähnlicher Weise werden die übrigen Bedingungen mit Hilfe der Arbeitsgleichung gewonnen.

Setzt man in (2′)

$$M_r = \frac{\partial M}{\partial X_r}; \qquad N_r = \frac{\partial N}{\partial X_r}; \qquad C_r = \frac{\partial C}{\partial X_r};$$

so geht dieser Ausdruck über in

$$0 = \int N \frac{\partial N}{\partial X_r} \cdot \frac{ds}{EF} + \int M \frac{\partial M}{\partial X_r} \cdot \frac{ds}{EJ} + \int \frac{\partial N}{\partial X_r} \varepsilon\, t_s\, ds$$
$$+ \int \frac{\partial M}{\partial X_r} \varepsilon \frac{\Delta t}{h}\, ds - \sum \left( \frac{\partial C}{\partial X_r} \cdot c \right),$$

und man erkennt, daß die rechte Seite der vorstehenden Gleichung die partielle Ableitung der Funktion

$$A' = \int \frac{N^2\, ds}{2\, EF} + \int \frac{M^2\, ds}{2\, EJ} + \int N \varepsilon\, t_s\, ds + \int M \frac{\varepsilon\, \Delta t}{h}\, ds - \Sigma (C \cdot c)$$

nach $X_r$ darstellt. Daraus folgt

$$\frac{\partial A'}{\partial X_r} = 0 .$$

Im Falle starrer Lager und eines unveränderlichen Temperaturzustandes geht $A'$ in die wirkliche Formänderungsarbeit $A$ des Stabwerks über. Der Castiglianosche Satz vom Minimum der Formänderungsarbeit (vgl. S. 192) gilt also auch für Stabwerke. Daß dieser Satz bei Verwendung der Funktion $A'$ direkt zur Ableitung der Elastizitätsgleichung (Ia) benutzt werden kann, bedarf nach den Ausführungen auf S. 193 keiner weiteren Erläuterung.

Es sei hier noch besonders darauf hingewiesen, daß in dem Ausdruck $\Sigma (C_r \cdot c)$ auch die virtuelle Arbeit eines Einspannungsmomentes bei der Drehung der Tangente eines eingespannten Stabes um den Winkel $\tau$ infolge Nachgiebigkeit des Baugrundes auftreten kann. Das betreffende Moment ist genau so zu behandeln wie eine Stützenreaktion.

Will man bei der Aufstellung der Elastizitätsgleichungen für die statisch unbestimmten Größen den Einfluß der Schubspannungen mit berücksichtigen, so hat man nach den Erläuterungen auf S. 181 in Gleichung (2′) noch den Beitrag der Querkräfte

$$\int \frac{\varkappa\, Q_r\, Q\, ds}{G\, F}$$

hinzuzufügen, wobei

$$Q = Q_0 + Q_a \cdot X_a + Q_b \cdot X_b + \ldots + Q_r \cdot X_r + \ldots$$

Der Einfluß der Querkräfte wird jedoch, ebenso wie derjenige der Normalkräfte $N$, bei der Berechnung der statisch unbestimmten Größen im allgemeinen außer acht gelassen, da er gegenüber dem der Momente in der Mehrzahl der Fälle unbedeutend ist.

Die Stabspannkräfte $S_a$, $S_b$, $S_c$ … eines Fachwerks bzw. die Momente $M_a$, $M_b$, $M_c$ … und Längskräfte $N_a$, $N_b$, $N_c$ … eines Stabwerks sind von den Lasten unabhängig und brauchen deshalb auch im Falle beweglicher Lasten nur einmal bestimmt zu werden, was von den Spannkräften $S_0$ bzw. den Momenten $M_0$ und Längskräften $N_0$ nicht gilt. Letztere müssen vielmehr für jede neue Laststellung von neuem ermittelt werden. In diesem Falle empfiehlt es sich, eine weitere Umformung der obigen Elastizitätsgleichungen vorzunehmen, wodurch eine sehr einfache Darstellung der Summenwerte ermöglicht wird.

Für die Folge möge bezeichnen:

$\delta_{ma}$ die Verschiebung des Angriffspunktes $m$ der Kraft $P_m$ im Sinne und in der Richtung dieser Kraft, hervorgerufen durch den Belastungszustand $X_a = 1$.

$\delta_{mb}$ die Verschiebung des Angriffspunktes $m$ der Kraft $P_m$ im Sinne und in der Richtung dieser Kraft, hervorgerufen durch den Belastungszustand $X_b = 1$.

$\delta_{aa}$ die Verschiebung des Angriffspunktes $a$ der Belastung $X_a = 1$ im Sinne dieser Belastung, hervorgerufen durch den Belastungszustand $X_a = 1$.

$\delta_{ba}$ die Verschiebung des Angriffspunktes $b$ der Belastung $X_b = 1$ im Sinne dieser Belastung, hervorgerufen durch den Belastungszustand $X_a = 1$.

$\delta_{at}$ die Verschiebung des Angriffspunktes $a$ der Belastung $X_a = 1$ im Sinne dieser Belastung, hervorgerufen durch eine Temperaturänderung des unbelasteten statisch bestimmten Hauptsystems.

In den vorstehenden Ausdrücken kann unter „Verschiebung" auch eine Drehung verstanden werden im Sinne der in § 2 des IV. Abschnitts gegebenen Erläuterungen.

Zur Aufklärung sei hier noch darauf hingewiesen, daß man sich den durch einen überzähligen Stab $i-k$ (Abb. 245) gelegten Schnitt so breit denken muß, daß z. B. die gegenseitige Verschiebung $\delta_{bb}$ der Querschnitte $b$ und $b_1$

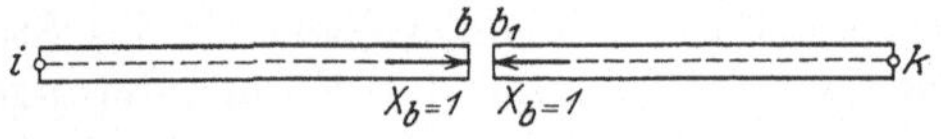

Abb. 245.

infolge des Belastungszustandes $X_b = 1$ überhaupt eintreten kann. Es ist dieses immer dann möglich, wenn man sich die Belastungseinheit entsprechend klein vorstellt.

Nunmehr sollen die Elastizitätsgleichungen (I) weiter umgeformt werden. Nach Beseitigung der überzähligen Größen wende man auf das statisch bestimmte Hauptsystem, dessen Lager jetzt als starr vorausgesetzt werden, das Prinzip der virtuellen Verrückungen für den wirklichen Belastungszustand $P$ und die Formänderungen der nacheinander wirkenden, gedachten Zustände $X_a = 1$, $X_b = 1$, $X_c = 1 \ldots$ an. Dann ergibt sich:

$$\Sigma P_m \cdot \delta_{ma} = \Sigma S_0 \, \Delta s_a = \Sigma S_0 \, S_a \cdot \varrho$$
$$\Sigma P_m \cdot \delta_{mb} = \Sigma S_0 \, \Delta s_b = \Sigma S_0 \, S_b \cdot \varrho$$
$$\Sigma P_m \cdot \delta_{mc} = \Sigma S_0 \, \Delta s_c = \Sigma S_0 \, S_c \cdot \varrho$$
$$\cdots \cdots \cdots \cdots \cdots$$

In gleicher Weise wende man das Prinzip der virtuellen Verrückungen nacheinander auf den Belastungszustand $X_a = 1$ und die Formänderungszustände infolge $X_a = 1$, $X_b = 1$, $X_c = 1 \ldots$ an. Dann ergibt sich:

$$1 \cdot \delta_{aa} = \Sigma S_a \cdot \Delta s_a = \Sigma S_a^2 \cdot \varrho$$
$$1 \cdot \delta_{ab} = \Sigma S_a \cdot \Delta s_b = \Sigma S_a \cdot S_b \cdot \varrho$$
$$1 \cdot \delta_{ac} = \Sigma S_a \cdot \Delta s_c = \Sigma S_a \cdot S_c \cdot \varrho$$
$$\cdots \cdots \cdots \cdots \cdots$$

Ebenso findet man:

$$\delta_{ba} = \Sigma S_b \cdot S_a \cdot \varrho; \qquad \delta_{bb} = \Sigma S_b^2 \cdot \varrho; \qquad \delta_{bc} = \Sigma S_b \cdot S_c \cdot \varrho;$$
$$\delta_{ca} = \Sigma S_c \cdot S_a \cdot \varrho; \qquad \delta_{cb} = \Sigma S_c \cdot S_b \cdot \varrho; \qquad \delta_{cc} = \Sigma S_c^2 \cdot \varrho.$$
$$\cdots \cdots \cdots \cdots \cdots$$

Schließlich liefert das Prinzip der virtuellen Verrückungen, angewandt auf die Formänderungen infolge einer Temperaturänderung und die nacheinander wirkenden Belastungszustände $X_a = 1$, $X_b = 1$, $X_c = 1 \ldots$

$$1 \cdot \delta_{at} = \Sigma S_a \cdot \varepsilon\, t\, s$$
$$1 \cdot \delta_{bt} = \Sigma S_b \cdot \varepsilon\, t\, s$$
$$1 \cdot \delta_{ct} = \Sigma S_c \cdot \varepsilon\, t\, s\,.$$

Führt man die hier gefundenen Verschiebungsgrößen in die Gleichungen (I) an Stelle der Summenwerte ein, so gehen diese über in

$$(\mathrm{II})\quad \begin{cases} \Sigma(C_a \cdot c) = \Sigma P_m \cdot \delta_{ma} + X_a \cdot \delta_{aa} + X_b \cdot \delta_{ba} + X_c \cdot \delta_{ca} + \cdots + \delta_{at} \\[2mm] \Sigma(C_b \cdot c) = \Sigma P_m \cdot \delta_{mb} + X_a \cdot \delta_{ab} + X_b \cdot \delta_{bb} + X_c \cdot \delta_{cb} + \cdots + \delta_{bt} \\[2mm] \Sigma(C_c \cdot c) = \Sigma P_m \cdot \delta_{mc} + X_a \cdot \delta_{ac} + X_b \cdot \delta_{bc} + X_c \cdot \delta_{cc} + \cdots + \delta_{ct} \\[2mm] \cdots \cdots \cdots \cdots \cdots \cdots \cdots \cdots \cdots \cdots \cdots \\[1mm] \cdots \cdots \cdots \cdots \cdots \cdots \cdots \cdots \cdots \cdots \cdots \end{cases}$$

Die Koeffizienten $\delta_{ma}$, $\delta_{aa}$, $\delta_{ba}$, $\ldots$ der ersten Gleichung können sämtlich aus einem einzigen Verschiebungsplan entnommen werden, nämlich demjenigen für den Belastungszustand $X_a = 1$. Analoges gilt von den entsprechenden Koeffizienten der übrigen Gleichungen, während sich die Werte $\delta_{at}$, $\delta_{bt}$, $\delta_{ct} \ldots$ aus einem Verschiebungsplan ergeben, welcher für das nur Temperaturänderungen unterworfene Hauptsystem gezeichnet wird.

Wirken auf das zu untersuchende System lauter parallele (im allgemeinen senkrechte) Lasten, so können die Verschiebungsgrößen $\delta_{ma}$, $\delta_{mb}$, $\delta_{mc}$, $\ldots$ aus den Biegungslinien des Hauptsystems für die Belastungszustände $X_a = 1$, $X_b = 1$, $X_c = 1$, $\ldots$ gewonnen werden. Diese Biegungslinien sind dann die Einflußlinien für die Summengrößen $\Sigma P_m \cdot \delta_{ma}$, $\Sigma P_m \cdot \delta_{mb}$, $\Sigma P_m \cdot \delta_{mc} \ldots$.

Die Gleichungen (II) behalten auch Gültigkeit, wenn das zu untersuchende System kein Fachwerk sondern ein Stabwerk ist, nur müssen dann die Verschiebungsgrößen entsprechend gedeutet werden. Wendet man nämlich auf das statisch bestimmte Hauptsystem des betreffenden Stabwerks das Prinzip der virtuellen Verrückungen für den wirklichen Belastungszustand $P$ und die Formänderungen der nacheinander wirkenden gedachten Belastungszustände $X_a = 1$, $X_b = 1 \ldots$ an, so ergibt sich, wenn wieder die Lager als starr vorausgesetzt werden:

$$\Sigma P_m \cdot \delta_{ma} = \int \frac{N_0 N_a \, ds}{EF} + \int \frac{M_0 M_a \, ds}{EJ}$$

$$\Sigma P_m \cdot \delta_{mb} = \int \frac{N_0 N_b \, ds}{EF} + \int \frac{M_0 M_b \, ds}{EJ}$$

$$\cdots \cdots \cdots \cdots \cdots \cdots \cdots$$

Für den Belastungszustand $X_a = 1$ und die Formänderungen der nacheinander wirkenden Zustände $X_a = 1$, $X_b = 1 \ldots$ liefert das Prinzip der virtuellen Verrückungen:

$$1 \cdot \delta_{aa} = \int \frac{N_a^2 \, ds}{EF} + \int \frac{M_a^2 \, ds}{EJ}$$

$$1 \cdot \delta_{ab} = \int \frac{N_a N_b \, ds}{EF} + \int \frac{M_a M_b \, ds}{EJ}$$

$$\cdots \cdots \cdots \cdots \cdots \cdots \cdots$$

In gleicher Weise findet man:

$$1 \cdot \delta_{ba} = \int \frac{N_b N_a \, ds}{EF} + \int \frac{M_b M_a \, ds}{EJ}$$

$$1 \cdot \delta_{bb} = \int \frac{N_b{}^2 \, ds}{EF} + \int \frac{M_b{}^2 \, ds}{EJ}$$

$$\cdot \; \cdot \; \cdot \; \cdot \; \cdot \; \cdot \; \cdot \; \cdot \; \cdot \; \cdot \; \cdot \; \cdot \; \cdot \; \cdot$$

Schließlich liefert das Prinzip der virtuellen Verrückungen, angewandt auf die Formänderungen infolge einer Temperaturänderung und die nacheinander wirkenden Belastungszustände $X_a = 1$, $X_b = 1$, ...

$$1 \cdot \delta_{at} = \int N_a \, \varepsilon \, t_s \, ds + \int M_a \, \varepsilon \, \frac{\Delta t}{h} \, ds$$

$$1 \cdot \delta_{bt} = \int N_b \, \varepsilon \, t_s \, ds + \int M_b \, \varepsilon \, \frac{\Delta t}{h} \, ds$$

$$\cdot \; \cdot \; \cdot \; \cdot \; \cdot \; \cdot \; \cdot \; \cdot \; \cdot \; \cdot \; \cdot \; \cdot \; \cdot$$

Setzt man unter Beachtung der vorstehenden Ausdrücke die entsprechenden Verschiebungsgrößen an Stelle der Integrale in Gleichung (Ia) auf S. 196 ein, so geht diese in die der statisch unbestimmten Größe $X_r$ zugehörige Gleichung der Gruppe (II) über. Letztere gilt also allgemein für Fachwerke und Stabwerke.

## § 3. Auflösung der allgemeinen Elastizitätsgleichungen.

Für die Folge möge gesetzt werden:

$$\Sigma(C_a \cdot c) - \Sigma P_m \cdot \delta_{ma} - \delta_{at} = K_a$$
$$\Sigma(C_b \cdot c) - \Sigma P_m \cdot \delta_{mb} - \delta_{bt} = K_b$$
$$\cdot \; \cdot \; \cdot \; \cdot \; \cdot \; \cdot \; \cdot \; \cdot \; \cdot \; \cdot \; \cdot \; \cdot \; \cdot$$

Dann nehmen die Gleichungen (II) die Form an:

$$\text{(III)} \quad \begin{cases} X_a \cdot \delta_{aa} + X_b \cdot \delta_{ba} + X_c \cdot \delta_{ca} + \cdots + X_r \cdot \delta_{ra} + \cdots + X_n \cdot \delta_{na} = K_a \\ X_a \cdot \delta_{ab} + X_b \cdot \delta_{bb} + X_c \cdot \delta_{cb} + \cdots + X_r \cdot \delta_{rb} + \cdots + X_n \cdot \delta_{nb} = K_b \\ \cdot \; \cdot \; \cdot \; \cdot \; \cdot \; \cdot \; \cdot \; \cdot \; \cdot \; \cdot \; \cdot \; \cdot \; \cdot \; \cdot \; \cdot \; \cdot \; \cdot \\ X_a \cdot \delta_{ar} + X_b \cdot \delta_{br} + X_c \cdot \delta_{cr} + \cdots + X_r \cdot \delta_{rr} + \cdots + X_n \cdot \delta_{nr} = K_r \\ \cdot \; \cdot \; \cdot \; \cdot \; \cdot \; \cdot \; \cdot \; \cdot \; \cdot \; \cdot \; \cdot \; \cdot \; \cdot \; \cdot \; \cdot \; \cdot \; \cdot \\ \cdot \; \cdot \; \cdot \; \cdot \; \cdot \; \cdot \; \cdot \; \cdot \; \cdot \; \cdot \; \cdot \; \cdot \; \cdot \; \cdot \; \cdot \; \cdot \; \cdot \\ X_a \cdot \delta_{an} + X_b \cdot \delta_{bn} + X_c \cdot \delta_{cn} + \cdots + X_r \cdot \delta_{rn} + \cdots + X_n \cdot \delta_{nn} = K_n \end{cases}$$

Die Auflösung dieser Gleichungen nach den statisch unbestimmten Größen mit Hilfe von Determinanten liefert:

$$X_a = \frac{\Delta_a}{\Delta}; \quad X_b = \frac{\Delta_b}{\Delta}; \; \ldots;$$

$$X_r = \frac{\Delta_r}{\Delta}; \; \ldots; \quad X_n = \frac{\Delta_n}{\Delta},$$

wobei die Nennerdeterminante die Form hat:

$$\varDelta = \begin{vmatrix} \delta_{aa} & \delta_{ba} & \delta_{ca} & \cdots & \delta_{na} \\ \delta_{ab} & \delta_{bb} & \delta_{cb} & \cdots & \delta_{nb} \\ \cdot & \cdot & \cdot & \cdots & \cdot \\ \cdot & \cdot & \cdot & \cdots & \cdot \\ \delta_{ar} & \delta_{br} & \delta_{cr} & \cdots & \delta_{nr} \\ \cdot & \cdot & \cdot & \cdots & \cdot \\ \cdot & \cdot & \cdot & \cdots & \cdot \\ \delta_{an} & \delta_{bn} & \delta_{cn} & \cdots & \delta_{nn} \end{vmatrix}$$

und die Zählerdeterminanten:

$$\varDelta_a = \begin{vmatrix} K_a & \delta_{ba} & \delta_{ca} & \cdots & \delta_{na} \\ K_b & \delta_{bb} & \delta_{cb} & \cdots & \delta_{nb} \\ \cdot & \cdot & \cdot & \cdots & \cdot \\ \cdot & \cdot & \cdot & \cdots & \cdot \\ K_r & \delta_{br} & \delta_{cr} & \cdots & \delta_{nr} \\ \cdot & \cdot & \cdot & \cdots & \cdot \\ \cdot & \cdot & \cdot & \cdots & \cdot \\ K_n & \delta_{bn} & \delta_{cn} & \cdots & \delta_{nn} \end{vmatrix} ; \qquad \varDelta_b = \begin{vmatrix} \delta_{aa} & K_a & \delta_{ca} & \cdots & \delta_{na} \\ \delta_{ab} & K_b & \delta_{cb} & \cdots & \delta_{nb} \\ \cdot & \cdot & \cdot & \cdots & \cdot \\ \cdot & \cdot & \cdot & \cdots & \cdot \\ \delta_{ar} & K_r & \delta_{cr} & \cdots & \delta_{nr} \\ \cdot & \cdot & \cdot & \cdots & \cdot \\ \cdot & \cdot & \cdot & \cdots & \cdot \\ \delta_{an} & K_n & \delta_{cn} & \cdots & \delta_{nn} \end{vmatrix} ;$$

$$\varDelta_n = \begin{vmatrix} \delta_{aa} & \delta_{ba} & \delta_{ca} & \cdots & K_a \\ \delta_{ab} & \delta_{bb} & \delta_{cb} & \cdots & K_b \\ \cdot & \cdot & \cdot & \cdots & \cdot \\ \cdot & \cdot & \cdot & \cdots & \cdot \\ \delta_{ar} & \delta_{br} & \delta_{cr} & \cdots & K_r \\ \cdot & \cdot & \cdot & \cdots & \cdot \\ \cdot & \cdot & \cdot & \cdots & \cdot \\ \delta_{an} & \delta_{bn} & \delta_{cn} & \cdots & K_n \end{vmatrix} .$$

Die Berechnung der statisch unbestimmten Größen setzt also die Auswertung der vorstehenden Determinanten voraus.

Erstere lassen sich auch als Funktionen der Absolutglieder $K$ darstellen, welche nur von den Lasten, Temperaturänderungen und Stützenverschiebungen abhängig sind, also für jeden Belastungsfall berechnet werden können. Zu diesem Zwecke setzt man:

$$(3) \quad \left\{ \begin{aligned} X_a &= \alpha_{aa} \cdot K_a + \alpha_{ab} \cdot K_b + \ldots + \alpha_{ar} \cdot K_r + \ldots + \alpha_{an} \cdot K_n \\ X_b &= \alpha_{ba} \cdot K_a + \alpha_{bb} \cdot K_b + \ldots + \alpha_{br} \cdot K_r + \ldots + \alpha_{bn} \cdot K_n \\ & \qquad \cdots \cdots \cdots \cdots \cdots \cdots \cdots \cdots \cdots \cdots \cdots \\ X_r &= \alpha_{ra} \cdot K_a + \alpha_{rb} \cdot K_b + \ldots + \alpha_{rr} \cdot K_r + \ldots + \alpha_{rn} \cdot K_n \\ & \qquad \cdots \cdots \cdots \cdots \cdots \cdots \cdots \cdots \cdots \cdots \cdots \\ X_n &= \alpha_{na} \cdot K_a + \alpha_{nb} \cdot K_b + \ldots + \alpha_{nr} \cdot K_r + \ldots + \alpha_{nn} \cdot K_n , \end{aligned} \right.$$

wobei allgemein die Größen $\alpha_{ar}$, $\alpha_{br}$, $\alpha_{cr}$ $\ldots$ den Einfluß von $K_r$ auf die statisch unbestimmten Größen $X_a$, $X_b$, $X_c \ldots$ angeben. Zu ihrer Bestimmung wähle man einen Belastungsfall, bei dem alle $K$ verschwinden mit Ausnahme von $K_r$, welcher Wert gleich eins gesetzt wird. Dann erhält man für diesen gedachten Belastungszustand aus (3)

$$X_a = \alpha_{ar}; \quad X_b = \alpha_{br}; \ldots; \quad X_r = \alpha_{rr}; \ldots; \quad X_n = \alpha_{nr}.$$

Setzt man diese Werte für die $X$ in die Gleichungen (III) ein, so gehen letztere über in:

$$(4) \begin{cases} \alpha_{ar} \cdot \delta_{aa} + \alpha_{br} \cdot \delta_{ba} + \alpha_{cr} \cdot \delta_{ca} + \ldots + \alpha_{rr} \cdot \delta_{ra} + \ldots + \alpha_{nr} \cdot \delta_{na} = 0 \\ \alpha_{ar} \cdot \delta_{ab} + \alpha_{br} \cdot \delta_{bb} + \alpha_{cr} \cdot \delta_{cb} + \ldots + \alpha_{rr} \cdot \delta_{rb} + \ldots + \alpha_{nr} \cdot \delta_{nb} = 0 \\ \ldots \ldots \ldots \ldots \ldots \ldots \ldots \ldots \ldots \ldots \ldots \ldots \\ \ldots \ldots \ldots \ldots \ldots \ldots \ldots \ldots \ldots \ldots \ldots \ldots \\ \alpha_{ar} \cdot \delta_{ar} + \alpha_{br} \cdot \delta_{br} + \alpha_{cr} \cdot \delta_{cr} + \ldots + \alpha_{rr} \cdot \delta_{rr} + \ldots + \alpha_{nr} \cdot \delta_{nr} = 1 \\ \ldots \ldots \ldots \ldots \ldots \ldots \ldots \ldots \ldots \ldots \ldots \ldots \\ \ldots \ldots \ldots \ldots \ldots \ldots \ldots \ldots \ldots \ldots \ldots \ldots \\ \alpha_{ar} \cdot \delta_{an} + \alpha_{br} \cdot \delta_{bn} + \alpha_{cr} \cdot \delta_{cn} + \ldots + \alpha_{rr} \cdot \delta_{rn} + \ldots + \alpha_{nr} \cdot \delta_{nn} = 0. \end{cases}$$

Aus vorstehendem Gleichungssystem (4) können die Größen $\alpha_{ar}$, $\alpha_{br}$, $\alpha_{cr}$, $\ldots$, $\alpha_{nr}$ eindeutig berechnet werden. Man erhält z. B.

$$(5) \qquad \alpha_{br} = \frac{\varDelta_{br}}{\varDelta},$$

wenn $\varDelta$ die bereits oben angeschriebene Nennerdeterminante bedeutet, während $\varDelta_{br}$ lautet:

$$\varDelta_{br} = \begin{vmatrix} \delta_{aa} & 0 & \delta_{ca} & \cdots & \delta_{na} \\ \delta_{ab} & 0 & \delta_{cb} & \cdots & \delta_{nb} \\ \cdots & \cdots & \cdots & \cdots & \cdots \\ \cdots & \cdots & \cdots & \cdots & \cdots \\ \delta_{ar} & 1 & \delta_{cr} & \cdots & \delta_{nr} \\ \cdots & \cdots & \cdots & \cdots & \cdots \\ \cdots & \cdots & \cdots & \cdots & \cdots \\ \delta_{an} & 0 & \delta_{cn} & \cdots & \delta_{nn} \end{vmatrix}.$$

Nach dem Satz aus der Determinantentheorie: Verschwinden alle Elemente einer Reihe bis auf eines, so ist die Determinante gleich diesem einen Elemente multipliziert mit der zugehörigen Unterdeterminante, wird

$$\varDelta_{br} = (-1)^\lambda \begin{vmatrix} \delta_{aa} & \delta_{ca} & \delta_{da} & \cdots & \delta_{na} \\ \delta_{ab} & \delta_{cb} & \delta_{db} & \cdots & \delta_{nb} \\ \cdots & \cdots & \cdots & \cdots & \cdots \\ \cdots & \cdots & \cdots & \cdots & \cdots \\ \delta_{a(r-1)} & \delta_{c(r-1)} & \delta_{d(r-1)} & \cdots & \delta_{n(r-1)} \\ \delta_{a(r+1)} & \delta_{c(r+1)} & \delta_{d(r+1)} & \cdots & \delta_{n(r+1)} \\ \cdots & \cdots & \cdots & \cdots & \cdots \\ \cdots & \cdots & \cdots & \cdots & \cdots \\ \delta_{an} & \delta_{cn} & \delta_{dn} & \cdots & \delta_{nn} \end{vmatrix}.$$

Erteilt man den Zeilen der Nennerdeterminante $\varDelta$ von oben nach unten die Ordnungsnummern 1, 2, 3, $\ldots$, $r$, $\ldots$, $n$ und den Spalten die gleichen Nummern von links nach rechts, so erkennt man, daß $\varDelta_{br}$ aus der Nennerdeterminante $\varDelta$ entsteht, wenn man in dieser die 2. Spalte und die $r$-te Zeile streicht. Das Vorzeichen ist positiv, wenn $\lambda = 2 + r$ eine gerade Zahl ist.

In analoger Weise lassen sich die übrigen Werte $\alpha_{ik}$ aus der Nenner-determinante des Gleichungssystems (III) ableiten. Werden nun die der Gleichung (5) entsprechenden Werte in (3) eingeführt, so erhält man:

$$(6)\quad\begin{cases} X_a = \dfrac{1}{\varDelta}\left(\varDelta_{aa}\cdot K_a + \varDelta_{ab}\cdot K_b + \ldots + \varDelta_{an}\cdot K_n\right) \\[2mm] X_b = \dfrac{1}{\varDelta}\left(\varDelta_{ba}\cdot K_a + \varDelta_{bb}\cdot K_b + \ldots + \varDelta_{bn}\cdot K_n\right) \\[2mm] \cdots\cdots\cdots\cdots\cdots\cdots\cdots\cdots\cdots \\[1mm] \cdots\cdots\cdots\cdots\cdots\cdots\cdots\cdots\cdots \\[2mm] X_n = \dfrac{1}{\varDelta}\left(\varDelta_{na}\cdot K_a + \varDelta_{nb}\cdot K_b + \ldots + \varDelta_{nn}\cdot K_n\right). \end{cases}$$

Nachdem mit Hilfe von (6) die statisch unbestimmten Größen berechnet sind, können alle übrigen Spannungsgrößen

$$\begin{aligned} S &= S_0 + S_a\cdot X_a + S_b\cdot X_b + \ldots + S_n\cdot X_n \\ C &= C_0 + C_a\cdot X_a + C_b\cdot X_b + \ldots + C_n\cdot X_n \\ M &= M_0 + M_a\cdot X_a + M_b\cdot X_b + \ldots + M_n\cdot X_n \end{aligned}$$

angegeben werden.

Für den Sonderfall, daß über den Träger nur eine Einzellast $P=1$ wandert, wird unter der Voraussetzung starrer Lager und unveränderlicher Temperatur

$$K_a = -1\cdot\delta_{ma}; \quad K_b = -1\cdot\delta_{mb}; \quad K_c = -1\cdot\delta_{mc}; \quad\ldots; \quad K_n = -1\cdot\delta_{mn}.$$

Die vorstehenden Verschiebungsgrößen können aus den Biegungslinien des statisch bestimmten Hauptsystems infolge der Zustände $X_a = 1$, $X_b = 1, \ldots$, $X_n = 1$ entnommen werden. Multipliziert man nun die Ordinaten $\delta_{ma}$ der Biegungslinie für den Zustand $X_a = 1$ mit $-\varDelta_{aa}$, die Ordinaten $\delta_{mb}$ der Biegungslinie für den Zustand $X_b = 1$ mit $-\varDelta_{ab}$ usw., und addiert diese für jeden Knotenpunkt, so erhält man die Einflußordinaten für die statisch unbestimmte Größe $X_a$, wenn man den gefundenen Summenordinaten noch den Multiplikator $\mu = \dfrac{1}{\varDelta}$ beilegt. In gleicher Weise können die Einfluß-ordinaten der übrigen statisch unbestimmten Größen gewonnen werden. Sind diese bekannt, dann läßt sich die Einflußlinie irgendeiner Stabkraft wie folgt bestimmen. Man schreibt die Beziehung an

$$S = S_0 + S_a\cdot X_a + S_b\cdot X_b + \ldots + S_n\cdot X_n$$

und beachtet, daß $S_a$, $S_b$, $\ldots$, $S_n$ für diesen Stab unveränderliche Werte sind. Demnach findet man die Einflußlinie für $S$, indem man zu den Einfluß-ordinaten der $S_0$-Linie, d. h. der Einflußlinie des betreffenden Stabes im statisch bestimmten Hauptsystem, die mit dem konstanten Faktor $S_a$ multi-plizierten Einflußordinaten der $X_a$-Linie, ferner die mit dem konstanten Faktor $S_b$ multiplizierten Ordinaten der $X_b$-Linie usw. addiert, wobei natürlich die diesen Ordinaten zugehörigen Vorzeichen zu beachten sind. In analoger Weise werden die Einflußlinien für ein Moment, eine Längskraft, eine Quer-kraft oder eine Stützenreaktion gefunden.

Aus der vorstehenden Betrachtung erhellt ohne weiteres, daß schon ge-ringe Zeichenfehler zu ganz falschen Endresultaten führen können, weshalb bei mehrfach statisch unbestimmten Systemen tunlichst alle Einflußordinaten rechnerisch zu ermitteln sind.

Ist das zu untersuchende System einfach statisch unbestimmt, so wird:

$$S = S_0 + S_a X_a .$$

Setzt man hier den konstanten Faktor $S_a$ vor Klammer, so ergibt sich

$$S = S_a \left( \frac{S_0}{S_a} + X_a \right).$$

Man kann also die Einflußlinie für $S$ als Summe der mit $\frac{1}{S_a}$ multiplizierten $S_0$-Linie und der $X_a$-Linie darstellen. Ihr Multiplikator ist $\mu = S_a$.

Das hier beschriebene allgemeine Verfahren möge jetzt auf ein dreifach statisch unbestimmtes Fachwerk von beliebiger Form angewendet werden. Nachdem die Spannkräfte $S_a$, $S_b$, $S_c$ infolge der Zustände $X_a = 1$, $X_b = 1$, $X_c = 1$ bestimmt sind, berechne man die Verschiebungen

$$\delta_{aa} = \Sigma S_a^2 \varrho ; \qquad \delta_{ab} = \delta_{ba} = \Sigma S_a S_b \cdot \varrho ; \qquad \delta_{ac} = \delta_{ca} = \Sigma S_a S_c \cdot \varrho ;$$
$$\delta_{bb} = \Sigma S_b^2 \varrho ; \qquad \delta_{bc} = \delta_{cb} = \Sigma S_b S_c \cdot \varrho ; \qquad \delta_{cc} = \Sigma S_c^2 \varrho$$

und schreibe die Nennerdeterminante der Gleichungen (III) für das vorliegende System an:

$$\Delta = \begin{vmatrix} \delta_{aa} & \delta_{ba} & \delta_{ca} \\ \delta_{ab} & \delta_{bb} & \delta_{cb} \\ \delta_{ac} & \delta_{bc} & \delta_{cc} \end{vmatrix} = \delta_{aa} \begin{vmatrix} \delta_{bb} & \delta_{cb} \\ \delta_{bc} & \delta_{cc} \end{vmatrix} - \delta_{ab} \begin{vmatrix} \delta_{ba} & \delta_{ca} \\ \delta_{bc} & \delta_{cc} \end{vmatrix} + \delta_{ac} \begin{vmatrix} \delta_{ba} & \delta_{ca} \\ \delta_{bb} & \delta_{cb} \end{vmatrix}$$

$$= \delta_{aa} (\delta_{bb} \cdot \delta_{cc} - \delta_{bc}^2) - \delta_{ab} (\delta_{ba} \cdot \delta_{cc} - \delta_{bc} \cdot \delta_{ca}) + \delta_{ac} (\delta_{ba} \delta_{cb} - \delta_{bb} \cdot \delta_{ca}).$$

Nach (6) ist

$$(7) \quad \begin{cases} X_a = \dfrac{1}{\Delta} (\Delta_{aa} \cdot K_a + \Delta_{ab} \cdot K_b + \Delta_{ac} K_c) \\[2mm] X_b = \dfrac{1}{\Delta} (\Delta_{ba} \cdot K_a + \Delta_{bb} \cdot K_b + \Delta_{bc} K_c) \\[2mm] X_c = \dfrac{1}{\Delta} (\Delta_{ca} \cdot K_a + \Delta_{cb} \cdot K_b + \Delta_{cc} K_c). \end{cases}$$

Die Unterdeterminanten $\Delta_{ik}$ erhält man aus $\Delta$ wie folgt:

$$\Delta_{aa} = \begin{vmatrix} 1 & \delta_{ba} & \delta_{ca} \\ 0 & \delta_{bb} & \delta_{cb} \\ 0 & \delta_{bc} & \delta_{cc} \end{vmatrix} = \begin{vmatrix} \delta_{bb} & \delta_{cb} \\ \delta_{bc} & \delta_{cc} \end{vmatrix} = \delta_{bb} \cdot \delta_{cc} - \delta_{bc}^2$$

$$\Delta_{ab} = \begin{vmatrix} 0 & \delta_{ba} & \delta_{ca} \\ 1 & \delta_{bb} & \delta_{cb} \\ 0 & \delta_{bc} & \delta_{cc} \end{vmatrix} = - \begin{vmatrix} \delta_{ba} & \delta_{ca} \\ \delta_{bc} & \delta_{cc} \end{vmatrix} = + \delta_{bc} \cdot \delta_{ca} - \delta_{ba} \cdot \delta_{cc}$$

$$\Delta_{ac} = \begin{vmatrix} 0 & \delta_{ba} & \delta_{ca} \\ 0 & \delta_{bb} & \delta_{cb} \\ 1 & \delta_{bc} & \delta_{cc} \end{vmatrix} = \begin{vmatrix} \delta_{ba} & \delta_{ca} \\ \delta_{bb} & \delta_{cb} \end{vmatrix} = \delta_{ba} \delta_{cb} - \delta_{bb} \cdot \delta_{ca} .$$

In gleicher Weise ergibt sich:

$$\Delta_{ba} = - \begin{vmatrix} \delta_{ab} & \delta_{cb} \\ \delta_{ac} & \delta_{cc} \end{vmatrix} = \delta_{ac} \cdot \delta_{cb} - \delta_{ab} \cdot \delta_{cc} = \Delta_{ab} ;$$

$$\Delta_{bb} = \begin{vmatrix} \delta_{aa} & \delta_{ca} \\ \delta_{ac} & \delta_{cc} \end{vmatrix} = \delta_{aa} \delta_{cc} - \delta_{ac}^2 ;$$

$$\varDelta_{bc} = - \begin{vmatrix} \delta_{aa} & \delta_{ca} \\ \delta_{ab} & \delta_{cb} \end{vmatrix} = \delta_{ab}\,\delta_{ca} - \delta_{aa}\cdot\delta_{cb}\,;$$

$$\varDelta_{ca} = \begin{vmatrix} \delta_{ab} & \delta_{bb} \\ \delta_{ac} & \delta_{bc} \end{vmatrix} = \delta_{ab}\cdot\delta_{bc} - \delta_{ac}\cdot\delta_{bb} = \varDelta_{ac}\,;$$

$$\varDelta_{cb} = - \begin{vmatrix} \delta_{aa} & \delta_{ba} \\ \delta_{ac} & \delta_{bc} \end{vmatrix} = \delta_{ac}\,\delta_{ba} - \delta_{aa}\cdot\delta_{bc} = \varDelta_{bc}\,;$$

$$\varDelta_{cc} = \begin{vmatrix} \delta_{aa} & \delta_{ba} \\ \delta_{ab} & \delta_{bb} \end{vmatrix} = \delta_{aa}\cdot\delta_{bb} - \delta_{ab}^2\,.$$

Man erkennt, daß $\varDelta_{ba} = \varDelta_{ab}$; $\varDelta_{ca} = \varDelta_{ac}$; $\varDelta_{cb} = \varDelta_{bc}$ wird. Sämtliche Werte $\varDelta$ können mit Hilfe der oben angeschriebenen Verschiebungsgrößen $\delta$ berechnet werden. Die Gleichungen (7) liefern also die statisch unbestimmten Größen, sobald die Belastungswerte $K$ gegeben sind.

Sollen die Einflußlinien für $X_a$, $X_b$ und $X_c$ gefunden werden, so setze man für eine über den Träger wandernde lotrechte Last 1

$$K_a = -\,1\cdot\delta_{ma}\,; \qquad K_b = -\,1\cdot\delta_{mb}\,; \qquad K_c = -\,1\cdot\delta_{mc}\,.$$

Nun ist aber $\delta_{ma}$ die Verschiebung eines Punktes $m$ des statisch bestimmten Hauptsystems in Richtung einer in $m$ stehenden Last $P_m$, hervorgerufen durch den Belastungszustand $X_a = 1$. In gleicher Weise werden $\delta_{mb}$ und $\delta_{mc}$ gedeutet. $\delta_{ma}$, $\delta_{mb}$, $\delta_{mc}$ können also für jede Laststellung aus den drei Biegungslinien des Lastgurtes des zugrunde gelegten statisch bestimmten Hauptsystems infolge der Zustände $X_a = 1$, $X_b = 1$ und $X_c = 1$ entnommen werden. Multipliziert man die Ordinaten der Biegungslinie infolge $X_a = 1$ mit $\varDelta_{aa}$, diejenigen der Biegungslinie infolge $X_b = 1$ mit $\varDelta_{ab}$ und diejenigen der Biegungslinie infolge $X_c = 1$ mit $\varDelta_{ac}$ und addiert sie, so erhält man die Einflußordinaten für $X_a$, welchen der Multiplikator $\mu = -\dfrac{1}{\varDelta}$ beizugeben ist. In analoger Weise verfährt man bei der Bestimmung der Einflußlinien für $X_b$ und $X_c$.

Soll der Einfluß einer Temperaturänderung auf die statisch unbestimmten Größen berücksichtigt werden, so berechne man zunächst

$$K_{at} = -\,\delta_{at} = -\,\Sigma S_a\,\varepsilon\,t\,s\,; \qquad K_{bt} = -\,\delta_{bt} = -\,\Sigma S_b\,\varepsilon\,t\,s\,;$$
$$K_{ct} = -\,\delta_{ct} = -\,\Sigma S_c\,\varepsilon\,t\,s$$

und führe die Werte $K_{at}$, $K_{bt}$ und $K_{ct}$ in die Gleichungen (7) ein, aus denen dann $X_{at}$, $X_{bt}$ und $X_{ct}$ bestimmt werden können.

Endlich wird der Einfluß von Lagerverschiebungen $c$ gewonnen, indem man

$$K_a = \Sigma(C_a\cdot c)\,; \qquad K_b = \Sigma(C_b\cdot c)\,; \qquad K_c = \Sigma(C_c\cdot c)$$

setzt.

Liegt ein Fachwerk vor, auf welches nur ruhende Lasten wirken, z. B. Eigengewicht, Schnee- und Windlasten einer Dachkonstruktion, so berechne man nach Ermittlung der $\varDelta_{ik}$ die Belastungsgrößen

$$K_a = \Sigma(C_a\cdot c) - \Sigma P_m\cdot\delta_{ma} - \delta_{at} = \Sigma(C_a\cdot c) - \Sigma S_0\,S_a\cdot\varrho - \Sigma S_a\,\varepsilon\,t\,s$$
$$K_b = \Sigma(C_b\cdot c) - \Sigma P_m\cdot\delta_{mb} - \delta_{bt} = \Sigma(C_b\cdot c) - \Sigma S_0\,S_b\cdot\varrho - \Sigma S_b\,\varepsilon\,t\,s$$
$$\cdots\cdots\cdots\cdots\cdots\cdots\cdots\cdots\cdots\cdots\cdots$$

und führe diese in die Gleichungen (6) ein, aus denen sich dann die statisch unbestimmten Größen direkt ergeben.

Bei der Untersuchung von Stabwerken werden die Verschiebungen $\delta_{ik}$ im allgemeinen unter Vernachlässigung von Längskräften bestimmt. Dann erhält man für ein dreifach statisch unbestimmtes Stabwerk

$$\delta_{aa}=\int\frac{M_a{}^2\,ds}{EJ};\qquad \delta_{ab}=\delta_{ba}=\int\frac{M_a\,M_b\,ds}{EJ};\qquad \delta_{ac}=\delta_{ca}=\int\frac{M_a\,M_c\,ds}{EJ};$$

$$\delta_{bb}=\int\frac{M_b{}^2\,ds}{EJ};\qquad \delta_{bc}=\delta_{cb}=\int\frac{M_b\,M_c\,ds}{EJ};\qquad \delta_{cc}=\int\frac{M_c{}^2\,ds}{EJ};$$

wobei $M_a$, $M_b$, $M_c$ die Momente am statisch bestimmten Hauptsystem infolge der Belastungszustände $X_a=1$, $X_b=1$, $X_c=1$ bezeichnen. Sind diese bekannt, dann können die obigen Verschiebungen berechnet werden, indem man die jedem Trägerabschnitt entsprechenden Momente unter Beachtung ihrer Vorzeichen in die Integrale einführt und darauf über das ganze System integriert. Nach Auswertung der Determinanten $\Delta_{ik}$ und Bestimmung der Belastungsgrößen

$$K_a=\Sigma\,(C_a\cdot c)-\Sigma P_m\,\delta_{ma}-\delta_{at}=\Sigma\,(C_a\cdot c)-\int\frac{M_0\,M_a\,ds}{EJ}-\int M_a\,\frac{\varepsilon\,\Delta t}{h}\,ds$$

$$K_b=\Sigma\,(C_b\cdot c)-\Sigma P_m\,\delta_{mb}-\delta_{bt}=\Sigma\,(C_b\cdot c)-\int\frac{M_0\,M_b\,ds}{EJ}-\int M_b\,\frac{\varepsilon\,\Delta t}{h}\,ds$$

$$K_c=\Sigma\,(C_c\cdot c)-\Sigma P_m\,\delta_{mc}-\delta_{ct}=\Sigma\,(C_c\cdot c)-\int\frac{M_0\,M_c\,ds}{EJ}-\int M_c\,\frac{\varepsilon\,\Delta t}{h}\,ds$$

liefern die Gleichungen (7) die statisch unbestimmten Größen $X_a$, $X_b$, $X_c$. Im übrigen ist der Gang der Untersuchung derselbe wie für das Fachwerk.

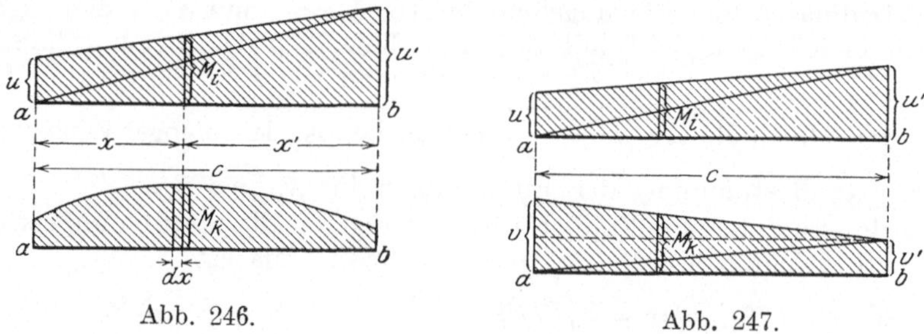


Abb. 246.     Abb. 247.

In Anlehnung an die vorstehende Betrachtung soll noch eine für die Berechnung der Integralwerte $\delta_{ik}=\int\dfrac{M_i\,M_k\,ds}{EJ}$ wichtige Beziehung abgeleitet werden.

Abb. 246 möge einen Abschnitt der $M_i$-Fläche sowie den zugehörigen Abschnitt der $M_k$-Fläche darstellen, wobei $M_i$ als trapezförmige, $M_k$ als beliebig gestaltete $M$-Fläche, und das Trägheitsmoment $J$ auf die Länge $c$ als konstant vorausgesetzt wird.

Dann ist mit Bezug auf die Bezeichnungen der Figur

$$M_i=\frac{u'\cdot x}{c}+\frac{u\cdot x'}{c}$$

und

$$(8)\qquad EJ\cdot\delta_{ik}=\int M_i\,M_k\,dx=\frac{u'}{c}\int_0^c M_k\cdot x\cdot dx+\frac{u}{c}\int_0^c M_k\cdot x'\,dx'\,.$$

In dieser Gleichung stellt $\int\limits_0^c M_k\, x\, dx$ das statische Moment $\mathfrak{S}_l$ der $M_k$-Fläche in bezug auf die Senkrechte zu $a$—$b$ durch das linke Balkenende und $\int\limits_0^c M_k\, x'\, dx'$ das statische Moment $\mathfrak{S}_r$ der $M_k$-Fläche in bezug auf die Senkrechte zu $a$—$b$ durch das rechte Balkenende dar. Man erhält also

$$(9)\qquad E\,J\cdot\delta_{ik}=\frac{u'\cdot\mathfrak{S}_l+u\,\mathfrak{S}_r}{c}.$$

Soll der Wert $\delta_{kk}$ gebildet werden, so ist

$$E\,J\cdot\delta_{kk}=\int M_k{}^2\,dx=2\int M_k\,dx\,\frac{M_k}{2}.$$

Nun ist aber $\int M_k\,dx\cdot\dfrac{M_k}{2}$ gleich dem statischen Moment $\mathfrak{S}'$ der $M_k$-Fläche in bezug auf die Gerade $a$—$b$, weshalb

$$(10)\qquad E\,J\cdot\delta_{kk}=2\,\mathfrak{S}'.$$

Für den besonders häufig vorkommenden Fall, daß beide Momentenflächen Trapeze sind (Abb. 247), wird nach (9)

$$E\,J\cdot\delta_{ik}=\frac{u'}{c}\left\{\frac{v'c}{2}\cdot\frac{2}{3}c+\frac{v\cdot c}{2}\cdot\frac{c}{3}\right\}+\frac{u}{c}\left\{\frac{v'c}{2}\cdot\frac{c}{3}+\frac{v\cdot c}{2}\cdot\frac{2}{3}c\right\}$$

oder

$$(11)\qquad E\,J\cdot\delta_{ik}=\frac{c}{6}\left[u'(2\,v'+v)+u\,(v'+2\,v)\right].$$

Ferner liefert (10)

$$E\,J\,\delta_{kk}=2\left\{v'c\,\frac{v'}{2}+\frac{(v-v')\,c}{2}\cdot\left(\frac{v-v'}{3}+v'\right)\right\}$$

$$=c\left\{v'^2+(v-v')\,(v+2\,v')\,\frac{1}{3}\right\}$$

$$=c\left\{v'^2+\frac{v^2}{3}+\frac{v\,v'}{3}-\frac{2}{3}\,v'^2\right\}$$

oder

$$(12)\qquad E\,J\,\delta_{kk}=\frac{c}{3}\,(v'^2+v\,v'+v^2).$$

Entsprechend wird

$$E\,J\,\delta_{ii}=\frac{c}{3}\,(u^2+u\,u'+u'^2).$$

# § 4. Aufstellung von Elastizitätsgleichungen mit nur einer Unbekannten.

Die Untersuchung mehrfach statisch unbestimmter Systeme mittels des in § 3 besprochenen allgemeinen Verfahrens ist mit Rücksicht auf die bei der Bestimmung der Verschiebungsgrößen auftretenden Ungenauigkeiten (welche bei zeichnerischer Behandlung der Aufgabe nicht zu vermeiden sind, bei rechnerischer Behandlung nur dann ausgeschaltet werden können, wenn die Verschiebungen auf mehrere Dezimalen genau ermittelt werden) nicht empfehlenswert. Aus diesem Grunde formt man zweckmäßig die Elastizitätsgleichungen (II) so um, daß jede von ihnen nur eine Unbekannte enthält, was immer der Fall ist, wenn alle Verschiebungswerte $\delta_{ik}$ mit zwei verschiedenen Zeigern verschwinden. Die Gleichungen (II) nehmen dann die einfache Form an:

$$\text{(IV)}\quad\begin{cases} \Sigma(C_a\cdot c)=\Sigma P_m\cdot\delta_{ma}+X_a\cdot\delta_{aa}+\delta_{at} \\ \Sigma(C_b\cdot c)=\Sigma P_m\cdot\delta_{mb}+X_b\cdot\delta_{bb}+\delta_{bt} \\ \Sigma(C_c\cdot c)=\Sigma P_m\cdot\delta_{mc}+X_c\cdot\delta_{cc}+\delta_{ct} \\ \qquad\cdots\cdots\cdots\cdots\cdots \\ \qquad\cdots\cdots\cdots\cdots\cdots \end{cases}$$

und diese liefern sofort:

$$\text{(V)}\quad\begin{cases} X_a=-\dfrac{\Sigma P_m\cdot\delta_{ma}+\delta_{at}-\Sigma(C_a\cdot c)}{\delta_{aa}} \\[2mm] X_b=-\dfrac{\Sigma P_m\cdot\delta_{mb}+\delta_{bt}-\Sigma(C_b\cdot c)}{\delta_{bb}} \\[2mm] X_c=-\dfrac{\Sigma P_m\cdot\delta_{mc}+\delta_{ct}-\Sigma(C_c\cdot c)}{\delta_{cc}} \\[1mm] \qquad\cdots\cdots\cdots\cdots\cdots \\ \qquad\cdots\cdots\cdots\cdots\cdots \end{cases}$$

Die dabei zu lösende Aufgabe besteht zunächst darin, die statisch unbestimmten Größen $X_a$, $X_b$, $X_c$, ... so zu wählen, daß die Verschiebungen $\delta_{ab}=\delta_{ba}$, $\delta_{ac}=\delta_{ca}$, $\delta_{bc}=\delta_{cb}$ ... zu Null werden. Zur Erreichung dieses Zieles können je nach Art der Aufgabe verschiedene Methoden zur Anwendung gelangen. Einige von ihnen werden im nächsten Abschnitt zur Untersuchung spezieller Systeme herangezogen, wogegen hier eine ganz allgemeine Lösung des Problems auf analytischem Wege nach dem Verfahren von S. Müller[1]) besprochen werden soll.

In den Elastizitätsgleichungen (II) sind bisher die Größen $X_a$, $X_b$, $X_c$ ... stets als Einzelkräfte oder -momente angesehen worden, an deren Stelle in der nachfolgenden Untersuchung Kraftgruppen treten. Der Zustand $X_a=1$ wird also nicht mehr durch eine Last bzw. ein Lastenpaar von der Größe 1, oder ein Moment bzw. ein Momentenpaar 1 dargestellt, sondern durch eine Gruppe von Lasten bzw. Momenten.

Es mögen $Y_1$, $Y_2$, $Y_3$, ..., $Y_n$ die statisch unbestimmten Einzelwirkungen in den überzähligen Konstruktionsgliedern eines $n$-fach statisch unbestimmten Systems bezeichnen, welche als Stabkraft, Lagerkraft, Moment oder Querkraft auftreten können. Diese werden jetzt als Funktionen der Belastungen $X_a$, $X_b$, $X_c$, ..., $X_n$ in der Form dargestellt:

$$\text{(13)}\quad\begin{cases} Y_1=Y_{1a}\cdot X_a+Y_{1b}\cdot X_b+Y_{1c}\cdot X_c+\cdots+Y_{1n}\cdot X_n \\ Y_2=Y_{2a}\cdot X_a+Y_{2b}\cdot X_b+Y_{2c}\cdot X_c+\cdots+Y_{2n}\cdot X_n \\ \cdots\cdots\cdots\cdots\cdots\cdots\cdots\cdots\cdots \\ \cdots\cdots\cdots\cdots\cdots\cdots\cdots\cdots\cdots \\ Y_n=Y_{na}\cdot X_a+Y_{nb}\cdot X_b+Y_{nc}\cdot X_c+\cdots+Y_{nn}\cdot X_n, \end{cases}$$

wobei $Y_{1a}$, $Y_{2a}$, $Y_{3a}$, ...., $Y_{na}$ eine Gruppe von zunächst unbekannten Kräften bedeuten, welche zusammen den Zustand $X_a=1$ bilden. $Y_{1a}$ fällt in die

---

[1]) Müller, S.: Zur Berechnung mehrfach statisch unbestimmter Tragwerke. Zentralbl. d. Bauverw. 1907, S. 23.

Lage und Richtung von $Y_1$, $Y_{2a}$, in die Lage und Richtung von $Y_2$ usw. Entsprechend stellen die Kräfte $Y_{1b}$, $Y_{2b}$, $Y_{3b}$, $\ldots$, $Y_{nb}$ den Zustand $X_b = 1$, $Y_{1n}$, $Y_{2n}$, $\ldots$, $Y_{nn}$ den Zustand $X_n = 1$ dar.

Es möge bezeichnen: $\delta_{1a}$ die Verschiebung des Angriffspunktes 1 der Kraft (Moment) $Y_1$ im Sinne dieser Kraft, hervorgerufen durch die Belastung $X_a = 1$, $\delta_{2a}$ die Verschiebung des Angriffspunktes 2 der Kraft $Y_2$ im Sinne dieser Kraft, hervorgerufen durch die Belastung $X_a = 1$, usw. Dann wird die virtuelle Arbeit des Zustandes $X_a = 1$ auf dem Wege infolge der Belastung $X_a = 1$ nach dem Superpositionsgesetz:

$$1 \cdot \delta_{aa} = Y_{1a} \cdot \delta_{1a} + Y_{2a} \cdot \delta_{2a} + \cdots + Y_{na} \cdot \delta_{na}.$$

Entsprechend erhält man:

$$1 \cdot \delta_{bb} = Y_{1b} \cdot \delta_{1b} + Y_{2b} \cdot \delta_{2b} + \cdots + Y_{nb} \cdot \delta_{nb}$$
$$1 \cdot \delta_{cc} = Y_{1c} \cdot \delta_{1c} + Y_{2c} \cdot \delta_{2c} + \cdots + Y_{nc} \cdot \delta_{nc}$$
$$\cdot \cdot \cdot \cdot \cdot \cdot \cdot \cdot \cdot \cdot \cdot \cdot \cdot \cdot \cdot \cdot \cdot \cdot \cdot \cdot \cdot$$

Ferner wird die virtuelle Arbeit des Zustandes $X_a = 1$ auf dem Wege infolge der Belastung $X_b = 1$

$$1 \cdot \delta_{ab} = Y_{1a} \cdot \delta_{1b} + Y_{2a} \cdot \delta_{2b} + \cdots + Y_{na} \cdot \delta_{nb},$$

und allgemein wird

$$1 \cdot \delta_{ik} = Y_{1i} \cdot \delta_{1k} + Y_{2i} \cdot \delta_{2k} + \cdots + Y_{ni} \cdot \delta_{nk}.$$

Aus dem Bettischen Satz (vgl. S. 144) folgt, daß $\delta_{ab} = \delta_{ba}$; $\delta_{ac} = \delta_{ca}$ und allgemein $\delta_{ik} = \delta_{ki}$ ist. Soll nun jede der allgemeinen Elastizitätsgleichungen (III)

$$\begin{cases} K_a = X_a \cdot \delta_{aa} + X_b \cdot \delta_{ba} + \cdots + X_n \cdot \delta_{na} \\ K_b = X_a \cdot \delta_{ab} + X_b \cdot \delta_{bb} + \cdots + X_n \cdot \delta_{nb} \\ \cdot \cdot \cdot \cdot \cdot \cdot \cdot \cdot \cdot \cdot \cdot \cdot \cdot \cdot \cdot \cdot \cdot \\ \cdot \cdot \cdot \cdot \cdot \cdot \cdot \cdot \cdot \cdot \cdot \cdot \cdot \cdot \cdot \cdot \cdot \\ K_n = X_a \cdot \delta_{an} + X_b \cdot \delta_{bn} + \cdots + X_n \cdot \delta_{nn} \end{cases}$$

nur eine statisch unbestimmte Größe $X$ enthalten, so müssen die Gruppenlasten $Y_{1a}$, $Y_{2a}$, $\ldots$, $Y_{na}$, $Y_{1b}$, $Y_{2b}$, $\ldots$, $Y_{nb}$ usw. aus den vorstehend für die Verschiebungen $\delta_{ik}$ gefundenen Beziehungen so bestimmt werden, daß alle $\delta_{ik}$ mit verschiedenen Zeigern zu Null werden.

Bei einem $n$-fach statisch unbestimmten System treten in jeder Elastizitätsgleichung $n-1$ Verschiebungsgrößen mit verschiedenen Zeigern auf, in $n$ Gleichungen $n(n-1)$ solche Werte. Da aber nach dem Bettischen Satz je zwei einander gleich sind, so stehen zur Berechnung der Gruppenlasten $\dfrac{n(n-1)}{2}$ Bedingungen $\delta_{ik} = 0$ zur Verfügung. Die Zahl dieser Gruppenlasten beträgt $n \cdot n$. Man kann somit $n^2 - \dfrac{n(n-1)}{2} = \dfrac{n(n+1)}{2} = n + \dfrac{n(n-1)}{2}$ Gruppenlasten willkürlich annehmen, von denen allerdings $n$ Werte so zu wählen sind, daß die $n$ Elastizitätsgleichungen befriedigt werden.

In der nachstehenden Tabelle sind die Größen $X_a$, $X_b$, $X_c$ $\ldots$ in einer Horizontalreihe, die statisch unbestimmten Einzelwirkungen $Y_1$, $Y_2$, $Y_3$ $\ldots$ in einer Vertikalreihe angeschrieben. Unter $X_a$ werden die Gruppenlasten $Y_{1a}$, $Y_{2a}$, $Y_{3a}$ $\ldots$ unter $X_b$ die Gruppenlasten $Y_{1b}$, $Y_{2b}$, $Y_{3b}$ $\ldots$ eingetragen usw.

|       | $X_a$ | $X_b$ | $X_c$ | $X_d$ | $X_e$ |
|-------|-------|-------|-------|-------|-------|
| $Y_1$ | $Y_{1a}$ | $Y_{1b}$ | $Y_{1c}$ | $Y_{1d}$ | $Y_{1e}$ |
| $Y_2$ | $Y_{2a}$ | $Y_{2b}$ | $Y_{2c}$ | $Y_{2d}$ | $Y_{2e}$ |
| $Y_3$ | $Y_{3a}$ | $Y_{3b}$ | $Y_{3c}$ | $Y_{3d}$ | $Y_{3e}$ |
| $Y_4$ | $Y_{4a}$ | $Y_{4b}$ | $Y_{4c}$ | $Y_{4d}$ | $Y_{4e}$ |
| $Y_5$ | $Y_{5a}$ | $Y_{5b}$ | $Y_{5c}$ | $Y_{5d}$ | $Y_{5e}$ |

|       | $X_a$ | $X_b$ | $X_c$ | $X_d$ | $X_e$ |
|-------|-------|-------|-------|-------|-------|
| $Y_1$ | 1 | $Y_{1b}$ | $Y_{1c}$ | $Y_{1d}$ | $Y_{1e}$ |
| $Y_2$ | 0 | 1 | $Y_{2c}$ | $Y_{2d}$ | $Y_{2e}$ |
| $Y_3$ | 0 | 0 | 1 | $Y_{3d}$ | $Y_{3e}$ |
| $Y_4$ | 0 | 0 | 0 | 1 | $Y_{4e}$ |
| $Y_5$ | 0 | 0 | 0 | 0 | 1 |

Man setzt nun $n$ Gruppenlasten gleich 1 (Befriedigung der $n$ Elastizitätsgleichungen) und $\dfrac{n(n-1)}{2}$ Gruppenlasten gleich Null, und zwar wählt man für die erste Art die Werte $Y_{1a} = Y_{2b} = Y_{3c} = \ldots = 1$ und für die zweite Art die Werte $Y_{2a} = Y_{3a} = Y_{4a} = \ldots = 0$, $\;Y_{3b} = Y_{4b} = Y_{5b} = \ldots = 0$, $Y_{4c} = Y_{5c} = Y_{6c} = \ldots = 0$. Damit sind $\dfrac{n(n+1)}{2}$ Gruppenlasten festgelegt. Der Rest muß aus den $\dfrac{n(n-1)}{2}$ zur Verfügung stehenden Bedingungen $\delta_{ik} = 0$ gefunden werden. In der Tabelle werden also die noch zu bestimmenden von den gewählten Gruppenlasten durch die stark ausgezogene Treppenlinie getrennt.

Zur Ermittlung der ersteren verfährt man wie folgt. Der Belastungszustand $X_a = 1$ besteht aus der einzigen Gruppenlast $Y_{1a} = 1$. Aus diesem können rechnerisch oder graphisch die Verschiebungswerte $\delta_{1a}$, $\delta_{2a}$, $\delta_{3a} \ldots$ gefunden werden. Wegen $Y_{2b} = 1$ und $Y_{3b} = Y_{4b} = \ldots = 0$ lautet die Bedingung $\delta_{ba} = 0$

$$(14) \qquad\qquad 0 = Y_{1b} \cdot \delta_{1a} + 1 \cdot \delta_{2a},$$

woraus folgt:

$$Y_{1b} = -\frac{\delta_{2a}}{\delta_{1a}}.$$

Damit sind alle Gruppenlasten des Zustandes $X_b = 1$ bekannt (vgl. Tabelle) und es können nun mit deren Hilfe die Verschiebungen $\delta_{1b}$, $\delta_{2b}$, $\delta_{3b} \ldots$ gefunden werden. Da auch $\delta_{ab} = 0$ sein muß, so erhält man:

$$0 = Y_{1a} \cdot \delta_{1b} \quad \text{oder} \quad \delta_{1b} = 0.$$

Der Verschiebungszustand infolge $X_b = 1$ muß also $\delta_{1b}$ gleich Null ergeben, worin eine erwünschte Kontrolle der Zeichnung oder Rechnung liegt.

Zur Bestimmung der Gruppenlasten $Y_{1c}$ und $Y_{2c}$ stehen die Bedingungen $\delta_{ca} = 0$ und $\delta_{cb} = 0$ zur Verfügung. Mit $\delta_{1b} = 0$ lauten diese:

$$(15) \qquad \begin{cases} \delta_{ca} = 0 = Y_{1c} \cdot \delta_{1a} + Y_{2c} \cdot \delta_{2a} + 1 \cdot \delta_{3a} \\ \delta_{cb} = 0 = \qquad\qquad\quad Y_{2c} \cdot \delta_{2b} + 1 \cdot \delta_{3b}, \end{cases}$$

woraus folgt:

$$Y_{2c} = -\frac{\delta_{3b}}{\delta_{2b}}; \qquad Y_{1c} = -\frac{Y_{2c} \cdot \delta_{2a} + \delta_{3a}}{\delta_{1a}}.$$

Damit sind alle Gruppenlasten des Zustandes $X_c = 1$ bekannt, und es können aus diesen die Verschiebungen $\delta_{1c}$, $\delta_{2c}$, $\delta_{3c} \ldots$ ermittelt werden. Wegen $\delta_{ac} = 0$ muß sich auch $\delta_{1c} = 0$ ergeben und wegen $\delta_{bc} = 0$ wird auch $\delta_{2c} = 0$.

Zur Berechnung der Gruppenlasten $Y_{1d}$, $Y_{2d}$, $Y_{3d}$ stehen die Bedingungen $\delta_{da} = 0$, $\delta_{db} = 0$, $\delta_{dc} = 0$ zur Verfügung. Diese lauten:

$$(16) \quad \begin{cases} \delta_{da} = 0 = Y_{1d} \cdot \delta_{1a} + Y_{2d} \cdot \delta_{2a} + Y_{3d} \cdot \delta_{3a} + 1 \cdot \delta_{4a} \\ \delta_{db} = 0 = \qquad\qquad Y_{2d} \cdot \delta_{2b} + Y_{3d} \cdot \delta_{3b} + 1 \cdot \delta_{4b} \\ \delta_{dc} = 0 = \qquad\qquad\qquad\qquad\quad Y_{3d} \cdot \delta_{3c} + 1 \cdot \delta_{4c}, \end{cases}$$

woraus folgt:

$$Y_{3d} = -\frac{\delta_{4c}}{\delta_{3c}}; \quad Y_{2d} = -\frac{Y_{3d} \cdot \delta_{3b} + \delta_{4b}}{\delta_{2b}}; \quad Y_{1d} = -\frac{Y_{2d} \cdot \delta_{2a} + Y_{3d} \cdot \delta_{3a} + \delta_{4a}}{\delta_{1a}}.$$

In gleicher Weise fortfahrend kann man sämtliche Gruppenlasten ermitteln.

Der Einfluß einer gegebenen Belastung $P$ auf die Größen $X_a$, $X_b$, $X_c$, $\ldots$ ergibt sich aus (V):

$$(17) \quad X_a = -\frac{\Sigma P_m \cdot \delta_{ma}}{\delta_{aa}}; \quad X_b = -\frac{\Sigma P_m \cdot \delta_{mb}}{\delta_{bb}}, \quad \ldots; \quad X_n = -\frac{\Sigma P_m \cdot \delta_{mn}}{\delta_{nn}}.$$

Die Summenwerte in diesen Gleichungen findet man im Falle beliebig gerichteter, ruhender Lasten entweder mit Hilfe von Verschiebungsplänen für die Zustände $X_a = 1$, $X_b = 1$, $\ldots$, $X_n = 1$, aus denen die Verschiebungen $\delta_{ma}$, $\delta_{mb}$, $\ldots$, $\delta_{mn}$ aller Punkte $m$ in Richtung der in ihnen angreifenden Lasten $P_m$ entnommen werden können, oder man bestimmt sie rechnerisch mittels der Gleichungen $\Sigma P_m \cdot \delta_{ma} = \Sigma S_0 S_a \cdot \varrho$, $\Sigma P_m \cdot \delta_{mb} = \Sigma S_0 S_b \cdot \varrho \ldots$, wenn es sich um ein Fachwerk, bzw. $\Sigma P_m \cdot \delta_{ma} = \int \dfrac{M_0 M_a \, ds}{EJ} + \int \dfrac{N_0 N_a \, ds}{EF}$,

$\Sigma P_m \delta_{mb} = \int \dfrac{M_0 M_b \, ds}{EJ} + \int \dfrac{N_0 N_b \, ds}{EF}$, wenn es sich um ein Stabwerk handelt.

Für die Wege $\delta_{aa}$, $\delta_{bb}$, $\delta_{cc} \ldots$ ergibt sich aus den auf S. 209 aufgestellten Beziehungen:

$$\delta_{aa} = \delta_{1a}; \quad \delta_{bb} = \delta_{2b}; \quad \delta_{cc} = \delta_{3c}; \quad \ldots$$

Sie werden entweder den Verschiebungsplänen für $X_a = 1$, $X_b = 1$, $X_c = 1 \ldots$ entnommen, oder mit Hilfe der Arbeitsgleichung bestimmt. Sind $X_a$, $X_b$, $X_c \ldots$ bekannt, dann erhält man die statisch unbestimmten Einzelwirkungen n den überzähligen Konstruktionsgliedern aus (13) wie folgt:

$$(18) \quad \begin{cases} Y_1 = 1 \cdot X_a + Y_{1b} \cdot X_b + Y_{1c} \cdot X_c + \ldots + Y_{1n} \cdot X_n \\ Y_2 = \qquad\qquad 1 \cdot X_b + Y_{2c} \cdot X_c + \ldots + Y_{2n} \cdot X_n \\ Y_3 = \qquad\qquad\qquad\qquad 1 \cdot X_c + \ldots + Y_{3n} \cdot X_n \\ \;\cdot\quad\cdot\quad\cdot\quad\cdot\quad\cdot\quad\cdot\quad\cdot\quad\cdot\quad\cdot\quad\cdot\quad\cdot\quad\cdot \\ Y_n = \qquad\qquad\qquad\qquad\qquad\qquad\quad 1 \cdot X_n, \end{cases}$$

und die übrigen Spannungsgrößen mit Hilfe der bekannten Beziehungen:

$$\begin{aligned} S &= S_0 + S_a \cdot X_a + S_b \cdot X_b + \ldots + S_n \cdot X_n \\ M &= M_0 + M_a \cdot X_a + M_b \cdot X_b + \ldots + M_n \cdot X_n \\ N &= N_0 + N_a \cdot X_a + N_b \cdot X_b + \ldots + N_n \cdot X_n \\ C &= C_0 + C_a \cdot X_a + C_b \cdot X_b + \ldots + C_n \cdot X_n, \end{aligned}$$

wobei $S_0$, $M_0$, $N_0$, $C_0$ die Spannkräfte bzw. Momente, Längskräfte und Stützendrücke des statisch bestimmten Hauptsystems infolge der Lasten $P$; $S_a$, $M_a$, $N_a$, $C_a$ die entsprechenden Werte infolge $X_a = 1$ bedeuten usw.

Für den speziellen Fall paralleler (im allgemeinen senkrechter) Lasten liefern die Biegungslinien der Zustände $X_a = 1$, $X_b = 1$, $X_c = 1 \ldots$ die Einflußlinien für die Summenwerte $\Sigma P_m \cdot \delta_{ma}$, $\Sigma P_m \cdot \delta_{mb}$, $\Sigma P_m \cdot \delta_{mc}$, $\ldots$, welche zugleich die Einflußlinien für die Größen $X_a$, $X_b$, $X_c$ ... darstellen, wenn man ihnen die Multiplikatoren $-\dfrac{1}{\delta_{aa}}$, $-\dfrac{1}{\delta_{bb}}$, $-\dfrac{1}{\delta_{cc}}$ ... beilegt. Aus ihnen können alle übrigen Einflußlinien abgeleitet werden (vgl. S. 203).

Zur Erkenntnis der allgemeinen Bedeutung der Gruppenlasten soll deren Ermittlung etwas näher besprochen werden. Aus den Bedingungsgleichungen (14), (15), (16) ergab sich:

$$(19)\quad\begin{cases}
Y_{1b} = -\dfrac{\delta_{2a}}{\delta_{1a}} = -\dfrac{\delta_{2a}}{\delta_{aa}}, \\[2ex]
Y_{2c} = -\dfrac{\delta_{3b}}{\delta_{2b}} = -\dfrac{\delta_{3b}}{\delta_{bb}}; \qquad Y_{1c} = -\dfrac{Y_{2c}\cdot\delta_{2a}+\delta_{3a}}{\delta_{aa}}; \\[2ex]
Y_{3d} = -\dfrac{\delta_{4c}}{\delta_{cc}}; \qquad\qquad Y_{2d} = -\dfrac{Y_{3d}\cdot\delta_{3b}+\delta_{4b}}{\delta_{bb}}; \\[2ex]
\qquad\qquad\qquad\qquad\qquad\quad Y_{1d} = -\dfrac{Y_{2d}\cdot\delta_{2a}+Y_{3d}\cdot\delta_{3a}+\delta_{4a}}{\delta_{aa}}; \\[2ex]
Y_{4e} = -\dfrac{\delta_{5d}}{\delta_{dd}}; \qquad\qquad Y_{3e} = -\dfrac{Y_{4e}\cdot\delta_{4c}+\delta_{5c}}{\delta_{cc}}; \\[2ex]
\qquad\qquad\qquad\qquad\qquad\quad Y_{2e} = -\dfrac{Y_{3e}\cdot\delta_{3b}+Y_{4e}\cdot\delta_{4b}+\delta_{5b}}{\delta_{bb}}; \\[2ex]
\qquad\qquad\qquad\qquad\qquad\quad Y_{1e} = -\dfrac{Y_{2e}\cdot\delta_{2a}+Y_{3e}\cdot\delta_{3a}+Y_{4e}\cdot\delta_{4a}+\delta_{5a}}{\delta_{aa}} \\[2ex]
\cdots\cdots\cdots\cdots\cdots\cdots\cdots\cdots\cdots\cdots\cdots\cdots\cdots\cdots\cdots\cdots\cdots
\end{cases}$$

Zeichnet man für die Zustände $X_a = 1$, $X_b = 1$, $X_c = 1$ ... die Verschiebungspläne, so können diese als Einflußgebilde für die Größen $X_a$, $X_b$, $X_c$ ... aufgefaßt werden, wenn man ihnen den Multiplikator $\mu = -1$ gibt und die Maßstäbe so wählt, daß $\delta_{aa} = 1$, $\delta_{bb} = 1$, $\delta_{cc} = 1$ ... wird. Für die im Punkte 2 im Sinne von $Y_2$ wirkende Belastung 1 liefert der Verschiebungsplan für $X_a = 1$ mit $\delta_{aa} = 1$ den Wert $1\cdot\delta_{2a} = -Y_{1b}$. Der Verschiebungsplan für $X_b = 1$ liefert mit $\delta_{bb} = 1$, wenn in 3 die Belastung 1 im Sinne von $Y_3$ wirkt, $1\cdot\delta_{3b} = -Y_{2c}$, und der Verschiebungsplan für $X_a = 1$ liefert $Y_{2c}\cdot\delta_{2a}+\delta_{3a} = -Y_{1c}$, wenn in 3 die Belastung 1 und in 2 die Belastungg $Y_{2c}$ wirkt. In analoger Weise können die Gruppenlasten $Y_{3d}$ aus dem Verschiebungsplan für $X_c = 1$, $Y_{2d}$ aus demjenigen für $X_b = 1$, $Y_{1d}$ aus demjenigen für $X_a = 1$ gefunden werden, wenn man die entsprechenden Belastungen einführt, welche sich aus den Gleichungen (19) ergeben.

Von einem fünffach statisch unbestimmten System mögen die Einflußgebilde für die Größen $X_a$, $X_b$, $X_c$, $X_d$ gefunden sein. Zwecks Ableitung einer wichtigen Beziehung für die Gruppenlasten des Zustandes $X_e = 1$ werden die statisch unbestimmten Einzelwirkungen $Y_1'$, $Y_2'$, $Y_3'$, $Y_4'$ des vierfach statisch unbestimmten Systems gemäß Gleichung (18) wie folgt angeschrieben:

$$\begin{cases}
Y_1' = 1\cdot X_a + Y_{1b}\cdot X_b + Y_{1c}\cdot X_c + Y_{1d}\cdot X_d \\
Y_2' = \qquad\qquad 1\cdot X_b + Y_{2c}\cdot X_c + Y_{2d}\cdot X_d \\
Y_3' = \qquad\qquad\qquad\qquad 1\cdot X_c + Y_{3d}\cdot X_d \\
Y_4' = \qquad\qquad\qquad\qquad\qquad\qquad 1\cdot X_d
\end{cases}$$

Um aus den gegebenen Einflußgebilden die Gruppenlasten des Zustandes $X_e = 1$ in der oben beschriebenen Weise zu finden, lasse man auf das statisch bestimmte Hauptsystem im Punkte 5 die Belastung 1 wirken. Dann liefert das Einflußgebilde für $X_d = 1$ mit $\delta_{dd} = 1$ die Gruppenlast $Y_{4e} = -\delta_{5d}$. Nun ist aber bei der angenommenen Belastung nach (17) auch $X_d = -1 \cdot \delta_{5d} = Y_{4e}$, und man erkennt, daß die Gruppenlast $Y_{4e}$ des Zustandes $X_e = 1$ mit der statisch unbestimmten Einzelwirkung $Y_4' = 1 \cdot X_d$ des vierfach statisch unbestimmten Systems übereinstimmt.

Das Einflußgebilde für $X_c = 1$ liefert die Gruppenlast $Y_{3e}$, wenn man auf das Hauptsystem im Punkte 5 die Belastung 1 und im Punkte 4 die Belastung $Y_{4e}$ wirken läßt. Dann wird mit $\delta_{cc} = 1$ $Y_{3e} = -(\delta_{5c} + Y_{4e} \cdot \delta_{4c})$. Nun ist aber, wenn in 5 die Belastung 1 angreift, nach (17)

$$X_c = -\delta_{5c}; \qquad X_d = -\delta_{5d} = Y_{4e}.$$

Beachtet man noch, daß nach (19) $-\delta_{4c} = Y_{3d}$ ist, so erhält man

$$Y_{3e} = X_c + Y_{3d} \cdot X_d = Y_3',$$

d. h. die Gruppenlast $Y_{3e}$ des Zustandes $X_e = 1$ ist gleich der statisch unbestimmten Einzelwirkung $Y_3'$ des vierfach statisch unbestimmten Systems bei der Belastung 1 in 5.

In dieser Überlegung fortschreitend, gelangt man zu dem Schluß, daß allgemein die Gruppenlasten für den Zustand $X_r = 1$ mit den statisch unbestimmten Einzelwirkungen des $(r-1)$-fach statisch unbestimmten Systems übereinstimmen, sobald im Punkte $r$ die Belastung 1 wirkt. Demnach ist auch der Verschiebungsplan für $X_r = 1$ bzw. das mit 1 multiplizierte Einflußgebilde für $X_r$, identisch mit dem Verschiebungsplan des $(r-1)$-fach statisch unbestimmten Systems, wenn in $r$ die Belastung 1 im Sinne von $Y_r$ wirkt, oder — für den speziellen Fall paralleler Lasten — die Einflußlinie für $X_r$ ist identisch mit der mit $-1$ multiplizierten Biegungslinie des $(r-1)$-fach statisch unbestimmten Systems für die Belastung 1 in $r$.

Es besteht somit ein wichtiger Zusammenhang zwischen diesem ganz allgemeinen Verfahren und denjenigen Lösungsmethoden, welche auf der Einführung eines statisch unbestimmten Hauptsystems beruhen.

Die weitaus größte Anzahl der praktisch vorkommenden Systeme besitzt eine Symmetrieachse oder läßt sich in mehrere leicht zu berechnende Teilsysteme zerlegen. In solchen Fällen empfiehlt es sich, auf die vorstehend beschriebene schrittweise Durchführung des Rechnungsganges zu verzichten und bei der Wahl der $\dfrac{n(n+1)}{2}$ willkürlichen Gruppenlasten die Eigenschaften der geometrischen Anordnung des betreffenden Tragwerks auszunutzen[1]). Man erhält dann im allgemeinen einfachere Belastungszustände $X_a = 1$, $X_b = 1$, $X_c = 1 \ldots$, durch welche die Rechenarbeit nicht unwesentlich vermindert wird.

Zur Erläuterung des hier beschriebenen Verfahrens soll nachstehend ein einfaches Beispiel behandelt werden, an dem die einzelnen Operationen leicht verfolgt werden können. Das in Abb. 248 dargestellte Tragwerk ist in den Punkten $B$ und $C$ gelenkig gelagert und besitzt außerdem bei $A$ und $D$ horizontal verschiebliche Stützpunkte. Es ist dreifach statisch unbestimmt, denn den sechs unbekannten Lagerreaktionen stehen nur drei Gleichgewichtsbedingungen gegenüber. Die Stützweiten der beiden Seitenöffnungen seien gleich $l_1$, die des Mittelfeldes gleich $l_2$. Entsprechend werden die über die Längen $l_1$ bzw. $l_2$ als konstant angenommenen Trägheitsmomente mit $J_1$ und $J_2$ bezeichnet, wogegen das Trägheitsmoment der Stiele gleich $J_3$ sein möge. Als überzählige Größen werden die Momente im Punkte 1 des Mittelfeldes

---

[1]) Vgl. Müller-Breslau: Statik der Baukonstruktionen, II. Band, I. Abt., 4. Aufl., S. 162 u. folg.

und in den symmetrisch zur Mitte liegenden Punkten 2 und 3 der Seitenfelder (Abb. 249) gewählt. Diese statisch unbestimmten Einzelwirkungen seien mit $Y_1$, $Y_2$, $Y_3$ bezeichnet und als Funktionen der Kraftgruppen $X_a$, $X_b$, $X_c$ wie folgt dargestellt:

$$(20) \quad \begin{cases} Y_1 = Y_{1a} \cdot X_a + Y_{1b} \cdot X_b + Y_{1c} \cdot X_c \\ Y_2 = Y_{2a} \cdot X_a + Y_{2b} \cdot X_b + Y_{2c} \cdot X_c \\ Y_3 = Y_{3a} \cdot X_a + Y_{3b} \cdot X_b + Y_{3c} \cdot X_c. \end{cases}$$

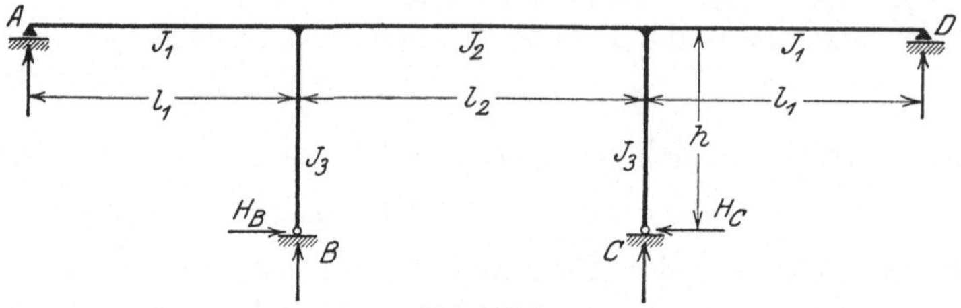

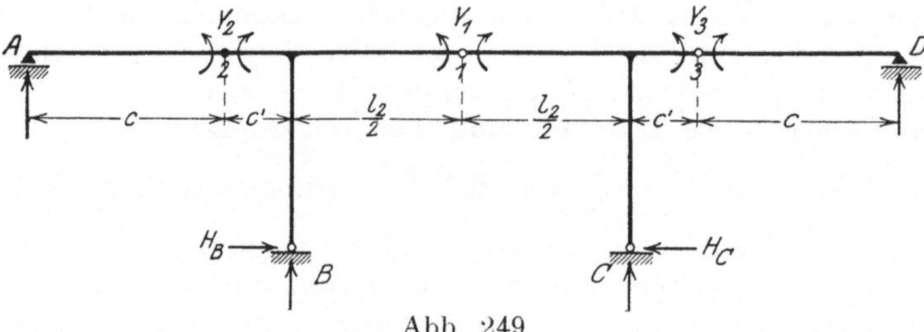


Abb. 248.

Von den $n^2 = 9$ Gruppenlasten werden $\dfrac{n(n+1)}{2} = 6$ willkürlich gewählt, und zwar wird $Y_{1a} = Y_{2b} = Y_{3c} = 1$ und $Y_{2a} = Y_{3a} = Y_{3b} = 0$ gesetzt, weshalb die vorstehenden Gleichungen übergehen in

$$\begin{aligned} Y_1 &= 1 \cdot X_a + Y_{1b} \cdot X_b + Y_{1c} \cdot X_c \\ Y_2 &= \phantom{1 \cdot X_a +{}} 1 \cdot X_b + Y_{2c} \cdot X_c \\ Y_3 &= \phantom{1 \cdot X_a + Y_{1b} \cdot X_b +{}} 1 \cdot X_c. \end{aligned}$$

Der Zustand $X_a = 1$, welcher jetzt nur aus der Gruppenlast $Y_{1a} = 1$ besteht, ist in Abb. 250 dargestellt. Infolge der beiden Momente 1 im Punkt 1 entstehen bei $B$ und $C$ die nach außen gerichteten Horizontalschübe $\dfrac{1}{h}$, während



Abb. 249.

andere Lagerkräfte nicht auftreten. Für diesen Belastungszustand lassen sich die Drehungen $\delta_{1a}$, $\delta_{2a}$ und $\delta_{3a}$ nach einem der im Abschnitt IV besprochenen Verfahren bestimmen. Sie mögen hier zunächst als bekannt angesehen werden. Will man dabei Längskräfte berücksichtigen, so beachte man, daß $N_a$ in den Stielen und in den Seitenfeldern gleich Null, im Mittelfeld gleich $+\dfrac{1}{h}$ ist.

Die Bedingung $\delta_{ba} = 0$ liefert:

$$0 = Y_{1b} \cdot \delta_{1a} + Y_{2b} \cdot \delta_{2a} + Y_{3b} \cdot \delta_{3a},$$

oder, da $Y_{2b} = 1$ und $Y_{3b} = 0$ ist,

$$Y_{1b} = -\frac{\delta_{2a}}{\delta_{1a}}.$$

Somit ist $Y_{1b}$ bekannt und der Zustand $X_b = 1$ setzt sich jetzt aus den Gruppenlasten $Y_{1b} = \nu$, wenn zur Abkürzung $-\dfrac{\delta_{2a}}{\delta_{1a}} = \nu$ gesetzt wird und $Y_{2b} = 1$ zusammen. Er ist in Abb. 251 dargestellt. Infolge $Y_{2b} = 1$ entsteht

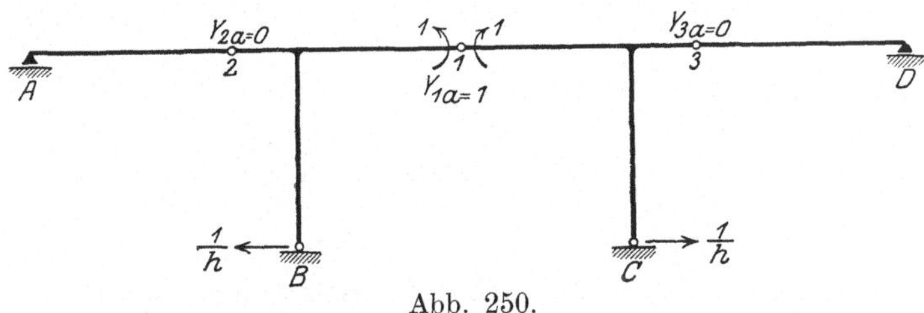


Abb. 250.

zunächst der Stützendruck $A_b = \dfrac{1}{c}$. Die Momentengleichung für $C$ liefert:

$$0 = A_b (l_1 + l_2) + B_b \cdot l_2 ,$$

woraus mit $A_b = \dfrac{1}{c}$ folgt

$$B_b = -\frac{l_1 + l_2}{c\, l_2} .$$

Damit ist aber wegen $\Sigma V = 0$

$$C_b = -(B_b + A_b) = \frac{l_1}{c\, l_2}$$

Endlich liefert die Gelenkbedingung für das Gelenk 1

$$0 = C_b \cdot \frac{l_2}{2} - H_{C_b} \cdot h - \nu \quad \text{oder} \quad H_{C_b} = \frac{l_1}{2\, c\, h} - \frac{\nu}{h} = H_{B_b} .$$

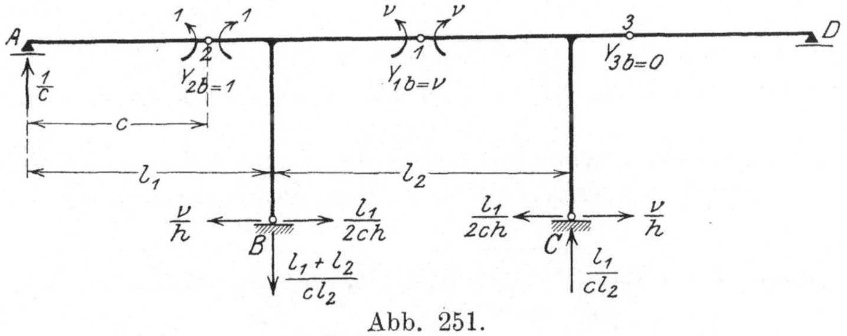

Abb. 251.

Für diesen Belastungszustand können nun die Drehungen $\delta_{1b}$, $\delta_{2b}$, $\delta_{3b}$ bestimmt werden. Da $\delta_{ab} = 0$ sein muß, so ergibt sich

$$\delta_{ab} = 0 = Y_{1a} \cdot \delta_{1b} + Y_{2a} \cdot \delta_{2b} + Y_{3a} \cdot \delta_{3b} ,$$

oder wegen $Y_{2a} = Y_{3a} = 0$

$$\delta_{1b} = 0 .$$

Zur Berechnung der Gruppenlasten des Zustandes $X_c = 1$ werden die Bedingungen $\delta_{cb} = 0$ und $\delta_{ca} = 0$ angeschrieben. Sie lauten:

$$\delta_{cb} = 0 = \qquad\qquad Y_{2c} \cdot \delta_{2b} + Y_{3c} \cdot \delta_{3b}$$
$$\delta_{ca} = 0 = Y_{1c} \cdot \delta_{1a} + Y_{2c} \cdot \delta_{2a} + Y_{3c} \cdot \delta_{3a} ,$$

216         Theorie der statisch unbestimmten Systeme.

woraus wegen $Y_{3c} = 1$ folgt

$$Y_{2c} = -\frac{\delta_{3b}}{\delta_{2b}}$$

$$Y_{1c} = -\frac{Y_{2c} \cdot \delta_{2a} + \delta_{3a}}{\delta_{1a}} = -\frac{\delta_{3a} - \dfrac{\delta_{2a} \cdot \delta_{3b}}{\delta_{2b}}}{\delta_{1a}}.$$

Setzt man jetzt

$$-\frac{\delta_{3b}}{\delta_{2b}} = \nu' \quad \text{und} \quad -\frac{\delta_{3a} - \dfrac{\delta_{2a} \cdot \delta_{3b}}{\delta_{2b}}}{\delta_{1a}} = \nu'',$$

so ergibt sich der aus Abb. 252 ersichtliche Belastungszustand $X_c = 1$. Die Lagerreaktionen $A_c$, $B_c$, $C_c$, $D_c$ und $H_{B_c} = H_{C_c}$ können aus denjenigen für die Zustände $X_a = 1$ und $X_b = 1$ leicht bestimmt werden.

Die weitere Behandlung der Aufgabe würde zunächst die Untersuchung der Formänderungen des statisch bestimmten Hauptsystems infolge der in

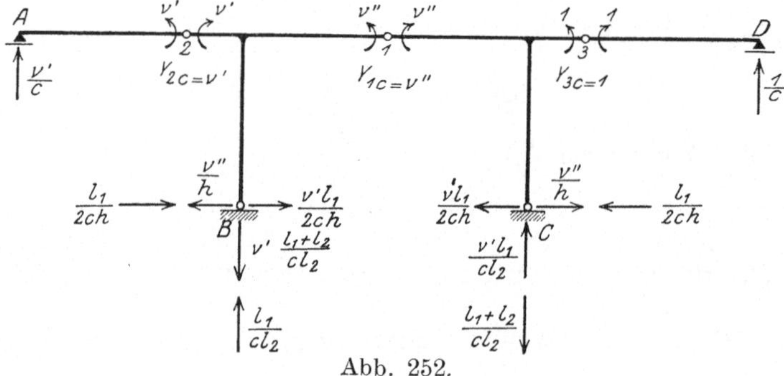

Abb. 252.

den Abb. 250 bis 252 dargestellten Belastungszustände $X_a = 1$, $X_b = 1$, $X_c = 1$ erforderlich machen, welche nach den im IV. Abschnitt besprochenen Methoden erfolgen kann.

Der hier gewählte allgemeine Gang der Untersuchung führt, wie man sich leicht überzeugt, zu unsymmetrischen Belastungszuständen $X_b = 1$ und

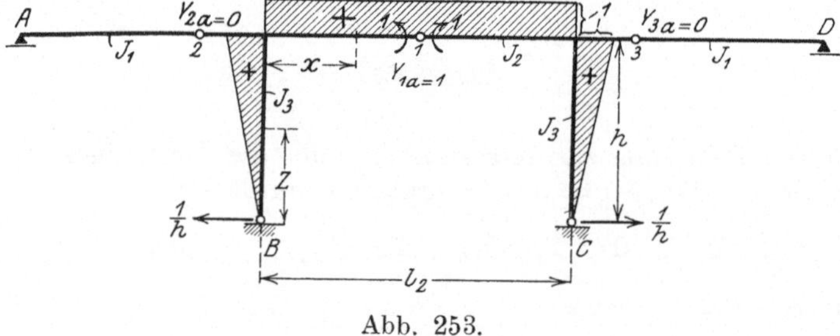

Abb. 253.

$X_c = 1$, für welche die Ermittlung der Formänderungen umständlich ist. Schneller gelangt man zum Ziele, wenn man auf die schematische Ermittlung der Gruppenlasten verzichtet, dafür aber sich die symmetrischen Eigenschaften des Tragwerks zunutze macht und die willkürlichen Gruppenlasten so wählt, daß möglichst einfache Belastungszustände $X$ entstehen.

Die oben gestellte Aufgabe möge jetzt nach diesem Gesichtspunkt behandelt werden. Als statisch unbestimmte Einzelwirkungen sollen die Größen $Y_1$, $Y_2$, $Y_3$ (Abb. 249) beibehalten werden, während über die $\dfrac{n\,(n+1)}{2}=6$ willkürlichen Gruppenlasten wie folgt verfügt wird. Man setzt $Y_{1a}=1$, $Y_{2a}=Y_{3a}=0$, $Y_{2b}=Y_{3b}=1$ und $Y_{3c}=-1$. Der Zustand $X_a=1$ ist in Abb. 253 dargestellt, in welche auch die diesem Zustand entsprechende Momentenfläche ($M_a$-Fläche) eingetragen wurde (vgl. auch Abb. 250). Aus

$$\delta_{ba}=0=Y_{1b}\cdot\delta_{1a}+Y_{2b}\cdot\delta_{2a}+Y_{3b}\cdot\delta_{3a}$$

folgt wegen $Y_{2b}=Y_{3b}=1$ und $\delta_{2a}=\delta_{3a}$ (infolge der Symmetrie)

$$Y_{1b}=-\,2\,\frac{\delta_{2a}}{\delta_{1a}}.$$

Nun ist aber unter Vernachlässigung von Längskräften

$$\delta_{1a}=\delta_{aa}=\int\frac{M_a^{\,2}\,ds}{EJ}$$

oder

$$\delta_{1a}=\frac{2}{EJ_3}\int_0^h\left(\frac{z}{h}\right)^2 dz+\frac{1}{EJ_2}\int_0^{l_2}1^2\cdot dx=\frac{2}{EJ_3}\cdot\frac{h}{3}+\frac{l}{EJ_2}.$$

Setzt man jetzt $J_2=J_c$ und multipliziert die vorstehende Gleichung mit $EJ_c$, so wird

$$EJ_c\cdot\delta_{1a}=\frac{2}{3}\,h\frac{J_c}{J_3}+l_2.$$

Zur Bestimmung der Drehung $\delta_{2a}$ wende man die Arbeitsgleichung für den Belastungszustand $\overline{M}_2=1$ an, indem man zwei entgegengesetzt gerichtete Momente von der Größe 1 im Punkte 2 auf das Hauptsystem wirken läßt.

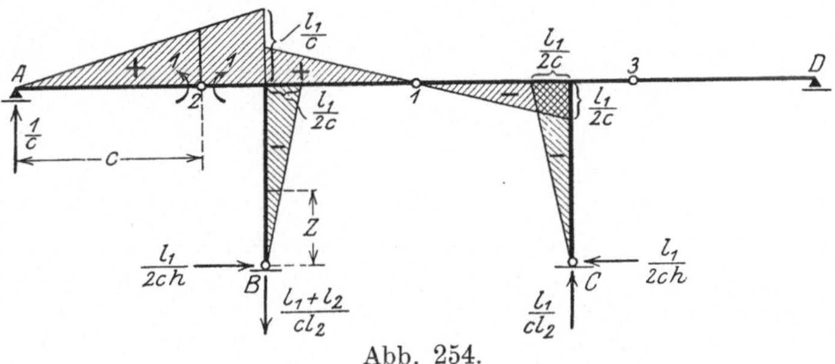


Abb. 254.

richtete Momente von der Größe 1 im Punkte 2 auf das Hauptsystem wirken läßt. Die virtuellen Stützendrücke können nach den Erklärungen auf S. 215 schnell angegeben werden. Mit ihrer Hilfe wird die aus Abb. 254 ersichtliche Momentenfläche gezeichnet. Die Arbeitsgleichung lautet

$$1\cdot\delta_{2a}=\int\frac{\overline{M}\,M_a\,ds}{EJ},$$

wobei $\overline{M}$ die aus vorstehender Momentenfläche zu entnehmenden Momente infolge $\overline{M}_2=1$ und $M_a$ die Ordinaten der $M_a$-Fläche (Abb. 253) bedeuten.

Man erhält also:

$$EJ_c \cdot \delta_{2a} = -2 \int_0^h \frac{l_1}{2c} \cdot \frac{z}{h} \cdot \frac{z}{h} dz \cdot \frac{J_c}{J_3} = -\frac{l_1 h}{3c} \cdot \frac{J_c}{J_3}.$$

Damit ergibt sich:

$$Y_{1b} = -\frac{2 \cdot \delta_{2a}}{\delta_{1a}} = \frac{2 l_1 h}{3c \left( \frac{2}{3} h + l_2 \frac{J_3}{J_c} \right)} = \frac{2 l_1 h}{c \left( 2h + 3 l_2 \frac{J_3}{J_c} \right)} = \varkappa.$$

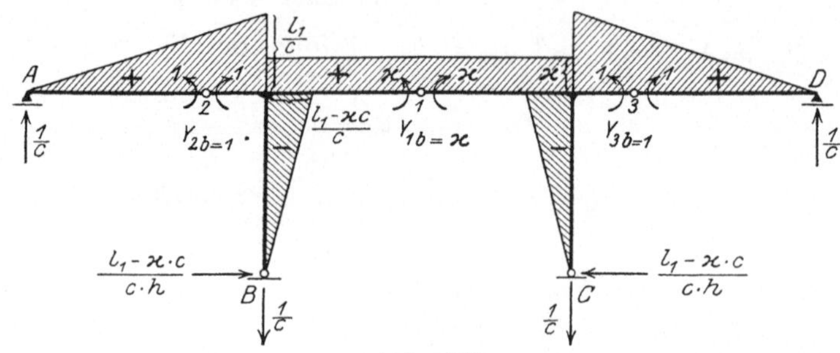



Abb. 255.

Somit sind die Gruppenlasten des Zustandes $X_b = 1$ bekannt. Sie liefern die in Abb. 255 dargestellte Momentenfläche ($M_b$-Fläche).

Aus

$$\delta_{ab} = 0 = Y_{1a} \cdot \delta_{1b} + Y_{2a} \cdot \delta_{2b} + Y_{3a} \cdot \delta_{3b}$$

folgt wegen $Y_{1a} = 1$, $Y_{2a} = Y_{3a} = 0$

$$\delta_{1b} = 0.$$

Ferner ist infolge der Symmetrie $\delta_{2b} = \delta_{3b}$. Zur Bestimmung der noch fehlenden Gruppenlasten $Y_{1c}$ und $Y_{2c}$ des Zustandes $X_c = 1$ dienen die Bedingungen $\delta_{cb} = 0$ und $\delta_{ca} = 0$. Die erste liefert

$$\delta_{cb} = 0 = Y_{1c} \cdot \delta_{1b} + Y_{2c} \cdot \delta_{2b} + Y_{3c} \cdot \delta_{3b},$$

oder wegen $Y_{3c} = -1$, $\delta_{1b} = 0$ und $\delta_{2b} = \delta_{3b}$

$$0 = Y_{2c} \cdot \delta_{2b} - \delta_{2b},$$

woraus folgt

$$Y_{2c} = 1.$$

Die zweite Bedingung lautet:

$$\delta_{ca} = 0 = Y_{1c} \cdot \delta_{1a} + Y_{2c} \cdot \delta_{2a} + Y_{3c} \cdot \delta_{3a},$$

oder wegen $Y_{2c} = -Y_{3c}$ und $\delta_{2a} = \delta_{3a}$

$$Y_{1c} = 0.$$

Damit ist der Zustand $X_c = 1$ bekannt. Die ihm entsprechende Momentenfläche ($M_c$-Fläche) zeigt Abb. 256.

Der Einfluß von Lasten $P$ auf die Größen $X_a$, $X_b$, $X_c$ ist nach (17)

$$X_a = -\frac{\Sigma P_m \delta_{ma}}{\delta_{aa}}; \qquad X_b = -\frac{\Sigma P_m \delta_{mb}}{\delta_{bb}}; \qquad X_c = -\frac{\Sigma P_m \delta_{mc}}{\delta_{cc}}.$$

Handelt es sich um lauter lotrechte Lasten, so stellen die Biegungslinien infolge der Zustände $X_a = 1$, $X_b = 1$, $X_c = 1$ die Einflußlinien für $X_a$, $X_b$ und $X_c$ dar, wenn man ihnen die Multiplikatoren $\mu_a = -\dfrac{1}{\delta_{aa}}$, $\mu_b = -\dfrac{1}{\delta_{bb}}$, $\mu_c = -\dfrac{1}{\delta_{cc}}$ beigibt.

Da die $M_a$-Fläche (Abb. 253) sich nur über die beiden Stiele und das Mittelfeld des Trägers erstreckt, so erleiden die Seitenfelder infolge des Belastungszustandes $X_a = 1$ keine Verbiegungen, sondern nur Verdrehungen.

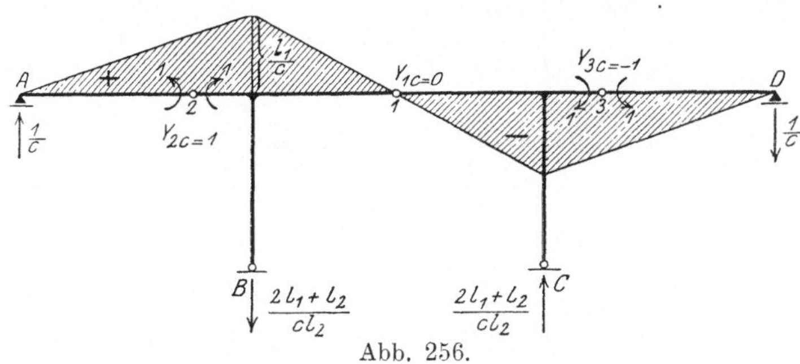

Abb. 256.

Ist also die senkrechte Verschiebung $\delta_{g_a}$ des Gelenkes 2 bekannt, so können die Verschiebungen $\delta_{m_a}$ aller Systempunkte der Seitenfelder als lineare Funktionen von $\delta_{g_a}$ ermittelt werden. $\delta_{g_a}$ wird zweckmäßig mit Hilfe der Arbeitsgleichung bestimmt. Diese liefert

$$1 \cdot \delta_{g_a} = \int \frac{\overline{M} M_a \, ds}{E J},$$

wenn $\overline{M}$ die Momente infolge der lotrechten Last 1 im Gelenk 2 be-

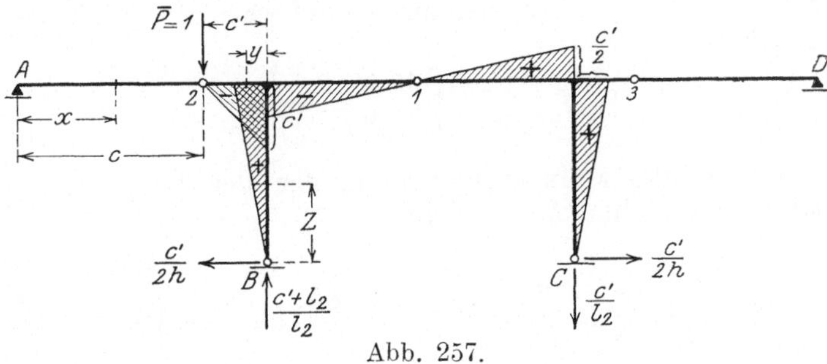

Abb. 257.

deuten. Unter Beachtung der in Abb. 257 gewählten Bezeichnungen erhält man

$$E J_c \cdot \delta_{g_a} = 2 \int\limits_0^h \frac{c' \cdot z}{2h} \cdot \frac{z}{h} \cdot dz \cdot \frac{J_c}{J_3} = \frac{c' h}{3} \cdot \frac{J_c}{J_3}.$$

Demnach wird für einen beliebigen Punkt $m$ zwischen $A$ und 2 im Abstad $x$ von $A$

$$E J_c \cdot \delta_{m_a} = \frac{c' h}{3} \cdot \frac{J_c}{J_3} \cdot \frac{x}{c},$$

und somit die Ordinate der Einflußlinie für $X_a$ an der Stelle $x$

$$\eta_{ax} = - \frac{EJ_c \cdot \delta_{ma}}{EJ_c \cdot \delta_{aa}} = - \frac{c'\,h}{3\,c} \cdot \frac{J_c}{J_3} \cdot x \cdot \frac{1}{EJ_c \cdot \delta_{aa}},$$

wobei

$$EJ_c \cdot \delta_{aa} = EJ_c \cdot \delta_{1a} = \frac{2}{3} h \frac{J_c}{J_3} + l_2$$

ist. Entsprechend erhält man für einen Punkt $m$ des Seitenfeldes rechts von 2 im Abstand $y$ vom linken Stiel:

$$EJ_c \cdot \delta_{ma} = \frac{c'\,h}{3} \cdot \frac{J_c}{J_3} \cdot \frac{y}{c'}$$

und somit die Einflußordinate für diesen Punkt:

$$\eta_{ay} = - \frac{h}{3} \cdot \frac{J_c}{J_3} \cdot y \cdot \frac{1}{EJ_c \cdot \delta_{aa}}.$$

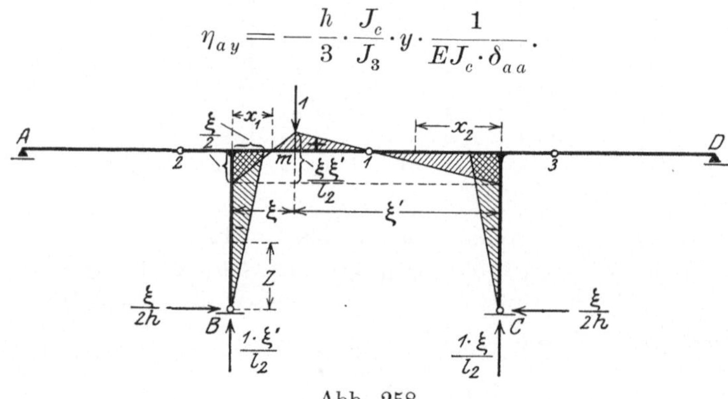


Abb. 258.

Zur Bestimmung der Einflußordinaten des Mittelfeldes berechnet man die lotrechte Verschiebung eines beliebigen Punktes $m$ dieses Feldes mit Hilfe der Arbeitsgleichung

$$1 \cdot \delta_{ma} = \int \frac{\overline{M}\,M_a\,ds}{EJ}.$$

In Abb. 258 ist die Momentenfläche infolge der Last 1 im Punkte $m$ des Mittelfeldes dargestellt. Man erhält

$$EJ_c \cdot \delta_{ma} = -2 \int_0^h \frac{\xi}{2h} \cdot z \cdot \frac{z}{h}\,dz\,\frac{J_c}{J_3} + \int_0^\xi \left(\frac{\xi'\,x_1}{l_2} - \frac{\xi}{2}\right) \cdot 1\,dx_1 + \int_0^{\xi'} \left(\frac{\xi\,x_2}{l_2} - \frac{\xi}{2}\right) \cdot 1 \cdot dx_2$$

$$= - \frac{\xi\,h}{3} \cdot \frac{J_c}{J_3} + \frac{\xi^2\,\xi'}{2\,l_2} - \frac{\xi^2}{2} + \frac{\xi\,\xi'^2}{2\,l_2} - \frac{\xi\,\xi'}{2} = -\xi\left(\frac{h}{3} \cdot \frac{J_c}{J_3} + \frac{\xi}{2}\right).$$

Demnach wird die Einflußordinate des Mittelfeldes an der Stelle $\xi$

$$\eta_{a\xi} = \xi\left(\frac{h}{3}\,\frac{J_c}{J_3} + \frac{\xi}{2}\right) \frac{1}{EJ_c \cdot \delta_{aa}}.$$

In analoger Weise können die Einflußordinaten für $X_b$ und $X_c$ gefunden werden, indem man

$$\delta_{mb} = \int \frac{\overline{M}\,M_b\,ds}{EJ} \qquad \text{und} \qquad \delta_{mc} = \int \frac{\overline{M}\,M_c\,ds}{EJ}$$

bestimmt. Da die $M_b$- und $M_c$-Fläche sich über alle drei Felder erstrecken, so müssen $\delta_{mb}$ und $\delta_{mc}$ je für einen Punkt des Trägerstücks zwischen $A$ und 2, zwischen 2 und dem linken Stiel und endlich für einen Punkt des Mittelfeldes berechnet werden.

Sind die Einflußordinaten für $X_a$, $X_b$ und $X_c$ bekannt, so erhält man diejenigen für die statisch unbestimmten Einzelwirkungen $Y_1$, $Y_2$, $Y_3$ aus den Gleichungen (20) unter Beachtung der hier eingeführten Gruppenlasten:

$$Y_1 = 1 \cdot X_a + \varkappa \cdot X_b$$
$$Y_2 = 1 \cdot X_b + 1 \cdot X_c$$
$$Y_3 = 1 \cdot X_b - 1 \cdot X_c.$$

Die Einflußordinaten für das Moment eines beliebigen Punktes $m$ der Systemachse ergeben sich aus der Beziehung

$$M = M_0 + M_a \cdot X_a + M_b \cdot X_b + M_c \cdot X_c,$$

desgleichen für einen Stützendruck

$$C = C_0 + C_a \cdot X_a + C_b \cdot X_b + C_c \cdot X_c.$$

Das im vorliegenden Paragraphen besprochene Verfahren ist ganz allgemein und führt immer zum Ziel. Es muß indessen betont werden, daß seine Anwendung nur dann die gewünschten Vereinfachungen gewährleistet, wenn es gelingt, möglichst einfache Belastungszustände $X_r = 1$ zu benutzen, wie dieses in dem hier behandelten Beispiel gezeigt wurde.

# Die statisch unbestimmten Tragwerke.

## § 1. Der durchlaufende Träger.

### I. Der Träger auf drei Stützen.

Unter einem Träger auf drei Stützen versteht man im allgemeinen ein ebenes Tragwerk, welches in einem Punkte fest und in zwei weiteren Punkten in vorgeschriebener Bahn beweglich gelagert ist, also vier unbekannte Lagerreaktionen aufweist. Da zu deren Bestimmung nur drei Gleichgewichtsbedingungen der starren Scheibe verfügbar sind, so ist das System einfach statisch unbestimmt. Zur Ermittlung der statisch unbestimmten Größe $X_a$, als welche entweder eine Stützkraft, ein Moment oder (bei Fachwerken) eine Stabkraft eingeführt werden kann, besteht nach (II) Seite 199 die Beziehung:

$$\Sigma(C_a \cdot c) = \Sigma P_m \, \delta_{ma} + X_a \cdot \delta_{aa} + \delta_{at},$$

woraus folgt:

(1)
$$X_a = - \frac{\Sigma P_m \cdot \delta_{ma} + \delta_{at} - \Sigma(C_a \cdot c)}{\delta_{aa}}.$$

### a) Vollwandige Träger.

Wirkt auf den Träger $A$—$C$—$B$ in Abb. 259 eine unter dem Winkel $\alpha$ gegen die Balkenachse geneigte Last $K$, und wird diese nach einer vertikalen und einer horizontalen Komponente zerlegt, so kann letztere nur von dem festen Lager bei $A$ aufgenommen werden, weshalb

$$H = K \cdot \cos \alpha \,.$$

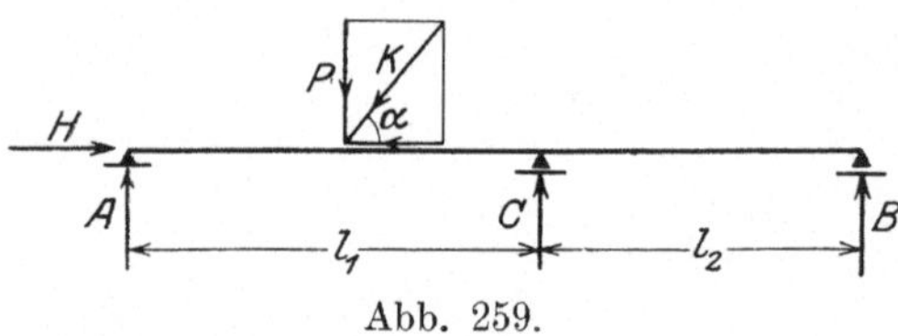

Abb. 259.

Die senkrechte Komponente $K \cdot \sin \alpha = P$ dagegen muß mit den senkrechten Stützendrücken $A$, $C$, $B$ im Gleichgewicht stehen. Für die weitere Betrachtung sollen nur senkrechte Lasten vorausgesetzt werden, wobei es gleichgültig ist, an welcher Stütze das feste Auflager angeordnet wird.

Als statisch unbestimmte Größe $X_a$ möge der Widerstand der Mittelstütze $C$ eingeführt werden (Abb. 260 a). Das statisch bestimmte Hauptsystem ist also ein einfacher Balken $AB$ von der Stützweite $l = l_1 + l_2$. Der Einfluß einer Last $P_m = 1$ auf $X_a$ ist nach (1) gegeben durch die Gleichung:

$$X_a = - 1 \frac{\delta_{ma}}{\delta_{aa}}.$$

$\delta_{ma}$ bezeichnet die Verschiebung des Angriffspunktes $m$ der Last $P_m$ in Richtung dieser Last, hervorgerufen durch den Belastungszustand $X_a = 1$. Es ist also die Biegungslinie des Trägers $A$—$B$ von der Stützweite $l$ infolge $X_a = 1$ die Einflußlinie für $X_a$, wenn man ihr den Multiplikator $\mu = -\dfrac{1}{\delta_{aa}}$ beilegt, wobei $\delta_{aa}$ die Ordinate der Biegungslinie für den Punkt $a$ ist. Diese Biegungslinie wird gefunden, indem man die Momentenfläche für $X_a = 1$ (Abb. 260b) als Belastungsfläche auffaßt und zu dieser gedachten Belastung die Momentenlinie zeichnerisch oder rechnerisch ermittelt. Um nun sofort die Einflußlinie für $X_a$ zu erhalten, verfährt man zweckmäßig so, daß man das Vorzeichen der Belastungsfläche umkehrt und für diese umgekehrte Belastung die Momentenlinie aufträgt (Abb. 260c). Die unter $a$ gemessene Ordinate $f$ ist absolut genommen gleich $\delta_{aa}$. Es wird also $\mu = \dfrac{1}{f}$ der Multiplikator der Einflußlinie für $X_a$, was auch daraus hervorgeht, daß eine Last 1 im Punkte $a$ den Stützendruck $X_a = C = 1$ erzeugt.

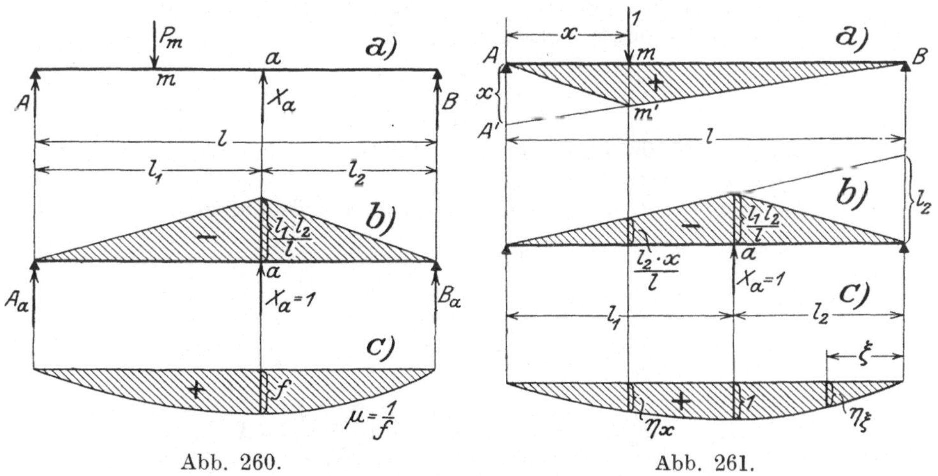

<table>
<tr><td>Abb. 260.</td><td>Abb. 261.</td></tr>
</table>

Ist das Trägheitsmoment des zu untersuchenden Balkens veränderlich, so führe man nach Seite 167 die verzerrte $M_a$-Fläche als Belastungsfläche ein und verfahre im übrigen in gleicher Weise.

Bei Trägern mit konstantem Trägheitsmoment läßt sich für die Ordinaten der Einflußlinie ein einfacher Ausdruck ableiten, mit dessen Hilfe letztere sofort aufgetragen werden kann. Allgemein ist

$$1 \cdot \delta_{ma} = \int \frac{M_0 M_a \, dx}{EJ}$$

In Abb. 261a und b sind die Momentenflächen infolge einer Last 1 im Punkte $m$ der linken Öffnung ($M_0$-Fläche) und der Last $X_a = 1$ ($M_a$-Fläche) dargestellt. Nach Gleichung (9) und (11) Seite 207 ist, wenn man das Dreieck $A\,m'\,B$ als Differenz der Dreiecke $A\,A'\,B$ und $A\,m'\,A'$ betrachtet,

$$EJ \cdot \delta_{ma} = -\frac{x}{l}\left(\frac{l_2 l}{2} \cdot \frac{l}{3} - \frac{l_2^2}{2} \cdot \frac{l_2}{3}\right) + \frac{x}{6} \cdot x \cdot \frac{l_2 x}{l}$$

$$= -\frac{x l_2}{6 l}(l^2 - l_2^2) + \frac{x^3 l_2}{6 l} = -\frac{x l_2}{6 l}[(l_2 + l)\,l_1] + \frac{x^3 l_2}{6 l}.$$

Löst man die Klammer auf und beachtet, daß $l = l_2 + l_1$ ist, so wird

$$EJ \cdot \delta_{ma} = -\frac{x\, l_2^2\, l_1}{3\, l} - \frac{x\, l_2\, l_1^2}{6\, l} + \frac{x^3\, l_2}{6\, l}.$$

Ferner ist nach Gleichung (10) Seite 207

$$EJ \cdot \delta_{aa} = 2\frac{l_1 l_2}{l} \cdot \frac{l}{2} \cdot \frac{l_1 l_2}{3\, l} = \frac{l_1^2\, l_2^2}{3\, l}.$$

Setzt man die so gefundenen Werte in den Ausdruck

$$X_a = -\frac{\delta_{ma}}{\delta_{aa}}$$

ein, so erhält man die Ordinate der Einflußlinie für die linke Öffnung $l_1$ (Abb. 261c)

$$\eta_x = \frac{x}{l_1} + \frac{x}{2\, l_2} - \frac{x^3}{2\, l_1^2\, l_2}.$$

Entsprechend ergibt sich für die rechte Öffnung, wenn die Abszisse $\xi$ von $B$ aus nach links positiv gerechnet wird,

$$\eta_\xi = \frac{\xi}{l_2} + \frac{\xi}{2\, l_1} - \frac{\xi^3}{2\, l_1\, l_2^2}.$$

Nachdem die Einflußlinie für $X_a$ gefunden ist, können aus dieser alle übrigen abgeleitet werden.

Für das Moment an der Stelle $m$ der linken Öffnung gilt:

$$M_m = M_{m0} + M_{ma} \cdot X_a.$$

Nun ist aber (vgl. Abb. 261b):

$$M_{ma} = -\frac{x_m \cdot l_2}{l},$$

weshalb

$$M_m = M_{m0} - \frac{x_m\, l_2}{l} \cdot X_a = \frac{x_m\, l_2}{l}\left(\frac{M_{m0}\, l}{x_m\, l_2} - X_a\right).$$

Man findet also die Einflußordinaten für das Moment $M_m$ als Differenz der mit $\dfrac{l}{x_m\, l_2}$ multiplizierten $M_{m0}$-Ordinaten und der $X_a$-Ordinaten; ihr Multiplikator ist $\mu = \dfrac{x_m\, l_2}{l}$. Hat man die Einflußlinie für $X_a$ in $f$-facher Vergrößerung aufgetragen (Abb. 262a), so müssen auch die mit $\dfrac{l}{x_m\, l_2}$ multiplizierten $M_{m0}$-Ordinaten $f$-fach vergrößert werden. Der Multiplikator der Einflußlinie für $M_m$ ist dann $\mu = \dfrac{x_m\, l_2}{f\, l}$. Sie ist in Abb. 262b aufgetragen. Durch ähnliche Überlegungen wurde die in Abb. 262c skizzierte Einflußlinie für das Stützmoment $M_C$ gefunden. An Stelle der Abszisse $x_m$ tritt hier die Feldweite der linken Öffnung $l_1$.

Für den Stützendruck $B$ gilt:

$$B = B_0 + B_a \cdot X_a$$

Mit $B_a = -1\dfrac{l_1}{l}$ folgt

$$B = \frac{l_1}{l}\left(\frac{B_0\, l}{l_1} - X_a\right).$$

Man findet somit die Einflußordinaten für $B$ als Differenz der mit $\dfrac{l}{l_1}$ $\left(\text{bzw. } \dfrac{l \cdot f}{l_1}\right)$ multiplizierten $B_0$-Ordinaten und der $X_a$-Ordinaten (Abb. 262 d). Ihr Multiplikator ist $\mu = \dfrac{l_1}{l}\left(\text{bzw. } \dfrac{l_1}{fl}\right)$, denn unter $B$ muß sich in der Einflußlinie die Ordinate 1 ergeben.

Endlich ist in Abb. 262 e die Einflußlinie für die Querkraft $Q_m$ in $m$ aufgetragen. Für diese gilt

$$Q_m = Q_{m0} + Q_{ma} \cdot X_a,$$

oder mit $Q_{ma} = -\dfrac{1 \cdot l_2}{l}$

$$Q_m = \frac{l_2}{l}\left(Q_{m0}\,\frac{l}{l_2} - X_a\right).$$

Damit kann die Einflußlinie sofort gezeichnet werden.

Der Einfluß einer Temperaturänderung wird nach (1)

$$X_{at} = -\frac{\delta_{at}}{\delta_{aa}}.$$

Äußert er sich in der Weise, daß eine Gurtung des Trägers stärker erwärmt wird als die andere, so wird

$$\delta_{at} = \int \frac{\varepsilon \varDelta t}{h} \cdot M_a\, dx \ (\text{vgl. S. 200}),$$

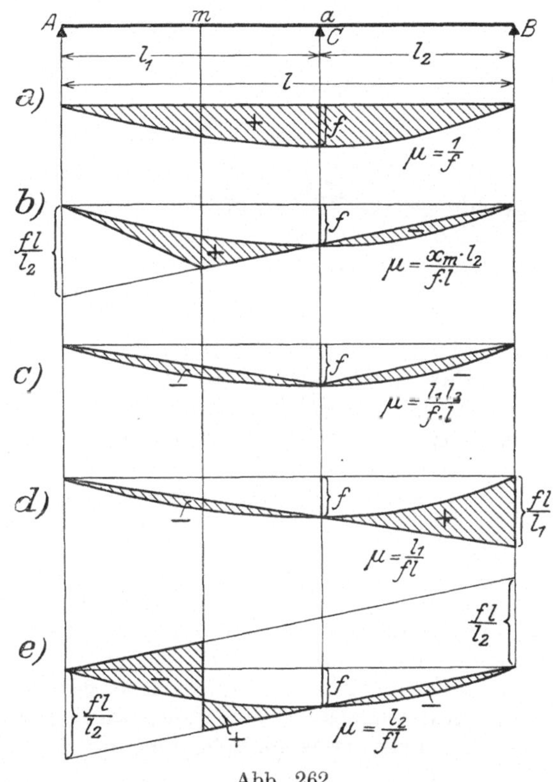


Abb. 262.

wobei $\varDelta t = t_u - t_0$ die zwischen Unter- und Obergurt bestehende Temperaturdifferenz und $h$ die Höhe des Balkenquerschnitts angibt. $\delta_{aa} = f$ kann aus der Einflußlinie für $X_a$ entnommen werden. Ist bei konstantem Trägheitsmoment die Temperaturdifferenz über die ganze Balkenlänge unveränderlich, so wird

$$\delta_{at} = \frac{\varepsilon \varDelta t}{h}\int_0^l M_a\, dx = -\frac{\varepsilon \varDelta t}{h}\left[\int_0^{l_1}\frac{l_2\,x}{l}\cdot dx + \int_0^{l_2}\frac{l_1\,x}{l}\,dx\right] = -\frac{\varepsilon \varDelta t}{h}\cdot\frac{l_1\,l_2}{2},$$

und da nach Seite 224 $\delta_{aa} = \dfrac{l_1^{\,2}\,l_2^{\,2}}{3\,EJl}$ ist, so ergibt sich:

$$X_{at} = \frac{3}{2}\cdot\frac{\varepsilon \varDelta t}{h}\cdot\frac{EJl}{l_1\,l_2}.$$

Der Einfluß der Temperatur auf das Moment an der Stelle $m$ ist

$$M_{mt} = M_{ma}\cdot X_{at},$$

wobei $M_{ma}$ aus der $M_a$-Fläche (Abb. 261 b) entnommen wird.

Treten bei $A$, $B$ und $C$ Stützensenkungen von der Größe $c_A$, $c_B$ und $c_C$ auf (vgl. Seite 194), so ergibt sich deren Einfluß auf $X_a$ aus der Bedingung

$$X_{a_S} = \frac{\Sigma (C_a \cdot c)}{\delta_{aa}}.$$

Mit $A_a = -\dfrac{1 \cdot l_2}{l}$, $B_a = -\dfrac{1 \cdot l_1}{l}$ und $C_a = 1$ wird

$$X_{a_S} = \frac{1}{\delta_{aa}} \left( \frac{l_2}{l} \cdot c_A + \frac{l_1}{l} \cdot c_B - c_C \right).$$

### b) Fachwerkträger.

Der Betrachtung sei der in Abb. 263a skizzierte Träger auf drei Stützen zugrunde gelegt. Wirkt auf das System eine ruhende Belastung, bestehend aus beliebig gerichteten, in den Knotenpunkten angreifenden Lasten, so setze man nach Seite 198

$$\Sigma P_m \cdot \delta_{ma} = \Sigma S_0 S_a \varrho$$
$$\delta_{aa} = \Sigma S_a{}^2 \varrho.$$

Führt man wieder die Reaktion der Mittelstütze als statisch unbestimmte Größe $X_a$ ein, so ist der Einfluß der Belastung $P$ auf $X_a$ gegeben durch die Beziehung

$$X_{aP} = -\frac{\Sigma S_0 S_a \cdot \varrho}{\Sigma S_a{}^2 \varrho} = -\frac{\Sigma S_0 S_a \dfrac{s}{EF}}{\Sigma S_a{}^2 \dfrac{s}{EF}}$$

Im allgemeinen sind die Stabquerschnitte des zu untersuchenden Systems nicht bekannt. In diesem Falle erweitere man die rechte Seite der vorstehenden Gleichung mit $EF_c$, wobei $F_c$ eine beliebige, aber konstante Querschnittsfläche bezeichnet, für welche gewöhnlich der am häufigsten vorkommende Gurtquerschnitt eingeführt wird. Setzt man die Elastizitätszahl $E$ als konstant voraus, was im folgenden durchweg der Fall sein möge, dann wird mit $\varrho' = \dfrac{F_c}{F} \cdot s$

$$X_{aP} = -\frac{\Sigma S_0 S_a \varrho'}{\Sigma S_a{}^2 \varrho'}.$$

Im ersten Rechnungsgang ist der Quotient $\dfrac{F_c}{F}$ für alle Stäbe zu schätzen. Sofern andere Anhaltspunkte über die Querschnittsverhältnisse nicht vorliegen, setze man für alle Gurtstäbe $\dfrac{F_c}{F} = 1$ und vernachlässige den Einfluß der Füllungsglieder (Diagonalen und Vertikalen). Sind dann nach Festlegung aller Spannkräfte des statisch unbestimmten Systems die Querschnitte ermittelt, so ist ein zweiter Rechnungsgang unter Beachtung der berechneten Querschnitte durchzuführen.

Die Spannkräfte $S_0$ und $S_a$ werden zweckmäßig mit Hilfe zweier Cremonascher Kräftepläne bestimmt. Ist $X_{aP}$ gefunden, dann können alle Spannkräfte

$$S_P = S_0 + S_a \cdot X_{aP}$$

und alle Stützkräfte

$$C_P = C_0 + C_a \cdot X_{aP}$$

berechnet werden.

Im Falle einer veränderlichen lotrechten Belastung, welche hier am Untergurt angreifend gedacht sei, bedient man sich der Einflußlinien. Wandert über den Träger die Einzellast $P = 1$, so wird

$$X_{a\,(P=1)} = -1 \cdot \frac{\delta_{ma}}{\delta_{aa}}.$$

Daraus folgt, daß die Biegungslinie des Untergurtes des statisch bestimmten Hauptsystems infolge des Belastungszustandes $X_a = 1$ zugleich die

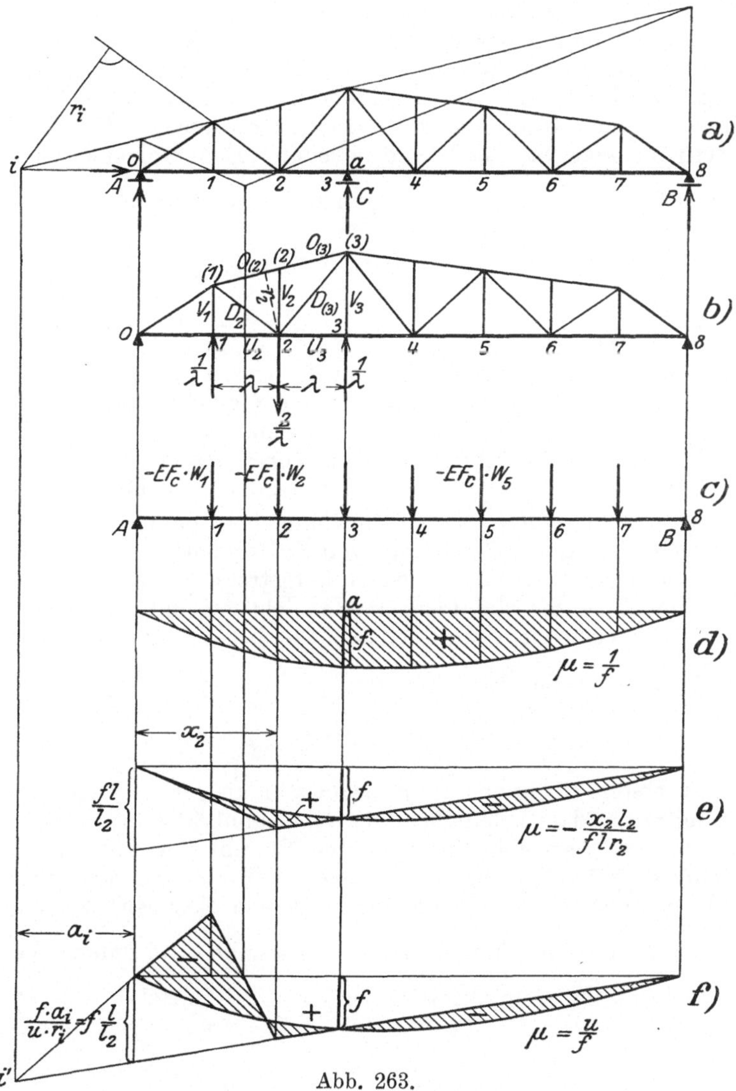

Abb. 263.

Einflußlinie für $X_a$ darstellt, wenn man ihr den Multiplikator $\mu = -\dfrac{1}{\delta_{aa}}$ beilegt, wobei $\delta_{aa}$ die Ordinate der Biegungslinie für den Punkt $a$ ist. (Es ist fast immer zulässig, das Eigengewicht auf die Knotenpunkte des Lastgurtes verteilt anzunehmen. In diesem Falle kann mittels der Biegungslinie dieses Gurtes auch der Einfluß des Eigengewichts auf $X_a$ angegeben werden.)

Die Bestimmung der Biegungslinie erfolgt entweder mit Hilfe eines Verschiebungsplanes (Abschn. IV, § 6) oder mittels der $W$-Gewichte (Abschn. IV, § 5). Hier soll das letztere Verfahren gewählt werden. Nach Gleichung (26) Seite 158 ist:

$$W_m = \Sigma \bar{S}\, \Delta s_a = \Sigma \bar{S}\, S_a \frac{s}{EF},$$

und zwar bedeuten $\bar{S}$ die Spannkräfte infolge der gedachten „$\frac{1}{\lambda}$-Belastung", $S_a$ diejenigen infolge des Zustandes $X_a = 1$.

Die zur Bestimmung des im Knotenpunkt 2 angreifenden Gewichtes $W_2$ einzuführende virtuelle Belastung ist aus Abb. 263b ersichtlich. Da lediglich die Biegungslinie des Untergurtes bestimmt werden soll, so greift die virtuelle Belastung nur in den Knotenpunkten des Untergurtes an. Infolge dieser Belastung werden keine Stützendrücke erzeugt. Das Moment am Knoten 2 ist $\bar{M}_2 = 1$. Damit ergeben sich folgende Spannkräfte $\bar{S}$: $\bar{V}_1 = \bar{V}_3 = -\frac{1}{\lambda}$;

$\bar{O}_{(2)} = \bar{O}_{(3)} = -\frac{1}{r_2}$, wenn $r_2$ den Abstand des Stabes $(1)\!-\!(2)\!-\!(3)$ vom Knoten 2

angibt; $\bar{D}_2 = \dfrac{1}{v_2 \cdot \cos \varphi_2}$; $\bar{D}_{(3)} = \dfrac{1}{v_2 \cdot \cos \varphi_{(3)}}$, wobei $v_2$ die Länge des Stabes $V_2$ und $\varphi_2$ bzw. $\varphi_{(3)}$ die Neigungswinkel von $D_2$ bzw. $D_{(3)}$ gegen die Horizontale bezeichnen. Alle übrigen Stäbe erhalten keine virtuellen Spannkräfte. Nachdem mit Hilfe eines Cremonaplanes die Spannkräfte $S_a$ infolge $X_a = 1$ ermittelt sind, kann $W_2$ berechnet werden, vorausgesetzt, daß die Stabquerschnitte bekannt sind. In gleicher Weise werden alle übrigen $W$-Gewichte für den Untergurt gefunden. Die Ermittlung der Spannkräfte $\bar{S}$ erfolgt im allgemeinen schneller durch Zeichnung von Kräfteplänen, die sich immer nur über wenige Stäbe erstrecken und leicht aufgetragen werden können. Sind — wie gewöhnlich — die Stabquerschnitte nicht bekannt, so führe man die $EF_c$-fachen $W$-Gewichte ein und schätze für jeden Stab das Querschnittsverhältnis $\dfrac{F_c}{F}$. Man erhält dann

$$E\,F_c \cdot W_m = \Sigma\, \bar{S} \cdot S_a \cdot s\, \frac{F_c}{F}.$$

Für den ersten Rechnungsgang begnügt man sich — wie oben bereits erwähnt — mitunter damit, lediglich die Gurtspannkräfte in den $W$-Gewichten zu berücksichtigen, vernachlässigt also den Einfluß der Füllungsstäbe. Bezeichnet dann $M_{ma}$ das Moment an der Stelle $m$ infolge des Zustandes $X_a = 1$, so wird die Spannkraft des Obergurtes $O$, dessen Bezugspunkt $m$ ist, gleich $-\dfrac{M_{ma}}{r_m}$, wenn $r_m$ den zugehörigen Hebelarm angibt, und entsprechend ergibt sich für den zum Bezugspunkt $n$ gehörigen Untergurtstab die Spannkraft $+\dfrac{M_{na}}{r_n}$. Man erhält dann z. B.

$$(2) \qquad E\,F_c \cdot W_2 = \frac{M_{2a}}{r_2^{\,2}} \left( o_{(2)} + o_{(3)} \right) \frac{F_c}{F_{(1-3)}},$$

wenn $o_{(2)} + o_{(3)}$ die Länge des Stabes $(1)\!-\!(2)\!-\!(3)$ und $F_{(1-3)}$ dessen Querschnitt angibt. In analoger Weise wird

$$E\,F_c \cdot W_3 = \frac{M_{(3)a}}{r_{(3)}^{\,2}} \left( u_3 + u_4 \right) \frac{F_c}{F_{2-4}}; \quad \text{usw.}$$

Sind alle $W$-Gewichte bekannt, dann kann die Biegungslinie infolge $X_a = 1$ aufgetragen werden, indem man entweder das Seilpolygon der $E F_c$-fachen $W$-Gewichte zeichnet und die Schlußlinie mit Hilfe der Bedingungen festlegt, daß $A$ und $B$ die lotrechte Verschiebung Null erleiden, oder indem man die Momente $M_{mw}$ des einfachen Balkens $A B$ infolge der Gewichte $E F_c \cdot W$ berechnet, welche sofort die mit $E F_c$ multiplizierten Biegungsordinaten darstellen (vgl. hierzu S. 160). Um die Einflußlinie für $X_a$ gleich mit dem richtigen Vorzeichen zu erhalten, empfiehlt es sich, die Vorzeichen der $W$-Gewichte umzukehren. Da die Momente $M_{ma}$ infolge $X_a = 1$ im vorliegenden Fall negativ sind, so ergeben sich alle $W$-Gewichte negativ [s. Gleichung (2)], die mit $-1$ multiplizierten $W$-Gewichte (bzw. $E F_c$-fachen $W$-Gewichte) werden also positiv und sind deshalb in Abb. 263c nach abwärts gerichtet aufgetragen. Die mit ihrer Hilfe gewonnene Biegungslinie (Abb. 263d) stellt die Einfluß-linie für $X_a$ dar, welche den Multiplikator $\mu = \dfrac{1}{f}$ erhält, wenn $f$ die Ordinate unter $a$ bezeichnet, da die Einflußordinate für $a$ den Wert 1 annehmen muß.

Aus der Einflußlinie für $X_a$ können alle übrigen abgeleitet werden. Diejenigen für die Gurtspannkräfte ergeben sich aus den Einflußlinien der Momente

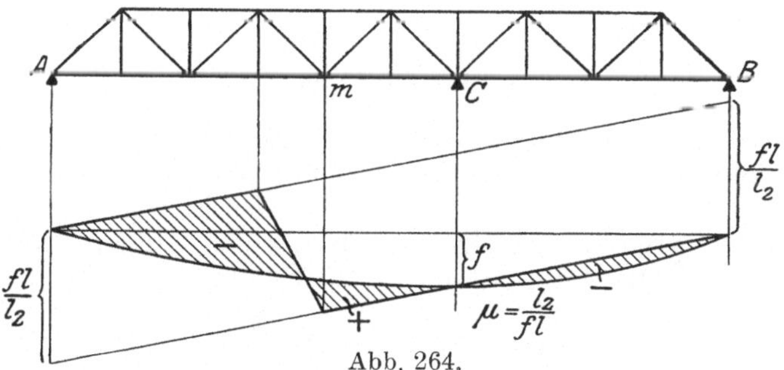


Abb. 264.

für die zugehörigen Bezugspunkte durch Multiplikation mit $\pm \dfrac{1}{r}$, je nachdem es sich um einen Unter- oder Obergurtstab handelt. In Abb. 263e ist die Einflußlinie für den Obergurtstab $O_{(2)} = O_{(3)}$ dargestellt. Ihr Multiplikator ist $\mu = -\dfrac{x_2 l_2}{f l \cdot r_2}$ (vgl. auch Abb. 262b). (In der Abbildung wurde der gebrochene Linienzug der $X_a$-Linie der Einfachheit halber durch einen stetig gekrümmten ersetzt.)

Zur Bestimmung der Einflußlinie für die Spannkraft im Stabe $D_2$ schreibe man die Beziehung an

$$D_2 = D_{2_0} + D_{2_a} \cdot X_a.$$

Die Spannkraft $D_{2_a}$ infolge $X_a = 1$ nimmt, wie man sich leicht überzeugt, einen negativen Wert an; er sei mit $-u$ bezeichnet. Dann wird

$$D_2 = u\left(\frac{D_{2_0}}{u} - X_a\right).$$

Man kann somit die Einflußordinaten für $D_2$ als Differenz der mit $\dfrac{1}{u}$ multiplizierten Ordinaten der Einflußlinie für $D_{2_0}$ und der $X_a$-Ordinaten darstellen. Da hier die Einflußlinie für $X_a$ in $f$-facher Vergrößerung aufgetragen wurde, so müssen die $D_{2_0}$-Ordinaten mit $\dfrac{f}{u}$ multipliziert werden. Der Multiplikator der Einflußlinie für $D_2$ wird dann $\mu = \dfrac{u}{f}$. Im übrigen ist die Konstruktion aus Abb. 263f ersichtlich (vgl. auch S. 81).

Die Einflußlinien für die Stützendrücke $A$ und $B$ sind unter Beachtung der hier gefundenen $X_a$-Linie die gleichen wie beim vollwandigen Träger.

Ist das zu untersuchende System ein Parallelträger, so empfiehlt es sich, die Einflußlinien der Diagonalspannkräfte aus denen für die Querkräfte abzuleiten (vgl. S. 83). In Abb. 264 ist die Einflußlinie für die Querkraft $Q_m$ des $m$-Feldes aufgetragen (vgl. Abb. 262e).

Der Temperatureinfluß kann in ähnlicher Weise ermittelt werden wie beim vollwandigen Träger, nur ist hier nach S. 199 $\delta_{at} = \Sigma S_a \varepsilon t s$ zu setzen. Man erhält

$$X_{at} = -\frac{\Sigma S_a \varepsilon t s}{\delta_{aa}},$$

und den Einfluß der Temperatur auf eine beliebige Stabspannkraft

$$S_t = S_a \cdot X_{at}.$$

## II. Der Träger auf vier Stützen.

### a) Vollwandige Träger.

Ein Träger auf vier Stützen mit einem festen und drei verschieblichen Auflagern ist zweifach statisch unbestimmt. Als statisch unbestimmte Einzelwirkungen $Y_1$ und $Y_2$ werden unter Benutzung des in § 4 des V. Abschnittes besprochenen Verfahrens die Reaktionen der beiden Außenstützen $A$ und $D$ Abb. 265a) eingeführt. Dann ist nach (13) S. 208

$$(3) \qquad \begin{cases} Y_1 = Y_{1a} \cdot X_a + Y_{1b} \cdot X_b \\ Y_2 = Y_{2a} \cdot X_a + Y_{2b} \cdot X_b. \end{cases}$$

Nun setzt man $Y_{1a} = Y_{2b} = 1$, $Y_{2a} = 0$ und bestimmt die Gruppenlast $Y_{1b}$ mit Hilfe der Bedingung

$$\delta_{ba} = 0 = Y_{1b} \cdot \delta_{1a} + 1 \cdot \delta_{2a},$$

woraus folgt

$$Y_{1b} = -\frac{\delta_{2a}}{\delta_{1a}}.$$

Der Belastungszustand $X_a = 1$ besteht aus der Gruppenlast $Y_{1a} = 1$ (Abb. 265b) und der Zustand $X_b = 1$ aus den Gruppenlasten $Y_{1b} = -\dfrac{\delta_{2a}}{\delta_{1a}}$ und $Y_{2b} = 1$ (Abb. 265d). Infolge einer gegebenen Belastung $P$ wird wegen $\delta_{ab} = \delta_{ba} = 0$

$$X_{aP} = -\frac{\Sigma P_m \cdot \delta_{ma}}{\delta_{aa}}$$

$$X_{bP} = -\frac{\Sigma P_m \cdot \delta_{mb}}{\delta_{bb}}.$$

Die mit $-\dfrac{1}{\delta_{aa}}$ multiplizierte Biegungslinie des statisch bestimmten Hauptsystems (Balken auf 2 Stützen $B$ und $C$ mit überkragenden Armen) infolge $X_a = 1$ stellt somit die Einflußlinie für $X_a$ dar und entsprechend die mit

$-\dfrac{1}{\delta_{bb}}$ multiplizierte Biegungslinie infolge $X_b=1$ die Einflußlinie für $X_b$. Zur Bestimmung dieser Einflußlinien führt man die mit $-1$ multiplizierte $M_a$- bzw. $M_b$-Fläche als Belastungsflächen des Trägers ein und ermittelt die zugehörigen Momentenlinien. Die Einflußlinie für $X_a$ ist in Abb. 265c dargestellt. Sie besteht in der Öffnung $l_3$ aus einer Geraden, nämlich der Tangente an die Einflußlinie im Punkte $C'$, da dieser Teil des Trägers infolge $X_a=1$ keine Formänderung, sondern nur eine Verdrehung leidet. Unter Punkt 2 ergibt sich die Ordinate $f_2$, welche die gleiche Größe (aber entgegengesetzte

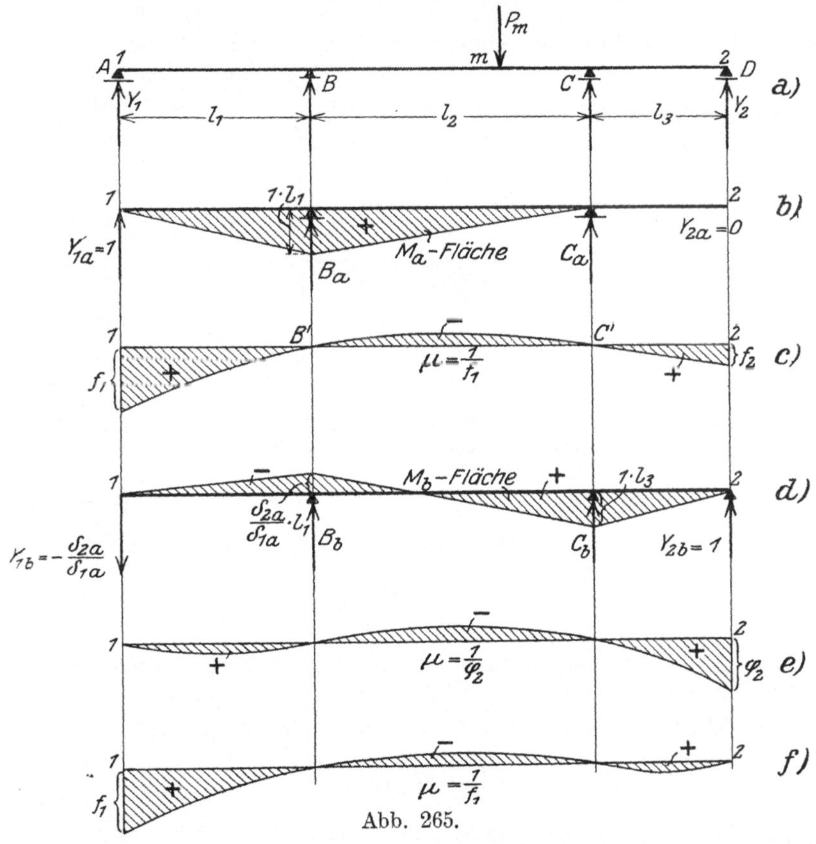

Abb. 265.

Richtung) hat wie $\delta_{2a}$ und unter 1 die Ordinate $f_1$, die absolut genommen gleich $\delta_{1a}=\delta_{aa}$ ist. Der Multiplikator der Einflußlinie ist also $\mu=\dfrac{1}{f_1}$.

Der Quotient $\dfrac{\delta_{2a}}{\delta_{1a}}=\dfrac{f_2}{f_1}$ liefert die Gruppenlast $Y_{1b}=-\dfrac{\delta_{2a}}{\delta_{1a}}$, welche — da negativ — nach unten gerichtet ist. Jetzt sind beide Gruppenlasten des Zustandes $X_b=1$ bekannt, und es kann somit die $M_b$-Fläche gezeichnet werden (Abb. 265d), welche, mit $-1$ multipliziert, als Belastungsfläche des Trägers zur Bestimmung der Einflußlinie für $X_b$ (Abb. 265e) benutzt wird. Als Kontrolle muß sich $\delta_{1b}=0$ ergeben, da $\delta_{ab}=0=1 \cdot \delta_{1b}$ ist.

Die unter 2 gemessene Ordinate $\varphi_2$ ist absolut genommen gleich $\delta_{2b}$. Nun ist aber $\delta_{2b}=\delta_{bb}$. Demnach wird der Multiplikator der Einflußlinie für $X_b$ $\mu=\dfrac{1}{\varphi_2}$.

Führt man die Gruppenlasten in (3) ein, so erhält man die statisch unbestimmten Einzelwirkungen

$$Y_1 = X_a - \frac{\delta_{2a}}{\delta_{1a}} \cdot X_b$$

$$Y_2 = X_b$$

und erkennt, daß die Einflußlinie für $X_b$ (Abb. 265 e) zugleich Einflußlinie für den Stützendruck $Y_2$ der rechten Außenstütze bei $D$ ist. Dagegen ergeben sich die Einflußordinaten für den Stützendruck $Y_1$ der linken Außenstütze bei $A$ als Differenz der $X_a$-Ordinaten und der mit $\frac{\delta_{2a}}{\delta_{1a}} = \frac{f_2}{f_1}$ multiplizierten $X_b$-Ordinaten. Zu ihrer Berechnung verfährt man am besten so, daß man von den Ordinaten der Abb. 265 c die mit

$$\frac{f_2}{f_1} \cdot \frac{f_1}{\varphi_2} = \frac{f_2}{\varphi_2}$$

multiplizierten Ordinaten der Abb. 265 e subtrahiert und der Einflußlinie dann den Multiplikator $\mu = \dfrac{1}{f_1}$ beigibt (Abb. 265 f).

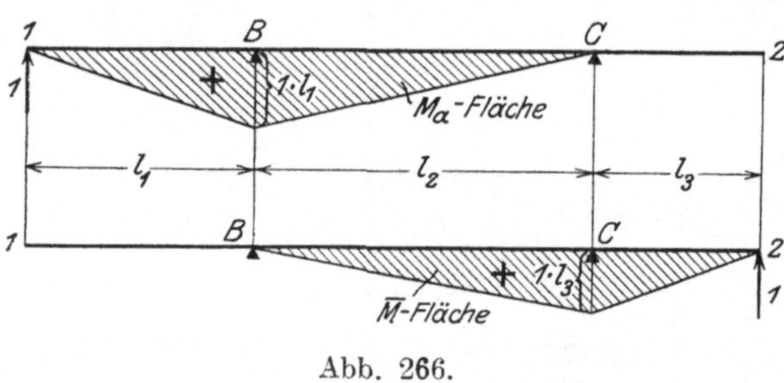


Abb. 266.

Ist das Trägheitsmoment des Balkens veränderlich, so hat man die verzerrten Momentenflächen ($M_a$ und $M_b$) einzuführen und verfährt im übrigen wie vorstehend angegeben.

Im Falle eines unveränderlichen Trägheitsmomentes kann der Quotient $\dfrac{\delta_{2a}}{\delta_{1a}}$ leicht berechnet werden. Zur Bestimmung von $\delta_{2a}$ schreibe man die Beziehung

$$\delta_{2a} = \int \frac{\overline{M}\, M_a\, dx}{E J}$$

an, worin $\overline{M}$ das Moment infolge der in 2 angreifenden senkrecht aufwärts gerichteten Last 1 bedeutet. Unter Bezugnahme auf Abb. 266, welche die $M_a$- und die $\overline{M}$-Fläche darstellt, erhält man nach Gleichung (11) S. 207

$$E J \cdot \delta_{2a} = \int \overline{M}\, M_a\, dx = \frac{l_2}{6}\, l_1 \cdot l_3$$

und nach Gleichung (10) S. 207

$$E J\, \delta_{1a} = E J \cdot \delta_{aa} = 2 \cdot \frac{l_1(l_1 + l_2)}{2} \cdot \frac{l_1}{3} = \frac{l_1^2(l_1 + l_2)}{3}.$$

Damit wird

$$\frac{\delta_{2a}}{\delta_{1a}} = \frac{l_2\, l_3}{2\, l_1(l_1 + l_2)}.$$

Die $M_b$-Fläche (vgl. Abb. 265 d) hat also unter $B$ die Ordinate

$$\eta_B = -\frac{l_2\, l_3}{2(l_1 + l_2)}$$

und kann demnach sofort gezeichnet werden. Mit ihrer Hilfe wird die Einflußlinie für $X_b$ bzw. $Y_2$ in der oben angedeuteten Weise bestimmt. Als Gegenstück zur $M_b$-Fläche kann man jetzt eine weitere Momentenfläche zeichnen, welche bei $C$ die Ordinate $z_C = -\dfrac{l_1\, l_2}{2(l_2 + l_3)}$ und bei $B$ die Ordinate $z_B = +\, l_1$

besitzt (Abb. 267). Multipliziert man diese mit $-1$ und faßt sie als Belastungsfläche des statisch bestimmten Hauptsystems auf, so ist die zu dieser Belastungsfläche gehörige Momentenlinie die Einflußlinie für $Y_1$. Ihr Multiplikator ist $\mu = \dfrac{1}{\psi_1}$, wenn $\psi_1$ die unter 1 gemessene Ordinate angibt.

Nachdem die Einflußlinien für $Y_1$ und $Y_2$ bekannt sind, lassen sich aus diesen alle übrigen ableiten. Um z. B. diejenige für den Stützendruck $B$ zu bestimmen, schreibe man die Momentenbedingung für den Stützpunkt $C$ unter der Annahme an, daß das statisch bestimmte Hauptsystem mit $Y_1$ und $Y_2$ belastet sei. Diese lautet

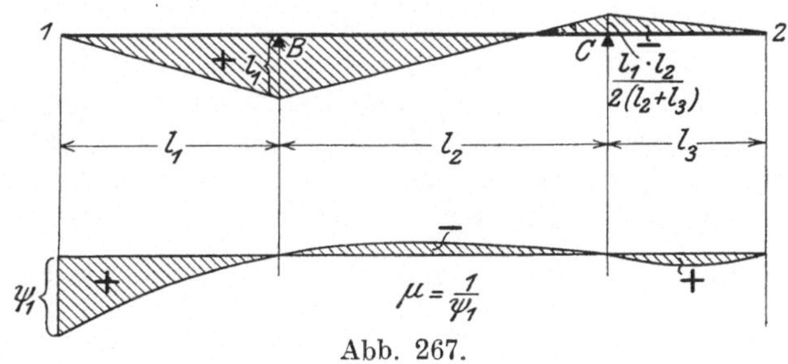

Abb. 267.

$$Y_1(l_1 + l_2) + B' \cdot l_2 - Y_2 \cdot l_3 = 0,$$

woraus folgt

$$B' = \frac{Y_2 \cdot l_3}{l_2} - Y_1 \cdot \frac{l_1 + l_2}{l_2}.$$

Infolge einer Last $P$ am statisch bestimmten Hauptsystem ist $B'' = B_0$. Insgesamt wird also

$$B = B' + B'' = B_0 + \frac{Y_2\, l_3}{l_2} - Y_1 \cdot \frac{l_1 + l_2}{l_2}.$$

Man kann somit die Einflußordinaten für $B$ darstellen, indem man zu den $B_0$-Ordinaten die mit $\dfrac{l_3}{l_2}$ multiplizierten $Y_2$-Ordinaten addiert und davon die mit $\dfrac{l_1 + l_2}{l_2}$ multiplizierten $Y_1$-Ordinaten subtrahiert. Es ergibt sich dann die in Abb. 268a dargestellte Einflußlinie für $B$.

Besonders einfach gestaltet sich die Ermittlung der Einflußlinien für die Momente und Querkräfte in den Außenfeldern. Steht die Last 1 rechts von $m$, so ist (Abb. 268)

$$M_m = A \cdot x_m = Y_1 \cdot x_m$$

und bei Laststellung links von $m$ wird

$$M_m = Y_1 \cdot x_m - 1\,\xi.$$

Die Einflußordinaten für $M_m$ sind also rechts von $m$ identisch mit den mit $x_m$ multiplizierten $Y_1$-Ordinaten (Abb. 268b). Links von $m$ ist von den $x_m \cdot Y_1$-Ordinaten der Wert $1 \cdot \xi$ oder von den Ordinaten der $Y_1$-Linie der Wert $\dfrac{1 \cdot \xi}{x_m}$ abzuziehen. In analoger Weise ergibt sich die Einflußlinie für das Moment eines Punktes $n$ der rechten Seitenöffnung (Abb. 268c) aus derjenigen für $Y_2$. In Abb. 268d ist ferner die Einflußlinie für das Stützmoment $M_B$ dargestellt, welche aus derjenigen für $M_m$ entsteht, wenn $x_m = l_1$ wird. Endlich zeigt Abb. 268e die Einflußlinie für die Querkraft $Q_m$. Bei einer Laststellung rechts von $m$ ist $Q_m = A = Y_1$, bei Laststellung links von $m$ $Q_m = Y_1 - 1$. Damit kann die $Q_m$-Linie aus der $Y_1$-Linie gewonnen werden.

Zur Bestimmung der Einflußlinien für die Querkräfte und Momente der Mittelöffnung bedient man sich zweckmäßig der Stützmomente $M_B$ und $M_C$.

Mit ihrer Hilfe läßt sich die Querkraft $Q_m$ in der Form

$$Q_m = Q_{m0} + \frac{M_C - M_B}{l_2}$$

und das Moment $M_m$ in der Form

$$M_m = M_{m0} + \frac{M_C \cdot x_m + M_B \cdot x_m'}{l_2}$$

darstellen (siehe S. 52), wobei $Q_{m0}$ und $M_{m0}$ die Querkraft bzw. das Moment des einfachen Balkens $B$—$C$ bedeuten (Abb. 269). Um also die Einflußlinie für die Querkraft $Q_m$ zu erhalten, trage man zunächst die $Q_{m0}$-Linie auf, welche sich nur über die Öffnung $B$—$C$ erstreckt, und addiere zu deren Ordinaten diejenigen der $\dfrac{M_C - M_B}{l_2}$-Linie. In der Abb. 269a, welche die Ein-

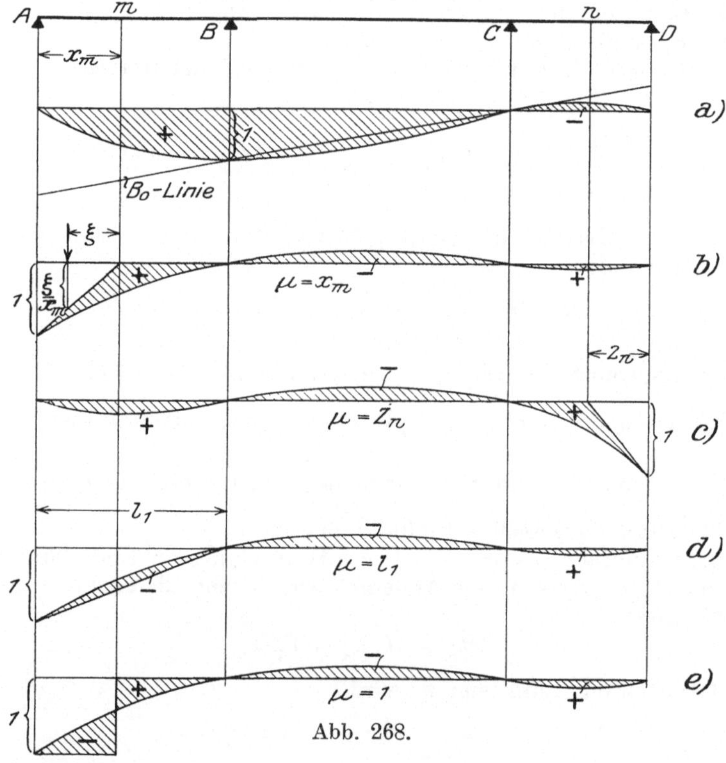

Abb. 268.

flußlinie für $Q_m$ darstellt, wurde die $\dfrac{M_C - M_B}{l_2}$-Linie in der Mittelöffnung von den Geraden $B'$—$C''$ bzw. $B''$—$C'$ aus abgetragen, um auf diese Weise eine geradlinig verlaufende Nullinie zu erhalten. Die $\dfrac{M_C - M_B}{l_2}$-Linie kann aus den Einflußlinien für die Stützmomente $M_C$ und $M_B$ abgeleitet werden. Sie bleibt für alle Querschnitte der Mittelöffnung konstant.

In ähnlicher Weise findet man die Einflußlinie für das Moment an der Stelle $m$. Man trägt zunächst die $M_{m0}$-Linie auf, welche durch ein Dreieck mit unter $m$ liegender Spitze $m'$ dargestellt wird und sich ebenfalls nur über die Öffnung $B$—$C$ erstreckt. Zu deren Ordinaten addiert man die mit $\dfrac{x_m}{l_2}$

multiplizierten Ordinaten der $M_C$-Linie und die mit $\dfrac{x_m'}{l_2}$ multiplizierten Ordinaten der $M_B$-Linie. Die so entstehende Einflußlinie für $M_m$ ist in Abb. 269 b dargestellt.

Der Einfluß einer Temperaturänderung auf die Größen $X_a$ und $X_b$ ist

$$X_{at} = -\frac{\delta_{at}}{\delta_{aa}}; \qquad X_{bt} = -\frac{\delta_{bt}}{\delta_{bb}},$$

wobei

$$\delta_{at} = \int \frac{\varepsilon\,\varDelta t}{h}\,M_a\,dx; \qquad \delta_{bt} = \int \frac{\varepsilon\,\varDelta t}{h}\,M_b\,dx.$$

Für das Moment an der Stelle $m$ ergibt sich dann

$$M_{mt} = M_{ma}\cdot X_{at} + M_{mb}\cdot X_{bt}.$$

$M_{ma}$ und $M_{mb}$ werden der $M_a$- bzw. $M_b$-Fläche (Abb. 265 b und d) entnommen.

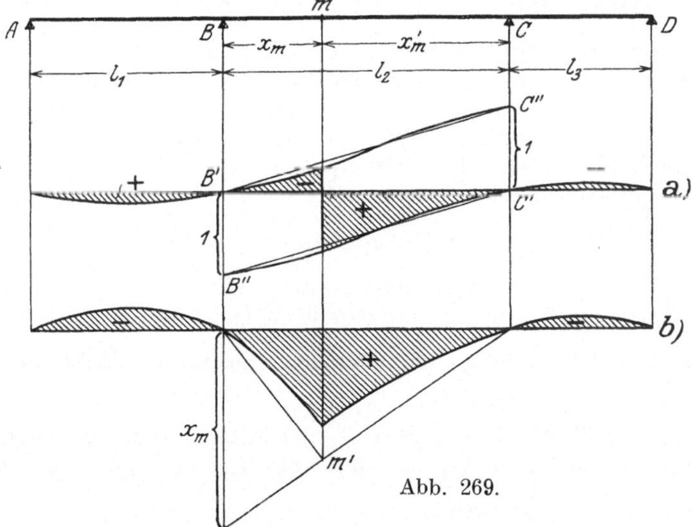

Abb. 269.

Soll der Einfluß von Stützensenkungen verfolgt werden, so bestimmt man:

$$X_{aS} = \frac{\varSigma(C_a\cdot c)}{\delta_{aa}}; \qquad X_{bS} = \frac{\varSigma(C_b\cdot c)}{\delta_{bb}}.$$

Infolge des Zustandes $X_a = 1$ wird

$$A_a = 1, \qquad B_a = -1\cdot\frac{l_1+l_2}{l_2}, \qquad C_a = 1\cdot\frac{l_1}{l_2}, \qquad D_a = 0.$$

Infolge $X_b = 1$ wird

$$A_b = -\frac{\delta_{2a}}{\delta_{1a}}, \qquad B_b = 1\cdot\frac{l_3}{l_2} + \frac{\delta_{2a}}{\delta_{1a}}\cdot\frac{l_1+l_2}{l_2},$$

$$C_b = -\frac{\delta_{2a}}{\delta_{1a}}\cdot\frac{l_1}{l_2} - 1\cdot\frac{l_2+l_3}{l_2}, \qquad D_b = 1.$$

Senken sich die Stützen $A$, $B$, $C$ und $D$ um $c_A$, $c_B$, $c_C$ und $c_D$, so wird

$$X_{aS} = \frac{1}{\delta_{aa}}\left(-1\cdot c_A + \frac{l_1+l_2}{l_2}\cdot c_B - \frac{l_1}{l_2}\cdot c_C\right),$$

$$X_{bS} = \frac{1}{\delta_{bb}}\left\{ \frac{\delta_{2a}}{\delta_{1a}}\cdot c_A - \left(\frac{l_3}{l_2} + \frac{\delta_{2a}}{\delta_{1a}}\cdot\frac{l_1+l_2}{l_2}\right) c_B + \left(\frac{\delta_{2a}}{\delta_{1a}}\cdot\frac{l_1}{l_2} + \frac{l_2+l_3}{l_2}\right) c_C - c_D \right\}.$$

Damit kann der Einfluß der Stützensenkungen auf alle Momente usw. angegeben werden.

### b) Fachwerkträger.

Das vorstehend für den vollwandigen Träger beschriebene Verfahren läßt sich ohne weiteres auch auf den Fachwerkträger auf vier Stützen anwenden. Zur Ermittlung der Einflußlinien für $X_a$ und $X_b$ bedient man sich der $W$-Gewichte, welche getrennt für die beiden Zustände $X_a = 1$ und $X_b = 1$ zu berechnen sind. Darauf belaste man den einfachen Balken $AD$ von der Stützweite $L = l_1 + l_2 + l_3$ mit den $W$-Gewichten infolge $X_a = 1$ und bestimme die Biegungslinie. Die Nullgerade wird mit Hilfe der Bedingung festgelegt, daß die Verschiebungen der Punkte $B$ und $C$ gleich Null sind. Die Biegungslinie ist Einflußlinie für $X_a$, wenn man ihr den Multiplikator $\mu = -\dfrac{1}{\delta_{aa}}$ beilegt. Statt dessen kann man die mit $-1$ multiplizierten $W$-Gewichte einführen und erhält dann sofort die Einflußlinie für $X_a$ mit dem richtigen Vorzeichen. In ganz analoger Weise wird die Einflußlinie für $X_b$ gefunden. Mit Hilfe dieser beiden Linien lassen sich die Einflußlinien für $Y_1$, $Y_2$, $M_C$ und $M_B$ leicht auftragen. Sind diese bekannt, dann können aus ihnen die Einflußlinien aller Knotenpunktsmomente genau wie beim vollwandigen Träger abgeleitet werden, welche die Einflußlinien der Gurtstäbe liefern, sobald man ihnen den Multiplikator $\pm\dfrac{1}{r}$ beigibt.

Für den in Abb. 270 skizzierten Fachwerkträger auf vier Stützen ist zunächst die Einflußfläche für $Y_1$ dargestellt (a)[1]. Aus ihr wird diejenige für $M_m$ abgeleitet, welche, mit $\dfrac{1}{h_m}$ multipliziert, die Einflußfläche für den Untergurtstab $U_{(m)} = U_{(m+1)}$ liefert (Abb. 270b).

Soll die Einflußlinie für den Stab $O_n$ der Mittelöffnung gezeichnet werden, so bestimme man diejenige für das Moment $M_{(n)}$ und gebe ihr den Multiplikator $\mu = -\dfrac{1}{r_{(n)}}$ (Abb. 270c).

Die Einflußlinien für die Spannkräfte in den Diagonalen der linken Seitenöffnung lassen sich aus der $Y_1$-Linie ableiten. Soll z. B. diejenige für $D_{(m+1)}$ gezeichnet werden, so bestimme man zunächst — etwa mit Hilfe eines Cremonaplanes — die Spannkraft $\mathfrak{D}$, welche im Stabe $D_{(m+1)}$ entsteht, wenn nur der Auflagerdruck $A = 1$ am Trägerteil $A$—$B$ wirkt. Eine Last 1 rechts von $(m+1)$ erzeugt dann eine Diagonalspannkraft $D_{(m+1)} = A\cdot\mathfrak{D}$, wobei $A$ der wirkliche Auflagerdruck infolge dieser Last 1 ist. Die Einflußlinie für $D_{(m+1)}$ rechts von $(m+1)$ ist also identisch mit der mit $\mathfrak{D}$ multiplizierten $A = Y_1$-Linie. Steht die Last 1 links von $(m)$ bzw. in $(m)$, so setzt sich $D_{(m+1)}$ zusammen aus dem Wert $A\cdot\mathfrak{D}$ und dem Beitrag der Last 1, welcher mit Hilfe des Culmannschen Verfahrens (vgl. S. 68) durch graphische Zerlegung gefunden werden kann. Steht z. B. die Last 1 im Punkte $(m)$, so zerlege man 1 nach den Richtungen von $D_{(m+1)}$ und $O_{m+1}$ und bestimme die in die Richtung von $D_{(m+1)}$ fallende Kraft $\mathfrak{D}'$ so, daß der Umfahrungssinn stetig ist. Diese ergibt sich hier als Druckkraft (Abb. 270d). Addiert

---

[1] In der Abbildung wurde wieder der gebrochene Linienzug durch einen stetig gekrümmten ersetzt, eine Maßnahme, welche der Einfachheit halber auch bei den folgenden Beispielen zum Teil beibehalten wird.

man beide Beiträge $(A\,\mathfrak{D} + \mathfrak{D}')$ unter Beachtung der Vorzeichen, so erhält man die Einflußordinate für $D_{(m+1)}$ unter $(m)$. Bei Benutzung der $Y_1$-Linie sind die Ordinaten der Einflußlinie für $D_{(m+1)}$ rechts von $(m+1)$ $\mathfrak{D}$-fach zu klein. Es muß also $\mathfrak{D}'$ ebenfalls durch $\mathfrak{D}$ dividiert werden. Damit ist die Form der Einflußlinie für $D_{(m+1)}$ festgelegt (Abb. 270e). Ihr Multiplikator ist $\mu = \mathfrak{D}$. Als Kontrolle ergibt sich, daß die Geraden $(m)'A'$ und $(m)''A''$ der Einflußlinie sich senkrecht unter dem Schnittpunkt $a$ der beiden dem Feld $(m) - (m+1)$ angehörigen Gurtstäbe schneiden müssen.

In gleicher Weise hätte man zu verfahren, wenn es sich um die Bestimmung der Einflußlinien für die Vertikalen eines Ständerfachwerks handelte.

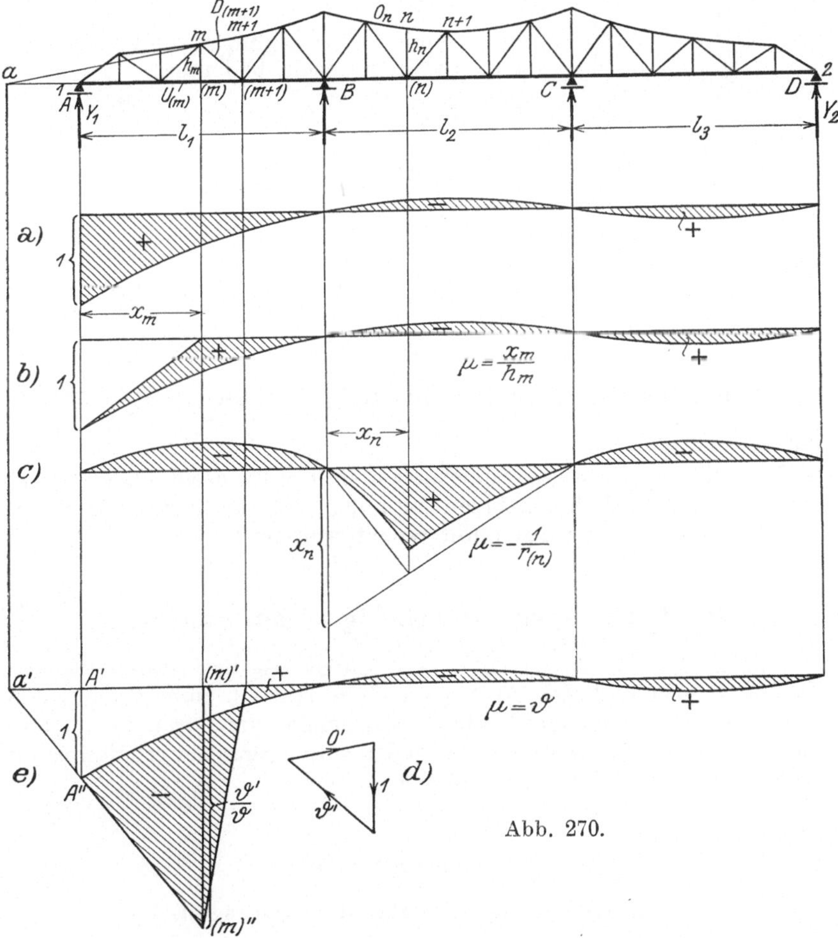

Abb. 270.

Sollen die Einflußlinien für die Füllungsstäbe der rechten Seitenöffnung gezeichnet werden, so bedient man sich entsprechend der $Y_2$-Linie zu ihrer Ableitung.

Zur Bestimmung der Einflußlinie für die Spannkraft des Diagonalstabes $D_{n+1}$ der Mittelöffnung schreibe man nach Gleichung (4) S. 74 die Beziehung an:

$$D_{n+1} = \left(\frac{M_{(n)}}{h_n} - \frac{M_{n+1}}{h_{n+1}}\right)\frac{1}{\cos\varphi_{n+1}} = \frac{1}{h_n\cos\varphi_{n+1}}\left(M_{(n)} - M_{n+1}\cdot\frac{h_n}{h_{n+1}}\right).$$

Man erhält somit die Einflußfläche für $D_{n+1}$ als Differenz der Einflußfläche für $M_{(n)}$ und der mit $\dfrac{h_n}{h_{n+1}}$ multiplizierten Einflußfläche für $M_{n+1}$. Ihr Multiplikator ist $\mu = \dfrac{1}{h_n \cos\varphi_{n+1}}$.

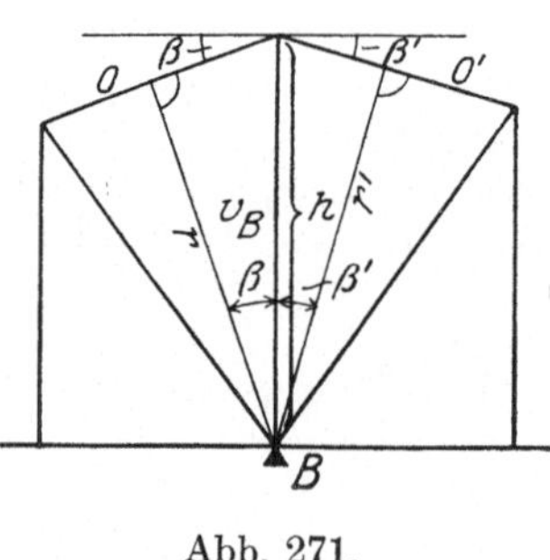

Abb. 271.

Bezeichnen $V_B$ die über der Stütze $B$ liegende Vertikale, $O$ und $O'$ die beiden sie begrenzenden Obergurtstäbe, so liefert die Bedingung $\Sigma V = 0$ des Gleichgewichts für den oberen Knoten von $V_B$ (Abb. 271):

$$O \cdot \sin\beta + O' \cdot \sin\beta' + V_B = 0,$$

wenn $\beta$ und $\beta'$ die Neigungswinkel von $O$ und $O'$ gegen die Horizontale bedeuten.

Mit $O = -\dfrac{M_B}{r}$ und $O' = -\dfrac{M_B}{r'}$ ergibt sich

$$V_B = M_B \left( \frac{\sin\beta}{r} + \frac{\sin\beta'}{r'} \right),$$

oder wegen $r = h \cdot \cos\beta$; $r' = h \cdot \cos\beta'$

$$V_B = \frac{M_B}{h} (\operatorname{tg}\beta + \operatorname{tg}\beta').$$

Die Einflußfläche für $V$ ist also identisch mit der mit $\mu = \dfrac{\operatorname{tg}\beta + \operatorname{tg}\beta'}{h}$ multiplizierten Einflußfläche für $M_B$.

Der Einfluß von Temperaturänderungen und Stützensenkungen kann nach den für den Träger auf drei Stützen und den vollwandigen Träger auf vier Stützen gegebenen Erläuterungen untersucht werden.

## III. Der Träger auf beliebig vielen Stützen.

Ein durchlaufender Träger auf $n + 2$ Stützen ist bei Vorhandensein eines festen und $n + 1$ beweglicher Auflager $n$-fach statisch unbestimmt, denn es stehen den $n + 3$ unbekannten Lagerreaktionen nur drei Gleichgewichtsbedingungen gegenüber. Die noch fehlenden $n$ Bedingungen erhält man durch Aufstellung von ebensoviel Elastizitätsgleichungen.

## A. Vollwandige Träger.

### 1. Ableitung der Elastizitätsgleichungen.

Als statisch unbestimmte Größen werden die $n$ Stützmomente über den Zwischenstützen eingeführt. Das statisch bestimmte Hauptsystem besteht dann aus $n + 1$ nebeneinander liegenden einfachen Balken. In Abb. 272a, b, c sind die drei Belastungszustände $M_r = 1$, $M_{r-1} = 1$ und $M_{r+1} = 1$ dargestellt, wenn $r - 1$, $r$, $r + 1$ drei aufeinander folgende Stützpunkte des durchlaufenden Trägers sind. Für die Folge sollen die beiden Geraden $(r-1) - r$ und $r - (r+1)$ als das $r$-te Geradenpaar bezeichnet werden. Entsprechend bilden $(r-2) - (r-1)$ und $(r-1) - r$ das $(r-1)$-te Geradenpaar usw. Unter Beachtung der obigen Belastungszustände erhält man die Drehung $\tau_{rr}$ des $r$-ten Geradenpaares infolge $M_r = 1$ aus der Arbeitsgleichung

$1 \cdot \tau_{rr} = \int \dfrac{M_r^2\, dx}{EJ}$, ferner die Drehung $\tau_{(r-1)r}$ des $(r-1)$-ten Geradenpaares

infolge $M_r = 1$  $1 \cdot \tau_{(r-1)r} = \int \dfrac{M_{r-1} \cdot M_r}{EJ} \cdot dx$ und endlich $1 \cdot \tau_{(r+1)r} = \int \dfrac{M_{r+1} \cdot M_r}{EJ}\, dx$.

Da die Momentenfläche für den Belastungszustand $M_{r-2} = 1$ ebenfalls aus einem Dreieck besteht, dessen Basis gleich $l_{r-2} + l_{r-1}$ und dessen Höhe gleich 1 ist, so überzeugt man sich leicht, daß $\tau_{(r-2)r} = \int \dfrac{M_{r-2} \cdot M_r}{EJ}\, dx$ gleich Null werden muß, denn das $(r-2)$-te Geradenpaar wird durch den Zustand $M_r = 1$ nicht mehr beeinflußt. In gleicher Weise wird $\tau_{(r-3)r} = \tau_{(r-4)r} = \ldots = 0$, und ebenso $\tau_{(r+2)r} = \tau_{(r+3)r} = \ldots = 0$. Ersetzt man nun in den allgemeinen Elastizitätsgleichungen (II) S. 199 die statisch unbestimmten Größen $X_a$, $X_b \ldots$, $X_r$, $\ldots$ durch die Stützmomente $M_1$, $M_2$, $\ldots$, $M_r$, $\ldots$ und die Verschiebungen $\delta_{ar}$, $\delta_{br}$, $\ldots$, $\delta_{rr}$, $\ldots$, $\delta_{rt}$ durch die Drehungen $\tau_{1r}$, $\tau_{2r}$, $\ldots$, $\tau_{rr}$, $\ldots$, $\tau_{rt}$, so

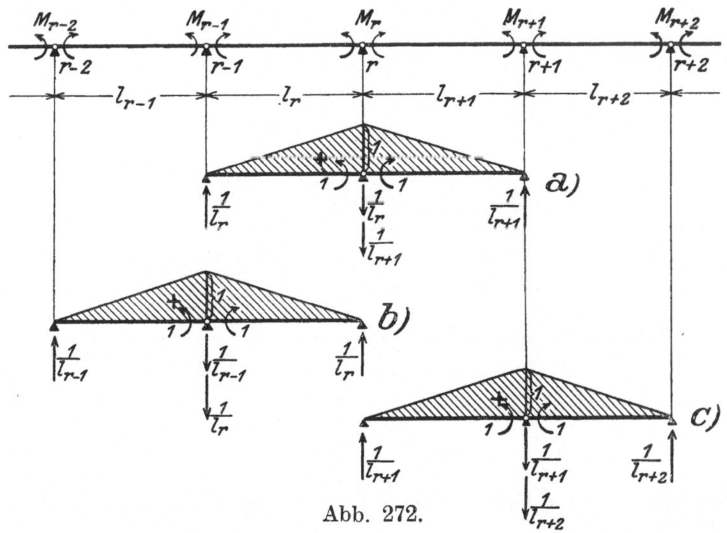

Abb. 272.

lautet die zu $M_r$ gehörige, bzw. die der Stütze $r$ entsprechende Elastizitätsgleichung:

$$\Sigma(C_r \cdot c) = \Sigma P_m \cdot \delta_{mr} + M_1 \cdot \tau_{1r} + M_2 \cdot \tau_{2r} + \ldots + M_{r-2} \cdot \tau_{(r-2)r} + M_{r-1} \cdot \tau_{r(-1)}$$
$$+ M_r \cdot \tau_{rr} + M_{r+1} \cdot \tau_{(r+1)r} + M_{(r+2)} \cdot \tau_{(r+2)r} + \ldots + M_n \tau_{nr} + \tau_{rt},$$

oder, da nach obigen Erläuterungen

$$\tau_{1r} = \tau_{2r} = \ldots = \tau_{(r-2)r} = \tau_{(r+2)r} = \ldots \tau_{nr} = 0,$$

$$(4) \qquad \Sigma(C_r \cdot c) = \Sigma P_m \cdot \delta_{mr} + M_{r-1}\,\tau_{(r-1)r} + M_r \cdot \tau_{rr} + M_{r+1}\,\tau_{(r+1)r} + \tau_{rt},$$

wobei allgemein $C_r$ die infolge $M_r = 1$ auftretenden Stützenreaktionen, $c$ die gegebenen Stützensenkungen und $\tau_{rt}$ die Drehung des $r$-ten Geradenpaares infolge einer Temperaturänderung bedeuten.

Eine solche Elastizitätsgleichung (4) läßt sich für jede der $n$ Zwischenstützen aufstellen, womit $n$ lineare Gleichungen zur Berechnung der $n$ statisch unbestimmten Stützmomente zur Verfügung stehen.

Die in der Elastizitätsgleichung (4) auftretenden Verschiebungsgrößen können mit Hilfe des Belastungszustandes $M_r = 1$ gefunden werden. Es sei zunächst vorausgesetzt, daß die Trägheitsmomente des Balkens innerhalb jeder Öffnung konstant, untereinander aber verschieden sind. $J_r$ bezeichne das Trägheitsmoment der Öffnung $l_r$, $J_{r+1}$ dasjenige von $l_{r+1}$. Abb. 273 a zeigt die Momentenfläche infolge $M_r = 1$, b die zugehörige Biegungslinie. Die Tangente an letztere in $r-1$ schließt mit der Geraden $(r-1)-r$ den Winkel $\tau_{(r-1)r}$, und entsprechend die Tangente in $r+1$ mit der Geraden $(r+1)-r$ den Winkel $\tau_{(r+1)r}$ ein. Ferner liefert die Summe der beiden Winkel, welche die Tangenten in $r$ an die beiden Äste der Biegungslinie mit der Geraden $(r-1)-r-(r+1)$ bilden, die Drehung $\tau_{rr}$. Nach den Erläuterungen auf Seite 168 können diese Winkel als Auflagerkräfte berechnet

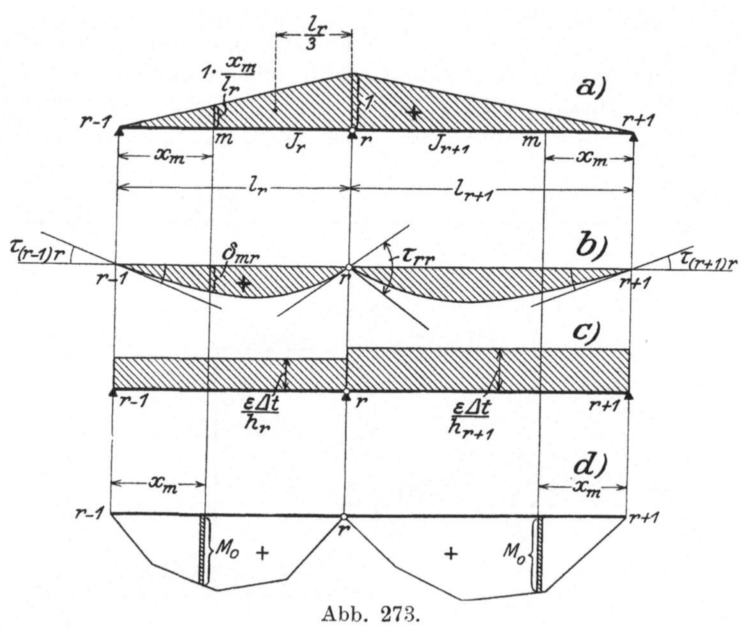

Abb. 273.

werden, welche die als Belastungsfläche aufgefaßte Momentenfläche infolge $M_r = 1$ an den entsprechenden Stützpunkten erzeugt, unter Beifügung des Faktors $\dfrac{1}{EJ}$. Man erhält also:

$$\tau_{(r-1)r} = \frac{1 \cdot l_r}{2} \cdot \frac{l_r}{3} \cdot \frac{1}{l_r} \cdot \frac{1}{EJ_r} = \frac{l_r}{6\,EJ_r}$$

$$\tau_{(r+1)r} = \frac{l_{r+1}}{6\,EJ_{r+1}}$$

$$\tau_{rr} = \frac{1 \cdot l_r}{2} \cdot \frac{2}{3} l_r \cdot \frac{1}{l_r} \cdot \frac{1}{EJ_r} + \frac{1 \cdot l_{r+1}}{2} \cdot \frac{2}{3} l_{r+1} \cdot \frac{1}{l_{r+1}} \cdot \frac{1}{EJ_{r+1}}$$

$$= \frac{l_r}{3\,EJ_r} + \frac{l_{r+1}}{3\,EJ_{r+1}}.$$

Um den Wert $\tau_{rt}$ zu bestimmen, belaste man die Balken $(r-1)-r$ und $r-(r+1)$ mit einer Fläche, deren Belastungsordinate innerhalb der $r$-ten Öffnung $w_{xt} = \dfrac{\varepsilon\,\varDelta t}{h_r}$ (vgl. S. 166), innerhalb der $(r+1)$-ten Öffnung $w_{xt} = \dfrac{\varepsilon\,\varDelta t}{h_{r+1}}$ ist, wobei $\varDelta t = t_u - t_0$ die zwischen Unter- und Obergurt des

Balkens bestehende, konstant angenommene Temperaturdifferenz und $h_r$ bzw. $h_{r+1}$ die den Feldern $l_r$ bzw. $l_{r+1}$ entsprechenden Trägerhöhen bezeichnen (Abb. 273c). Die Verschiebung $\tau_{rt}$ läßt sich dann darstellen als Summe der beiden Auflagerdrücke der Balken $(r-1)-r$ und $r-(r+1)$ an der Stelle $r$ infolge der hier eingeführten Belastungsflächen. Man erhält also

$$\tau_{rt} = \frac{1}{2} \cdot \frac{\varepsilon \Delta t}{h_r} l_r + \frac{1}{2} \frac{\varepsilon \Delta t}{h_{r+1}} \cdot l_{r+1}$$

$$= \frac{\varepsilon \Delta t}{2} \left( \frac{l_r}{h_r} + \frac{l_{r+1}}{h_{r+1}} \right).$$

Die Werte $\delta_{mr}$ ergeben sich als Ordinaten der Biegungslinie der beiden einfachen Balken $(r-1)-r$ und $r-(r+1)$ infolge der Belastung $M_r = 1$. Sie können nach dem Mohrschen Satz (vgl. S. 166) als Momente gedeutet werden, welche an den einzelnen Punkten $m$ jedes der beiden Balken entstehen, sofern die mit $\frac{1}{EJ}$ multiplizierte Momentenfläche infolge $M_r = 1$ als Belastungsfläche eingeführt wird. Unter Bezugnahme auf Abb. 273 ergibt sich für einen Punkt $m$ der Öffnung $l_r$:

$$(5) \qquad \overset{r}{\delta}_{mr} = \frac{1}{EJ_r} \left( \frac{1 \cdot l_r}{6} \cdot x_m - \frac{x_m}{l_r} \cdot \frac{x_m}{2} \cdot \frac{x_m}{3} \right) = \frac{l_r^2}{6 EJ_r} \left( \frac{x_m}{l_r} - \frac{x_m^3}{l_r^3} \right)$$

und entsprechend für einen Punkt $m$ der Öffnung $l_{r+1}$:

$$(6) \qquad \overset{r+1}{\delta}_{mr} = \frac{l_{r+1}^2}{6 EJ_{r+1}} \left( \frac{x_m}{l_{r+1}} - \frac{x_m^3}{l_{r+1}^3} \right)$$

Ändern sich die Trägheitsmomente des Balkens auch innerhalb der einzelnen Öffnungen, so kann die Ermittlung der Verschiebungen ebenfalls in der vorstehend angegebenen Weise erfolgen, sofern die verzerrte Momentenfläche infolge $M_r = 1$ eingeführt wird. In den meisten Fällen der Praxis genügt jedoch schon die hier gemachte Voraussetzung, daß die Trägheitsmomente innerhalb jeder Öffnung konstant sind.

An den Stützen $r-1$, $r$ und $r+1$ mögen Senkungen um $c_{r-1}$, $c_r$ und $c_{r+1}$ beobachtet sein. Dann wird unter Beachtung der Abb. 274

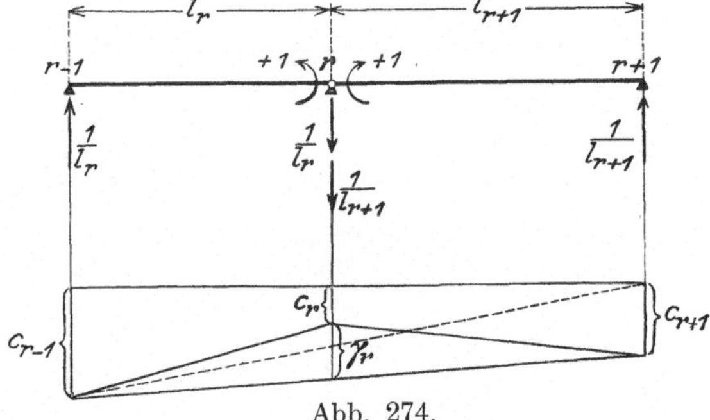

Abb. 274.

$$\Sigma (C_r \cdot c) = -\frac{c_{r-1}}{l_r} + \left( \frac{1}{l_r} + \frac{1}{l_{r+1}} \right) c_r - \frac{c_{r+1}}{l_{r+1}}.$$

Bezeichnet $\gamma_r$ die nach oben positiv angenommene relative Verschiebung der Stütze $r$ gegen $r+1$ und $r-1$, so wird, wie aus Abb. 274 ersichtlich,

$$\gamma_r = \frac{c_{r+1} \cdot l_r}{l_r + l_{r+1}} + \frac{c_{r-1} \cdot l_{r+1}}{l_r + l_{r+1}} - c_r.$$

Multipliziert man diese Gleichung mit $-\dfrac{l_r + l_{r+1}}{l_r \cdot l_{r+1}}$, so ergibt sich:

$$-\gamma_r \cdot \frac{l_r + l_{r+1}}{l_r \cdot l_{r+1}} = -\frac{c_{r+1}}{l_{r+1}} - \frac{c_{r-1}}{l_r} + c_r \cdot \frac{l_r + l_{r+1}}{l_r \cdot l_{r+1}}.$$

Die rechte Seite dieser Gleichung stimmt mit dem oben für $\Sigma(C_r \cdot c)$ entwickelten Ausdruck überein, weshalb

$$\Sigma(C_r \cdot c) = -\gamma_r \cdot \frac{l_r + l_{r+1}}{l_r \cdot l_{r+1}}.$$

Setzt man jetzt den für $\Sigma(C_r \cdot c)$ gefundenen Wert in die Gleichung (4) ein, so geht diese über in

$$(7) \qquad M_{r-1} \cdot \tau_{(r-1)r} + M_r \tau_{rr} + M_{r+1} \cdot \tau_{(r+1)r} = K_r,$$

wo

$$K_r = -\left\{ \Sigma P_m \delta_{mr} + \tau_{rt} + \gamma_r \frac{l_r + l_{r+1}}{l_r \cdot l_{r+1}} \right\}.$$

Der hier gefundene Ausdruck (7) soll hinfort als die $r$-te Elastizitätsgleichung des kontinuierlichen Balkens bezeichnet werden.

Besitzt der Träger ein durchgehend konstantes Trägheitsmoment, so nehmen $\tau_{rr}$, $\tau_{(r-1)r}$ und $\tau_{(r+1)r}$ folgende Werte an:

$$\tau_{rr} = \frac{1}{3\,EJ}(l_r + l_{r+1}); \qquad \tau_{(r-1)r} = \frac{l_r}{6\,EJ}; \qquad \tau_{(r+1)r} = \frac{l_{r+1}}{6\,EJ}.$$

Ferner wird wegen $h_r = h_{r+1}$

$$\tau_{rt} = \frac{\varepsilon\,\varDelta t}{2\,h}(l_r + l_{r+1}).$$

Endlich erhält man:

$$\Sigma P_m \delta_{mr} = \int \frac{M_0 M_r\,dx}{EJ} = \frac{1}{EJ}\int_0^{l_r} M_0\,\frac{x}{l_r}\,dx + \frac{1}{EJ}\int_0^{l_{r+1}} M_0\,\frac{x}{l_{r+1}}\,dx.$$

Nun ist aber $\int_0^{l_r} M_0\,x\,dx = \mathfrak{S}_{0(r-1)}$ das statische Moment der $M_0$-Fläche des einfachen Balkens $(r-1) - r$ in bezug auf die Auflagersenkrechte durch $r-1$ (Abb. 273 d) und $\int_0^{l_{r+1}} M_0\,x\,dx = \mathfrak{S}_{0(r+1)}$ das statische Moment der $M_0$-Fläche des einfachen Balkens $r - (r+1)$ in bezug auf die Auflagersenkrechte durch $r+1$. Demnach wird

$$\Sigma P_m \cdot \delta_{mr} = \frac{1}{EJ}\left( \frac{\mathfrak{S}_{0(r-1)}}{l_r} + \frac{\mathfrak{S}_{0(r+1)}}{l_{r+1}} \right).$$

Setzt man die vorstehend ermittelten Werte in die $r$-te Elastizitätsgleichung ein, so geht diese für den Fall eines konstanten Trägheitsmomentes über in

$$M_{r-1}\frac{l_r}{6\,EJ} + M_r \cdot \frac{l_r + l_{r+1}}{3\,EJ} + M_{r+1}\frac{l_{r+1}}{6\,EJ}$$

$$= -\frac{1}{EJ}\left\{ \frac{\mathfrak{S}_{0(r-1)}}{l_r} + \frac{\mathfrak{S}_{0(r+1)}}{l_{r+1}} \right\} - \frac{\varepsilon\,\varDelta t}{2\,h}(l_r + l_{r+1}) - \gamma_r \cdot \frac{l_r + l_{r+1}}{l_r \cdot l_{r+1}}.$$

Nach Multiplikation mit $6\,EJ$ erhält man die Clapeyronsche Gleichung:

$$(8) \qquad M_{r-1} \cdot l_r + 2\,M_r(l_r + l_{r+1}) + M_{r+1}\,l_{r+1} = \mathfrak{R}_r,$$

wo

$$\mathfrak{R}_r = -6\left\{ \frac{\mathfrak{S}_{0(r-1)}}{l_r} + \frac{\mathfrak{S}_{0(r+1)}}{l_{r+1}} \right\} - 3\,EJ\,\frac{\varepsilon\,\varDelta t}{h}(l_r + l_{r+1}) - 6\,EJ\,\gamma_r\,\frac{l_r + l_{r+1}}{l_r \cdot l_{r+1}}.$$

Die statischen Momente $\mathfrak{S}_{0(r-1)}$ und $\mathfrak{S}_{0(r+1)}$ können im allgemeinen leicht bestimmt werden. Handelt es sich z. B. um eine gleichmäßig verteilte Belastung $p_r$ des Feldes $(r-1)-r$, so ist mit Bezug auf Abb. 275a

$$(9) \qquad \mathfrak{S}_{0(r-1)} = \mathfrak{S}_{0r} = \frac{2}{3} \cdot \frac{p_r l_r^{\,2}}{8} \cdot l_r \cdot \frac{l_r}{2} = \frac{p_r l_r^{\,4}}{24},$$

oder, wenn die Öffnung $l_r$ nur durch eine Einzellast $P$ belastet ist (Abb. 275b),

$$(10) \qquad \mathfrak{S}_{0(r-1)} = P\left(\frac{a\,l_r}{2} \cdot \frac{l_r}{3} - \frac{a^2}{2} \cdot \frac{a}{3}\right) = \frac{P \cdot a}{6}\left(l_r^{\,2} - a^2\right)$$

und

$$(11) \qquad \mathfrak{S}_{0r} = \frac{P \cdot b}{6}\left(l_r^{\,2} - b^2\right).$$

## 2. Auflösung der Elastizitätsgleichungen.

### a) Anwendung der Clapeyronschen Gleichung auf den Balken auf drei und vier Stützen.

Für den Träger auf drei Stützen (0, 1, 2) lautet die der Mittelstütze 1 entsprechende Clapeyronsche Gleichung

$$M_0 l_1 + 2 M_1 (l_1 + l_2) + M_2 l_2 = \mathfrak{K}_1,$$

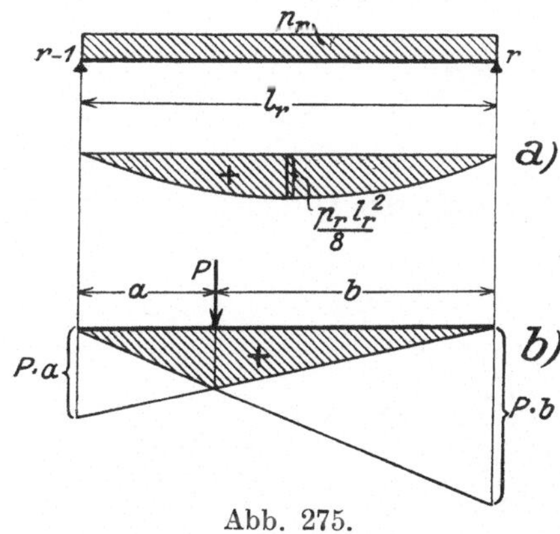

oder, da bei frei aufliegenden — d. h. nicht eingespannten — Enden $M_0 = M_2 = 0$ ist,

$$M_1 = \frac{\mathfrak{K}_1}{2(l_1 + l_2)}.$$

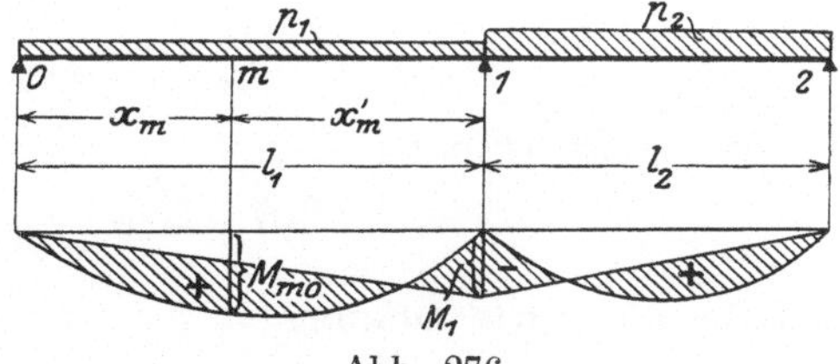

Abb. 275.　　　　　Abb. 276.

Wirkt auf den in Abb. 276 dargestellten Balken innerhalb jeder Öffnung eine gleichmäßig verteilte Last $p$ kg/m, dann ist, wenn Temperaturänderungen und Stützensenkungen nicht auftreten,

$$\mathfrak{K}_1 = -6\left(\frac{\mathfrak{S}_{00}}{l_1} + \frac{\mathfrak{S}_{02}}{l_2}\right) = -\frac{1}{4}\left(p_1 l_1^{\,3} + p_2 l_2^{\,3}\right).$$

Damit wird

$$M_1 = -\frac{p_1 l_1^{\,3} + p_2 l_2^{\,3}}{8(l_1 + l_2)}.$$

Sobald $M_1$ bekannt ist, können auch die Feldmomente angegeben werden. Für den Punkt $m$ der ersten Öffnung gilt:

$$M_m = M_{m0} + M_1 \frac{x_m}{l_1} = \frac{p_1 x_m x_m'}{2} - \frac{p_1 l_1^{\,3} + p_2 l_2^{\,3}}{8(l_1 + l_2)} \cdot \frac{x_m}{l_1}.$$

Mit $l_1 = l_2 = l$ und $p_1 = p_2 = p$ wird

$$M_1 = -\frac{p\,l^2}{8},$$

d. h. das Moment über der Mittelstütze eines Balkens auf drei Stützen infolge einer gleichmäßig verteilten Belastung wird im Falle gleicher Stützweiten $l$ absolut genommen ebenso groß wie das Maximalmoment eines einfachen Balkens von der Länge $l$.

Für den Träger auf vier Stützen $0 - 1 - 2 - 3$ mit frei aufliegenden Enden (Abb. 277) lauten die Clapeyronschen Gleichungen:

$$2\,M_1\,(l_1 + l_2) + M_2\,l_2 = \Re_1$$

$$M_1\,l_2 + 2\,M_2\,(l_2 + l_3) \qquad = \Re_2,$$

woraus folgt:

$$M_1 = \frac{2\,\Re_1\,(l_2 + l_3) - \Re_2\,l_2}{4\,(l_1 + l_2)\,(l_2 + l_3) - l_2{}^2}\,; \qquad M_2 = \frac{2\,\Re_2\,(l_1 + l_2) - \Re_1\,l_2}{4\,(l_1 + l_2)\,(l_2 + l_3) - l_2{}^2}\,.$$

Nach Einführung der Werte $\Re_1$ und $\Re_2$ in die vorstehenden Ausdrücke erhält man die Stützmomente, aus denen mit Hilfe der $M_0$-Fläche alle

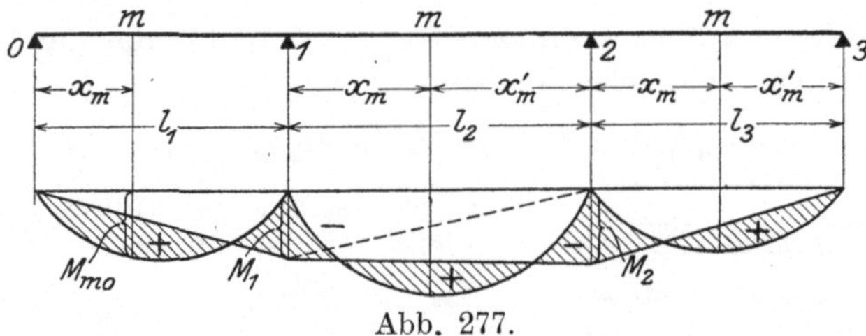

Abb. 277.

Balkenmomente abgeleitet werden können. Für die erste Öffnung ergibt sich:

$$M_m = M_{m0} + M_1 \cdot \frac{x_m}{l_1}\,,$$

für die zweite Öffnung

$$M_m = M_{m0} + \frac{M_1 \cdot x'_m + M_2 \cdot x_m}{l_2}\,,$$

und für die dritte Öffnung

$$M_m = M_{m0} + M_2 \frac{x'_m}{l_3}\,.$$

Ist $l_1 = l_2 = l_3 = l$, und $p_1 = p_2 = p_3 = p$, so genügt zur Berechnung der Stützmomente $M_1 = M_2$ eine der beiden Chapegronschen Gleichungen. Man erhält dann

$$5\,M_1 \cdot l = \Re_1 = -\frac{p\,l^3}{2}$$

oder

$$M_1 = M_2 = -\frac{p\,l^2}{10}\,.$$

(Über die Berechnung der Stützendrücke und Querkräfte aus den Stützmomenten vgl. S. 257.)

Wirkt auf den Träger eine Gruppe ruhender Einzellasten, so können, wenn es sich nur um wenige Lasten handelt, zur Ermittlung der statischen Momente die Gleichungen (10) und (11) benutzt werden. So erhält man z. B. für die in Abb. 278 skizzierte Belastung

$$\mathfrak{S}_{0(r-1)} = \tfrac{1}{6}\,[P_1\,a_1\,(l_r{}^2 - a_1{}^2) + P_2\,a_2\,(l_r{}^2 - a_2{}^2) + P_3\,a_3\,(l_r{}^2 - a_3{}^2)]$$

$$\mathfrak{S}_{0r} = \tfrac{1}{6}\,[P_1\,b_1\,(l_r{}^2 - b_1{}^2) + P_2\,b_2\,(l_r{}^2 - b_2{}^2) + P_3\,b_3\,(l_r{}^2 - b_3{}^2)]\,.$$

Im Falle einer symmetrischen Belastung (Abb. 279) wird

$$\mathfrak{S}_{0r} = \mathfrak{S}_{0\,(r-1)} = F_0 \cdot \frac{l_r}{2},$$

wenn $F_0$ den Inhalt der $M_0$-Fläche der $r$-ten Öffnung angibt.

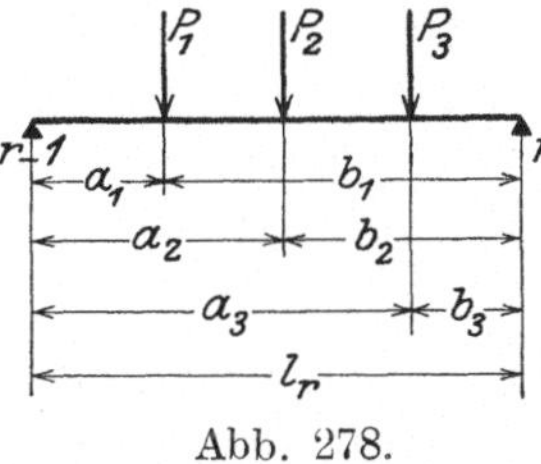

Abb. 278.

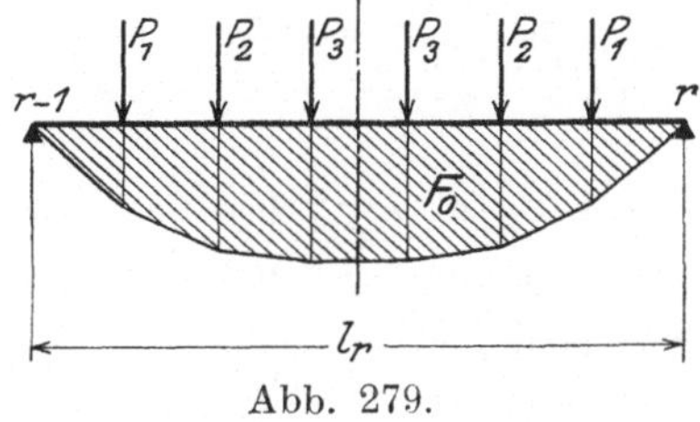

Abb. 279.

### b) Allgemeine Lösung.

Für einen kontinuierlichen Träger auf $n + 2$ Stützen mit frei aufliegenden Enden (Abb. 280) lauten die $n$ Elastizitätsgleichungen (7) wegen $M_0 = M_{n+1} = 0$

$$(12)\quad\begin{cases} M_1 \cdot \tau_{11} + M_2 \cdot \tau_{21} = K_1 \\ M_1 \cdot \tau_{12} + M_2 \cdot \tau_{22} + M_3 \cdot \tau_{32} = K_2 \\ M_2 \cdot \tau_{23} + M_3 \cdot \tau_{33} + M_4 \cdot \tau_{43} = K_3 \\ \cdots\cdots\cdots\cdots\cdots \\ \cdots\cdots\cdots\cdots\cdots \\ M_{r-1} \cdot \tau_{(r-1)r} + M_r \cdot \tau_{rr} + M_{r+1}\,\tau_{(r+1)r} = K_r \\ \cdots\cdots\cdots\cdots\cdots \\ \cdots\cdots\cdots\cdots\cdots \\ M_{n-2} \cdot \tau_{(n-2)(n-1)} + M_{n-1} \cdot \tau_{(n-1)(n-1)} + M_n \cdot \tau_{n\,(n-1)} = K_{n-1} \\ M_{n-1} \cdot \tau_{(n-1)n} + M_n \cdot \tau_{nn} = K_n. \end{cases}$$

Die statisch unbestimmten Stützmomente können als Funktionen der Belastungsglieder $K$ in der Form:

$$(13)\quad\begin{cases} M_1 = \alpha_{11} K_1 + \alpha_{12} K_2 + \alpha_{13} K_3 + \ldots + \alpha_{1r} K_r + \ldots + \alpha_{1n} K_n \\ M_2 = \alpha_{21} K_1 + \alpha_{22} K_2 + \alpha_{23} K_3 + \ldots + \alpha_{2r} K_r + \ldots + \alpha_{2n} K_n \\ M_3 = \alpha_{31} K_1 + \alpha_{32} K_2 + \alpha_{33} K_3 + \ldots + \alpha_{3r} K_r + \ldots + \alpha_{3n} K_n \\ \cdots\cdots\cdots\cdots\cdots \\ \cdots\cdots\cdots\cdots\cdots \\ M_r = \alpha_{r1} K_1 + \alpha_{r2} K_2 + \alpha_{r3} K_3 + \ldots + \alpha_{rr} K_r + \ldots + \alpha_{rn} K_n \\ \cdots\cdots\cdots\cdots\cdots \\ \cdots\cdots\cdots\cdots\cdots \\ M_n = \alpha_{n1} K_1 + \alpha_{n2} K_2 + \alpha_{n3} K_3 + \ldots + \alpha_{nr} K_r + \ldots + \alpha_{nn} K_n \end{cases}$$

dargestellt werden, wobei allgemein die Werte $\alpha_{mr}$ die Einflußzahlen des Belastungsgliedes $K_r$ in bezug auf die statisch unbestimmten Größen bezeichnen (vgl. S. 201). Führt man jetzt einen gedachten Belastungsfall ein, bei dem alle $K$ verschwinden, mit Ausnahme von $K_r = 1$, dann erhält man aus (13)

$$M_1 = \alpha_{1r}; \quad M_2 = \alpha_{2r}; \quad M_3 = \alpha_{3r}; \quad \ldots; \quad M_r = \alpha_{rr}; \quad \ldots; \quad M_n = \alpha_{nr}.$$

Nach Einführung dieser Werte in die Gleichungen (12) gehen letztere über in:

$$(14)\quad\begin{cases}
\alpha_{1r}\cdot\tau_{11}+\alpha_{2r}\cdot\tau_{21}=0 \\[4pt]
\alpha_{1r}\cdot\tau_{12}+\alpha_{2r}\cdot\tau_{22}+\alpha_{3r}\cdot\tau_{32}=0 \\[4pt]
\alpha_{2r}\cdot\tau_{23}+\alpha_{3r}\cdot\tau_{33}+\alpha_{4r}\cdot\tau_{43}=0 \\[4pt]
\cdots\cdots\cdots\cdots\cdots\cdots \\[2pt]
\cdots\cdots\cdots\cdots\cdots\cdots \\[4pt]
\alpha_{(r-1)r}\cdot\tau_{(r-1)r}+\alpha_{rr}\cdot\tau_{rr}+\alpha_{(r+1)r}\cdot\tau_{(r+1)r}=1 \\[4pt]
\cdots\cdots\cdots\cdots\cdots\cdots\cdots\cdots \\[2pt]
\cdots\cdots\cdots\cdots\cdots\cdots\cdots\cdots \\[4pt]
\alpha_{(n-2)r}\cdot\tau_{(n-2)(n-1)}+\alpha_{(n-1)r}\cdot\tau_{(n-1)(n-1)}+\alpha_{nr}\cdot\tau_{n(n-1)}=0 \\[4pt]
\alpha_{(n-1)r}\cdot\tau_{(n-1)n}\quad+\alpha_{nr}\quad\cdot\tau_{nn}=0.
\end{cases}$$

Nun kann aus der ersten Gleichung der Gruppe (14) $\alpha_{1r}$ eliminiert und als Funktion von $\alpha_{2r}$ ausgedrückt werden, aus der zweiten Gleichung $\alpha_{2r}$ als Funktion von $\alpha_{3r}$ usw. bis zur $(r-1)$-ten Gleichung. Entsprechend läßt sich, von der letzten Gleichung ausgehend, $\alpha_{nr}$ durch $\alpha_{(n-1)r}$ ausdrücken, ferner mittels der vorletzten Gleichung $\alpha_{(n-1)r}$ durch $\alpha_{(n-2)r}$ usw. bis zur $(r+1)$-ten Gleichung. Dann ergibt sich folgendes Schema:

$$(15)\quad\begin{cases}
\alpha_{1r}=-\alpha_{2r}\cdot\dfrac{\tau_{21}}{\tau_{11}}=-\dfrac{\alpha_{2r}}{\varkappa_2},\quad\text{wo}\quad\varkappa_2=\dfrac{\tau_{11}}{\tau_{21}}; \\[14pt]
\alpha_{2r}\left(\tau_{22}-\dfrac{\tau_{12}}{\varkappa_2}\right)+\alpha_{3r}\,\tau_{32}=0,\quad\text{oder} \\[14pt]
\alpha_{2r}=-\alpha_{3r}\dfrac{\tau_{32}}{\tau_{22}-\dfrac{\tau_{12}}{\varkappa_2}}=-\dfrac{\alpha_{3r}}{\varkappa_3},\quad\text{wo}\quad\varkappa_3=\dfrac{\tau_{22}-\dfrac{\tau_{12}}{\varkappa_2}}{\tau_{32}}; \\[20pt]
\alpha_{3r}=-\dfrac{\alpha_{4r}}{\varkappa_4},\quad\text{wo}\quad\varkappa_4=\dfrac{\tau_{33}-\dfrac{\tau_{23}}{\varkappa_3}}{\tau_{43}} \\[20pt]
\alpha_{4r}=-\dfrac{\alpha_{5r}}{\varkappa_5},\quad\text{wo}\quad\varkappa_5=\dfrac{\tau_{44}-\dfrac{\tau_{34}}{\varkappa_4}}{\tau_{54}}; \\[16pt]
\cdots\cdots\cdots\cdots\cdots \\[2pt]
\cdots\cdots\cdots\cdots\cdots \\[6pt]
\alpha_{(r-1)r}=-\dfrac{\alpha_{rr}}{\varkappa_r},\quad\text{wo}\quad\varkappa_r=\dfrac{\tau_{(r-1)(r-1)}-\dfrac{\tau_{(r-2)(r-1)}}{\varkappa_{r-1}}}{\tau_{r(r-1)}};
\end{cases}$$

$$(16)\quad\begin{cases}
\alpha_{nr}=-\dfrac{\alpha_{(n-1)r}}{\varkappa'_n},\quad\text{wo}\quad\varkappa'_n=\dfrac{\tau_{nn}}{\tau_{(n-1)n}}; \\[16pt]
\alpha_{(n-1)r}=-\dfrac{\alpha_{(n-2)r}}{\varkappa'_{n-1}},\quad\text{wo}\quad\varkappa'_{n-1}=\dfrac{\tau_{(n-1)(n-1)}-\dfrac{\tau_{n(n-1)}}{\varkappa'_n}}{\tau_{(n-2)(n-1)}}; \\[20pt]
\alpha_{(n-2)r}=-\dfrac{\alpha_{(n-3)r}}{\varkappa'_{n-2}},\quad\text{wo}\quad\varkappa'_{n-2}=\dfrac{\tau_{(n-2)(n-2)}-\dfrac{\tau_{(n-1)(n-2)}}{\varkappa'_{n-1}}}{\tau_{(n-3)(n-2)}}, \\[20pt]
\cdots\cdots\cdots\cdots\cdots\cdots\cdots \\[2pt]
\cdots\cdots\cdots\cdots\cdots\cdots\cdots \\[6pt]
\alpha_{(r+1)r}=-\dfrac{\alpha_{rr}}{\varkappa'_{r+1}},\quad\text{wo}\quad\varkappa'_{r+1}=\dfrac{\tau_{(r+1)(r+1)}-\dfrac{\tau_{(r+2)(r+1)}}{\varkappa'_{r+2}}}{\tau_{r(r+1)}}.
\end{cases}$$

Führt man jetzt $\alpha_{(r+1)r}$ und $\alpha_{(r-1)r}$ in die $r$-te Gleichung der Gruppe (14) ein, so lautet diese:

$$\alpha_{rr}\left(-\frac{\tau_{(r-1)r}}{\varkappa_r}+\tau_{rr}-\frac{\tau_{(r+1)r}}{\varkappa'_{r+1}}\right)=1,$$

woraus folgt:

$$(17)\qquad \alpha_{rr}=\frac{1}{-\dfrac{\tau_{(r-1)r}}{\varkappa_r}+\tau_{rr}-\dfrac{\tau_{(r+1)r}}{\varkappa'_{r+1}}}.$$

Dieser Ausdruck soll noch etwas umgeformt werden. Setzt man analog zu $\varkappa'_{r+1}$

$$(18)\qquad \varkappa_r{}'=\frac{\tau_{rr}-\dfrac{\tau_{(r+1)r}}{\varkappa'_{r+1}}}{\tau_{(r-1)r}},$$

so folgt

$$\tau_{rr}=\varkappa_r{}'\cdot\tau_{(r-1)r}+\frac{\tau_{(r+1)r}}{\varkappa'_{r+1}}.$$

Nach Einführung dieses Wertes in den Ausdruck für $\alpha_{rr}$ geht letzterer über in

$$(19)\qquad \alpha_{rr}=\frac{1}{-\dfrac{\tau_{(r-1)r}}{\varkappa_r}+\varkappa_r{}'\cdot\tau_{(r-1)r}}=\frac{\varkappa_r}{\tau_{(r-1)r}\left(\varkappa_r{}'\,\varkappa_r-1\right)}.$$

Ist $\alpha_{rr}$ bekannt, dann können mittels des Schemas (15), (16) auch alle übrigen Einflußzahlen $\alpha_{(r+1)r}$, $\alpha_{(r+2)r}$, ..., $\alpha_{nr}$, $\alpha_{(r-1)r}$, $\alpha_{(r-2)r}$, ..., $\alpha_{1r}$ gefunden werden. Man erhält

$$\alpha_{(r+1)r}=-\frac{\alpha_{rr}}{\varkappa'_{r+1}};\qquad \alpha_{(r+2)r}=-\frac{\alpha_{(r+1)r}}{\varkappa'_{r+2}}=\frac{\alpha_{rr}}{\varkappa'_{r+1}\cdot\varkappa'_{r+2}};$$

$$\alpha_{(r+3)r}=-\frac{\alpha_{rr}}{\varkappa'_{r+1}\cdot\varkappa'_{r+2}\cdot\varkappa'_{r+3}};\quad \ldots;$$

$$\alpha_{(r-1)r}=-\frac{\alpha_{rr}}{\varkappa_r};\qquad \alpha_{(r-2)r}=\frac{\alpha_{rr}}{\varkappa_r\cdot\varkappa_{r-1}};\qquad \alpha_{(r-3)r}=-\frac{\alpha_{rr}}{\varkappa_r\cdot\varkappa_{r-1}\cdot\varkappa_{r-2}};\quad \ldots$$

Die Werte $\alpha_{rr}$ lassen sich für alle Stützen von $r=2$ bis $r=n$ mit Hilfe von (19) bestimmen, nachdem die nur von den Abmessungen des Systems abhängigen, konstanten Zahlen $\varkappa$ und $\varkappa'$ mittels des Schemas (15), (16) berechnet sind. Um $\alpha_{11}$ zu finden, schreibe man die erste Gleichung der Gruppe (14) für den Fall an, daß $K_1=1$ wird, alle übrigen $K$ gleich Null sind. Dann ergibt sich:

$$\alpha_{11}\cdot\tau_{11}+\alpha_{21}\cdot\tau_{21}=1.$$

Mit $\alpha_{21}=-\dfrac{\alpha_{11}}{\varkappa_2{}'}$ wird

$$\alpha_{11}\left(\tau_{11}-\frac{\tau_{21}}{\varkappa_2{}'}\right)=1,$$

oder

$$(20)\qquad \alpha_{11}=\frac{\varkappa_2{}'}{\tau_{11}\cdot\varkappa_2{}'-\tau_{21}}.$$

Nach Einführung der so gefundenen Einflußzahlen $\alpha_{ik}$ in die Gleichungen (13) gehen diese über in:

$$2\,1)\quad
\begin{cases}
M_1 = \alpha_{11}K_1 - \dfrac{\alpha_{22}K_2}{\varkappa_2} + \dfrac{\alpha_{33}K_3}{\varkappa_3\cdot\varkappa_2} - \dfrac{\alpha_{44}K_4}{\varkappa_4\cdot\varkappa_3\cdot\varkappa_2} \\[2ex]
\qquad\qquad + \dfrac{\alpha_{55}K_5}{\varkappa_5\cdot\varkappa_4\cdot\varkappa_3\cdot\varkappa_2} - \dfrac{\alpha_{66}K_6}{\varkappa_6\cdot\varkappa_5\cdot\varkappa_4\cdot\varkappa_3\cdot\varkappa_2} + \cdots \\[2ex]
M_2 = -\dfrac{\alpha_{11}K_1}{\varkappa_2'} + \alpha_{22}K_2 - \dfrac{\alpha_{33}K_3}{\varkappa_3} + \dfrac{\alpha_{44}K_4}{\varkappa_4\cdot\varkappa_3} \\[2ex]
\qquad\qquad - \dfrac{\alpha_{55}K_5}{\varkappa_5\cdot\varkappa_4\cdot\varkappa_3} + \dfrac{\alpha_{66}K_6}{\varkappa_6\cdot\varkappa_5\cdot\varkappa_4\cdot\varkappa_3} - \cdots \\[2ex]
M_3 = \dfrac{\alpha_{11}K_1}{\varkappa_2'\varkappa_3'} - \dfrac{\alpha_{22}K_2}{\varkappa_3'} + \alpha_{33}K_3 - \dfrac{\alpha_{44}K_4}{\varkappa_4} \\[2ex]
\qquad\qquad + \dfrac{\alpha_{55}K_5}{\varkappa_5\cdot\varkappa_4} - \dfrac{\alpha_{66}K_6}{\varkappa_6\cdot\varkappa_5\cdot\varkappa_4} + \cdots \\[2ex]
M_4 = -\dfrac{\alpha_{11}K_1}{\varkappa_2'\varkappa_3'\varkappa_4'} + \dfrac{\alpha_{22}K_2}{\varkappa_3'\varkappa_4'} - \dfrac{\alpha_{33}K_3}{\varkappa_4'} + \alpha_{44}K_4 \\[2ex]
\qquad\qquad - \dfrac{\alpha_{55}K_5}{\varkappa_5} + \dfrac{\alpha_{66}K_6}{\varkappa_6\cdot\varkappa_5} - \cdots \\[2ex]
M_5 = \dfrac{\alpha_{11}K_1}{\varkappa_2'\varkappa_3'\varkappa_4'\varkappa_5'} - \dfrac{\alpha_{22}K_2}{\varkappa_3'\varkappa_4'\varkappa_5'} + \dfrac{\alpha_{33}K_3}{\varkappa_4'\varkappa_5'} - \dfrac{\alpha_{44}K_4}{\varkappa_5'} \\[2ex]
\qquad\qquad + \alpha_{55}K_5 - \dfrac{\alpha_{66}K_6}{\varkappa_6} + \cdots \\[2ex]
M_6 = -\dfrac{\alpha_{11}K_1}{\varkappa_2'\varkappa_3'\varkappa_4'\varkappa_5'\varkappa_6'} + \dfrac{\alpha_{22}K_2}{\varkappa_3'\varkappa_4'\varkappa_5'\varkappa_6'} - \dfrac{\alpha_{33}K_3}{\varkappa_4'\varkappa_5'\varkappa_6'} + \dfrac{\alpha_{44}K_4}{\varkappa_5'\varkappa_6'} \\[2ex]
\qquad\qquad - \dfrac{\alpha_{55}K_5}{\varkappa_6'} + \alpha_{66}K_6 - \cdots \\[2ex]
\qquad\qquad \cdots\cdots\cdots\cdots\cdots\cdots\cdots\cdots\cdots
\end{cases}$$

oder allgemein:

$$(22)\quad M_r = \cdots - \dfrac{\alpha_{(r-3)(r-3)}K_{r-3}}{\varkappa'_{r-2}\cdot\varkappa'_{r-1}\cdot\varkappa_r'} + \dfrac{\alpha_{(r-2)(r-2)}K_{r-2}}{\varkappa'_{r-1}\cdot\varkappa_r'} - \dfrac{\alpha_{(r-1)(r-1)}K_{r-1}}{\varkappa_r'}$$

$$+\,\alpha_{rr}K_r - \dfrac{\alpha_{(r+1)(r+1)}K_{r+1}}{\varkappa_{r+1}} + \dfrac{\alpha_{(r+2)(r+2)}K_{r+2}}{\varkappa_{r+2}\cdot\varkappa_{r+1}} - \dfrac{\alpha_{(r+3)(r+3)}K_{r+3}}{\varkappa_{r+3}\cdot\varkappa_{r+2}\cdot\varkappa_{r+1}} + \cdots$$

Durch (22) ist eine einfache und übersichtliche Beziehung gegeben, mittels deren alle statisch unbestimmten Stützmomente infolge einer beliebigen ruhenden Belastung berechnet werden können.

Unter der Voraussetzung, daß nur eine Öffnung des Trägers belastet ist, z. B. die Öffnung $l_4$ (Abb. 281), wird

$$K_1 = K_2 = K_5 = K_6 = K_7 = \cdots = 0.$$

Dann liefern die Gleichungen (21) für die Stützmomente $M_3$ und $M_4$ sofort:

$$(23)\quad
\begin{cases}
M_3 = \alpha_{33}K_3 - \dfrac{\alpha_{44}K_4}{\varkappa_4} \\[2ex]
M_4 = -\dfrac{\alpha_{33}K_3}{\varkappa_4'} + \alpha_{44}K_4\,.
\end{cases}$$

Nach (19) ist

$$\alpha_{44} = \frac{\varkappa_4}{\tau_{34}\,(\varkappa_4{}'\,\varkappa_4 - 1)}\,.$$

In gleicher Weise könnte $\alpha_{33}$ berechnet werden. Um jedoch $\alpha_{33}$ durch $\alpha_{44}$ ausdrücken zu können, wird folgender Weg eingeschlagen. Aus (17) ergibt sich:

$$\alpha_{33} = \frac{1}{-\dfrac{\tau_{23}}{\varkappa_3} + \tau_{33} - \dfrac{\tau_{43}}{\varkappa_4{}'}}\,.$$

Ferner ist nach (15)

$$\varkappa_4 = -\frac{\tau_{33} - \dfrac{\tau_{23}}{\varkappa_3}}{\tau_{43}}\,,$$

woraus folgt:

$$\tau_{33} = \varkappa_4 \cdot \tau_{43} + \frac{\tau_{23}}{\varkappa_3}\,.$$

Setzt man diesen Wert in den Ausdruck für $\alpha_{33}$ ein, so geht letzterer über in

$$\alpha_{33} = \frac{1}{-\dfrac{\tau_{23}}{\varkappa_3} + \varkappa_4 \cdot \tau_{43} + \dfrac{\tau_{23}}{\varkappa_3} - \dfrac{\tau_{43}}{\varkappa_4{}'}}$$

$$= \frac{\varkappa_4{}'}{\tau_{43}\,(\varkappa_4\,\varkappa_4{}' - 1)}\,.$$

Da aber nach dem Maxwellschen Satz $\tau_{34} = \tau_{43}$ ist, so wird

$$\alpha_{33} = \alpha_{44} \cdot \frac{\varkappa_4{}'}{\varkappa_4}\,.$$

Nach Einführung der hier für $\alpha_{44}$ und $\alpha_{33}$ gefundenen Werte in die Gleichungen (23) lauten diese:

$$(24)\quad
\begin{cases}
M_3 = \dfrac{\alpha_{44}}{\varkappa_4}\,(K_3\,\varkappa_4{}' - K_4) = \dfrac{K_3\,\varkappa_4{}' - K_4}{\tau_{34}\,(\varkappa_4{}'\,\varkappa_4 - 1)}\\[3mm]
M_4 = \dfrac{\alpha_{44}}{\varkappa_4}\,(-K_3 + K_4\,\varkappa_4) = \dfrac{K_4\,\varkappa_4 - K_3}{\tau_{34}\,(\varkappa_4{}'\,\varkappa_4 - 1)}\,.
\end{cases}$$

Die Stützmomente $M_3$ und $M_4$ können also mit Hilfe von (24) berechnet werden, wenn nur die Öffnung $l_4$ belastet ist. Sind diese bekannt, dann lassen sich für den vorliegenden Belastungsfall auch alle übrigen Stützenmomente sofort angeben. Um dieses zu zeigen, sollen jetzt der Reihe nach die Momente $M_2$, $M_1$, $M_5$, $M_6$ ... aus (21) bestimmt werden.

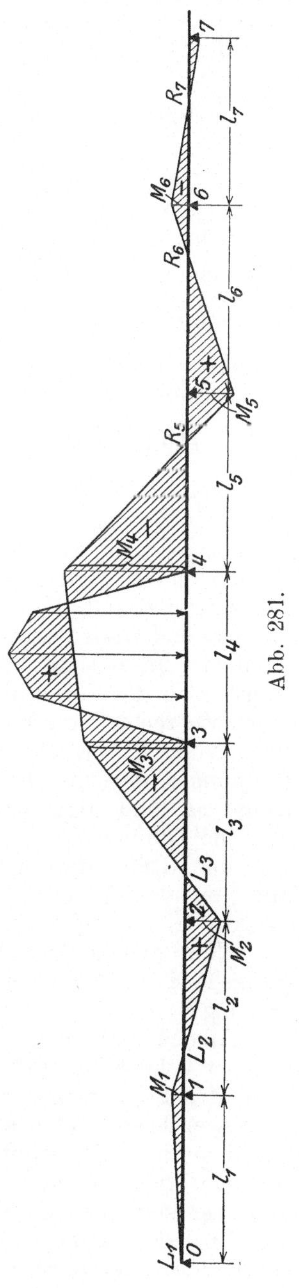

Man erhält:

$$(25) \quad \begin{cases} M_2 = -\dfrac{\alpha_{33}\,K_3}{\varkappa_3} + \dfrac{\alpha_{44}\,K_4}{\varkappa_4\cdot\varkappa_3} = -\left(\alpha_{33}\,K_3 - \dfrac{\alpha_{44}\,K_4}{\varkappa_4}\right)\dfrac{1}{\varkappa_3} = -\dfrac{M_3}{\varkappa_3} \\[3mm] M_1 = \dfrac{\alpha_{33}\,K_3}{\varkappa_3\cdot\varkappa_2} - \dfrac{\alpha_{44}\,K_4}{\varkappa_4\cdot\varkappa_3\cdot\varkappa_2} = -\dfrac{M_2}{\varkappa_2} = \dfrac{M_3}{\varkappa_2\,\varkappa_3} \\[3mm] M_5 = \dfrac{\alpha_{33}\,K_3}{\varkappa_4'\,\varkappa_5'} - \dfrac{\alpha_{44}\,K_4}{\varkappa_5'} = -\dfrac{M_4}{\varkappa_5'} \\[3mm] M_6 = -\dfrac{\alpha_{33}\,K_3}{\varkappa_4'\,\varkappa_5'\,\varkappa_6'} + \dfrac{\alpha_{44}\,K_4}{\varkappa_5'\cdot\varkappa_6'} = -\dfrac{M_5}{\varkappa_6'} = \dfrac{M_4}{\varkappa_5'\cdot\varkappa_6'} \\[3mm] \cdot\ \cdot\ \cdot\ \cdot\ \cdot\ \cdot\ \cdot\ \cdot\ \cdot\ \cdot\ \cdot\ \cdot\ \cdot\ \cdot \end{cases}$$

Man erkennt also, daß sich die rechts von $M_4$ und links von $M_3$ liegenden Stützmomente aus $M_4$ und $M_3$ durch schrittweise Multiplikation mit den konstanten, nur von den Abmessungen des Balkens abhängigen $\dfrac{1}{\varkappa}$ bzw. $\dfrac{1}{\varkappa'}$-Werten ableiten lassen, welche von vornherein bestimmt werden können. Eine Betrachtung der Zahlen $\varkappa$ und $\varkappa'$ ergibt, daß diese sämtlich positiv sind. Für $\varkappa_2$ {vgl. (15)} ist dieses ohne weiteres ersichtlich, da sowohl $\tau_{11} = \displaystyle\int \dfrac{M_1{}^2\,dx}{E\,J}$ als auch $\tau_{21} = \displaystyle\int \dfrac{M_2\,M_1\,dx}{E\,J}$ positiv wird. Aber auch für die übrigen Werte kann man sich davon überzeugen, wenn man beachtet, daß alle $\tau_{ik}$ positiv werden müssen und $\tau_{kk}$ immer größer ist als $\tau_{(k-1)\,k}$ bzw. $\tau_{(k+1)\,k}$. Aus dieser Erkenntnis folgt, daß die rechts von $M_4$ und links von $M_3$ liegenden Stützmomente abwechselnd positive und negative Vorzeichen annehmen. Ist z. B. $M_4$ negativ, dann wird $M_5$ positiv, $M_6$ dagegen negativ usw. Da aber die Zahlen $\varkappa$ und $\varkappa'$ konstante, von der Belastung unabhängige Werte haben, so folgt weiter, daß alle Momente rechts von $M_4$ in einem konstanten Verhältnis zu $M_4$, alle Momente links von $M_3$ in einem solchen zu $M_3$ stehen. Die Verbindungslinie der Endpunkte der als Ordinaten über den Stützen 3 und 2 aufgetragenen Momente $M_3$ und $M_2$, welche die Momentenfläche im Feld $l_3$ begrenzt, muß also die Öffnung $l_3$ in einem festen Punkte $L_3$ schneiden, der unabhängig von der Größe der Belastung seine Lage beibehält (s. Abb. 281). Dasselbe gilt von der Momentenlinie im zweiten Feld, welche die Öffnung $l_2$ im Punkte $L_2$ schneidet.

Eine gleiche Beziehung ergibt sich für die Momente rechts von $M_4$. So geht z. B. die Momentenlinie im fünften Feld durch den Punkt $R_5$ der Öffnung $l_5$ usw.

Allgemein kann gesagt werden: Die Momentenlinie aller Öffnungen links von der belasteten wird dargestellt durch einen aus lauter Geraden bestehenden, über den Stützen gebrochenen Linienzug, welcher jedes Trägerfeld im zugehörigen Festpunkt $L$ schneidet. Der Festpunkt $L_1$ des ersten Feldes fällt mit dem linken Stützpunkt 0 zusammen, sofern der Balken dort frei aufliegt. Analoges gilt für alle Felder rechts von der belasteten Öffnung. Die hier in Frage kommenden Festpunkte werden mit $R$ bezeichnet.

In jedem Feld ist ein linker Festpunkt $L$ und ein rechter Festpunkt $R$ vorhanden, deren Lage in einfacher Weise bestimmt werden kann. Nach (25) ist:

$$-\frac{M_3}{M_2} = \varkappa_3\,; \qquad -\frac{M_2}{M_1} = \varkappa_2\,.$$

Allgemein gilt also für Felder links von der belasteten Öffnung
$-\dfrac{M_r}{M_{r-1}} = \varkappa_r$. Bezeichnen nun $a_r$ und $b_r$ die Abstände des Festpunktes $L_r$
von den Stützen $r-1$ und $r$ (Abb. 282a), so ergibt sich:

$$-\frac{M_r}{M_{r-1}} = \frac{b_r}{a_r} = \varkappa_r\,.$$

Da aber $b_r = l_r - a_r$, so folgt $l_r - a_r = a_r \varkappa_r$ oder

$$(26) \qquad \begin{cases} a_r = \dfrac{l_r}{\varkappa_r + 1} \\[2ex] b_r = l_r - \dfrac{l_r}{\varkappa_r + 1} = \dfrac{l_r \cdot \varkappa_r}{\varkappa_r + 1} \end{cases}$$

und analog gilt für die Strecken $a_r'$ und $b_r'$, welche den Abstand des Festpunktes $R_r$ von den Stützen $r$ und $r-1$ bestimmen (Abb. 282b), wegen

$$-\frac{M_{r-1}}{M_r} = \varkappa_r' = \frac{b_r'}{a_r'}$$

$$(27) \qquad \begin{cases} a_r' = \dfrac{l_r}{\varkappa_r' + 1} \\[2ex] b_r' = \dfrac{l_r \varkappa_r'}{\varkappa_r' + 1}\,. \end{cases}$$

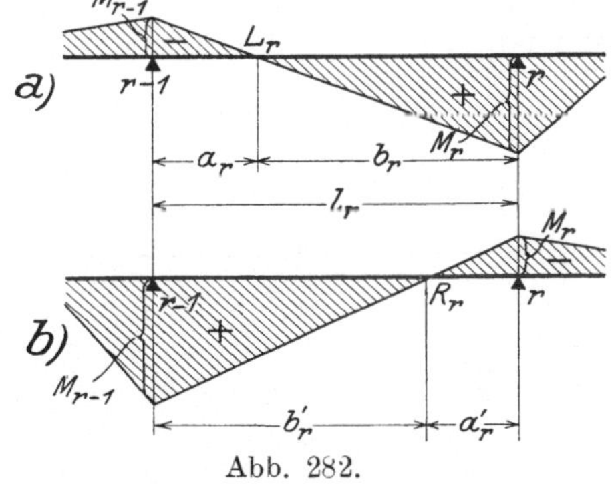

Abb. 282.

Der Festpunkt $R$ des letzten Feldes
fällt mit der rechten Endstütze zusammen.

Die oben für die Stützmomente
$M_3$ und $M_4$ angeschriebene Gleichung
(24) läßt sich ohne weiteres in analoger Weise für jedes andere be-
lastete Feld anwenden. Handelt es sich um die Öffnung $l_r$, so lautet (24)
allgemein:

$$(28) \qquad \begin{cases} M_{r-1} = \dfrac{K_{r-1} \cdot \varkappa_r' - K_r}{\tau_{(r-1)\,r}\,(\varkappa_r' \varkappa_r - 1)} \\[2ex] M_r = \dfrac{K_r \cdot \varkappa_r - K_{r-1}}{\tau_{(r-1)\,r}\,(\varkappa_r' \varkappa_r - 1)} \end{cases}$$

Nachdem mittels dieser Gleichung die Stützmomente einer belasteten Öffnung
berechnet sind, können alle übrigen mit Hilfe des für die Öffnung $l_4$ angegebenen Ansatzes (25) unter Benutzung der $\varkappa$- und $\varkappa'$-Zahlen berechnet
werden.

Den vorstehenden Betrachtungen wurden die Elastizitätsgleichungen (12)
unter Voraussetzung eines veränderlichen Trägheitsmomentes zugrunde gelegt.
Ist dieses konstant, so wird nach S. 242

$$\tau_{11} = \frac{l_1 + l_2}{3\,EJ}\,; \qquad \tau_{21} = \tau_{12} = \frac{l_2}{6\,EJ}\,; \qquad \tau_{22} = \frac{l_2 + l_3}{3\,EJ}\,; \qquad \tau_{32} = \tau_{23} = \frac{l_3}{6\,EJ}\,; \ \ldots$$

und man erhält nach (15)

$$\varkappa_2 = \frac{2\,(l_1 + l_2)}{l_2}\,; \qquad \varkappa_3 = \frac{2\,(l_2 + l_3)}{l_3} - \frac{l_2}{\varkappa_2\,l_3}\,; \qquad \varkappa_4 = \frac{2\,(l_3 + l_4)}{l_4} - \frac{l_3}{\varkappa_3\,l_4}\,; \ \ldots$$

$$\varkappa_r = \frac{2\,(l_{r-1} + l_r)}{l_r} - \frac{l_{r-1}}{\varkappa_{r-1}\,l_r}\,;$$

und entsprechend nach (16) bzw. (18)

$$\varkappa_n' = \frac{2\,(l_{n+1} + l_n)}{l_n}\,; \quad \varkappa_{n-1}' = \frac{2\,(l_n + l_{n-1})}{l_{n-1}} - \frac{l_n}{\varkappa_n' \cdot l_{n-1}}\,; \;\dots$$

$$\varkappa_r' = \frac{2\,(l_{r+1} + l_r)}{l_r} - \frac{l_{r+1}}{\varkappa_{r+1}' \cdot l_r}\,.$$

Sind alle Stützweiten $l$ gleich groß, so gehen die vorstehenden Werte über in:

$$\varkappa_2 = 4\,; \quad \varkappa_3 = 4 - \frac{1}{4} = 3{,}75\,; \quad \varkappa_4 = 4 - \frac{1}{3{,}75} = 3{,}733\,; \;\dots$$

$$\varkappa_n' = 4\,; \quad \varkappa_{n-1}' = 4 - \frac{1}{4} = 3{,}75\,; \quad \varkappa_{n-2}' = 3{,}733\,; \;\dots$$

Man erkennt, daß die Zahlen $\varkappa$ bzw. $\varkappa'$ schnell einem konstanten Werte zustreben. Dieser wird gefunden, wenn man in dem Ausdruck für $\varkappa_r$ die Stützweiten $l_{r-1} = l_r = l$ und $\varkappa_r = \varkappa_{r-1} = \varkappa$ setzt. Dann ergibt sich:

$$\varkappa = 4 - \frac{1}{\varkappa}\,, \quad \text{oder} \quad \varkappa^2 - 4\varkappa + 1 = 0\,.$$

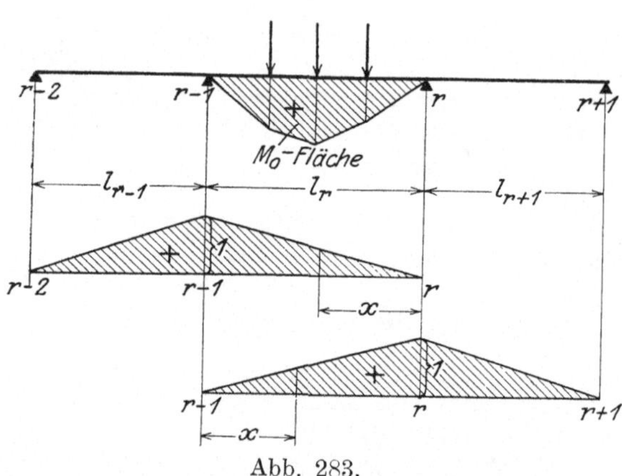

Abb. 283.

Löst man diese quadratische Gleichung nach $\varkappa$ auf, so liefert sie:

$$\varkappa = 3{,}7321\,.$$

Den gleichen Wert erhält man für $\varkappa'$. Damit wird nach (26) und (27)

$$a = a' = \frac{l}{\varkappa + 1} = 0{,}2113\,l$$

$$b = b' = l - a = 0{,}7887\,l$$

Diese Werte können immer dann eingeführt werden, wenn eine größere Anzahl von gleichen Öffnungen vorliegt. Für die Endfelder gelten natürlich die oben ermittelten Zahlen.

Die Annahme eines konstanten Trägheitsmomentes ist bei den meisten Aufgaben der Praxis zulässig. Soll nur der Einfluß von Lasten $P$ verfolgt werden, dann ist bei Belastung der $r$-ten Öffnung (vgl. Abb. 283)

$$K_{r-1} = -\,\Sigma P_m \cdot \delta_{m(r-1)} = -\int_0^{l_r} \frac{M_0\,M_{r-1}}{E\,J}\,dx$$

$$= -\int_0^{l_r} \frac{M_0\,x\,dx}{E\,J\,l_r} = -\,\frac{\mathfrak{S}_{0r}}{E\,J\,l_r}$$

und

$$K_r = -\,\frac{\mathfrak{S}_{0(r-1)}}{E\,J\,l_r}\,.$$

Da ferner $\tau_{(r-1)r} = \dfrac{l_r}{6\,E\,J}$ ist, so gehen die Gleichungen (28) über in:

$$(29)\quad \begin{cases} M_{r-1} = \dfrac{6}{l_r^2} \cdot \dfrac{\mathfrak{S}_{0(r-1)} - \mathfrak{S}_{0r}\,\varkappa_r'}{\varkappa_r'\,\varkappa_r - 1} \\[2ex] M_r = \dfrac{6}{l_r^2} \cdot \dfrac{\mathfrak{S}_{0r} - \mathfrak{S}_{0(r-1)}\,\varkappa_r}{\varkappa_r'\,\varkappa_r - 1}. \end{cases}$$

Nachdem die beiden Stützmomente der belasteten Öffnung bekannt sind, können alle übrigen angegeben werden. Man erhält dann sofort:

$$(30)\quad \begin{cases} M_{r-2} = -\dfrac{M_{r-1}}{\varkappa_{r-1}}; & M_{r+1} = -\dfrac{M_r}{\varkappa_{r+1}'}; \\[2ex] M_{r-3} = \dfrac{M_{r-1}}{\varkappa_{r-1}\cdot\varkappa_{r-2}}; & M_{r+2} = \dfrac{M_r}{\varkappa_{r+1}'\cdot\varkappa_{r+2}'}; \\[2ex] M_{r-4} = -\dfrac{M_{r-1}}{\varkappa_{r-1}\cdot\varkappa_{r-2}\cdot\varkappa_{r-3}}; & M_{r+3} = -\dfrac{M_r}{\varkappa_{r+1}'\cdot\varkappa_{r+2}'\cdot\varkappa_{r+3}'}; \\[1ex] \multicolumn{2}{c}{\cdots\cdots\cdots\cdots\cdots\cdots\cdots\cdots\cdots} \end{cases}$$

Das Verfahren soll an einem einfachen Beispiel erläutert werden. Der in Abb. 284 dargestellte Träger auf 7 Stützen mit konstantem Trägheitsmoment sei nur im Feld 2—3 mit gegebenen Lasten $P$ belastet, die eine $M_0$-Fläche

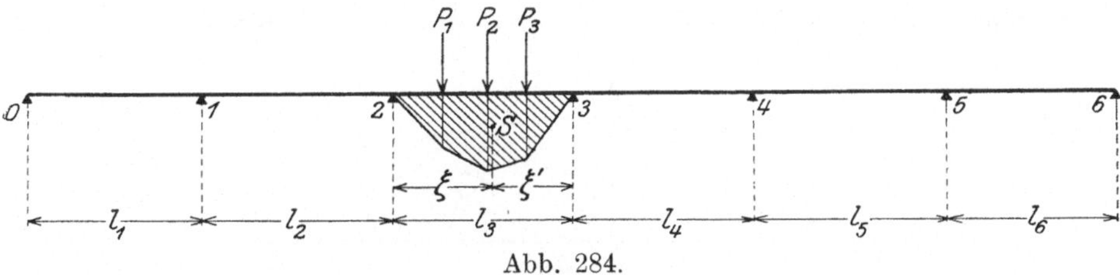


Abb. 284.

von der aus der Figur ersichtlichen Form erzeugen mögen. Es sollen sämtliche Stützmomente berechnet werden.

Für die Stützmomente $M_2$ und $M_3$ der belasteten Öffnung ergibt sich nach (29)

$$\begin{cases} M_2 = \dfrac{6}{l_3^2} \cdot \dfrac{\mathfrak{S}_{02} - \mathfrak{S}_{03}\cdot\varkappa_3'}{\varkappa_3'\,\varkappa_3 - 1} \\[2ex] M_3 = \dfrac{6}{l_3^2} \cdot \dfrac{\mathfrak{S}_{03} - \mathfrak{S}_{02}\cdot\varkappa_3}{\varkappa_3'\,\varkappa_3 - 1}. \end{cases}$$

Bezeichnen $F_0$ den Inhalt der $M_0$-Fläche, ferner $\xi$ und $\xi'$ die horizontalen Abstände ihres Schwerpunktes von den Stützen 2 und 3 (Abb. 284), so wird

$$\mathfrak{S}_{02} = F_0\cdot\xi; \qquad \mathfrak{S}_{03} = F_0\cdot\xi'.$$

Nach S. 251 erhält man für die Zahlen $\varkappa$ und $\varkappa'$ mit $r=3$ und $n=5$

$$\varkappa_2 = \dfrac{2\,(l_1+l_2)}{l_2}; \qquad \varkappa_3 = \dfrac{2\,(l_2+l_3)}{l_3} - \dfrac{l_2}{\varkappa_2\,l_3}; \qquad \varkappa_4 = \dfrac{2\,(l_3+l_4)}{l_4} - \dfrac{l_3}{\varkappa_3\,l_4};$$

$$\varkappa_5 = \dfrac{2\,(l_4+l_5)}{l_5} - \dfrac{l_4}{\varkappa_4\,l_5}; \qquad \varkappa_6 = \dfrac{2\,(l_5+l_6)}{l_6} - \dfrac{l_5}{\varkappa_5\,l_6}.$$

$$\varkappa_5' = \frac{2\,(l_6 + l_5)}{l_5}\,;\cdot \qquad \varkappa_4' = \frac{2\,(l_5 + l_4)}{l_4} - \frac{l_5}{\varkappa_5'\,l_4}\,; \qquad \varkappa_3' = \frac{2\,(l_4 + l_3)}{l_3} - \frac{l_4}{\varkappa_4'\,l_3}\,;$$

$$\varkappa_2' = \frac{2\,(l_3 + l_2)}{l_2} - \frac{l_3}{\varkappa_3'\,l_2}\,; \qquad \varkappa_1' = \frac{2\,(l_2 + l_1)}{l_1} - \frac{l_2}{\varkappa_2'\,l_1}\,.$$

Setzt man die hier angeschriebenen Werte für $\mathfrak{S}_{02}$, $\mathfrak{S}_{03}$, $\varkappa_3'$ und $\varkappa_3$ in die obigen Gleichungen für $M_2$ und $M_3$ ein, so liefern diese die gesuchten Stützmomente des belasteten Feldes. Sind letztere bekannt, dann findet man nach (30) sofort alle übrigen durch folgenden Ansatz:

$$M_1 = -\frac{M_2}{\varkappa_2}\,; \qquad M_4 = -\frac{M_3}{\varkappa_4'}\,; \qquad M_5 = \frac{M_3}{\varkappa_4'\,\varkappa_5'}\,,$$

womit die Aufgabe gelöst ist.

Erstreckt sich die Belastung über mehrere Öffnungen, so kann nacheinander der Einfluß jeder Öffnung auf alle Stützmomente in der hier beschriebenen Weise angegeben werden. Nach Addition aller Beiträge erhält man die tatsächlich auftretenden Stützmomente. Statt dessen kann man auch mit Hilfe von (19) die Einflußzahlen $\alpha_{11}$, $\alpha_{22}$, $\ldots$, $\alpha_{55}$ ermitteln und darauf die Stützmomente direkt aus (22) berechnen.

### c) Graphisches Verfahren im Falle eines konstanten Trägheitsmomentes.

Es seien $M_{r-1}$, $M_r$ und $M_{r+1}$ (Abb. 285) die Stützmomente der drei aufeinander folgenden Stützen $r-1$, $r$, $r+1$ eines durchlaufenden Trägers

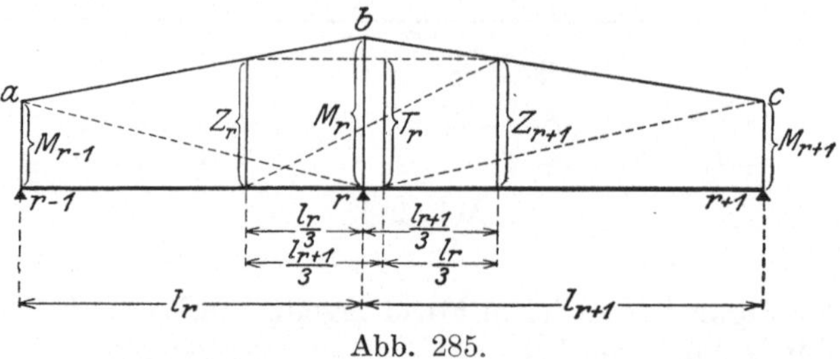

Abb. 285.

infolge einer beliebigen Belastung. Nach Seite 242 lautet die Clapeyronsche Gleichung für die $r$-te Stütze:

$$M_{r-1}\cdot l_r + 2\,M_r\,(l_r + l_{r+1}) + M_{r+1}\cdot l_{r+1} = \mathfrak{R}_r,$$

wofür auch geschrieben werden kann:

$$(M_{r-1} + 2\,M_r)\,l_r + (M_{r+1} + 2\,M_r)\,l_{r+1} = \mathfrak{R}_r.$$

Die im Abstande $\dfrac{l_r}{3}$ links von $r$ und $\dfrac{l_{r+1}}{3}$ rechts von $r$ gemessenen Ordinaten $Z_r$ bzw. $Z_{r+1}$ der Linie der Stützmomente $\ldots a-b-c \ldots$ haben die Größe

$$Z_r = \frac{M_{r-1}}{3} + \frac{2}{3}\,M_r\,; \qquad Z_{r+1} = \frac{M_{r+1}}{3} + \frac{2}{3}\,M_r\,.$$

Führt man diese Werte in die vorstehende Clapeyronsche Gleichung ein, so ergibt sich

$$3\,Z_r\,l_r + 3\,Z_{r+1}\cdot l_{r+1} = \mathfrak{R}_r,$$

oder nach Division mit $3\,(l_r + l_{r+1})$

$$\frac{Z_r\,l_r}{l_r + l_{r+1}} + \frac{Z_{r+1}\cdot l_{r+1}}{l_r + l_{r+1}} = \frac{\Re_r}{3\,(l_r + l_{r+1})}\,.$$

Die linke Seite dieser Gleichung wird in Abb. 285 dargestellt durch die Strecke $T_r$, welche von den Verbindungslinien der Endpunkte der Strecken $Z_r$ und $Z_{r+1}$ auf der Senkrechten im Abstande $\dfrac{l_{r+1}}{3}$ von $Z_r$, bzw. $\dfrac{l_r}{3}$ von $Z_{r+1}$ abgeschnitten wird. Demnach ist

$$T_r = \frac{\Re_r}{3\,(l_r + l_{r+1})}\,.$$

Dieser Wert ist nur von den gegebenen Lasten, Temperaturänderungen und Stützensenkungen abhängig und kann für jeden Belastungsfall berechnet werden.

Die Senkrechte, auf welcher $T_r$ abgetragen wird, heißt die **verschränkte Stützensenkrechte der $r$-ten Stütze**.

Um zu einer graphischen Darstellung der Stützmomente mit Hilfe der Werte $T$ zu gelangen, wird zunächst angenommen, es sei ein Punkt $L_r'$ der Geraden $a$—$b$ (Abb. 285) bekannt. Zieht man jetzt durch $L_r'$ eine beliebige Gerade $a'$—$b'$ (Abb. 286), so kann die zugehörige Gerade $b'$—$c'$ des $(r+1)$-ten Feldes wie folgt gefunden werden. Man verbindet den Schnittpunkt

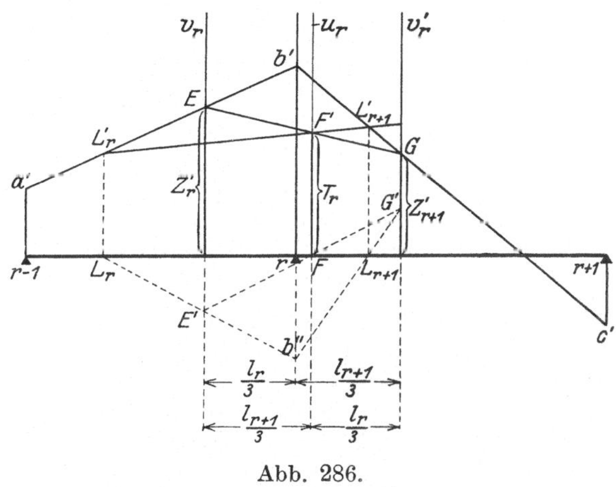

Abb. 286.

$E$ der Geraden $a'$—$b'$ und der im Abstande $\dfrac{l_r}{3}$ links von $r$ liegenden Senkrechten $v_r$ mit dem Endpunkt $F'$ der auf der verschränkten Stützensenkrechten $u_r$ aufgetragenen Strecke $T_r$ und bringt $E$—$F'$ in $G$ mit der im Abstande $\dfrac{l_{r+1}}{3}$ rechts von $r$ aufgetragenen Senkrechten $v_r'$ zum Schnitt. Verbindet man weiter $b'$ mit $G$, so schneidet diese Gerade die Stützensenkrechte für $r+1$ in $c'$, womit $b'$—$c'$ gefunden ist. Für jede andere Lage der Geraden $a'$—$b'$ ergibt sich eine zugehörige Gerade $b'$—$c'$. Dabei bewegen sich die Eckpunkte des Dreiecks $E$—$b'$—$G$ auf drei Strahlen $v_r$, $r$—$b'$, $v_r'$ eines Strahlenbüschels, während die beiden Seiten $b'$—$E$ und $E\,G$ durch die festen Punkte $L_r'$ bzw. $F'$ gehen. Nach dem Lehrsatz aus der Geometrie der Lage: „Ändert ein Dreieck in der Weise seine Form und Lage, daß seine Eckpunkte sich auf drei Strahlen eines Strahlenbüschels bewegen und zwei Seiten durch feste Punkte gehen, so geht auch die dritte Seite durch einen festen Punkt, welcher mit den beiden ersten auf einer Geraden liegt", müssen alle Geraden $b$—$c$ durch den Schnittpunkt $L_{r+1}'$ von $b'$—$c'$ und $L_r'$—$F'$ gehen. Man kann somit $L_{r+1}'$ finden, sobald $L_r'$ gegeben ist.

Auf die Lage von $L_{r+1}'$ kann auch wie folgt geschlossen werden. Man bestimmt zunächst senkrecht unter $L_r'$ den Punkt $L_r$, zieht dann durch $L_r$ eine beliebige Gerade, welche $v_r$ in $E'$ und $b'$—$r$ in $b''$ schneiden möge, verbindet $E'$ mit dem Fußpunkt $F$ von $T_r$ und bringt $E'-F$ mit $v_r'$ in $G'$ zum Schnitt. Zieht man ferner $G'-b''$, so schneidet diese Gerade das Trägerfeld $r-(r+1)$ im Punkte $L_{r+1}$. Nun errichtet man in $L_{r+1}$ das Lot und bestimmt dessen Schnittpunkt mit der Geraden $L_r'-F'$, welcher den gesuchten Punkt $L_{r+1}'$ darstellt. (Der Beweis folgt leicht aus der Betrachtung ähnlicher Dreiecke, wobei zu beachten ist, daß sowohl die Punkte $L_r'$, $F'$, $L_{r+1}'$ als auch $L_r$, $F$, $L_{r+1}$ je auf einer Geraden liegen, und die Geraden $L_r-L_r'$, $v_r$, $b'-b''$, $u_r$, $v_r'$ einander parallel sind.)

Zur Bestimmung sämtlicher Punkte $L'$ eines kontinuierlichen Trägers verfährt man also wie folgt (vgl. Abb. 287). Da an der linken Außenstütze

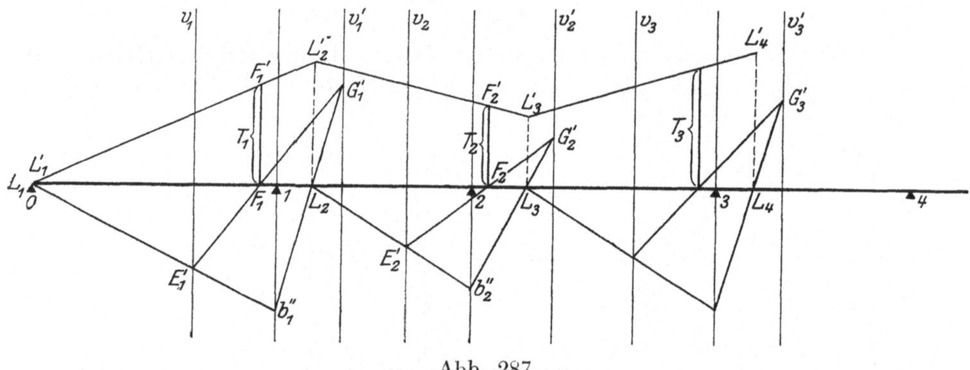

Abb. 287.

das Moment Null ist, so geht die Momentenlinie durch den Stützpunkt $O$. Der Punkt $L_1'$, und damit auch $L_1$, fällt also mit $O$ zusammen. Zur Bestimmung von $L_2$ zieht man durch $L_1$ eine beliebige Gerade $L_1-E_1'$ bis $b_1''$, zieht darauf $E_1'-F_1$ bis $G_1'$ und verbindet $G_1'$ mit $b_1''$. Die Verbindungslinie $G_1'-b_1''$ schneidet das 2. Feld in $L_2$. Nun bestimmt man $L_2'$ als Schnittpunkt des Lotes in $L_2$ und der Geraden $L_1'-F_1'$. In analoger Weise werden $L_3'$, $L_4'$ usw. gefunden.

Greifen nur Lasten rechts von der Stütze 3 an, so wird $T_1 = T_2 = 0$. Der Punkt $L_2'$ fällt mit $L_2$, $L_3'$ mit $L_3$ zusammen. Man erkennt also, daß

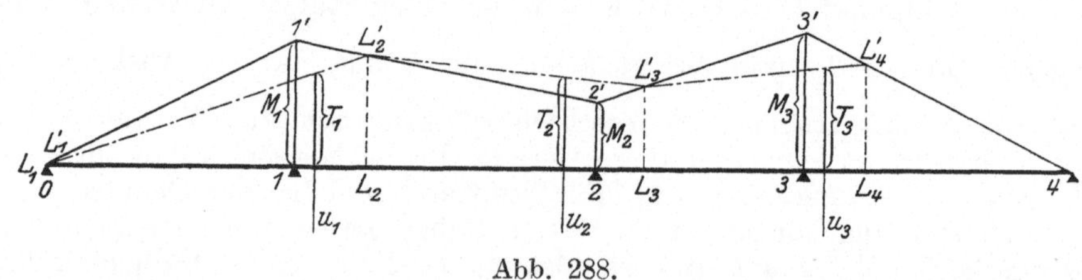

Abb. 288.

die Punkte $L_2$, $L_3$, $L_4$ ... identisch mit den bereits früher ermittelten linken Festpunkten $L$ sind, denn dort war gezeigt, daß die Momentenlinie in allen Feldern links von der belasteten Öffnung durch die Festpunkte $L$ geht.

Die hier angestellte Überlegung kann in gleicher Weise auf die Festpunkte $R$ und die ihnen entsprechenden Punkte $R'$ angewandt werden, wenn man von rechts nach links vorgeht und mit den Punkten $R_{n+1}$ bzw. $R_{n+1}'$ beginnt, die mit dem rechten Stützpunkt $n+1$ (vgl. Abb. 280) zusammenfallen.

Das vorstehend angegebene Verfahren ermöglicht eine einfache graphische Darstellung der Stützmomente. Für den in Abb. 288 skizzierten Träger auf 5 Stützen mögen die Festpunkte $L$ entweder graphisch oder rechnerisch ermittelt sein. Man trägt nun auf den verschränkten Stützensenkrechten $u_1$, $u_2$, $u_3$ die Werte $T_1 = \dfrac{\Re_1}{3\,(l_1 + l_2)}$;　$T_2 = \dfrac{\Re_2}{3\,(l_2 + l_3)}$;　$T_3 = \dfrac{\Re_3}{3\,(l_3 + l_4)}$ auf und bestimmt die Punkte $L_2{}'$, $L_3{}'$, $L_4{}'$ in der oben angegebenen Weise. Da diese Punkte dem Geradenzug angehören, welcher die Linie der Stützmomente bildet, so kann letztere nunmehr gezeichnet werden. Zu diesem Zwecke zieht man $4 - L_4{}'$ bis $3'$, $3' - L_3{}'$ bis $2'$, $2' - L_2{}'$ bis $1'$ und $1' - 0$. Die Strecken $1 - 1'$, $2 - 2'$ und $3 - 3'$ stellen dann die gesuchten Stützmomente dar.

Nach Seite 242 ist

$$\Re_r = -6\left\{\frac{\mathfrak{S}_{0(r-1)}}{l_r} + \frac{\mathfrak{S}_{0(r+1)}}{l_{r+1}}\right\} - 3\,EJ\,\frac{\varepsilon\,\varDelta\,t}{h}\,(l_r + l_{r+1}) - 6\,EJ\,\gamma_r\,\frac{l_r + l_{r+1}}{l_r \cdot l_{r+1}}.$$

Will man also den Einfluß einer gegebenen, ruhenden Belastung $P$ untersuchen, so setze man

$$T_{r_P} = -\frac{2}{l_r + l_{r+1}}\left\{\frac{\mathfrak{S}_{0(r-1)}}{l_r} + \frac{\mathfrak{S}_{0(r+1)}}{l_{r+1}}\right\},$$

bei einer ungleichmäßigen Temperaturänderung

$$T_{r_t} = -EJ\,\frac{\varepsilon\,\varDelta\,t}{h},$$

und bei eintretenden Stützensenkungen

$$T_{r_S} = -\frac{2\,EJ\,\gamma_r}{l_r \cdot l_{r+1}}.$$

## 3. Ableitung der Feldmomente, Querkräfte und Stützenreaktionen aus den Stützmomenten.

Sind die Stützmomente $M_{r-1}$ und $M_r$ des Feldes $(r-1) - r$ nach einem der vorstehend beschriebenen Verfahren gefunden, so können auch die Feldmomente sofort angegeben werden. Unter Beachtung der Abb. 289 erhält man:

$$(31)\qquad M = M_0 + \frac{M_r \cdot x + M_{r-1} \cdot x'}{l_r},$$

wobei $M_0$ das Moment des einfachen Balkens von der Stützweite $l_r$ infolge der gegebenen Belastung bedeutet. Entsprechend erhält man für die Querkraft:

$$(32)\qquad Q = Q_0 + \frac{M_r - M_{r-1}}{l_r}.$$

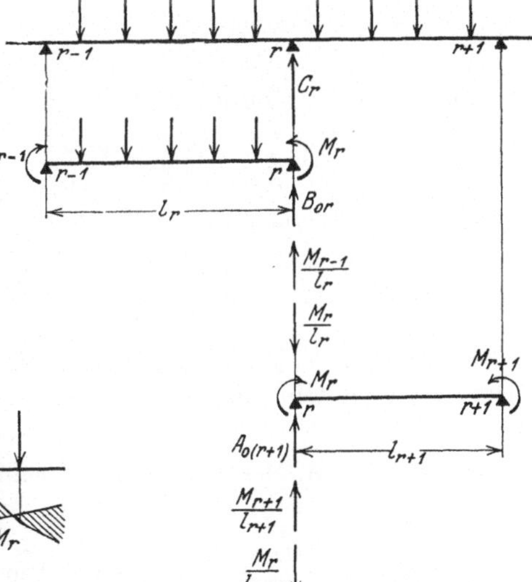


Abb. 289.　　　　　　　　　　Abb. 290.

Die Auflagerkraft für eine Zwischenstütze $C_r$ wird wie folgt gefunden. Man denkt sich über den Stützen $r-1$, $r$ und $r+1$ Gelenke eingeschaltet und stellt den Zusammenhang der so ent-

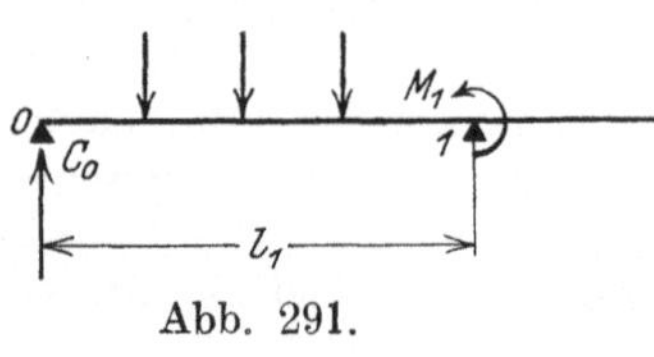

Abb. 291.

stehenden einfachen Balken dadurch wieder her, daß man in diesen Stützpunkten die Stützmomente $M_{r-1}$, $M_r$ und $M_{r+1}$ als Belastung anbringt. Bezeichnen nun $B_{0r}$ den rechten Auflagerdruck des einfachen Balkens $(r-1)-r$ und $A_{0(r+1)}$ den linken Auflagerdruck des einfachen Balkens $r-(r+1)$ infolge der gegebenen Belastung, so ergibt sich der Druck der Stütze $r$ (vgl. Abb. 290):

$$(33) \qquad C_r = B_{0r} + A_{0(r+1)} + \frac{M_{r-1}-M_r}{l_r} + \frac{M_{r+1}-M_r}{l_{r+1}}.$$

Für die linke Endstütze 0 (Abb. 291) wird:

$$C_0 = A_{01} + \frac{M_1}{l_1}.$$

## 4. Einflußlinien.

### a) Stützmomente.

Zur Konstruktion der Einflußlinien für die Stützmomente bedient man sich zweckmäßig der Gleichungen (28). Steht die Last 1 im $r$-ten Felde, so nehmen $M_{r-1}$ und $M_r$ nach (28) die Werte an:

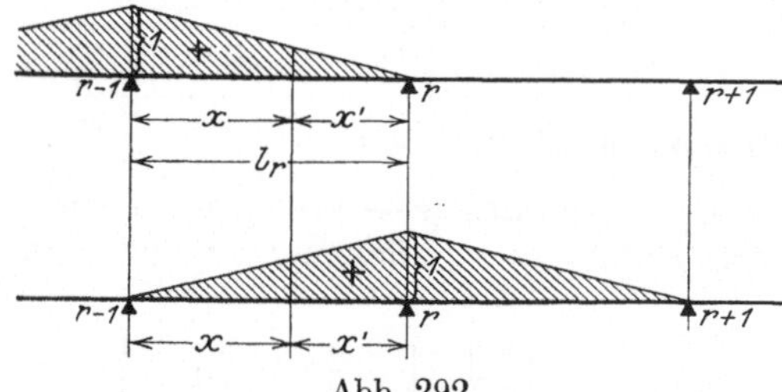

Abb. 292.

$$(34) \qquad \left\{ \begin{aligned} M_{r-1} &= \frac{\delta_{mr} - \delta_{m(r-1)}\,\varkappa_r'}{\tau_{(r-1)r}\cdot(\varkappa_r'\varkappa_r - 1)} \\[2mm] M_r &= \frac{\delta_{m(r-1)} - \delta_{mr}\cdot\varkappa_r}{\tau_{(r-1)r}\cdot(\varkappa_r'\varkappa_r - 1)}. \end{aligned} \right.$$

Für den Fall eines konstanten Trägheitsmomentes, der hier allein weiter untersucht werden soll, erhält man nach Gleichung (6) Seite 241 unter Beachtung der Abb. 292

$$\overset{r}{\delta}_{m(r-1)} = \frac{l_r^2}{6\,EJ}\left(\frac{x'}{l_r} - \frac{x'^3}{l_r^3}\right) = \frac{l_r^2}{6\,EJ}\cdot\omega_D',$$

wobei

$$\omega_D' = \frac{x'}{l_r} - \frac{x'^3}{l_r^3} = \frac{l_r - x}{l_r} - \frac{(l_r - x)^3}{l_r^3}.$$

Der Zeiger $r$ über $\delta$ gibt an, daß die Last 1 im $r$-ten Felde steht. Weiter ist nach Gleichung (5)

$$\overset{r}{\delta}_{mr} = \frac{l_r^2}{6\,EJ}\cdot\omega_D, \qquad \text{wenn} \qquad \omega_D = \frac{x}{l_r} - \frac{x^3}{l_r^3}.$$

Da ferner $\tau_{(r-1)r} = \dfrac{l_r}{6\,EJ}$, so lauten die Gleichungen (34) nach Einführung der für $\delta_{mr}$, $\delta_{m(r-1)}$ und $\tau_{(r-1)r}$ angegebenen Werte:

$$(35) \qquad \overset{r}{M}_{r-1} = - \frac{l_r}{1 - \varkappa_r \cdot \varkappa_r'} \, (\omega_D - \varkappa_r' \cdot \omega_D');$$

$$(36) \qquad \overset{r}{M}_r = - \frac{l_r}{1 - \varkappa_r \cdot \varkappa_r'} \, (\omega_D' - \varkappa_r \cdot \omega_D).$$

$\omega_D$ und $\omega_D'$ sind für verschiedene Trägerpunkte in nachstehender Tabelle zusammengestellt.

Steht die Last 1 im $(r + 1)$-ten Feld, so erhält man ganz analog

$$(37) \qquad \overset{r+1}{M}_r = - \frac{l_{r+1}}{1 - \varkappa_{r+1} \cdot \varkappa_{r+1}'} \, (\omega_D - \varkappa_{r+1}' \cdot \omega_D');$$

$$(38) \qquad \overset{r+1}{M}_{r+1} = - \frac{l_{r+1}}{1 - \varkappa_{r+1} \cdot \varkappa_{r+1}'} \, (\omega_D' - \varkappa_{r+1} \cdot \omega_D).$$

| $\dfrac{x}{l}$ | $\omega_D$ | $\omega_D'$ |
| --- | --- | --- |
| 0,05 | 0,0499 | 0,0926 |
| 0,10 | 0,0990 | 0,1710 |
| 0,15 | 0,1466 | 0,2359 |
| 0,20 | 0,1920 | 0,2880 |
| 0,25 | 0,2344 | 0,3281 |
| 0,30 | 0,2730 | 0,3570 |
| 0,35 | 0,3071 | 0,3754 |
| 0,40 | 0,3360 | 0,3840 |
| 0,45 | 0,3589 | 0,3836 |
| 0,50 | 0,3750 | 0,3750 |
| 0,55 | 0,3836 | 0,3589 |
| 0,60 | 0,3840 | 0,3360 |
| 0,65 | 0,3754 | 0,3071 |
| 0,70 | 0,3570 | 0,2730 |
| 0,75 | 0,3281 | 0,2344 |
| 0,80 | 0,2880 | 0,1920 |
| 0,85 | 0,2359 | 0,1466 |
| 0,90 | 0,1710 | 0,0990 |
| 0,95 | 0,0926 | 0,0499 |

Mit Hilfe von (36) und (37) können somit die Ordinaten der Einflußlinie für $M_r$ in den Feldern $(r - 1) - r$ und $r - (r + 1)$ berechnet werden. Steht die Last 1 im Feld $(r - 2) - (r - 1)$, so bestimmt man zunächst in der hier angegebenen Weise das Moment $\overset{r-1}{M}_{r-1}$ für verschiedene Laststellungen und benutzt dann die Beziehung $\overset{r-1}{M}_r = \dfrac{\overset{r-1}{M}_{r-1}}{\varkappa_r'}$ zur Ermittlung der Einflußordinaten für $M_r$ bei Belastung des Feldes $r - 1$. In gleicher Weise verfährt man, wenn die Last 1 im $(r + 2)$-ten Felde steht.

Für Überschlagsrechnungen genügt schon die Untersuchung des Einflusses der beiden die Stütze $r$ begrenzenden Felder auf das Stützmoment $M_r$.

Der zur Konstruktion der Einflußlinie des Stützmomentes $M_r$ einzuschlagende Weg ist also der folgende: Nach Berechnung der Zahlen $\varkappa$ und $\varkappa'$ lasse man zunächst die Last 1 über die Öffnung $(r - 1) - r$ wandern (Abb. 293) und berechne in der oben beschriebenen Weise für die verschiedenen Last-

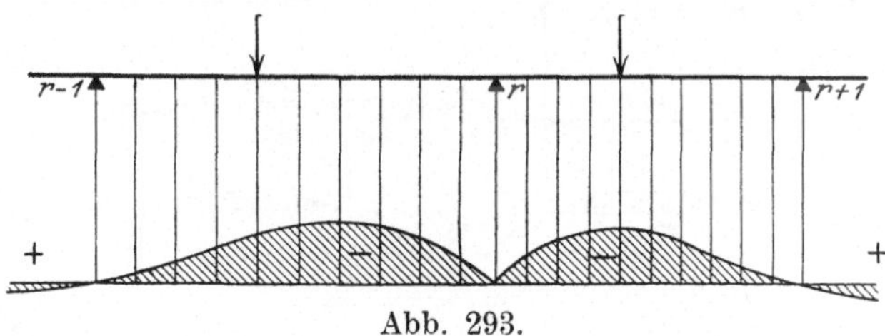

Abb. 293.

stellungen das Moment $\overset{r}{M}_r$. Darauf läßt man in gleicher Weise die Last 1 über die Öffnung $r - (r + 1)$ wandern und bestimmt $\overset{r+1}{M}_r$. Trägt man die so gefundenen Ordinaten auf und verbindet ihre Endpunkte, so erhält man die Einflußlinie für $M_r$ in den beiden betrachteten Feldern. Nun stellt man die Last 1 in die $(r - 1)$-te Öffnung und berechnet $\overset{r-1}{M}_{r-1}$ für verschiedene Laststellungen. Dann ergeben sich die Einflußordinaten für $M_r$ aus der Beziehung $\overset{r-1}{M}_r = - \dfrac{\overset{r-1}{M}_{r-1}}{\varkappa_r'}$. Die Laststellung im Feld $(r + 1) - (r + 2)$ liefert das Moment $\overset{r+2}{M}_{r+1}$ und aus diesem folgt $\overset{r+2}{M}_r = - \dfrac{\overset{r+2}{M}_{r+1}}{\varkappa_{r+1}}$.

So fortfahrend kann auch der Einfluß der beiderseits weiter anschließenden Öffnungen verfolgt werden. Man erkennt indessen, daß die Ordinaten dieser Öffnungen schnell abnehmen.

Ist in dieser Weise die Einflußlinie für $M_r$ aufgetragen, so ist die Art der Belastung, welche die ungünstigsten Werte liefert, festgelegt. Das größte

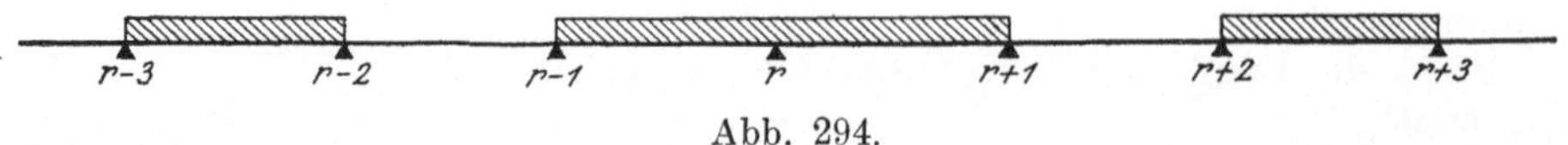


Abb. 294.

(negative) Stützmoment tritt bei voller Belastung der beiden der Stütze $r$ benachbarten Felder auf. Wird der Einfluß mehrerer Öffnungen in Betracht gezogen, so müssen diese abwechselnd unbelastet und belastet werden (Abb. 294). Nachdem die Einflußlinien für die Stützmomente aufgetragen sind, können alle anderen Einflußlinien aus diesen abgeleitet werden.

### b) Feldmomente.

Für das Feldmoment gilt nach (31)

$$M = M_0 + \frac{M_r \cdot x + M_{r-1} \cdot x'}{l_r}.$$

Die Einflußfläche für $M$ läßt sich also darstellen als Summe der Einflußfläche für das Moment $M_0$ des einfachen Balkens $(r-1) - r$, der mit

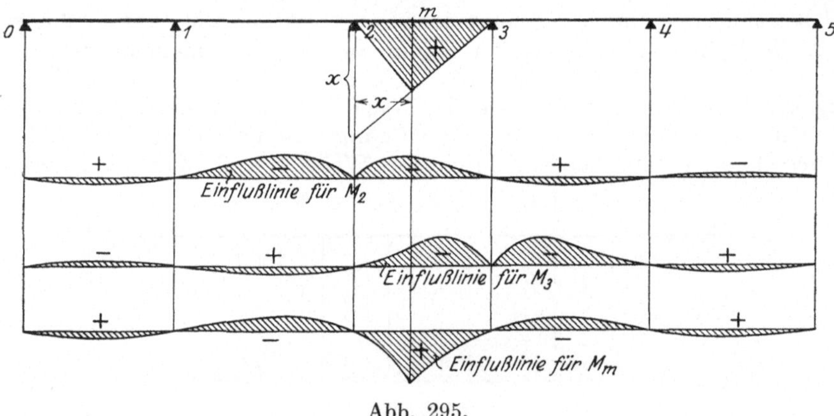


Abb. 295.

$\dfrac{x}{l_r}$ multiplizierten Einflußfläche für $M_r$ und der mit $\dfrac{x'}{l_r}$ multiplizierten Einflußfläche für $M_{r-1}$ (Abb. 295).

### c) Querkräfte.

Nach (32) ist:

$$Q = Q_0 + \frac{M_r - M_{r-1}}{l_r}.$$

Zur Konstruktion der Einflußlinie für $Q$ trägt man zunächst die Einflußlinie für $Q_0$ auf und addiert zu deren Ordinaten diejenigen der $\dfrac{M_r - M_{r-1}}{l_r}$ - Linie

(Abb. 296a). Das Belastungsschema zur Bestimmung von $Q_{max}$ bzw. $Q_{min}$ ist aus Abb. 296b und c ersichtlich (vgl. auch Abb. 269a).

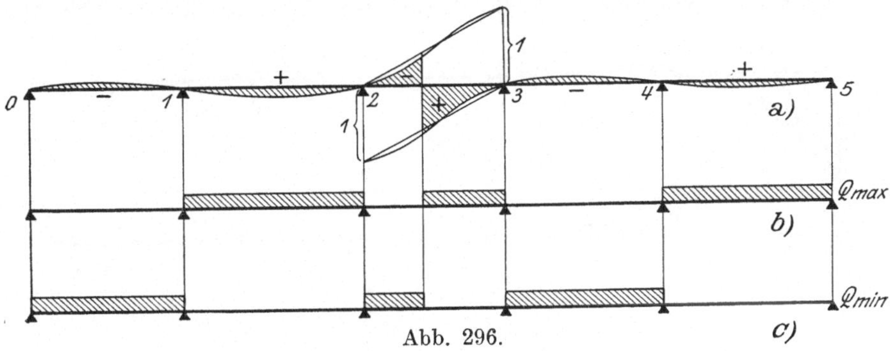


Abb. 296.

### d) Stützenreaktionen.

Nach (33) ist

$$C_r = B_{0r} + A_{0(r+1)} + \frac{M_{r-1} - M_r}{l_r} + \frac{M_{r+1} - M_r}{l_{r+1}}.$$

Man erhält somit die Einflußlinie für $C_r$, indem man zu den Ordinaten der Einflußlinien für die Auflagerdrücke $B_{0r}$ und $A_{0(r+1)}$ der einfachen

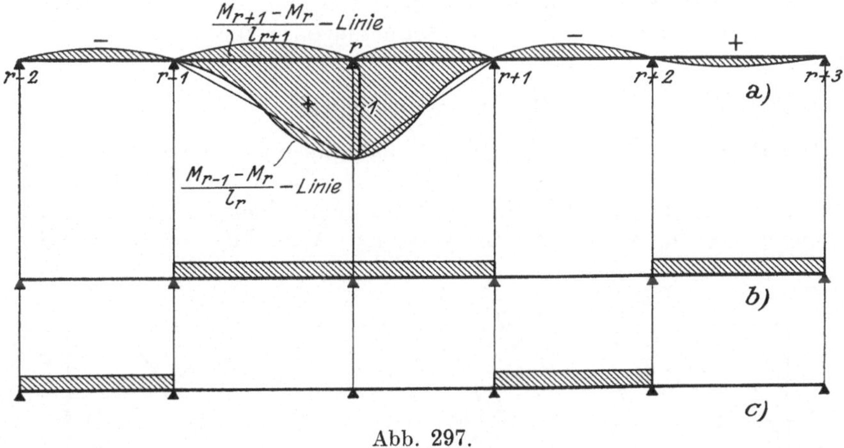


Abb. 297.

Balken $(r-1) - r$, bzw. $r - (r+1)$ diejenigen der $\dfrac{M_{r-1} - M_r}{l_r}$ - und der $\dfrac{M_{r+1} - M_r}{l_{r+1}}$ - Linien addiert (Abb. 297a). Das Belastungsschema zur Erzielung von $C_{r_{max}}$ bzw. $C_{r_{min}}$ ist aus Abb. 297b und c ersichtlich.

### e) Einflußlinien für die Momente und Querkräfte des Endfeldes.

Die Einflußordinaten für den Stützendruck $C_0$ der linken Endstütze lassen sich mittels der auf Seite 258 gefundenen Gleichung

$$C_0 = A_{01} + \frac{M_1}{l_1} = \frac{1}{l_1}(A_{01} \cdot l_1 + M_1)$$

darstellen, indem man zu den mit $l_1$ multiplizierten Ordinaten der $A_{01}$-Linie der ersten Öffnung diejenigen der $M_1$-Linie addiert. Ihr Multiplikator ist $\mu = \dfrac{1}{l_1}$. Die $A_{01}$-Linie erstreckt sich lediglich über die erste Öffnung (Abb. 298a).

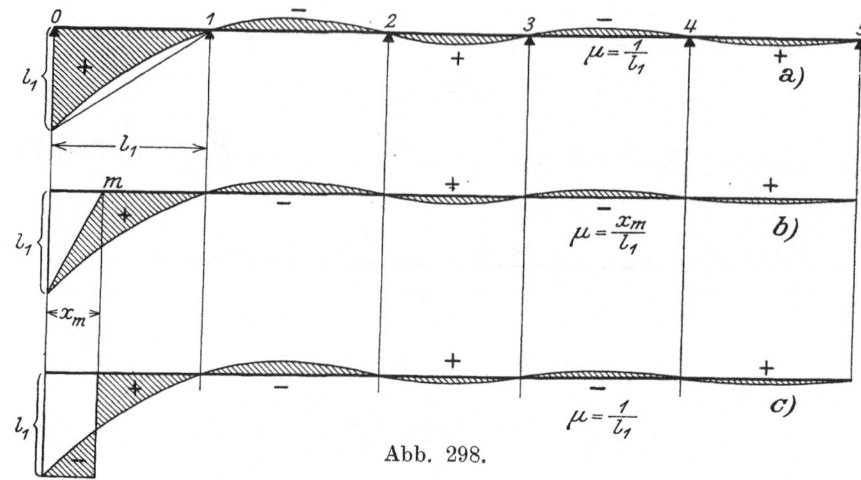

Abb. 298.

Aus der Einflußlinie für $C_0$ können nun die Einflußlinien für die Feldmomente und Querkräfte der ersten Öffnung in der bereits beim Träger auf vier Stützen (vgl. S. 233) besprochenen Weise abgeleitet werden. Abb. 298b zeigt die Einflußlinie für $M_m$, Abb. 298c diejenige für $Q_m$.

## B. Fachwerkträger.

Durchlaufende Fachwerkträger auf mehr als vier Stützen sind bei praktischen Ausführungen verhältnismäßig selten. Liegt ein solches System vor, so finden die unter **A** für Balken mit veränderlichem Trägheitsmoment besprochenen Gesetze sinngemäße Anwendung. Auch hier werden zweckmäßig

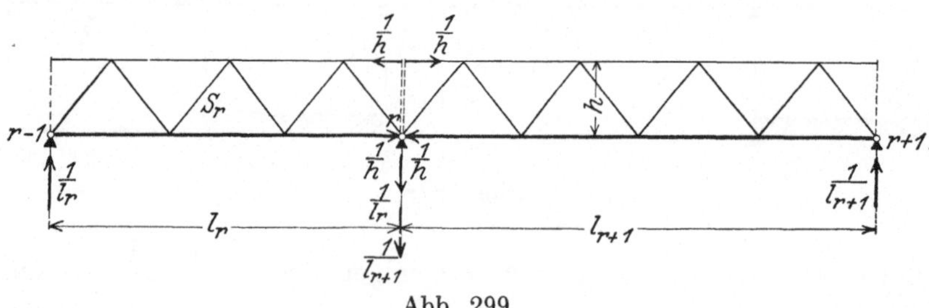

Abb. 299.

die Stützmomente als statisch unbestimmte Größen eingeführt. Die $r$-te Elastizitätsgleichung hat dann genau wie beim vollwandigen Träger die Form der Gleichung (7).

In Abb. 299 seien $r-1$, $r$ und $r+1$ drei aufeinanderfolgende Stützen eines durchlaufenden Parallelträgers. Zerschneidet man die den Stützen gegenüberliegenden Stäbe, so geht der kontinuierliche Träger in ein System nebeneinanderliegender einfacher Fachwerkbalken über. Der Belastungszustand $M_r = 1$ ist aus der Abbildung ersichtlich. Er liefert die Spannkräfte $S_r$. In analoger Weise ergeben sich aus den Zuständen $M_{r+1} = 1$ und $M_{r-1} = 1$

die Spannkräfte $S_{r+1}$ und $S_{r-1}$. Aus diesen erhält man nach S. 198

$$\tau_{rr} = \Sigma S_r^2 \cdot \varrho; \quad \tau_{(r-1)r} = \Sigma S_{r-1} \cdot S_r \cdot \varrho; \quad \tau_{(r+1)r} = \Sigma S_{r+1} \cdot S_r \cdot \varrho; \quad \tau_{rt} = \Sigma S_r \varepsilon t s.$$

Zur Ermittlung der Verschiebungen $\delta_{mr}$ der Knotenpunkte des Lastgurtes infolge $M_r = 1$ bestimme man zunächst die Gewichte $E F_c \cdot W = \Sigma \overline{S} S_r \cdot s \dfrac{F_c}{F}$,

wobei $\overline{S}$ die Spannkräfte infolge der virtuellen „$\dfrac{1}{\lambda}$-Belastung" bezeichnen,

fasse diese Gewichte als Belastung der einfachen Balken $(r-1)-r$ und $r-(r+1)$ auf und berechne die infolge dieser fiktiven Belastung entstehenden Knotenpunktsmomente, welche sofort die mit $E F_c$ multiplizierten Verschiebungen $\delta_{mr}$ liefern.

Die weitere Behandlung der Aufgabe erfolgt in der für den vollwandigen Träger beschriebenen Weise unter Benutzung des rechnerischen Verfahrens. Die Zahlen $\varkappa$ und $\varkappa'$ werden mit Hilfe der Gleichungen (15), (16) und (18) ermittelt. Sind die Einflußlinien der Stützmomente bekannt, so können diejenigen für die Stabspannkräfte nach den für den Fachwerkträger auf vier Stützen (vgl. S. 236) gegebenen Regeln bestimmt werden.

## IV. Der kontinuierliche Träger auf elastischen Stützen.

In den bisherigen Betrachtungen des vorliegenden Paragraphen war angenommen, daß die Stützen des durchlaufenden Trägers entweder starr sind oder daß Senkungen eintreten, welche durch die Nachgiebigkeit des Baugrundes bedingt sind, also entweder durch Beobachtung oder lediglich durch Schätzung festgestellt werden. Anders verhält es sich, wenn die Stützen des zu untersuchenden Systems elastisch senkbar sind, ein Fall, der z. B. bei Trägern vorliegt, die auf hohen eisernen Pfeilern ruhen. Hier treten Stützensenkungen auf, welche den auf die Unterstützung ausgeübten Drücken verhältnisgleich sind. Für die Stütze $C_r$ ergibt sich dann die elastische Senkung

$$c_r = \frac{C_r \cdot s_r}{E F_r} = \varDelta_r \cdot C_r,$$

wenn $\varDelta_r = \dfrac{s_r}{E F_r}$ die durch den Stützendruck 1 erzeugte Senkung bedeutet, und ferner $s_r$ die Länge und $F_r$ den Querschnitt der Stütze bezeichnen. Soll außerdem noch eine Temperaturänderung berücksichtigt werden, so wird nach S. 194

$$c_r = \varDelta_r C_r - \varepsilon t_r \cdot s_r,$$

wobei das zweite Glied von $C_r$ unabhängig ist. Für die folgenden Untersuchungen soll jedoch lediglich der erste Beitrag in Betracht gezogen werden.

Ähnlich liegen die Verhältnisse bei Schiffbrücken, bei denen die kontinuierlichen Hauptträger auf schwimmenden Unterstützungen ruhen. Bezeichnet man mit $\mathfrak{F}_r$ den Inhalt der wagerechten Querschnittsfläche des Schiffes in Höhe des Wasserspiegels, so besteht zwischen der Einsenkung $c_r$ und dem Stützendruck $C_r$ die einfache Beziehung

$$C_r = c_r \cdot \mathfrak{F}_r \cdot 1 \quad \text{oder} \quad c_r = \varDelta_r C_r,$$

wenn $\gamma = 1$ das spezifische Gewicht des Wassers bedeutet und $\varDelta_r = \dfrac{1}{\mathfrak{F}_r}$ gesetzt wird.

Um für den hier vorliegenden Fall elastisch senkbarer Stützen die Elastizitätsgleichungen abzuleiten, geht man zweckmäßig von Gleichung (4) S. 239 aus. Setzt man in dieser zur Abkürzung

$$\alpha_r = \tau_{(r-1)\,r}; \qquad \beta_r = \tau_{r\,r}; \qquad \alpha_{r+1} = \tau_{(r+1)\,r},$$

so lautet sie:

$$\alpha_r \cdot M_{r-1} + \beta_r \cdot M_r + \alpha_{r+1} M_{r+1} = -\left\{ \Sigma P_m \, \delta_{mr} + \tau_{rt} - \Sigma (C_r \cdot c) \right\}.$$

Nun ist aber nach S. 241

$$\Sigma (C_r \cdot c) = -\frac{c_{r-1}}{l_r} + c_r \frac{l_r + l_{r+1}}{l_r \cdot l_{r+1}} - \frac{c_{r+1}}{l_{r+1}}$$

oder, wenn man jetzt $c_{r-1} = \varDelta_{r-1} \cdot C_{r-1}$; $c_r = \varDelta_r \cdot C_r$; $c_{r+1} = \varDelta_{r+1} \cdot C_{r+1}$ setzt:

$$\Sigma (C_r \cdot c) = -\left( \frac{\varDelta_{r-1} \cdot C_{r-1}}{l_r} - \varDelta_r \, C_r \frac{l_r + l_{r+1}}{l_r \cdot l_{r+1}} + \frac{\varDelta_{r+1} \, C_{r+1}}{l_{r+1}} \right).$$

Führt man diesen Wert in die Elastizitätsgleichung ein und beachtet, daß nach (33) S. 258

$$C_r = \mathfrak{C}_r + \frac{M_{r-1} - M_r}{l_r} + \frac{M_{r+1} - M_r}{l_{r+1}}$$

ist, wobei $\mathfrak{C}_r = B_{0r} + A_{0\,(r+1)}$ gesetzt wurde, und daß für $C_{r-1}$ und $C_{r+1}$ analoge Beziehungen bestehen, so geht diese über in:

$$\alpha_r M_{r-1} + \beta_r M_r + \alpha_{r+1} M_{r+1} = -\bigg\{ \Sigma P_m \, \delta_{mr} + \tau_{rt} + \frac{\varDelta_{r-1}}{l_r} \cdot \mathfrak{C}_{r-1}$$

$$+ \frac{\varDelta_{r-1}}{l_r} \left[ \frac{M_{r-2}}{l_{r-1}} - \frac{M_{r-1}(l_r + l_{r-1})}{l_r \cdot l_{r-1}} + \frac{M_r}{l_r} \right] - \varDelta_r \frac{l_r + l_{r+1}}{l_r \cdot l_{r+1}} \cdot \mathfrak{C}_r$$

$$- \varDelta_r \frac{l_r + l_{r+1}}{l_r \cdot l_{r+1}} \left[ \frac{M_{r-1}}{l_r} - \frac{M_r(l_{r+1} + l_r)}{l_{r+1} \cdot l_r} + \frac{M_{r+1}}{l_{r+1}} \right] + \frac{\varDelta_{r+1}}{l_{r+1}} \cdot \mathfrak{C}_{r+1}$$

$$+ \frac{\varDelta_{r+1}}{l_{r+1}} \cdot \left[ \frac{M_r}{l_{r+1}} - \frac{M_{r+1}(l_{r+2} + l_{r+1})}{l_{r+2} \cdot l_{r+1}} + \frac{M_{r+2}}{l_{r+2}} \right] \bigg\},$$

oder nach einigen Umformungen:

$$(39) \qquad u_{r-1} M_{r-2} + v_r M_{r-1} + w_r M_r + v_{r+1} M_{r+1} + u_{r+1} \cdot M_{r+2} = K_r',$$

wobei

$$u_{r-1} = \frac{\varDelta_{r-1}}{l_r \cdot l_{r-1}}; \qquad v_r = \alpha_r - \frac{1}{l_r^2} \left( \varDelta_{r-1} \cdot \frac{l_r + l_{r-1}}{l_{r-1}} + \varDelta_r \frac{l_r + l_{r+1}}{l_{r+1}} \right);$$

$$w_r = \beta_r + \frac{\varDelta_{r-1}}{l_r^2} + \varDelta_r \left( \frac{l_r + l_{r-1}}{l_r \cdot l_{r+1}} \right)^2 + \frac{\varDelta_{r+1}}{l_{r+1}^2};$$

$$v_{r+1} = \alpha_{r+1} - \frac{1}{l_{r+1}^2} \left( \varDelta_r \cdot \frac{l_{r+1} + l_r}{l_r} + \varDelta_{r+1} \cdot \frac{l_{r+1} + l_{r+2}}{l_{r+2}} \right); \qquad u_{r+1} = \frac{\varDelta_{r-1}}{l_{r+2} \cdot l_{r+1}}$$

und

$$K_r' = -\left\{ \Sigma P_m \, \delta_{mr} + \tau_{rt} + \frac{\varDelta_{r-1}}{l_r} \cdot \mathfrak{C}_{r-1} - \varDelta_r \frac{l_r + l_{r+1}}{l_r \cdot l_{r+1}} \cdot \mathfrak{C}_r + \frac{\varDelta_{r+1}}{l_{r+1}} \cdot \mathfrak{C}_{r+1} \right\}.$$

Eine solche Gleichung (39) kann für jede Stütze aufgestellt werden, so daß ebenso viele Bestimmungsgleichungen wie Unbekannte verfügbar sind.

Die Auflösung dieser fünfgliedrigen Elastizitätsgleichungen erfolgt auf rechnerischem Wege. Über zweckmäßige Vereinfachungen vgl. Müller-Breslau, Statik der Baukonstruktionen, II. Band, 2. Abtlg., S. 66 und „Der Eisenbau"

1916, Heft 5, S. 111. (Die gleiche Aufgabe ist für den Fall eines konstanten Trägheitsmomentes von M. Grüning mit Hilfe von Differenzengleichungen behandelt worden. Vgl. „Der Eisenbau" 1918, Heft 6, S. 125.)

## § 2. Der beiderseits eingespannte Träger.

Ein an beiden Enden eingespannter gerader Stab $AB$ (Abb. 300a) ist dreifach statisch unbestimmt, denn es stehen den sechs unbekannten Lagergrößen (an jeder Stütze ein Moment, eine vertikale und horizontale Reaktionskomponente) nur drei Gleichgewichtsbedingungen der starren Scheibe gegenüber. Wirken auf den Träger nur senkrechte Lasten, so entfallen die Horizontalreaktionen, und das System kann jetzt als zweifach statisch unbestimmt angesehen werden. Als überzählige Größen werden zweckmäßig die beiden Einspannungsmomente eingeführt. Zur Lösung der Aufgabe soll hier

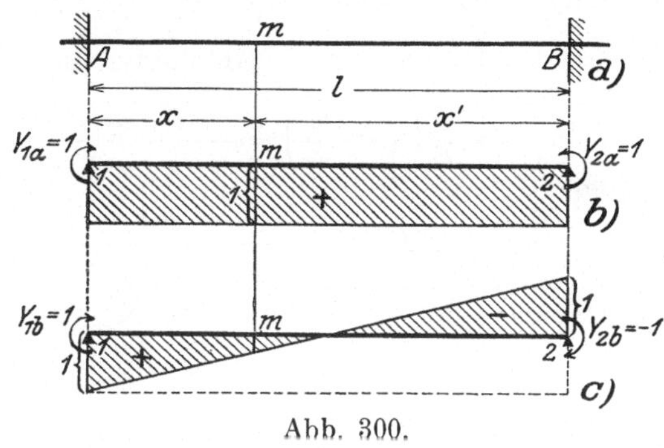
Abb. 300.

das im § 4 des V. Abschnittes mitgeteilte Verfahren benutzt werden und zwar sei vorausgesetzt, daß der Träger ein konstantes Trägheitsmoment $J$ besitzen möge. Für die statisch unbestimmten Einzelwirkungen $Y_1 = M_A$ und $Y_2 = M_B$ gilt dann:

$$(40) \qquad \begin{cases} Y_1 = Y_{1a} \cdot X_a + Y_{1b} \cdot X_b \\ Y_2 = Y_{2a} \cdot X_a + Y_{2b} \cdot X_b. \end{cases}$$

Wählt man die Gruppenlasten $Y_{1a} = Y_{2a} = 1$ und $Y_{2b} = -1$, so liefert

$$\tau_{ba} = Y_{1b} \cdot \tau_{1a} + Y_{2b} \cdot \tau_{2a} = 0$$

$$Y_{1b} = \frac{\tau_{2a}}{\tau_{1a}} = 1,$$

da wegen der Symmetrie des Zustandes $X_a = 1$ $\tau_{1a} = \tau_{2a}$ wird.

Somit sind alle Gruppenlasten bekannt. Die Belastungszustände $X_a = 1$ und $X_b = 1$, sowie die zugehörige $M_a$- und $M_b$-Fläche zeigen die Abb. 300b und c.

Der Einfluß einer gegebenen Belastung $P$ auf $X_a$ und $X_b$ ist·

$$X_{aP} = -\frac{\Sigma P_m \cdot \delta_{ma}}{\tau_{aa}},$$

$$X_{bP} = -\frac{\Sigma P_m \cdot \delta_{mb}}{\tau_{bb}}.$$

Die Verschiebungen $\delta_{ma}$, $\delta_{mb}$, sowie die Drehungen $\tau_{aa}$ und $\tau_{bb}$ werden zweckmäßig rechnerisch bestimmt. Mit Hilfe der $M_a$-Fläche findet man nach Gleichung (10) S. 207

$$EJ \cdot \tau_{aa} = 2 \cdot 1 \cdot l \cdot \tfrac{1}{2} = l.$$

Weiter ergibt sich, wenn man die $M_a$-Fläche als Belastungsfläche des Balkens auffaßt, für den Punkt $m$ die Verschiebung

$$EJ \cdot \delta_{ma} = M'_m = \frac{1 \cdot l}{2} \cdot x - \frac{1 \cdot x^2}{2} = \frac{x x'}{2},$$

wobei $M'_m$ das Moment an der Stelle $m$ infolge der Belastung des Balkens mit der $M_a$-Fläche bedeutet. Aus der $M_b$-Fläche findet man:

$$EJ \cdot \tau_{bb} = 4 \cdot 1 \cdot \frac{l}{4} \cdot \frac{1}{3} = \frac{l}{3}.$$

Zur Bestimmung der Verschiebung $EJ \cdot \delta_{mb}$ faßt man die $M_b$-Fläche als Belastungsfläche des Balkens auf und betrachtet diese als Differenz eines Rechtecks von der Höhe 1 und eines Dreiecks von der Höhe 2 (Abb. 300c). Dann wird der Beitrag des Rechtecks zur Verschiebung $EJ\,\delta_{mb}$ $\dfrac{x\,x'}{2}$ und der Beitrag des Dreiecks nach Gleichung (5) S. 241

$$-2\,\frac{l^2}{6}\left(\frac{x}{l} - \frac{x^3}{l^3}\right) = -\frac{l^2}{3} \cdot \frac{x}{l}\left(\frac{l^2 - x^2}{l^2}\right) = -\frac{x\,x'}{3\,l}(l + x),$$

weshalb

$$EJ \cdot \delta_{mb} = \frac{x\,x'}{2} - \frac{x\,x'}{3} - \frac{x^2\,x'}{3\,l} = \frac{x\,x'}{6} - \frac{x^2\,x'}{3\,l}.$$

Die Ordinate der Einflußlinie für $X_a$ wird somit dargestellt durch den Wert

$$\eta_a = -\frac{\delta_{ma}}{\tau_{aa}} = -\frac{x\,x'}{2\,l},$$

und die Ordinate der Einflußlinie für $X_b$

$$\eta_b = -\frac{\delta_{mb}}{\tau_{bb}} = -\frac{x\,x'}{2\,l} + \frac{x^2\,x'}{l^2}.$$

Damit sind aber auch die Einflußordinaten $\eta_A$ und $\eta_B$ für $M_A$ und $M_B$ gegeben, denn für diese gilt nach Gleichung (40)

$$M_A = Y_1 = X_a + X_b$$
$$M_B = Y_2 = X_a - X_b.$$

Somit wird

$$(41) \qquad \eta_A = -\frac{x\,x'}{l} + \frac{x^2\,x'}{l^2} = -\frac{x\,x'}{l}\left(1 - \frac{x}{l}\right) = -\frac{x\,x'^2}{l^2}$$

$$(42) \qquad \eta_B = -\frac{x^2\,x'}{l^2}.$$

Die $M_B$-Linie ist das Spiegelbild der $M_A$-Linie. Nachdem die Einflußlinien für die Einspannungsmomente $M_A$ und $M_B$ gefunden sind, können aus ihnen mittels der Beziehungen

$$M = M_0 + \frac{M_A \cdot x' + M_B \cdot x}{l}$$

$$Q = Q_0 + \frac{M_B - M_A}{l}$$

$$A = A_0 + \frac{M_B - M_A}{l}$$

$$B = B_0 + \frac{M_A - M_B}{l}$$

alle übrigen Einflußlinien abgeleitet werden.

Steht die Last $P$ in Balkenmitte, so wird nach Gleichung (41) bzw. (42)

$$M_A = M_B = -\frac{P \cdot l}{8}$$

und somit das Feldmoment unter der Last $P$:

$$M = \frac{P \cdot l}{4} - \frac{P \cdot l}{8} = \frac{P \cdot l}{8},$$

d. h. halb so groß wie beim frei aufliegenden Balken. Eine gleichmäßig verteilte Belastung $p$ kg/m erzeugt:

$$M_A = M_B = -\frac{p}{l^2} \int_0^l x\,(l-x)^2\,dx = -\frac{p\,l^2}{12},$$

und somit das Moment in Trägermitte

$$M = \frac{p\,l^2}{8} - \frac{p\,l^2}{12} = \frac{p\,l^2}{24}.$$

Tritt eine Temperaturdifferenz $\Delta t = t_u - t_0$ zwischen der oberen und unteren Balkenfaser auf, so wird

$$X_{at} = -\frac{\tau_{at}}{\tau_{aa}} = -\frac{\int M_a \dfrac{\varepsilon \Delta t}{h}\,dx}{l} \cdot E\,J$$

und

$$X_{bt} = -\frac{\tau_{bt}}{\tau_{bb}} = -\frac{\int M_b \dfrac{\varepsilon \Delta t}{h}\,dx}{l} \cdot 3\,E\,J.$$

Mit

$$\frac{\varepsilon \Delta t}{h} \int_0^l M_a\,dx = \frac{\varepsilon \Delta t}{h} \cdot l \quad \text{und} \quad \frac{\varepsilon \Delta t}{h} \int_0^l M_b\,dx = 0$$

wird

$$M_{A_t} = M_{B_t} = X_{a_t} = -E\,J\,\frac{\varepsilon \Delta t}{h}.$$

## § 3. Der Träger auf elastischer Unterlage.

Ein mit senkrechten Kräften belasteter, auf gleichförmiger, elastischer Unterlage ruhender gerader Stab möge an der Stelle $x$ die Einsenkung $y$ erleiden. Die von dem Stab auf seine Unterlage ausgeübte Pressung, bezogen auf die Längeneinheit, sei $p$. Nimmt man an, daß die Einsenkung $y$ an einer beliebigen Stelle des Balkens dem daselbst wirkenden Druck proportional ist — eine Voraussetzung, welche in Wirklichkeit nicht genau zutrifft, indessen im allgemeinen hinreichend befriedigende Ergebnisse liefert —, so besteht zwischen $y$ und $p$ die einfache Beziehung

$$p = k \cdot y,$$

wo $k$ eine von den elastischen Eigenschaften der Unterlage abhängige, durch Beobachtung gefundene Konstante — die **Bettungsziffer** — von der Dimension kg/cm² ist. Bezeichnet $Q$ die Querkraft, so ist $dQ = p \cdot dx$ und wegen $Q = \dfrac{dM}{dx}$ folgt $p = \dfrac{d^2 M}{dx^2}$. Die Gleichung der elastischen Linie lautet (vgl. Seite 164) $E\,J\,\dfrac{d^2 y}{dx^2} = -M$, woraus folgt:

$$(43) \qquad E\,J\,\frac{d^4 y}{dx^4} = -\frac{d^2 M}{dx^2} = -p = -k \cdot y.$$

Die allgemeine Lösung dieser Differentialgleichung ist bekannt. Sie lautet:

$$(44) \qquad y = (A_1\, e^{\alpha x} + A_2\, e^{-\alpha x}) \cos \alpha x + (A_3\, e^{\alpha x} + A_4\, e^{-\alpha x}) \sin \alpha x.$$

Hierin bedeuten $A_1$ bis $A_4$ die vier willkürlichen Integrationskonstanten, $e = 2{,}71828$ die Basis der natürlichen Logarithmen und $\alpha$ einen von $k$, dem Trägheitsmoment $J$ und der Elastizitätsziffer $E$ des Balkens abhängigen konstanten Wert, der durch die Gleichung

$$(45) \qquad \alpha = \sqrt[4]{\frac{k}{4\,E J}}$$

gegeben ist. Bildet man jetzt nacheinander die erste, zweite, dritte und vierte Ableitung von $y$, so erhält man:

$$\frac{dy}{dx} = \alpha\,[(A_1\, e^{\alpha x} - A_2\, e^{-\alpha x}) \cos \alpha x - (A_1\, e^{\alpha x} + A_2\, e^{-\alpha x}) \sin \alpha x$$
$$+ (A_3\, e^{\alpha x} - A_4\, e^{-\alpha x}) \sin \alpha x + (A_3\, e^{\alpha x} + A_4\, e^{-\alpha x}) \cos \alpha x],$$

$$\frac{d^2 y}{dx^2} = -\,2\,\alpha^2\,[(A_1\, e^{\alpha x} - A_2\, e^{-\alpha x}) \sin \alpha x - (A_3\, e^{\alpha x} - A_4\, e^{-\alpha x}) \cos \alpha x],$$

$$\frac{d^3 y}{dx^3} = -\,2\,\alpha^3\,[(A_1\, e^{\alpha x} + A_2\, e^{-\alpha x}) \sin \alpha x + (A_1\, e^{\alpha x} - A_2\, e^{-\alpha x}) \cos \alpha x$$
$$- (A_3\, e^{\alpha x} + A_4\, e^{-\alpha x}) \cos \alpha x + (A_3\, e^{\alpha x} - A_4\, e^{-\alpha x}) \sin \alpha x],$$

$$\frac{d^4 y}{dx^4} = -\,4\,\alpha^4\,[(A_1\, e^{\alpha x} + A_2\, e^{-\alpha x}) \cos \alpha x + (A_3\, e^{\alpha x} + A_4\, e^{-\alpha x}) \sin \alpha x].$$

Da aber nach (43) $\dfrac{d^4 y}{dx^4} = -\,\dfrac{k \cdot y}{EJ}$ ist, und ferner nach (45) $4\,\alpha^4 = \dfrac{k}{EJ}$, so folgt, daß der Klammerwert der vierten Ableitung gleich $y$ sein muß, worin eine Kontrolle für die Richtigkeit der Integration besteht.

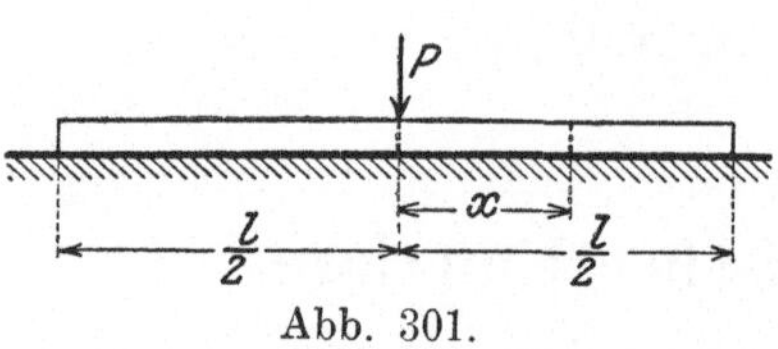

Abb. 301.

Zur Bestimmung von $y$ bedarf es jetzt nur noch der Berechnung der Integrationskonstanten mit Hilfe der durch die Aufgabe gegebenen Grenzbedingungen.

Der in Abb. 301 skizzierte, gewichtslos angenommene Stab von der Länge $l$ möge auf einer elastischen Unterlage so befestigt sein, daß der oben eingeführte Wert $p$ auch negativ werden kann, und in Balkenmitte eine Einzellast $P$ tragen. Rechnet man die positiven Abszissen $x$ von der Mitte aus nach rechts, so stehen zur Bestimmung der Integrationskonstanten folgende Bedingungsgleichungen zur Verfügung.

Für $x = \dfrac{l}{2}$ wird sowohl das Moment $M = -\,EJ\dfrac{d^2 y}{dx^2}$ als auch die Querkraft $Q = -\,EJ\dfrac{d^3 y}{dx^3}$ zu Null. Demnach erhält man mit $\dfrac{\alpha\,l}{2} = \nu$

1. $\qquad \dfrac{d^2 y}{dx^2}\bigg]_{x=\frac{l}{2}} = 0 = (A_1\, e^{\nu} - A_2\, e^{-\nu}) \sin \nu - (A_3\, e^{\nu} - A_4\, e^{-\nu}) \cos \nu;$

2. $\qquad \dfrac{d^3 y}{dx^3}\bigg]_{x=\frac{l}{2}} = 0 = (A_1\, e^{\nu} + A_2\, e^{-\nu}) \sin \nu + (A_1\, e^{\nu} - A_2\, e^{-\nu}) \cos \nu$
$$- (A_3\, e^{\nu} + A_4\, e^{-\nu}) \cos \nu + (A_3\, e^{\nu} - A_4\, e^{-\nu}) \sin \nu.$$

In Balkenmitte verläuft die Tangente an die elastische Linie des Trägers wegen der bestehenden Symmetrie horizontal, weshalb für $x = 0$ $\dfrac{dy}{dx} = 0$ sein muß.  Diese Bedingung liefert:

3. $$\frac{dy}{dx}\Big]_{x=0} = 0 = A_1 - A_2 + A_3 + A_4.$$

Endlich wird die Querkraft unmittelbar rechts von der Last $P$ für $x=0$
$Q = -\dfrac{P}{2}$, woraus folgt:

$$\frac{d^3 y}{dx^3}\Big]_{x=0} = \frac{P}{2\,EJ} = -2\,\alpha^3\,(A_1 - A_2 - A_3 - A_4)$$

oder

4. $$\frac{P}{4\,EJ\alpha^3} = -(A_1 - A_2) + A_3 + A_4.$$

Durch Addition der Gleichungen 3. und 4. ergibt sich

$$A_3 + A_4 = \frac{P}{8\,EJ\alpha^3}, \qquad \text{oder} \qquad A_4 = \frac{P}{8\,EJ\alpha^3} - A_3.$$

Subtrahiert man dagegen 4. von 3., so wird:

$$A_1 - A_2 = -\frac{P}{8\,EJ\alpha^3}, \qquad \text{oder} \qquad A_2 = A_1 + \frac{P}{8\,EJ\alpha^3}.$$

Nun ersetzt man in den Gleichungen 1. und 2. $A_2$ und $A_4$ durch die hier
gefundenen Werte und erhält nach Einführung der Hyperbelfunktionen[1])

$$\operatorname{Sin} \nu = \frac{e^\nu - e^{-\nu}}{2} \qquad \text{und} \qquad \operatorname{Cof} \nu = \frac{e^\nu + e^{-\nu}}{2}$$

$$A_1 \cdot \operatorname{Sin}\nu \cdot \sin\nu - A_3 \cdot \operatorname{Cof}\nu \cdot \cos\nu = \frac{P\,e^{-\nu}}{16\,EJ\alpha^3}(\sin\nu - \cos\nu)$$

$$A_1(\operatorname{Cof}\nu\sin\nu + \operatorname{Sin}\nu\cos\nu) - A_3(\operatorname{Sin}\nu\cos\nu - \operatorname{Cof}\nu\sin\nu) = \frac{P\,e^{-\nu}}{8\,EJ\alpha^3}\cdot\cos\nu.$$

Die Auflösung dieser Gleichungen nach $A_1$ und $A_3$ ergibt:

$$A_1 = \frac{P\,e^{-\nu}}{16\,EJ\alpha^3}\cdot\frac{(\sin\nu-\cos\nu)(\operatorname{Sin}\nu\cos\nu-\operatorname{Cof}\nu\sin\nu)-2\operatorname{Cof}\nu\cos^2\nu}{\operatorname{Sin}\nu\sin\nu(\operatorname{Sin}\nu\cos\nu-\operatorname{Cof}\nu\sin\nu)-\operatorname{Cof}\nu\cos\nu(\operatorname{Cof}\nu\sin\nu+\operatorname{Sin}\nu\cos\nu)};$$

$$A_3 = \frac{P\,e^{-\nu}}{16\,EJ\alpha^3}\cdot\frac{(\sin\nu-\cos\nu)(\operatorname{Cof}\nu\sin\nu+\operatorname{Sin}\nu\cos\nu)-2\operatorname{Sin}\nu\cos\nu\sin\nu}{\operatorname{Sin}\nu\sin\nu(\operatorname{Sin}\nu\cos\nu-\operatorname{Cof}\nu\sin\nu)-\operatorname{Cof}\nu\cos\nu(\operatorname{Cof}\nu\sin\nu+\operatorname{Sin}\nu\cos\nu)}.$$

Beachtet man die zwischen den Hyperbelfunktionen bestehenden Beziehungen:

$$\operatorname{Cof}\nu + \operatorname{Sin}\nu = e^\nu; \quad \operatorname{Cof}\nu - \operatorname{Sin}\nu = e^{-\nu}; \quad \operatorname{Cof}^2\nu - \operatorname{Sin}^2\nu = 1;$$

$$\operatorname{Sin} 2\nu = 2\operatorname{Sin}\nu\cdot\operatorname{Cof}\nu,$$

so gehen die vorstehenden Ausdrücke nach einigen Umformungen über in:

$$A_1 = \frac{P}{16\,EJ\alpha^3}\cdot\frac{\cos 2\nu - \sin 2\nu + e^{-2\nu} + 2}{\operatorname{Sin} 2\nu + \sin 2\nu}$$

$$A_3 = \frac{P}{16\,EJ\alpha^3}\cdot\frac{\cos 2\nu + \sin 2\nu - e^{-2\nu}}{\operatorname{Sin} 2\nu + \sin 2\nu}$$

Führt man die für die Konstanten gefundenen Werte in (44) ein und be-
achtet, daß $e^{\alpha x} + e^{-\alpha x} = 2\operatorname{Cof}\alpha x$ und $e^{\alpha x} - e^{-\alpha x} = 2\operatorname{Sin}\alpha x$ ist, so erhält

---

[1]) Vgl. Kiepert: Differentialrechnung. 12. Aufl. S. 137. — Hütte, I. Band.
20. Aufl. S. 65.

man als Größe der Einsenkung des Balkens an der Stelle $x$:

$$(46) \quad y = \frac{P}{8\,E\,J\,\alpha^3} \left\{ \frac{\cos 2\,\nu - \sin 2\,\nu + e^{-\nu} + 2}{\mathfrak{Sin}\,2\,\nu + \sin 2\,\nu} \cdot \mathfrak{Cof}\,\alpha x \cdot \cos \alpha x + e^{-\alpha x}\,(\cos \alpha x + \sin \alpha x) \right.$$

$$\left. + \frac{\cos 2\,\nu + \sin 2\,\nu - e^{-2\nu}}{\mathfrak{Sin}\,2\,\nu + \sin 2\,\nu} \cdot \mathfrak{Sin}\,\alpha x \cdot \sin \alpha x \right\}.$$

Mit Hilfe von (46) lassen sich nun auch die Pressung $p_x = k \cdot y$, das Moment $M_x = -\,EJ\dfrac{d^2 y}{dx^2}$ und die Querkraft $Q_x = -\,EJ\dfrac{d^3 y}{dx^3}$ bestimmen.

Für Stäbe von großer Länge kann $l = \infty$ gesetzt werden. Dann wird auch $\nu = \dfrac{\alpha\,l}{2} = \infty$, und die Gleichung (46) geht wegen $\mathfrak{Sin}\,2\,\nu = \infty$ und $e^{-\nu} = \dfrac{1}{e^\nu} = 0$ über in

$$(47) \qquad\qquad y = \frac{P \cdot e^{-\alpha x}}{8\,EJ\,\alpha^3}\,(\cos \alpha x + \sin \alpha x).$$

Beachtet man ferner, daß nach (45) $EJ = \dfrac{k}{4\,\alpha^4}$ ist, so wird

$$(48) \qquad\qquad p_x = k \cdot y = \frac{P \cdot \alpha}{2\,e^{\alpha x}}\,(\cos \alpha x + \sin \alpha x);$$

$$(49) \qquad\qquad M_x = -\,EJ \cdot \frac{d^2 y}{dx^2} = \frac{P}{4\,\alpha\,e^{\alpha x}}\,(\cos \alpha x - \sin \alpha x);$$

$$(50) \qquad\qquad Q_x = -\,EJ \cdot \frac{d^3 y}{dx^3} = -\,\frac{P}{2\,e^{\alpha x}} \cdot \cos \alpha x.$$

Insbesondere erhält man für $x = 0$ als Maximalwerte:

$$p_0 = \frac{P \cdot \alpha}{2}; \qquad M_0 = \frac{P}{4\,\alpha}; \qquad Q_0 = -\,\frac{P}{2}.$$

Bei einem Träger von $\infty$ großer Länge kann jede Stelle des Balkens als Balkenmitte angesehen werden. Die vorstehend entwickelten Gleichungen (48) bis (50) gelten dann für eine beliebige Folge von Einzellasten, und zwar bedeutet $x$ jeweils den Abstand der Last von dem betrachteten Querschnitt. Für den unendlich langen Stab bestehen also allgemein folgende Beziehungen:

$$\text{Pressung:} \quad p = \frac{\alpha}{2}\sum P \cdot \eta,$$

$$\text{Moment:} \quad M = \frac{1}{4\,\alpha}\sum P \cdot \mu,$$

$$\text{Querkraft:} \quad Q = \frac{1}{2}\sum P \cdot \mu',$$

wobei

$$\eta = e^{-\alpha x}\,(\cos \alpha x + \sin \alpha x); \quad \mu = e^{-\alpha x}\,(\cos \alpha x - \sin \alpha x); \quad \mu' = -\,e^{-\alpha x}\cos \alpha x.$$

Die Größen $\eta$, $\mu$ und $\mu'$ sind für verschiedene Werte $\alpha x$ berechnet und tabellarisch zusammengestellt worden (vgl. Zimmermann: Die Berechnung des Eisenbahnoberbaus, S. 284. Berlin 1888, und Müller-Breslau: Statik der Baukonstruktionen, II. Band, II. Abtlg., S. 242).

Zu beachten ist noch, daß die Querkraft $Q$ für zwei rechts und links von der Last $P$ gleich weit entfernte Querschnitte zwar dieselbe Größe, aber entgegengesetztes Vorzeichen besitzt. Das Vorzeichen der Gleichung (50) gilt für Laststellung links vom betrachteten Querschnitt (vgl. Abb. 301).

Die vorstehenden Gleichungen können auch dann zur Anwendung gelangen, wenn der Balken eine endliche Länge besitzt, die Lasten $P$ aber in genügend großen Abständen von den Balkenenden stehen.

# § 4. Rahmen.

## a) Zweistieliger Rahmen mit Fußgelenken.

Der in Abb. 302 dargestellte Rahmen mit Fußgelenken von der Höhe $h$ und Stützweite $l$ ist — wie man sich leicht überzeugt — einfach statisch unbestimmt. Als überzählige Größe $X_a$ soll der Horizontalschub. am rechten

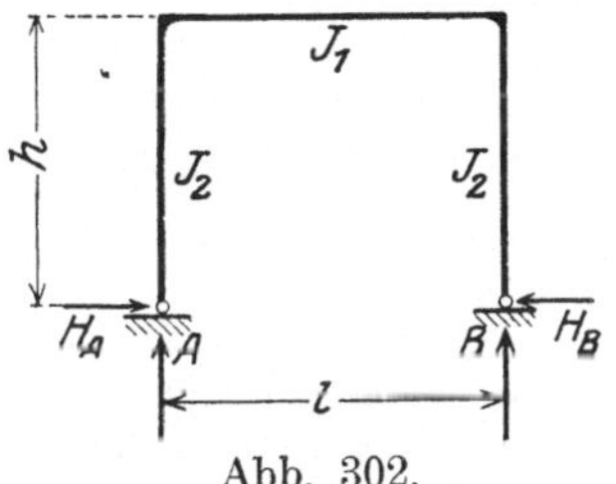
Abb. 302.

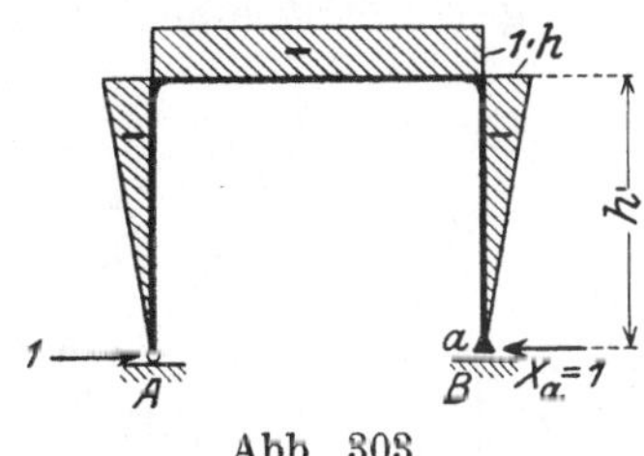
Abb. 303.

Auflager eingeführt werden. Die Trägheitsmomente mögen für den Querriegel mit $J_1$, für die Stiele mit $J_2$ bezeichnet sein.

Unter der Annahme starrer Lager lautet die zur Bestimmung von $X_a$ verfügbare Elastizitätsgleichung

$$0 = \Sigma P_m \cdot \delta_{ma} + X_a \cdot \delta_{aa} + \delta_{at}.$$

Den Zustand $X_a = 1$ sowie die zu ihm gehörige $M_a$-Fläche zeigt Abb. 303. Diese liefert, sofern der Einfluß von Längskräften vernachlässigt wird,

$$EJ_1 \cdot \delta_{aa} = \int M_a^2 \, ds \frac{J_1}{J} = 2\left\{\frac{h^2 l}{2} + 2 \cdot \frac{h^2}{2} \cdot \frac{h}{3} \cdot \frac{J_1}{J_2}\right\} = h^2 l + \frac{2}{3} h^3 \frac{J_1}{J_2}.$$

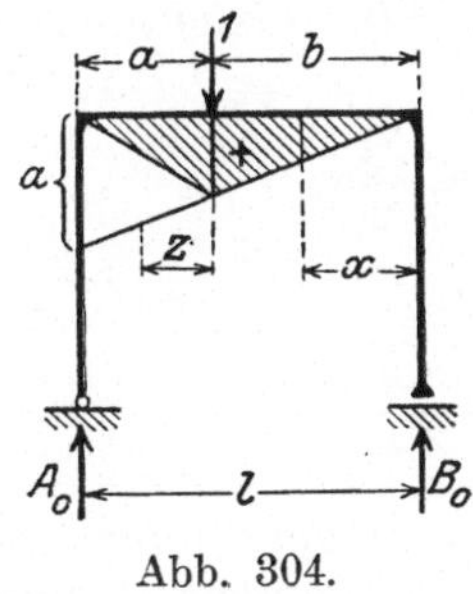
Abb. 304.

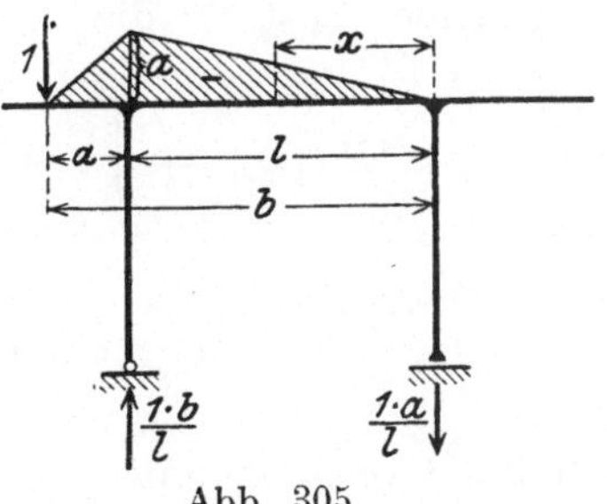
Abb. 305.

Es soll zunächst der Einfluß einer auf den Querriegel wirkenden lotrechten Last 1 auf $X_a$ ermittelt werden. In diesem Falle wird:

$$X_{a(P=1)} = -\frac{1 \cdot \delta_{ma}}{\delta_{aa}}.$$

Unter Beachtung der aus Abb. 304 ersichtlichen $M_0$-Fläche ergibt sich:

$$E J_1 \cdot \delta_{ma} = \int M_0 M_a \frac{J_1}{J} \cdot ds = - \int\limits_0^l \frac{ax}{l} \cdot 1 \cdot h \cdot dx + \int\limits_0^a z \cdot 1 \cdot h \cdot dz$$

$$= - \frac{alh}{2} + \frac{a^2 h}{2} = - \frac{abh}{2}.$$

Demnach wird

$$(51) \qquad X_{a(P=1)} = \frac{1 \cdot h \cdot a \cdot b}{2 \left( h^2 l + \dfrac{2}{3} h^3 \dfrac{J_1}{J_2} \right)} = \frac{1 \cdot a b}{2 h l \left( 1 + \dfrac{2}{3} \dfrac{h}{l} \cdot \dfrac{J_1}{J_2} \right)}.$$

Dieser Wert stellt die Einflußordinate für den Horizontalschub infolge einer lotrechten Belastung des Querriegels dar. Für eine gleichmäßig verteilte Belastung $q$ kg/m erhält man

$$X_{a_q} = \frac{q}{2 h l \left( 1 + \dfrac{2}{3} \dfrac{h}{l} \cdot \dfrac{J_1}{J_2} \right)} \cdot \int\limits_0^l a (l - a) \, da = \frac{q l^3}{12 h l \left( 1 + \dfrac{2}{3} \dfrac{h}{l} \cdot \dfrac{J_1}{J_2} \right)}.$$

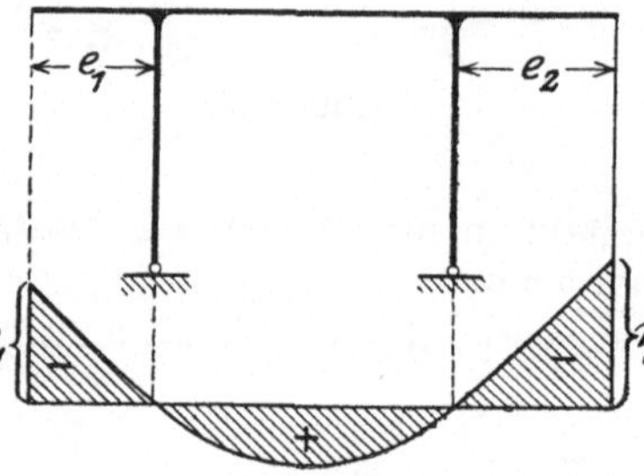

Abb. 306. 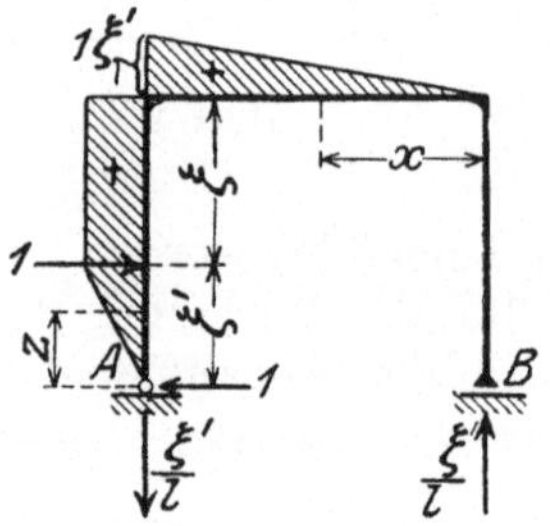                                      Abb. 307.

Infolge einer lotrechten Belastung des Querriegels ist der Horizontalschub an beiden Lagern gleich groß. Somit wird:

$$H_A = H_B = X_a.$$

Besitzt der Rahmen Kragarme, so erzeugt eine im Abstande $-a$ vom linken Stiel stehende Last 1 die aus Abb. 305 ersichtliche $M_0$-Fläche. Dann ist:

$$E J_1 \delta_{ma} = \int\limits_0^l 1 \cdot h \frac{ax}{l} dx = \frac{hl}{2} \cdot a$$

und

$$X_{a(P=1)} = - \frac{1 \cdot l \cdot a}{2 h l \left( 1 + \dfrac{2}{3} \dfrac{h}{l} \cdot \dfrac{J_1}{J_2} \right)},$$

d. h. die Einflußlinie verläuft unter dem Kragarm geradlinig. Man braucht also zur Konstruktion der den beiden Kragarmen entsprechenden Äste der Einflußlinie für $X_a$ nur die Endtangenten an den mittleren Ast zu zeichnen. Die Ordinaten unter den äußersten Punkten der Kragarme sind (vgl. Abb. 306):

$$\eta_1 = - \frac{l \cdot e_1}{2 h l \left( 1 + \dfrac{2}{3} \dfrac{h}{l} \cdot \dfrac{J_1}{J_2} \right)}; \qquad \eta_2 = - \frac{l \cdot e_2}{2 h l \left( 1 + \dfrac{2}{3} \dfrac{h}{l} \cdot \dfrac{J_1}{J_2} \right)}.$$

Eine im Abstande $\xi'$ von den Lagern auf den linken Stiel wirkende horizontale Last $W = 1$ erzeugt am statisch bestimmten Hauptsystem die aus Abb. 307 ersichtlichen Auflagerkräfte, so daß die $M_0$-Fläche die in dieser Figur dargestellte Form besitzt. Es wird also

$$\delta_{ma} = \int\limits_0^l \frac{M_0 M_a\, dx}{EJ_1} + \int\limits_0^h \frac{M_0 M_a\, d\xi}{EJ_2}$$

oder unter Beachtung der Gleichung (11) Seite 207

$$EJ_1 \cdot \delta_{ma} = -1 \cdot \frac{l}{6} \cdot \xi' \cdot 3\,h - \left(1 \cdot \frac{h}{6} \cdot h \cdot 3\,\xi' - 1 \cdot \frac{\xi'}{6} \cdot \xi' \cdot \xi'\right)\frac{J_1}{J_2}$$

$$= -1 \cdot \left(\frac{l\,\xi'\,h}{2} + \frac{h^2\,\xi'}{2} \cdot \frac{J_1}{J_2} - \frac{\xi'^3}{6} \cdot \frac{J_1}{J_2}\right).$$

Somit findet man:

$$X_{a(W=1)} = 1 \cdot \frac{\dfrac{h^2\,l}{2}\left(\dfrac{\xi'}{h} + \dfrac{\xi'}{l} \cdot \dfrac{J_1}{J_2} - \dfrac{\xi'^3}{3\,h^2\,l} \cdot \dfrac{J_1}{J_2}\right)}{h^2\,l\left(1 + \dfrac{2}{3}\dfrac{h}{l} \cdot \dfrac{J_1}{J_2}\right)}$$

$$= \frac{\xi'\left\{1 + \dfrac{J_1}{J_2}\left(\dfrac{h}{l} - \dfrac{\xi'^2}{3\,h\,l}\right)\right\}}{2\,h\left(1 + \dfrac{2}{3}\dfrac{h}{l} \cdot \dfrac{J_1}{J_2}\right)}.$$

Wirkt auf den Stiel die gleichmäßig verteilte Belastung $w$ kg/m, so wird:

$$X_{a_w} = \frac{w}{2\,h\left(1 + \dfrac{2}{3}\dfrac{h}{l} \cdot \dfrac{J_1}{J_2}\right)} \int\limits_0^h \left(\xi' + \xi' \frac{h}{l} \cdot \frac{J_1}{J_2} - \frac{\xi'^3}{3\,h\,l} \cdot \frac{J_1}{J_2}\right) d\xi'$$

$$= \frac{w}{2\,h\left(1 + \dfrac{2}{3}\dfrac{h}{l} \cdot \dfrac{J_1}{J_2}\right)}\left(\frac{h^2}{2} + \frac{h^3}{2\,l} \cdot \frac{J_1}{J_2} - \frac{h^3}{12\,l} \cdot \frac{J_1}{J_2}\right)$$

oder

$$X_{a_w} = H_{B_w} = \frac{w \cdot h}{4} \cdot \frac{1 + \dfrac{5}{6}\dfrac{h}{l} \cdot \dfrac{J_1}{J_2}}{1 + \dfrac{2}{3}\dfrac{h}{l} \cdot \dfrac{J_1}{J_2}}.$$

Damit ist auch $H_{A_w}$ bekannt. Aus der Gleichgewichtsbedingung $\varSigma H = 0$ ergibt sich:

$$H_B - w \cdot h - H_A = 0$$

oder

$$H_{A_w} = -(w \cdot h - H_{B_w}).$$

Den Einfluß einer Temperaturänderung findet man aus der Beziehung

$$X_{a_t} = -\frac{\delta_{at}}{\delta_{aa}} = -\frac{\displaystyle\int M_a \frac{\varepsilon \varDelta t}{h}\, ds + \int N_a \cdot \varepsilon\, t_s \cdot ds}{\delta_{aa}}.$$

Ändert sich die Temperatur gleichmäßig um $t^0$, so wird mit $\varDelta t = 0$ und $Na = -1$ im Querriegel

$$(52) \qquad X_{a_t} = \frac{\varepsilon\, t\, l}{\delta_{aa}} = \frac{E\, J_1 \cdot \varepsilon\, t}{h^2\left(1 + \dfrac{2}{3}\dfrac{h}{l}\cdot\dfrac{J_1}{J_2}\right)}\,.$$

Nachdem der Horizontalschub gefunden ist, können in bekannter Weise die Lagerkräfte, Momente und Querkräfte angegeben werden.

## b) Dreistieliger Rahmen mit Fußgelenken.

Der dreistielige Rahmen entsteht durch Nebeneinanderstellung zweier einfacher Gelenkrahmen von der unter a) besprochenen Form, wenn man die nebeneinander liegenden Stiele beider Rahmen zu einem einzigen, beiden gemeinsamen Ständer vereinigt (Abb. 308a). Ein solches System ist dreifach statisch unbestimmt, denn am Mittelstiel greifen zwei weitere unbekannte Reaktionskomponenten an. Zur statischen Untersuchung des Systems führt

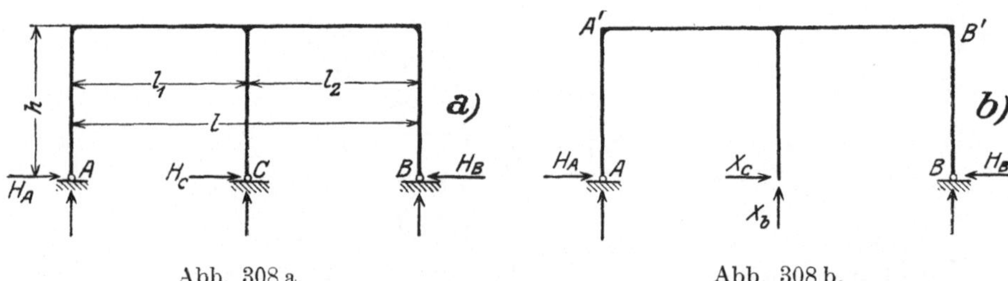

Abb. 308 a.            Abb. 308 b.

man zweckmäßig den Gelenkrahmen $A - A' - B' - B$ (Abb. 308b) als einfach statisch unbestimmtes Hauptsystem ein und wählt die Lagerkräfte $C = X_b$ und $H_C = X_c$ der Mittelstütze als überzählige Größen. Dann lauten die zur Bestimmung von $X_b$ und $X_c$ zur Verfügung stehenden Elastizitätsgleichungen, wenn wieder starre Lager vorausgesetzt werden:

$$(53) \qquad \begin{cases} 0 = \varSigma P_m \cdot \delta_{mb} + X_b \cdot \delta_{bb} + X_c \cdot \delta_{cb} + \delta_{bt} \\ 0 = \varSigma P_m \cdot \delta_{mc} + X_b \cdot \delta_{bc} + X_c \cdot \delta_{cc} + \delta_{ct} \end{cases}$$

und zwar sind hier die Verschiebungen $\delta_{mb}$, $\delta_{bb}$, $\delta_{cb}$, $\delta_{bt}$ und $\delta_{mc}$, $\delta_{bc}$, $\delta_{cc}$, $\delta_{ct}$ am statisch unbestimmten Hauptsystem, dem einfachen Gelenkrahmen $A - A' - B' - B$, zu ermitteln. Die Auflösung der Gleichungen und damit die Bestimmung von $X_b$ und $X_c$ kann in bekannter Weise erfolgen. Besonders einfach gestaltet sich die Untersuchung für den im allgemeinen vorliegenden Fall gleicher Feldweiten $l_1 = l_2 = \dfrac{l}{2}$, welcher im folgenden genauer betrachtet werden soll.

Der Horizontalschub des einfachen Gelenkrahmens $A - A' - B' - B$ infolge einer am Querriegel angreifenden lotrechten Last 1 ist nach (51)

$$H = \frac{1 \cdot a \cdot b}{2 \cdot h\, l \cdot c},$$

wenn

$$(54) \qquad c = 1 + \frac{2}{3}\frac{h}{l}\cdot\frac{J_1}{J_2}$$

gesetzt wird, wobei $J_1$ das konstant angenommene Trägheitsmoment des Querriegels und $J_2$ dasjenige der beiden Außenstiele $A\,A'$ und $B\,B'$ bedeuten. Das Trägheitsmoment des Mittelstieles möge $J_3$ sein.

Infolge $X_b = 1$ entsteht somit wegen $a = b = \dfrac{l}{2}$ der Horizontalschub

$$H_b = -\frac{l}{8\,h\,c},$$

während bei $A$ und $B$ die senkrechten Lagerkräfte $-\dfrac{1}{2}$ auftreten. Somit kann die $M_b$-Fläche aufgetragen werden (Abb. 309).

Infolge $X_c = 1$ entstehen bei $A$ und $B$ die Schübe $H_{A_c} = -\frac{1}{2}$, $H_{B_c} = \frac{1}{2}$, während senkrechte Lagerdrücke nicht auftreten. Die $M_c$-Fläche besitzt demnach die in Abb. 310 dargestellte Form.

Ein Vergleich der $M_b$- und $M_c$-Fläche ergibt wegen $\int M_b \cdot M_c\,ds = 0$ $\delta_{bc} = \delta_{cb} = 0$. Die Gleichungen (53) nehmen also die einfache Form an:

$$0 = \Sigma P_m \cdot \delta_{mb} + X_b \cdot \delta_{bb} + \delta_{bt},$$
$$0 = \Sigma P_m \cdot \delta_{mc} + X_c \cdot \delta_{cc} + \delta_{ct},$$

von denen jede nur noch eine statisch unbestimmte Größe enthält.

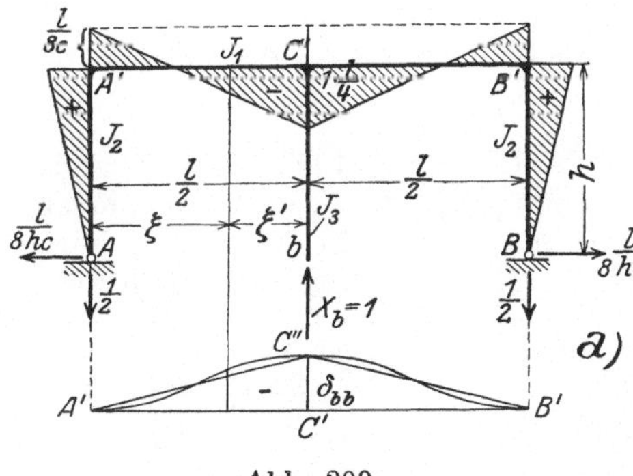

Abb. 309.

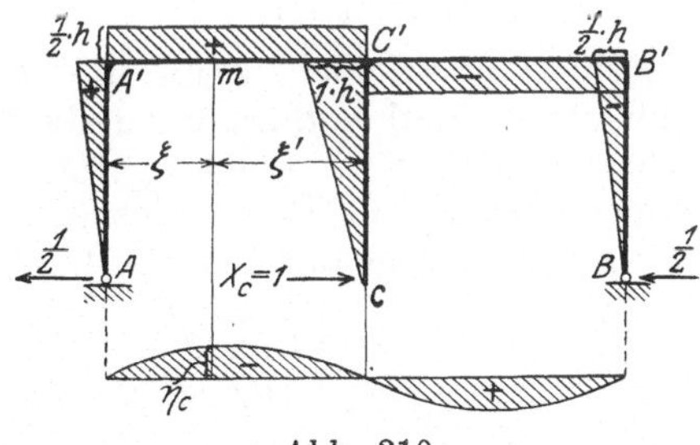

Abb. 310.

Der Einfluß einer lotrechten, auf den Querriegel wirkenden Einzellast 1 ist also bestimmt durch die Ausdrücke

$$X_{b\,(P=1)} = -\frac{1 \cdot \delta_{mb}}{\delta_{bb}}; \qquad X_{c\,(P=1)} = -\frac{1 \cdot \delta_{mc}}{\delta_{cc}}.$$

Die Verschiebungen $\delta_{bb}$ und $\delta_{cc}$ können unter Vernachlässigung von Längskräften aus der $M_b$- bzw. $M_c$-Fläche bestimmt werden. Man erhält unter Beachtung von (12) und (10) S. 207

$$E J_1 \cdot \delta_{bb} = \int M_b^2\,ds\,\frac{J_1}{J} = 2\,\frac{l}{6}\left\{\frac{l^2}{64\,c^2} - \frac{l}{8\,c}\left(\frac{l}{4} - \frac{l}{8\,c}\right) + \left(\frac{l}{4} - \frac{l}{8\,c}\right)^2\right\}$$

$$+ 2 \cdot 2 \cdot \frac{l}{8\,c} \cdot \frac{h}{2} \cdot \frac{l}{24\,c} \cdot \frac{J_1}{J_2}$$

$$= l^2 \cdot \frac{3\,l - 6\,lc + 4\,lc^2 + 2\,h \cdot \dfrac{J_1}{J_2}}{192\,c^2}$$

oder nach Einführung von $c = 1 + \dfrac{2}{3}\dfrac{h}{l}\cdot\dfrac{J_1}{J_2}$ im Zähler dieses Bruches

$$(55)\qquad EJ_1\cdot\delta_{bb} = l^2\,\frac{l + \dfrac{10}{3}h\dfrac{J_1}{J_2} + \dfrac{16}{9}\dfrac{h^2}{l}\cdot\left(\dfrac{J_1}{J_2}\right)^2}{192\,c^2}\,.$$

Ferner wird:

$$EJ_1\cdot\delta_{cc} = \int M_c^{\,2}ds\,\frac{J_1}{J} = 2\left\{2\,\frac{h}{2}\cdot\frac{l}{2}\cdot\frac{h}{4} + 2\,\frac{h}{2}\cdot\frac{h}{2}\cdot\frac{h}{6}\cdot\frac{J_1}{J_2}\right\} + 2\,h\,\frac{h}{2}\cdot\frac{h}{3}\cdot\frac{J_1}{J_3}$$

oder

$$(56)\qquad EJ_1\cdot\delta_{cc} = \frac{h^2 l}{4} + \frac{h^3}{6}\left(\frac{J_1}{J_2} + 2\,\frac{J_1}{J_3}\right).$$

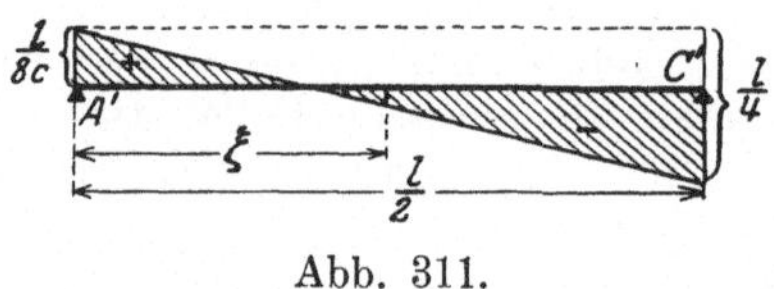



Abb. 311.

Die Verschiebung des Punktes $C'$ (Abb. 309) in Richtung einer abwärts wirkenden lotrechten Last infolge $X_b = 1$ ist gleich $-\,\delta_{bb}$, während die Verschiebung der Punkte $A'$ und $B'$ gleich Null wird. Um nun die Verschiebung $\delta_{mb}$ eines beliebigen Punktes $m$ des Querriegels im Abstande $\xi$ vom linken Stiel und $\xi'$ vom Mittelstiel zu finden, bestimmt man zunächst die Verschiebung $\delta_{mb} = -\,\delta_{bb}\cdot\dfrac{\xi}{\left(\dfrac{l}{2}\right)}$, welche

der Punkt $m$ erleidet, wenn die Gerade $A'\!-\!C'$ in die Lage $A'\,C''$ übergeht (Abb. 309 a), und addiert dazu die Verschiebung $\delta''_{mb}$ des Punktes $m$ am einfachen Balken $A'\,C'$, welche gefunden wird, indem man die zu $A'\,C'$ gehörige Momentenfläche als Belastungsfläche auffaßt. Nun ist nach dem Mohrschen Satz unter Bezugnahme auf Abb. 311:

$$\delta''_{mb} = \frac{1}{EJ_1}\left\{\left(\frac{l}{8c}\cdot\frac{l}{2}\cdot\frac{1}{2} - \frac{l}{4}\cdot\frac{l}{4}\cdot\frac{1}{3}\right)\xi - \frac{l}{8c}\cdot\frac{\xi^2}{2} + \frac{l}{4}\cdot\frac{2\xi}{l}\cdot\frac{\xi}{2}\cdot\frac{\xi}{3}\right\}$$

$$= \frac{1}{EJ_1}\left[\frac{l^3}{64c}\left\{\frac{\xi}{\left(\frac{l}{2}\right)} - \frac{\xi^2}{\left(\frac{l}{2}\right)^2}\right\} - \frac{l^3}{96}\left\{\frac{\xi}{\left(\frac{l}{2}\right)} - \frac{\xi^3}{\left(\frac{l}{2}\right)^3}\right\}\right],$$

oder mit

$$\omega_R = \frac{\xi}{\left(\dfrac{l}{2}\right)} - \frac{\xi^2}{\left(\dfrac{l}{2}\right)^2}\quad\text{und}\quad \omega_D = \frac{\xi}{\left(\dfrac{l}{2}\right)} - \frac{\xi^3}{\left(\dfrac{l}{2}\right)^3}$$

$$\delta''_{mb} = \frac{l^3}{EJ_1}\left[\frac{\omega_R}{64c} - \frac{\omega_D}{96}\right],$$

und somit

$$(57)\qquad \delta_{mb} = -\,\delta_{bb}\cdot\frac{\xi}{\left(\dfrac{l}{2}\right)} + \frac{l^3}{192\,c^2\,EJ_1}\left[3\,w_R\cdot c - 2\,\omega_D\cdot c^2\right].$$

Durch die vorstehende Gleichung sind die Ordinaten der Biegungslinie infolge $X_b = 1$ für das linke Feld des Querriegels und somit auch wegen der bestehenden Symmetrie für das rechte Feld bekannt. Diese Biegungslinie ist zugleich die Einflußlinie für $X_b$, wenn man ihr den Multiplikator $\mu = -\,\dfrac{1}{\delta_{bb}}$

beigibt. Demnach lautet die Ordinate der Einflußlinie im linken Feld:

$$\eta_b = \frac{2\,\xi}{l} - \frac{l\,[3\,\omega_R \cdot c - 2\,\omega_D \cdot c^2]}{l + \frac{10}{3}\,h\frac{J_1}{J_2} + \frac{16\,h^2}{9\,l} \cdot \left(\frac{J_1}{J_2}\right)^2}\;.$$

Wirkt auf den Querriegel eine gleichmäßig verteilte Belastung $p$ kg/m, so liefert die Einflußlinie für $X_b$

$$X_{b_p} = 2\,p \int_0^{l/2} \left\{ \frac{2\,\xi}{l} - \frac{3\,l\,c\left(\frac{2\,\xi}{l} - \frac{4\,\xi^2}{l^2}\right) - 2\,l\,c^2\left(\frac{2\,\xi}{l} - \frac{8\,\xi^3}{l^3}\right)}{v} \right\} d\xi,$$

wobei

$$v = l + \frac{10}{3}\,h\frac{J_1}{J_2} + \frac{16}{9} \cdot \frac{h^2}{l} \cdot \left(\frac{J_1}{J_2}\right)^2.$$

Nach Ausführung der Integration erhält man:

$$X_{b_p} = p\,l \cdot \frac{\frac{l}{2} + \frac{5}{3}\,h\frac{J_1}{J_2} + \frac{8}{9}\frac{h^2}{l}\left(\frac{J_1}{J_2}\right)^2 - \frac{l\cdot c}{?} + \frac{l\cdot c^2}{2}}{v}\,,$$

oder nach Einführung des Wertes für $c$ aus Gleichung (54)

$$X_{b_p} = p\,l \cdot \frac{\frac{l}{2} + 2\,h\frac{J_1}{J_2} + \frac{10\,h^2}{9\,l}\left(\frac{J_1}{J_2}\right)^2}{v}\;.$$

Hebt man noch den Faktor $\left(\frac{1}{9}\frac{h}{l} \cdot \frac{J_1}{J_2} + \frac{1}{6}\right)$, welchen Zähler und Nenner gemeinsam enthalten, weg, so findet man schließlich:

$$X_{b_p} = p\,l \cdot \frac{10\,h\frac{J_1}{J_2} + 3\,l}{16\,h\frac{J_1}{J_2} + 6\,l}\;.$$

Infolge dieser Belastung kann ein Schub an der Mittelstütze wegen der bestehenden Symmetrie nicht auftreten, weshalb sich $X_{c_p} = 0$ ergibt.

Die Biegungslinie für $X_c = 1$ wird wie folgt bestimmt. Die Punkte $A'$ und $B'$ erleiden offenbar die Verschiebung $\delta_{mc} = 0$. Aber auch der Punkt $C'$ kann keine Verschiebung in Richtung einer lotrechten Last erleiden, da $\delta_{bc} = 0$ ist und eine Längskraft im Mittelstiel nicht in Frage kommt. Man erhält also die Verschiebung $\delta_{mc}$ eines beliebigen Punktes $m$ des linken Feldes, indem man den einfachen Balken $A'\,C'$ mit der zugehörigen $M_c$-Fläche belastet und das infolge dieser Belastung an der Stelle $m$ auftretende Moment berechnet. Die Verschiebung $\delta_{mc}$ des in bezug auf den Mittelstiel symmetrisch zu $m$ gelegenen Punktes im rechten Feld hat die gleiche Größe aber entgegengesetztes Vorzeichen. Für das linke Feld findet man (vgl. Abb. 310)

$$EJ_1 \cdot \delta_{mc} = \frac{h}{2} \cdot \frac{l}{2} \cdot \frac{1}{2} \cdot \xi - \frac{h}{2} \cdot \frac{\xi^2}{2} = \frac{h}{2} \cdot \frac{l^2}{8}\left\{\frac{\xi}{\left(\frac{l}{2}\right)} - \frac{\xi^2}{\left(\frac{l}{2}\right)^2}\right\} = \frac{h\,l^2}{16} \cdot \omega_R\;.$$

Damit ist auch die Einflußordinate für $X_c$ bekannt, welche den Wert annimmt:

$$\eta_c = -\frac{1 \cdot \delta_{mc}}{\delta_{cc}} = -\frac{h\,l^2 \cdot \omega_R}{4\,h^2\,l + \dfrac{8}{3}\,h^3\left(\dfrac{J_1}{J_2} + 2\dfrac{J_1}{J_3}\right)}.$$

In ähnlicher Weise kann der Einfluß einer horizontalen Einzellast verfolgt werden, welche auf einen der Stiele wirkt. Besonders einfach gestaltet sich die Rechnung für eine in Höhe des Querriegels angreifende Last $W$ (Abb. 312). Diese erzeugt am statisch unbestimmten Hauptsystem die Schübe

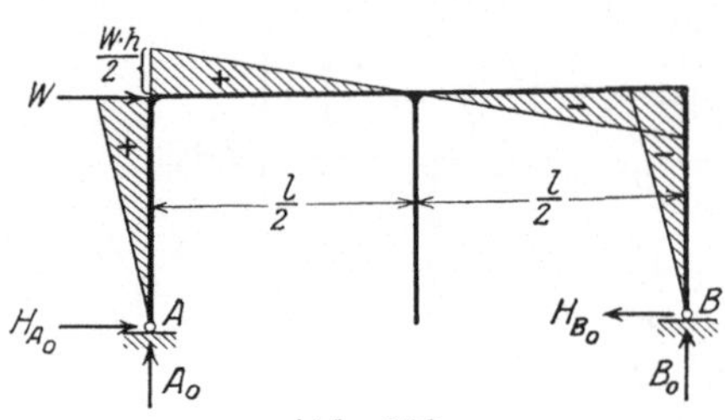

Abb. 312.

$$H_{B_0} = -H_{A_0} = \frac{W}{2}$$

und die Lagerkräfte

$$-A_0 = B_0 = \frac{W \cdot h}{l}.$$

Somit ergibt sich die in Abb. 312 dargestellte $M_0$-Fläche. Nun ist aber, wie ein Vergleich der $M_0$- und der $M_b$-Fläche zeigt,

$$\delta_{mb} = \int \frac{M_0\,M_b\,ds}{EJ} = 0, \text{ weshalb auch } X_b = 0.$$

Ferner ist nach (11) S. 207

$$EJ_1 \cdot W\delta_{mc} = \int M_0 M_c\,ds\,\frac{J_1}{J} = 2\left\{\frac{l}{12} \cdot \frac{W\cdot h}{2} \cdot \frac{3}{2}\,h + \frac{h}{6} \cdot \frac{W\cdot h}{2} \cdot h \cdot \frac{J_1}{J_2}\right\}$$

$$= \frac{W\cdot h^2}{2}\left(\frac{l}{4} + \frac{h}{3} \cdot \frac{J_1}{J_2}\right)$$

und somit wird

$$X_c = -\frac{W\cdot \delta_{mc}}{\delta_{cc}} = -W \cdot \frac{3\,l + 4\,h\,\dfrac{J_1}{J_2}}{6\,l + 4\,h\left(\dfrac{J_1}{J_2} + 2\dfrac{J_1}{J_3}\right)}.$$

Aus

$$H_A = H_{A_0} + H_{A_b} \cdot X_b + H_{A_c} \cdot X_c = -\frac{W}{2} - \frac{1}{2} \cdot X_c$$

folgt

$$H_A = -\frac{W}{2} \cdot \frac{3\,l + 8\,h\,\dfrac{J_1}{J_3}}{6\,l + 4\,h\left(\dfrac{J_1}{J_2} + 2\dfrac{J_1}{J_3}\right)}.$$

Endlich wird

$$H_B = H_{B_0} + H_{B_c} \cdot X_c = \frac{W}{2} + \frac{1}{2}\,X_c = -H_A.$$

Den Einfluß einer gleichmäßigen Temperaturänderung um $t^0$ erhält man wie folgt. Es ist:

$$\delta_{bt}' = \int N_b\,\varepsilon\,t\,ds.$$

Zu diesem Integral liefern die Stiele den Beitrag Null, wie aus Abb. 309 ersichtlich. Im Riegel herrscht die Längskraft $N_b = +\dfrac{l}{8\,h\,c}$, weshalb $\delta_{bt} = \dfrac{l^2\,\varepsilon\,t}{8\,h\,c}$.

Damit wird

$$X_{bt}^{!} = -\frac{\delta_{bt}}{\delta_{bb}} = -\frac{192\,c^2\,EJ_1 \cdot l^2\,\varepsilon\,t}{8\,h\,c\,l^2\left\{l + \frac{10}{3}\,h\,\frac{J_1}{J_2} + \frac{16}{9}\,\frac{h^2}{l}\left(\frac{J_1}{J_2}\right)^2\right\}}$$

Beachtet man, das der Klammerwert im Nenner sich als das Produkt $\left(\frac{2}{3}\frac{h}{l}\cdot\frac{J_1}{J_2}+1\right)\left(\frac{8}{3}h\frac{J_1}{J_2}+l\right)$ darstellen läßt, und daß $c = 1 + \frac{2}{3}\frac{h}{l}\frac{J_1}{J_2}$ ist, so erhält man schließlich nach einigen Kürzungen:

$$X_{bt} = -\frac{3\,EJ_1\,\varepsilon\,t}{h\left(\frac{h}{3}\frac{J_1}{J_2} + \frac{l}{8}\right)}.$$

Da aber ferner $\delta_{ct} = \int N_c\,\varepsilon\,t\,ds = 0$ ist, so wird $X_{ct} = 0$.

Der Horizontalschub der linken Außenstütze ergibt sich jetzt wie folgt:

$$H_{At} = H_{0t} + H_b \cdot X_{bt},$$

wobei nach Gleichung (52)

$$H_{0t} = \frac{EJ_1\,\varepsilon\,t}{h^2\left(1 + \frac{2}{3}\frac{h}{l}\frac{J_1}{J_2}\right)} = \frac{EJ_1\,\varepsilon\,t}{h^2\cdot c}$$

den Schub des einfachen Gelenkrahmens $A\,A'\,B'\,B$ darstellt.

Mit $H_b = -\frac{l}{8\,h\,c}$ erhält man

$$H_{At} = \frac{EJ_1\,\varepsilon\,t}{h^2\,c} + \frac{3\,EJ_1\,\varepsilon\,t\,l}{8\,h^2\,c\left(\frac{h}{3}\frac{J_1}{J_2} + \frac{l}{8}\right)},$$

oder nach einigen Umformungen unter Einführung des Wertes für $c$:

$$H_{At} = \frac{EJ_1\,\varepsilon\,t\,l}{2\,h^2\left(\frac{h}{3}\frac{J_1}{J_2} + \frac{l}{8}\right)}.$$

## c) Zweietagiger Stockwerkrahmen mit Fußgelenken.

Der in Abb. 313a dargestellte Rahmen ist vierfach statisch unbestimmt. Als statisch bestimmtes Hauptsystem werden hier zwei übereinandergestellte

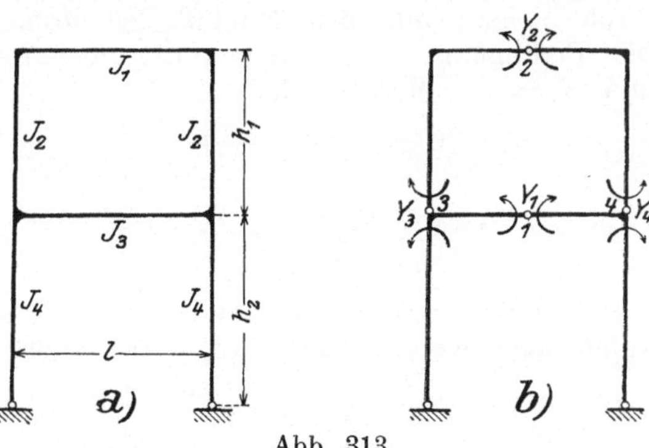


Abb. 313.

Dreigelenkbögen gewählt (Abb. 313b). Die in den Punkten 1 bis 4 auftretenden statisch unbestimmten Momente seien mit $Y_1$ bis $Y_4$ bezeichnet. Zur Lösung der Aufgabe soll das auf S. 207 und folg. besprochene analytische Verfahren Verwendung finden.

Die statisch unbestimmten Einzelwirkungen werden in der Form angeschrieben:

$$(58) \quad \begin{cases} Y_1 = Y_{1a}\cdot X_a + Y_{1b}\cdot X_b + Y_{1c}\cdot X_c + Y_{1d}\cdot X_d \\ Y_2 = Y_{2a}\cdot X_a + Y_{2b}\cdot X_b + Y_{2c}\cdot X_c + Y_{2d}\cdot X_d \\ Y_3 = Y_{3a}\cdot X_a + Y_{3b}\cdot X_b + Y_{3c}\cdot X_c + Y_{3d}\cdot X_d \\ Y_4 = Y_{4a}\cdot X_a + Y_{4b}\cdot X_b + Y_{4c}\cdot X_c + Y_{4d}\cdot X_d \end{cases}$$

Über die Wahl der $\dfrac{n\,(n+1)}{2} = 10$ willkürlichen Gruppenlasten der Zustände $X_a = 1$, $X_b = 1$, $X_c = 1$, $X_d = 1$ gibt die nachstehende Tabelle Aufschluß.

| | $X_a$ | $X_b$ | $X_c$ | $X_d$ |
|---|---|---|---|---|
| $Y_1$ | 1 | 0 | $-2\dfrac{\tau_{3a}}{\tau_{1a}}$ | 0 |
| $Y_2$ | 0 | 1 | $-2\dfrac{\tau_{3b}}{\tau_{2b}}$ | 0 |
| $Y_3$ | 0 | 0 | 1 | 1 |
| $Y_4$ | 0 | 0 | 1 | $-1$ |

Links unterhalb der markierten Treppenlinie stehen die gewählten, rechts oberhalb die aus den Bedingungsgleichungen ermittelten Gruppenlasten. Damit ist zunächst der Belastungszustand $X_a = 1$ festgelegt (Abb. 314). Dieser liefert unter Beachtung der aus Abb. 313a ersichtlichen Trägheitsmomente:

$$E J_3 \cdot \tau_{aa} = E J_3 \cdot \tau_{1a} = 2\left(1\cdot l \cdot \frac{1}{2} + 2\cdot 1 \cdot \frac{h_2}{2}\cdot \frac{1}{3}\frac{J_3}{J_4}\right) = l + \frac{2}{3}\,h_2\,\frac{J_3}{J_4}.$$

Weiter wird, sofern man nur den Einfluß der Momente in Betracht zieht, $\tau_{2a} = 0$. Die Bedingung $\tau_{ba} = 0$ liefert die noch fehlende Gruppenlast für den Zustand $X_b = 1$. Man erhält

$$\tau_{ba} = 0 = Y_{1b}\cdot \tau_{1a} + 1\cdot \tau_{2a}$$

oder

$$Y_{1b} = -1\cdot \frac{\tau_{2a}}{\tau_{1a}} = 0.$$

Somit sind alle Gruppenlasten des Zustandes $X_b = 1$ bekannt, und die $M_b$-Fläche kann aufgetragen werden (Abb. 315). Sie liefert

$$E J_1 \cdot \tau_{bb} = E J_1 \cdot \tau_{2b} = l + \frac{2}{3}\,h_1\,\frac{J_1}{J_2}.$$

Aus der Bedingung $\tau_{ab} = 0$ erhält man ferner

$$\tau_{ab} = 0 = Y_{1a}\cdot \tau_{1b} \qquad \text{oder} \qquad \tau_{1b} = 0.$$

Zur Ermittlung der noch fehlenden zwei Gruppenlasten des Zustandes $X_c = 1$ stehen die beiden Bedingungen $\tau_{cb} = 0$ und $\tau_{ca} = 0$ zur Verfügung. Die erste von diesen liefert wegen $\tau_{1b} = 0$

$$\tau_{cb} = 0 = Y_{2c} \cdot \tau_{2b} + 1 \cdot \tau_{3b} + 1 \cdot \tau_{4b},$$

oder, da infolge der Symmetrie $\tau_{3b} = \tau_{4b}$ ist,

$$Y_{2c} = -\frac{2 \cdot \tau_{3b}}{\tau_{2b}}.$$

Aus der zweiten Bedingung erhält man wegen $\tau_{2a} = 0$

$$\tau_{ca} = 0 = Y_{1c} \cdot \tau_{1a} + 1 \cdot \tau_{3a} + 1 \cdot \tau_{4a},$$

oder, da $\tau_{3a} = \tau_{4a}$ ist,

$$Y_{1c} = -\frac{2\,\tau_{3a}}{\tau_{1a}}.$$

Jetzt sind alle Gruppenlasten des Zustandes $X_c = 1$ festgelegt, so daß die $M_c$-Fläche gezeichnet werden kann, sobald $\tau_{3a}$ und $\tau_{3b}$ ermittelt sind. Zu ihrer Berechnung ist in Abb. 316 die $\overline{M}_3$-Fläche aufgetragen, d. h.

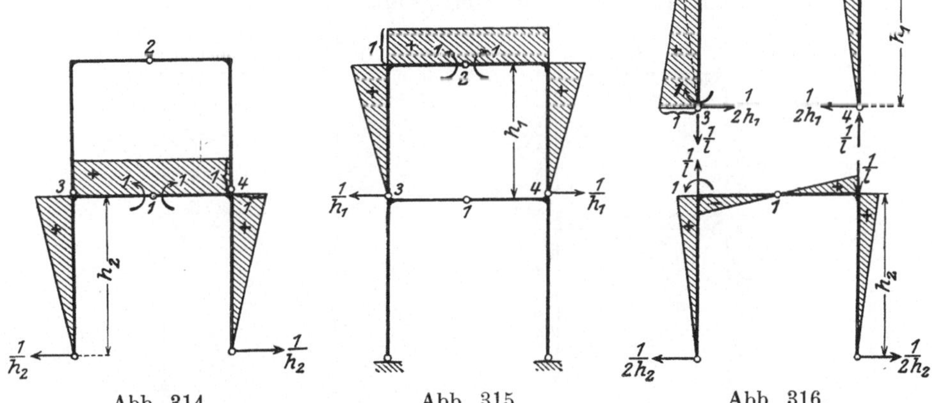

Abb. 314.
Abb. 315.
Abb. 316.

die Momentenfläche für den Fall, daß im Gelenk 3 die beiden entgegengesetzt gerichteten Momente $\overline{M} = 1$ wirken. Man erhält:

$$E\,J_3 \cdot \tau_{3a} = \int \overline{M}_3\,M_a\,\frac{J_3}{J}\,ds = \frac{h_2}{3} \cdot \frac{J_3}{J_4},$$

$$E\,J_1 \cdot \tau_{3b} = \int \overline{M}_3\,M_b\,\frac{J_1}{J}\,ds = \frac{h_1}{6} \cdot \frac{J_1}{J_2}.$$

Demnach wird

$$Y_{1c} = -2\,\frac{\tau_{3a}}{\tau_{1a}} = -2\,\frac{h_2\dfrac{J_3}{J_4}}{3l + 2h_2\dfrac{J_3}{J_4}} = -\frac{1}{\dfrac{3}{2}\dfrac{l}{h_2}\cdot\dfrac{J_4}{J_3} + 1} = -\nu_1,$$

$$Y_{2c} = -2\,\frac{\tau_{3b}}{\tau_{2b}} = -\frac{h_1\cdot\dfrac{J_1}{J_2}}{3l + 2h_1\dfrac{J_1}{J_2}} = -\frac{1}{3\,\dfrac{l}{h_1}\cdot\dfrac{J_2}{J_1} + 2} = -\nu_2.$$

Die Momentenfläche infolge $X_c = 1$ zeigt Abb. 317. Aus den Bedingungen $\tau_{ac} = 0$ und $\tau_{bc} = 0$ ergibt sich $\tau_{1c} = 0$ und $\tau_{2c} = 0$.

Zur Bestimmung der noch fehlenden drei Gruppenlasten des Zustandes $X_d = 1$ stehen die drei Bedingungen $\tau_{dc} = 0$; $\tau_{db} = 0$; $\tau_{da} = 0$ zur Verfügung. Die erste lautet wegen $\tau_{1c} = 0$; $\tau_{2c} = 0$ und $Y_{4d} = -1$:

$$\tau_{dc} = 0 = Y_{3d}\cdot\tau_{3c} - 1\cdot\tau_{4c},$$

woraus wegen $\tau_{3c} = \tau_{4c}$ folgt:

$$Y_{3d} = 1.$$

Die zweite lautet wegen $\tau_{1b} = 0$

$$\tau_{db} = 0 = Y_{2d}\cdot\tau_{2b} + 1\cdot\tau_{3b} - 1\cdot\tau_{4b},$$

woraus wegen $\tau_{3b} = \tau_{4b}$ folgt:

$$Y_{2d} = 0.$$

Die dritte lautet:

$$\tau_{da} = 0 = Y_{1d}\cdot\tau_{1a} + 1\cdot\tau_{3a} - 1\cdot\tau_{4a},$$

woraus wegen $\tau_{3a} = \tau_{4a}$ folgt

$$Y_{1d} = 0.$$

Somit sind alle Gruppenlasten des Zustandes $X_d = 1$ bekannt, und die $M_d$-Fläche kann aufgetragen werden (Abb. 318).

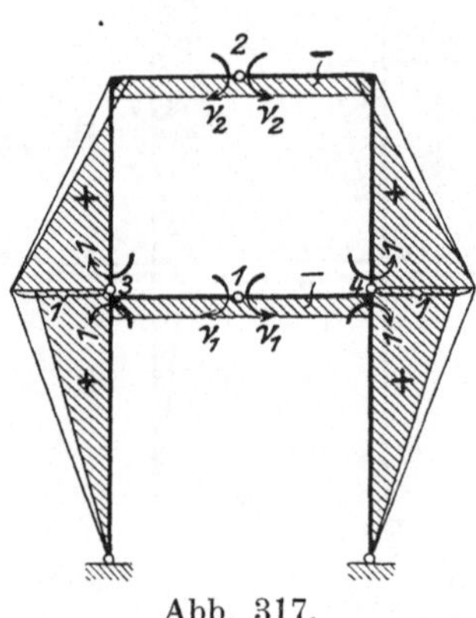
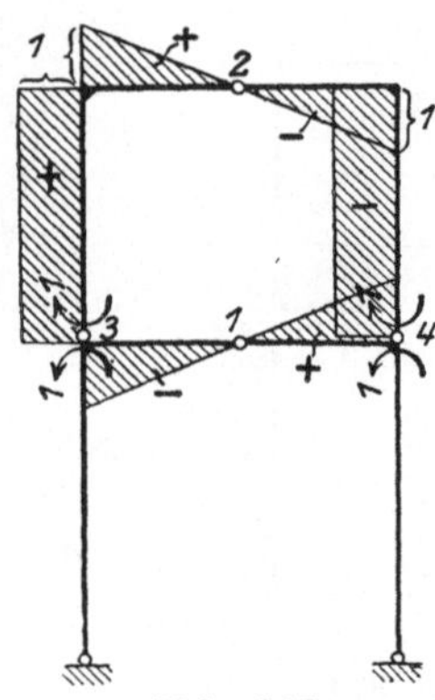

Abb. 317.        Abb. 318.

Zur Berechnung der Größen $X_a$, $X_b$, $X_c$, $X_d$ stehen vier Gleichungen mit je einer Unbekannten zur Verfügung:

$$X_a = -\frac{\Sigma P_m\delta_{ma} + \tau_{at} - \Sigma(C_a\cdot c)}{\tau_{aa}},$$

$$X_b = -\frac{\Sigma P_m\delta_{mb} + \tau_{bt} - \Sigma(C_b\cdot c)}{\tau_{bb}},$$

$$X_c = -\frac{\Sigma P_m\delta_{mc} + \tau_{ct} - \Sigma(C_c\cdot c)}{\tau_{cc}},$$

$$X_d = -\frac{\Sigma P_m\delta_{md} + \tau_{dt} - \Sigma(C_d\cdot c)}{\tau_{dd}}.$$

Sind $X_a$ bis $X_d$ in der früher besprochenen Weise gefunden (vgl. das Beispiel auf S. 217), so können auch die Werte für die statisch unbestimmten Momente $Y_1$ bis $Y_4$ sofort angeschrieben werden. Unter Beachtung der aus der Tabelle ersichtlichen Gruppenlasten lauten diese:

$$Y_1 = X_a - \nu_1 X_c;\qquad Y_2 = X_b - \nu_2 X_c;\qquad Y_3 = X_c + X_d;\qquad Y_4 = X_c - X_d.$$

## d) Der eingespannte Rahmen.

Ein an beiden Enden fest eingespannter, im übrigen beliebig geformter, biegungssteifer Stabzug ist dreifach statisch unbestimmt. Denkt man sich die Stützung an einer Seite des Stabzuges entfernt und durch zwei beliebig gerichtete Kräfte $X_a$ und $X_b$, deren positive Richtungen den Winkel $\alpha$ einschließen mögen, sowie ein Moment $X_c$ ersetzt, so entsteht als statisch bestimmtes Hauptsystem ein einseitig eingespannter Träger (Abb. 319). Bezieht man nun das System auf zwei Achsen $x$ und $y$, welche mit den Richtungen der Kräfte

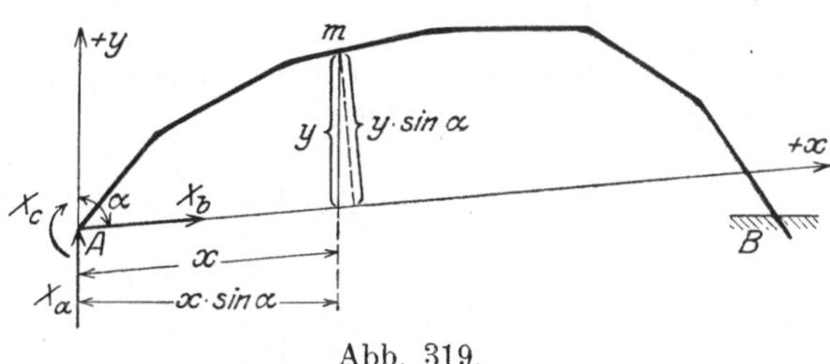



Abb. 319.

$X_b$ und $X_a$ zusammenfallen, so ist das Moment für einen beliebigen Punkt $m$ infolge $X_a = 1$ $M_a = 1 \cdot x \cdot \sin\alpha$ und infolge $X_b = 1$ $M_b = -1 \cdot y \cdot \sin\alpha$, während das Moment infolge $X_c = 1$ $M_c = 1$ wird.

Die zur Berechnung der drei statisch unbestimmten Größen zur Verfügung stehenden allgemeinen Elastizitätsgleichungen (s. S. 199) enthalten jede nur eine statisch unbestimmte Größe, wenn $\delta_{ab} = \delta_{bc} = \delta_{ac} = 0$ wird. Nun ist aber mit $\dfrac{J_c}{J} \cdot ds = ds'$

$$(59)\quad \begin{cases} E J_c \cdot \delta_{ab} = \displaystyle\int M_a \cdot M_b \cdot ds \cdot \frac{J_c}{J} = -\sin^2\alpha \int x \cdot y \cdot ds' ; \\[2ex] E J_c \cdot \delta_{bc} = \displaystyle\int M_b \cdot M_c \cdot ds \cdot \frac{J_c}{J} = -\sin\alpha \int y\, ds' ; \\[2ex] E J_c \cdot \delta_{ac} = \displaystyle\int M_a \cdot M_c \cdot ds \cdot \frac{J_c}{J} = \sin\alpha \int x\, ds' . \end{cases}$$

Die Integrale $\int x\,ds'$ und $\int y\,ds'$ stellen die statischen Momente des Stabzuges in bezug auf die $y$- und $x$-Achse, das Integral $\int xy\,ds'$ das Zentrifugalmoment dar, wenn man den Wert $ds' = \dfrac{J_c}{J} ds$ als das elastische Gewicht des Stabteilchens $ds$ auffaßt. Sollen nun $\delta_{ab} = \delta_{bc} = \delta_{ac} = 0$ werden, so muß, da die beiden statischen Momente zu Null werden, der Angriffspunkt der statisch unbestimmten Größen in den elastischen Schwerpunkt des Stabzuges fallen und ferner müssen, da auch das Zentrifugalmoment gleich Null wird, die Achsen $x$ und $y$ zwei konjugierte Achsen sein.

Um dieses zu erreichen, denkt man sich im Punkte $A$ einen starren Stab biegungsfest mit dem gegebenen Stabzug $AB$

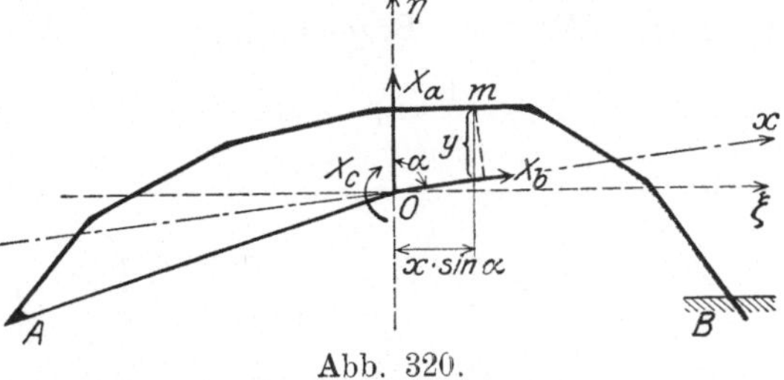



Abb. 320.

verbunden, dessen Endpunkt mit dem elastischen Schwerpunkt $O$ des Stabzuges zusammenfällt (Abb. 320). Durch $O$ möge ein rechtwinkliges Achsenkreuz $\xi, \eta$ gelegt sein. Dann können das Zentrifugalmoment $Z_{\xi,\eta}$ und das

Trägheitsmoment $T_\eta$ der elastischen Gewichte $ds'$ berechnet werden, sobald der Schwerpunkt $O$ in bekannter Weise ermittelt worden ist. Läßt man nun die $y$-Achse mit der $\eta$-Achse zusammenfallen, so ist die $x$-Achse der $\eta$-Achse zugeordnet und man findet ihre Lage aus der Beziehung:

$$\operatorname{tg} \alpha = \frac{T_\eta}{Z_{\xi,\eta}},$$

wenn $\alpha$ den von den positiven Richtungen der $\eta$- (bzw. $y$-) und $x$-Achse eingeschlossenen Winkel bezeichnet.

Durch die Achsen $x$ und $y$ ist auch die Lage von $X_b$ und $X_a$ gegeben. Die statisch unbestimmten Größen können jetzt aus den Gleichungen

$$(60) \quad \begin{cases} X_a = -\dfrac{\Sigma P_m \cdot \delta_{ma} + \delta_{at} - \Sigma(C_a \cdot c)}{\delta_{aa}} \\[3mm] X_b = -\dfrac{\Sigma P_m \cdot \delta_{mb} + \delta_{bt} - \Sigma(C_b \cdot c)}{\delta_{bb}} \\[3mm] X_c = -\dfrac{\Sigma P_m \cdot \delta_{mc} + \tau_{ct} - \Sigma(C_c \cdot c)}{\tau_{cc}} \end{cases}$$

bestimmt werden. In diesen ist, wenn wieder der Einfluß von Längskräften vernachlässigt wird, was bei Systemen von größerer Pfeilhöhe immer zulässig ist,

$$(61) \quad E J_c \cdot \delta_{aa} = \int M_a^{\,2}\, ds\, \frac{J_c}{J} = \sin^2 \alpha \int x^2\, ds' = \sin^2 \alpha \cdot T_y,$$

d. h. gleich dem mit $\sin^2 \alpha$ multiplizierten Trägheitsmoment der elastischen Gewichte $ds'$ in bezug auf die $y$-Achse,

$$(62) \quad E J_c \cdot \delta_{bb} = \int M_b^{\,2}\, ds\, \frac{J_c}{J} = \sin^2 \alpha \int y^2\, ds' = \sin^2 \alpha \cdot T_x,$$

d. h. gleich dem mit $\sin^2 \alpha$ multiplizierten Trägheitsmoment der elastischen Gewichte $ds'$ in bezug auf die $x$-Achse und

$$(63) \quad E J_c \cdot \tau_{cc} = \int M_c^{\,2}\, ds\, \frac{J_c}{J} = \int ds' = G,$$

d. h. gleich dem elastischen Gewicht des Stabzuges.

Bei der Berechnung der Trägheitsmomente zerlegt man den Stabzug zweckmäßig in einzelne Teile zwischen je zwei Knoten- bzw. Eckpunkten. Der Beitrag eines solchen Stabstückes von der Länge $s$ zu $T_x$ wird wie folgt berechnet. Mit den Bezeichnungen der Abb. 321 ist

$$ds = \frac{1}{\sin \beta} \cdot dy \sin \alpha.$$

Demnach wird

$$T_x = \frac{J_c}{J} \int y^2\, ds = \frac{\sin \alpha}{\sin \beta} \cdot \frac{J_c}{J} \int_{y_1}^{y_2} y^2\, dy = \frac{\sin \alpha}{\sin \beta} \cdot \frac{J_c}{J} \cdot \frac{y_2^{\,3} - y_1^{\,3}}{3}$$

Da aber $\sin \beta = \dfrac{(y_2 - y_1)\sin \alpha}{s}$ ist, so wird

$$(64) \quad T_x = \frac{J_c}{J} \cdot \frac{s}{y_2 - y_1} \cdot \frac{y_2^{\,3} - y_1^{\,3}}{3} = \frac{1}{3}\, s'\, (y_2^{\,2} + y_2 y_1 + y_1^{\,2}).$$

In gleicher Weise findet man

$$(65) \qquad T_y = \int x^2 \, ds' = \tfrac{1}{3} s' \left( x_2{}^2 + x_2 \, x_1 + x_1{}^2 \right).$$

Die im Zähler der Gleichungen (60) auftretenden, den Einfluß der gegebenen Lasten ausdrückenden Summenwerte lassen sich wie folgt darstellen. Es ist

$$\begin{cases} E J_c \cdot \Sigma P_m \cdot \delta_{ma} = \sin \alpha \int M_0 \, x \, ds'; \\ E J_c \cdot \Sigma P_m \cdot \delta_{mb} = - \sin \alpha \int M_0 \, y \, ds'; \\ E J_c \cdot \Sigma P_m \cdot \delta_{mc} = \int M_0 \, ds'; \end{cases}$$

In Abb. 322 möge die schraffiert dargestellte Fläche die zu dem oben betrachteten Stabstück von der Länge $s$ gehörige $M_0$-Fläche infolge der ge-

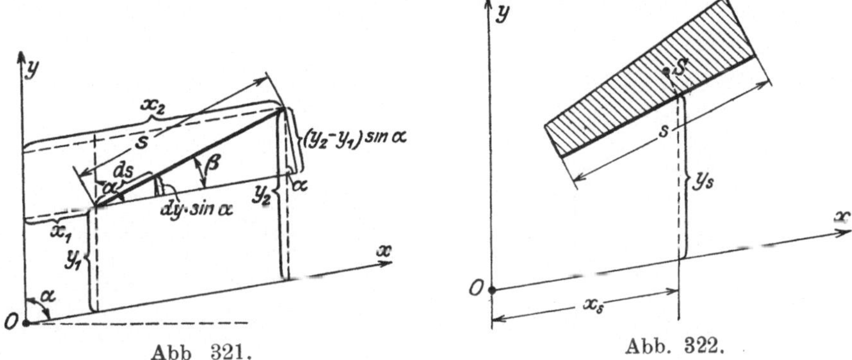


gebenen Belastung bedeuten. Bezeichnen nun $F_0$ den Inhalt und $S$ den Schwerpunkt dieser $M_0$-Fläche, $y_s$ und $x_s$ die Koordinaten des Fußpunktes des von $S$ auf die Stabachse gefällten Lotes, so wird

$$\int M_0 \, x \, ds' = \frac{J_c}{J} \int M_0 \, x \, ds = \frac{J_c}{J} F_0 \cdot x_s,$$

$$\int M_0 \, y \, ds' = \frac{J_c}{J} \int M_0 \, y \, ds = \frac{J_c}{J} F_0 \cdot y_s,$$

$$\int M_0 \, ds' = \frac{J_c}{J} \int M_0 \, ds = \frac{J_c}{J} F_0.$$

Man erhält demnach für die statisch unbestimmten Größen infolge der gegebenen Lasten $P$

$$(66) \quad X_{aP} = - \frac{\sum \dfrac{J_c}{J} F_0 \cdot x_s}{T_y \cdot \sin \alpha}; \qquad X_{bP} = \frac{\sum \dfrac{J_c}{J} F_0 \cdot y_s}{T_x \cdot \sin \alpha}; \qquad X_{cP} = - \frac{\sum \dfrac{J_c}{J} F_0}{G},$$

wobei die Summen $\Sigma$ sich über alle Stabstücke erstrecken.

Ist der zu untersuchende Stabzug symmetrisch zur $\eta$- bzw. $y$-Achse, so fällt die $x$-Achse mit der $\xi$-Achse (Abb. 320) zusammen. Dann ergibt sich für $\alpha = 90^0$:

$$(67) \quad X_{aP} = - \frac{\sum \dfrac{J_c}{J} F_0 \cdot x_s}{T_y}; \qquad X_{bP} = \frac{\sum \dfrac{J_c}{J} F_0 \cdot y_s}{T_x}; \qquad X_{cP} = - \frac{\sum \dfrac{J_c}{J} F_0}{G}.$$

Die vorstehenden Gleichungen ermöglichen nun in einfacher Weise die Berechnung der statisch unbestimmten Größen eines eingespannten Rahmens von der in Abb. 323 dargestellten Form. Das elastische Gewicht des Rahmens ist mit $J_1 = J_c$

$$G = 2\,h \cdot \frac{J_1}{J_2} + l,$$

oder mit $h\dfrac{J_1}{J_2} = h'$

$$G = 2\,h' + l.$$

Von dem Schwerpunkt $O$ des Rahmens weiß man zunächst, daß er auf der Symmetrieachse $y$ liegt. Sein Abstand $e$ vom Querriegel ergibt sich aus der Momentengleichung

$$e \cdot G = 2\,h' \cdot \frac{h}{2},$$

woraus folgt

(68)
$$e = \frac{h\,h'}{G}.$$

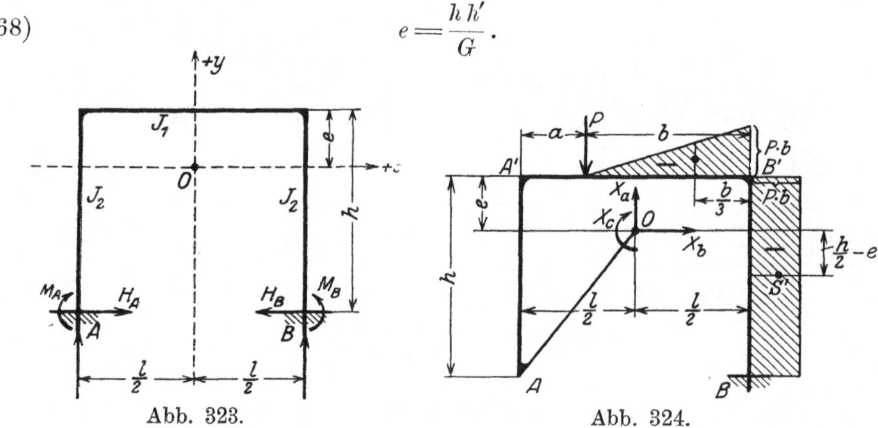

Abb. 323.                  Abb. 324.

Damit ist $O$ festgelegt. Für das Trägheitsmoment $T_x$ erhält man nach (64)

$$T_x = \tfrac{1}{3}\,l \cdot 3\,e^2 + \tfrac{2}{3}\,h'\,[e^2 + e\,(e - h) + (e - h)^2]$$
$$= l\,e^2 + 2\,h'\,e^2 - 2\,h\,h'\,e + \tfrac{2}{3}\,h'\,h^2 = e^2 \cdot G - 2\,e\,h\,h' + \tfrac{2}{3}\,h'\,h^2.$$

Beachtet man, daß nach (68) $e = \dfrac{h\,h'}{G}$ und $h\,h' = e\,(2\,h' + l)$ ist, so wird

$$T_x = e\,h\,h' - 2\,h\,h'\,e + \tfrac{4}{3}\,h\,h'\,e + \tfrac{2}{3}\,h\,e\,l$$

oder

(69)
$$T_x = \frac{h\,e}{3}\,(h' + 2\,l).$$

Ferner ergibt sich nach (65)

(70)
$$T_y = \frac{2}{3}\,h' \cdot 3\,\frac{l^2}{4} + \frac{2}{3}\,\frac{l}{2} \cdot \frac{l^2}{4} = \frac{l^2}{12}\,(6\,h' + l).$$

Am statisch bestimmten Hauptsystem erzeugt eine auf dem Querriegel stehende lotrechte Last $P$ die aus Abb. 324 ersichtliche $M_0$-Fläche. Man erhält somit als Einfluß der Last $P$ auf die statisch unbestimmten Größen nach (67)

$$(71) \qquad X_{aP} = P \cdot \frac{\dfrac{b^2}{2}\left(\dfrac{l}{2} - \dfrac{b}{3}\right) + b\,h' \cdot \dfrac{l}{2}}{\dfrac{l^2}{12}(6\,h' + l)} = P \cdot \frac{3\,b^2 l - 2\,b^3 + 6\,b\,h'l}{l^2(6\,h' + l)}$$

$$= P \cdot \frac{b\,(3\,ab + b^2 + 6\,h'l)}{l^2(6\,h' + l)};$$

$$X_{bP} = -P \cdot \frac{\dfrac{b^2}{2}\cdot e + b\,h'\left(e - \dfrac{h}{2}\right)}{\dfrac{h\,e}{3}(h' + 2\,l)} = -3\,P \cdot \frac{b^2 e + 2\,b\,e\,h' - b\,h\,h'}{2\,h\,e\,(h' + 2\,l)},$$

oder mit $h\,h' = e\,(2\,h' + l)$

$$(72) \qquad X_{bP} = -3\,P \cdot \frac{b^2 + 2\,b\,h' - b\,(2\,h' + l)}{2\,h\,(h' + 2\,l)} = \frac{3\,P \cdot a \cdot b}{2\,h\,(h' + 2\,l)}$$

und

$$(73) \qquad X_{cP} = P \cdot \frac{\dfrac{b^2}{2} + b\,h'}{2\,h' + l} = P \cdot \frac{b\,(b + 2\,h')}{2\,(2\,h' + l)}.$$

Nachdem $X_a$, $X_b$, $X_c$ berechnet sind, erhält man die Auflagerdrücke

$$A_P = X_{aP}; \qquad B_P = P - X_{aP}$$

und den Horizontalschub

$$H_P = X_{bP}.$$

Die Momente an den Einspannungsstellen sind:

$$M_A = -X_a \cdot \frac{l}{2} + X_b\,(h - e) + X_c,$$

$$M_B = M_A + A \cdot l - P \cdot b,$$

und an den Endpunkten des Querriegels:

$$M_{A'} = M_A - H \cdot h; \qquad M_{B'} = M_B - H \cdot h.$$

Besitzt der Rahmen Kragarme, so sind diese bei der Bestimmung der Trägheitsmomente $T$ und des elastischen Gewichtes $G$ des Rahmens fortzulassen, denn die Momente dieser Kragarme sind von den statisch unbe-

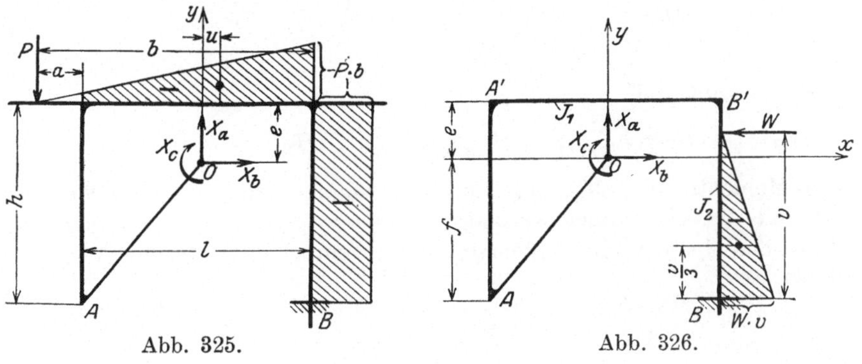



stimmten Größen $X_a$, $X_b$, $X_c$ unabhängig. Ferner müssen aus dem gleichen Grunde bei der Bestimmung der Flächengrößen $F_0$ in den Gl. (66) und (67) die Beiträge der Kragarme in Fortfall kommen. Bei einer am Kragarm im Abstande $a$ vom linken Stiel wirkenden Last $P$ (Abb. 325) ist, wenn $u$ den

Schwerpunktabstand der $M_0$-Fläche des Querriegels, ausschließlich der Kragarme, von der $y$-Achse angibt,

$$X_{a_P} = P \cdot \frac{\dfrac{a+b}{2} \cdot l \cdot u + b\,h' \cdot \dfrac{l}{2}}{\dfrac{l^2}{12}\left(6\,h' + l\right)}$$

Nun ist aber $u = \dfrac{l}{2} - \dfrac{l}{3} \cdot \dfrac{2\,a + b}{a + b} = \dfrac{l^2}{6\,(a+b)}$,

weshalb

$$X_{a_P} = P \cdot \frac{l^2 + 6\,b\,h'}{l\,(6\,h' + l)}.$$

Ferner wird

$$X_{b_P} = -\,P \cdot \frac{\dfrac{a+b}{2} \cdot l \cdot e + b\,h'\left(e - \dfrac{h}{2}\right)}{\dfrac{h \cdot e}{3}\left(h' + 2\,l\right)} = -\,\frac{3\,P \cdot a\,l}{2\,h\,(h' + 2\,l)}$$

und

$$X_{c_P} = P \cdot \frac{(a + b)\,l + 2\,b\,h'}{2\,(2\,h' + l)}.$$

Greift am rechten Stiel die horizontal gerichtete Last $W$ im Abstand $v$ von $B$ an (Abb. 326), so besteht die $M_0$-Fläche aus einem Dreieck, dessen Inhalt $F_0 = -\dfrac{W \cdot v^2}{2}$ ist.

Man erhält mit $v' = v \cdot \dfrac{J_1}{J_2}$ und $h - e = f$

$$X_{a_W} = \frac{\dfrac{W \cdot v\,v'}{2} \cdot \dfrac{l}{2}}{\dfrac{l^2}{12}\,(6\,h' + l)} = 3 \cdot \frac{W \cdot v\,v'}{l\,(6\,h' + l)},$$

$$X_{b_W} = \frac{W \cdot v\,v'\left(f - \dfrac{v}{3}\right)}{\dfrac{2}{3}\,h\,e\,(h' + 2\,l)}; \qquad X_{c_W} = \frac{W \cdot v\,v'}{2\,(2\,h' + l)}.$$

Ferner ergibt sich:

$$A_W = -\,B_W = X_{a_W}; \qquad H_{A_W} = X_{b_W}; \qquad H_{B_W} = -\,W + X_{b_W}.$$

Die Momente $M_A$, $M_B$, $M_{A'}$ und $M_{B'}$ können nun in ähnlicher Weise wie auf Seite 287 berechnet werden.

Wird das System einer gleichmäßigen Temperaturänderung um $t^0$ ausgesetzt, so ist:

$$X_{a_t} = -\,\frac{E\,J_c \cdot \delta_{at}}{T_y}; \qquad X_{b_t} = -\,\frac{E\,J_c \cdot \delta_{bt}}{T_x} \qquad X_{c_t} = -\,\frac{E\,J_c \cdot \tau_{ct}}{G}.$$

Infolge $X_a = 1$ tritt im linken Stiel die Längskraft $N_a = -1$, im rechten $N_a = +1$ und im Querriegel $N_a = 0$ auf. Demnach wird $\delta_{at} = \varepsilon\,t \int N_a\,ds = 0$ und damit auch $X_{a_t} = 0$. Infolge $X_b = 1$ wirkt im Querriegel die Längskraft $N_b = -1$, in den Stielen $N_b = 0$. Man erhält $\delta_{bt} = \varepsilon\,t \int N_b\,ds = -\,\varepsilon\,t\,l$ und somit $X_{b_t} = 3 \cdot \dfrac{E\,J_1\,\varepsilon\,t\,l}{h\,e\,(h' + 2\,l)}$.   Infolge $X_c = 1$ ist $N_c = 0$, also auch $\tau_{ct} = 0$ und $X_{c_t} = 0$.

Die Einspannungsmomente nehmen somit den einfachen Wert an

$$M_{A_t} = M_{B_t} = X_{b_t} \cdot f$$

und die Eckmomente

$$M_{A_t'} = M_{B_t'} = - X_{b_t} \cdot e .$$

## e) Der geschlossene Brückenrahmen.

Dem unter Ziffer d) besprochenen Rahmen verwandt ist der geschlossene Brückenrahmen. Wie jener ist auch dieser dreifach statisch unbestimmt und kann im wesentlichen in der gleichen Weise berechnet werden. Der Untersuchung soll ein zur Mittelsenkrechten symmetrischer Rahmen zugrunde gelegt werden, welcher in den Punkten $A$ und $B$ statisch bestimmt gestützt sei (Abb. 327). Der Abstand zwischen Querträger und oberem Querriegel sei $h$, die Stützweite $l$, der lotrechte Abstand des Querträgers von den Lagern $A$ und $B$ sei $c$. Das Trägheitsmoment des oberen Querriegels möge mit $J_1$, das der Stiele mit $J_2$ und das des Querträgers mit $J_3 = J_c$ bezeichnet werden. Der Querträger ist zur Aufnahme des Bürgersteiges beiderseits ausgekragt.

Denkt man sich jetzt durch die Mitte des oberen Querriegels einen Schnitt gelegt und stellt den Zusammenhang des Systems dadurch wieder

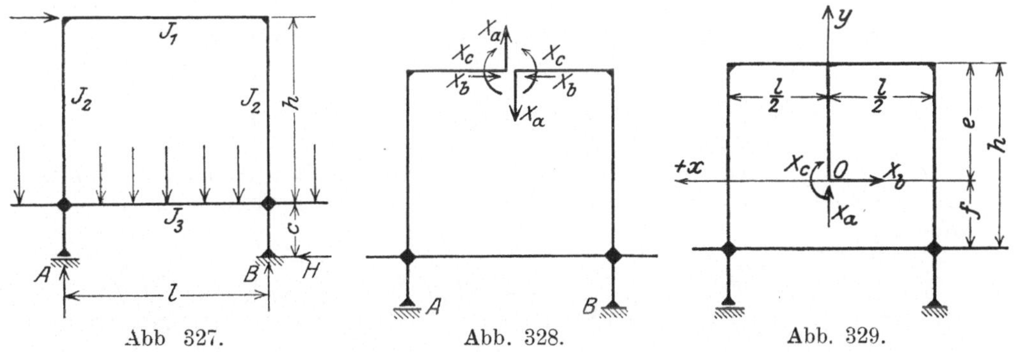

<table>
<tr><td>Abb 327.</td><td>Abb. 328.</td><td>Abb. 329.</td></tr>
</table>

her, daß man an den Ufern der beiden Querschnitte je zwei Kräfte $X_a$ und $X_b$ und zwei Momente $X_c$ von gleicher Größe aber entgegengesetzter Richtung anbringt (Abb. 328), so entsteht als statisch bestimmtes Hauptsystem ein Träger auf zwei Stützen $A$ und $B$. Damit nun wieder die Verschiebungsgrößen $\delta_{ab} = \delta_{bc} = \delta_{ac}$ in den allgemeinen Elastizitätsgleichungen zu Null werden, verlegt man den Angriffspunkt der statisch unbestimmten Größen in den elastischen Schwerpunkt $O$ des Rahmens und verfährt im übrigen in der früher besprochenen Weise[1]).

In Abb. 329 sind nur die am linken Trägerteil angreifenden Kräfte $X_a$, $X_b$, $X_c$ eingetragen. Für diese gelten jetzt wieder die Gl. (60). Der elastische Schwerpunkt $O$ liegt einmal auf der Symmetrieachse $y$ und zweitens auf einer Horizontalen, deren Abstand $e$ vom oberen Querriegel mit Hilfe der Momentengleichung

$$G \cdot e = 2\,h' \cdot \frac{h}{2} + l \cdot h$$

---

[1]) In Abb. 329—333 wird $e \gtrless \dfrac{h}{2}$, wenn $J_1 \gtrless J_3$ ist.

bestimmt wird. Diese liefert

$$e = \frac{h\,(h' + l)}{G},$$

und zwar ist

$$G = l' + l + 2\,h'.$$

Somit ist auch die $x$-Achse festgelegt, deren positive Richtung hier nach links angenommen werden soll. Nach (61) bis (63) ist

$$E\,J_c \cdot \delta_{aa} = T_y; \quad E\,J_c \cdot \delta_{bb} = T_x; \quad E\,J_c \cdot \tau_{cc} = G.$$

Gl. (65) liefert:

$$T_y = 2 \cdot \frac{1}{3} \cdot h' \cdot 3 \cdot \frac{l^2}{4} + 2 \cdot \frac{1}{3} \cdot \frac{l'}{2} \cdot \frac{l^2}{4} + 2 \cdot \frac{1}{3} \cdot \frac{l}{2} \cdot \frac{l^2}{4} = \frac{l^2}{12}\,(6\,h' + l' + l)$$

und Gl. (64):

$$T_x = \frac{1}{3}\,l' \cdot 3\,e^2 + \frac{1}{3}\,l \cdot 3 \cdot f^2 + 2 \cdot \frac{1}{3} \cdot h'\,\{e^2 + e\,(e - h) + (e - h)^2\}$$

$$= e^2\,(l' + 2\,h') + 2\,h\,h'\left(\frac{h}{3} - e\right) + l\,f^2.$$

Ferner ist

$$E\,J_c \cdot \sum P_m \cdot \delta_{ma} = -\int M_0\, x\, \frac{J_c}{J}\, ds = -\sum F_0\, \frac{J_c}{J} \cdot x_s;$$

$$E\,J_c \cdot \sum P_m \cdot \delta_{mb} = -\int M_0\, y\, \frac{J_c}{J}\, ds = -\sum F_0\, \frac{J_c}{J} \cdot y_s;$$

$$E\,J_c \cdot \sum P_m \cdot \delta_{mc} = \int M_0\, \frac{J_c}{J}\, ds = \sum F_0\, \frac{J_c}{J},$$

wenn $x_s$ und $y_s$ wieder die auf S. 285 erläuterte Bedeutung haben. Somit wird der Einfluß einer gegebenen Belastung $P$ auf die statisch unbestimmten Größen

$$(74) \quad X_{aP} = \frac{\sum F_0\, \dfrac{J_c}{J}\, x_s}{T_y}; \quad X_{bP} = \frac{\sum F_0\, \dfrac{J_c}{J}\, y_s}{T_x}; \quad X_{cP} = -\frac{\sum F_0\, \dfrac{J_c}{J}}{G}.$$

Eine auf den Querträger wirkende Einzellast $P$ erzeugt die aus Abb. 330 ersichtliche $M_0$-Fläche. Der Fußpunkt des vom Schwerpunkt $S$ dieser Fläche auf die Achse des Querträgers gefällten Lotes besitzt die Koordinaten $x_s = +\dfrac{u}{3}$; $y_s = -f$. Demnach wird mit $F_0 = \dfrac{P \cdot a\,b}{2}$

$$X_{aP} = \frac{P \cdot a \cdot b \cdot u}{6\,T_y}; \quad X_{bP} = -\frac{P \cdot a \cdot b \cdot f}{2\,T_x}; \quad X_{cP} = -\frac{P \cdot a \cdot b}{2\,G}.$$

Eine am linken Kragträger angreifende Last $P$ (Abb. 331a) erzeugt eine $M_0$-Fläche, deren Inhalt zwischen den beiden Stielen $F_0 = -\dfrac{P \cdot a \cdot l}{2}$ ist (vgl. S. 287). Der Schwerpunkt dieser Teilfläche besitzt von der $y$-Achse den Abstand $x_s = +\dfrac{l}{6}$. Demnach wird:

$$X_{aP} = -\frac{P \cdot a\,l^2}{12\,T_y}; \quad X_{bP} = +\frac{P \cdot a\,l \cdot f}{2\,T_x}; \quad X_{cP} = \frac{P\,a\,l}{2\,G}.$$

Ruht auf dem Querträger eine symmetrische Belastung, welche die aus Abb. 331b ersichtliche $M_0$-Fläche erzeugen möge, so wird wegen $x_s = 0$

$$X_{aP} = 0; \qquad X_{bP} = -\frac{F_0 \cdot f}{T_x}; \qquad X_{cP} = -\frac{F_0}{G}.$$

Eine auf den Rahmen in Höhe des Querriegels wirkende Horizontalkraft $W$ erzeugt am statisch bestimmten Hauptsystem die aus Abb. 332 ersichtliche $M_0$-Fläche, von welcher nur

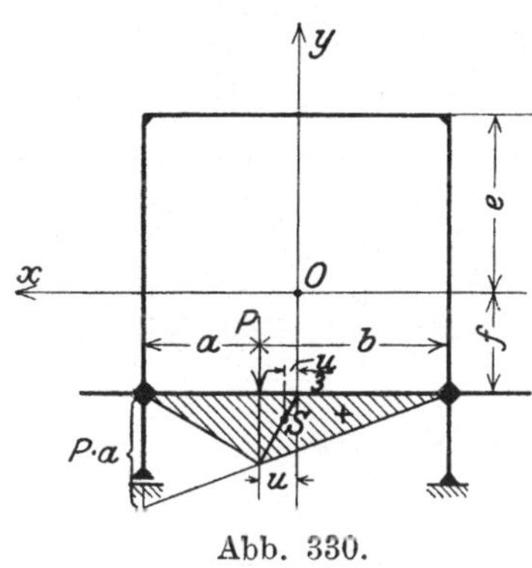

Abb. 330.

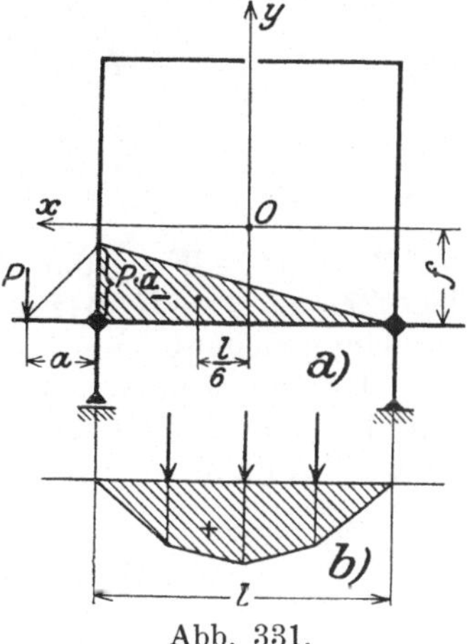

Abb. 331.

die schraffierten Teile für die Berechnung der statisch unbestimmten Größen in Betracht zu ziehen sind. Man findet sofort:

$$X_{aW} = \frac{W \cdot \dfrac{h\,h'}{2} \cdot \dfrac{l}{2} + W \cdot \dfrac{w\,l}{2} \cdot \dfrac{l}{6}}{T_y} = \frac{W\,l}{12\,T_y}\,(3\,h\,h' + w\,l),$$

$$X_{bW} = -\frac{W \cdot \dfrac{h\,h'}{2}\left(f - \dfrac{h}{3}\right) + W \cdot w\,\dfrac{l}{2} \cdot f - W\,c\,l \cdot f}{T_x}$$

$$= -\frac{W}{2\,T_x}\left\{ h\,h'\left(f - \frac{h}{3}\right) + l\,f(w - 2\,c)\right\},$$

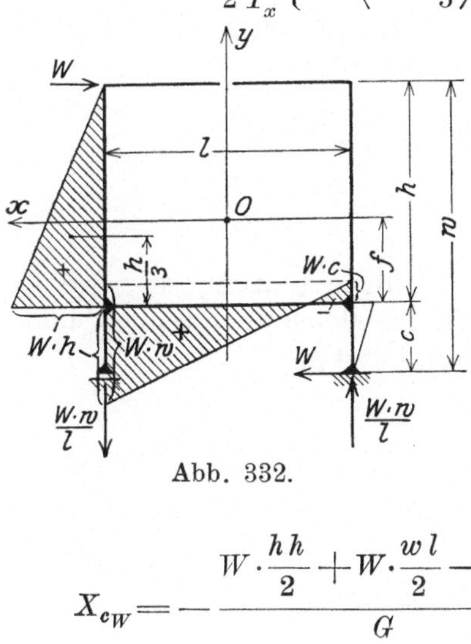

Abb. 332.

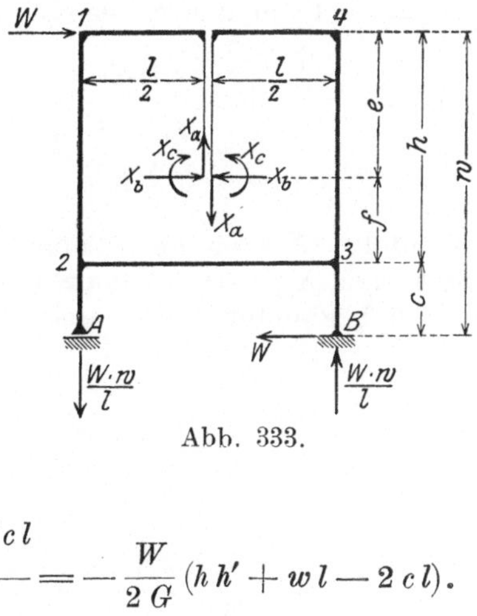

Abb. 333.

$$X_{cW} = -\frac{W \cdot \dfrac{h\,h}{2} + W \cdot \dfrac{w\,l}{2} - W\,c\,l}{G} = -\frac{W}{2\,G}\,(h\,h' + w\,l - 2\,c\,l).$$

Nunmehr erhält man die Momente an den vier Ecken des Rahmens (Abb. 333)

$$M_1 = - X_a \cdot \frac{l}{2} - X_b \cdot e + X_c$$

$$M_2 = - X_a \cdot \frac{l}{2} + X_b \cdot f + X_c + W \cdot h$$

$$M_3 = \quad X_a \cdot \frac{l}{2} + X_b \cdot f + X_c - W \cdot c$$

$$M_4 = \quad X_a \cdot \frac{l}{2} - X_b \cdot e + X_c \,.$$

Der Beitrag $- W \cdot c$ zum Moment $M_3$ kommt nur für den Querträger bzw. den Ständer $3 - B$ in Frage.

Zur Untersuchung des Einflusses einer Temperaturänderung sei angenommen, daß die Temperatur des Querträgers sich um $t_1{}^0$, diejenige des linken Stieles und des oberen Querriegels um $t_2{}^0$ und diejenige des rechten Stieles um $t_3{}^0$ ändern möge. Es ist:

$$X_{at} = - \frac{\delta_{at}}{\delta_{aa}} = - \frac{E J_c \int N_a \varepsilon t \, ds}{T_y},$$

$$X_{bt} = - \frac{\delta_{bt}}{\delta_{bb}} = - \frac{E J_c \int N_b \varepsilon t \, ds}{T_x},$$

$$X_{ct} = - \frac{\tau_{ct}}{\tau_{cc}} = - \frac{E J_c \int N_c \varepsilon t \, ds}{G} \,.$$

Infolge $X_a = 1$ tritt im linken Stiel die Längskraft $N_a = + 1$, im rechten $N_a = - 1$, im Querträger und Querriegel $N_a = 0$ auf. Man erhält also

$$\int N_a \varepsilon t \, ds = \varepsilon t_2 \, h - \varepsilon t_3 \, h = - \varepsilon h \, (t_3 - t_2) \,.$$

Somit wird

$$X_{at} = \frac{E J_c \cdot \varepsilon h \cdot (t_3 - t_2)}{T_y} \,.$$

Infolge $X_b = 1$ wirkt im Querriegel die Längskraft $N_b = + 1$, im Querträger $N_b = - 1$, in den Stielen $N_b = 0$. Damit wird

$$\int N_b \varepsilon t \, ds = - \varepsilon t_1 \, l + \varepsilon t_2 \, l = - \varepsilon l \, (t_1 - t_2),$$

woraus folgt

$$X_{bt} = \frac{E J_c \cdot \varepsilon l \, (t_1 - t_2)}{T_x} \,.$$

Da infolge $X_c = 1$ eine Längskraft $N_c$ nicht auftritt, so wird $\tau_{ct} = 0$ und somit auch $X_{ct} = 0$. Nunmehr können die Momente für alle Punkte des Rahmens in bekannter Weise angeschrieben werden.

# § 5. Durchlaufende Träger auf biegungsfest mit ihnen verbundenen Stielen.

## a) Systeme mit Fußgelenken.

Das in Abb. 334 skizzierte Tragwerk möge bei $o$ horizontal verschieblich, bei $m$ fest gelagert sein. Die Elastizitätszahl $E$ sei für alle Trägerteile konstant, im übrigen gelten die aus der Abbildung ersichtlichen Bezeichnungen. Beträgt die Anzahl der Stützen $m + 1$, so ist das System $(m - 1) \cdot 2$-fach statisch unbestimmt. Man denke sich nun die steife Verbindung zwischen Stielen und Balken aufgehoben und durch Gelenke ersetzt und führe den auf

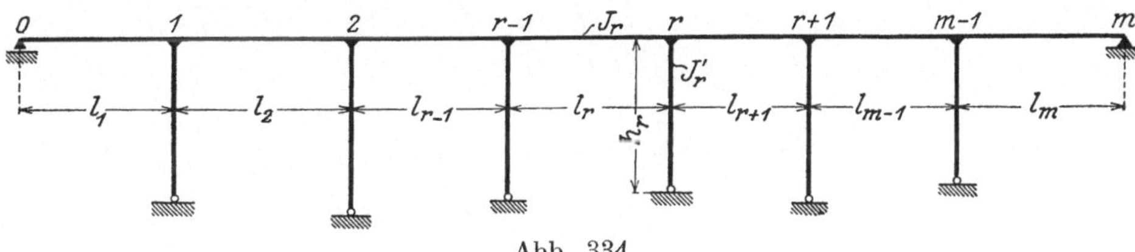

Abb. 334.

diese Weise entstehenden kontinuierlichen Träger als statisch unbestimmtes Hauptsystem ein, so daß nur noch $m - 1$ Unbekannte zu bestimmen sind, für welche ebensoviele Elastizitätsgleichungen zur Verfügung stehen. Bezeichnen allgemein $X_i$ das im Gelenkpunkt $i$ wirkende Moment und $\tau_{ik}$ die Drehung im Punkt $i$ infolge $X_k = 1$, so nehmen die Elastizitätsgleichungen folgende Form an:

$$(75) \quad \begin{cases} X_1 \cdot \tau_{11} + X_2 \cdot \tau_{21} + \cdots + X_r \cdot \tau_{r1} + \cdots + X_{m-1} \cdot \tau_{(m-1)1} = K_1 \\ X_1 \cdot \tau_{12} + X_2 \cdot \tau_{22} + \cdots + X_r \cdot \tau_{r2} + \cdots + X_{m-1} \cdot \tau_{(m-1)2} = K_2 \\ \qquad \cdots \cdots \cdots \cdots \cdots \cdots \cdots \cdots \cdots \cdots \cdots \cdots \cdots \\ \qquad \cdots \cdots \cdots \cdots \cdots \cdots \cdots \cdots \cdots \cdots \cdots \cdots \cdots \\ X_1 \cdot \tau_{1r} + X_2 \cdot \tau_{2r} + \cdots + X_r \cdot \tau_{rr} + \cdots + X_{m-1} \cdot \tau_{(m-1)r} = K_r \\ \qquad \cdots \cdots \cdots \cdots \cdots \cdots \cdots \cdots \cdots \cdots \cdots \cdots \cdots \\ \qquad \cdots \cdots \cdots \cdots \cdots \cdots \cdots \cdots \cdots \cdots \cdots \cdots \cdots \\ X_1 \cdot \tau_{1(m-1)} + X_2 \cdot \tau_{2(m-1)} + \cdots + X_r \cdot \tau_{r(m-1)} + \cdots \\ \qquad\qquad\qquad + X_{m-1} \cdot \tau_{(m-1)(m-1)} = K_{m-1}, \end{cases}$$

wobei allgemein ist

$$K_r = - \Sigma P_m \cdot \delta_{mr} - \tau_{rt} + \Sigma (C_r \cdot c).$$

Zur Ermittlung der Werte $\tau_{1r}$, $\tau_{2r} \cdots$ möge zunächst der Zustand $X_r = 1$ betrachtet werden (Abb. 335). Bezeichnen

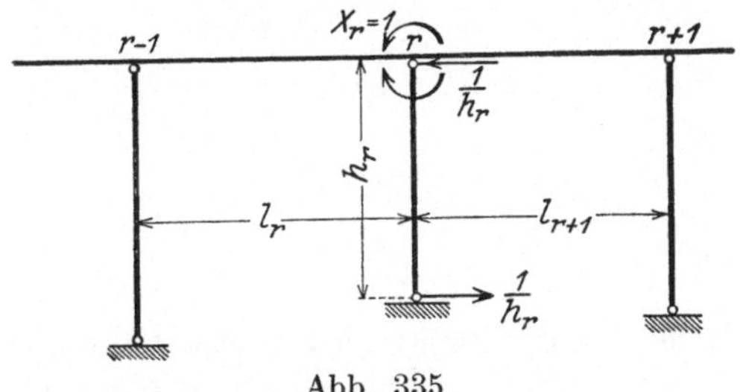

Abb. 335.

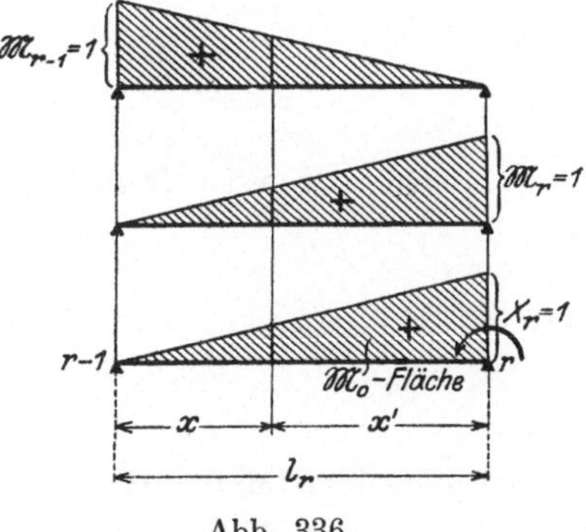

Abb. 336.

$\mathfrak{M}_{r-1}$ und $\mathfrak{M}_r$ die Stützmomente über den Stützen $r-1$ und $r$ des statisch unbestimmten Hauptsystems, dann bestehen bei Belastung des $r$ten Feldes für diese nach Gleichung (28) S. 251 die Beziehungen:

$$(76) \qquad \begin{cases} \mathfrak{M}_{r-1} = \dfrac{\mathfrak{R}_{r-1}\,\varkappa_r' - \mathfrak{R}_r}{l_r\,(\varkappa_r'\,\varkappa_r - 1)} \cdot 6\,EJ_r \\[3mm] \mathfrak{M}_r = \dfrac{\mathfrak{R}_r \cdot \varkappa_r - \mathfrak{R}_{r-1}}{l_r\,(\varkappa_r' \cdot \varkappa_r - 1)} \cdot 6\,EJ_r, \end{cases}$$

und zwar ist für den Belastungsfall $X_r = 1$ (Abb. 336)

$$\mathfrak{R}_{r-1} = -\int_0^{l_r} \frac{\mathfrak{M}_0 \cdot \mathfrak{M}_{r-1}\,dx}{EJ_r} = -\int_0^{l_r} \frac{\mathfrak{M}_0\,x'\,dx'}{EJ_r\,l_r} = -\frac{\mathfrak{S}_{0r}}{EJ_r\,l_r} = -\frac{l_r}{6\,EJ_r}.$$

und

$$\mathfrak{R}_r = -\frac{\mathfrak{S}_{0\,(r-1)}}{EJ_r\,l_r} = -\frac{l_r}{3\,EJ_r}.$$

Führt man diese Werte in (76) ein, so erhält man

$$(77) \qquad \begin{cases} \mathfrak{M}_{(r-1)\,r} = \dfrac{\varkappa_r' - 2}{1 - \varkappa_r\,\varkappa_r'} \\[3mm] \mathfrak{M}_{r\,r} = \dfrac{2\,\varkappa_r - 1}{1 - \varkappa_r \cdot \varkappa_r'}. \end{cases}$$

Damit sind auch die übrigen Momente bekannt:

$$\mathfrak{M}_{(r-2)\,r} = -\frac{\mathfrak{M}_{(r-1)\,r}}{\varkappa_{r-1}}; \qquad\qquad \mathfrak{M}_{(r+1)\,r} = -\frac{\mathfrak{M}_{r\,r}}{\varkappa_{r+1}'};$$

$$\mathfrak{M}_{(r-3)\,r} = \frac{\mathfrak{M}_{(r-1)\,r}}{\varkappa_{r-1} \cdot \varkappa_{r-2}}; \qquad\qquad \mathfrak{M}_{(r+2)\,r} = \frac{\mathfrak{M}_{r\,r}}{\varkappa_{r+1}' \cdot \varkappa_{r+2}'};$$

$$\cdot \quad \cdot \quad \cdot \quad \cdot \quad \cdot \quad \cdot \quad \cdot \qquad\qquad \cdot \quad \cdot \quad \cdot \quad \cdot \quad \cdot \quad \cdot \quad \cdot$$

Die Momentenfläche infolge $X_r = 1$ ist somit schnell zu bestimmen (Abb. 337 a).

Da

$$\mathfrak{M}_{r\,r}' = \mathfrak{M}_{r\,r} + 1 = \frac{\varkappa_r\,(2 - \varkappa_r')}{1 - \varkappa_r \cdot \varkappa_r'},$$

so findet man:

$$\mathfrak{M}_{r\,r}' = \mathfrak{M}_{r\,r} \cdot \frac{\varkappa_r\,(2 - \varkappa_r')}{2\,\varkappa_r - 1} = \mathfrak{M}_{r\,r}\,\zeta_r,$$

wenn

$$\zeta_r = \frac{\varkappa_r\,(2 - \varkappa_r')}{2\,\varkappa_r - 1}$$

gesetzt wird. Nun ist ferner:

$$\mathfrak{M}_{(r-1)\,r} = -\frac{\mathfrak{M}_{r\,r}'}{\varkappa_r} = -\frac{\mathfrak{M}_{r\,r} \cdot \zeta_r}{\varkappa_r}$$

und

$$\mathfrak{M}_{(r-2)\,r} = \frac{\mathfrak{M}_{r\,r}\,\zeta_r}{\varkappa_r \cdot \varkappa_{r-1}}; \qquad \mathfrak{M}_{(r-3)\,r} = -\frac{\mathfrak{M}_{r\,r} \cdot \zeta_r}{\varkappa_r \cdot \varkappa_{r-1} \cdot \varkappa_{r-2}}; \qquad \cdot \quad \cdot \quad \cdot \,,$$

so daß sämtliche Momente $\mathfrak{M}_{i\,r}$ durch $\mathfrak{M}_{r\,r}$ ausgedrückt sind. Mit Hilfe der aus der Momentenfläche abgeleiteten Biegungslinie (Abb. 337 b) lassen sich nun die senkrechten Verschiebungen $\delta_{mr}$ der Punkte $m$ des Balkens infolge $X_r = 1$, sowie die Drehungen $\tau_{ir}$ in einfacher Weise bestimmen. Für die Öffnung $(r-1)-r$ ist z. B., wenn man die Momentenfläche dieses Feldes

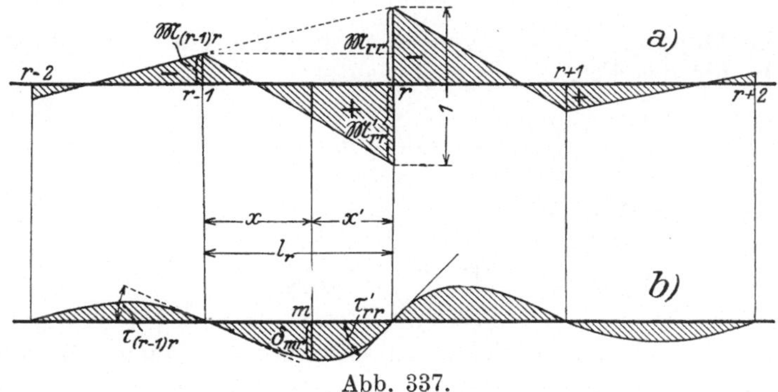

Abb. 337.

als Differenz eines Dreiecks von der Höhe $\mathfrak{M}'_{rr} - \mathfrak{M}_{(r-1)r}$ und eines Rechtecks von der Höhe $-\mathfrak{M}_{(r-1)r}$ auffaßt, nach dem Mohrschen Satz:

$$\delta_{mr} = \frac{1}{EJ_r}\left\{\left[\mathfrak{M}'_{rr} - \mathfrak{M}_{(r-1)r}\right]\frac{l_r}{6}\cdot x - \left[\mathfrak{M}'_{rr} - \mathfrak{M}_{(r-1)r}\right]\frac{x}{l_r}\cdot\frac{x}{2}\cdot\frac{x}{3}\right.$$
$$\left. + \mathfrak{M}_{(r-1)r}\cdot\frac{l_r}{2}\cdot x - \mathfrak{M}_{(r-1)r}\cdot x\cdot\frac{x}{2}\right\}$$

oder

$$(78)\qquad \delta_{mr} = \frac{1}{EJ_r}\left\{\omega_D\left[\mathfrak{M}'_{rr} - \mathfrak{M}_{(r-1)r}\right]\frac{l_r^2}{6} + \omega_R\cdot\mathfrak{M}_{(r-1)r}\cdot\frac{l_r^2}{2}\right\},$$

wobei

$$\omega_D = \frac{x}{l_r} - \frac{x^3}{l_r^3}\qquad \text{und}\qquad \omega_R = \frac{x}{l_r} - \frac{x^2}{l_r^2}$$

gesetzt ist und die Momente mit ihren Vorzeichen einzuführen sind.   Mit

$$\omega'_D = 3\,\omega_R - \omega_D = \frac{x'}{l_r} - \frac{x'^3}{l_r^3}$$

geht Gleichung (78) über in

$$(79)\qquad \delta_{mr} = \frac{l_r^2}{6\,EJ_r}\left[\omega_D\cdot\mathfrak{M}'_{rr} + \omega'_D\cdot\mathfrak{M}_{(r-1)r}\right].$$

Da aber

$$\mathfrak{M}'_{rr} = \mathfrak{M}_{rr}\cdot\zeta_r\qquad \text{und}\qquad \mathfrak{M}_{(r-1)r} = -\frac{\mathfrak{M}_{rr}\,\zeta_r}{\varkappa_r},$$

so findet man schließlich als Verschiebungswert für die $r$-te Öffnung

$$(80)\qquad \overset{r}{\delta}_{mr} = \frac{l_r^2\cdot\mathfrak{M}_{rr}\,\zeta_r}{6\,EJ_r}\left(\omega_D - \omega'_D\cdot\frac{1}{\varkappa_r}\right).$$

Entsprechend erhält man aus (79) für das Feld $(r-2)-(r-1)$:

$$\overset{r-1}{\delta}_{mr} = \frac{l_{r-1}^2}{6\,EJ_{r-1}}\left\{\omega_D\cdot\mathfrak{M}_{(r-1)r} + \omega'_D\cdot\mathfrak{M}_{(r-2)r}\right\}$$
$$= -\frac{l_{r-1}^2\cdot\mathfrak{M}_{rr}\,\zeta_r}{\varkappa_r\cdot 6\,E\cdot J_{r-1}}\left(\omega_D - \omega'_D\cdot\frac{1}{\varkappa_{r-1}}\right).$$

Damit ist das Bildungsgesetz für alle Felder links von $r$ gegeben. Im Endfeld gilt:

$$\overset{1}{\delta}_{mr} = \frac{l_1^{\,2}}{6\,E\,J_1} \cdot \omega_D \cdot \mathfrak{M}_{1r} \,.$$

Für die Öffnungen rechts von $r$ ergibt sich ein ähnlicher Ausdruck welcher z. B. für das Feld $r - (r+1)$ lautet:

$$(81) \qquad \overset{r+1}{\delta}_{mr} = \frac{l_{r+1}^{2} \cdot \mathfrak{M}_{rr}}{6\,E\,J_{r+1}} \left( \omega_D' - \omega_D \cdot \frac{1}{\varkappa_{r+1}'} \right)$$

und analog für das Feld $(r+1) - (r+2)$

$$\overset{r+2}{\delta}_{mr} = -\frac{l_{r+2}^{2} \cdot \mathfrak{M}_{rr}}{6\,E\,J_{r+2} \cdot \varkappa_{r+1}'} \left( \omega_D' - \omega_D \cdot \frac{1}{\varkappa_{r+2}'} \right).$$

In den letzten beiden Gleichungen sind die Strecken $x$ von rechts nach links gerichtet, die Werte $\omega_D$ und $\omega_D'$ müssen also vertauscht werden.

Die Verdrehungswinkel $\tau_{ir}$ erhält man nach S. 168 als die mit $\dfrac{1}{E\,J}$ multi-

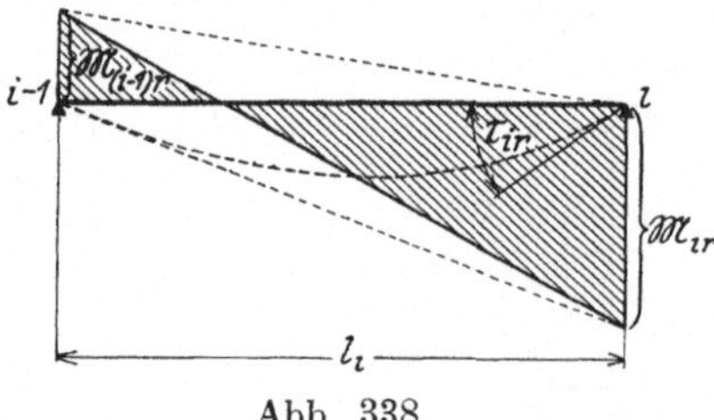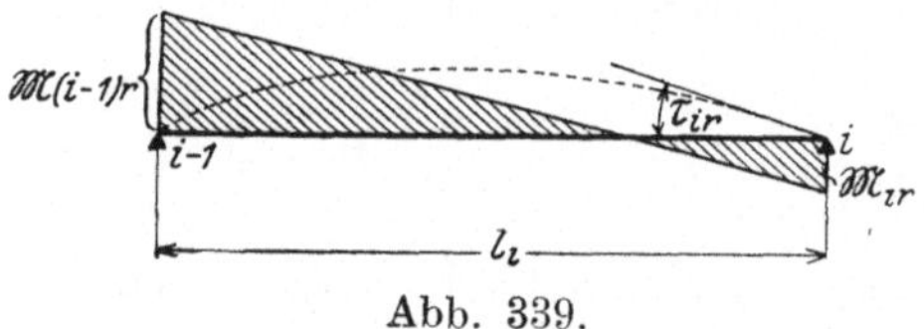

plizierten Auflagerkräfte der einfachen Balken infolge der fiktiven Belastung

Abb. 338.　　　　　　　　　Abb. 339.

des Trägers mit der Momentenfläche des Zustandes $X_r = 1$. Unter Beachtung der Abb. 338 wird demnach

$$\tau_{ir} = \left\{ \mathfrak{M}_{(i-1)r}\,\frac{l_i}{6} + \mathfrak{M}_{ir} \cdot \frac{l_i}{3} \right\} \frac{1}{E\,J_i} = \frac{\mathfrak{M}_{(i-1)r} + 2\,\mathfrak{M}_{ir}}{6\,E\,J_i} \cdot l_i \,.$$

Für $i \lesseqgtr r-1$ wird mit $\mathfrak{M}_{(i-1)r} = -\dfrac{\mathfrak{M}_{ir}}{\varkappa_i}$

$$(82) \qquad \tau_{ir} = \frac{\mathfrak{M}_{ir}\,(2\,\varkappa_i - 1)}{6\,E\,J_i \cdot \varkappa_i} \cdot l_i \,.$$

Für $i \geqq r+1$ ist mit $\mathfrak{M}_{(i-1)r} = -\,\mathfrak{M}_{ir} \cdot \varkappa_i'$ (Abb. 339)

$$(83) \qquad \tau_{ir} = \frac{\mathfrak{M}_{ir}\,(2 - \varkappa_i')}{6\,E\,J_i} \cdot l_i \,.$$

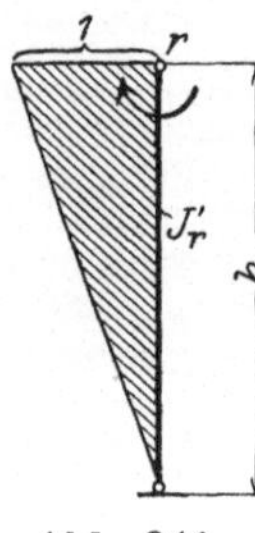

Die Momente $\mathfrak{M}_{ir}$ sind mit ihren Vorzeichen einzusetzen. $\tau_{rr}$ setzt sich zusammen aus dem Beitrag des Balkens

$$\tau_{rr}' = \frac{2\,\mathfrak{M}_{rr}' + \mathfrak{M}_{(r-1)r}}{6\,E\,J_r} \cdot l_r = \frac{\mathfrak{M}_{rr}'\,(2\,\varkappa_r - 1)}{6\,E\,J_r \cdot \varkappa_r} \cdot l_r$$

und dem Beitrag des Pfostens $h_r$ (Abb. 340)

$$\tau_{rr}'' = \frac{1 \cdot h_r}{3\,E\,J_r'} \,.$$

Abb. 340.

Demnach ist die Gesamtverdrehung gleich der Summe beider:

$$\tau_{rr} = \frac{\mathfrak{M}_{rr}(2\varkappa_r - 1)\zeta_r}{6\,EJ_r\varkappa_r}\cdot l_r + \frac{h_r}{3\,EJ_r'},$$

wenn noch $\mathfrak{M}_{rr}' = \mathfrak{M}_{rr}\cdot\zeta_r$ gesetzt wird.

Abweichende Formeln gelten für $\tau_{1r}$ und $\tau_{0r}$. Man findet sofort:

$$(84)\qquad \tau_{1r} = \frac{\mathfrak{M}_{1r}}{3\,EJ_1}\cdot l_1; \qquad \tau_{0r} = -\frac{\mathfrak{M}_{1r}}{6\,EJ_1}\cdot l_1.$$

Für den Zustand $X_1 = 1$ sind die Gleichungen (77) nicht zu gebrauchen. Man denkt sich deshalb in diesem Falle das zweite Feld mit $X_1 = -1$ be-

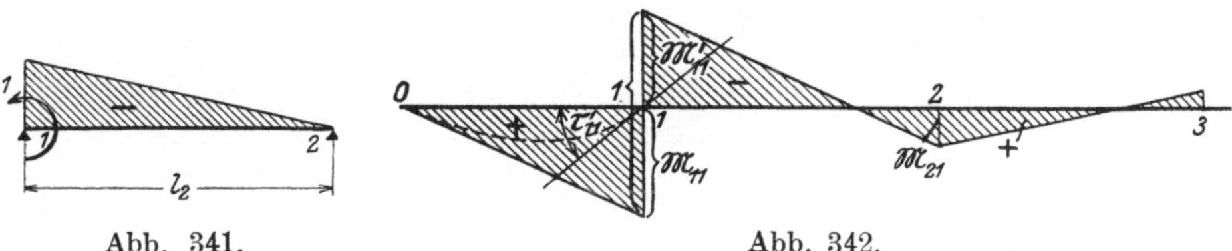

<table>
<tr><td>Abb. 341.</td><td>Abb. 342.</td></tr>
</table>

lastet (Abb. 341). Dann ist nach (76) mit $\mathfrak{K}_1 = \dfrac{l_2}{3\,EJ_2}$ und $\mathfrak{K}_2 = \dfrac{l_2}{6\,EJ_2}$

$$\mathfrak{M}_{11} = \frac{1 - 2\varkappa_2'}{1 - \varkappa_2\cdot\varkappa_2'}.$$

Nun ist aber

$$\mathfrak{M}_{11}' = -1 + \mathfrak{M}_{11} = \frac{\varkappa_2'(\varkappa_2 - 2)}{1 - \varkappa_2\cdot\varkappa_2'}$$

und somit

$$\mathfrak{M}_{11} = \mathfrak{M}_{11}'\cdot\frac{1 - 2\varkappa_2'}{\varkappa_2'(\varkappa_2 - 2)} = \mathfrak{M}_{11}'\cdot\zeta_1,$$

wenn

$$\frac{1 - 2\varkappa_2'}{\varkappa_2'(\varkappa_2 - 2)} = \zeta_1$$

gesetzt wird. Damit ergeben sich die übrigen Momente wie folgt

$$\mathfrak{M}_{21} = -\frac{\mathfrak{M}_{11}'}{\varkappa_2'}; \qquad \mathfrak{M}_{31} = \frac{\mathfrak{M}_{11}'}{\varkappa_2'\cdot\varkappa_3'}; \qquad \cdots$$

Die daraus entstehende Momentenfläche zeigt Abb. 342. Nun ist nach obigem:

$$\tau_{11} = \frac{\mathfrak{M}_{11}'\cdot\zeta_1}{3\,EJ_1}\cdot l_1 + \frac{h_1}{3\,EJ_1'}; \qquad \tau_{01} = -\frac{\mathfrak{M}_{11}'\,\zeta_1}{6\,EJ_1}\cdot l_1.$$

Die Werte $\tau_{i1}$ für $i \geqq 2$ werden nach Gleichung (83) berechnet. Man findet also für die einzelnen Belastungszustände folgende Drehungen:

Zustand $X_1 = 1$:

$$\tau_{11} = \frac{\mathfrak{M}_{11}'}{6\,EJ_1}\cdot 2\,\zeta_1 l_1 + \frac{h_1}{3\,EJ_1'}$$

$$\tau_{21} = -\frac{\mathfrak{M}_{11}'}{6\,EJ_2}\cdot\frac{2 - \varkappa_2'}{\varkappa_2'}\cdot l_2$$

$$\tau_{31} = \frac{\mathfrak{M}_{11}'}{6\,EJ_3}\cdot\frac{2 - \varkappa_3'}{\varkappa_2'\cdot\varkappa_3'}\cdot l_3.$$

$$\cdots\cdots\cdots\cdots\cdots$$

Zustand $X_2 = 1$:

$$\tau_{12} = -\frac{\mathfrak{M}_{22}}{6\,EJ_1}\cdot\frac{2\,\zeta_2 l_1}{\varkappa_2}$$

$$\tau_{22} = \frac{\mathfrak{M}_{22}}{6\,E\,J_2} \cdot \frac{\zeta_2\,(2\,\varkappa_2 - 1)}{\varkappa_2} \cdot l_2 + \frac{h_2}{3\,E\,J_2'}$$

$$\tau_{32} = -\frac{\mathfrak{M}_{22}}{6\,E\,J_3} \cdot \frac{2 - \varkappa_3'}{\varkappa_3'} \cdot l_3$$

$$\tau_{42} = \frac{\mathfrak{M}_{22}}{6\,E\,J_4} \cdot \frac{2 - \varkappa_4'}{\varkappa_3' \cdot \varkappa_4'} \cdot l_4$$

. . . . . . . . . .

Zustand $X_r = 1$:

$$\tau_{1r} = \mp \frac{\mathfrak{M}_{rr}}{6\,E\,J_1} \cdot \frac{2\,\zeta_r}{\varkappa_2 \cdot \varkappa_3 \ldots \varkappa_r} \cdot l_1; \quad \left[ \begin{matrix} - \\ + \end{matrix} \right\} \text{wenn } r \begin{cases} \text{gerade} \\ \text{ungerade} \end{cases} \right]$$

$$\tau_{2r} = \pm \frac{\mathfrak{M}_{rr}}{6\,E\,J_2} \cdot \frac{\zeta_r\,(2\,\varkappa_2 - 1)}{\varkappa_2 \cdot \varkappa_3 \ldots \varkappa_r} \cdot l_2$$

$$\tau_{3r} = \mp \frac{\mathfrak{M}_{rr}}{6\,E\,J_3} \cdot \frac{\zeta_r\,(2\,\varkappa_3 - 1)}{\varkappa_3 \cdot \varkappa_4 \ldots \varkappa_r} \cdot l_3$$

. . . . . . . . .

$$\tau_{(r-1)r} = -\frac{\mathfrak{M}_{rr}}{6\,E\,J_{r-1}} \cdot \frac{\zeta_r\,(2\,\varkappa_{r-1} - 1)}{\varkappa_{r-1} \cdot \varkappa_r} \cdot l_{r-1}$$

$$\tau_{rr} = \frac{\mathfrak{M}_{rr}}{6\,E\,J_r} \cdot \frac{\zeta_r\,(2\,\varkappa_r - 1)}{\varkappa_r} \cdot l_r + \frac{h_r}{3\,E\,J_r'}$$

$$\tau_{(r+1)r} = -\frac{\mathfrak{M}_{rr}}{6\,E\,J_{r+1}} \cdot \frac{2 - \varkappa_{r+1}'}{\varkappa_{r+1}'} \cdot l_{r+1}$$

$$\tau_{(r+2)r} = \frac{\mathfrak{M}_{rr}}{6\,E\,J_{r+2}} \cdot \frac{2 - \varkappa_{r+2}'}{\varkappa_{r+1}' \cdot \varkappa_{r+2}'} \cdot l_{r+2}$$

. . . . . . . . . . . .

Es möge nun gesetzt werden:

$$(85) \quad \begin{cases} \dfrac{\tau_{11}}{\mathfrak{M}_{11}'} \cdot 6\,E\,J_c = 2\,\zeta_1\,l_1\,\dfrac{J_c}{J_1} + \dfrac{2\,h_1}{\mathfrak{M}_{11}'} \cdot \dfrac{J_c}{J_1'} = \varphi_{11} \\[3mm] \dfrac{\tau_{21}}{\mathfrak{M}_{11}'} \cdot 6\,E\,J_c = -\dfrac{2 - \varkappa_2'}{\varkappa_2'} \cdot l_2 \cdot \dfrac{J_c}{J_2} = \varphi_{21} \\[3mm] \dfrac{\tau_{31}}{\mathfrak{M}_{11}'} \cdot 6\,E\,J_c = \dfrac{2 - \varkappa_3'}{\varkappa_2' \cdot \varkappa_3'} \cdot l_3 \cdot \dfrac{J_c}{J_3} = \varphi_{31} \\[3mm] \quad \cdot \quad \cdot \quad \cdot \quad \cdot \quad \cdot \quad \cdot \end{cases}$$

und allgemein

$$86) \quad \begin{cases} \dfrac{\tau_{1r}}{\mathfrak{M}_{rr}} \cdot 6\,E\,J_c = \mp \dfrac{2\,\zeta_r}{\varkappa_2 \cdot \varkappa_3 \ldots \varkappa_r} \cdot l_1 \cdot \dfrac{J_c}{J_1} = \varphi_{1r} \\[3mm] \dfrac{\tau_{2r}}{\mathfrak{M}_{rr}} \cdot 6\,E\,J_c = \pm \dfrac{\zeta_r\,(2\,\varkappa_2 - 1)}{\varkappa_2 \cdot \varkappa_3 \ldots \varkappa_r} \cdot l_2 \cdot \dfrac{J_c}{J_2} = \varphi_{2r} \\[3mm] \dfrac{\tau_{3r}}{\mathfrak{M}_{rr}} \cdot 6\,E\,J_c = \mp \dfrac{\zeta_r\,(2\,\varkappa_3 - 1)}{\varkappa_3 \cdot \varkappa_4 \ldots \varkappa_r} \cdot l_3 \cdot \dfrac{J_c}{J_3} = \varphi_{3r} \\[3mm] \quad \cdot \quad \cdot \quad \cdot \quad \cdot \quad \cdot \quad \cdot \\[3mm] \dfrac{\tau_{rr}}{\mathfrak{M}_{rr}} \cdot 6\,E\,J_c = \dfrac{\zeta_r\,(2\,\varkappa_r - 1)}{\varkappa_r} \cdot l_r \cdot \dfrac{J_c}{J_r} + \dfrac{2\,h_r}{\mathfrak{M}_{rr}} \cdot \dfrac{J_c}{J_r'} = \varphi_{rr} \\[3mm] \dfrac{\tau_{(r+1)r}}{\mathfrak{M}_{rr}} \cdot 6\,E\,J_c = -\dfrac{2 - \varkappa_{r+1}'}{\varkappa_{r+1}'} \cdot l_{r+1} \cdot \dfrac{J_c}{J_{r+1}} = \varphi_{(r+1)r} \\[3mm] \quad \cdot \quad \cdot \quad \cdot \quad \cdot \quad \cdot \quad \cdot \quad \cdot \quad \cdot \end{cases}$$

ferner:

$$(87) \quad \frac{K_1}{\mathfrak{M}'_{11}} \cdot 6\,EJ_c = \overline{K}_1 ; \qquad \frac{K_2}{\mathfrak{M}_{22}} \cdot 6\,EJ_c = \overline{K}_2 ; \qquad \ldots; \qquad \frac{K_r}{\mathfrak{M}_{rr}} \cdot 6\,EJ_c = \overline{K}_r ; \qquad \ldots$$

wobei $J_c$ ein beliebiges, aber konstantes Trägheitsmoment bedeutet. Multipliziert man jede der Gleichungen (75) mit $\dfrac{6\,EJ_c}{\mathfrak{M}_{nn}}$, wenn $n$ die Ordnungsziffer angibt $\left(\text{für die erste Gleichung ist } \dfrac{6\,EJ_c}{\mathfrak{M}'_{11}} \text{ zu setzen}\right)$, so gehen diese unter Berücksichtigung der Ausdrücke (85) bis (87) über in:

$$(88)\begin{cases} X_1 \cdot \varphi_{11} + X_2 \cdot \varphi_{21} + \ldots + X_r \cdot \varphi_{r1} + \ldots + X_{m-1} \cdot \varphi_{(m-1)1} = \overline{K}_1 \\ X_1 \cdot \varphi_{12} + X_2 \cdot \varphi_{22} + \ldots + X_r \cdot \varphi_{r2} + \ldots + X_{m-1} \cdot \varphi_{(m-1)2} = \overline{K}_2 \\ \cdot \quad \cdot \quad \cdot \quad \cdot \quad \cdot \quad \cdot \quad \cdot \quad \cdot \quad \cdot \quad \cdot \\ X_1 \cdot \varphi_{1r} + X_2 \cdot \varphi_{2r} + \ldots + X_r \cdot \varphi_{rr} + \ldots + X_{m-1} \cdot \varphi_{(m-1)r} = \overline{K}_r \\ \cdot \quad \cdot \quad \cdot \quad \cdot \quad \cdot \quad \cdot \quad \cdot \quad \cdot \quad \cdot \quad \cdot \\ X_1 \cdot \varphi_{1(m-1)} + X_2 \cdot \varphi_{2(m-1)} + \ldots + X_r \cdot \varphi_{r(m-1)} + \ldots + X_{m-1} \cdot \varphi_{(m-1)(m-1)} = \overline{K}_{m-1} \end{cases}$$

Die Momente $X$ lassen sich nun als Funktionen der Werte $\overline{K}$ darstellen (vgl. S. 201), und zwar in folgender Form:

$$(89)\begin{cases} X_1 = \alpha_{11}\overline{K}_1 + \alpha_{12} \cdot \overline{K}_2 + \ldots + \alpha_{1r} \cdot \overline{K}_r + \ldots + \alpha_{1(m-1)}\overline{K}_{m-1} \\ X_2 = \alpha_{21}\overline{K}_1 + \alpha_{22} \cdot \overline{K}_2 + \ldots + \alpha_{2r}\,\overline{K}_r + \ldots + \alpha_{2(m-1)}\overline{K}_{m-1} \\ \cdot \quad \cdot \quad \cdot \quad \cdot \quad \cdot \quad \cdot \quad \cdot \quad \cdot \quad \cdot \quad \cdot \\ X_r = \alpha_{r1}\overline{K}_1 + \alpha_{r2}\,\overline{K}_2 + \ldots + \alpha_{rr} \cdot \overline{K}_r + \ldots + \alpha_{r(m-1)}\overline{K}_{m-1} \\ \cdot \quad \cdot \quad \cdot \quad \cdot \quad \cdot \quad \cdot \quad \cdot \quad \cdot \quad \cdot \quad \cdot \\ X_{m-1} = \alpha_{(m-1)1}\overline{K}_1 + \alpha_{(m-1)2}\overline{K}_2 + \ldots + \alpha_{(m-1)r}\overline{K}_r + \ldots + \alpha_{(m-1)(m-1)}\overline{K}_{m-1} \end{cases}$$

Zur Ermittlung der Größen $\alpha_{1r}$, $\alpha_{2r}$, $\ldots$, $\alpha_{rr}$, $\ldots$, welche den Einfluß von $\overline{K}_r$ auf $X_1$, $X_2$, $X_3$, $\ldots$ bestimmen, werden $\overline{K}_r = 1$ und alle übrigen $\overline{K} = 0$ gesetzt, und die damit für die Momente $X$ aus (89) gewonnenen Ausdrücke in die Gleichungen (88) eingeführt. Letztere gehen dann über in:

$$\begin{cases} \alpha_{1r} \cdot \varphi_{11} + \alpha_{2r} \cdot \varphi_{21} + \ldots + \alpha_{rr} \cdot \varphi_{r1} + \ldots + \alpha_{(m-1)r} \cdot \varphi_{(m-1)1} = 0 \\ \alpha_{1r}\,\varphi_{1r} + \alpha_{2r} \cdot \varphi_{2r} + \ldots + \alpha_{rr} \cdot \varphi_{rr} + \ldots + \alpha_{(m-1)r} \cdot \varphi_{(m-1)r} = 1 \\ \alpha_{1r} \cdot \varphi_{1(m-1)} + \alpha_{2r} \cdot \varphi_{2(m-1)} + \ldots + \alpha_{rr} \cdot \varphi_{r(m-1)} + \ldots + \alpha_{(m-1)r} \cdot \varphi_{(m-1)(m-1)} = 0 \end{cases}$$

Der vorstehende Ausdruck stellt ein System von $m-1$ linearen Gleichungen mit $m-1$ Unbekannten dar, aus denen die $\alpha_{ir}$ eindeutig bestimmt werden können. Auf die gleiche Weise berechnet man die den Einfluß von $\overline{K}_1$, $\overline{K}_2$, $\ldots$ auf die Momente $X$ bestimmenden Größen $\alpha_{i1}$, $\alpha_{i2}$, $\ldots$, so daß alle $X$ in der Form der Gleichungen (89) dargestellt werden können.

Bei Betrachtung der Werte $\varphi_{ir}$ erkennt man, daß deren Größe nach beiden Seiten hin von der Stütze $r$ aus schnell abnimmt. Man darf infolgedessen mit hinreichender Genauigkeit den Einfluß der entfernter liegenden Stützpunkte vernachlässigen und erhält auf diese Weise mehrgliedrige Elastizitätsgleichungen, deren Gliederzahl je nach dem Grad der angestrebten Genauigkeit festgelegt werden kann. In den meisten Fällen wird es genügen, wenn die drei benachbarten Stützen links und rechts von $r$ berücksichtigt werden. Unter dieser Voraussetzung gehen die Gleichungen (88) in ein siebengliedriges System über:

$$
\left\{
\begin{aligned}
&X_1 \cdot \varphi_{11} + X_2 \cdot \varphi_{21} + X_3 \cdot \varphi_{31} + X_4 \cdot \varphi_{41} = \overline{K}_1 \\
&X_1 \varphi_{12} + X_2 \cdot \varphi_{22} + X_3 \cdot \varphi_{32} + X_4 \cdot \varphi_{42} + X_5 \cdot \varphi_{52} = \overline{K}_2 \\
&\cdots\cdots\cdots\cdots\cdots\cdots\cdots\cdots\cdots \\
&X_{r-3} \cdot \varphi_{(r-3)r} + X_{r-2} \cdot \varphi_{(r-2)r} + X_{r-1} \cdot \varphi_{(r-1)r} + X_r \cdot \varphi_{rr} \\
&\qquad\qquad + X_{r+1} \cdot \varphi_{(r+1)r} + X_{r+2} \cdot \varphi_{(r+2)r} + X_{r+3} \cdot \varphi_{(r+3)r} = K_r \\
&\cdots\cdots\cdots\cdots\cdots\cdots\cdots\cdots\cdots \\
&X_{m-5} \cdot \varphi_{(m-5)(m-2)} + X_{m-4} \cdot \varphi_{(m-4)(m-2)} + X_{m-3} \varphi_{(m-3)(m-2)} \\
&\qquad\qquad + X_{m-2} \varphi_{(m-2)(m-2)} + X_{m-1} \cdot \varphi_{(m-1)(m-2)} = \overline{K}_{m-2} \\
&X_{m-4} \cdot \varphi_{(m-4)(m-1)} + X_{m-3} \cdot \varphi_{(m-3)(m-1)} + X_{m-2} \cdot \varphi_{(m-2)(m-1)} \\
&\qquad\qquad\qquad\qquad + X_{m-1} \cdot \varphi_{(m-1)(m-1)} = \overline{K}_{m-1}
\end{aligned}
\right.
$$

Um die Momente $X$ in der Form von (89) darstellen zu können, wird für den Fall, daß $\overline{K}_r = 1$ und alle übrigen $\overline{K} = 0$ sind, folgendes Gleichungssystem gebildet, aus dem sich die $\alpha_{ir}$ berechnen lassen (der zweite Zeiger $r$ wird bei den $\alpha$ der Einfachheit halber fortgelassen):

$$
\left\{
\begin{aligned}
&\alpha_1 \varphi_{11} + \alpha_2 \cdot \varphi_{21} + \alpha_3 \varphi_{31} + \alpha_4 \cdot \varphi_{41} = 0 \\
&\alpha_1 \cdot \varphi_{12} + \alpha_2 \cdot \varphi_{22} + \alpha_3 \cdot \varphi_{32} + \alpha_4 \cdot \varphi_{42} + \alpha_5 \cdot \varphi_{52} = 0 \\
&\cdots\cdots\cdots\cdots\cdots\cdots\cdots\cdots\cdots \\
&\alpha_{(r-3)} \cdot \varphi_{(r-3)r} + \alpha_{(r-2)} \cdot \varphi_{(r-2)r} + \alpha_{(r-1)} \cdot \varphi_{(r-1)r} + \alpha_r \varphi_{rr} + \alpha_{(r+1)} \cdot \varphi_{(r+1)r} \\
&\qquad\qquad + \alpha_{(r+2)} \cdot \varphi_{(r+2)r} + \alpha_{(r+3)} \cdot \varphi_{(r+3)r} = 1 \\
&\cdots\cdots\cdots\cdots\cdots\cdots\cdots\cdots\cdots \\
&\alpha_{(m-5)} \cdot \varphi_{(m-5)(m-2)} + \alpha_{(m-4)} \cdot \varphi_{(m-4)(m-2)} + \alpha_{(m-3)} \cdot \varphi_{(m-3)(m-2)} \\
&\qquad\qquad + \alpha_{(m-2)} \cdot \varphi_{(m-2)(m-2)} + \alpha_{(m-1)} \cdot \varphi_{(m-1)(m-2)} = 0 \\
&\alpha_{(m-4)} \cdot \varphi_{(m-4)(m-1)} + \alpha_{(m-3)} \cdot \varphi_{(m-3)(m-1)} + \alpha_{(m-2)} \cdot \varphi_{(m-2)(m-1)} \\
&\qquad\qquad\qquad\qquad + \alpha_{(m-1)} \cdot \varphi_{(m-1)(m-1)} = 0
\end{aligned}
\right.
$$

Derartige Ausdrücke können für alle Zustände $\overline{K}_k = 1$ aufgestellt werden, aus denen die $\alpha_{ik}$ zu bestimmen sind.

Ist z. B. $m = 8$, so lautet das vorstehende Gleichungssystem mit $r = 4$:

$$
(90)\quad
\left\{
\begin{aligned}
&\alpha_1 \cdot \varphi_{11} + \alpha_2 \cdot \varphi_{21} + \alpha_3 \cdot \varphi_{31} + \alpha_4 \cdot \varphi_{41} = 0 \\
&\alpha_1 \cdot \varphi_{12} + \alpha_2 \cdot \varphi_{22} + \alpha_3 \cdot \varphi_{32} + \alpha_4 \cdot \varphi_{42} + \alpha_5 \cdot \varphi_{52} = 0 \\
&\alpha_1 \cdot \varphi_{13} + \alpha_2 \cdot \varphi_{23} + \alpha_3 \cdot \varphi_{33} + \alpha_4 \cdot \varphi_{43} + \alpha_5 \cdot \varphi_{53} + \alpha_6 \cdot \varphi_{63} = 0 \\
&\alpha_1 \cdot \varphi_{14} + \alpha_2 \cdot \varphi_{24} + \alpha_3 \cdot \varphi_{34} + \alpha_4 \cdot \varphi_{44} + \alpha_5 \cdot \varphi_{54} + \alpha_6 \cdot \varphi_{64} + \alpha_7 \cdot \varphi_{74} = 1 \\
&\alpha_2 \cdot \varphi_{25} + \alpha_3 \cdot \varphi_{35} + \alpha_4 \cdot \varphi_{45} + \alpha_5 \cdot \varphi_{55} + \alpha_6 \cdot \varphi_{65} + \alpha_7 \cdot \varphi_{75} = 0 \\
&\alpha_3 \cdot \varphi_{36} + \alpha_4 \cdot \varphi_{46} + \alpha_5 \cdot \varphi_{56} + \alpha_6 \cdot \varphi_{66} + \alpha_7 \cdot \varphi_{76} = 0 \\
&\alpha_4 \cdot \varphi_{47} + \alpha_5 \cdot \varphi_{57} + \alpha_6 \cdot \varphi_{67} + \alpha_7 \cdot \varphi_{77} = 0 .
\end{aligned}
\right.
$$

Aus der ersten Gleichung erhält man durch Elimination von $\alpha_1$:

$$\text{I.}\quad \alpha_1 = A_1 \cdot \alpha_2 + B_1 \cdot \alpha_3 + C_1 \cdot \alpha_4,$$

aus der zweiten durch Substitution von $\alpha_1$ und Elimination von $\alpha_2$

$$\text{II.}\quad \alpha_2 = A_2 \cdot \alpha_3 + B_2 \cdot \alpha_4 + C_2 \cdot \alpha_5,$$

ebenso aus der dritten

$$\text{III.}\quad \alpha_3 = A_3 \cdot \alpha_4 + B_3 \cdot \alpha_5 + C_3 \cdot \alpha_6,$$

aus der siebenten

$$\text{IV.}\quad \alpha_7 = A_7 \cdot \alpha_6 + B_7 \cdot \alpha_5 + C_7 \cdot \alpha_4,$$

„ „ sechsten

$$\text{V.}\quad \alpha_6 = A_6 \cdot \alpha_5 + B_6 \cdot \alpha_4 + C_6 \cdot \alpha_3,$$

„ „ fünften

$$\text{VI.}\quad \alpha_5 = A_5 \cdot \alpha_4 + B_5 \cdot \alpha_3 + C_5 \cdot \alpha_2.$$

Die in vorstehenden Ausdrücken auftretenden Zahlen $A$, $B$, $C$ sind nur von den Werten $\varphi$ abhängig. Führt man nun $\alpha_6$ aus V. in III. und $\alpha_2$ aus II. in VI. ein, so erhält man zwei Gleichungen, in denen nur $\alpha_3$, $\alpha_4$ und $\alpha_5$ als Unbekannte auftreten. Ihre Auflösung nach $\alpha_3$ und $\alpha_5$ ergibt:

$$\alpha_3 = f_3(\alpha_4); \qquad \alpha_5 = f_5(\alpha_4).$$

In II. eingesetzt findet man $\alpha_2 = f_2(\alpha_4)$ und entsprechend aus den übrigen Gleichungen $\alpha_1 = f_1(\alpha_4)$, $\alpha_6 = f_6(\alpha_4)$, $\alpha_7 = f_7(\alpha_4)$. Mit den so gewonnenen Werten liefert die vierte Gleichung des obigen Systems (90):

$$\varphi_{11} \cdot f_1(\alpha_4) + \varphi_{21} \cdot f_2(\alpha_4) + \varphi_{34} \cdot f_3(\alpha_4) + \varphi_{44} \cdot \alpha_4 + \varphi_{54} \cdot f_5(\alpha_4) + \varphi_{64} \cdot f_6(\alpha_4)$$
$$+ \varphi_{74} \cdot f_7(\alpha_4) = 1,$$

woraus $\alpha_4$, bzw. $\alpha_{44}$, wenn jetzt wieder der zweite Index eingeführt wird, eindeutig bestimmt ist. Damit sind aber auch die Werte $\alpha_{14}$, $\alpha_{24} \ldots \alpha_{74}$ bekannt. In ganz analoger Weise findet man die Werte $\alpha_{i1}$, $\alpha_{i2}$, $\ldots$ nach Auflösung der entsprechenden Gleichungssysteme[1]).

Man ist somit in der Lage, die Momente $X$ als Funktionen der $\overline{K}$ darzustellen und mit Hilfe der allgemeinen Bestimmungsgleichung

$$91) \qquad\qquad X_r = \Sigma\, \alpha_{ri} \cdot \overline{K}_i$$

die Ordinaten der Einflußlinien zu berechnen. Um für diese eine übersichtliche Darstellung zu finden, werden zunächst die Werte $\overline{K}$ betrachtet.

Bei Wirkung einer senkrechten Einzellast $P = 1$ ist:

$$\overline{K}_r = \frac{K_r}{\mathfrak{M}_{rr}} \cdot 6\,EJ_c = -\frac{\delta_{mr}}{\mathfrak{M}_{rr}} \cdot 6\,EJ_c.$$

Unter Berücksichtigung der Gleichungen (80) und (81) erhält man damit die nachstehenden Werte, wobei der Zeiger über $\overline{K}$ dasjenige Feld angibt, in dem die Last 1 steht:

$$(92) \quad \left\{ \begin{aligned}
&\cdots\cdots\cdots\cdots\cdots\cdots\cdots\cdots \\[4pt]
&\overset{r-2}{\overline{K}}_r = \frac{l_{r-2}^2 \cdot \zeta_r}{\varkappa_r \cdot \varkappa_{r-1}} \left( \omega_D' \cdot \frac{1}{\varkappa_{r-2}} - \omega_D \right) \frac{J_c}{J_{r-2}} \\[8pt]
&\overset{r-1}{\overline{K}}_r = -\frac{l_{r-1}^2 \cdot \zeta_r}{\varkappa_r} \left( \omega_D' \cdot \frac{1}{\varkappa_{r-1}} - \omega_D \right) \frac{J_c}{J_{r-1}} \\[8pt]
&\overset{r}{\overline{K}}_r = l_r^2\, \zeta_r \left( \omega_D' \cdot \frac{1}{\varkappa_r} - \omega_D \right) \frac{J_c}{J_r} \\[8pt]
&\overset{r+1}{\overline{K}}_r = l_{r+1}^2 \left( \omega_D \cdot \frac{1}{\varkappa_{r+1}'} - \omega_D' \right) \frac{J_c}{J_{r+1}} \\[8pt]
&\overset{r+2}{\overline{K}}_r = -\frac{l_{r+2}^2}{\varkappa_{r+1}'} \left( \omega_D \cdot \frac{1}{\varkappa_{r+2}'} - \omega_D' \right) \frac{J_c}{J_{r+2}} \\[8pt]
&\overset{r+3}{\overline{K}}_r = \frac{l_{r+3}^2}{\varkappa_{r+1}' \cdot \varkappa_{r+2}'} \left( \omega_D \cdot \frac{1}{\varkappa_{r+3}'} - \omega_D' \right) \frac{J_c}{J_{r+3}} \\[4pt]
&\cdots\cdots\cdots\cdots\cdots\cdots\cdots\cdots
\end{aligned} \right.$$

Nunmehr lassen sich die Ordinaten der Einflußlinie für $X_r$ mit Hilfe von (91) wie folgt anschreiben:

---

[1]) Vgl. **Müller-Breslau**: Zur Auflösung mehrgliedriger Elastizitätsgleichungen. Eisenbau 1916, Heft 5, S. 111.

$$\overset{r-1}{\eta_r} = \alpha_{r1}\cdot\overset{r-1}{\overline{K}_1} + \alpha_{r2}\cdot\overset{r-1}{\overline{K}_2} + \ldots + \alpha_{r(r-1)}\cdot\overset{r-1}{\overline{K}_{r-1}} + \alpha_{rr}\cdot\overset{r-1}{\overline{K}_r} + \alpha_{r(r+1)}\cdot\overset{r-1}{\overline{K}_{r+1}} + \ldots$$

$$\overset{r}{\eta_r} = \alpha_{r1}\cdot\overset{r}{\overline{K}_1} + \alpha_{r2}\cdot\overset{r}{\overline{K}_2} + \ldots + \alpha_{r(r-1)}\cdot\overset{r}{\overline{K}_{r-1}} + \alpha_{rr}\cdot\overset{r}{\overline{K}_r} + \alpha_{r(r+1)}\cdot\overset{r}{\overline{K}_{r+1}} + \ldots$$

$$\overset{r+1}{\eta_r} = \alpha_{r1}\cdot\overset{r+1}{\overline{K}_1} + \alpha_{r2}\cdot\overset{r-1}{\overline{K}_2} + \ldots + \alpha_{r(r-1)}\cdot\overset{r+1}{\overline{K}_{r-1}} + \alpha_{rr}\cdot\overset{r+1}{\overline{K}_r} + \alpha_{r(r+1)}\cdot\overset{r+1}{\overline{K}_{r+1}} + \ldots$$

oder unter Berücksichtigung von (92):

$$(93)\begin{cases}
\overset{r-1}{\eta_r} = l_{r-1}^2\cdot\frac{J_c}{J_{r-1}}\left\{\left[\ldots + \frac{\alpha_{r(r-4)}}{\varkappa'_{r-2}\cdot\varkappa'_{r-3}} - \frac{\alpha_{r(r-3)}}{\varkappa'_{r-2}} + \alpha_{r(r-2)}\right]\left(\omega_D\cdot\frac{1}{\varkappa'_{r-1}} - \omega'_D\right)\right. \\[2mm]
\left. + \left[\alpha_{r(r-1)}\cdot\zeta_{r-1} - \frac{\alpha_{rr}\,\zeta_r}{\varkappa_r} + \frac{\alpha_{r(r+1)}\,\zeta_{r+1}}{\varkappa_r\cdot\varkappa_{r+1}} - \ldots\right]\left(\omega'_D\cdot\frac{1}{\varkappa_{r-1}} - \omega_D\right)\right\}; \\[4mm]
\overset{r}{\eta_r} = l_r^2\cdot\frac{J_c}{J_r}\left\{\left[\ldots + \frac{\alpha_{r(r-3)}}{\varkappa'_{r-1}\cdot\varkappa'_{r-2}} - \frac{\alpha_{r(r-2)}}{\varkappa'_{r-1}} + \alpha_{r(r-1)}\right]\left(\omega_D\cdot\frac{1}{\varkappa'_r} - \omega'_D\right)\right. \\[2mm]
\left. + \left[\alpha_{rr}\,\zeta_r - \frac{\alpha_{r(r+1)}}{\varkappa_{r+1}}\cdot\zeta_{r+1} + \frac{\alpha_{r(r+2)}}{\varkappa_{r+1}\cdot\varkappa_{r+2}}\cdot\zeta_{r+2} - \ldots\right]\left(\omega'_D\cdot\frac{1}{\varkappa_r} - \omega_D\right)\right\}; \\[4mm]
\overset{r+1}{\eta_r} = l_{r+1}^2\cdot\frac{J_c}{J_{r+1}}\left\{\left[\ldots + \frac{\alpha_{r(r-2)}}{\varkappa'_r\cdot\varkappa'_{r-1}} - \frac{\alpha_{r(r-1)}}{\varkappa'_r} + \alpha_{rr}\right]\left(\omega_D\cdot\frac{1}{\varkappa'_{r+1}} - \omega'_D\right)\right. \\[2mm]
\left. + \left[\alpha_{r(r+1)}\,\zeta_{r+1} - \frac{\alpha_{r(r+2)}}{\varkappa_{r+2}}\cdot\zeta_{r+2} + \frac{\alpha_{r(r+3)}}{\varkappa_{r+2}\cdot\varkappa_{r+3}}\cdot\zeta_{r+3} - \ldots\right]\left(\omega'_D\cdot\frac{1}{\varkappa_{r+1}} - \omega_D\right)\right\};
\end{cases}$$

Es ist somit ein allgemeines Bildungsgesetz für die Einflußordinaten der Momente $X$ gefunden. Die einzelnen Beträge nehmen nach beiden Seiten hin schnell ab, und es genügt bei Berechnungen für die Praxis, wenn nur wenige Glieder berücksichtigt werden.

Die Einflußordinate für $X_1$ ist gegeben durch die Gleichung

$$X_1 = \alpha_{11}\,\overline{K}_1 + \alpha_{12}\cdot\overline{K}_2 + \ldots$$

Für Laststellung im ersten Feld erhält man folgende $\overline{K}$-Werte

$$(92\,\text{a})\begin{cases}
\overset{1}{\overline{K}_1} = \frac{K_1}{\mathfrak{M}'_{11}}\cdot 6\,E\,J_c = -l_1^2\cdot\omega_D\cdot\zeta_1\cdot\frac{J_c}{J_1} \\[3mm]
\overset{1}{\overline{K}_2} = l_1^2\,\omega_D\cdot\frac{\zeta_2}{\varkappa_2}\cdot\frac{J_c}{J_1} \\[3mm]
\overset{1}{\overline{K}_3} = -l_1^2\cdot\omega_D\cdot\frac{\zeta_3}{\varkappa_2\cdot\varkappa_3}\cdot\frac{J_c}{J_1}
\end{cases}$$

Somit lauten die Gleichungen für die Einflußordinaten von $X_1$:

$$\overset{1}{\eta_1} = l_1^2\,\omega_D\cdot\frac{J_c}{J_1}\left\{-\alpha_{11}\,\zeta_1 + \alpha_{12}\,\frac{\zeta_2}{\varkappa_2} - \alpha_{13}\,\frac{\zeta_3}{\varkappa_2\cdot\varkappa_3} + \ldots\right\};$$

$$\overset{2}{\eta_1} = l_2^2\,\frac{J_c}{J_2}\left\{\alpha_{11}\left(\omega_D\,\frac{1}{\varkappa'_2} - \omega'_D\right)\right. $$
$$\left. + \left(\alpha_{12}\,\zeta_2 - \alpha_{13}\,\frac{\zeta_3}{\varkappa_3} + \alpha_{14}\,\frac{\zeta_4}{\varkappa_3\cdot\varkappa_4} - \ldots\right)\left(\omega'_D\cdot\frac{1}{\varkappa_2} - \omega_D\right)\right\};$$

$$\overset{3}{\eta_1} = l_3{}^2 \frac{J_c}{J_3} \left\{ \left( -\frac{\alpha_{11}}{\varkappa_2'} + \alpha_{12} \right) \left( \omega_D \cdot \frac{1}{\varkappa_3'} - \omega_D' \right) \right.$$

$$\left. + \left( \alpha_{13} \cdot \zeta_3 - \alpha_{14} \cdot \frac{\zeta_4}{\varkappa_4} + \frac{\alpha_{15}}{\varkappa_4 \cdot \varkappa_5} \cdot \zeta_5 - \cdots \right) \left( \omega_D' \cdot \frac{1}{\varkappa_3} - \omega_D \right) \right\}.$$

Ferner erhält man für $X_2$:

$$\overset{1}{\eta_2} = l_1{}^2 \, \omega_D \frac{J_c}{J_1} \left\{ -\alpha_{21} \cdot \zeta_1 + \alpha_{22} \cdot \frac{\zeta_2}{\varkappa_2} - \alpha_{23} \cdot \frac{\zeta_3}{\varkappa_2 \cdot \varkappa_3} + \cdots \right\};$$

$$\overset{2}{\eta_2} = l_2{}^2 \frac{J_c}{J_2} \left\{ \alpha_{21} \left( \omega_D \cdot \frac{1}{\varkappa_2'} - \omega_D' \right) \right.$$

$$\left. + \left( \alpha_{22} \cdot \zeta_2 - \alpha_{23} \cdot \frac{\zeta_3}{\varkappa_3} + \alpha_{24} \cdot \frac{\zeta_4}{\varkappa_3 \cdot \varkappa_4} - \cdots \right) \left( \omega_D' \cdot \frac{1}{\varkappa_2} - \omega_D \right) \right\}$$

$$\cdots \cdots \cdots \cdots \cdots \cdots \cdots \cdots \cdots \cdots$$

Nach Ermittlung der Momente $X$ sind auch die Horizontalschübe an den Fußgelenken der Säulen bekannt:

$$H_r = \frac{X_r}{h_r}.$$

**Berechnung der Balkenmomente, Auflagerdrücke und Querkräfte.** Bezeichnet $\varepsilon_r$ den Verdrehungswinkel des Trägerquerschnitts über der Stütze $r$ infolge der wirklichen Belastung, so bestehen zwischen den Stützmomenten $M_r'$ (unmittelbar links von $r$) und $M_{r-1}''$ (unmittelbar rechts von $r-1$) und den Winkeln $\varepsilon_r$ und $\varepsilon_{r-1}$ unter der Voraussetzung, daß das $r$-te Feld nicht belastet ist, nach Seite 168 folgende Beziehungen:

$$\varepsilon_{r-1} = \frac{l_r}{6\,E\,J_r} \left( 2\,M_{r-1}'' + M_r' \right),$$

$$\varepsilon_r = -\frac{l_r}{6\,E\,J_r} \left( M_{r-1}'' + 2\,M_r' \right),$$

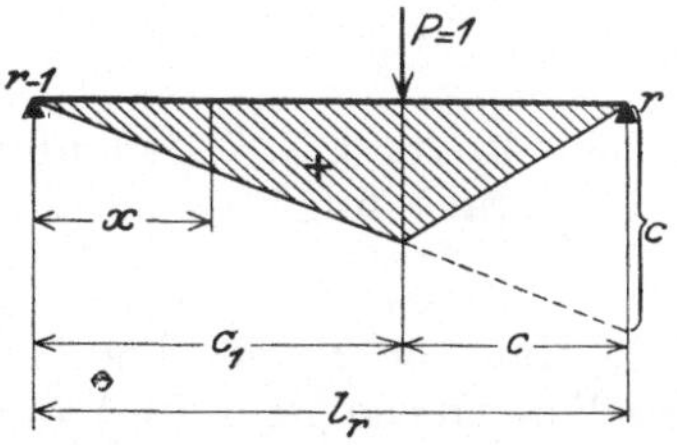

falls beide Drehungen im Uhrzeigersinn als positiv angenommen werden. Bei Belastung des einfachen Balkens $(r-1)-r$ mit $P=1$ erhält man nach Seite 168 den Winkel $\varepsilon_{(r-1)0}$, um den sich die Endtangente bei $r-1$ infolge dieser Belastung dreht, unter Beachtung der in Abb. 343 gewählten Bezeichnungen:

Abb. 343.

$$\varepsilon_{(r-1)0} = \left( \frac{c\,l_r}{2} \cdot \frac{1}{3} - \frac{c^2}{2} \cdot \frac{c}{3} \cdot \frac{1}{l_r} \right) \frac{1}{E\,J_r} = \frac{l_r{}^2}{6\,E\,J_r} \left( \frac{c}{l_r} - \frac{c^3}{l_r{}^3} \right) = \frac{l_r{}^2}{6\,E\,J_r} \cdot \omega_D'.$$

Analog ergibt sich

$$\varepsilon_{r0} = -\frac{l_r{}^2}{6\,E\,J_r} \cdot \omega_D.$$

Danach lauten die Gleichungen der Verdrehungswinkel am statisch unbestimmten System bei belasteter Öffnung $l_r$:

$$\left\{ \begin{aligned} \varepsilon_{r-1} &= \frac{l_r}{6\,E\,J_r} \left( 2\,M_{r-1}'' + M_r' \right) + \frac{l_r{}^2}{6\,E\,J_r} \cdot \omega_D', \\[2ex] \varepsilon_r &= -\frac{l_r}{6\,E\,J_r} \left( M_{r-1}'' + 2\,M_r' \right) - \frac{l_r{}^2}{6\,E\,J_r} \cdot \omega_D. \end{aligned} \right.$$

Löst man die vorstehenden Gleichungen nach $M_r'$ auf, so ergibt sich:

$$(94) \qquad M_r' = -\frac{l_r}{3}(2\,\omega_D - \omega_D') - 2\,\frac{\varepsilon_{r-1} + 2\,\varepsilon_r}{l_r} \cdot E J_r.$$

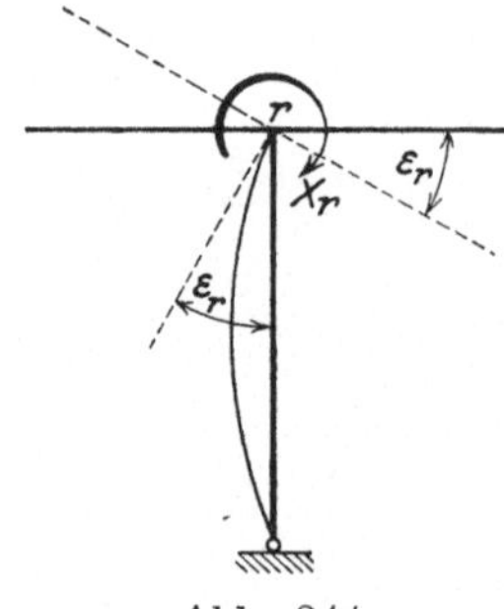

Zwischen den Verdrehungswinkeln $\varepsilon$ und den Momenten $X$ besteht ferner die Beziehung (s. Abb. 344):

$$\begin{cases} \varepsilon_r = \dfrac{h_r}{3\,E J_r'} \cdot X_r, \\[2ex] \varepsilon_{r-1} = \dfrac{h_{r-1}}{3\,E J_{r-1}'} \cdot X_{r-1}. \end{cases}$$

Nach Einführung dieser Werte in (94) erhält man als Bestimmungsgleichung für das linke Stützmoment bei $r$:

Abb. 344.

$$(95) \qquad M_r' = -\frac{l_r}{3}(2\,\omega_D - \omega_D') - \frac{2}{3\,l_r}\left\{ h_{r-1}\cdot\frac{J_r}{J_{r-1}'}\cdot X_{r-1} + 2\,h_r\frac{J_r}{J_r'}\cdot X_r \right\}.$$

Bei Belastung aller übrigen Öffnungen (außer $l_r$) ist:

$$(96) \qquad M_r' = -\frac{2}{3\,l_r}\left\{ h_{r-1}\cdot\frac{J_r}{J_{r-1}'}\cdot X_{r-1} + 2\,h_r\frac{J_r}{J_r'}\cdot X_r \right\}.$$

Die Einflußlinie für $M_r'$ läßt sich also aus denen für $X_r$ und $X_{r-1}$ ableiten.

Nun besteht zwischen den Stützmomenten $M_r'$ und $M_r''$ und dem oberen Stützenmoment $X_r$ die Beziehung

$$X_r = M_r' - M_r'',$$

wobei $M_r'$ und $M_r''$ den üblichen Drehsinn haben mögen.

Daraus folgt

$$(97) \qquad M_r'' = M_r' - X_r.$$

Hat der Träger bei gleichen Stützweiten gleiche Trägheitsmomente und Stiellängen, so geht (95) über in:

$$M_r' = -\frac{l}{3}(2\,\omega_D - \omega_D') - \frac{2}{3}\frac{h}{l}\cdot\frac{J}{J'}(X_{r-1} + 2\,X_r).$$

Für das Endfeld wird:

$$\varepsilon_1 = -\frac{l_1}{3\,E J_1}\cdot M_1' - \frac{l_1^2}{6\,E J_1}\cdot\omega_D,$$

und außerdem

$$\varepsilon_1 = \frac{h_1}{3\,E J_1'}\cdot X_1.$$

Somit findet man durch Substitution von $\varepsilon_1$ als erstes Stützmoment

$$M_1' = -\frac{l_1}{2}\cdot\omega_D - \frac{h_1}{l_1}\cdot\frac{J_1}{J_1'}\cdot X_1.$$

Nachdem nunmehr die Stützmomente bekannt sind, können Lagerkräfte, Querkräfte und Feldmomente in einfacher Weise ermittelt werden.

Bezeichnen $B_{0r}$ und $A_{0(r+1)}$ die Beiträge der einfachen Balken $(r-1)-r$ und $r-(r+1)$ zum Stützendruck $A_r$, so erhält man für diesen:

$$A_r = B_{0r} + A_{0(r+1)} + \frac{M_{(r-1)}'' - M_r'}{l_r} + \frac{M_{r+1}' - M_r''}{l_{r+1}}$$

(vgl. auch S 258).  Man findet also die Einflußlinie des Stützendruckes durch Addition der Einflußordinaten von $B_{0\,r}$ und $A_{0\,(r+1)}$ und der Differenzen

$$\frac{M''_{(r-1)} - M'_r}{l_r} \quad \text{und} \quad \frac{M'_{r+1} - M''_r}{l_{r+1}} .$$

Entsprechend verfährt man bei der Bestimmung der Querkraft im $r$-ten Felde:

$$Q = Q_0 + \frac{M'_r - M''_{r-1}}{l_r} .$$

Endlich berechnet man die Feldmomente nach der Gleichung:

$$M = M_0 + M''_{r-1} \cdot \frac{x'}{l_r} + M'_r \frac{x}{l_r} ,$$

wenn $M_0$ das Moment des einfachen Balkens bedeutet.

Träger mit sehr vielen gleichen Öffnungen.  Bei sehr vielen gleichen Öffnungen und konstantem Trägheitsmoment des Balkens nähern sich die Werte $\varkappa$ schnell der konstanten Zahl $\varkappa = 3{,}7321$ (vgl. S. 252). Wird dieser Wert in die Gleichungen (86) eingeführt, so gehen diese mit $\zeta_r = -1$ und $\mathfrak{M}_{rr} = -\,{}^1/_2$ über in:

$$\cdots \cdots \cdots \cdots$$

$$\varphi_{(r-2)\,r} = -\frac{2\varkappa - 1}{\varkappa^3} \cdot l ;$$

$$\varphi_{(r-1)\,r} = \frac{2\varkappa - 1}{\varkappa^2} \cdot l ;$$

$$\varphi_{rr} = -\left(\frac{2\varkappa - 1}{\varkappa} \cdot l + 4\,h_r \frac{J}{J'_r}\right) ;$$

$$\varphi_{(r+1)\,r} = -\frac{2 - \varkappa}{\varkappa} \cdot l = \frac{2\varkappa - 1}{\varkappa^2} \cdot l = \varphi_{(r-1)\,r} ;$$

$$\varphi_{(r+2)\,r} = -\frac{2\varkappa - 1}{\varkappa^3} \cdot l = \varphi_{(r-2)\,r} ;$$

$$\cdots \cdots \cdots \cdots$$

Nach Berechnung der Zahlenwerte $\alpha$ auf die oben mitgeteilte Weise ergibt sich die Einflußordinate von $X_r$ für das $r$-te Feld:

$$\overset{r}{\eta_r} = l^2 \left\{ \left(\cdots + \frac{\alpha_{r\,(r-3)}}{\varkappa^2} - \frac{\alpha_{r\,(r-2)}}{\varkappa} + \alpha_{r\,(r-1)}\right)\left(\omega_D \cdot \frac{1}{\varkappa} - \omega'_D\right) \right.$$
$$\left. - \left(\alpha_{rr} - \frac{\alpha_{r\,(r+1)}}{\varkappa} + \frac{\alpha_{r\,(r+2)}}{\varkappa^2} - \cdots\right)\left(\omega'_D \cdot \frac{1}{\varkappa} - \omega_D\right) \right\} .$$

Die Einflußordinaten für die Momente $X_{r-1}$, $X_r$, $X_{r+1}$ sind von der gleichen Form.  Man ist somit in der Lage, mit Hilfe von $X_r$ auch Stütz- und Feldmomente der mittleren Öffnungen zu bestimmen.

Einfluß einer Temperaturänderung. Für alle Punkte der Balkenachse sei die Temperaturänderung mit $t_1$ bezeichnet, diejenige aller Stiele mit $t_2$, wobei $t_1$ und $t_2$ konstante Werte sein sollen. Zur Bestimmung des Momentes $X_{r_t}$ dient Gleichung (91).  Danach ist:

(98)
$$X_{r_t} = \Sigma\,\alpha_{r\,i} \cdot \overline{K}_{i_t} ,$$

wobei
$$\overline{K}_{i_t} = \frac{K_{i_t}}{\mathfrak{M}_{ii}} \cdot 6\,E\,J_c .$$

Bezeichnet $N_i$ die Längskraft infolge $X_i = 1$, so wird

$$K_{i_t} = - \varepsilon \int N_i \, t \, ds \, .$$

Infolge $X_r = 1$ (Abb. 235) entstehen in den Stielen Längskräfte von der Größe der Stützendrücke $C_{i_r}$, während der Balkenteil von $r$ bis $m$ die Längskraft $-\dfrac{1}{h_r}$ erhält. Somit wird:

$$\varepsilon \int N_r \, t \, ds = - \varepsilon \, t_2 \left( \ldots + C_{(r-1)\,r} \cdot h_{r-1} + C_{rr} \cdot h_r + C_{(r+1)\,r} \cdot h_{r+1} + \ldots \right)$$
$$- \frac{\varepsilon \, t_1}{h_r} \cdot \sum_{i=r+1}^{i=m} l_i \, .$$

Der nach oben positiv angenommene Lagerdruck $C_{rr}$ lautet

$$C_{rr} = \frac{\mathfrak{M}_{(r-1)\,r} - \mathfrak{M}_{rr}'}{l_r} + \frac{\mathfrak{M}_{(r+1)\,r} - \mathfrak{M}_{rr}'}{l_{r+1}} \, .$$

Drückt man alle Momente durch $\mathfrak{M}_{rr}$ aus, so geht diese Gleichung über in

$$C_{rr} = - \mathfrak{M}_{rr} \left[ \frac{(1 + \varkappa_r)\, \zeta_r}{l_r \cdot \varkappa_r} + \frac{1 + \varkappa_{r+1}'}{l_{r+1} \cdot \varkappa_{r+1}'} \right],$$

analog findet man

$$C_{(r-1)\,r} = \frac{\mathfrak{M}_{rr}\, \zeta_r}{\varkappa_r \cdot \varkappa_{r-1}} \left( \frac{1 + \varkappa_{r-1}}{l_{r-1}} + \varkappa_{r-1} \cdot \frac{1 + \varkappa_r}{l_r} \right)$$

$$C_{(r-2)\,r} = - \frac{\mathfrak{M}_{rr}\, \zeta_r}{\varkappa_r \cdot \varkappa_{r-1} \cdot \varkappa_{r-2}} \left( \frac{1 + \varkappa_{r-2}}{l_{r-2}} + \varkappa_{r-2} \cdot \frac{1 + \varkappa_{r-1}}{l_{r-1}} \right)$$

$$\cdot \quad \cdot \quad \cdot \quad \cdot \quad \cdot \quad \cdot \quad \cdot \quad \cdot \quad \cdot \quad \cdot \quad \cdot$$

und rechts von $r$:

$$C_{(r+1)\,r} = \frac{\mathfrak{M}_{rr}}{\varkappa_{r+1}' \cdot \varkappa_{r+2}'} \left( \varkappa_{r+2}' \cdot \frac{1 + \varkappa_{r+1}'}{l_{r+1}} + \frac{1 + \varkappa_{r+2}'}{l_{r+2}} \right)$$

$$C_{(r+2)\,r} = - \frac{\mathfrak{M}_{rr}}{\varkappa_{r+1}' \cdot \varkappa_{r+2}' \cdot \varkappa_{r+3}'} \left( \varkappa_{r+3}' \cdot \frac{1 + \varkappa_{r+2}'}{l_{r+2}} + \frac{1 + \varkappa_{r+3}'}{l_{r+3}} \right)$$

$$\cdot \quad \cdot \quad \cdot \quad \cdot \quad \cdot \quad \cdot \quad \cdot \quad \cdot \quad \cdot \quad \cdot \quad \cdot$$

Führt man diese Werte in den vorstehenden Ausdruck $\varepsilon \int N_r \, t \, ds$ ein, so geht dieser über in:

$$(99) \qquad \varepsilon \int N_r \, t \, ds = - \frac{\varepsilon \, t_1}{h_r} \cdot \sum_{r+1}^{m} l_i + \varepsilon \, t_2 \, \mathfrak{M}_{rr} \left\{ \zeta_r \left[ \ldots + \frac{1 + \varkappa_{r-1}}{\varkappa_r \cdot \varkappa_{r-1}} \cdot \frac{h_{r-2} - h_{r-1}}{l_{r-1}} \right. \right.$$

$$\left. - \frac{1 + \varkappa_r}{\varkappa_r} \cdot \frac{h_{r-1} - h_r}{l_r} \right] + \left[ \frac{1 + \varkappa_{r+1}'}{\varkappa_{r+1}'} \cdot \frac{h_r - h_{r+1}}{l_{r+1}} \right.$$

$$\left. \left. - \frac{1 + \varkappa_{r+2}'}{\varkappa_{r+1}' \cdot \varkappa_{r+2}'} \cdot \frac{h_{r+1} - h_{r+2}}{l_{r+2}} + \ldots \right] \right\} \, .$$

Bei gleichlangen Stielen wird der Klammerwert in vorstehender Gleichung zu Null, und es bleibt lediglich der Beitrag des Balkens bestehen; man erhält dann

$$(100) \qquad \varepsilon \int N_r \, t \, ds = - \frac{\varepsilon \, t_1}{h_r} \sum_{r+1}^{m} l_i \, .$$

Im allgemeinen wird die Längendifferenz der Stützen nur gering sein; in solchen Fällen ist es zulässig, daß man sich ebenfalls der Gleichung (100) bedient.  Man erhält dann unter Beachtung von (98)

$$X_{rt} = 6\,E\,J_c\,\varepsilon\,t_1\left(\ldots + \frac{\alpha_{r\,(r-1)}}{h_{r-1}\cdot\mathfrak{M}_{(r-1)\,(r-1)}} \cdot \sum_r^m l_i + \frac{\alpha_{rr}}{h_r\cdot\mathfrak{M}_{rr}} \cdot \sum_{r+1}^m l_i + \ldots\right).$$

Entsprechend findet man

$$X_{(r-1)\,t} = \Sigma\,\alpha_{(r-1)\,i}\,\overline{K}_{it}.$$

Für diejenigen Fälle, in denen die Unterschiede der Stiellängen beträchtlich sind, ist Gleichung (99) maßgebend. Für die Stützmomente $M_r'$ und $M_r''$ gelten nach Berechnung von $X_{(r-1)t}$ und $X_r$ die Gleichungen (96) und (97).

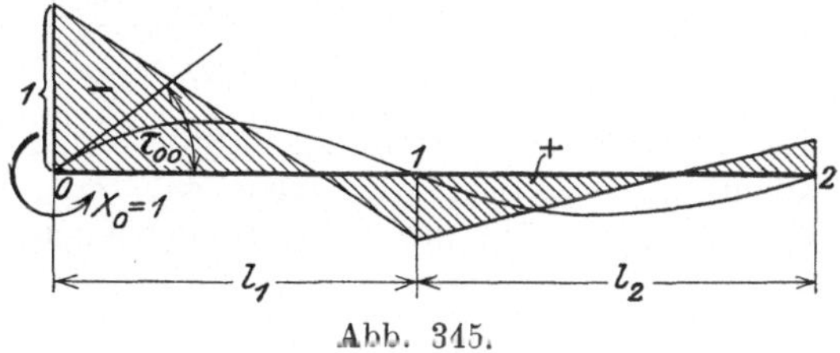


Abb. 345.

Der Träger ist bei 0 fest eingespannt, bei $m$ beweglich gelagert. Die auf Seite 293 angeschriebenen Elastizitätsgleichungen (75) nehmen jetzt folgende Form an:

$$\left\{\begin{aligned}
X_0\,\tau_{00} &+ X_1\,\tau_{10} + \ldots + X_r\,\tau_{r\,0} + \ldots + X_{m-1}\,\tau_{(m-1)\,0} = K_0 \\
&\cdot\cdot\cdot\cdot\cdot\cdot\cdot\cdot\cdot\cdot\cdot\cdot\cdot\cdot\cdot\cdot \\
X_0\,\tau_{0r} &+ X_1\,\tau_{1\,r} + \ldots + X_r\,\tau_{r\,r} + \ldots + X_{m-1}\,\tau_{(m-1)\,r} = K_r \\
&\cdot\cdot\cdot\cdot\cdot\cdot\cdot\cdot\cdot\cdot\cdot\cdot\cdot\cdot\cdot\cdot \\
X_0\,\tau_{0\,(m-1)} &+ X_1\,\tau_{1\,(m-1)} + \ldots + X_r\,\tau_{r\,(m-1)} + \ldots + X_{m-1}\,\tau_{(m-1)\,(m-1)} = K_{m-1}.
\end{aligned}\right.$$

Für den Belastungsfall $X_0 = 1$ (Abb. 345) lautet die erste Elastizitätsgleichung des kontinuierlichen Balkens (vgl. Seite 242)

$$\mathfrak{M}_{00}\cdot\frac{l_1}{6\,E\,J_1} + \mathfrak{M}_{10}\left(\frac{l_1}{3\,E\,J_1} + \frac{l_2}{3\,E\,J_2}\right) + \mathfrak{M}_{20}\,\frac{l_2}{6\,E\,J_2} = 0,$$

oder mit $\mathfrak{M}_{00} = -1$ und $\mathfrak{M}_{20} = -\dfrac{\mathfrak{M}_{10}}{\varkappa_2'}$

$$-\frac{l_1}{J_1} + 2\,\mathfrak{M}_{10}\left(\frac{l_1}{J_1} + \frac{l_2}{J_2}\right) - \frac{\mathfrak{M}_{10}\cdot l_2}{\varkappa_2'\cdot J_2} = 0.$$

Diese liefert nach $\mathfrak{M}_{10}$ aufgelöst:

$$\mathfrak{M}_{10} = \frac{l_1\dfrac{J_2}{J_1}\cdot\varkappa_2'}{2\,\varkappa_2'\left(l_1\dfrac{J_2}{J_1} + l_2\right) - l_2} = \zeta_0.$$

Damit sind auch die übrigen Stützmomente bekannt:

$$\mathfrak{M}_{20} = -\frac{\zeta_0}{\varkappa_2'}; \qquad \mathfrak{M}_{30} = \frac{\zeta_0}{\varkappa_2'\cdot\varkappa_3'}; \ldots$$

Die Verdrehungswinkel infolge $X_0 = 1$ nehmen nun nachstehende Werte an:

$$\tau_{00} = \frac{2 - \mathfrak{M}_{10}}{6\,E\,J_1}\cdot l_1 = \frac{l_1}{6\,E\,J_1}(2 - \zeta_0);$$

$$\tau_{10} = \frac{l_1}{6\,E\,J_1}(2\,\zeta_0 - 1) = -\frac{\zeta_0}{6\,E\,J_1}\left(\frac{1}{\zeta_0} - 2\right)l_1;$$

20*

$$\tau_{20} = \frac{\zeta_0}{6\,E\,J_2} \cdot \frac{(\varkappa_2' - 2)\,l_2}{\varkappa_2'}\,;$$

$$\tau_{30} = -\,\frac{\zeta_0}{6\,E\,J_3} \cdot \frac{(\varkappa_3' - 2)\,l_3}{\varkappa_2' \cdot \varkappa_3'}\,;$$

$$\cdots \cdots \cdots \cdots \cdots \cdots$$

während nach (84) die Drehungen an der Stelle 0 infolge der übrigen Momente $X_m$ lauten:

$$\tau_{01} = -\,\frac{\mathfrak{M}_{11}}{6\,E\,J_1} \cdot \zeta_1\,l_1\,; \qquad \tau_{02} = \frac{\mathfrak{M}_{22}}{6\,E\,J_1} \cdot \frac{\zeta_2\,l_1}{\varkappa_2}\,; \qquad \tau_{03} = -\,\frac{\mathfrak{M}_{33}}{6\,E\,J_1} \cdot \frac{\zeta_3\,l_1}{\varkappa_2 \cdot \varkappa_3}\,; \quad \cdots$$

Entsprechend den Gleichungen (86) können mit Hilfe dieser Ausdrücke die Größen $\varphi_{00}$, $\varphi_{10}$, $\varphi_{20}$, $\ldots$, sowie $\varphi_{01}$, $\varphi_{02}$, $\ldots$ gefunden und die Zahlenwerte $\alpha_{00}$, $\alpha_{10}$, $\alpha_{20}$, $\ldots$ in der oben angegebenen Weise bestimmt werden.

Für das Einspannungsmoment am linken Auflager gilt:

$$X_0 = \alpha_{00} \cdot \overline{K}_0 + \alpha_{01} \cdot \overline{K}_1 + \alpha_{02} \cdot \overline{K}_2 + \cdots$$

Steht die Last 1 im ersten Feld, so wird:

$$\overset{1}{\overline{K}_0} = \frac{K_0}{\zeta_0} \cdot 6\,E\,J_c = -\,\delta_{m0}\,\frac{6\,E\,J_c}{\zeta_0} = -\,\frac{l_1{}^2\,J_c}{J_1}\left(\omega_D - \frac{\omega_D'}{\zeta_0}\right)$$

und bei Laststellung in den andern Feldern:

$$\overset{2}{\overline{K}_0} = l_2{}^2\,\frac{J_c}{J_2}\left(\omega_D\,\frac{1}{\varkappa_2'} - \omega_D'\right)\,; \qquad \overset{3}{\overline{K}_0} = -\,\frac{l_3{}^2}{\varkappa_2'} \cdot \frac{J_c}{J_3}\left(\omega_D \cdot \frac{1}{\varkappa_3'} - \omega_D'\right)\,; \ \cdots$$

Die übrigen Werte lassen sich aus den Gleichungen (92) und (92 a) ableiten. Somit stehen zur Berechnung der Einflußordinaten für $X_0$ folgende Ausdrücke zur Verfügung:

$$\overset{1}{\eta_0} = l_1{}^2 \cdot \frac{J_c}{J_1}\left\{ -\,\alpha_{00}\left(\omega_D - \frac{\omega_D'}{\zeta_0}\right) - \left(\alpha_{01}\,\zeta_1 - \alpha_{02}\,\frac{\zeta_2}{\varkappa_2} + \alpha_{03}\,\frac{\zeta_3}{\varkappa_2 \cdot \varkappa_3} - \ldots\right)w_D\right\}$$

$$\overset{2}{\eta_0} = l_2{}^2 \cdot \frac{J_c}{J_2}\left\{(\alpha_{00} + \alpha_{01})\left(\omega_D \cdot \frac{1}{\varkappa_2'} - \omega_D'\right) + \left(\alpha_{02}\,\zeta_2 - \alpha_{03}\,\frac{\zeta_3}{\varkappa_3}\right.\right.$$
$$\left.\left. +\,\alpha_{04}\,\frac{\zeta_4}{\varkappa_3 \cdot \varkappa_4} - \ldots\right)\left(\omega_D' \cdot \frac{1}{\varkappa_2} - \omega_D\right)\right\}$$

$$\overset{3}{\eta_0} = l_3{}^2 \cdot \frac{J_c}{J_3}\left\{ -\left(\frac{\alpha_{00} + \alpha_{01}}{\varkappa_2'} - \alpha_{02}\right)\left(\omega_D \cdot \frac{1}{\varkappa_3'} - \omega_D'\right) + \left(\alpha_{03}\,\zeta_3 - \alpha_{04}\,\frac{\zeta_4}{\varkappa_4}\right.\right.$$
$$\left.\left. +\ldots\right)\left(\omega_D' \cdot \frac{1}{\varkappa_3} - \omega_D\right)\right\}$$

$$\cdots \cdots \cdots \cdots \cdots \cdots \cdots \cdots \cdots$$

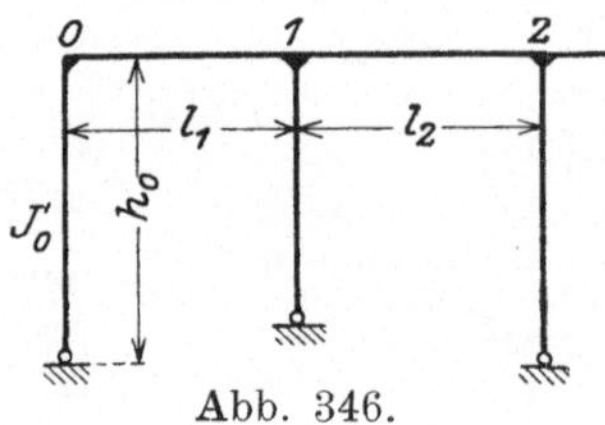

Abb. 346.

Nach Ermittlung der Momente $X$ können auch alle Balkenmomente und Lagerkräfte in der oben mitgeteilten Weise gefunden werden.

Mitunter kommt es vor, daß ein Trägerende als Rahmen ausgebildet wird (s. Abb. 346). In diesem Falle bleibt der Rechnungsgang der gleiche wie vorstehend entwickelt, ein Unterschied besteht lediglich in der Bestimmung des Wertes $\tau_{00}$, da jetzt der Beitrag des Stieles $h_0$ zu dem Verdrehungswert hinzutritt. Dieser lautet dann:

$$\tau_{00} = \frac{l_1}{6\,EJ_1}\,(2 - \zeta_0) + \frac{h_0}{3\,EJ_0{}'}$$

und

$$\frac{\tau_{00}}{\zeta_0} \cdot 6\,EJ_c = l_1 \cdot \frac{J_c}{J_1} \cdot \frac{2 - \zeta_0}{\zeta_0} + \frac{2\,h_0 J_c}{\zeta_0 J_0{}'} = \varphi_{00}.$$

## b) Systeme mit eingespannten Stielen.

Mit Ausnahme der Einspannung der Stützenfüße sollen für das System die gleichen Voraussetzungen gelten wie unter a). Zu den dort eingeführten

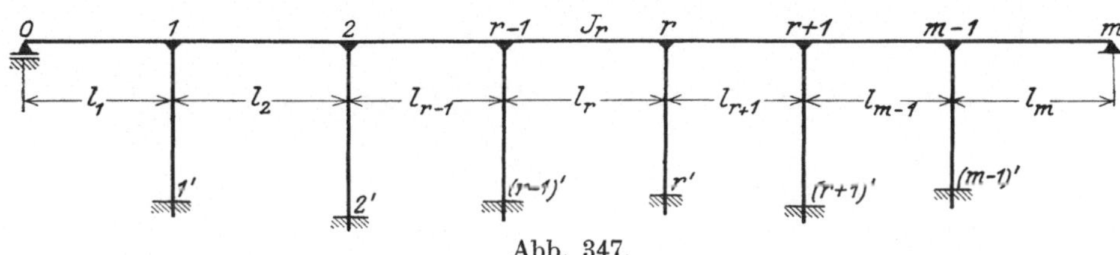

Abb. 347.

statisch unbestimmten Größen treten jetzt noch die Einspannungsmomente $X_i{}'$ (Abb. 347).

Die Belastungszustände $X_i - 1$ sind aus den Betrachtungen im Abschnitt a) bekannt. Für $X_r{}' = 1$ erhält man die in Abb. 348 skizzierte Momentenfläche, welche zeigt, daß bei Vernachlässigung von Längskräften außer

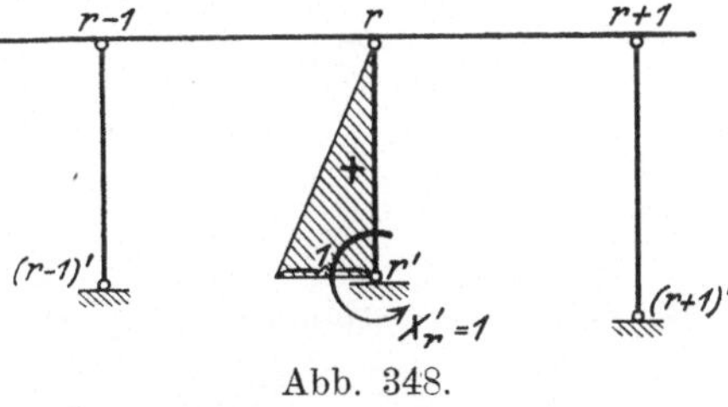

$$(101) \qquad \tau_{r'r'} = \frac{h_r}{3\,EJ_r{}'}$$

und

$$(102) \quad \tau_{rr'} = \tau_{r'r} = \frac{h_r}{6\,EJ_r{}'} = \frac{\tau_{r'r'}}{2}$$

Abb. 348.

alle Verschiebungsgrößen $\tau_{i'r'}$ und $\tau_{ir'}$ zu Null werden. Die Elastizitätsgleichungen nehmen also folgende Form an:

$$(103) \quad \left\{ \begin{aligned}
& X_1 \cdot \tau_{11} + X_2 \cdot \tau_{21} + \dots + X_r \cdot \tau_{r1} + \dots + X_{m-1} \cdot \tau_{(m-1)1} \\
& \qquad\qquad + X_{1'} \cdot \tau_{1'1} = K_1 \\
& \quad \cdot \quad \cdot \quad \cdot \quad \cdot \quad \cdot \quad \cdot \quad \cdot \quad \cdot \quad \cdot \quad \cdot \quad \cdot \quad \cdot \quad \cdot \\
& X_1 \cdot \tau_{1r} + X_2 \cdot \tau_{2r} + \dots + X_r \cdot \tau_{rr} + \dots + X_{m-1} \cdot \tau_{(m-1)r} \\
& \qquad\qquad + X_{r'} \cdot \tau_{r'r} = K_r \\
& \quad \cdot \quad \cdot \quad \cdot \quad \cdot \quad \cdot \quad \cdot \quad \cdot \quad \cdot \quad \cdot \quad \cdot \quad \cdot \quad \cdot \quad \cdot \\
& X_1 \cdot \tau_{1(m-1)} + X_2 \cdot \tau_{2(m-1)} + \dots + X_r \cdot \tau_{r(m-1)} + \dots + X_{m-1} \cdot \tau_{(m-1)(m-1)} \\
& \qquad\qquad + X_{(m-1)'} \cdot \tau_{(m-1)'(m-1)} = K_{m-1} \\
& X_1 \cdot \tau_{11'} + X_{1'} \cdot \tau_{1'1'} = K_{1'} \\
& \quad \cdot \quad \cdot \quad \cdot \quad \cdot \quad \cdot \quad \cdot \quad \cdot \quad \cdot \quad \cdot \quad \cdot \quad \cdot \quad \cdot \quad \cdot \\
& \qquad X_r \cdot \tau_{rr'} + X_{r'} \cdot \tau_{r'r'} = K_{r'} \\
& \quad \cdot \quad \cdot \quad \cdot \quad \cdot \quad \cdot \quad \cdot \quad \cdot \quad \cdot \quad \cdot \quad \cdot \quad \cdot \quad \cdot \quad \cdot \\
& \qquad X_{m-1} \cdot \tau_{(m-1)(m-1)'} + X_{(m-1)'} \cdot \tau_{(m-1)'(m-1)'} = K_{(m-1)'}.
\end{aligned} \right.$$

Zwischen $X_r$ und $X_{r'}$ besteht somit die Beziehung:

$$X_{r'} \cdot \tau_{r'r'} = K_{r'} - X_r \cdot \tau_{rr'},$$

d. h. unter Berücksichtigung von (102) ist:

$$(104) \qquad X_{r'} \cdot \tau_{r'r} = \frac{K_{r'}}{2} - X_r \cdot \frac{\tau_{r'r}}{2}.$$

Führt man die so gefundenen Ausdrücke (104) in die ersten $m - 1$ Gleichungen der Gruppe (103) ein, so gehen diese über in:

$$(105) \quad \begin{cases} X_1\left(\tau_{11} - \dfrac{\tau_{1'1}}{2}\right) + X_2 \cdot \tau_{21} \quad + \cdots + X_r \cdot \tau_{r1} \quad + \cdots \\[2ex] \qquad\qquad + X_{m-1} \cdot \tau_{(m-1)1} = K_1 - \dfrac{K_{1'}}{2} \\[1ex] \qquad \cdots \cdots \cdots \cdots \cdots \cdots \cdots \cdots \\[1ex] X_1 \cdot \tau_{1r} \qquad + X_2 \cdot \tau_{2r} \quad + \cdots + X_r \cdot \left(\tau_{rr} - \dfrac{\tau_{r'r}}{2}\right) + \cdots \\[2ex] \qquad\qquad + X_{m-1} \cdot \tau_{(m-1)r} = K_r - \dfrac{K_{r'}}{2} \\[1ex] \qquad \cdots \cdots \cdots \cdots \cdots \cdots \cdots \cdots \\[1ex] X_1 \cdot \tau_{1(m-1)} \qquad + X_2 \cdot \tau_{2(m-1)} + \cdots + X_r \cdot \tau_{r(m-1)} \quad + \cdots \\[2ex] \qquad + X_{m-1}\left[\tau_{(m-1)(m-1)} - \dfrac{\tau_{(m-1)'(m-1)}}{2}\right] = K_{m-1} - \dfrac{K_{(m-1)'}}{2}. \end{cases}$$

Die Klammerwerte der Momente $X_1$, $X_2$, $X_3$, ... können aus den im Abschnitt a) gefundenen Drehungen berechnet werden. Es ist z. B.

$$\left(\tau_{rr} - \frac{\tau_{r'r}}{2}\right) = \frac{\mathfrak{M}_{rr}}{6\,E\,J_r} \cdot \frac{\zeta_r\,(2\,\varkappa_r - 1)}{\varkappa_r} \cdot l_r + \frac{h_r}{3\,E\,J_r'} - \frac{h_r}{12\,E\,J_r'}$$

$$= \frac{\mathfrak{M}_{rr}}{6\,E\,J_r} \cdot \frac{\zeta_r\,(2\,\varkappa_r - 1)}{\varkappa_r} \cdot l_r + \frac{h_r}{4\,E\,J_r'}.$$

Setzt man in Übereinstimmung zu Seite 298

$$\frac{\zeta_r\,(2\,\varkappa_r - 1)}{\varkappa_r}\,l_r \cdot \frac{J_c}{J_r} + \frac{3}{2} \cdot \frac{h_r}{\mathfrak{M}_{rr}} \cdot \frac{J_c}{J_r'} = \psi_{rr}$$

und

$$\frac{\tau_{ir}}{\mathfrak{M}_{rr}} \cdot 6\,E\,J_c = \psi_{ir} = \varphi_{ir},$$

so lassen sich mit Hilfe der $\psi$ die den Werten $\alpha$ in Abschnitt a) entsprechenden Größen $\beta$ in der dort angegebenen Weise bestimmen.

In den Gleichungen (105) werden sämtliche $K'$ zu Null, falls keine Lasten an den Stützen angreifen. Die Einflußordinaten für die Momente $X_i$ können also mit Hilfe von (93) berechnet werden, wenn man dort die Werte $\alpha$ durch die entsprechenden Größen $\beta$ ersetzt. Aus (104) folgt dann weiter

$$X_{r'} = -\frac{X_r}{2},$$

d. h. die Einflußfläche für $X_{r'}$ ist gleich derjenigen für $X_r$, wenn man letzterer den Multiplikator $\mu = -\frac{1}{2}$ gibt. Der Horizontalschub am Stützenfuß wird:

$$H_{r'} = \frac{1}{h_r} \cdot X_r - \frac{1}{h_r} \cdot X_{r'} = \frac{3}{2}\frac{X_r}{h_r}.$$

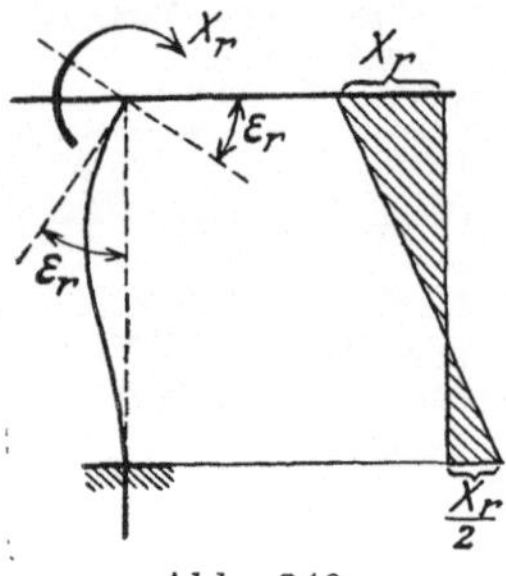


Abb. 349.

Für die Stützmomente $M_r'$ und $M_r''$ gelten nach Seite 304 die Gleichungen

$$\begin{cases} M_r' = -\dfrac{l_r}{3}(2\,\omega_D - \omega_D') - 2\cdot\dfrac{\varepsilon_{r-1} + 2\,\varepsilon_r}{l_r}\cdot E J_r \\[2ex] M_r'' = M_r' - X_r, \end{cases}$$

und zwar ist unter Bezugnahme auf Abb. 349 zu setzen:

$$\varepsilon_r = \frac{h_r}{4\,E J_r'}\cdot X_r; \qquad \varepsilon_{r-1} = \frac{h_{r-1}}{4\,E J_{r-1}'}\cdot X_{r-1}.$$

Damit erhält man für das linke Stützmoment

$$M_r' = -\frac{l_r}{3}(2\,\omega_D - \omega_D') - \frac{1}{2}\left(\frac{h_{r-1}}{l_r}\cdot\frac{J_r}{J_{r-1}'}\cdot X_{r-1} + 2\,\frac{h_r}{l_r}\cdot\frac{J_r}{J_r'}\cdot X_r\right).$$

Bei gleichen $h$, $J$ und $J'$ geht dieser Wert über in:

$$M_r' = -\frac{l_r}{3}(2\,\omega_D - \omega_D') - \frac{1}{2}\cdot\frac{h}{l_r}\cdot\frac{J}{J'}(X_{r-1} + 2\,X_r).$$

Die weitere Berechnung erfolgt nun in der im Abschnitt a) angegebenen Weise.

# § 6. Bogenträger.

## a) Der Zweigelenkbogen.

### 1. Der vollwandige Zweigelenkbogen.

Kommt das Mittelgelenk eines Dreigelenkbogens (vgl. Seite 55) in Fortfall, so entsteht der einfach statisch unbestimmte Zweigelenkbogen (Abb. 350). Als Auflagerreaktionen werden die senkrechten Drücke $A$ und $B$, sowie die in Richtung der Bogensehne fallenden Schübe $H_A$ und $H_B$ eingeführt. Dann liefern die Momentengleichungen für die Punkte $B$ und $A$ sofort die Lagerkräfte

$$A = \frac{\Sigma P\cdot b}{l}; \qquad B = \frac{\Sigma P\cdot a}{l},$$

welche mit denen eines einfachen Balkens von der Länge $l$ übereinstimmen.

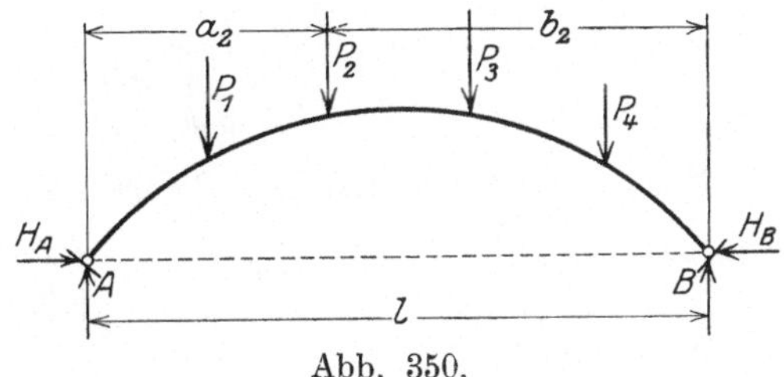



Abb. 350.

Als statisch unbestimmte Größe $X_a$ wird der Horizontalschub bei $B$ eingeführt, so daß als statisch bestimmtes Hauptsystem ein Träger auf zwei Stützen $A - B$, mit einem festen Lager $A$ und einem verschieblichen Lager $B$ entsteht[1]).

Die allgemeine Elastizitätsgleichnng für $X_a$ lautet:

$$X_a = -\frac{\Sigma P_m\cdot\delta_{ma} + \delta_{at} - \Sigma(C_a\cdot c)}{\delta_{aa}},$$

---

[1]) Liegen die Kämpfergelenke nicht in gleicher Höhe, so verfahre man wie unter 2. Seite 318 angegeben (vgl. auch die entsprechenden Ausführungen beim Dreigelenkbogen, Abschnitt II, § 3).

mit deren Hilfe $X_a$ für die verschiedenen Belastungs- und Temperaturzustände berechnet werden kann.

Der Einfluß lotrechter Lasten wird zweckmäßig mit Hilfe der Einflußlinien untersucht. Für eine über den Bogen wandernde Last 1 wird:

$$(106) \qquad X_a = - \frac{\delta_{ma}}{\delta_{aa}},$$

und zwar ist unter Vernachlässigung von Längs- und Querkräften:

$$E J_c \cdot \delta_{ma} = \int M_0 M_a \frac{J_c}{J} ds = - \int M_0 \cdot y \frac{J_c}{J} ds,$$

wenn $y$ den Abstand eines beliebigen Punktes $m$ des Bogens von der Sehne $A-B$ bezeichnet. Mit $ds = \dfrac{dx}{\cos \varphi}$ (Abb. 351) wird

$$E J_c \cdot \delta_{ma} = - \int M_0 \cdot y \frac{J_c}{J} \frac{dx}{\cos \varphi}.$$

Wählt man nun für $J \cos \varphi$ einen Mittelwert $J_m$, was bei den meisten Untersuchungen der Praxis zulässig ist, und setzt $J_c = J_m$, so erhält man schließlich

$$E J_c \cdot \delta_{ma} = - \int M_0 y \, dx.$$

Ferner wird

$$E J_c \cdot \delta_{aa} = \int M_a^2 \frac{J_c}{J} ds + \int N_a^2 \frac{J_c}{F} ds.$$

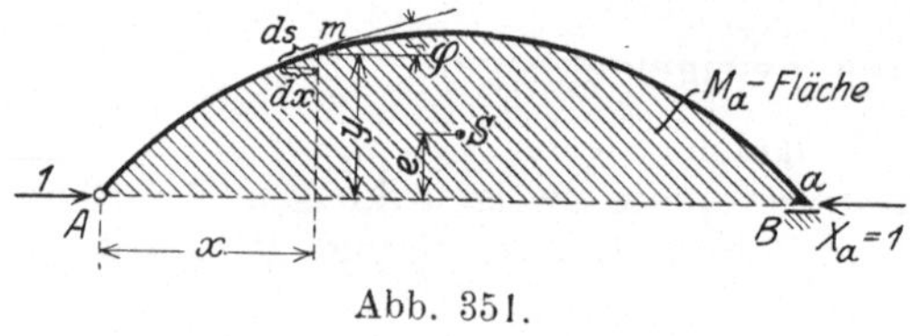


Abb. 351.

Der Beitrag des zweiten Gliedes darf bei Bögen von genügend großer Pfeilhöhe wegen seines geringen Einflusses gewöhnlich vernachlässigt werden. Will man ihn berücksichtigen, so empfiehlt sich die Annahme $N_a = -1$. Dann wird

$$E J_c \cdot \delta_{aa} = \int y^2 \, dx + 1 \int \frac{J_c}{F \cdot \cos \varphi} dx.$$

Setzt man noch den Mittelwert von $F \cdot \cos \varphi$ gleich $F_m$, so ergibt sich:

$$E J_c \cdot \delta_{aa} = \int y^2 \, dx + \frac{l J_c}{F_m}.$$

Nun ist aber

$$(107) \qquad \int y^2 \, dx = 2 \int y \, dx \cdot \frac{y}{2} = 2 F_a \cdot e,$$

d. h. gleich dem mit 2 multiplizierten statischen Moment der $M_a$-Fläche in bezug auf die Gerade $A-B$ (Abb. 351). Somit wird

$$(108) \qquad E J_c \cdot \delta_{aa} = 2 F_a \cdot e + l \frac{J_c}{F_m}.$$

Gleichung (106) besagt, daß die Biegungslinie des statisch bestimmten Hauptsystems infolge $X_a = 1$ zugleich Einflußlinie für $X_a$ ist, wenn man ihr den Multiplikator $\mu = - \dfrac{1}{\delta_{aa}}$ beilegt, wo $\delta_{aa}$ durch (108) gegeben ist. Diese Biegungslinie kann nach den Erläuterungen auf Seite 172 dargestellt werden als Momentenkurve einer stetigen Belastung, deren Belastungsordinate an der Stelle $x$ die Größe

$$w_x = \frac{M_a}{E\,J \cdot \cos\varphi} = -\frac{y}{E\,J \cdot \cos\varphi}$$

besitzt, wobei nach obigen Erklärungen für $J \cdot \cos\varphi$ der Mittelwert $J_m = J_c$ eingeführt werden kann. Bei Benutzung der $E\,J_c$-fach zu großen Belastungsordinaten wird

$$E\,J_c \cdot w_x = -\,y\,.$$

Ist der Bogen nach einer Parabel mit dem Biegungspfeil $f$ gekrümmt, so wird das Moment an der Stelle $x = a$ infolge dieser fiktiven Belastung (Abb. 352)

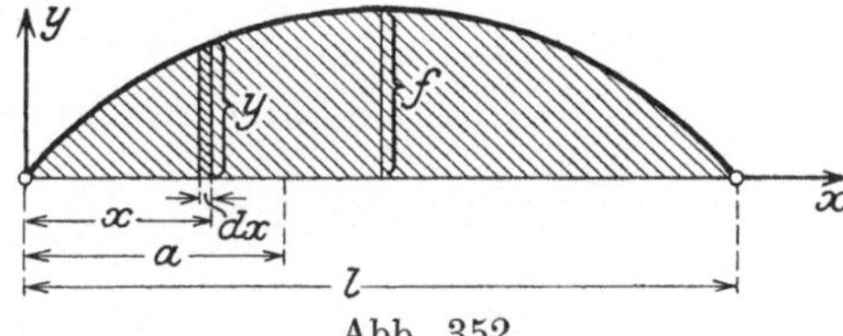

Abb. 352.

$$M_f = -\,[\tfrac{1}{3}f\,l \cdot a - \int_0^a y\,dx\,(a-x)]\,,$$

oder mit

$$y = \frac{4\,f}{l^2} \cdot x\,(l-x) \quad \text{(Parabelgleichung)}$$

$$M_f = -\left[\frac{f\,l\,a}{3} - \frac{4\,f\,a}{l^2}\int_0^a (l \cdot x - x^2)\,dx + \frac{4\,f}{l^2}\int_0^a (l\,x^2 - x^3)\,dx\right]$$

$$= -\frac{f\,l^2}{3}\left(\frac{a}{l} - 2\,\frac{a^3}{l^3} + \frac{a^4}{l^4}\right).$$

Demnach wird für einen beliebigen Punkt $m$ mit der Abszisse $x$

$$E\,J_c \cdot \delta_{m\,a} = -\frac{f\,l^2}{3}\left(\frac{x}{l} - 2\,\frac{x^3}{l^3} + \frac{x^4}{l^4}\right).$$

Ferner ergibt sich nach (107) mit $F_a = \tfrac{2}{3}f\,l$ und $e = \tfrac{2}{5}f$

$$\int_0^l y^2\,dx = \tfrac{8}{15}\,f^2 \cdot l\,.$$

Man erhält somit als Einflußordinate für $X_a$ den Wert

$$\eta_a = -\frac{\delta_{m\,a}}{\delta_{a\,a}} = \frac{\dfrac{f\,l^2}{3}\left(\dfrac{x}{l} - 2\,\dfrac{x^3}{l^3} + \dfrac{x^4}{l^4}\right)}{\dfrac{8}{15}\,f^2\,l + l\,\dfrac{J_c}{F_m}}\,.$$

Für $x = \dfrac{l}{2}$ ergibt sich mit

$$\nu = 1 + \frac{15}{8\,f^2} \cdot \frac{J_c}{F_m}$$

$$\eta_{a\,\left(x=\frac{l}{2}\right)} = \frac{25}{128} \cdot \frac{l}{f \cdot \nu} = \sim \frac{3}{16}\,\frac{l}{f \cdot \nu}\,.$$

Für Überschlagsrechnungen genügt es, wenn man die Einflußlinie für $X_a$ als eine Parabel mit der Pfeilhöhe $f' = \dfrac{3}{16}\,\dfrac{l}{f \cdot \nu}$ auffaßt. Die Ordinate $\eta_a$ der Einflußlinie ergibt sich dann aus der Parabelgleichung zu

$$\eta_a = \frac{4f'}{l^2} \cdot xx' = \frac{3xx'}{4fl\nu},$$

und somit

(109)
$$X_a = H = \frac{3}{4fl\cdot\nu}\, \Sigma P\cdot xx'\,.$$

Ist $X_a$ gefunden, so sind auch die Momente für beliebige Bogenpunkte bekannt. Für diese gilt

$$M = M_0 + M_a\cdot X_a = M_0 - X_a\cdot y\,.$$

Um die Einflußlinie für das Moment an der Stelle $c$ auftragen zu können, schreibt man

$$M_c = y_c\left(\frac{M_0}{y_c} - X_a\right)$$

und findet somit die Einflußfläche für $M_c$ als Differenz der mit $\frac{1}{y_c}$ multiplizierten Einflußfläche für $M_0$ und derjenigen für $X_a$ (Abb. 353a). Der Multiplikator ist $\mu = y_c$. Für die Querkraft $Q_c$ gilt nach Gleichung (20) Seite 56

$$Q_c = Q_0 \cos\varphi - H\cdot\sin\varphi,$$

wenn $\varphi$ den Neigungswinkel der Tangente in $c$ gegen die Horizontale bezeichnet. Setzt man $\sin\varphi$ vor die Klammer, so wird

$$Q_c = \sin\varphi\,(Q_0\cdot\operatorname{ctg}\varphi - H)\,.$$

Man erhält also die Einflußfläche für $Q_c$ als Differenz der mit $\operatorname{ctg}\varphi$ multiplizierten Einflußfläche für $Q_0$ und derjenigen für $H$. Der Multiplikator ist $\mu = \sin\varphi$ (Abb. 353b).

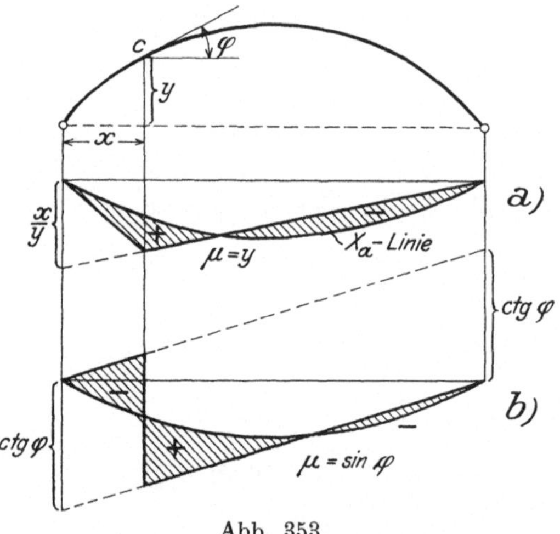


Abb 353.

Zu einer einfachen Darstellung der Einflußlinie für den Horizontalschub eines Bogens von beliebiger Form gelangt man auf folgende Weise. Für den Horizontalschub gilt, wenn hier die Längskraft $N_a = -1\cdot\cos\varphi$ eingeführt wird,

(110)
$$X_a = \frac{\displaystyle\int \frac{M_0\,y\,dx}{EJ\cdot\cos\varphi}}{\displaystyle\int y^2\,\frac{dx}{EJ\cdot\cos\varphi} + \int \frac{\cos^2\varphi\,dx}{EF\cdot\cos\varphi}}\,.$$

Betrachtet man mit hinreichender Annäherung die Größen $\dfrac{y}{J\cdot\cos\varphi}$ und $\dfrac{\cos\varphi}{F}$ als konstant und setzt $\dfrac{y}{J\cdot\cos\varphi} = \dfrac{f}{J_c}$ und $\dfrac{\cos\varphi}{F} = \dfrac{1}{F_c}$, wobei $f$ den Bogenpfeil, $J_c$ das Trägheitsmoment und $F_c$ den Flächeninhalt des Querschnitts im Bogenscheitel bedeuten, so erhält man den einfachen Ausdruck

$$(111) \qquad X_a = \frac{\int M_0\,dx}{\int y\,dx + \dfrac{l}{f}\cdot\dfrac{J_c}{F_c}}.$$

Der Zähler des vorstehenden Bruches stellt den Inhalt $F_0$ der $M_0$-Fläche, der Wert $\int y\,dx$ den Inhalt der von der Bogenachse und Sehne begrenzten Fläche $F_a$ dar (Abb. 354). Man erhält somit die Einflußordinate des Horizontalschubes

$$\eta_a = \frac{x\,x'}{2\left(F_a + \dfrac{l}{f}\cdot\dfrac{J_c}{F_c}\right)} = \frac{x\,x'}{2\,v'},$$

wenn

$$v' = F_a + \frac{l}{f}\cdot\frac{J_c}{F_c}$$

gesetzt wird.

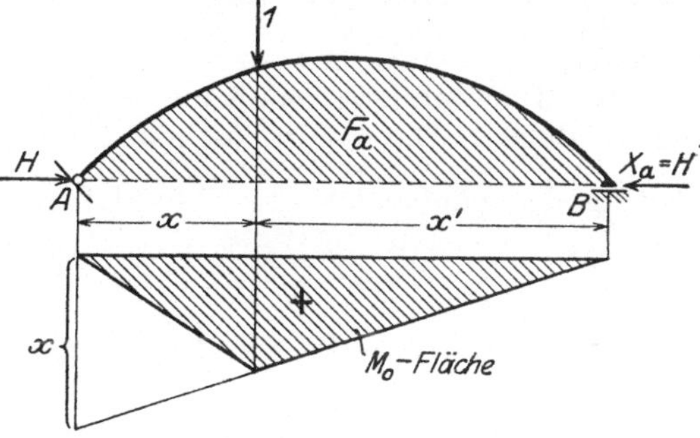



Abb. 354.

Die Einflußlinie für $X_a$ ist also eine Parabel von der Pfeilhöhe $\dfrac{l^2}{8\,v'}$. Für den Kreisbogen ist $F_a = \dfrac{r^2}{2}\left(\dfrac{\pi\cdot\gamma}{180} - \sin\gamma\right)$, wobei $\gamma$ den Zentriwinkel in Graden und $r$ den Radius bezeichnen, und für die Parabel $F_a = \frac{2}{3}fl$.

Der Einfluß einer gleichmäßigen Temperaturänderung um $t^0$ auf $X_a$ wird:

$$X_{at} = -\frac{\delta_{at}}{\delta_{aa}}.$$

Mit

$$\delta_{at} = \int N_a\,\varepsilon\,t\,ds = -\varepsilon\,t\int 1\cdot\cos\varphi\cdot\frac{dx}{\cos\varphi} = -\varepsilon\,t\,l$$

und

$$\delta_{aa} = \frac{8}{15}\cdot\frac{f^2 l}{E J_c} \qquad \text{(Längskräfte vernachlässigt)}$$

ergibt sich

$$X_{at} = \frac{15}{8}\,E J_c\cdot\frac{\varepsilon\,t}{f^2}.$$

Um den Einfluß schräger, ruhender Lasten auf $X_a$ angeben zu können, schreibe man die Beziehung an:

$$X_a = -\frac{\Sigma P_m\cdot\delta_{ma}}{\delta_{aa}} = \frac{\int M_0\cdot y\,\dfrac{J_c}{J}\,ds}{E J_c\cdot\delta_{aa}}.$$

Der Wert für den Nenner des vorstehenden Bruches kann aus Gleichung (108) entnommen werden, für den Zähler ist die Integration nach Einführung der $M_0$-Ordinaten durchzuführen.

Verbindet man die beiden Bogenenden $A$ und $B$ durch eine Zugstange und bildet ein Lager fest, das andere beweglich aus, so entsteht der statisch bestimmt gelagerte, aber innerlich ein-

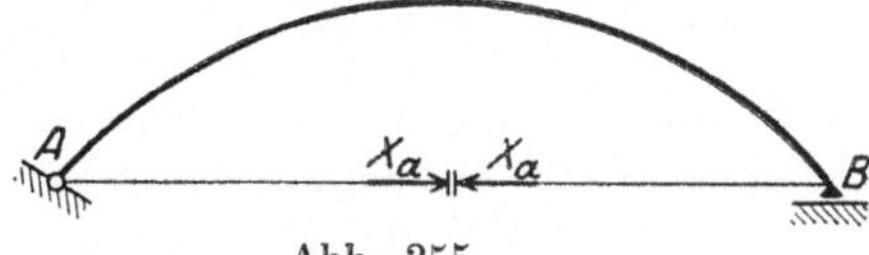



Abb. 355.

fach statisch unbestimmte Zweigelenkbogen mit aufgehobenem Horizontal-
schub (auch Zweigelenkbogen mit Zugband genannt). Als statisch unbestimmte
Größe $X_a$ führt man hier zweckmäßig die Spannkraft des Zugbandes ein
(Abb. 355). Dann wird unter Beachtung der Gleichung (108)

$$E J_c \cdot \delta_{aa} = 2 F_a \cdot e + l \frac{J_c}{F_m} + l \frac{J_c}{F_z},$$

wo $l \dfrac{J_c}{F_z}$ den Beitrag des Zugbandes darstellt und $F_z$ dessen Querschnitt bezeichnet.

Bei Dachbindern empfiehlt es sich, den auf S. 314 besprochenen Weg
einzuschlagen. Dann tritt zu dem Nenner des Bruches in Gl. (110) noch der

Beitrag des Zugbandes $\dfrac{1 \cdot l}{E F_z}$, so daß (111) übergeht in

$$X_a = \frac{\int M_0 \, dx}{\int y \, dx + \dfrac{l}{f} \cdot \dfrac{J_c}{F_c} + \dfrac{l}{f} \cdot \dfrac{J_c}{F_z}},$$

oder mit $\int M_0 \, dx = F_0$ (Inhalt der $M_0$-Fläche) und $\int y \, dx = F_a$ (Inhalt der
vor der Bogenachse und Sehne begrenzten Fläche)

$$(112) \qquad X_a = \frac{F_0}{F_a + \dfrac{l}{f} J_c \left( \dfrac{1}{F_c} + \dfrac{1}{F_z} \right)}.$$

Wird das Zugband gesprengt, so wähle man als statisch unbestimmte
Größe $X_a$ die Horizontalprojektion der Spannkraft des Zugbandes. Dann
ist $M_a = -1 \cdot y$, und zwar bedeutet
hier $y$ die senkrechte Ordinate zwischen
Zugband und Bogenachse. Der Inhalt
der von beiden begrenzten Fläche ist
gleich $F_a$ (Abb. 356). In diesem Falle
würde der Beitrag des Zugbandes und
der Hängestangen zu $\delta_{aa}$ genau ge-

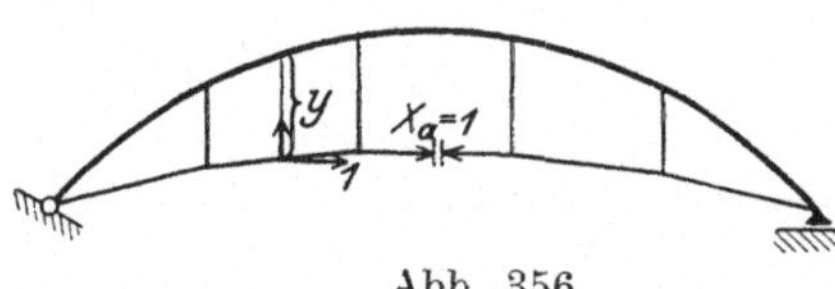


Abb. 356.

nommen durch den Wert $\Sigma S_a^2 \varrho$ zu ermitteln sein, wobei sich $\Sigma$ über das
Zugband und die Hängestangen erstreckt. Für praktische Zwecke liefert
jedoch auch hier die Gl. (112) befriedigende Resultate.

Kämpferdrucklinie. Wie beim Dreigelenkbogen, so liegt auch hier
der Schnittpunkt der Kämpferdrücke infolge einer Einzellast $P$ auf der
Richtungslinie dieser Kraft.
Handelt es sich um lotrechte
Lasten, so nennt man den geometrischen Ort dieser Schnittpunkte die Kämpferdrucklinie.
Der Schnittpunkt der beiden
Kämpferdrücke $K_A$ und $K_B$
mit der Richtungslinie der beliebig angenommenen lotrechten Last $P$ sei mit $O$ (Abb. 357),
dessen Abstand von der Sehne

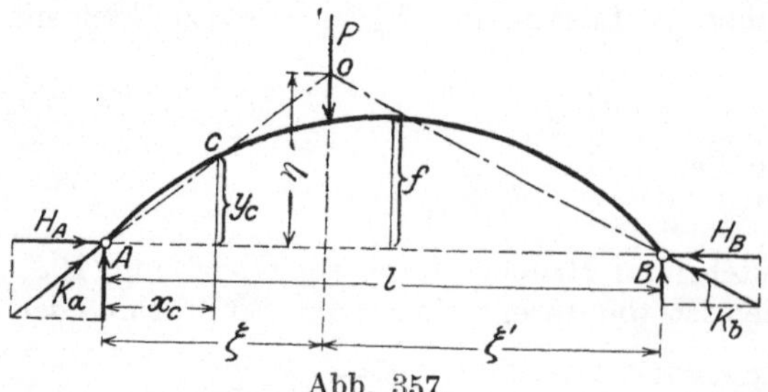


Abb. 357.

$A - B$ mit $\eta$ bezeichnet. Wenn $O$ ein Punkt der Kämpferdrucklinie sein
soll, so muß die Beziehung bestehen;

$$A \cdot x_c - H \cdot y_c = 0;$$

woraus folgt:

$$y_c = \frac{A \cdot x_c}{H}.$$

Da aber auch

$$y_c = \eta \frac{x_c}{\xi}$$

ist, so wird

$$\frac{A \cdot x_c}{H} = \eta \cdot \frac{x_c}{\xi} \quad \text{oder} \quad \eta = \frac{A \cdot \xi}{H}.$$

Setzt man noch $A = \dfrac{P \cdot \xi'}{l}$, so wird

$$\eta = \frac{P \cdot \xi \xi'}{H \cdot l}.$$

Dieser Ausdruck stellt die Gleichung der Kämpferdrucklinie dar. Für parabelförmige Bögen kann nach (109) $H = \dfrac{3}{4} P \cdot \dfrac{\xi \xi'}{f\,l\,v}$ gesetzt werden. Nach Einführung dieses Wertes in die vorstehende Gleichung für $\eta$ erhält man:

$$\eta = \frac{4}{3} f v.$$

Soll also für einen Bogen von der hier besprochenen Form die Lastscheide für das Moment $M_c$ bestimmt werden, so ziehe man die Gerade $A - c$ und bringe diese in $O$ mit der im Abstand $\eta = \dfrac{4}{3} f v$ von $A - B$ gezogenen Parallelen zum Schnitt. Eine durch $O$ gehende Last erzeugt das Moment $M_c = 0$, da $K_a$ in bezug auf $c$ keinen Hebelarm besitzt. Hat man die Einflußlinie für $X_a = H$ gefunden, so können mit Hilfe der Lastscheide auch schnell die Einflußlinien aller Momente aufgetragen werden (Abb. 358 a). In ähnlicher Weise bestimmt man die Lastscheide für die Querkraft, indem man zur Tangente in $c$ die Parallele durch $A$ zieht, welche die Kämpferdrucklinie in $O'$ schneiden möge. Lotet man $O'$ herunter, so ist mit Hilfe der $X_a$-Linie die Einflußlinie für $Q_c$ festgesetzt (Abb. 358 b; vgl. auch S. 58).

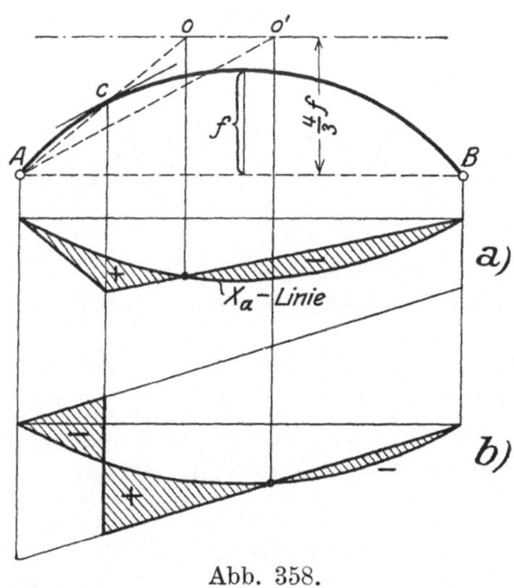



Abb. 358.

## 2. Der Fachwerkzweigelenkbogen.

Abb. 359 zeigt einen Fachwerkbogen beliebiger Gestalt mit ungleich hohen Auflagern. Die Reaktionen in den Auflagergelenken mögen nach den Vertikalkomponenten $A$ und $B$ und den Horizontalkomponenten $H_A$ und $H_B$ zerlegt sein. Führt man nun den Schub $H_B$ als statisch unbestimmte Größe $X_a$ ein, so entsteht als statisch bestimmtes Hauptsystem ein Balken auf zwei Stützen $A - B$ von der Stützweite $l$. Den Zustand $X_a = 1$ zeigt Abb. 360. An der Stelle $m$ entsteht das Moment

$$M_{ma} = -1 \cdot y'_m + 1 \cdot \text{tg}\,\alpha \cdot x_m.$$

Da aber

$$x_m \cdot \operatorname{tg} \alpha = y'_m - y_m,$$

so wird

$$M_{ma} = -1 \cdot y_m,$$

wobei $y_m$ diejenige Strecke darstellt, welche auf der Senkrechten durch $m$ zwischen $m$ und der Bogensehne $A - B$ liegt.

Für $X_a = H_B$ gilt wieder die bekannte Beziehung

$$X_a = - \frac{\Sigma P_m \cdot \delta_{ma} + \delta_{at} - \Sigma (C_a \cdot c)}{\delta_{aa}}.$$

Liegen die Lager $A$ und $B$ gleich hoch, so wird $\alpha = 0$, $\operatorname{tg} \alpha = 0$ und $y' = y$.

Soll der Einfluß einer beliebigen ruhenden Belastung untersucht werden, so erhält man mit

$$E F_c \cdot \Sigma P_m \cdot \delta_{ma} = \sum S_0 S_a s \cdot \frac{F_c}{F} \quad \text{und} \quad E F_c \cdot \delta_{aa} = \sum S_a^2 s \cdot \frac{F_c}{F}$$

$$X_{aP} = - \frac{\sum S_0 S_a s \cdot \dfrac{F_c}{F}}{\sum S_a^2 s \cdot \dfrac{F_c}{F}},$$

wobei $S_0$ und $S_a$ die bekannten Bedeutungen haben und $F_c$ einen konstanten im übrigen aber beliebigen Querschnitt darstellt. Gewöhnlich setzt man $F^c$

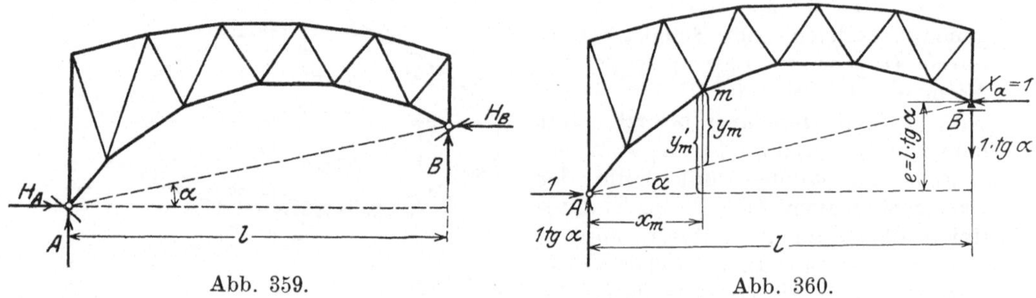

Abb. 359.
Abb. 360.

gleich dem am häufigsten vorkommenden Gurtquerschnitt. Die Spannkräfte $S$ ergeben sich aus der Beziehung:

$$S = S_0 + S_a \cdot X_a$$

und die Lagerkräfte

$$A = A_0 + X_a \cdot \operatorname{tg} \alpha,$$
$$B = B_0 - X_a \cdot \operatorname{tg} \alpha.$$

Handelt es sich um den Einfluß beweglicher Lasten, so führt die Benutzung der Einflußlinien am schnellsten zum Ziel. Der Einfluß einer über den Träger wandernden Last 1 auf $X_a$ ist

$$X_{a\,(P=1)} = - \frac{1 \cdot \delta_{ma}}{\delta_{aa}}.$$

Die Einflußlinie für $X_a$ ist also gleich der mit $- \dfrac{1}{\delta_{aa}}$ multiplizierten Biegungslinie des statischen bestimmten Hauptsystems infolge $X_a = 1$. Ihre

Ermittlung erfolgt zweckmäßig mit Hilfe der $W$-Gewichte. Für diese gilt nach S. 160 $EF_c W_m = \Sigma \overline{S} S_a s \cdot \dfrac{F_c}{F}$, wobei $\overline{S}$ die virtuellen Spannkräfte infolge der „$\dfrac{1}{\lambda}$-Belastung" und $S_a$ die Spannkräfte in den Stäben des statisch bestimmten Hauptsystems infolge des Zustandes $X_a = 1$ bedeuten. Letztere können entweder mit Hilfe eines Cremonaschen Kräfteplanes oder rechnerisch aus den Momenten $M_{ma} = -1 \cdot y_m$ gewonnen werden. (Über die Bestimmung der Spannkräfte $\overline{S}$ vgl. S. 158.)

Bei dem in Abb. 361 dargestellten System (Sichelbogen mit aufgeständerter Fahrbahn) greifen die Verkehrslasten am Obergurt an. Denkt man sich auch das gesamte Eigengewicht auf die Knotenpunkte des Obergurtes verteilt, so genügt es, wenn die Biegungslinie dieses Gurtes bestimmt wird. Für die Ermittlung der $W$-Gewichte ist somit der stark ausgezogene Stabzug maßgebend.

Infolge $X_a = 1$ tritt eine Verschiebung der Knotenpunkte des Bogens nach oben ein, die $W$-Gewichte werden sich also negativ ergeben. Belastet man nun einen einfachen Balken $A-B$ von der Stützweite $l$ mit den Gewichten $EF_c \cdot W_m$ und bestimmt die den Punkten $m$ entsprechenden Biegungsmomente infolge dieser fiktiven Belastung, so stellen letztere die $EF_c$-fach zu großen Verschiebungswerte $\delta_{ma}$ dar. Statt dessen bestimmt man zweckmäßig die Momente des einfachen Balkens infolge der mit $-1$ multiplizierten Gewichte $EF_c \cdot W_m$ und erhält in dem so entstehenden Momentenpolygon direkt die Einflußlinie für $X_a$. Ihr Multiplikator ist $\dfrac{1}{EF_c \cdot \delta_{aa}} = \dfrac{1}{\sum S_a^2 s \cdot \dfrac{F_c}{F}}$ (Abb. 361a).

Häufig wird für den ersten Rechnungsgang der Einfluß der Füllungsglieder bei der Berechnung der $W$-Gewichte außer acht gelassen und $\dfrac{F_c}{F}$ für die Gurte gleich 1 gesetzt. Im zweiten Rechnungsgang sind dann die gefundenen Querschnittsverhältnisse einzuführen.

Nachdem die Einflußlinie für $X_a$ bekannt ist, können auch diejenigen für die Stabspannkräfte schnell aufgetragen werden. Aus der Beziehung

$$M_m = M_{m0} + M_{ma} \cdot X_a$$

folgt mit

$$M_{ma} = -1 \cdot y_m,$$

$$M_m = y_m \left( \frac{M_{m0}}{y_m} - X_a \right).$$

Somit kann die Einflußfläche für das Moment am Knotenpunkt $m$ dargestellt werden als Differenz der mit $\dfrac{1}{y_m}$ multiplizierten Einflußfläche für $M_{m0}$ und der Einflußfläche für $X_a$. Ihr Multiplikator ist $\mu = y_m$. Beachtet man ferner die bekannten Beziehungen $O_m = -\dfrac{M_{m-1}}{r_{m-1}}$ und $U_{m+1} = \dfrac{M_m}{r_m}$ (Abb. 361), so können die Einflußlinien für die Gurtspannkräfte aus denjenigen für die Momente der zugehörigen Bezugspunkte abgeleitet werden. Abb. 361b zeigt die Einflußlinie der Spannkraft $O_m$, Abb. 361c diejenige für $U_{m+1}$. Zur Bestimmung der Einflußlinie für $D_m$ geht man von der Beziehung aus:

$$D_m = D_{m0} + D_{ma} \cdot X_a.$$

$D_{ma}$ wird bestimmt mit Hilfe der Momentengleichung um den Schnittpunkt $i$ der Gurtstäbe $O_m$ und $U_{m+1}$. Diese lautet:

$$- 1 \cdot y_i - D_{ma} \cdot r_i = 0;$$

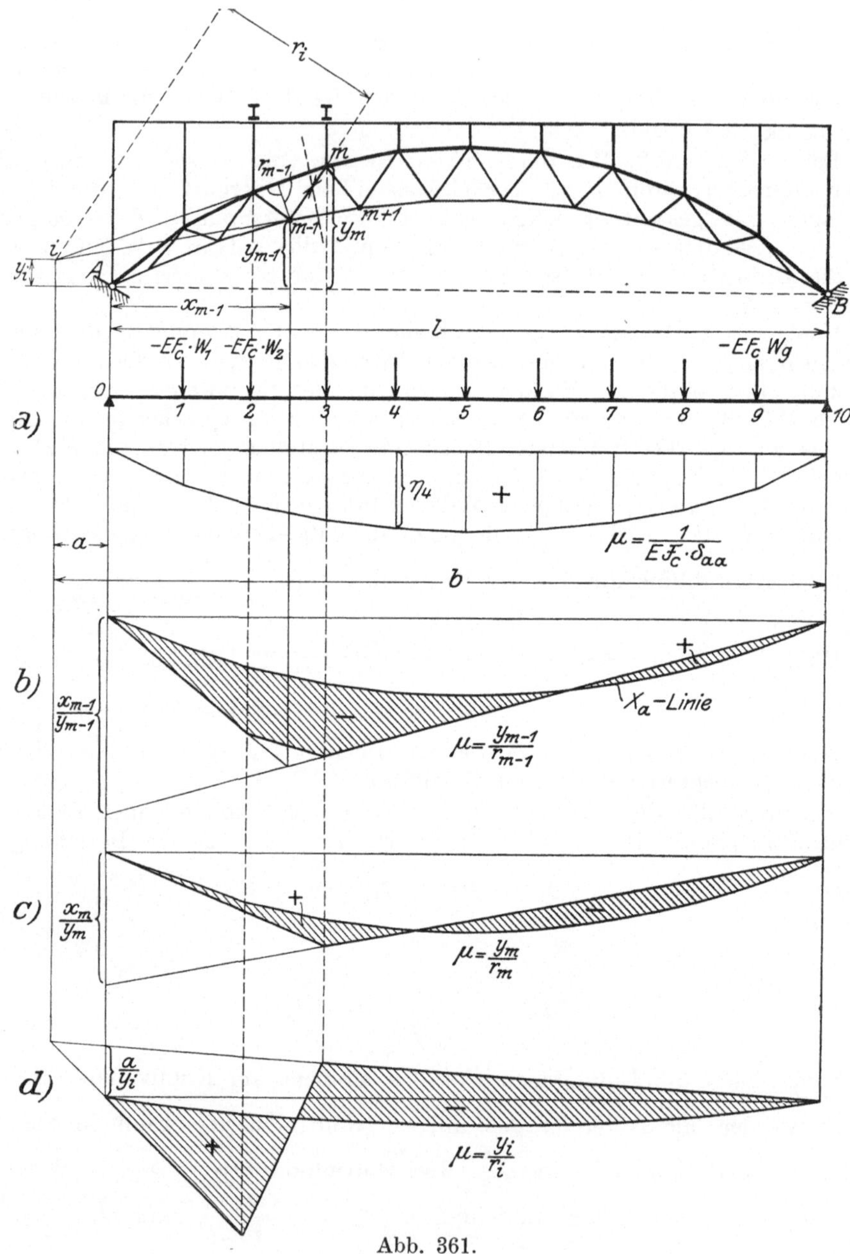



Abb. 361.

woraus folgt:

$$D_{ma} = - \frac{y_i}{r_i},$$

wenn $y_i$ die Ordinate des Punktes $i$ in bezug auf die Sehne $A - B$ und $r_i$

das Lot von $i$ auf die Richtung des Stabes $D_m$ angibt. Man erhält also

$$D_m = \frac{y_i}{r_i}\left(D_{m0}\cdot\frac{r_i}{y_i} - X_a\right).$$

Die Einflußfläche für $D_m$ läßt sich somit darstellen als Differenz der mit $\frac{r_i}{y_i}$ multiplizierten Einflußfläche für $D_{m0}$ und der Einflußfläche für $X_a$. Ihr Multiplikator ist $\mu = \frac{y_i}{r_i}$. Die $D_{m0}$-Linie ergibt sich nach S. 81, indem man unter $A$ die Größe $-\frac{a}{r_i}$ und unter $B$ $+\frac{b}{r_i}$ aufträgt, wobei $a$ und $b$ die Abstände des Punktes $i$ von den Senkrechten durch $A$ und $B$ bedeuten. Da nun die $D_{m0}$-Fläche mit $\frac{r_i}{y_i}$ zu multiplizieren ist, so hat man hier unter $A$ den Wert $-\frac{a}{y_i}$ und unter $B$ den Wert $+\frac{b}{y_i}$ aufzutragen. Man kann aber auch die Bedingung benutzen, daß sich die durch die Strecken $-\frac{a}{y_i}$ und $+\frac{b}{y_i}$ festgelegten Geraden senkrecht unter dem Punkt $i$ schneiden müssen. Subtrahiert man von der so gefundenen Einflußfläche diejenige für $X_a$, so erhält man schließlich die gesuchte Einflußfläche für $D_m$ (Abb. 361 d).

In analoger Weise findet man die Einflußlinien für einen Zwickelbogen von der in Abb. 362 dargestellten Form. Genau genommen hat hier die Einflußlinie für $X_a$ bei Belastung des Obergurtes unter $A$ und $B$ keine Nullpunkte, da die oberen Endpunkte der beiden Endvertikalen infolge $X_a = 1$ eine aufwärts gerichtete Verschiebung von der Größe $\frac{V_{0a}\cdot v_0}{EF_v}$ erleiden, wenn $V_{0a}$ die Spannkraft der Endvertikalen infolge $X_a = 1$, $v_0$ die Länge dieses Stabes und $F_v$ dessen Querschnitt bedeuten. Die Ordinaten der Biegungslinie des Obergurtes müßten also sämtlich um den Wert $\frac{V_{0a}\cdot v_0}{EF_v}$ $\left(\text{bzw. } V_{0a}\cdot v_0\cdot\frac{F_c}{F_v}\right)$ vergrößert werden. Dieser Beitrag ist jedoch im allgemeinen unwesentlich und kann deshalb vernachlässigt werden.

Abb. 362 a und b zeigen die Einflußlinien für die Spannkräfte $O_{m+1}$ und $U_m$, die keiner weiteren Erläuterung bedürfen. Zur Bestimmung der Einflußlinie für $D_m$ verfährt man genau wie beim Sichelträger, indem man zunächst $D_{ma}$ ermittelt. Die Momentengleichung für den links vom Schnitt $t-t$ liegenden Trägerteil in bezug auf Punkt $i$ liefert:

$$-D_{ma}\cdot r_i - 1\cdot y_i = 0,$$

woraus folgt:

$$D_{ma} = -\frac{y_i}{r_i}.$$

Damit wird

$$D_m = D_{m0} + D_{ma}\cdot X_a = \frac{y_i}{r_i}\left(D_{m0}\cdot\frac{r_i}{y_i} - X_a\right).$$

Die mit $\frac{r_i}{y_i}$ multiplizierte Einflußfläche für $D_{m0}$ wird gefunden, indem man hier $+\frac{a_i}{r_i}\cdot\frac{r_i}{y_i}$ und $+\frac{b_i}{r_i}\cdot\frac{r_i}{y_i}$ unter $A$ bzw. $B$ aufträgt. Sie ist durchweg positiv. Subtrahiert man von ihr noch die Einflußfläche für $X_a$, so erhält man die gesuchte Einflußfläche für $D_m$. Ihr Multiplikator ist $\mu = \dfrac{y_i}{r_i}$ (Abb. 362 c).

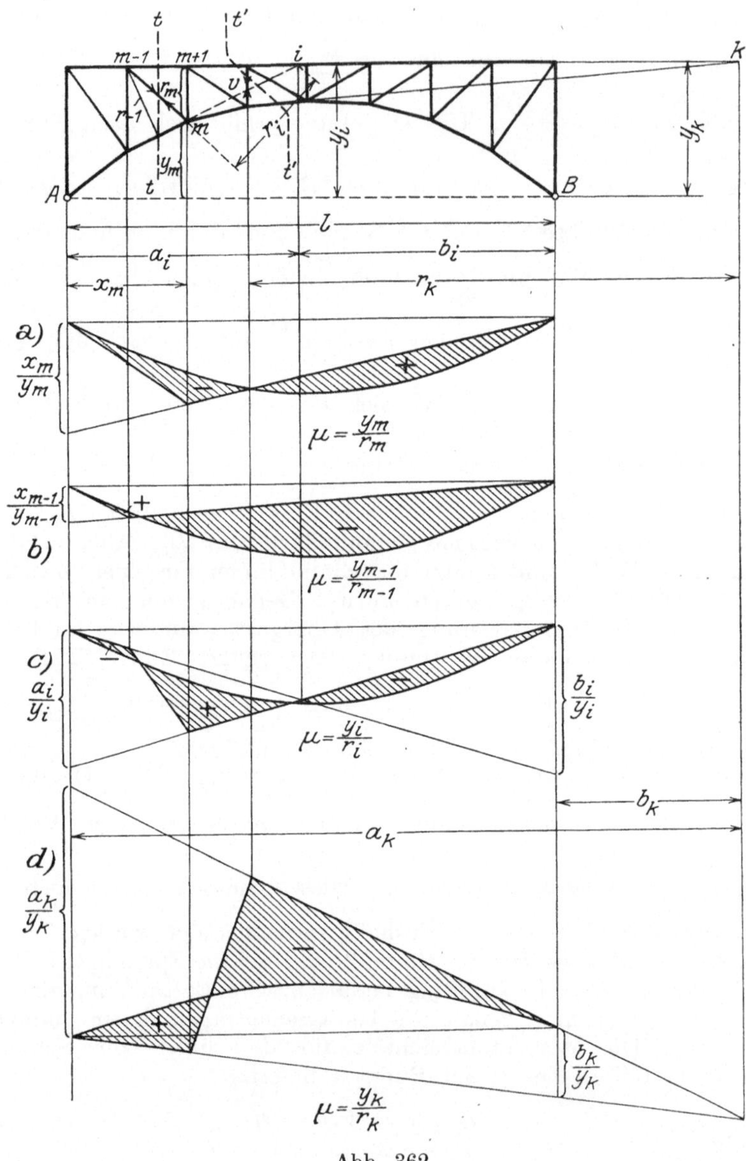

Abb. 362.

Abb. 362 d zeigt die Einflußlinie für die Vertikale $V$. Für diese gilt:

$$V = V_0 + V_a \cdot X_a.$$

Aus der Momentengleichung für den linken Trägerteil in bezug auf den Punkt $k$ ergibt sich:

$$V_a \cdot r_k - 1 \cdot y_k = 0 \quad \text{oder} \quad V_a = \frac{y_k}{r_k},$$

weshalb

$$V = \frac{y_k}{r_k}\left(V_0 \cdot \frac{r_k}{y_k} + X_a\right).$$

Die mit $\dfrac{r_k}{y_k}$ multiplizierte Einflußfläche für $V_0$ erhält man, indem man unter $A$ den Wert $-\dfrac{a_k}{r_k}\cdot\dfrac{r_k}{y_k} = -\dfrac{a_k}{y_k}$ und unter $B$ den Wert $+\dfrac{b_k}{y_k}$ aufträgt. Addiert man zu ihr die Einflußfläche für $X_a$, so ergibt sich als Summe beider die Einflußfläche für $V$, deren Multiplikator $\mu = \dfrac{y_k}{r_k}$ ist.

Bei nahezu parallelen Bogengurtungen läßt sich der Schnittpunkt $i$ des Ober- und Untergurtstabes eines Feldes nicht mit genügender Genauigkeit zeichnerisch festlegen. In solchen Fällen empfiehlt es sich, die Einflußlinien für die Füllungsstäbe auf folgende Weise zu bestimmen. Für den Stab $D$ gilt allgemein

$$D = D_0 + D_a \cdot X_a.$$

Die Spannkraft $D_a$ infolge $X_a = 1$ ist bereits entweder rechnerisch oder graphisch zur Bestimmung von $\delta_{aa}$ ermittelt worden, kann also aus der betreffenden Tabelle entnommen werden. Für den Stab $D$ der Abb. 363 wird sie — wie man sich leicht überzeugt — negativ und möge gleich $-\nu$ gesetzt werden. Dann ist

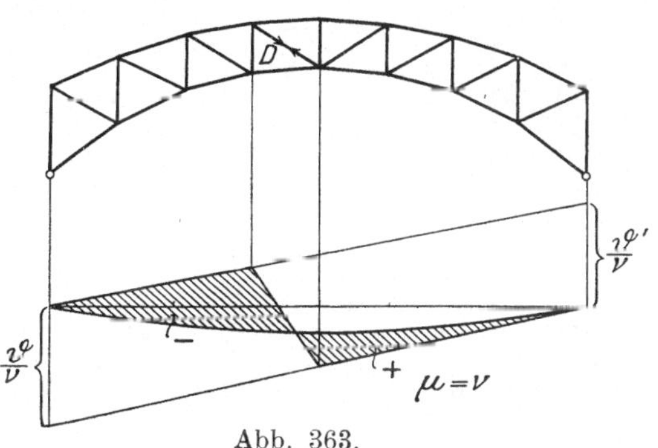

Abb. 363.

$$D = \nu\left(\frac{D_0}{\nu} - X_a\right).$$

Die mit $\dfrac{1}{\nu}$ multiplizierte Einflußfläche für $D_0$ wird in der auf S. 82 besprochenen Weise gefunden, indem man unter $A$ den Wert $\dfrac{\mathfrak{D}}{\nu}$ und unter $B$ den Wert $\dfrac{\mathfrak{D}'}{\nu}$ aufträgt, wobei $\mathfrak{D}$ die Spannkraft im Stabe $D$ des statisch bestimmten Hauptsystems infolge $A = 1$ und $\mathfrak{D}'$ den entsprechenden Wert infolge $B = 1$ darstellen. $\mathfrak{D}$ ist hier positiv, $\mathfrak{D}'$ negativ. Subtrahiert man von der so gefundenen Einflußfläche diejenige für $X_a$, so erhält man die gesuchte Einflußfläche für $D$, deren Multiplikator $\mu = \nu$ ist. Entsprechend verfährt man bei der Bestimmung der Einflußlinien für die Vertikalstäbe.

Der Einfluß der Temperatur auf $X_a$ ist

$$X_{a_t} = -\frac{\delta_{at}}{\delta_{aa}} = -\frac{\Sigma S_a \varepsilon t s}{\Sigma S_a{}^2 \cdot \varrho} = -\frac{E F_c \cdot \Sigma S_a \cdot \varepsilon t s}{\sum S_a{}^2 s \dfrac{F_c}{F}}.$$

Ändert sich die Temperatur gleichmäßig für alle Stäbe um $t^0$, so wird bei gleich hohen Lagern die Längenänderung der Sehne $AB$: $\varepsilon t l = -\delta_{at}$.

Nach Einführung dieses Wertes in die vorstehende Gleichung ergibt sich

$$X_{a_t} = \frac{E F_c \cdot \varepsilon\, t\, l}{\sum S_a{}^2 \cdot s \cdot \dfrac{F_c}{F}}\,.$$

Beim Zweigelenkbogen mit aufgehobenem Horizontalschub (Abb. 364) gestaltet sich die Untersuchung in ganz analoger Weise wie beim Bogen ohne Zugband. Als statisch unbestimmte Größe führt man gewöhnlich die Spannkraft im Zugband ein. Die Verschiebungsgröße $E F_c \cdot \delta_{aa}$ enthält hier auch den Beitrag des Zugbandes $\dfrac{1 \cdot l \cdot F_c}{F_z}$, wenn $F_z$ dessen Querschnitt bezeichnet. Im übrigen bleibt der Rechnungsgang der gleiche wie beim freien Zweigelenkbogen. Ist die Zugstange gesprengt, so liefern auch die Hänge-

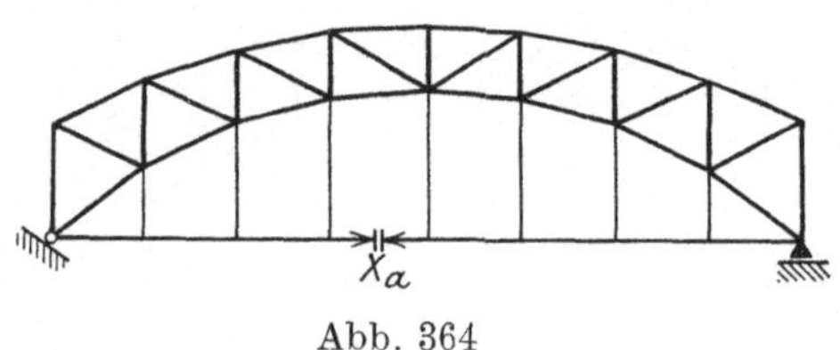

Abb. 364

stangen einen Beitrag zu $\delta_{aa}$, der indessen gewöhnlich vernachlässigt wird. (Wegen der Bestimmung der Momente $M_a$ vgl. S. 316.)

Infolge einer gleichmäßigen Temperaturänderung ändern alle Stäbe des Fachwerks einschließlich des Zugbandes ihre Längen im gleichen Verhältnis, und die Trägerfigur bleibt wegen der statisch bestimmten Lagerung des Systems der ursprünglichen ähnlich. Die Formänderung ist für diesen Sonderfall zum Unterschied vom Zweigelenkbogen ohne Zugband eine freie und nicht wie dort eine gezwungene. Aus diesem Grunde können Temperaturspannungen nicht auftreten. Ändert sich jedoch die Temperatur des Zugbandes um $t_1{}^0$, die des Bogens und der Hängestangen um $t_2{}^0$, so wird:

$$X_{a_t} = -\,\frac{\delta_{at}}{\delta_{aa}} = -\,\frac{\Sigma S_a\,\varepsilon\, t_2\, s + 1 \cdot \varepsilon\, l\,(t_1 - t_2)}{\delta_{aa}},$$

wobei die Summe $\Sigma$ sich über alle Stäbe des Systems einschließlich des Zugbandes erstreckt, also gleich Null wird. Es ergibt sich somit:

$$X_{a_t} = +\,\frac{(t_2 - t_1)\,\varepsilon\, l}{\delta_{aa}} = \frac{E F_c\,(t_2 - t_1)\,\varepsilon\, l}{\sum S_a{}^2\, s\, \dfrac{F_c}{F}}\,.$$

Die Summe $\Sigma$ im Nenner schließt auch das Zugband mit ein.

Dem einfachen Zweigelenkbogen eng verwandt ist der in Abb. 365 dargestellte Auslegerbogen mit festen Lagern bei $A$ und $B$ und verschieblichen Lagern bei $C$ und $D$. In den Gelenkpunkten $G_1$ und $G_2$ sind die beiden Koppelträger $C G_1$ und $D G_2$ fest eingehängt. Das System ist einfach statisch unbestimmt. Als überzählige Größe $X_a$ wird wieder der Horizontalschub $H_B$ des Bogens eingeführt, so daß als statisch bestimmtes Hauptsystem ein Gerberträger entsteht. Die beiden Koppelträger sowie die Kragarme des Bogens sind vom Horizontalschub unabhängig. Die Einflußlinien für die Spannkräfte ihrer Stäbe können also in bekannter Weise gezeichnet werden.

Zur Bestimmung der Einflußlinie für $X_a$ geht man in gleicher Weise vor wie beim einfachen Zweigelenkbogen. Nach Ermittlung der Gewichte $E F_c \cdot W_m$ belastet man mit diesen einen einfachen Balken von der Stützweite $G_1 - G_2$ und berechnet die aus dieser fiktiven Belastung resultierenden Momente. Die Nullinie ergibt sich aus der Bedingung, daß den Lagern $A$ und $B$ Nullpunkte entsprechen müssen (vgl. die Bemerkung auf Seite 321), womit die Biegungsordinaten infolge $X_a = 1$ festgelegt sind. Multipliziert man diese mit $- \dfrac{1}{E\,F_c \cdot \delta_{aa}}$, so erhält man die Ordinaten der Einflußlinie für $X_a$. Da die $W$-Gewichte für die Kragarme wegen $S_a = 0$ zu Null werden, so verläuft die Einflußlinie innerhalb dieser Kragarme geradlinig. Verbindet man schließlich die Endpunkte der Ordinaten unter $G_1$ und $G_2$ mit den Nullpunkten unter $C$ und $D$, so ist die Einflußlinie für $X_a$ vollständig festgelegt. Für das Moment eines Knotenpunktes $m$ des Mittelteiles $A\,B$ gilt

$$M_m = M_{m0} - X_a \cdot y_m = y_m \left( \frac{M_{m0}}{y_m} - X_a \right).$$

Die Einflußfläche für $M_m$ kann also dargestellt werden als Differenz der mit $\dfrac{1}{y_m}$ multiplizierten Einflußfläche für $M_{m0}$ und derjenigen für $X_a$. Ihr Multiplikator ist $\mu = y_m$ (Abb. 365a). Die Einflußlinien für die Stabspann-

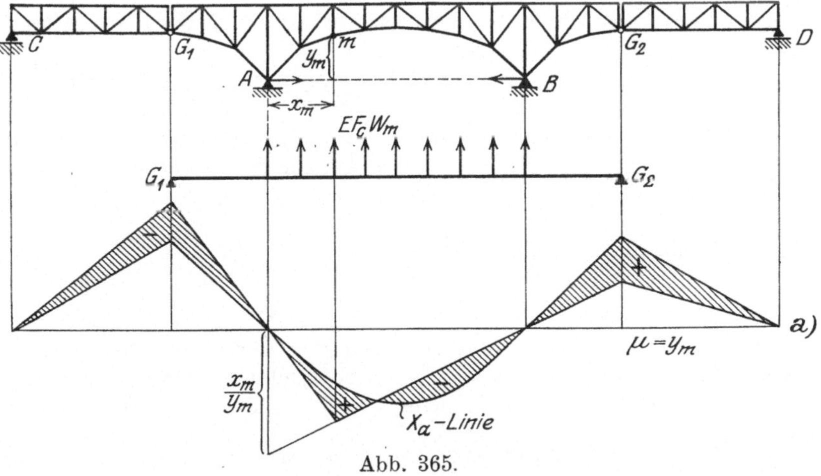



Abb. 365.

kräfte des Mittelteiles erhält man nach vorstehenden Erläuterungen in gleicher Weise wie dieses für den einfachen Zweigelenkbogen gezeigt ist.

Infolge einer Temperaturänderung wird

$$X_{a_t} = - \frac{\delta_{at}}{\delta_{aa}} = - \frac{E\,F_c \cdot \Sigma S_a\, \varepsilon\, t\, s}{\Sigma S_a^2 \cdot s \cdot \dfrac{F_c}{F}}.$$

Da aber der Einfluß von $X_a = 1$ sich nur über den Bogen $A — B$ erstreckt, so nimmt $X_{a_t}$ den gleichen Wert an wie beim einfachen Bogen $A — B$. Ist also $l$ die Stützweite des Mittelteiles, so wird bei gleichmäßiger Temperaturänderung aller Stäbe nach Seite 324

$$X_{a_t} = \frac{E\,F_c \cdot \varepsilon\, t\, l}{\Sigma S_a^2 \cdot s \cdot \dfrac{F_c}{F}}.$$

## b) Der beiderseits eingespannte Bogen ohne Gelenke.

### 1. Der Vollwandbogen.

Der beiderseits eingespannte Bogen ohne Gelenke von beliebiger Gestalt kann nach den im § 4 Ziffer d für den eingespannten Stabzug entwickelten allgemeinen Gesetzen behandelt werden, wobei es im allgemeinen immer zulässig ist, den Bogen durch eine hinreichende Anzahl aufeinanderfolgender kurzer Stäbe zu ersetzen. Dieses Verfahren empfiehlt sich immer dann, wenn das Trägheitsmoment $J$ des Bogens zwischen dem Scheitel und den Kämpfern eine erhebliche Änderung erleidet. Für die im elastischen Schwerpunkt des Bogens angreifenden statisch unbestimmten Größen $X_a$, $X_b$, $X_c$ gelten dann die Gleichungen (66) bzw. (67) Seite 285.

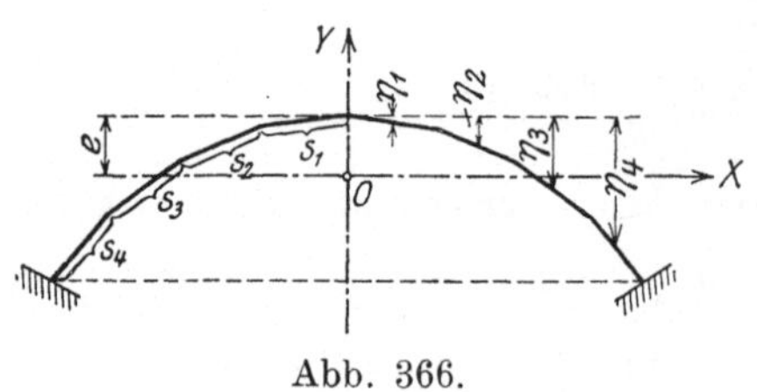

Abb. 366.

Liegt ein zur $Y$-Achse symmetrischer Bogen vor, so ersetze man diesen durch einen gebrochenen Stabzug etwa von der in Abb. 366 dargestellten Form. Die Längen der einzelnen Stäbe $s_1, s_2, s_3, s_4$ werden so gewählt, daß für jeden von ihnen mit einem konstanten Trägheitsmoment $J_1, J_2, J_3, J_4$ gerechnet werden kann. Setzt man nun $J_4 = J_c$, so wird mit $s_n \cdot \dfrac{J_c}{J_n} = s_n'$ das elastische Gewicht des Trägers

$$G = 2\left(s_1' + s_2' + s_3' + s_4\right).$$

Die Abstände der einzelnen Stabmitten von der durch den Scheitel gelegten Horizontalen seien mit $\eta_1, \eta_2, \eta_3, \eta_4$ bezeichnet. Dann bestimmt man die Lage des elastischen Schwerpunktes $O$ mittels der Momentengleichung

$$G \cdot e = 2\left(s_1' \cdot \eta_1 + s_2' \cdot \eta_2 + s_3' \cdot \eta_3 + s_4 \cdot \eta_4\right),$$

woraus folgt:

$$e = \frac{s_1' \cdot \eta_1 + s_2' \cdot \eta_2 + s_3' \cdot \eta_3 + s_4 \cdot \eta_4}{s_1' + s_2' + s_3' + s_4}.$$

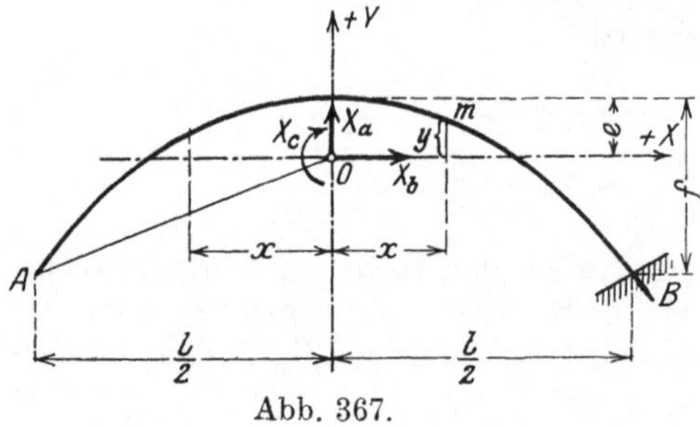

Abb. 367.

Damit ist die $X$-Achse festgelegt. Die Trägheitsmomente $T_x$ und $T_y$ können mit Hilfe der Gleichungen (64) und (65) berechnet werden.

Die nachstehenden Untersuchungen sollen sich nur auf den symmetrischen Bogen mit wenig veränderlichem Trägheitsmoment erstrecken.

Der Einfluß gegebener Lasten $P$ auf die statisch unbestimmten Größen wird, wenn $O$ der elastische Schwerpunkt des Bogens ist (Abb. 367), allgemein durch die Gleichungen ausgedrückt:

$$X_a = -\frac{\Sigma P_m \delta_{ma}}{\delta_{aa}}; \qquad X_b = -\frac{\Sigma P_m \delta_{mb}}{\delta_{bb}};$$

$$X_c = -\frac{\Sigma P_m \delta_{mc}}{\tau_{cc}};$$

und zwar ist mit $ds = \dfrac{dx}{\cos\varphi}$

$$EJ_c\cdot\varSigma P_m\cdot\delta_{ma}=\int M_0\cdot x\,\frac{J_c}{J}\cdot\frac{dx}{\cos\varphi}; \qquad EJ_c\cdot\varSigma P_m\cdot\delta_{mb}=-\int M_0\cdot y\,\frac{J_c}{J}\cdot\frac{dx}{\cos\varphi};$$

$$EJ_c\cdot\varSigma P_m\cdot\delta_{mc}=\int M_0\,\frac{J_c}{J}\cdot\frac{dx}{\cos\varphi}.$$

Bei der Berechnung der Verschiebungsgröße $\delta_{bb}$ empfiehlt es sich, den Einfluß der Längskraft zu berücksichtigen, und zwar wird näherungsweise $N_b = -1$ gesetzt. Dann ergibt sich:

$$EJ_c\cdot\delta_{aa}=\int x^2\,\frac{J_c}{J}\cdot\frac{dx}{\cos\varphi}; \qquad EJ_c\cdot\delta_{bb}=\int y^2\cdot\frac{J_c}{J}\frac{dx}{\cos\varphi}+1\cdot\int\frac{J_c}{F}\frac{dx}{\cos\varphi};$$

$$EJ_c\cdot\tau_{cc}=\int\frac{J_c}{J}\frac{dx}{\cos\varphi}.$$

Wählt man nun wie beim Zweigelenkbogen für $J\cdot\cos\varphi$ bzw. $F\cdot\cos\varphi$ einen Mittelwert und setzt $J\cdot\cos\varphi = J_c$ und $F\cdot\cos\varphi = F_c$, so lauten die Bestimmungsgleichungen für die drei statisch unbestimmten Größen

$$(113)\quad X_a=-\frac{\int M_0\cdot x\cdot dx}{\int x^2\,dx}; \qquad X_b=-\frac{\int M_0\cdot y\cdot dx}{\int y^2\,dx+\dfrac{J_c}{F_c}\cdot l}; \qquad X_c=-\frac{\int M_0\,dx}{l}.$$

Für die weitere Untersuchung sei vorausgesetzt der Bogen habe Parabelform. Aus der Scheitelgleichung der Parabel (Abb. 368)

$$\eta=\frac{\xi^2}{2p}$$

folgt mit $\xi=\dfrac{l}{2}$ und $\eta=f$

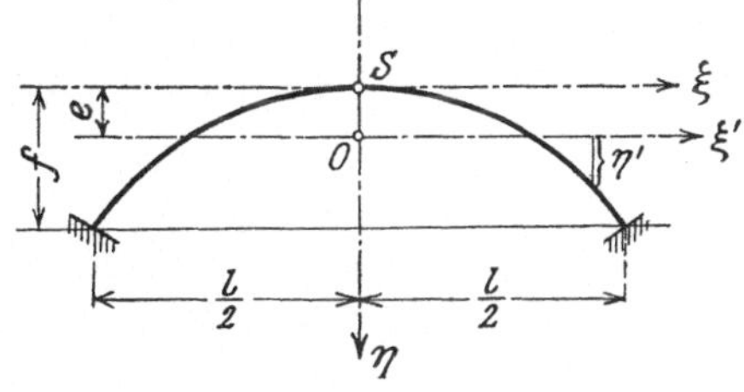

Abb. 368.

$$2p=\frac{l^2}{4f},\quad\text{weshalb}\quad\eta=\frac{4f\xi^2}{l^2}.$$

Wird die $\xi$-Achse um den Abstand $e$ vom Scheitel verschoben, so ist

$$\eta'+e=\xi^2\cdot\frac{4f}{l^2},$$

und die Gleichung der Bogenachse in bezug auf den Punkt $O$ als Nullpunkt lautet jetzt mit $y=-\eta'$ und $x=\xi$ (Abb. 367):

$$y=e-x^2\cdot\frac{4f}{l^2}.$$

Ist $O$ der elastische Schwerpunkt des Bogens, dann wird:

$$\delta_{bc}=0=\int\frac{M_b\cdot M_c\,ds}{EJ},$$

oder

$$0=2\int_0^{l/2}\frac{y\,dx}{J\cdot\cos\varphi}=2\int_0^{l/2}\left(e-x^2\cdot\frac{4f}{l^2}\right)\frac{dx}{J\cdot\cos\varphi}.$$

Mit $J \cdot \cos \varphi = J_c$ (konstant) ergibt sich:

$$0 = e \cdot \frac{l}{2} - \frac{4 f}{l^2} \cdot \frac{l^3}{24},$$

woraus folgt

$$e = \frac{f}{3}$$

und somit

(114)
$$y = \frac{f}{3} - x^2 \cdot \frac{4 f}{l^2}.$$

Mit Hilfe dieses Wertes für $y$ findet man

$$\int y^2 \, dx = 2 \int_0^{\frac{l}{2}} \left( \frac{16 f^2}{l^4} \cdot x^4 - \frac{8}{3} \frac{f^2}{l^2} \cdot x^2 + \frac{f^2}{9} \right) dx = \frac{4}{45} f^2 l.$$

Ferner wird unabhängig von der Bogenform:

$$\int x^2 \, dx = 2 \int_0^{\frac{l}{2}} x^2 \, dx = \frac{l^3}{12}.$$

Damit lauten die Gleichungen (113)

(115)
$$X_a = - \frac{12}{l^3} \int M_0 \cdot x \, dx,$$

(116)
$$X_b = \frac{\int M_0 \cdot y \, dx}{\frac{4}{45} f^2 l + \frac{J_c}{F_c} \cdot l} = \frac{45 k}{4 f^2 l} \int M_0 \cdot y \, dx,$$

wo

(117)
$$k = \frac{1}{1 + \frac{J_c}{F_c} \cdot \frac{45}{4 f^2}},$$

(118)
$$X_c = - \frac{1}{l} \int M_0 \, dx.$$

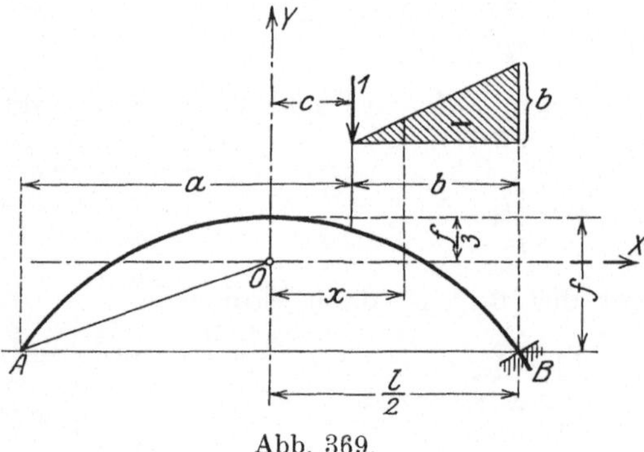

Abb. 369.

Mit Hilfe dieser Beziehungen lassen sich jetzt in einfacher Weise die Einflußlinien für $X_a$, $X_b$ und $X_c$ ableiten. Eine im Abstande $b$ von der Senkrechten durch $B$ stehende Last 1 erzeugt die aus Abb. 369 ersichtlich $M_0$-Fläche. Das in Gleichung (115) auftretende Integral stellt das statische Moment der $M_0$-Fläche in bezug auf die $y$-Achse dar. Man erhält somit als Einflußordinate des Punktes $m$ für $X_a$

$$\eta_a = \frac{12}{l^3} \cdot \frac{1}{2} \cdot b^2 \left( \frac{l}{2} - \frac{b}{3} \right) = \frac{b^2}{l^3}(3 l - 2 b)$$

oder mit $a = l - b$

$$\eta_a = \frac{b^2}{l^3}(l + 2a).$$

Das positive Vorzeichen ergibt sich, weil die $M_0$-Fläche negativ einzuführen ist. Zur Bestimmung der Einflußordinate für $X_b$ wird zunächst der Wert $\int M_0 \cdot y\, dx$ für die Laststellung 1 im Punkte $m$ bestimmt. Man erhält mit $M_0 = -1(x - c)$, wenn $c$ den Abstand der Last von der $y$-Achse bedeutet:

$$\int M_0 \cdot y\, dx = -\int_c^{\frac{l}{2}} (x - c) \cdot y\, dx.$$

Führt man für $y$ den Wert (114) ein, so wird

$$\int M_0 \cdot y\, dx = -\int_c^{\frac{l}{2}} \left( \frac{fx}{3} - x^3 \cdot \frac{4f}{l^2} - \frac{f \cdot c}{3} + x^2 \cdot \frac{4f \cdot c}{l^2} \right) dx$$

$$= \frac{fl^2}{48} - \frac{fc^2}{6}\left(1 - 2\frac{c^2}{l^2}\right),$$

woraus mit $c = a - \dfrac{l}{2}$ und $c^2 = a^2 - al + \dfrac{l^2}{4} = \dfrac{l^2}{4} - ab$ nach einigen Umformungen folgt:

$$\int M_0 \cdot y\, dx = \frac{a^2 b^2 \cdot f}{3 l^2}.$$

Demnach ergibt sich als Einflußordinate für $X_b$ nach (116)

$$\eta_b = \frac{15}{4} \cdot \frac{a^2 b^2}{l^3 f} \cdot k.$$

wobei $k$ durch (117) gegeben ist. Endlich findet man die Einflußordinate für $X_c$ nach (118), indem man den Inhalt der negativen $M_0$-Fläche mit $-\dfrac{1}{l}$ multipliziert.

$$\eta_c = \frac{b^2}{2 l}.$$

Die Einflußlinien für die drei statisch unbestimmten Größen sind in Abb. 370a bis c aufgetragen.

Für einen beliebigen Punkt $m$ (Abb. 367) lautet das Moment

$$M = M_0 + X_a \cdot x - X_b \cdot y + X_c,$$

wenn $M_0$ das Moment am statisch bestimmten Hauptsystem (bei $B$ eingespannter Balken) bezeichnet.

Sind die Ordinaten der Einflußlinien für $X_a$, $X_b$ und $X_c$ ermittelt, so lassen sich aus ihnen mit Hilfe der vorstehenden Beziehung auch diejenigen für die Momente ableiten. Für die Einspannungsmomente gilt

$$M_A = - X_a \cdot \frac{l}{2} + X_b \cdot \frac{2}{3}f + X_c$$

und

$$M_B = M_{B_0} + X_a \cdot \frac{l}{2} + X_b \cdot \frac{2}{3}f + X_c.$$

Setzt man in diese Ausdrücke die für die Einflußordinaten der statisch unbestimmten Größen gefundenen Werte ein, so erhält man als Einflußordinate für $M_A$:

$$\eta_A = -\frac{b^2}{2\,l^2}(l + 2\,a) + \frac{5}{2}\cdot\frac{a^2\,b^2}{l^3}\cdot k + \frac{b^2}{2\,l}$$

$$= \frac{a\,b^2}{l^2}\left(\frac{5}{2}\cdot\frac{a}{l}\cdot k - 1\right);$$

und entsprechend für $M_B$:

$$\eta_B = \frac{a^2\,b}{l^2}\left(\frac{5}{2}\cdot\frac{b}{l}\cdot k - 1\right).$$

Für die senkrechten Auflagerdrücke $A$ und $B$ ergibt sich:

$$A = X_a; \qquad B = B_0 - X_a,$$

d. h. die statisch unbestimmte Größe $X_a$ stellt direkt den Auflagerdruck $A$ dar. Dessen Einflußlinie ist somit durch Abb. 370 a gegeben. Diejenige für $B$ ist das Spiegelbild der $A$-Linie. Man erkennt dieses, wenn man letztere von der $B_0$-Linie abzieht, welche durch ein Rechteck von der Höhe 1 dargestellt wird.

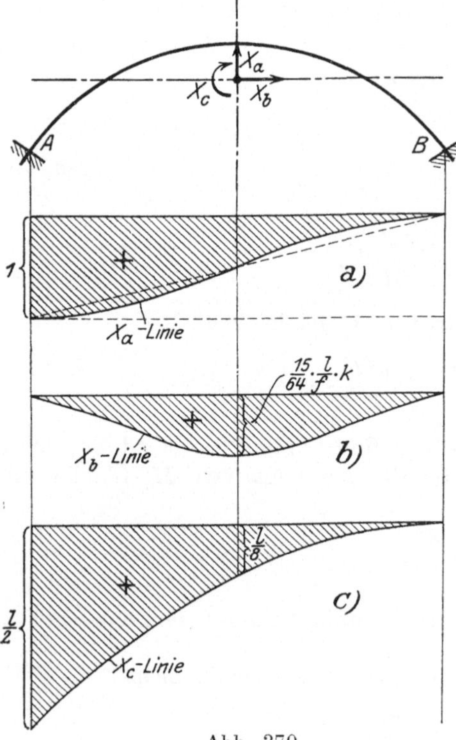


Abb. 370.

Die nach innen positiv angenommenen Schübe des Bogens bei $A$ und $B$ sind

$$H_A = X_b;$$

$$H_B = H_{B_0} + X_b,$$

wenn $H_{B_0}$ die horizontale Lagerkomponente bei $B$ am statisch bestimmten Hauptsystem bedeutet, welche für senkrechte Lasten gleich Null ist. Die Einflußlinie für den Bogenschub $H$ ist also durch Abb. 370 b gegeben.

Wirkt auf den Bogen eine gleichmäßig verteilte Belastung $p$ kg/m, so erhält man durch Auswertung der Einflußflächen für die statisch unbestimmten Größen, wenn man hier als Veränderliche $b = \xi$ und $a = l - \xi$ setzt,

$$X_{a_p} = \frac{p}{l^3}\int_0^l (3\,\xi^2\,l - 2\,\xi^3)\,d\xi = \frac{p\,l}{2};$$

$$X_{b_p} = \frac{15\,k\cdot p}{4\,l^3\,f}\int_0^l \xi^2(l - \xi)^2\,d\xi = \frac{l^2\,k}{8\,f}\cdot p;$$

$$X_{c_p} = \frac{p}{2\,l}\int_0^l \xi^2\,d\xi = \frac{p\,l^2}{6}.$$

Demnach wird

$$A = B = \frac{pl}{2}; \qquad H = \frac{kl^2 p}{8f};$$

$$M_A = M_B = - X_a \cdot \frac{l}{2} + X_b \cdot \frac{2}{3} f + X_c = \frac{pl^2}{12}(k-1)$$

Der Einfluß einer gleichmäßigen Temperaturänderung des Bogens auf die statisch unbestimmten Größen ergibt sich aus den drei Gleichungen:

$$X_{a_t} = - \frac{\delta_{at}}{\delta_{aa}}; \qquad X_{b_t} = - \frac{\delta_{bt}}{\delta_{bb}}; \qquad X_{c_t} = - \frac{\delta_{ct}}{\tau_{cc}}.$$

Da aber — wie ersichtlich — $\delta_{at} = \tau_{ct} = 0$ ist, so werden auch $X_{a_t}$ und $X_{c_t}$ gleich Null. Infolge $X_b = 1$ entsteht im Bogen die Längskraft $N_b = - 1 \cdot \cos \varphi$. Man erhält also mit $\dfrac{dx}{\cos \varphi} = ds$

$$\delta_{bt} = \int N_b \, \varepsilon \, t \, ds = - \varepsilon \, t \int_0^l dx = - \varepsilon \, t \, l$$

und somit

$$X_{b_t} = \frac{\varepsilon \, t \, l}{\delta_{bb}} = \frac{E J_c \cdot \varepsilon \, t \, l}{\dfrac{4}{45} f^2 l + \dfrac{J_c}{F_c'} \cdot l} = \frac{45 \, k}{4 f^2} \cdot E J_c \cdot \varepsilon \, t \, .$$

Die Einspannungsmomente nehmen dann den Wert an

$$M_{A_t} = M_{B_t} = X_{b_t} \cdot \frac{2}{3} f = \frac{15 \, k}{2 f} \cdot E J_c \cdot \varepsilon \, t \, ,$$

und an einer beliebigen Stelle $m$ lautet das Moment

$$M_{m_t} = - X_{b_t} \cdot y \, .$$

Die beiden Kämpferdrücke $K_A$ und $K_B$ (Abb. 371) gehen beim beiderseits eingespannten Bogen ohne Gelenke nicht durch die Punkte $A$ und $B$, sondern schneiden die Auflagersenkrechten in den Abständen

$$h_a = \frac{M_A}{H} \qquad \text{bzw.} \qquad h_b = \frac{M_B}{H},$$

wobei die Momente mit ihren Vorzeichen einzusetzen sind. Positive $h$ liegen oberhalb, negative unterhalb der Sehne $A - B$.

Wirkt auf den Bogen im Abstand $a$ von der Senkrechten durch $A$ die Last $P = 1$, so liegt der Schnittpunkt $S$ der beiden Kämpferdrücke auf der Kraftlinie dieser Last, da die drei Kräfte sich gegenseitig das Gleichgewicht halten müssen. Der geometrische Ort für die Schnittpunkte der Kämpferdrücke infolge verschiedener Laststellungen ist die Kämpferdrucklinie. Soll der im Abstand $y_k$ von der $x$-Achse liegende Punkt $S$ ein Punkt der Kämpferdrucklinie sein, so muß bei der gegebenen Laststellung der Kämpferdruck $K_A$ durch $S$ gehen, d. h. das Moment in bezug auf diesen Punkt muß gleich Null werden. Man erhält also:

$$- X_a \left( \frac{l}{2} - a \right) - X_b \cdot y_k + X_c = 0$$

oder

$$y_k = \frac{- X_a \left( \dfrac{l}{2} - a \right) + X_c}{X_b} \, .$$

Führt man in die vorstehende Gleichung die dem Punkte $S$ entsprechenden Einflußordinaten für $X_a$, $X_b$, $X_c$ ein, so ergibt sich:

$$y_k = \frac{4}{15} \cdot \frac{l^3 \cdot f}{a^2\, b^2\, k} \cdot \left\{ \frac{a\, b^2}{l^3}(l + 2\,a) - \frac{b^2}{2\,l^2}(l + 2\,a) + \frac{b^2}{2\,l} \right\},$$

woraus nach einigen Vereinfachungen folgt:

$$y_k = \frac{8}{15} \cdot \frac{f}{k}.$$

Die Kämpferdrucklinie ist also eine Gerade, die im Abstande $y_k$ parallel zur $X$-Achse bzw. im Abstande $f_k = \frac{2}{3} f \left(1 + \frac{4}{5\,k}\right)$ parallel zur Bogensehne $A - B$ läuft. Sie leistet bei der zeichnerischen Ermittlung der Kämpferdrücke gute Dienste. Die beiden Komponenten des Kämpferdruckes $K_A$ sind der Hori-

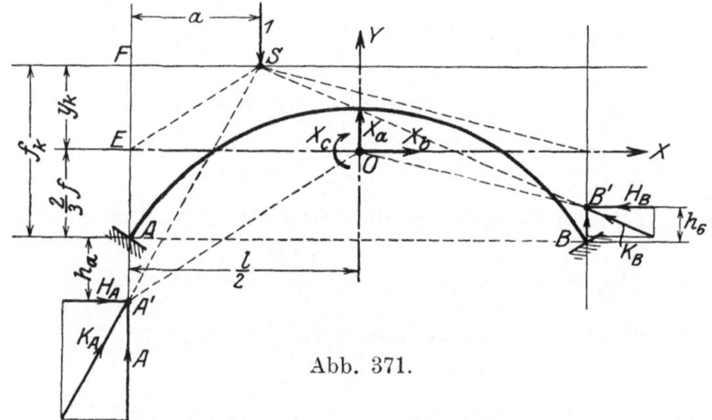



Abb. 371.

zontalschub $H$ und der senkrechte Lagerdruck $A$. Nun besteht zwischen den Strecken $a$ und $f_k + h_a$ einerseits, sowie den Komponenten $H$ und $A$ andererseits die geometrische Beziehung

$$\frac{f_k + h_a}{a} = \frac{A}{H}.$$

Führt man in die vorstehende Beziehung die für $A$ und $H$ bei der betrachteten Belastung (Last 1 im Punkte $S$) geltenden Einflußordinaten ein, so ergibt sich

$$f_k + h_a = \frac{(l + 2\,a)\,4\,f}{15\,a^2 \cdot k} \cdot a$$

oder mit

$$f_k = \tfrac{2}{3} f + \frac{8}{15}\frac{f}{k}$$

$$\tfrac{2}{3} f + h_a = \frac{(l + 2\,a)\,4\,f}{15\,a \cdot k} - \frac{8}{15} \cdot \frac{f}{k} = \frac{4\,l\,f}{15\,a\,k} = \frac{\frac{l}{2} \cdot y_k}{a}$$

Man findet somit die einfache Beziehung

$$\frac{\tfrac{2}{3} f + h_a}{\dfrac{l}{2}} = \frac{y_k}{a},$$

welche aussagt, daß die beiden rechtwinkligen Dreiecke $EFS$ und $A'EO$ ähnlich sind. Die Gerade $ES$ ist also zur Geraden $A'O$ parallel. Da erstere durch die Kämpferdrucklinie für jede Laststellung bekannt ist, so liefert die durch $O$ zu ihr gezogene Parallele den Punkt $A'$, in welchem der Kämpferdruck $K_A$ die Senkrechte durch $A$ schneidet. Somit ist die Lage von $K_A$ durch die Punkte $A'$ und $S$ festgelegt. In ganz analoger Weise wird die Lage von $K_B$ gefunden. Die Zerlegung der Last 1 in $S$ nach diesen beiden Richtungen liefert schließlich die gesuchten Kämpferdrücke. Für jede andere Lage des Punktes $S$ ergeben sich andere Kämpferdrücke $K_A$ und $K_B$ und andere Schnittpunkte $A'$ bzw. $B'$. Die Kämpferdrücke umhüllen eine Kurve, die sogenannte **Kämpferdruckumhüllungslinie**, welche durch den Schwerpunkt $O$ des Bogens geht und dort in der $X$-Achse eine Tangente besitzt. Diese Linie kann gezeichnet werden, indem man nach dem oben beschriebenen Verfahren für verschiedene Laststellungen die Lagen der Kämpferdrücke ermittelt und zu diesen Geraden als Tangenten die zugehörige Kurve zeichnet. Nachdem diese gefunden ist, können die Kämpferdrücke für jede beliebige Laststellung auf zeichnerischem Wege bestimmt werden.

Die vorstehend für $X_a$, $X_b$, $X_c$ entwickelten Formeln und die aus ihnen für die übrigen statischen Größen abgeleiteten Ausdrücke liefern nur dann befriedigende Ergebnisse, wenn mit hinreichender Annäherung $J \cdot \cos\varphi$ als konstant angesehen werden kann, eine Annahme, die bei den meisten praktischen Ausführungen nicht zutrifft, da das Trägheitsmoment des eingespannten Bogens vom Scheitel nach den Kämpfern hin stark zunimmt. In diesem Falle liefern die vorstehenden Formeln nur Überschlagswerte und bedürfen einer genaueren Nachprüfung (vgl. S. 326).

## 2. Der Fachwerkbogen.

Die Untersuchung des beiderseits eingespannten Fachwerkbogens wird zweckmäßig nach dem im § 4 des V. Abschnitts besprochenen allgemeinen Verfahren durchgeführt, welches hier für den symmetrischen Bogen im Prinzip angedeutet werden soll.

Der in Abb. 372 a dargestellte Bogenträger ist dreifach statisch unbestimmt. Als statisch bestimmtes Hauptsystem wähle man den symmetrischen Dreigelenkbogen, führe die Spannkräfte der den Gelenken gegenüberliegenden Stäbe als statisch unbestimmte Einzelwirkungen $Y_1$, $Y_2$, $Y_3$ ein (Abb. 372 b) und stelle diese als Funktionen der Belastungen $X_a$, $X_b$, $X_c$ in der Form dar:

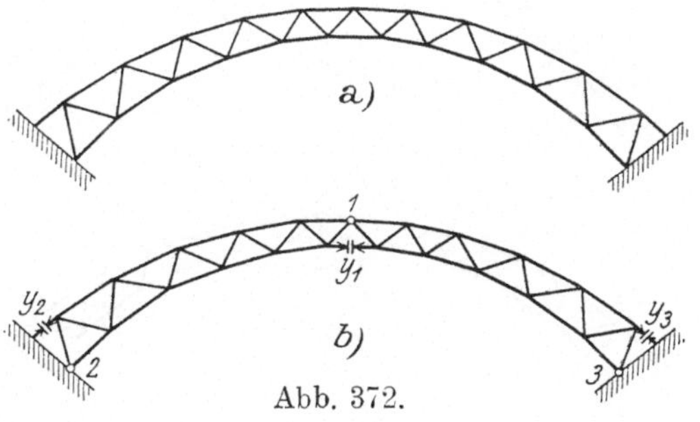

Abb. 372.

$$(119) \quad \begin{cases} Y_1 = X_a \cdot Y_{1a} + X_b \cdot Y_{1b} + X_c \cdot Y_{1c} \\ Y_2 = X_a \cdot Y_{2a} + X_b \cdot Y_{2b} + X_c \cdot Y_{2c} \\ Y_3 = X_a \cdot Y_{3a} + X_b \cdot Y_{3b} + X_c \cdot Y_{3c}. \end{cases}$$

Als willkürliche Gruppenlasten werden eingeführt:

$$Y_{1a} = 1; \quad Y_{2a} = Y_{3a} = 0; \quad Y_{2b} = Y_{3b} = 1; \quad Y_{3c} = -1.$$

Damit ist zunächst der Zustand $X_a = 1$ festgelegt (Abb. 373 a). Infolge der bestehenden Symmetrie wird $\delta_{2a} = \delta_{3a}$. Zur Bestimmung der Gruppenlast $Y_{1b}$ schreibe man die Bedingung an:

$$\delta_{ba} = 0 = Y_{1b} \cdot \delta_{1a} + Y_{2b} \cdot \delta_{2a} + Y_{3b} \cdot \delta_{3a},$$

woraus wegen $Y_{2b} = Y_{3b} = 1$ und $\delta_{2a} = \delta_{3a}$ folgt:

$$Y_{1b} = -\frac{2\,\delta_{2a}}{\delta_{1a}} = \nu.$$

Die Berechnung von $Y_{1b}$ macht also die Ermittlung der Verschiebungen $\delta_{2a}$ und $\delta_{1a}$ erforderlich. Nun ist aber

$$\delta_{aa} = Y_{1a} \cdot \delta_{1a} + Y_{2a} \cdot \delta_{2a} + Y_{3a} \cdot \delta_{3a},$$

oder wegen $Y_{1a} = 1$, $Y_{2a} = Y_{3a} = 0$

$$\delta_{aa} = \delta_{1a} = \Sigma S_a{}^2 \cdot \varrho \quad \text{und} \quad E F_c \cdot \delta_{aa} = \Sigma S_a{}^2 \cdot s \frac{F_c}{F}.$$

Ferner wird

$$\delta_{2a} = \Sigma \bar{S}_2 \cdot S_a \cdot \varrho \quad \text{bzw.} \quad E F_c \cdot \delta_{2a} = \Sigma \bar{S}_2 \cdot S_a \cdot s \frac{F_c}{F},$$

wenn $\bar{S}_2$ die Spannkräfte des statisch bestimmten Hauptsystems infolge $Y_2 = 1$ und $S_a$ diejenigen infolge des Zustandes $X_a = 1$ bedeuten. Demnach wird:

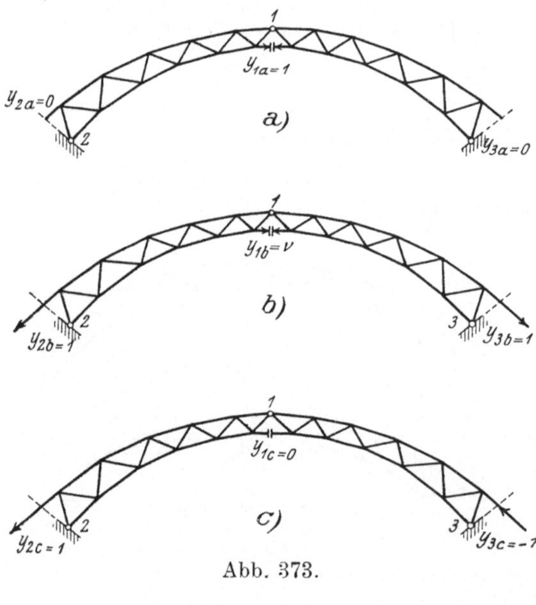


Abb. 373.

$$Y_{1b} = -2 \cdot \frac{\Sigma \bar{S}_2\, S_a \cdot s \dfrac{F_c}{F}}{\Sigma S_a{}^2 \cdot s \dfrac{F_c}{F}} = \nu.$$

Im ersten Rechnungsgang kann der Beitrag der Füllungsstäbe zu den vorstehenden Summen vernachlässigt werden. Da bei größeren Pfeilhöhen die Gurtquerschnitte vom Scheitel zu den Kämpfern hin ziemlich stark wachsen, so empfiehlt es sich, diese Unterschiede schätzungsweise zu berücksichtigen. Zu diesem Zwecke teile man jede Bogenhälfte in drei Teile und setze im ersten Drittel vom Scheitel ab gerechnet einen konstanten Querschnitt $F_s$ voraus (für Ober- und Untergurt), im zweiten Drittel $F = \frac{3}{2} F_s$, im dritten Drittel $F = 2 F_s$. Dann erhält man mit $F_s = F_c$ im ersten Drittel $\frac{F_c}{F} = 1$, im zweiten Drittel $\frac{F_c}{F} = \frac{2}{3}$, im dritten Drittel $\frac{F_c}{F} = \frac{1}{2}$. Bei sehr großen Pfeilhöhen kann für $\frac{F_c}{F}$ das Verhältnis $1, \frac{1}{2}, \frac{1}{3}$ erforderlich werden.

Hat man $Y_{1b}$ berechnet, so sind alle drei Gruppenlasten des Zustandes $X_b = 1$ bekannt (Abb. 373 b). Dieser liefert

$$E F_c \cdot \delta_{bb} = \Sigma S_b{}^2\, s \cdot \frac{F_c}{F}.$$

Die beiden noch fehlenden Gruppenlasten des Zustandes $X_c = 1$ erhält man aus den Bedingungen $\delta_{cb} = 0$ und $\delta_{ca} = 0$. Die erste liefert:

$$\delta_{cb} = 0 = Y_{1c} \cdot \delta_{1b} + Y_{2c} \cdot \delta_{2b} + Y_{3c} \cdot \delta_{3b}.$$

Beachtet man, daß wegen $\delta_{ab} = 0$ auch $\delta_{1b} = 0$ und wegen der Symmetrie des Zustandes $X_b = 1$ $\delta_{2b} = \delta_{3b}$ ist, so geht obige Gleichung für $\delta_{cb}$ mit $Y_{3c} = -1$ über in:

$$0 = Y_{2c} \cdot \delta_{2b} - 1 \cdot \delta_{2b},$$

woraus folgt

$$Y_{2c} = 1.$$

Die Bedingung $\delta_{ca} = 0$ liefert schließlich:

$$\delta_{ca} = 0 = Y_{1c} \cdot \delta_{1a} + Y_{2c} \cdot \delta_{2a} + Y_{3c} \cdot \delta_{3a},$$

oder wegen $\delta_{2a} = \delta_{3a}$ und $Y_{2c} = -Y_{3c}$

$$Y_{1c} = 0.$$

Somit ist auch der Zustand $X_c = 1$ festgelegt (Abb. 373 c). Er liefert:

$$E F_c \cdot \delta_{cc} = \Sigma S_c^2 \, s \, \frac{F_c}{F}.$$

Die Gruppenlasten sind in nachstehendem Schema noch einmal übersichtlich zusammengestellt.

|       | $X_a$ | $X_b$ | $X_c$ |
|-------|-------|-------|-------|
| $Y_1$ | 1     | $\nu$ | 0     |
| $Y_2$ | 0     | 1     | 1     |
| $Y_3$ | 0     | 1     | $-1$  |

Nunmehr wird

$$X_a = - \frac{\Sigma P_m \cdot \delta_{ma} + \delta_{at} - \Sigma (C_a \cdot c)}{\delta_{aa}}$$

$$X_b = - \frac{\Sigma P_m \cdot \delta_{mb} + \delta_{bt} - \Sigma (C_b \cdot c)}{\delta_{bb}}$$

$$X_c = - \frac{\Sigma P_m \cdot \delta_{mc} + \delta_{ct} - \Sigma (C_c \cdot c)}{\delta_{cc}}.$$

Mit Hilfe dieser Beziehungen läßt sich der Einfluß einer ruhenden Belastung, sowie der Einfluß einer Temperaturänderung oder Lagerverschiebung auf $X_a$, $X_b$, $X_c$ in bekannter Weise ermitteln. Um die Einflußlinien zu finden, braucht man nur die Biegungslinien der Zustände $X_a = 1$, $X_b = 1$, $X_c = 1$ zu bestimmen und diesen die Multiplikatoren $\mu_a = -\dfrac{1}{\delta_{aa}}$, $\mu_b = -\dfrac{1}{\delta_{bb}}$, $\mu_c = -\dfrac{1}{\delta_{cc}}$ beizulegen.

Für die statisch unbestimmten Einzelwirkungen erhält man nach Einführung der Gruppenlasten in die Gleichungen (119)

$$Y_1 = X_a + \nu \cdot X_b;$$
$$Y_2 = X_b + X_c;$$
$$Y_3 = X_b - X_c.$$

und für eine beliebige Stabspannkraft:

$$S = S_0 + S_a \cdot X_a + S_b \cdot X_b + S_c.$$

Hat man also die Einflußlinien für $X_a$, $X_b$, $X_c$ gefunden, können mit Hilfe vorstehender Bedingungen auch diejenigen aller Spannkräfte des Bogens aufgetragen werden.

## § 7. Durch einen einfachen Balken versteifte Gelenkbögen und Ketten.

### a) Langerscher Balken.

Der in Abb. 374 dargestellte Langersche[1]) Balken besteht aus einem durch einen einfachen Balken versteiften Stabbogen und ist einfach statisch unbestimmt. Als statisch unbestimmte Größe $X_a$ möge die zunächst positiv angenommene Horizontalkomponente der Spannkraft des Bogens eingeführt werden. Das statisch bestimmte Hauptsystem besteht dann aus einem einfachen Balken $A$—$B$, an dessen Obergurt weitere Knotenpunkte zweistäbig angeschlossen sind. Zur Berechnung von $X_a$ steht die bekannte Elastizitätsgleichung

$$X_a = -\frac{\Sigma P_m \delta_{ma} + \delta_{at} - \Sigma(C_a \cdot c)}{\delta_{aa}}$$

zur Verfügung, und zwar erstreckt sich $\delta_{aa} = \Sigma S_a{}^2 \varrho$ über sämtliche Stäbe des Balkens und des Bogens, als auch über die Hängestangen. Die Spannkräfte $S_a$ des Bogens und der Hängestangen findet man, indem man durch

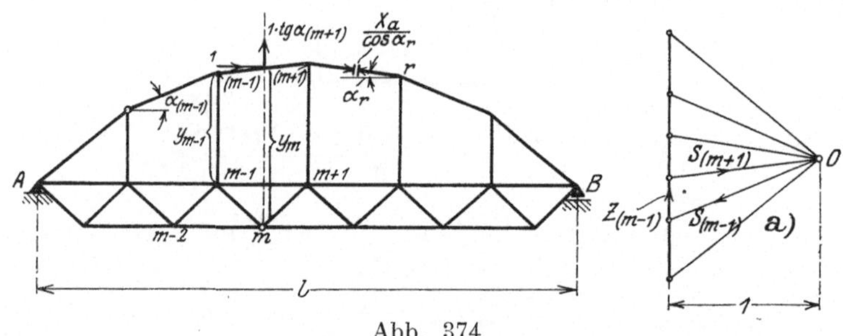


Abb. 374.

einen Punkt $O$ zu den Bogenstäben Parallele zieht und das so entstehende Strahlenbüschel durch eine im Abstande 1 von $O$ gelegte Senkrechte schneidet (Abb. 374a). Dann geben die Strahlen die Spannkräfte $S_a$ der Bogenstäbe, die Teilstrecken der Senkrechten diejenigen der Hängestangen an. Für den Bogen werden sämtliche $S_a$ positiv, für die Hängestangen dagegen negativ. Bezeichnen $\alpha_{(m-1)}$ und $\alpha_{(m+1)}$ die Neigungswinkel der Bogenstäbe $S_{(m-1)}$ und $S_{(m+1)}$, so wird

$$(120) \qquad S_{(m-1)a} = \frac{1}{\cos\alpha_{(m-1)}}; \qquad S_{(m+1)a} = \frac{1}{\cos\alpha_{(m+1)}};$$

$$(121) \qquad Z_{(m-1)a} = -1\left[\operatorname{tg}\alpha_{(m-1)} - \operatorname{tg}\alpha_{(m+1)}\right],$$

---

[1]) Nach dem österreichischen Ingenieur Langer, der diese Trägerart zuerst vorgeschlagen hat.

wenn $Z_{(m-1)}$ die Spannkraft der durch den Punkt $(m-1)$ des Bogens gehenden Hängestange angibt.

Die Spannkräfte $S_a$ in den Stäben des Versteifungsträgers können entweder mit Hilfe eines Cremonaplanes ermittelt werden, indem man den Balken mit den vorstehenden Spannkräften der Hängestangen und äußersten Bogenstäbe belastet, besser aber bestimmt man sie rechnerisch. Infolge $X_a = 1$ treten — wie man sich leicht überzeugt — am statisch bestimmten Hauptsystem keine Lagerkräfte auf. Für einen beliebigen Punkt $m$ des parallelen Versteifungsträgers von der Höhe $h$ wird somit das Moment infolge $X_a = 1$ $M_{ma} = 1 \cdot y_m$, wenn $y_m$ den senkrechten Abstand des Punktes $m$ von der Bogenachse bezeichnet. Allgemein erhält man demnach für die Obergurtstäbe des

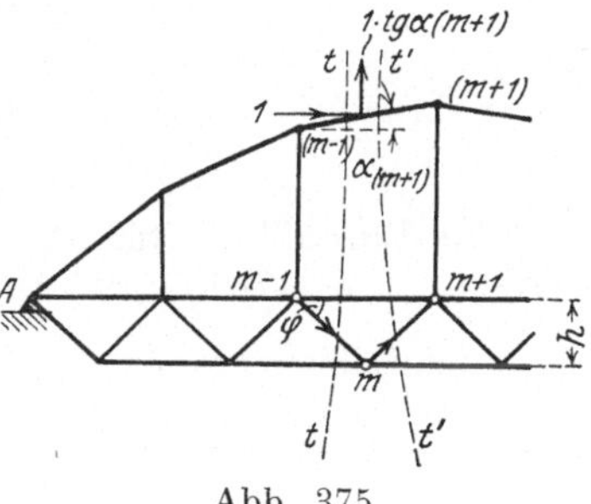

Abb. 375.

Versteifungsträgers $O_a = -\dfrac{y}{h}$, für die Unter-

gurtstäbe $U_a = +\dfrac{y}{h}$, wobei jeweils die dem zugehörigen Bezugspunkt entsprechende Ordinate $y$ einzuführen ist. Legt man einen Schnitt $t-t$ durch das System zwischen den Punkten $m-1$ und $m$, dann liefert die Bedingung $\Sigma V = 0$ (Abb. 375)

$$1 \cdot \mathrm{tg}\, \alpha_{(m+1)} \quad D_{ma} \cdot \sin \varphi = 0$$

oder

$$D_{ma} = 1 \cdot \frac{\mathrm{tg}\, \alpha_{(m+1)}}{\sin \varphi},$$

wenn $\varphi$ den für alle $D$-Stäbe gleich großen Neigungswinkel gegen die Horizontale bezeichnet. In gleicher Weise erhält man für den Schnitt $t'-t'$:

$$1 \cdot \mathrm{tg}\, \alpha_{(m+1)} + D_{(m+1)a} \cdot \sin \varphi = 0$$

oder

$$D_{(m+1)a} = -1 \cdot \frac{\mathrm{tg}\, \alpha_{(m+1)}}{\sin \varphi} = -D_{ma}.$$

Somit können alle Spannkräfte $S_a$ schnell gefunden werden.

Der Einfluß einer am Obergurt des Versteifungsträgers angreifenden Last 1 auf $X_a$ ist:

$$X_{a(P=1)} = -\frac{1 \cdot \delta_{ma}}{\delta_{aa}}.$$

Zur Ermittlung der Einflußlinie für $X_a$ berechnet man in bekannter Weise die Gewichte $E F_c \cdot W_m = \Sigma \overline{S} \cdot S_a s \dfrac{F_c}{F}$, belastet mit ihnen den einfachen Balken $A-B$ und bestimmt die Momente für die Knotenpunkte des Obergurtes infolge dieser fiktiven Belastung, welche mit

$$-\frac{1}{E F_c \cdot \delta_{aa}} = -\frac{1}{\Sigma S_a{}^2 s \dfrac{F_c}{F}}$$

multipliziert die Ordinaten der Einflußlinie liefern. Die Biegungslinie des Obergurtes infolge $X_a = 1$ hat, wie man sich leicht überzeugt, positive Ordinaten, diejenigen der Einflußlinie für $X_a$ werden also negativ, d. h. $X_a$ wird eine Druckkraft (Abb. 376a). Durch die Einflußlinie für $X_a$ sind auch diejenigen für die Hängestangen und die Stäbe der Bogengurtung gegeben. Für diese gilt bei Belastung des Versteifungsträgers $S = S_a \cdot X_a$, wobei $S_a$ aus (120) bzw. (121) zu entnehmen ist.

Das Moment am Knoten $m$ wird

$$M_m = M_{m0} + M_{ma} \cdot X_a \,,$$

oder mit

$$M_{ma} = 1 \cdot y_m$$

$$M_m = y_m \left( \frac{M_{m0}}{y_m} + X_a \right).$$

Die Einflußlinie für $M_m$ kann mittels vorstehender Beziehung aufgetragen werden (Abb. 376b). Sie ist zugleich Einflußlinie des Obergurtstabes $O_{m+1}$, wenn man ihr statt $\mu = y_m$ den Multiplikator $\mu = -\dfrac{y_m}{h}$ beilegt und beachtet, daß die Einflußlinie für $O_{m+1}$ im Feld $(m-1)-(m+1)$ geradlinig verläuft, denn für den links vom Schnitt $t-t$ liegenden Trägerteil gilt $M_{m0} + O_{m+1} \cdot h + X_a \cdot y_m = 0$, oder

$$O_{m+1} = - \frac{M_{m0} + X_a \cdot y_m}{h}.$$

Zur Bestimmung der Einflußlinie für die Spannkraft im Stabe $D_m$ denke man sich wieder den Schnitt $t-t$ gelegt und schreibe die Bedingung $\Sigma V = 0$ an. Diese lautet, wenn $\alpha$ den Neigungswinkel des vom Schnitt getroffenen Bogengliedes gegen die Horizontale bezeichnet:

$$X_a \cdot \operatorname{tg} \alpha - D_m \cdot \sin \varphi + Q_0 = 0 \,,$$

wobei $Q_0$ die Querkraft in dem vom Schnitt getroffenen Feld des einfachen Balkens $AB$ angibt. Somit wird

$$D_m \cdot \sin \varphi = Q_0 + X_a \cdot \operatorname{tg} \alpha \,,$$

oder

$$D_m = \frac{\operatorname{tg} \alpha}{\sin \varphi} \left( Q_0 \cdot \operatorname{ctg} \alpha + X_a \right).$$

Man erhält also die Einflußfläche für $D_m$, indem man zu der mit $\operatorname{ctg} \alpha$ multiplizierten Einflußfläche für $Q_0$ diejenige für $X_a$ addiert. Ihr Multiplikator ist $\mu = \dfrac{\operatorname{tg} \alpha}{\sin \varphi}$ (Abb. 376c).

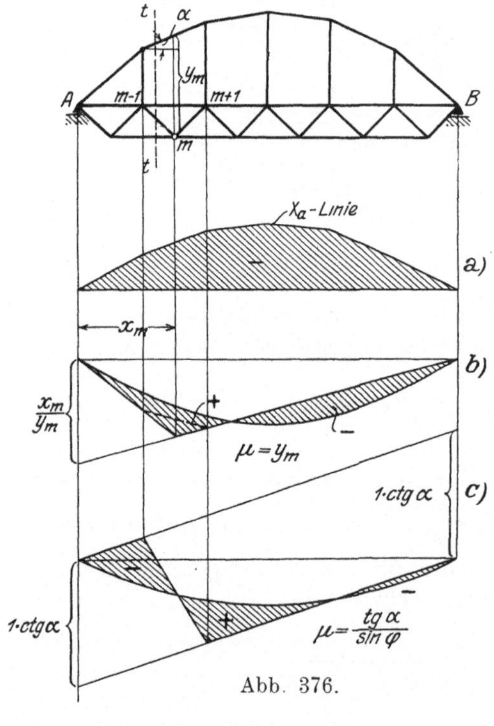

Eine gleichmäßige Temperaturänderung aller Stäbe erzeugt keine Stabspannungen (vgl. S. 324). Ändert sich dagegen die Temperatur

Abb. 376.

der Bogengurtung um $t_1{}^0$, diejenige des Versteifungsträgers und der Hängestangen um $t_2{}^0$, so wird

$$X_{a_t} = - \frac{\delta_{at}}{\delta_{aa}} = - \frac{\Sigma_I S_a \, \varepsilon \, t_2 \, s + \Sigma_{II} S_a \, \varepsilon \, (t_1 - t_2) s}{\delta_{aa}} \,,$$

wobei sich $\Sigma_I$ über alle Stäbe des Systems, $\Sigma_{II}$ dagegen nur über die Stäbe der Bogengurtung erstreckt. Wegen $\Sigma_I = 0$ ergibt sich:

$$X_{a_t} = \frac{EF_c\,\varepsilon\,(t_2 - t_1)\cdot\Sigma_{II}\,S_a\cdot s}{\Sigma\,S_a^2\,s\,\dfrac{F_c}{F}}.$$

## b) Gelenkbogen mit oberem Versteifungsträger.

Das in Abb. 377 skizzierte Tragwerk besteht aus einem einfachen Balken mit einem festen Lager $A$ und einem verschieblichen Lager $B$, welcher vermittels vertikaler Ständer mit dem darunter liegenden Gelenkbogen $CD$ in Verbindung steht und diesen versteift. Das System ist einfach statisch unbestimmt, denn es bedarf nur der Entfernung des mittleren Obergurtstabes, um es in das auf S. 92 besprochene statisch bestimmte Tragwerk zu ver-

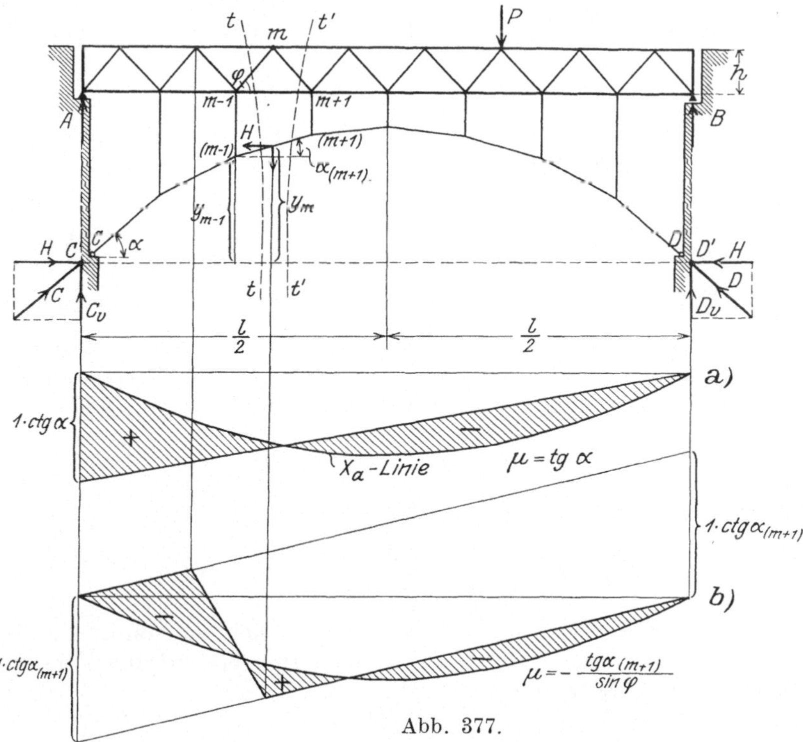


Abb. 377.

wandeln. Die Belastung möge aus senkrechten, am Obergurt des Versteifungsträgers angreifenden Einzellasten bestehen.

Verlängert man die Achse des letzten Bogengliedes bei $C$ bis zum Schnitt $C'$ mit der Auflagersenkrechten durch $A$ und zerlegt den Kämpferdruck $C$ des Bogens in $C'$ nach seiner vertikalen Komponente $C_v$ und seiner horizontalen Komponente $H$, und entsprechend den Kämpferdruck $D$ in $D'$ nach $D_v$ und $H$, so sind die Summen der senkrechten Lagerkräfte $(A + C_v)$ bzw. $(B + D_v)$ gleich den Auflagerkräften $A_0$ bzw. $B_0$ eines einfachen Balkens von der Stützweite $l$, wovon man sich durch Anschreiben der Momentengleichungen für die Stützpunkte $B$ bzw. $A$ überzeugt. Zwischen $C_v$ und $H$ besteht ferner die Beziehung

(122) $$C_v = H\cdot\mathrm{tg}\,\alpha,$$

wenn $\alpha$ den Neigungswinkel des letzten Bogengliedes gegen die Horizontale angibt. Demnach wird

$$(123) \qquad \begin{cases} A = A_0 - H \cdot \mathrm{tg}\,\alpha \\ B = B_0 - H \cdot \mathrm{tg}\,\alpha . \end{cases}$$

Durch die Gleichungen (122) und (123) sind die senkrechten Lagerkräfte gegeben, sobald der Horizontalschub $H$ des Bogens bekannt ist. Führt man letzteren als statisch unbestimmte Größe $X_a$ ein, so lassen sich die Spannkräfte $S_a$ infolge $X_a = 1$ in den Stäben der Bogengurtung und den Zwischenständern in der unter Ziffer a dieses Paragraphen besprochenen Weise sofort anschreiben, wobei jedoch zu beachten ist, daß sowohl in der Bogengurtung als auch in den Zwischenständern sämtliche $S_a$ negative Werte annehmen.

Für den Belastungszustand $X_a = 1$ liefert die Momentengleichung in bezug auf den Punkt $B$:

$$(A_a + C_{v_a}) \cdot l = 0 , \qquad \text{oder} \qquad A_a + C_{v_a} = 0 .$$

Man erhält also das Moment für den Knotenpunkt $m$ des Versteifungsträgers

$$M_{ma} = -1 \cdot y_m ,$$

wenn $y_m$ diejenige Ordinate darstellt, welche auf der Senkrechten durch $m$ von der Bogenachse und der Sehne $C' - D'$ abgeschnitten wird (Abb. 377). Bezeichnet $h$ die Höhe des parallelen Versteifungsträgers, so ergeben sich infolge $X_a = 1$ die Spannkräfte in den Obergurtstäben dieses Trägers $O_a = \dfrac{y}{h}$

und in den Untergurtstäben $U_a = -\dfrac{y}{h}$, wobei jeweils die dem zugehörigen Bezugspunkt entsprechende Ordinate $y$ einzusetzen ist. Zur Bestimmung der Spannkraft $D_{ma}$ lege man einen Schnitt $t - t$ durch das System und bilde $\Sigma V = 0$. Dann ergibt sich mit den Bezeichnungen der Abb. 377

$$0 = D_{ma} \cdot \sin\varphi - 1 \cdot \mathrm{tg}\,\alpha_{(m+1)} , \qquad \text{oder} \qquad D_{ma} = 1 \cdot \frac{\mathrm{tg}\,\alpha_{(m+1)}}{\sin\varphi} .$$

Entsprechend findet man für die Diagonale $D_{m+1}$

$$D_{(m+1)\,a} = -1 \cdot \frac{\mathrm{tg}\,\alpha_{(m+1)}}{\sin\varphi} = -D_{ma} .$$

Mit Hilfe der vorstehenden Erläuterungen können somit alle Spannkräfte $S_a$ ermittelt werden. Der Einfluß einer am Obergurt des Versteifungsträgers angreifenden Last 1 auf $X_a$ ist

$$X_{a(P=1)} = -\frac{1 \cdot \delta_{ma}}{\delta_{aa}} .$$

Um also die Einflußlinie für $X_a = H$ zu finden, hat man nur mit Hilfe der Gewichte $E F_c \cdot W_m = \Sigma \overline{S}\, S_a\, s\, \dfrac{F_c}{F}$ die Biegungslinie des belasteten Gurtes zu zeichnen und deren Ordinaten mit $-\dfrac{1}{E F_c \cdot \delta_{aa}} = -\dfrac{1}{\Sigma S_a^2\, s\, \dfrac{F_c}{F}}$ zu multiplizieren.

Ist die Einflußlinie für $X_a$ gefunden, so läßt sich auch diejenige für den Stützendruck $A$ des Versteifungsträgers unter Beachtung der Gleichung (123) zeichnen. Setzt man nämlich

$$A = \mathrm{tg}\,\alpha\, (A_0 \cdot \mathrm{ctg}\,\alpha - X_a) ,$$

so ergibt sich die Einflußfläche für $A$ als Differenz der mit $\operatorname{ctg} \alpha$ multiplizierten Einflußfläche für $A_0$ und derjenigen für $X_a$. Ihr Multiplikator ist $\mu = \operatorname{tg} \alpha$ (Abb. 377a). Für das Moment an der Stelle $m$ gilt:

$$M_m = M_{m0} + M_{ma} \cdot X_a = y_m \left( \frac{M_{m0}}{y_m} - X_a \right).$$

Die Einflußlinien der Knotenpunktsmomente können mit Hilfe der vorstehenden Beziehung ebenfalls aufgetragen werden. Aus ihnen werden diejenigen für die Gurtspannkräfte abgeleitet. Zur Bestimmung der Einflußlinie für die Diagonalkraft $D_m$ bildet man zunächst $\Sigma V = 0$ für alle am Trägerteil links vom Schnitt $t - t$ (Abb. 377) angreifenden Kräfte und erhält

$$Q_{m0} + D_m \cdot \sin \varphi - X_a \cdot \operatorname{tg} \alpha_{(m+1)} = 0.$$

Hierin bezeichnet $Q_{m0}$ die Querkraft des einfachen Balkens $A - B$ in dem vom Schnitt getroffenen Feld des belasteten Gurtes und $\alpha_{(m+1)}$ den Neigungswinkel des geschnittenen Bogenstabes. Nach $D_m$ aufgelöst ergibt sich:

$$D_m = - \frac{\operatorname{tg} \alpha_{(m+1)}}{\sin \varphi} \left( Q_{m0} \cdot \operatorname{ctg} \alpha_{(m+1)} - X_a \right).$$

Mit Hilfe dieser Beziehung kann die Einflußlinie für $D_m$ aufgetragen werden (Abb. 377b).

Eine gleichmäßige Temperaturänderung des Systems um $t^0$ erzeugt einen Horizontalschub

$$H_t = X_{a_t} = - \frac{\delta_{ut}}{\delta_{aa}} = - \frac{\varepsilon \cdot t \cdot E F_c \cdot \Sigma S_a \cdot s}{\Sigma S_a^2 \cdot s \dfrac{F_c}{F}}.$$

## c) Durch einen Fachwerkbalken versteifte Kette.

Das in Abb. 378 dargestellte Tragwerk besteht aus einem einfachen Fachwerkbalken $A - B$, welcher bei $A$ fest, bei $B$ verschieblich gelagert ist und durch senkrechte Zugstangen mit der Kette $E - C - D - F$ in Verbindung steht. Letztere ist in den Punkten $E$ und $F$ fest verankert und außerdem bei $C$ und $D$ verschieblich gelagert. Statisch betrachtet ist das

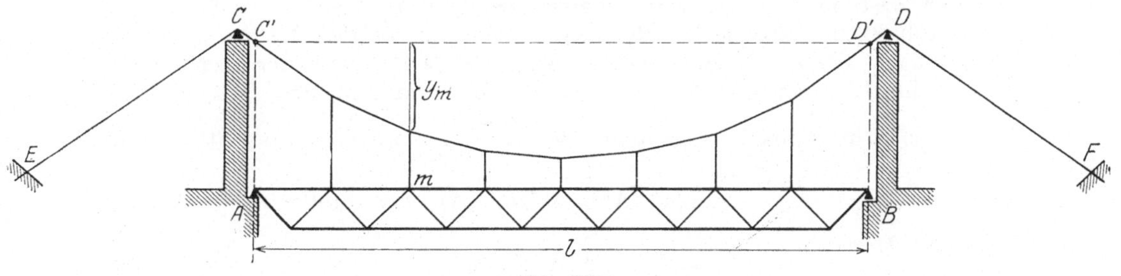



Abb. 378.

vorliegende System die Umkehrung des unter Ziffer b dieses Paragraphen besprochenen versteiften Gelenkbogens. Die Untersuchung erfolgt demgemäß in ganz analoger Weise wie dort angegeben. Als statisch unbestimmte Größe $X_a$ wird die Horizontalprojektion des Kettenzuges eingeführt. Zu beachten ist, daß hier auch die Rückhaltketten $E - C$ und $F - D$ einen Beitrag zur Größe $\delta_{aa}$ liefern. Im übrigen kann die Berechnung des Systems nach den unter b angegebenen Erläuterungen durchgeführt werden.

## § 8. Durch einen über drei Öffnungen laufenden Vollwandträger versteifte Kette.

Das in Abb. 379 skizzierte System besteht aus der Kette $CA'B'D$ und dem sie versteifenden kontinuierlichen Träger $CABD$. Die Verbindung beider ist wieder durch Hängestangen bewirkt. Bei $A$ ist ein festes, bei $B$, $C$ und $D$ sind horizontal verschiebliche Lager angeordnet.

Das System ist dreifach statisch unbestimmt. Als statisch unbestimmte Einzelwirkungen werden die Horizontalprojektion $H = Y_1$ des Kettenzuges.

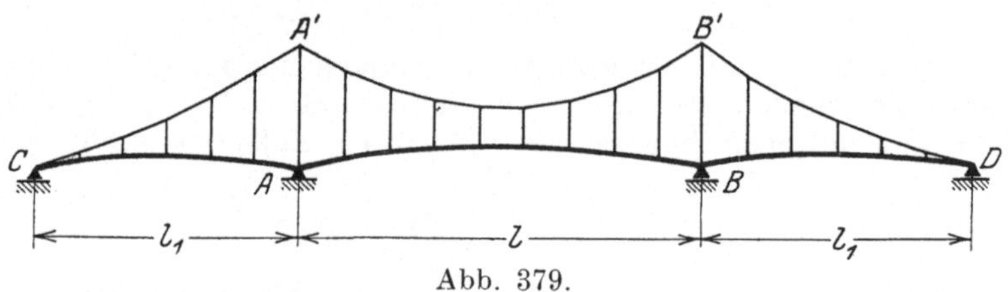

Abb. 379.

sowie die Stützmomente $M_A = Y_2$ und $M_B = Y_3$ des Versteifungsträgers eingeführt und als Funktionen der Belastungen $X_a$, $X_b$, $X_c$ dargestellt (vgl. (S. 208):

$$(124) \quad \begin{cases} Y_1 = X_a \cdot Y_{1a} + X_b \cdot Y_{1b} + X_c \cdot Y_{1c} \\ Y_2 = X_a \cdot Y_{2a} + X_b \cdot Y_{2b} + X_c \cdot Y_{2c} \\ Y_3 = X_a \cdot Y_{3a} + X_b \cdot Y_{3b} + X_c \cdot Y_{3c} \end{cases}$$

|       | $X_a$ | $X_b$ | $X_c$ |
|-------|-------|-------|-------|
| $Y_1$ | 1     | $\nu$ | 0     |
| $Y_2$ | 0     | 1     | 1     |
| $Y_3$ | 0     | 1     | $-1$  |

Da hier hinsichtlich der Wahl der drei überzähligen Glieder dieselbe Symmetrie besteht wie bei dem auf S. 333 besprochenen eingespannten Fachwerkbogen, so können die Gruppenlasten genau wie dort nach beistehendem Schema eingeführt werden, in dem wieder $\nu = -2 \dfrac{\delta_{2a}}{\delta_{1a}}$ gesetzt wurde.

Der Zustand $X_a = 1$, welcher nur eine Gruppenlast $Y_{1a} = 1$ aufweist, ist in Abb. 380a dargestellt. Betrachtet man zuerst den Balken $CAA'$ als selbständigen Träger, indem man unmittelbar rechts von der Vertikale $V_A$ einen Schnitt durch das Gelenk 2 legt, so wirkt auf den Träger in $A'$ die unter dem Winkel $\alpha$ geneigte Kraft $\dfrac{1}{\cos \alpha}$, welche an der Stütze $C$ die Reaktion $C_a = -\dfrac{1 \cdot h}{l_1}$ erzeugt (Abb. 380b). An der Stelle $x$ des Balkens wirkt das Moment

$$M_a = -\frac{1 \cdot h}{l_1} \cdot x + 1 \cdot \eta ,$$

wenn $\eta$ die Ordinate bezeichnet, die auf der Senkrechten im Abstande $x$ von $C$ durch die Kette und die Achse des Versteifungsträgers abgeschnitten wird. Nun ist aber $\dfrac{h}{l_1} \cdot x$ gleich der von den Geraden $CA$ und $CA'$ auf der Senkrechten im Abstande $x$ von $C$ begrenzten Strecke, woraus mit den Bezeichnungen der Abb. 380b folgt

$$M_a = -1 \, (y' + y'') .$$

Die gleiche Beziehung ergibt sich für den Balkenteil $DB$. Nachdem durch vorstehende Überlegung $C_a = D_a = -1\dfrac{h}{l_1}$ gefunden sind, liefert die Momentengleichung in bezug auf den Punkt $B$

$$-1\frac{h}{l_1}(l_1 + l) + A_a \cdot l + 1\frac{h}{l_1}\cdot l_1 = 0,$$

woraus folgt:

$$A_a = 1\frac{h}{l_1}, \quad \text{und wegen } \Sigma V = 0: \quad B_a = A_a.$$

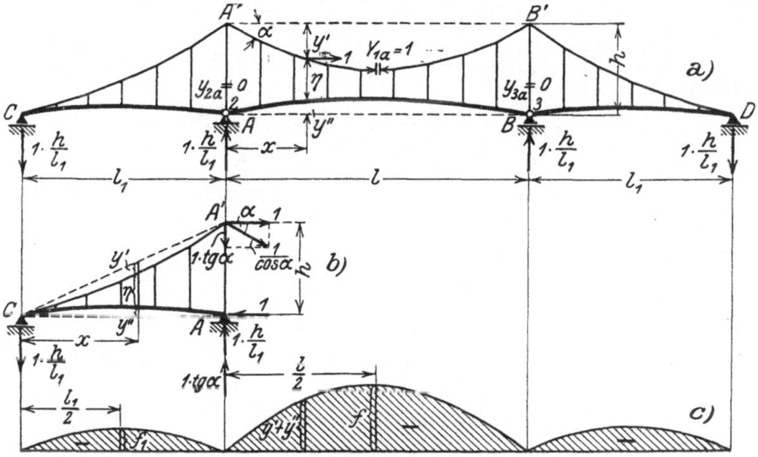

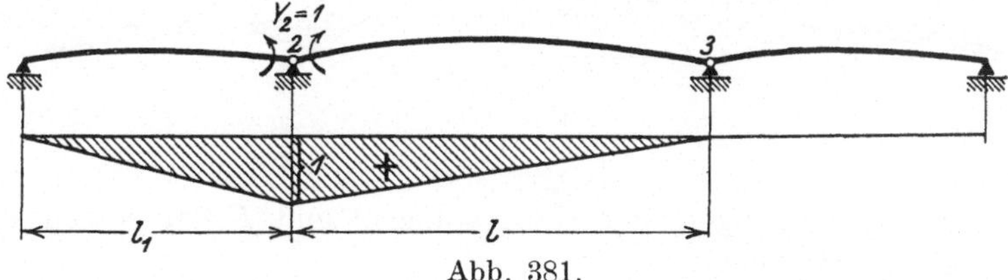

Abb. 380.

Für das Moment an der Stelle $x$ der Mittelöffnung (Abb. 380a) erhält man jetzt:

$$M_a = -1\frac{h}{l_1}(l_1 + x) + 1\frac{h}{l_1}\cdot x + 1\cdot\eta = -1\,(y' + y''),$$

wobei $y'$ und $y''$ wieder die aus der Figur ersichtliche Bedeutung haben.

Wegen der bestehenden Symmetrie des Zustandes $X_a = 1$ ist $\delta_{2a} = \delta_{3a}$, wo

$$EJ_c \cdot \delta_{2a} = \int \overline{M}_2 \cdot M_a \cdot \frac{J_c}{J}\, ds.$$

Die virtuellen Momente $\overline{M}_2$ ergeben sich aus der Momentenfläche für den Zustand $Y_2 = 1$ (Abb. 381). Gewöhnlich können die Kettenlinien durch

Abb. 381.

Parabeln ersetzt werden. Nimmt man auch für den Versteifungsträger eine parabelförmige Krümmung an und setzt dessen Trägheitsmoment als konstant voraus, so ergibt sich unter Beachtung der Gleichung (9) S. 207

$$EJ \cdot \delta_{2a} = -\frac{1}{l_1}\cdot\frac{2}{3}\cdot f_1 \cdot l_1 \cdot \frac{l_1}{2} - \frac{1}{l}\cdot\frac{2}{3}\cdot f \cdot l \cdot \frac{l}{2} = -\frac{1}{3}(f_1 l_1 + f l),$$

wenn $f$ bzw. $f_1$ die Pfeilhöhen der Parabeln bedeuten, aus denen sich die $M_a$-Fläche Abb. 380 c zusammensetzt. Ferner ist nach Gleichung (10) S. 207

$$\int M_a{}^2\, ds = 2\left(2\cdot\frac{2}{3}f_1 l_1\cdot\frac{2}{5}f_1 + \frac{2}{3}fl\cdot\frac{2}{5}f\right) = \frac{8}{15}\left(2f_1{}^2 l_1 + f^2 l\right).$$

Bezeichnet allgemein $S_k$ die Spannkraft und $\alpha_k$ den Neigungswinkel des $k$-ten Kettengliedes gegen die Horizontale, so ist

$$S_{ka} = \frac{1}{\cos\alpha_k}; \qquad S_{(k+1)a} = \frac{1}{\cos\alpha_{k+1}}.$$

Weiter gilt für die Spannkraft der durch den Punkt $k$ gehenden Hängestange infolge $X_a = 1$

$$Z_{ka} = 1\,(\operatorname{tg}\alpha_k - \operatorname{tg}\alpha_{k+1}).$$

Man erhält also mit $N_a = -1$ im Versteifungsträger (diese Annahme ist wegen der schwachen Krümmung des Versteifungsträgers zulässig):

$$EJ\cdot\delta_{1a} = EJ\cdot\delta_{aa} = \int M_a{}^2\, ds + \int N_a{}^2\frac{J}{F}\,ds + \sum S_a{}^2 s\frac{J}{F}$$

$$= \frac{8}{15}\left(2f_1{}^2 l_1 + f^2 l\right) + 1\cdot\frac{J}{F}\left(2l_1 + l\right) + \frac{J}{F_s}\cdot\sum\frac{s_k}{\cos^2\alpha_k}$$

$$+ \frac{J}{F_z}\cdot\sum z_k\,(\operatorname{tg}\alpha_k - \operatorname{tg}\alpha_{k+1})^2,$$

wenn $s_k$ die Länge des $k$-ten Kettengliedes und $z_k$ diejenige der $k$-ten Hängestange bedeuten, ferner $F_s$ den konstant angenommenen Querschnitt der

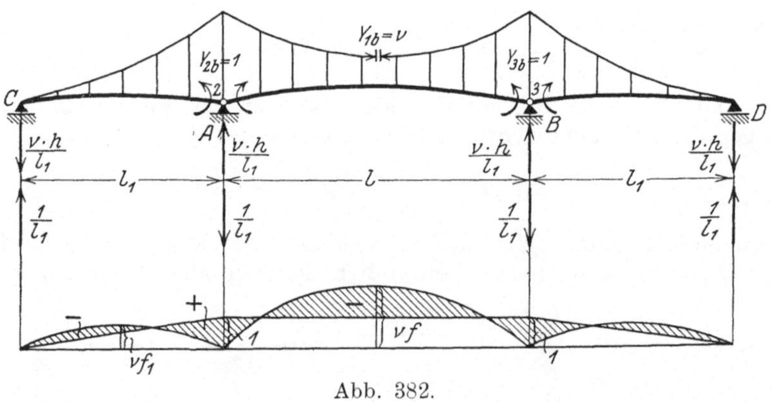


Abb. 382.

Kettenglieder, $F_z$ denjenigen der Hängestangen und $F$ denjenigen des Versteifungsträgers bezeichnen.

Nun kann auch die Gruppenlast $Y_{1b} = v = -2\cdot\dfrac{\delta_{2a}}{\delta_{1a}}$ mit Hilfe der vorstehend für $\delta_{2a}$ und $\delta_{1a}$ berechneten Werte bestimmt werden. Sie wird, da $\delta_{2a}$ negativ ist, positiv. Damit ist der Belastungszustand $X_b = 1$ festgelegt (Abb. 382). Die $M_b$-Fläche besteht aus drei Parabeln mit den Pfeilhöhen $-v\cdot f_1$ bzw. $-vf$, zu denen in den Außenfeldern je ein rechtwinkliges Dreieck von der Höhe 1 unter den Mittelstützen und im Mittelfeld ein Rechteck von der Höhe 1 zu addieren sind. Mit Hilfe der $M_b$-Fläche findet man nach Einführung der Parabelordinate $y = \dfrac{4\,f\,x\,(l-x)}{l^2}$

$$\int M_b{}^2\,ds = 2\int_0^{l_1}\left[1\cdot\frac{x}{l_1} - \frac{4\,\nu\,f_1\cdot x\,(l_1-x)}{l_1{}^2}\right]^2 dx + \int_0^l\left[1 - \frac{4\,\nu\,f\,x\,(l-x)}{l^2}\right]^2 dx$$

$$= \frac{2\,l_1}{3}\left(1 - 2\,\nu\,f_1 + \frac{8}{5}\,\nu^2\,f_1{}^2\right) + l\left(1 - \frac{4}{3}\,\nu\,f + \frac{8}{15}\,\nu^2\,f^2\right).$$

Nun wird

$$EJ\,\delta_{bb} = \int M_b{}^2\,ds + \frac{J}{F}\int N_b{}^2\,ds + \sum S_b{}^2\,s\,\frac{J}{F}$$

$$= \int M_b{}^2\,ds + \frac{J}{F}\,\nu^2\,(2\,l_1 + l) + \frac{J}{F_s}\,\nu^2\sum\frac{s_k}{\cos^2\alpha_k} + \frac{J}{F_z}\cdot\nu^2\,\Sigma\,z_k\,(\operatorname{tg}\alpha_k - \operatorname{tg}\alpha_{k+1})^2,$$

wobei für $\int M_b{}^2\,ds$ der obige Ausdruck einzuführen ist.

Den Zustand $X_c = 1$ sowie die $M_c$-Fläche zeigt Abb. 383.

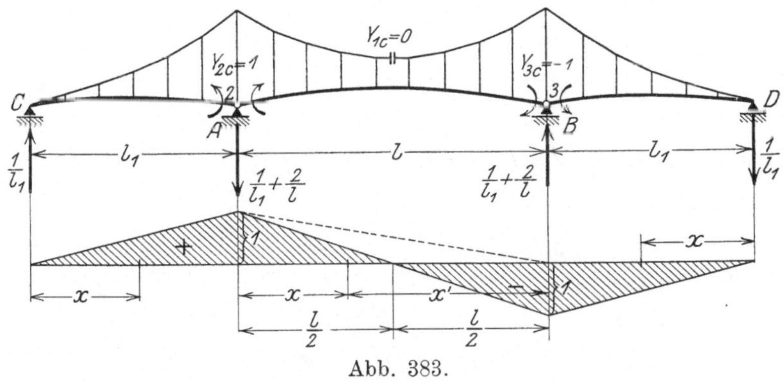



Abb. 383.

Mit $N_c = 0$ und $S_c = 0$ wird unter Beachtung der Gleichung (10) S. 207

$$EJ\cdot\delta_{cc} = \int M_c{}^2\,ds = 4\left(l_1 + \frac{l}{2}\right)\frac{1}{2}\cdot\frac{1}{3} = \frac{1}{3}\,(2\,l_1 + l).$$

Nach Erledigung dieser Vorarbeiten können die Einflußlinien für die Größen $X_a$, $X_b$, $X_c$ bestimmt werden. Für eine über den Versteifungsträger wandernde Last 1 gilt:

$$X_{a(P=1)} = -1\cdot\frac{\delta_{ma}}{\delta_{aa}};\qquad X_{b(P=1)} = -1\cdot\frac{\delta_{mb}}{\delta_{bb}};\qquad X_{c(P=1)} = -1\cdot\frac{\delta_{mc}}{\delta_{cc}}.$$

Man erhält also die Einflußlinien für diese Größen, indem man die den Zuständen $X_a = 1$, $X_b = 1$, $X_c = 1$ entsprechenden Biegungslinien des Versteifungsträgers zeichnet und deren Ordinaten mit $\mu_a = -\dfrac{1}{\delta_{aa}}$ bzw.



Abb. 384.

$\mu_b = -\dfrac{1}{\delta_{bb}}$ bzw. $\mu_c = -\dfrac{1}{\delta_{cc}}$ multipliziert.

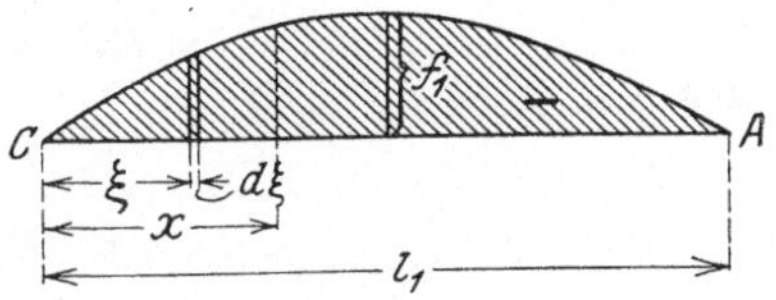

Die Biegungslinien ergeben sich in bekannter Weise als Momentenlinien der drei einfachen Balken $CA$, $AB$ und $BD$, wenn die $M_a$- bzw. $M_b$- bzw.

$M_c$-Fläche als Belastungsflächen betrachtet werden. Geht man in dieser Weise vor, so findet man die Einflußordinate für $X_a$ an der Stelle $x$ der linken Seitenöffnung (Abb. 384):

$$\eta_a = \frac{1}{EJ \cdot \delta_{aa}} \cdot \left\{ \frac{1}{3} f_1 l_1 x - \int_0^x \frac{4 f_1 \xi (l_1 - \xi)(x - \xi)\, d\xi}{l_1^2} \right\},$$

oder nach Ausführung der Integration:

$$\eta_a = \frac{f_1 l_1^2}{3\, EJ \cdot \delta_{aa}} \left( \frac{x}{l_1} - 2\, \frac{x^3}{l_1^3} + \frac{x^4}{l_1^4} \right).$$

Der gleiche Wert gilt für die rechte Seitenöffnung. Für das Mittelfeld findet man analog:

$$\eta_a = \frac{f l^2}{3\, EJ \cdot \delta_{aa}} \left( \frac{x}{l} - 2\, \frac{x^3}{l^3} + \frac{x^4}{l^4} \right).$$

Die Einflußordinate für $X_b$ an der Stelle $x$ der linken Seitenöffnung ergibt sich aus der $M_b$-Fläche (Abb. 382), wenn man diese wieder als Belastungsfläche auffaßt,

$$\eta_b = \frac{1}{EJ \cdot \delta_{bb}} \left\{ \frac{\nu f_1 l_1^2}{3} \left( \frac{x}{l_1} - 2 \cdot \frac{x^3}{l_1^3} + \frac{x^4}{l_1^4} \right) - \left( \frac{1}{3} \cdot \frac{l_1}{2} \cdot x - \frac{x}{l_1} \cdot \frac{x}{2} \cdot \frac{x}{3} \right) \right\},$$

$$= \frac{l_1^2}{6\, EJ \cdot \delta_{bb}} \left\{ 2\, \nu f_1 \left( \frac{x}{l_1} - 2\, \frac{x^3}{l_1^3} + \frac{x^4}{l_1^4} \right) - \left( \frac{x}{l_1} - \frac{x^3}{l_1^3} \right) \right\}$$

Für das Mittelfeld wird:

$$\eta_b = \frac{1}{EJ \cdot \delta_{bb}} \left\{ \frac{\nu f l^2}{3} \left( \frac{x}{l} - 2\, \frac{x^3}{l^3} + \frac{x^4}{l^4} \right) - \left( \frac{l}{2} \cdot x - x \cdot \frac{x}{2} \right) \right\}$$

$$= \frac{l^2}{6\, EJ \cdot \delta_{bb}} \left\{ 2\, \nu f \left( \frac{x}{l} - 2\, \frac{x^3}{l^3} + \frac{x^4}{l^4} \right) - 3 \left( \frac{x}{l} - \frac{x^2}{l^2} \right) \right\}.$$

Endlich erhält man aus der $M_c$-Fläche (Abb. 383) für die linke Seitenöffnung:

$$\eta_c = - \frac{l_1^2}{6\, EJ \cdot \delta_{cc}} \left( \frac{x}{l_1} - \frac{x^3}{l_1^3} \right),$$

für die rechte Seitenöffnung, wenn $x$ von rechts nach links gerechnet wird:

$$\eta_c = - \frac{l_1^2}{6\, EJ \cdot \delta_{cc}} \left( \frac{x}{l_1} - \frac{x^3}{l_1^3} \right),$$

und für die Mittelöffnung:

$$\eta_c = \frac{l^2}{6\, EJ \cdot \delta_{cc}} \left( \frac{x}{l} - \frac{x^3}{l^3} - \frac{x'}{l} + \frac{x'^3}{l^3} \right)$$

oder mit $x' = l - x$:

$$\eta_c = - \frac{l^2}{6\, EJ \cdot \delta_{cc}} \left( \frac{x}{l} - 3\, \frac{x^2}{l^2} + 2\, \frac{x^3}{l^3} \right).$$

Aus den Einflußlinien für $X_a$, $X_b$, $X_c$ können alle übrigen abgeleitet werden.

Das Moment $M$ an der Stelle $m$ des Versteifungsträgers wird:

$$M_m = M_{m0} + M_{ma} \cdot X_a + M_{mb} \cdot X_b + M_{mc} \cdot X_c.$$

Ferner nehmen die statisch unbestimmten Einzelwirkungen nach Einführung der Gruppenlasten in die Gleichungen (124) die Werte an:

$$H = Y_1 = X_a + \nu X_b,$$
$$M_A = Y_2 = X_b + X_c,$$
$$M_B = Y_3 = X_b - X_c.$$

Für die Stäbe der Kette ergibt sich bei Belastung des Versteifungsträgers $S_k = \dfrac{H}{\cos \alpha_k}$ und für die Hängestangen $Z_k = H\,(\operatorname{tg} \alpha_k - \operatorname{tg} \alpha_{k+1})$. Deren Einflußlinien sind also bei entsprechender Wahl der Multiplikatoren durch die Einflußlinie für $H$ mitbestimmt.

Ändert sich die Temperatur des Versteifungsträgers gleichmäßig um $t_1^0$, diejenige der Kette und der Hängestangen um $t_2^0$, so wird:

$$X_{a_t} = -\frac{\varepsilon\,t_1 \int N_a\,ds + \varepsilon\,t_2\,\Sigma\,S_a\,s}{\delta_{aa}},$$

$$= E J \cdot \frac{\varepsilon\,t_1\,(2\,l_1 + l) - \varepsilon\,t_2\left[\displaystyle\sum \frac{s_k}{\cos \alpha_k} + \Sigma\,z_k\,(\operatorname{tg} \alpha_k - \operatorname{tg} \alpha_{k+1})\right]}{E J \cdot \delta_{aa}}.$$

Ferner wird mit $S_b = \nu \cdot S_a$ und $N_b = \nu \cdot N_a$:

$$X_{b_t} = E J \cdot \nu \cdot \frac{\varepsilon\,t_1\,(2\,l_1 + l) - \varepsilon\,t_2\left[\displaystyle\sum \frac{s_k}{\cos \alpha_k} + \Sigma\,z_k\,(\operatorname{tg} \alpha_k - \operatorname{tg} \alpha_{k+1})\right]}{E J \cdot \delta_{bb}}.$$

Infolge $X_c = 1$ sind die Kettenglieder und die Hängestangen spannungslos. Da außerdem $\int N_c\,ds = 0$ ist, so wird auch $X_{c_t} = 0$. Man findet somit

$$H_t = X_{a_t} + \nu X_{b_t},$$
$$M_{A_t} = M_{B_t} = X_{b_t}.$$

# § 9. Dreifach statisch unbestimmter Bogen über drei Öffnungen.

Der in Abb. 385a dargestellte Bogenträger besitzt bei $C$ und $D$ horizontal verschiebliche Lager, bei $A$ und $B$ dagegen feste. Er ist also dreifach statisch unbestimmt. Als statisch unbestimmte Einzelwirkungen sollen der Horizontalschub des Bogens $H = Y_1$, sowie die Stützendrücke $C = Y_2$ und $D = Y_3$ eingeführt werden. Das statisch bestimmte Hauptsystem ist dann ein einfacher Balken $AB$ mit beiderseitigem Kragarm. Nun werden die $Y$ wieder als Funktionen der Belastungen $X_a$, $X_b$, $X_c$ in Form der Gleichungen (124) dargestellt und die Gruppenlasten in gleicher Weise gewählt bzw. bestimmt, wie aus der Tabelle auf S. 342 ersichtlich.

Den Zustand $X_a = 1$ zeigt Abb. 385b. Spannkräfte $S_a$ entstehen nur im Bogen $A - B$, während die Kragarme spannungslos bleiben. Die Einflußlinie für $X_a$ ergibt sich aus der Beziehung

$$X_{a(P=1)} = -\frac{E F_c \cdot \delta_{ma}}{E F_c \cdot \delta_{aa}},$$

wobei $E F_c \cdot \delta_{aa} = \sum S_a^2\, s\, \dfrac{F_c}{F}$ ist. Man findet sie, indem man für den Last-gurt die Biegungslinie in der auf S. 325 für den Bogen $G_1\, A\, B\, G_2$ besprochenen Weise zeichnet und dieser den Multiplikator $\mu = -\dfrac{1}{E F_c \cdot \delta_{ua}}$ beilegt.

Zur Bestimmung der Verschiebung $E F_c \cdot \delta_{2a} = \sum \overline{S}_2\, S_a\, s\, \dfrac{F_c}{F}$ zeichnet man entweder einen Cremonaplan für den Fall, daß nur die Last 1 im Punkte 2

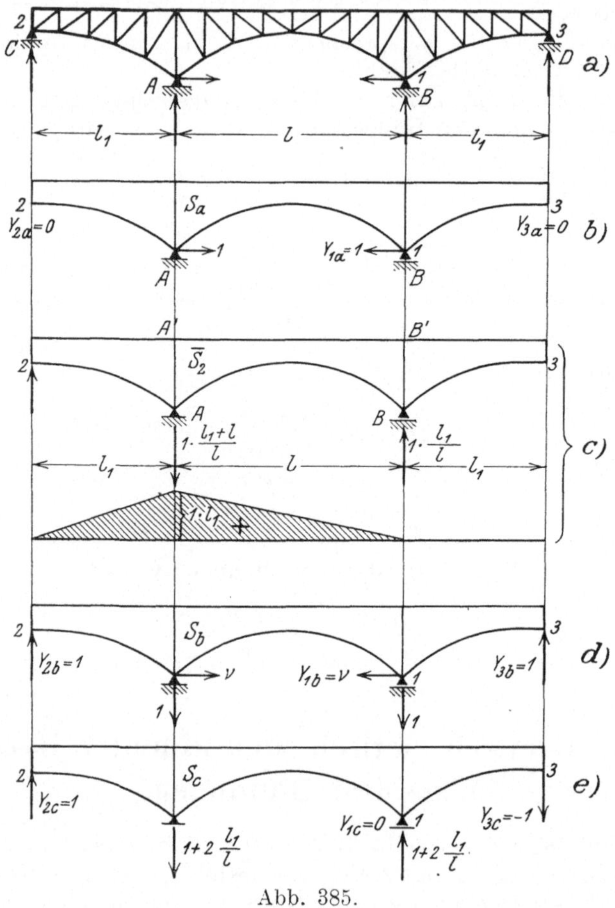



Abb. 385.

angreift, welcher die virtuellen Spannkräfte $\overline{S}_2$ liefert, oder man ermittelt letztere rechnerisch mit Hilfe der $\overline{M}_2$-Fläche (Abb. 385 c). Da für die Krag-arme sich alle $S_a$ gleich Null ergeben, so genügt es, wenn die $\overline{S}_2$ nur für den Bogen $A\,A'\,B'\,B$ bestimmt werden. Nachdem $E F_c \cdot \delta_{1a} = E F_c \cdot \delta_{aa}$ und $E F_c \cdot \delta_{2a}$ gefunden sind, kann die Gruppenlast $Y_{1b} = -2\,\dfrac{\delta_{2a}}{\delta_{1a}} = \nu$ berechnet werden.

Den Zustand $X_b = 1$ zeigt Abb. 385 d. Er liefert die Spannkräfte $S_b$, mit deren Hilfe die Gewichte $E F_c \cdot W_m = \sum \overline{S} \cdot S_b \cdot s\, \dfrac{F_c}{F}$ berechnet werden können. Die Einflußordinate für $X_b$ wird aus der Bedingung gefunden:

$$X_{b(P=1)} = -\frac{E F_c \cdot \delta_{mb}}{E F_c \cdot \delta_{bb}},$$

wobei $E F_c \cdot \delta_{bb} = \sum S_b^2 s \frac{F_c}{F}$ ist.

Endlich ist in Abb. 385e der Zustand $X_c = 1$ dargestellt. Nach Ermittlung der Spannkräfte $S_c$ berechnet man die Gewichte

$$E F_c \cdot W_m = \sum \bar{S} \cdot S_c \cdot s \frac{F_c}{F}$$

und bestimmt mit ihrer Hilfe die Biegungslinie des Lastgurtes und daraus mittels der Beziehung

$$X_{c(P=1)} = -\frac{E F_c \cdot \delta_{mc}}{E F_c \delta_{cc}},$$

wobei $E F_c \cdot \delta_{cc} = \sum S_c^2 s \frac{F_c}{F}$, die Einflußlinie für $X_c$.

Der Einfluß einer gleichmäßigen Temperaturänderung auf $X_a$, $X_b$, $X_c$ ergibt sich wie folgt:

$$X_{a_t} = -\frac{E F_c \cdot \varepsilon t \cdot \Sigma S_a \cdot s}{\sum S_a^2 s \frac{F_c}{F}}; \qquad X_{b_t} = -\frac{E F_c \cdot \varepsilon t \cdot \Sigma S_b \cdot s}{\sum S_b^2 s \frac{F_c}{F}}; \qquad X_{c_t} = 0,$$

da infolge der gegensymmetrischen Belastung des Zustandes $X_c = 1$

$$\Sigma S_c \cdot s = 0$$

wird.

Sind $X_a$, $X_b$, $X_c$ gefunden, so können mit ihrer Hilfe alle statischen Größen in bekannter Weise bestimmt werden.

---

# Literaturverzeichnis.

Burmester, L.: Über die momentane Bewegung ebener kinematischer Ketten. Civilingenieur 1880.

Castigliano, A.: Theorie des Gleichgewichts elastischer Systeme und deren Anwendung, deutsch v. E. Hauffe, Wien 1886.

Cremona, L.: Elemente des graphischen Calcüls, deutsch v. M. Curtze, 1875.

Culmann, C.: Die graphische Statik, 2. Aufl. 1875.

Encyklopädie der mathem. Wissenschaften, IV. Mechanik. 29a. Theorie der Baukonstruktionen, v. M. Grüning. 1912.

Föppl, A.: Vorlesungen über Technische Mechanik. Leipzig: B. G. Teubner.
    I. Band: Einführung in die Mechanik.
    II.   „  : Graphische Statik.
    III..  „  : Festigkeitslehre.
    Vl  „  : Die wichtigsten Lehren der höheren Elastizitätstheorie.

Derse be: Theorie des Fachwerks, Leipzig 1880.

Derselbe: Das Fachwerk im Raume, Leipzig 1892.

Derselbe, in Verbindung mit L. Föppl: Drang und Zwang. Eine höhere Festigkeitslehre für Ingenieure, I. und II. Band, München und Berlin, Verl. v. R. Oldenbourg.

Förster, M.: Die Eisenkonstruktionen der Ingenieur-Hochbauten, 4. Aufl. Leipzig 1909.

Grashof, F.: Theorie der Elastizität und Festigkeit, Berlin 1878.

Grüning, M.: Vgl. Encyklopädie.

Derselbe: Elastizitätsgleichungen gegenseitiger Unabhängigkeit für einige hochgradig statisch unbestimmte Systeme. Eisenbau 1921.

Henneberg, L.: Statik der starren Systeme, Darmstadt 1886.
Hertwig, A.: Über die Berechnung mehrfach statisch unbestimmter Systeme und verwandter Aufgaben in der Statik der Baukonstruktionen. Z. f. Bauw. 1910.
Derselbe: Beziehungen zwischen Symmetrie und Determinanten in einigen Aufgaben der Fachwerktheorie. Wüllner-Festschrift der Techn. Hochschule zu Aachen, Leipzig 1905.
Kaufmann, W.: Beitrag zur Berechnung kreisförmig gekrümmter Träger auf drei und mehr Stützen. Z. f. Bauw. 1919.
Derselbe: Beitrag zur Berechnung räumlicher Fachwerke von zyklischer Symmetrie mit biegungssteifen Ringen und Meridianen. Z. ang. Math. Mech. 1921.
Derselbe: Beitrag zur Berechnung dem kontinuierlichen Träger verwandter Systeme von höherem Grade statischer Unbestimmtheit. Eisenbau 1921.
Keck-Hotopp: Vorträge über Elastizitätslehre, I. Teil 2. Aufl. 1905, II. Teil 2. Aufl. 1908.
Kirchhoff, G.: Vorlesungen über Mathematische Physik, Bd. I. Mechanik, Leipzig 1876.
Land, R.: Einfluß der Schubkräfte auf die Biegung statisch bestimmter und die Berechnung statisch unbestimmter gerader, vollwandiger Träger. Z. f. Bauw. 1894.
Derselbe: Kinematische Theorie der statisch bestimmten Träger. Z. öst. Ing.-V. 1888.
Landsberg, Th.: Beitrag zur Theorie des räumlichen Fachwerks. Zentralbl. Bauverw. 1903.
Love, A. E. H.: Lehrbuch der Elastizität, deutsch v. A. Timpe, Leipzig u. Berlin 1907.
Mehrtens, G. Ch.: Vorlesungen über Ingenieurwissenschaften, 1. Teil: Statik und Festigkeitslehre, 3 Bände, Leipzig 1909, 1910, 1912.
Mohr, O.: Abhandlungen aus dem Gebiete der technischen Mechanik, Berlin 1906.
Derselbe: Beitrag zur Theorie des Fachwerks. Civilingenieur 1885.
Derselbe: Beitrag zur Theorie des Raumfachwerks. Zentralbl. Bauverw. 1902.
Derselbe: Beitrag zur Theorie des Fachwerks. Z. Arch. Ing.-Ver. Hannover 1874 u. 1875.
Derselbe: Beitrag zur Theorie der Holz- u. Eisenkonstruktionen. Z. Arch. Ing.-Ver. Hannover 1868.
Derselbe: Beitrag zur Theorie des Bogenfachwerks. Z. Arch. Ing.-Ver. Hannover 1881.
Müller-Breslau, H.: Die graphische Statik der Baukonstruktionen. Leipzig: Alfred Kröner Verlag I. Bd. 5. Aufl. 1912. II. Bd. 1. Abtlg. 4. Aufl. 1907. 2. Abtlg. 1908.
Derselbe: Die neueren Methoden der Festigkeitslehre und der Statik der Baukonstruktionen, 4. Aufl. Leipzig 1913.
Derselbe: Der Satz von der Abgeleiteten der ideellen Formänderungsarbeit. Z. Arch. Ing.-Ver. Hannover 1884.
Derselbe: Vereinfachung der Theorie der statisch unbestimmten Bogenträger. Z. Arch. Ing.-Ver. Hannover 1884.
Derselbe: Beitrag zur Theorie des Fachwerks. Z. Arch. Ing.-Ver. Hannover 1885.
Derselbe: Über einige Aufgaben der Statik, welche auf Gleichungen der Clapeyronschen Art führen, Berlin 1891.
Derselbe. Beitrag zur Theorie des räumlichen Fachwerks, Berlin 1892.
Derselbe. Über räumliche Fachwerke. Zentralbl. Bauverw. 1902.
Müller, S.: Zur Berechnung mehrfach statisch unbestimmter Tragwerke. Zentralbl. Bauverw. 1907.
Ostenfeld, A.: Technische Statik, Leipzig 1904.
Otzen, R.: Praktische Winke zum Studium der Statik, Wiesbaden 1911.
Pirlet, J.: Fehleruntersuchungen bei der Berechnung mehrfach statisch unbestimmter Systeme. Dissert. Techn. Hochschule Aachen 1909.
Ritter, A.: Elementare Theorie und Berechnung eiserner Dach- und Brückenkonstruktionen, 6. Aufl. Leipzig 1904.
Ritter, W.: Der elastische Bogen, Zürich 1886.
Derselbe: Anwendungen der graphischen Statik nach C. Culmann bearbeitet. 4 Bände, 1888, 1890, 1900, 1907.
Schlink, W.: Statik der Raumfachwerke, Leipzig 1907.
Schwedler, J. W.: Beiträge zur Theorie des Eisenbahnoberbaues. Z. f. Bauw. 1889.
Tetmajer, L. v.: Die angewandte Elastizitäts- u. Festigkeitslehre, 3. Aufl. 1905.
Vianello, L.: Der Eisenbau, 2. Aufl. bearb. v. C. Stumpf, München u. Berlin 1912.
Weyrauch, J.: Theorie elastischer Körper, Leipzig 1884.
Winkler, E.: Die Lehre von der Elastizität und Festigkeit mit besonderer Rücksicht auf ihre Anwendung in der Technik, Prag 1867.
Derselbe: Beiträge zur Theorie der kontinuierl. Brückenträger. Civilingenieur 1862.
Derselbe: Beitrag zur Theorie der Bogenträger. Z. Arch. Ing.-Ver. Hannover 1879.
Zimmermann, H.: Die Berechnung des Eisenbahnoberbaues, Berlin 1888.
Derselbe: Über Raumfachwerke, Berlin 1901.
Zschetzsche, A.: Einfluß der Schubkräfte auf die Biegung einfacher Vollwandträger. Zentralbl. Bauverw. 1893.

# Sachverzeichnis.

Die Zahlen bedeuten die Seiten.